《复杂油藏物理法、物理－化学复合法强化开采理论与技术丛书》卷二

油水井低产低效诊断、评价与治理

蒲春生　吴飞鹏　高建武　黄　博　著

石油工业出版社

内容提要

本书紧密联系生产实际，以低产低效油水井为研究对象，综合了国内外大量文献资料和研究成果，求精取新，全面反映了低产低效井的原因、储层伤害机理室内评价方法、储层伤害机理数学模型、低产低效井主控因素矿场评价方法、预防注采系统优化与调整技术、水窜水淹深部整体调控技术、储层重复压裂改造优化决策技术、水力脉冲波协同解堵、物理化学复合解堵等方法的研究和应用。

本书可供具有油气田开发基本知识和生产实际经验的石油科技工作者作为参考，也可作为石油院校石油工程专业师生的阅读资料。

图书在版编目(CIP)数据

油水井低产低效诊断、评价与治理/蒲春生等著
.—北京:石油工业出版社,2020.7
(复杂油藏物理法、物理-化学复合法强化开采理论与技术丛书;2)
ISBN 978-7-5183-3843-6

Ⅰ.油… Ⅱ.①蒲… Ⅲ.①低渗透油气藏-低产井-油田开发-研究 Ⅳ.①TE348

中国版本图书馆CIP数据核字(2020)第021698号

出版发行:石油工业出版社
(北京安定门外安华里2区1号 100011)
网 址:www.petropub.com
编辑部:(010)64523541 图书营销中心:(010)64523633
经 销:全国新华书店
印 刷:北京中石油彩色印刷有限责任公司

2020年7月第1版 2020年7月第1次印刷
787×1092毫米 开本:1/16 印张:28.75
字数:620千字

定价:138.00元
(如出现印装质量问题，我社图书营销中心负责调换)

序

我国低渗透、特低渗透油藏资源十分丰富，近年来新发现石油地质储量中，低渗透、特低渗透油藏高达60% ~70%。低渗透、特低渗透油藏注水开发难度大，普遍存在注水注不进、产量低、水窜严重、采收率低和油井注水效果程度差等问题，综合开发效益不高，是未来石油行业攻关的重要研究方向之一。

大功率低频谐振波采油技术利用波动物理场激励油层，通过强大振动力作用于地层，压力波在地层中的传播，使油层及流体产生各种物理和化学变化，改善油层渗流条件、解除油层堵塞、疏通油流通道、创造有利于原油流动的环境，达到油水井增产增注和提高油藏整体驱油效率与采收率的目的，是一种成本低、效益好、储层伤害小的生态物理采油方法。

近15年来，在前人研究基础上，蒲春生教授一直坚持在这一领域辛勤地耕耘，取得了一系列重要的成果，并完成了《低渗透油藏低频谐振波化学复合强化开采理论与技术》的编著。本著作重点分析了低频谐振波以及低频谐振波化学复合技术的研究现状，并从宏观及微观角度对低频谐振波以及低频谐振波化学复合作用机理进行了更加全面的认识与分析，首次创新性地将低频谐振波和低频水力脉冲波等物理采油方法与化学采油方法相结合的技术引入低渗透、特低渗透油藏的注水开发中，同时阐明低频波动物理场与化学剂场之间的协同促进作用机制；另外，著作中还更加全面地介绍了低频谐振波辅助化学剂复合强化采油技术的矿场应用情况，突破了单一技术的应用局限，为低频谐振波技术在低渗透、特低渗透油藏中实现高效注水开发提供了科学的理论指导。

本书是迄今为止第一部系统阐述低频谐振波对化学剂协同促进作用理论与技术的专著，是从事低渗透、特低渗透油藏高效注水开发方面的科研工作者和技术人员很好的参考书。同时，本书的出版也必将对相关学科领域理论技术研究起到重要的推动作用。

中国工程院院士

韩大匡

2015年5月15日

前　言

当前，我国石油工业逐步面临严峻的形势，东部地区的大庆、胜利、辽河、大港等老油田基本上都已陆续进入注水开发的中、高含水期，面临油田含水逐年升高、原油产量不断下降的难题。新发现并投入开发的油田绝大多数属于低渗透、特低渗透、稠油、超稠油等难动用油藏，而且这些新增原油储量大部分处于中西部的沙漠、戈壁和黄土高原地区以及东南部的滩海、浅海和深海地区，储层类型多，埋藏深，地质条件复杂，地理条件恶劣，开采技术难度大，开发成本高，整体采收率低，资源浪费严重。同时，这些地区的生态环境极为脆弱，给油田的开发带来更为严重的困难。因此，如何在不断发展、完善油田现有开发及采油工艺技术的基础上，加快寻找、研究、发展一些效果好、成本低、不伤害油层、对生态环境不造成破坏的原油增产与提高采收率新技术和新方法，最大限度地提高难动用原油储量的产量和原油的采收率，保护油层和生态环境，降低综合成本，提高整体经济效益与社会效益，正逐步成为我国石油科技工作者共同关注的问题。物理法强化采油技术和物理—化学复合法强化采油技术就属于这类新方法。研究开发适合我国难动用油藏实际的高效低成本物理法强化开采技术和物理—化学复合法强化开采技术与提高采收率新技术具有十分重要的意义。

物理法强化开采技术利用大功率声波、超声波、电磁波、电液压脉冲波、爆燃气体高压冲击波等物理场来处理激励油气储层以实现注采井的增产增注和提高油藏整体采收率的目的，具有效果好、适应范围广、工艺简单、成本低廉、不伤害油层与生态环境等特点，是近年来低渗透、特低渗透、稠油、超稠油等难动用油藏高效开发的一个十分重要的发展方向。物理—化学复合法强化开采技术就是将各种物理场对油藏的激励作用和化学处理剂对油藏的化学作用有机地结合起来而形成的高效复合采油增产与提高原油采收率的新技术。自1987年以来，笔者所带领的科研项目组针对我国低渗透、特低渗透和稠油、超稠油以及中、高含水等难动用油藏实际，一直致力于储层液/固体系微观动力学、储层波动力学、储层伤害孔隙堵塞预测诊断与评价、波场强化采油、电磁波强化采油、高能气体压裂强化采油等领域的基本理论与工程应用方面的学习和研究工作，并逐步将低频水力脉冲波、声波、超声波、电磁波、电液压脉冲以及高能气体压力波与化学强化采油技术相结合，系统研究物理—化学复合强化采油理论与技术。特别是近10年来，项目组的研究工作被列入了国家西部开发科技行动计划重大科技攻关课题“陕甘宁盆地特低渗油田高效开发与水资源可持续发展关键技术研究”（2005BA901A13），国家科技重大专项大型油气田及煤层气开发(2008ZX05009、2011ZX05009),国家“863 计划”重大导向课题“超大功率超声波油井增油技术及其装置研究”(2007AA06Z227),国家“973 计划”“中国高效气藏成藏理论与低效气藏高效开发基础研究”三级专题“气藏气/液/固体系微观动力学特征”(2001CB20910704),国家自然科学基金“油井燃爆压裂中毒性气体生成与传播规律研究”(50774091),教育部重点科技攻关项目“振动—化学复合增产技术研究”(205158),中国石油天然气集团有限公司中青年创新基金项目“低渗油田大功率弹性波层内叠合造缝与增渗关键技术研究”(05E7038),中国石油天然气股份有限公司风险创新基金项目“电磁采油系列装置研究与现场试验”(2002FX-23),陕西省重大科技攻关专项计划项目“陕北地区特低渗油田保水开采提高采收率关键技术研究”(2006KZ01-G2),陕西省高等学校重大科技攻关项目“陕北地区低渗油田物理—化学复合增产与提高采收率技术研究”(2005JS04),以及大庆、胜利、辽河、大港、长庆、延长油矿、塔里木、吐哈、吉林、中原等石油企业的科技攻关项目和技术服务项目,使相关研究与现场试验工作取得了十分重要的进展,获得了良好的经济效益与社会效益。在笔者及其合作者 20 年研究工作积累的基础上,结合前人有关的研究工作,形成了一套适合我国难动用油藏实际的高效低成本物理法和物理—化学复合法强化开采与提高采收率基本理论与配套技术的基本框架,总结撰写出了这套特种油藏物理法强化开采、物理—化学复合法强化开采研究与实践技术丛书。在笔者 20 年的研究工作和本丛书的撰写过程中,自始至终得到了郭尚平院士、王德民院士、韩大匡院士、戴金星院士、罗平亚院士、李佩成院士、张绍槐教授、葛家理教授、张琪教授、李仕伦教授、陈月明教授、赵福麟教授等前辈们的热心指导与无私帮助。在此,特向先生们致以崇高的敬意和由衷的感谢。

低渗透、特低渗透油藏的基本特点是低孔隙度、低渗透、低压和低含油饱和度,非均质性强,储层改造和注水补充地层能量是实现低渗透、特低渗透油藏有效开发的主要技术手段。在低渗透、特低渗透油藏注水开发过程中,由于受储层地质特征、井网整体部署、开发技术政策以及近井带储层伤害等各类综合因素的影响,导致部分油井产量低、含水高、产量递减快和部分水井注水压力高或水窜现象严重,难以满足经济有效开发的标准,形成低产低效井(区)。稠油油藏在注蒸汽热力开采过程中,由于温度、压力的急剧变化,储层岩石及流体性质发生改变,造成不同类型的储层伤害,显著降低储层孔隙度和渗透率,造成注汽压力上升,当注汽压力超过注汽锅炉的临界压力时,注汽便难以持续,严重影响热采效果。如何通过识别、评价、预测、预防及其综合治理,实现对低产低效井(区)的经济有效开发,对低渗透、特低渗透油田的高效可持续发展具有十分重要的战略意义。

本书为《复杂油藏物理法、物理－化学复合法强化开采理论与技术丛书》的第二卷，重点阐述了低渗透油藏低产低效井成因、主控因素室内诊断与矿场评价、预防低产低效井整体开发决策、低产低效井的物理—化学综合治理配套技术。在此基础上，扼要介绍了笔者近两年在疏松砂岩稠油注蒸汽热采储层高温伤害机理方面研究的新进展，并进一步提出了低产低效井诊断、评价与治理的技术发展趋势。本书是复杂油藏物理法强化开采、物理—化学复合法强化开采的重要组成部分。

(1)从地质因素、开发模式、开发过程中的储层伤害等方面，系统分析了低渗透油藏低产低效井的判别、低产低效井分类、低产低效井特征、低产低效井成因以及低产低效井预防治理的总体思路。

(2)在宏观伤害程度的定量评价方面，有机结合宏观定量、结合油田开发指标评价、油水井近井表皮效应和储层伤害深度，建立了油水井低产低效严重程度的矿场评价方法。

(3)在微观伤害机理的定量评价方面，有机结合室内动态模拟试验和储层多孔介质物理化学渗流基本原理，建立了储层伤害机理诊断与预测数学模型，实现了储层敏感性伤害系数预测、应力敏感性伤害程度评价与预测、水锁伤害程度预测与评价、微粒运移伤害程度预测、黏土膨胀伤害程度预测、蜡质伤害程度预测、无机垢堵塞程度预测、细菌堵塞程度预测数学模型以及水力压裂过程中储层伤害程度的定量预测与评价。

(4)从开发方式优化、注入水质控制与标准化、入井作业流体规范化、储层保护添加剂系统化及油井日常管理规范化方面，建立了油井低产低效预防技术。

(5)构建了低产低效油井综合治理配套技术体系，主要包括井网调整与注采参数优化技术、水驱液流双向调控技术、重复压裂储层改造技术、油水井近井物理—化学复合解堵技术以及低产油井节能降耗人工举升工艺优化决策技术。

(6)揭示了低渗透储层储层伤害低频脉冲波动—多氢酸化学解堵动力学机理，建立了低频脉冲波动—多氢酸化学解堵配套工艺技术。

(7)揭示了低渗透油藏储层伤害超声波—化学复合解堵主控因素及其影响规律，建立了超声波—化学复合解堵配套工艺技术。

(8)揭示了稠油注汽高压的主控因素与影响规律，构建了稠油油藏含黏土三维多孔介质模型，建立了稠油油藏储层高温伤害数值化模型。

全书共分 13 章。第 1 章概论，系统概括了低渗透油藏开发过程中，低产低效的判别、分类、特征、成因、预防与治理的基本思路与措施。第 2 章阐述了低渗透油藏低产低效潜在地质因素，并从开发模式和开发过程伤害等方面，揭示了低渗透油藏低产低效井的主要成因。第 3 章系统介绍了低产低效储层伤害机理室内评价方法，通过室内物理模拟实验，系统地评价储层伤害的主控因素及其影响程度，是储层伤害诊断、预测、评价与防治的重要基础。第4章在储层伤害机理室内实验评价基础上，进一步建立了储层伤害主控因素的定量预测评价数学模型，主要包含储层敏感性伤害表皮系数预测、应力敏感性伤害程度评价与预测数学模型、水锁伤害程度预测与评价数学模型、微粒运移伤害程度预测数学模型、黏土膨胀伤害临界盐度预测模型、蜡质伤害程度预测数学模型、无机垢堵塞程度预测数学模型、细菌堵塞程度预测数学模型，为矿场评价奠定了重要基础。第5章从油田开发效果评价指标、表皮因子分析、储层伤害深度等方面，阐述了油水井低产低效严重程度的矿场宏观评价方法，为低产低效综合治理单井治理的单井措施方案制订和工艺参数优化设计提供了重要理论基础。第6章阐述了低产低效预防注采系统优化与调整技术，从井网方式最优化、水驱压力控制最优化、注采井网与人工压裂裂缝的适配性、注采动态参数最优化以及注采井网与注采参数综合调整等方面，系统阐述了有效降低低产低效井的影响、提高低渗透油藏注水开发效率的油藏工程理论与技术举措。第7章至第11章阐述了低产低效综合治理单井配套技术，着重介绍了水窜水淹深部整体调控、重复压裂改造优化决策、低频水力脉冲—多氢酸酸化、超声波—化学复合解堵、低产油井间歇抽油等几项行之有效的单井治理新技术。第12章介绍了近两年笔者在储层伤害方面研究的新进展：疏松砂岩稠油油藏注蒸汽热采储层高温伤害机理及其数值化模拟技术。在此基础上，第13章提出了油水井低产低效诊断与治理技术发展展望。

本书所涉及的内容主要来自蒲春生教授所领导的研究小组以往的研究成果，第1章、第9章、第11章、第12章由蒲春生编写，第2章、第3章由黄博编写，第4章、第5章、第6章由高建武编写，第7章、第8章、第10章由吴飞鹏编写，全书由蒲春生统一审定定稿。课题组研究生景成、许红星、何延龙、董巧玲、刘涛、孔玲乐、李花花等同志对本书相关成果做出了重要贡献。同时，本书部分内容参考了近年来国内外同行专家在这一领域公开出版或发表的相关学术成果，均已在参考文献中一一列出。在此一并致以诚挚的谢意。

本书的出版得到了中国石油大学（华东）油气田开发工程国家重点学科211工程建设计划、985创新平台建设计划和中国石油优秀学术著作出版基金的支持，特表示衷心的感谢。

鉴于笔者水平有限，书中难免有疏漏和不当之处，恳请读者批评指正。

目　　录

第1章　概　　论 …… (1)
1.1　低产低效井的判别 …… (1)
1.2　低产低效井的分类 …… (2)
1.3　低渗透油藏低产低效开采特征与主控因素 …… (3)
1.4　低渗透油藏低产低效井治理潜力分析 …… (8)
第2章　低渗透油藏低产低效成因 …… (11)
2.1　低产低效储层地质成因 …… (11)
2.2　低产低效开发模式成因 …… (22)
2.3　钻井完井储层伤害造成油井低产低效 …… (28)
2.4　压裂过程中储层伤害造成油井低产低效 …… (33)
2.5　酸化过程中的储层伤害造成油井低产低效 …… (36)
2.6　洗井作业储层伤害造成油井低产低效 …… (39)
2.7　注水过程中储层伤害造成油井低产低效 …… (41)
2.8　采油过程中储层伤害造成油井低产低效 …… (44)
2.9　井身井况变化造成油井低产低效 …… (46)
符号注释 …… (47)
第3章　低产低效储层伤害机理室内评价方法 …… (49)
3.1　储层敏感性评价方法 …… (49)
3.2　作业流体潜在伤害评价方法 …… (59)
3.3　水力压裂过程伤害程度预测数学模型 …… (62)
符号注释 …… (74)
第4章　低产低效储层伤害机理数学模型 …… (77)
4.1　储层敏感性伤害表皮系数预测模型 …… (77)
4.2　应力敏感性伤害程度评价与预测数学模型 …… (78)
4.3　水锁伤害程度预测与评价数学模型 …… (81)
4.4　微粒运移伤害程度预测数学模型 …… (83)

4.5　黏土膨胀伤害临界盐度预测模型 …………………………………………………（85）
4.6　蜡质伤害程度预测数学模型 ……………………………………………………（85）
4.7　无机垢堵塞程度预测数学模型 …………………………………………………（89）
4.8　细菌堵塞程度预测数学模型 ……………………………………………………（95）
符号注释 ……………………………………………………………………………（96）
第5章　低产低效主控因素矿场评价方法 ……………………………………………（101）
5.1　开发效果评价指标 ………………………………………………………………（101）
5.2　储层伤害表皮系数分析 …………………………………………………………（118）
5.3　试井求取地层伤害总表皮系数的数学模型 ……………………………………（124）
5.4　各种拟表皮系数计算数学模型 …………………………………………………（128）
5.5　计算表皮系数的关键参数 ………………………………………………………（138）
5.6　表皮系数分解及应用 ……………………………………………………………（143）
符号注释 ……………………………………………………………………………（152）
第6章　低产低效预防注采系统优化与调整技术 ……………………………………（158）
6.1　井网方式最优化 …………………………………………………………………（158）
6.2　水驱压力控制最优化 ……………………………………………………………（160）
6.3　井网系统与人工裂缝优化配置研究 ……………………………………………（162）
6.4　注采动态参数优化 ………………………………………………………………（170）
6.5　注采井网调整对策研究 …………………………………………………………（173）
6.6　注水方式调整 ……………………………………………………………………（176）
符号注释 ……………………………………………………………………………（180）
第7章　水窜水淹深部整体调控技术 ……………………………………………………（182）
7.1　水窜通道模糊识别技术 …………………………………………………………（182）
7.2　深部调控选井 I_{DPI} 决策技术 ……………………………………………………（192）
7.3　低渗透油藏水窜水淹深部调控剂体系 …………………………………………（199）
7.4　低渗透油藏深部调控多级井间化学示踪监测技术 ……………………………（203）
符号注释 ……………………………………………………………………………（215）
第8章　储层重复压裂改造优化决策技术 ……………………………………………（220）
8.1　缝内转向压裂技术条件 …………………………………………………………（220）
8.2　重复压裂应力场 …………………………………………………………………（221）

8.3 裂缝起裂与延伸规律 ……………………………………………………………… (225)
8.4 配套技术 ……………………………………………………………………………… (234)
符号注释 …………………………………………………………………………………… (250)
第9章 水力脉冲波协同多氢酸酸化解堵技术 …………………………………… (252)
9.1 水力脉冲波协同作用下酸岩反应溶蚀动力学机理研究 ………………………… (252)
9.2 水力脉冲波协同作用下多氢酸酸化解堵动力学模型 …………………………… (258)
9.3 矿场应用 ……………………………………………………………………………… (275)
符号注释 …………………………………………………………………………………… (277)
第10章 超声波—化学复合解堵技术 ………………………………………………… (279)
10.1 超声波—化学复合解堵效果评价 ………………………………………………… (279)
10.2 超声波解堵主控因素及其影响规律 ……………………………………………… (304)
10.3 超声波近井处理选井选层标准与原则 …………………………………………… (316)
第11章 低产油井间歇抽油技术 ……………………………………………………… (319)
11.1 间歇抽油理论基础 ………………………………………………………………… (319)
11.2 间歇抽油实例分析 ………………………………………………………………… (323)
第12章 储层伤害研究新进展:疏松砂岩稠油油藏注蒸汽热采储层高温伤害机理及其数值化模拟技术 ……………………………………………………………………… (338)
12.1 稠油注蒸汽储层高温伤害机理研究 ……………………………………………… (338)
12.2 稠油油藏含黏土三维多孔介质模型 ……………………………………………… (371)
12.3 稠油油藏注汽高压井储层伤害模型研究 ………………………………………… (395)
第13章 低产低效诊断与治理技术发展展望 ………………………………………… (428)
13.1 低产低效机理诊断评价数值模拟技术 …………………………………………… (428)
13.2 沥青质沉积吸附造成的储层伤害特征研究 ……………………………………… (428)
13.3 低产低效机理诊断评价智能决策技术 …………………………………………… (432)
13.4 低产低效预防技术 ………………………………………………………………… (433)
13.5 低产低效井(区)治理技术 ………………………………………………………… (433)
参考文献 ………………………………………………………………………………… (436)

第1章 概　　论

近年来,国内石油探明储量大部分已投入开发,许多油田开发相继进入中后期,部分油田产量递减明显,大量油井由于高含水或低产液而处于低效或无效益生产,各油田已从产量第一向效益第一转变,对于低效井的治理力度逐年加大,从井的静态特征到开发历史综合分析低产低效井的成因,运用综合技术措施对低产低效井进行治理,并运用经济评价手段对低产低效井的治理进行评价,油田开发效益不断得到提高,但随着油藏品位的不断下降,油水井低产低效问题日益严重,治理难度越来越大,低产低效井的诊断、预测、评价和高效治理更加受到业界的高度重视,相关理论与技术的研究正在不断地向前发展[1-26]。

1.1 低产低效井的判别

1.1.1 新井低产低效井的判别

新井低产低效井的判别主要是应用新井经济极限初产油量来计算。新井经济极限初产油量是指在一定的技术、经济条件下,当油井在投资回收期内的累积产值等于同期总投资、累积年经营费用和必要的税金之和时,该井所对应的初期日产油量称为油井的经济极限初产油量。

1.1.2 老井低产低效井的判别

老井低产低效井的判别采用老井经济极限含水来计算。老井经济极限含水是指油井开发到一定的阶段,其含水上升到某一数值或产油量下降到某一数值时,投入与产出达到平衡,如果含水再升高、产油量再下降,油田开发就没有利润了,油井此时的含水称为经济极限含水。

1.1.3 低产低效井的判别标准

在判断过程中充分考虑到新井和老井的特点以及瞬时产量的代表性,制订了符合实际的新井、老井低效井判别标准。

1.1.3.1 新井低产低效井的判别标准

单井初产低于经济极限初产;油井产量在经济极限初产界限以下处于稳定递减状态;若油井后期实施增产措施以后,产量高于初产界限,并且生产较为稳定,则不属于低效井。

1.1.3.2　老井低产低效井的判别标准

单井综合含水超过经济极限含水；油井产量在关井界限以下处于稳产状态或稳定递减状态；若油井产量在界限以下，但产量处于稳定上升阶段，则不属于低效井；油井因生产措施或其他原因，当月生产不正常，导致产量低于关井界限，而其他时间产量较高时，不属于低效井。

1.2　低产低效井的分类

在低产低效井的治理方面，只有加强对低产低效井形成原因的认识，增强对低产低效井的分类管理，才能进行有针对性的治理。按照不同的分类方法可以对低产低效井进行不同的分类。某油田根据实际生产经验，对油水井低产低效按其形成原因进行了分类，如图1.1和图1.2所示。通过有效分类，加深了对低产低效井形成原因的认识，实现了对低产低效井的有效管理，并采取有针对性的治理方法，建立起了低产低效井的效益评价管理体系[27-38]。

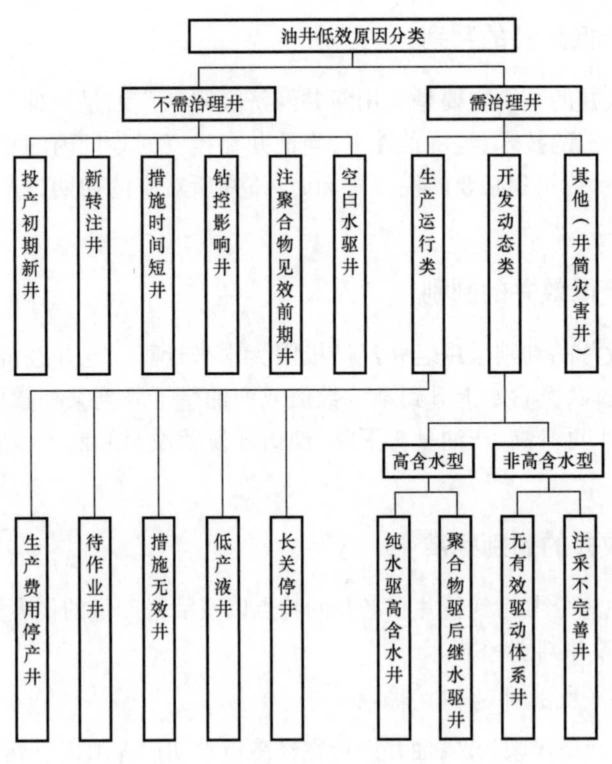

图1.1　油井低产低效原因分类构成图

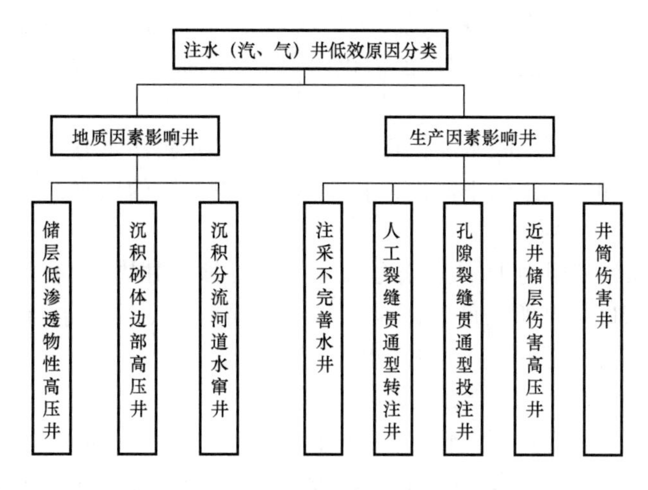

图1.2 水井低效原因分类构成图

1.3 低渗透油藏低产低效开采特征与主控因素

1.3.1 开采特征

(1)油层孔喉细小,比表面积大、渗透率低。

低渗透储层或由于近源沉积,碎屑物质分选程度差;或因为远源沉积,岩石颗粒细,以及成岩压实和胶结作用,使之油层孔隙小、喉道细、比表面积大、渗透率低。低渗透油层以小微孔隙和细微细喉道为主,储层孔喉细小,比表面积大,不仅直接形成了渗透率低的结果,而且是低渗透油层一系列开采特征的根本原因。

(2)渗流规律不遵循达西定律,具有启动压力梯度。

低渗透储层由于孔喉细小、比表面积和原油边界层厚度大、贾敏效应和表面分子力作用强烈,其渗流规律不遵循达西定律,具有非达西型渗流特征。渗流直线段的延长线不通过坐标原点(达西型渗流通过坐标原点),而与压力梯度轴相交,其交点即为启动压力梯度,渗透率越低,启动压力递度越大。

(3)弹性能量小,利用天然能量方式开采压力和产量下降快。

低渗透油田由于储层连通性差、渗流阻力大,一般边底水都不活跃,弹性能量很小。除少数异常高压油田外,弹性阶段采收率只有1%～2%,溶解气驱采收率也不高。在消耗天然能量方式开采条件下,地层压力大幅度下降,油田产量急剧递减,生产管理都非常被动。

(4)产油能力和吸水能力低,油井见注水效果缓慢。

低渗透油层自然生产能力很低，甚至没有自然产能，一般都要经过压裂改造后才能正式投产。即使经压裂改造，其生产能力也都很低，采油指数一般只相当于中高渗透油层的几十分之一。

低渗透油层注水井不仅吸水能力低，而且启动压力高，注水井附近地层压力上升很快。甚至井口压力和泵压达到平衡而停止吸水。不少油田的注水井因注不进水而被迫关井停注，或转为间歇注水。

由于低渗透层渗流阻力大，大部分能量都消耗在注水井周围，油井见注水效果程度差。比如在250～300m井距条件下，一般注水半年至1年后油井才能见到注水效果，见效后油井压力、产量相对保持稳定，上升现象很不明显。

(5)油井见水后产液(油)指数大幅度下降。

由于油水黏度比和岩石润湿性等多种因素的影响，低渗透油井见水后产液(油)指数大幅度下降。比如某低渗透油藏当含水达到50%～60%时，无量纲产液指数只有0.4左右，无量纲采油指数更低，只有0.15。低渗透油层的这种特性，对油井见水后的提液和稳产造成极大的困难。

(6)裂缝性低渗透砂岩油田，沿裂缝方向油井水窜、水淹严重。

我国带裂缝的砂岩油田其基质岩块绝大多数都是低渗透油层，构成裂缝性低渗透砂岩油田。这类油田注水井吸水能力高，沿裂缝方向的油井水窜、水淹现象十分严重。有的油田在注水井投注几天甚至几小时后，相邻的油井即遭到暴性水淹。但裂缝具有双重性作用，调整、控制得当，也可取得较好的开发效果。

1.3.2 高含水低效主控因素

造成油井高含水的原因比较复杂，有工程原因，也有地质原因，有先天原因，也有后天原因。具体因素除了以上开采特征中描述的以外，还有以下原因：

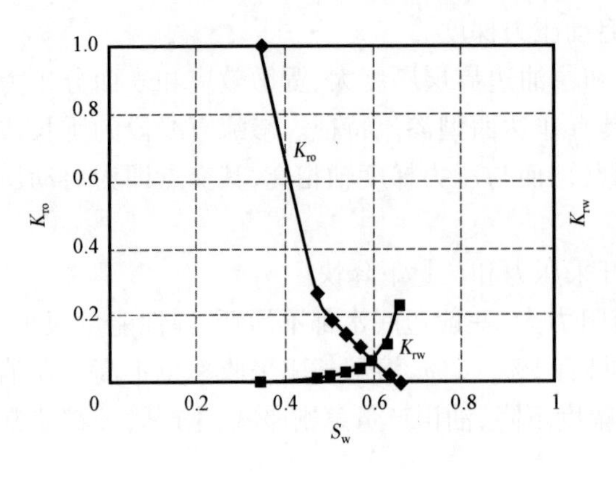

图1.3 X163井储层平均油水相对渗透率曲线

(1)油水分异较差，油水混储，初期油井含水高。

低产低效井大多以特低孔隙度、特低渗透率储层为主，而且孔喉半径小，排驱压力高，不利于油水在储层中渗流，加之地层较平缓，所以油水分异较差。如图1.3所示某特低渗透油藏典型相对渗透率曲线，油水分布特点是“油水混储”，油井压裂后油水共同产出，新井含水率一般达到60%～80%。

(2)油水层间隔层薄和生产压差不

合理导致的高含水。

油、水层之间虽然存在天然不渗透隔层，但由于隔层厚度小，经过长时间的开采，底水发生锥进后很容易穿过隔层而进入油层，抑制剩余油的采出；部分油井开采过程中在生产压差的作用下，随着地层水对套管外固井水泥环的冲刷，存在薄弱点的水泥环很容易受损，从而导致底水沿管外窜进入生产井段。因此，对此类井治理的关键是既要对层间底水上窜的通道进行封堵，同时还要对管外窜槽进行封堵，从而彻底解决油井高含水的问题。

(3)地质原因造成的高含水。

高含水井的成因从地质条件分主要有：主力油层水淹、多层水淹、裂缝性水淹、见地层水、平面矛盾、油层薄等。根据投产时间将区块划分为老区与外围，其中老区高含水井的主要形成原因是主力油层水淹、多层水淹，外围区块高含水井主要由裂缝性水淹及见地层水造成的。由主力油层水淹、平面矛盾造成的高含水井大部分具有接替层，综合含水波动性大；裂缝性水淹以见地层水造成的高含水井具有投产后短期内即见水，且含水率很快达到100%。

国内多数低渗透油层天然微裂缝普遍比较发育，注水井吸水能力高，沿裂缝方向的油井水窜、水淹现象十分严重。有的油田在注水井投注几天甚至几小时后，相邻的油井即遭到暴性水淹。天然裂缝发育的油田，由于裂缝系统和基岩物性差异很大，当不断提高注水井注入压力或油井关井造成憋压时，裂缝成为渗透性很强的渗流通道，导致沿裂缝方向向油井水淹，从而引起油井的暴性水淹。主要的特征是油井在测压力恢复时，压力恢复曲线在关井一段时间压力出现急剧上升，压力恢复出现突变。人工裂缝油藏注水后，注入水很容易沿裂缝窜进，使沿裂缝方向上的采油井见水快，油藏含水上升快，可能在很短的时间内就进入高含水阶段，而位于裂缝两侧的油井见效慢，压力恢复慢。因此裂缝在注水开发过程中会导致严重的平面矛盾，使油井注水见效及水淹特征具有明显的方向性。

(4)油源不足导致油井高含水。

油源不足是有些油田高含水的主要原因，主要依据总结有以下几点：研究区内烃源岩条件相对较差，生油条件差；原始含油饱和度相对较低；油气运移条件差是油田高含水的重要原因；固井质量差，窜槽严重也是油井高含水的原因。

除了上述原因外，油井高含水还有以下次要或不常见原因：油井位于油水过渡带上；采油速度过高，导致边水突进、底水锥进；地层压力下降较大，注水强度过高；套损及其他工程因素。

1.3.3　低产液低效主控因素

1.3.3.1　地质因素

(1)储层平面非均质性。

平面非均质性既包括单油层渗透率的非均质性，也包括油层砂体平面分布的形态和连续性。从储层平面上看，在同一沉积时期，由于距离盆地沉降中心或物源远近不同等原因，造成砂体不同部位的物性存在差异。砂体形态越复杂，平面非均质性越严重，水驱阻力越大，油水井间的渗流特性差异越大，油井受效越差，越容易形成低产井。在注水开发过程中，水线在不同方向上推进速度不同，导致物性较好方向上的油井水淹，而物性差的区域油层动用程度差，易形成低产低效井。

(2)剖面非均质性。

剖面非均质性是指单油层内部及多油层层间储层物性变化。沉积韵律是造成层内非均质性的主要原因。注水开发过程中，不同沉积韵律，造成岩性、物性变化快，具有较强的层内非均质性，易导致注入水沿高渗透层突进。对于正韵律油层，注入水首先沿底部高渗透带向前突进使底部水淹，注入水波及体积小，层内储量动用状况极不均匀；而反韵律油层，注水首先沿上部高渗透层段向前推进，同时在重力作用下，注入水进入底部低渗透层段，使油层纵向水驱均匀。从层间上看，由于沉积环境变化导致层间物性差异大，表现为各层开采速度不一致，高渗透层采油强度大，含水上升速度快，低渗透层采油强度低，注水难以见效，使开发效果受到影响。分层开采不平衡的根本原因是层间渗透率的差异，导致层间采出量或注入量也不同。

(3)构造、断层因素。

如果油井处于构造高点，由于重力作用，注入水推进速度相对较慢，导致油井受效差，易形成低产低效井；同样，由于受断层的遮挡，注水方向单一，连通不好或不连通，也会造成单层注采关系不完善，产生低产井。

(4)单砂层注采关系完善程度。

通过分析油水井射孔对应状况，分析是否存在有采无注或无注无采情况，分析油水井射孔层位性质，是否存在薄注厚采或低注高采现象，这两方面的存在都会产生低产井。

(5)注采井距适应性。

以国内某低渗透油藏为例，在驱动压差 13MPa 的情况下，不同沉积相的储层动用程度受注采井距的影响。三角洲外前缘Ⅳ类表外储层注采井距要达到 109m 才能动用；三角洲外前缘Ⅲ类表外储层注采井距要达到 193m 才能动用；三角洲外前缘Ⅱ类表外储层动用注采井距为 300m；三角洲外前缘Ⅰ类表外储层动用注采井距为 350m。因此，如果注采井距过大，水驱阻力大，压力传导慢，油层动用所需的注采压差大，导致油井受效差或不受效，易形成低产液低效井。

(6)在油水边界或者水淹区的调整井形成低产液低效井。

油田由于不断完善内部井网，以及其处于持续的加密阶段，其中在油水边界附近或者水淹区所钻下的调整井在投入生产的初期含水率就非常高，就算初始含水率不高，但是其含水率的上升速度非常快，短时间内即造成高含水率和低效产油，多数会由于含水率过高关停。由于这类井的生产时间短，累计产油少是其低产低效的主要生产特征。由于出力差的小层或纵向上存在未出力的层段,并且还可能出现未射开小层的情况,因此其中的部分低产井还具有一定的潜力。

(7)岩性尖灭区、断层区附近形成的低产井。

这部分油井的地理位置的特点是:油井砂体位置特殊,所处构造位置也是很特殊,由于物性差、油层薄,最终导致了这部分区域的油井产能低,进而形成了低效开发井。普遍产能低、产液量低、动液面深是这类低产低效井的特点。当然,还有一个特点就是,这些井的含水也相对较低。由于这类低产井存在着"先天不足"的缺陷,因此其后期调整难度也较大。

1.3.3.2 开发因素

(1)注采井网不完善和地层能量低导致的低产井。

一是油藏边部局部区域由于油层连续性差,注水井网不完善,水驱控制程度低,地层能量保持水平低,注水见效程度低,油井低产;二是依靠自然能量开采,无注水对应导致地层能量散失,油井低产。

(2)平面上注水单向突进导致油井含水高低产。

某些储层局部裂缝及高渗透带的存在,使得水驱单方向突进,造成相应油井水淹,采出程度低对应注水井吸水剖面反映为尖峰状或指状,吸水侧向水驱状况差,油井注水不见效削弱了井网对储量的控制程度。

(3)注水井长期欠注导致油井低产。

受沉积的影响,有些油田储层剖面非均质性严重,剖面上启动压力梯度差异大,层间矛盾突出,由于部分区域地层物性差,水井达不到配注,造成井组油井低产,由于注水井长期欠注,地层能量下降导致油田油井低产低效。注水开发过程中表现为物性好的区域,注水见效程度高;而物性差的区域,注水见效缓慢,地层能量不足,油井低产低效。

(4)储层伤害堵塞造成油井低产。

油田经过注水开发后,目前遇到的最大问题是油水井普遍堵塞严重,而且堵塞类型多样,已经严重地影响着油田增产稳产措施的实施,油井产液量和产油量较低,油田产量递减快,稳产难度大,虽然曾采用过压裂等增产措施,但都未能从根本解决油井堵塞问题。

1.3.3.3 井身问题低产低效主控因素

(1)套损造成油井低产。

油水井套管长期受构造应力、上覆地层压力、射孔、生产层压力变化、油水井增产增注措施对套管摩擦、油水井注入产出水腐蚀等因素的影响,油水井套管出现不同程度的损坏或处于套管损坏量变过程。套管损坏会引起油井生产过程中产量下降。套损类型主要有机械损伤和腐蚀。机械损伤一般表现为管柱变形,变形包括扩径、缩径、椭圆、弯曲和错断;腐蚀分为内腐蚀和外腐蚀,其中外腐蚀是套损的主要类型,内腐蚀和结垢属于次要套损类型,变形、错断和接箍脱落属于少数套损类型。

(2)抽油机井杆管偏磨造成油井低产。

随着油田含水的逐渐上升,杆管偏磨造成抽油机井检泵作业井数的比例逐年增加。在深层低渗透油田,由于注水效果不明显,油层亏空,压力降低,动液面下降,为了保持产液量,泵挂深度加深,抽油杆下行程受到的向上的力加大,抽油杆受压失稳弯曲,偏磨问题加重。在抽油机井采油系统中,杆管偏磨分为机械磨损和腐蚀磨损两种,机械磨损是抽油杆柱、油管柱失效的最主要原因。机械磨损主要包括井身结构的限制、杆柱失稳、杆柱弹性变形等;腐蚀磨损是抽油机井采油系统中杆管磨损的另外一种磨损形式,这种形式主要体现在油田的开发后期。随着我国老油田的不断深入开发,油液中的含水量大大地增加,部分油田含水达到90%以上,含水量的增加也带来了产出液的物性变化,腐蚀加速了杆管磨损。

(3)固井质量差造成油井低产。

固井是油水井建井过程中的重要环节,固井质量的好坏将直接影响到井的使用寿命,将影响到整个注采期间能否顺利进行生产。对于采油井,如果固井质量不好导致生产层间以及生产层与非生产层间窜通,如果是水窜,那么采液中的含水量升高,将造成能源的浪费;如果是油窜,按规划不该采的层系被动用,将影响整个采油规划的实施。对于注水井,如果固井质量不好导致注入水乱窜,影响注入效果,还将破坏一个区域的地应力平衡,引起大面积的套管损坏,造成巨大的浪费。

(4)泵况差造成油井低产。

大部分油井的泵效差造成油井低产,常规抽油泵由于受泵的结构及加工技术的限制,泵径不能做得更小,排量与油井供液不匹配;同时,抽油泵的下泵深度又受到泵径的限制,导致抽油系统供、排油不协调,“大马拉小车”的问题突出。泵况差主要分为以下两种情况:漏失时间长,导致井区内注水井吸水状况变差;油井漏失后,地层压力逐渐上升,生产压差缩小,导致连通注水井吸水能力下降,尤其是吸水量过低,进入冬季后易冻井,放溢流不利于环保,挤火油又增加生产成本;低产泵况问题加大了机采井井筒管理难度。井筒管理难度大,低产井出现问题后流速降低,结蜡速度加快,洗井周期变短,井筒内部管理起来难度增大,出现问题后需进行大量的维修费用,且生产周期变短,管理起来难度增大。

1.4 低渗透油藏低产低效井治理潜力分析

1.4.1 低渗透油藏低产低效井的对策分析

1.4.1.1 新区新井

(1)做好开发准备的前期工作,深化开发的风险性分析。

主要是对区块的物质基础做出风险性分析，为下步能否建产能提供决策依据，对品位极差的储量应暂缓编制开发方案；对储量不落实、储层认识不清的区块不盲目建设；对工艺技术不过关、不配套的区块不急于建设；对地面条件差、投资大的区块暂不规划建设。

(2)油藏开发方案编制工作中要重点加强井位优化。

(3)开发方案的实施中应及时跟踪调整。

(4)依靠科技进步和加强管理。

1.4.1.2 老区新井

处于高含水开发期的老油田，由于整体调整潜力减少，后期控制和减少低效井的主要工作是通过老区精细油藏描述，加强加密调整井的优化和管理。要严格实行不增加经济可采储量、不改善水驱状况、预计低于经济极限初产的油井坚决不打的原则。

1.4.1.3 老区老井

针对老区老井的具体情况，应作好以下几方面工作：降低成本，使部分低效井经济有效开发；加大科技创新力度，将有潜力的低效井变为有效井和高效井；加强油水井监控，适时关停并转无潜力的低效井。

1.4.2 关停低产低效油井综合治理潜力分析及治理界限

在低渗透油藏开发过程中，一些油井会因逐步失去经济产能而被迫关停。对关停油井综合治理潜力分析及治理界限的研究，即关停油井经济潜力和开发潜力的评价方法和治理界限的研究，目前国内外还没有形成完整系统的理论和方法。

在国外，经济评价方法是通过地质评价和经济评价研究建立地质经济评价模型，来评价油气田的分布及潜力，为开发项目投资决策提供科学依据。国外油田开发经济评价是伴随着项目评估理论与方法的成熟而逐渐发展起来的。在20世纪80年代，美国等一些国家已经把油气勘探开发项目的经济评价划分为三个方面，即经济评价、财务评价和社会评价。90年代末，美国石油工程学会在油田勘探开发项目经济评价方面提出了一些新的理论和研究方法，在《油田经济动态分析》一书中提出了经济极限产量以及对油田相应成本的预测提供了方法。目前，国际石油勘探开发项目技术经济评价已不单单是对经济效益的计算，而是把风险评估也结合进来。但是，这些开发经济评价理论和方法都是针对不同国家地区的油田开发而确定的，因此对评价的方法、评价参数的选取、评价的步骤等方面都会有所不同。所以，难以用一个系统的理论方法来确定各个国家、地区、不同油田、不同油井的再开发潜力，必须要结合各国家和各地区油田的开发及开采特点，研究出符合不同油田开发规律和经济规律的系统的开发经济评价理论和研究方法。

在国内，对油田开发项目经济评价的研究及应用起步较晚。在20世纪80年代，国内石油届对项目经济评价方面的研究比较少。90 年代初期，由计划经济向市场经济转轨后，对这方面的研究有了很大的进展。在中国石油重组改制上市后，油田对经济评价方法开始重视起来，对其进行不断完善。1994 年，中国石油天然气总公司颁布了《石油工业建设项目经济评价方法与参数》，1998 年对油田经济效益的研究在各油田相继展开；2001 年，中国石油天然气股份有限公司重新制订了《建设项目经济评价方法与参数》，为油田开发经济评价的应用提供了一定的依据，标志着国内在此领域的评价体系逐步走上正轨。其中，作为油田开发经济评价的重要内容，在单井经济界限的研究方面，针对不同油区开发生产实际，依据不同的理论基础和原理，研究建立了单井经济极限产油量、经济极限含水和关停低效井的经济标准。比如，针对油区高含水阶段，从经济效益的角度出发，依据盈亏平衡原理，同时考虑税金、成本上升率等因素，建立经济极限含水的定量关系式，从常规成本、最低成本条件下对经济极限含水进行了测算验证；通过注采平衡关系以及投入和产出的平衡关系，建立注水开发油田油井在高含水期的经济含水极限计算模式，评价高含水井关井时机；利用盈亏平衡原理，根据油田实际开发资料，建立单井产量界限、关井含水界限、措施井实施界限等经济界限模型，并对无效井提出了相应的治理措施；在考虑年产液量、年产油量、吨油费用、吨液费用、吨注水量费用、吨油税金等因素的前提下，应用盈亏平衡原理建立经济极限产量与经济极限含水模型，从而来确定关井界限、预测经济可采储量；针对具体油田开发实际，研究制订了单井经济极限产量、极限含水、措施经济极限增油量的标准图版，便于单井效益分析及措施效益的快速评估；应用技术经济学原理和油藏工程方法，通过对固定成本和可变成本进行划分，以成本、产量和税金的关系为基础，给出油井的产量界限、成本界限模型及各项经济极限指标，为油田有效开发提供了评价手段；针对油田开发特点及开发油田不同增产措施的经济界限模型，应用微观经济学原理，结合油田开发生产的特点，建立加密井增油界限和关井经济界限的定量决策模型。总之，长期以来，国内外石油界对于低渗透油田开发的经济界限的研究一直比较重视，但由于油层条件的差异性，油田开发阶段的不同造成油井产能和含水的区别，目前国内外对这领域还没形成统一的认识和理论，对经济界限和开发潜力的判别标准也不同[39-51]。

从单井经济技术界限及开发潜力研究的方法来看，目前国内外一致采用技术经济学原理和油藏工程方法，也就是应用盈亏平衡原理和产量递减规律来研究。根据油田的开发特点，应用盈亏平衡原理可以分别给出不同油井的产量界限、含水界限、成本界限模型以及各项经济极限指标，此模型可以准确地给出油田开发过程中单井经济界限指标。

对于关停井潜力分析及治理界限研究，即关停井开发潜力评价方法及措施治理界限的研究，国内外油田常用的评价方法一般都是应用模糊数学理论、多元线性回归方法以及数理统计原理等形成的综合评判方法。由于各个油田的开发情况不同，对于关停井的潜力分析及治理方法还没有完全形成系统的理论认识与规范的配套技术。

第2章　低渗透油藏低产低效成因

低渗透储层实际开发时具有较大的渗流阻力，自然产能效果差，地层发生注不进、采不出等各种情况，严重影响了油井的产能，造成这种油井低产低效现象的原因主要有地质因素和工程因素。其中，地质因素包括储层的沉积微相、非均质程度、井网及地层各向异性、成岩作用、岩石类型、渗透率、含油饱和度和地层压力等。工程因素包括井网形式、开发方案和施工因素等。本章将从地质因素和工程因素两方面对低渗透油藏低产低效井的成因进行深入的分析，只有明白低产低效井的影响因素，才能找到适合的治理措施，使油田尽快恢复有效益生产[52-58]。

2.1　低产低效储层地质成因

由于沉积环境、物源方向、水动力条件和成岩作用等的影响，以及在油田开采过程中采用的不同的布井方式、多套井网开发等措施，使储层在岩性、物性、产状和内部结构等方面都有极不均匀的变化和显著差异，使得层间、层内干扰严重，形成了储层的非均质性。

本节从储层的沉积环境、注采井网的适应性、储层的非均质性以及成岩作用等地质因素进行详细分析，研究每一种因素对低产低效井形成的影响范围和程度，以便根据不同的适应状况、不同的现井网条件、不同的剩余油分布特点，采取不同的调整方式，恢复油井高效能生产。

2.1.1　沉积微相与产能的关系

2.1.1.1　沉积相与微相的划分

目前比较普遍的认识是沉积相应包含沉积环境和沉积特征这两方面的内容，把沉积相理解为沉积环境及在该环境中形成的沉积岩特征的总和。沉积环境是沉积岩特征的决定因素，沉积岩特征是沉积环境的物质表现。

沉积岩特征包括：岩性特征（岩石的颜色、物质成分、结构、构造、岩石类型及组合）和古生物特征（生物的种属和生态）以及地球化学特征。

此处涉及另外一个概念——岩相，即一定沉积环境中形成的岩石或岩相组合。因此，岩相是构成沉积相的主要组成部分。

如表2.1和图2.1所示，按沉积环境可以将地层的沉积相划分为三个相组，即陆相组、海相组和海陆过渡相组，然后根据次级环境和沉积物特征划分相、亚相、微相。

表 2.1 沉积微相划分表

相组	Ⅰ陆相组	Ⅱ海相组	Ⅲ海陆过渡相组
相	残积相 坡积—坠积相 山麓—洪积相 河流相 湖泊相 沼泽相 沙漠相 冰川相	滨岸相 浅海陆棚相 半深海相 深海相	三角洲相 潟湖相 障壁岛相 潮坪相 河口湾相

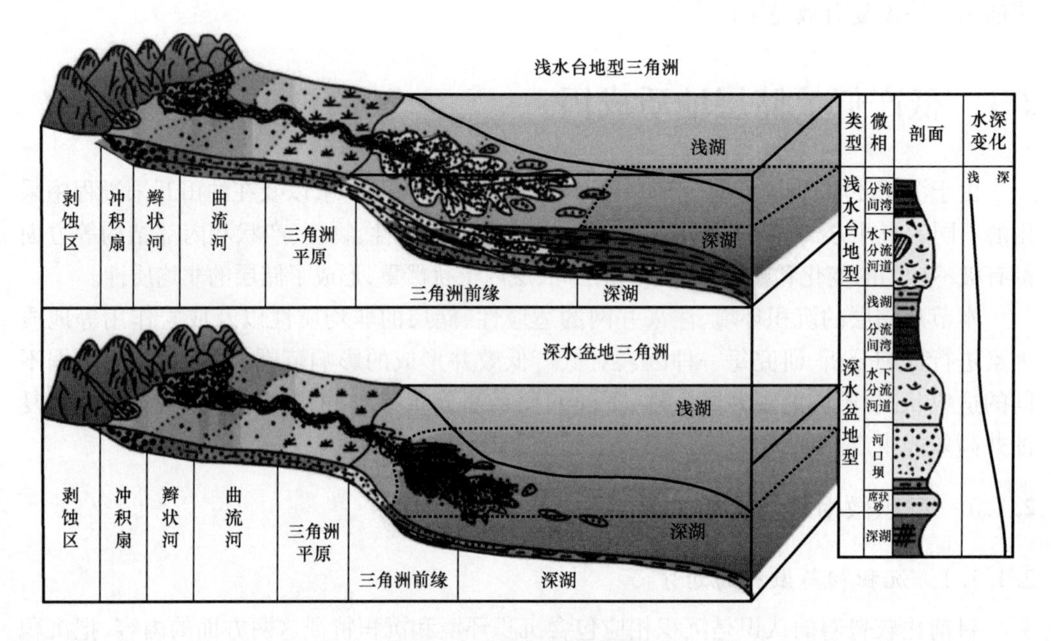

图 2.1 沉积相地层剖面图

国内低渗透油田常见的是河流相和三角洲相沉积相。

2.1.1.1.1 河流相

河流一般包括平直河、曲流河、辫状河和网状河，其中，根据环境和沉积物特征可将曲流河相进一步划分为河床亚相、堤岸亚相、河漫亚相和牛轭湖亚相。

(1)河床亚相。

河床是河谷中经常流水的部分，即平水期水流所占的最低部分。其横剖面呈槽形，上游较窄、下游较宽，流水的冲刷使河床底部显示明显的冲刷界面，构成河流沉积单元的基底。

河床亚相又称为河道亚相,其岩石类型以砂岩为主,次为砾岩,碎屑粒度是河流相中最粗的,层理发育,类型丰富多彩。缺少动植物化石,仅见破碎的植物枝、干等残体,岩体形态具有透镜状,底部具有明显的冲刷界面。

河床亚相可进一步划分为河床滞留沉积微相和边滩沉积微相。

① 河床滞留沉积微相。河床中流水的选择性搬运,细粒物质悬浮和带走,而将上游搬来的或就近侧向侵蚀河岸形成的砾石等粗碎屑物质留在河床底部,集中堆积成不连续的透镜体,称为河床滞留沉积。其特点是:

ⅰ. 以砾石等粗碎屑物质为主,砂、粉砂极少。

ⅱ. 砾石成分复杂,源区砾石居多,亦有河床下伏岩层的砾石。

ⅲ. 砾石常具叠瓦状定向排列,倾向上游。

ⅳ. 砾岩很难形成厚层,一般呈透镜状断续分布于河床最底部,向上过渡为边滩或心滩沉积。

② 边滩沉积微相。又称为"点沙坝",是曲流河中主要的沉积单元,是河床侧向迁移和沉积物侧向加积的结果。

因曲流河河床中水流对沉积物的搬运以底负载搬运(滚动和跳跃)方式为主,故边滩沉积的特点是:

ⅰ. 岩性以砂岩为主,矿物成分复杂,成熟度低,不稳定组分多,长石含量高。如陕北保罗系河床亚相砂岩,长石含量可高达49%以上。

ⅱ. 垂向上,自下而上常出现由粗至细的粒度或岩性正韵律。

ⅲ. 层理类型主要为水流波痕成因的大、中型槽状或板状交错层理,间或出现平行层理。

(2)堤岸亚相。

垂向上常发育在河床沉积的上部,相对河床亚相而言,属顶层沉积。与河床沉积相比,其岩石类型简单,粒度较细,以小型交错层理为主。进一步可分为天然堤沉积微相和决口扇沉积微相。

① 天然堤沉积微相。河流在洪水期因水位较高,河水携带的细、粉砂级物质溢出河道沿河床两岸堆积,形成平行河床的砂堤,称为天然堤。天然堤的地貌特征:

ⅰ. 它高于河床,并把河床与河漫滩分开。

ⅱ. 天然堤两侧不对称,向河床一侧坡度较陡。

ⅲ. 每次随洪水上涨,天然堤不断加高,其高度范围与河流大小成正比,最大高度代表最高水位。

ⅳ. 弯曲河流的凹岸天然堤一般发育较好,凸岸天然堤逐渐变为边滩的上部。

在较小河流中,天然堤和边滩上部交互出现,很难分开。天然堤具有如下沉积特征:

ⅰ. 主要由细砂岩、粉砂岩、泥岩组成，粒度比边滩沉积细，比河漫滩沉积粗。

ⅱ. 垂向上突出的特点是砂、泥岩薄互层。

ⅲ. 层理构造以小型波状交错层理、上攀交错层理、槽状交错层理为特征。

ⅳ. 垂向序列是：上部泥质岩发育水平纹层，下部砂质岩发育交错层理。

ⅴ. 天然堤常间歇性出露水面，故常发育有钙质结核，泥岩中可见干裂、雨痕、虫迹以及植物根等。

ⅵ. 岩体形态沿河床两侧呈弯曲的砂垄。随着河床迁移，凸岸天然堤随边滩不断扩大、增长，形成覆盖边滩之上的盖层，故古代天然堤岩体呈面状分布。

② 决口扇沉积微相。如果天然堤不被破坏，河床随沉积物迅速增厚而升高，最后反而高出旁侧的河漫滩，洪水期河水冲决天然堤，部分水流由决口流向河漫滩，砂、泥物质在决口处堆积成扇形沉积体，称为决口扇。附属于河床之侧，与天然堤共生。

决口扇沉积的特点是：

ⅰ. 主要由细砂岩、粉砂岩组成，粒度比天然堤沉积物稍粗。

ⅱ. 具有小型交错层理、波状层理及水平层理，冲蚀与充填构造常见。

ⅲ. 常有河水带来的植物化石碎片。

ⅳ. 岩体形态呈舌状，向河漫平原方向变薄、尖灭，剖面上呈透镜状。

(3)河漫亚相。

河漫亚相是平原河流的亚相类型，位于天然堤外侧，地势低洼而平坦。洪水泛滥期间，水流漫溢天然堤，流速降低，使河流悬浮沉积物大量堆积。由于它是洪水泛滥期间沉积物垂向加积的结果，故又称为泛滥盆地沉积。

其沉积特点是：河漫亚相沉积类型简单，主要为粉砂岩和黏土岩，粒度是河流沉积中最细的；层理类型单调，主要为波状层理和水平层理；平面上位于堤岸亚相外侧，分布面积广泛，垂向上位于河床或堤岸亚相之上，属河流顶层沉积组合。

根据环境和沉积特征，可将河漫亚相进一步划分为河漫滩沉积微相、河漫湖泊沉积微相和河漫沼泽沉积微相。

① 河漫滩沉积微相。是河床外侧河谷底部较平坦的部分。平水期无水，洪水期水漫溢出河床，淹没平坦的谷底，形成河漫滩沉积。

河漫滩的发育与河谷的发育阶段有关。河谷发育初期，即河流幼年期，以侵蚀下切为主，河谷呈 V 字形，且主要为河床所占据；河谷发育的中后期，即壮年期和老年期，河流以侧向侵蚀为主，河谷加宽，河床在河谷中仅局限于较窄的部分，只有在这时，河漫滩才能较好地发育。

河漫滩沉积特点：

ⅰ. 以粉砂岩为主，亦有黏土岩的沉积，实际上，以泥岩为主。

ⅱ. 平面上距河床越远粒度越细，垂向上亦有向上变细的趋势，波状层理和斜波状层理(洪水层理)为主,亦见水平层理,可见不对称波痕。

ⅲ. 河漫滩常因间歇出露水面而在泥岩中保留干裂和雨痕。

ⅳ. 化石稀少,一般仅见植物碎片。

ⅴ. 岩体形态常沿河流方向呈板状延伸。

② 河漫湖泊沉积微相。在平原区的弯曲河流中,当河床因天然堤的围限和本身的沉积作用而逐渐抬高时,河床往往在一个比河岸两侧地形较高的“冲脊”上流动,洪水漫溢至两侧河漫滩上。洪水期后,低洼地区就会积水,加上冲脊上河床水平面高于两侧低地,亦构成低地积水区的地下水的源泉。因此,长期积水的低洼地带就形成了河漫湖泊。

河漫湖泊以黏土岩沉积为主,并有粉砂岩出现,是河流相中最细的沉积类型。其特点是:

ⅰ. 层理一般发育不好,有时可见到薄的水平纹层。

ⅱ. 泥岩中泥裂、干缩裂缝常见。

ⅲ. 干旱气候条件下,地下水面下降,表面急速蒸发,常形成钙质及铁质结核。干旱区,蒸发量增大,河漫湖泊形成盐湖,形成盐类沉积。在潮湿气候区的河漫湖泊中,生物繁茂,可形成丰富的有机质沉积,并可保存较完整的动植物化石。

③ 河漫沼泽沉积微相。河漫沼泽又称为岸后沼泽,是在潮湿气候条件下,河漫滩上低洼积水地带植物生长繁茂并逐渐淤积而成,或是由潮湿气候区河漫湖泊发展而来。在河流迅速侧向迁移的情况下,天然堤发育不良,洪水泛滥可形成广阔平坦的河漫沉积区,沉积物不仅有泥质,而且有大量砂质沉积,这时堤岸亚相与河漫亚相已无什么区别,故统称为泛滥平原沉积。

(4)牛轭湖亚相。

弯曲河流的截弯取直作用使被截掉的弯曲河道废弃,形成牛轭湖。截弯取直作用可有以下两种情况:

其一是“颈项取直”,即随着河流的弯度越来越大,形成很窄的“地峡”,这时可由一次特大洪水作用冲掉“地峡”,使河道取直;

其二是“冲沟取直”,或称为“串沟取直”,即沿着冲沟冲刷出一个新河床,使河道取直。

牛轭湖沉积特点:主要为粉砂岩及黏土岩,粉砂岩中具有交错层理,黏土岩中发育有水平层理,常含有淡水软体动物化石和植物残骸。岩体呈透镜状,延伸最大可达数十千米,厚可达数十米。

2.1.1.1.2　三角洲相

根据沉积环境和沉积特征,三角洲相可进一步分为三角洲平原亚相、三角洲前缘亚相和前三角洲亚相。表2.2为三角洲相划分表。

表 2.2　三角洲相划分表

三角洲类型	亚相	微相
扇三角洲	扇三角洲平原	分流河道、漫滩沼泽
	扇三角洲前缘	水下分流河道、水下分流河道间、河口坝、前缘席状砂
	前扇三角洲	前三角洲
辫状河三角洲	辫状河三角洲平原	辫状河道、越岸沉积
	辫状河三角洲前缘	水下分流河道、水下分流河道间、河口坝、远沙坝
	辫状河三角洲	前三角洲
正常三角洲	三角洲平原	分支河道、天然堤、决口扇、沼泽、淡水湖泊
	三角洲前缘	水下分支河道、水下天然堤、支流间湾、河口坝、远沙坝
	前三角洲	前三角洲泥、滑塌浊积扇

(1)三角洲平原亚相。

三角洲平原亚相为三角洲沉积的陆上部分,其范围是从河流大量分叉位置到海平面以上的广大河口区,是与河流有关的沉积体系在海滨区的延伸。

其沉积环境和沉积特征与河流相有较多共同之处,在一定程度上为河流相的缩影。岩性主要为砂岩、粉砂岩、泥岩(包括泥炭、褐煤等);砂质沉积与泥炭、褐煤共生是该亚相的重要特征;砂质碎屑的分选性差,粒度概率曲线与河流相近似;层理构造复杂,视环境不同而异,见雨痕、干裂、足迹等层面构造;生物化石少,且多为淡水动物化石和植物残体;岩体呈透镜状,横向变化大;分支河道和沼泽沉积构成该亚相的主体,这是与一般河流的重要区别。

三角洲平原亚相包括分支河道、陆上天然堤、决口扇、沼泽、淡水湖泊等沉积微相。

① 分支河道沉积微相。它的沉积特征与河流相的河床沉积基本相同。它构成了三角洲平原亚相沉积的骨架。其特点是:

ⅰ. 以砂质沉积为主,粒度比邻近的微相稍粗,分选差。

ⅱ. 河床可发育边滩或心滩。

ⅲ. 垂向上具下粗上细的间断性正韵律。

ⅳ. 常发育板状、槽状交错层理,具有不对称波痕及冲刷—充填构造。

ⅴ. 化石少见,最底部可见植物碎片。

ⅵ. 横剖面呈透镜状,沿河床呈长条状,故又称为河道沙坝。

② 陆上天然堤沉积微相。其沉积特点为:

ⅰ. 发育在分支河道两侧。

ⅱ. 以细砂和粉砂沉积为主,远离河床变细,泥质增多。

ⅲ. 常见各种波状层理及流水波痕。

ⅳ. 可见铁质结核和碳酸盐结核,少见植物碎片。

③ 决口扇沉积微相。

ⅰ. 洪水漫溢河床,冲破天然堤形成决口扇滩,可形成较大面积的席状砂层。

ⅱ. 比河床沉积细,与河流相决口扇沉积类似。

④ 沼泽沉积微相。

沼泽位于分支河道间的低洼地区,其表面接近平均高潮线。沼泽中植物繁茂,排水不良,为一停滞的还原环境。其沉积特征:

ⅰ. 深色有机质黏土、泥炭、褐煤,夹洪水成因的纹层状粉砂。

ⅱ. 富含保存完好的植物碎片。

ⅲ. 含有丰富的黄铁矿、蓝铁矿等自生矿物。

ⅳ. 当排水通畅时,黏土中的有机质不发育,并可见昆虫、藻类、介形虫、腹足类等化石。

ⅴ. 沼泽沉积约占三角洲平原亚相沉积的90%,这是区别于河流相的重要标志。

ⅵ. 广泛而稳定分布的层状有机质沉积可作为三角洲平原地层对比的标志层。

⑤ 淡水湖泊沉积微相。

ⅰ. 湖泊面积小,水体浅,通常为3~4m。

ⅱ. 主要为暗色有机黏土物质,并夹有泥砂透镜体。

ⅲ. 黏土岩具极好的纹理。

ⅳ. 可见黄铁矿、蓝铁矿,但不成结核。

ⅴ. 多见原地生长的软体动物贝壳,虫孔发育。

ⅵ. 河流支流注入时,小型湖成三角洲。

(2)三角洲前缘亚相。

其位于三角洲平原外侧的向海方向,处于海平面以下,为河流和海水的剧烈交锋带,沉积作用活跃,是三角洲砂体的主体。

可分为:水下分支河道、水下天然堤、支流间湾、分支河口沙坝、远沙坝、三角洲前缘席状砂等6个沉积微相。

① 水下分支河道沉积微相。水下分支河道为陆上分支河道的水下延伸部分。向海的方向,河道加宽,深度减小,分叉增多,流速减缓,堆积速度增大。其沉积特征为:

ⅰ. 以砂、粉砂为主,泥质极少。

ⅱ. 常发育交错层理、波状层理,并见有层内变形构造。

ⅲ. 冲刷—充填构造,但比陆上河道弱,至远岸处消失。

ⅳ. 垂直流向剖面上呈透镜状,侧向变为细粒沉积物。

② 水下天然堤沉积微相。它是陆上天然堤的水下延伸部分,为水下分支河道两侧的砂脊,退潮时可部分地出露水面成为砂坪。于近岸浅水河道处。其沉积特征为:

ⅰ. 极细的砂和粉砂(比水下分支河道细)。

ⅱ. 粒度概率曲线为单段或两段型,基本上由单一的悬浮总体组成。常具有少量的黏土夹层。

ⅲ. 流水形成的波状层理为主,局部出现流水的与波浪共同作用形成的复杂交错层理,有时可见植物碎片。

③ 支流间湾沉积微相。支流间湾为水下分支河道之间的海湾地区,与海相通。当三角洲向前推进时,在分支河道间形成一系列尖端指向陆地的楔形泥质沉积体,称为“泥楔”。

其沉积特征为:

ⅰ. 以黏土沉积为主,含少量粉砂和细砂。

ⅱ. 黏土岩多为弱还原色(杂色、灰绿、绿灰色、浅灰色等),具水平、水平波状、块状层理。

ⅲ. 砂质沉积多是洪水季节河床漫溢沉积的结果,常为黏土夹层或呈薄透镜状。

ⅳ. 砂质沉积具水平层理和透镜状层理,可见浪成波痕。

ⅴ. 可见生物介壳和植物残体等,虫孔及生物搅动构造发育,与水下分支河道、河口坝等微相共生。

④ 分支河口沙坝微相(分流河口沙坝)。位于水下分支河道的河口处,沉积速率最高,海水的冲刷和簸选作用,使泥质沉积物被带走,砂质沉积物被保存下来。

其沉积特征:

ⅰ. 由分选好、质纯净的细砂和粉砂组成。

ⅱ. 一般具明显的反韵律,顶部具波状突变面。

ⅲ. 具较发育的槽状交错层理,成层厚度为中、厚层,可见水流波痕和浪成摆动波痕。

ⅳ. 具气鼓(或胀)构造:河口沙坝随三角洲向海推进而覆盖于前三角洲黏土沉积之上,黏土中有机质产生的气体冲上来可形成气鼓构造;如果下面泥质层很厚,也可产生泥火山或底辟构造。

ⅴ. 生物化石稀少。

ⅵ. 三角洲废弃时,沙坝顶部可出现虫孔以及由河流和海洋搬运来的生物碎片。

⑤ 远沙坝微相。位于河口沙坝前方较远部位,又称为末端沙坝。其沉积特征是:

ⅰ. 比河口沙坝细,主要为粉砂,并有少量黏土和细砂。

ⅱ. 一般具反韵律。

ⅲ. 可发育有槽状交错层理、包卷层理、水流波痕和浪成波痕以及冲刷—充填构造等。

ⅳ. 结构纹层(粉砂和黏土)、颜色纹层(植物炭屑)较为特征,向河口方向;结构纹层增加,颜色纹层减少;向海方向则相反。

ⅴ. 远沙坝化石不多,仅见零星的生物介壳,可见虫孔。

ⅵ. 远沙坝多平行波浪(波峰线)窄带状分布。

ⅶ. 在层序上,位于河口沙坝之下,前三角洲黏土沉积之上,形成下细上粗的垂向层序,这是与河流沉积层序的重要区别。

⑥ 三角洲前缘席状砂沉积微相。在海洋作用较强的河口区,河口沙坝砂受波浪和岸流的淘洗和簸选,并发生侧向迁移,使之呈席状或带状广泛分布于三角洲前缘,形成三角洲前缘席状砂体。

其沉积特征为:

ⅰ. 砂质纯、分选好。

ⅱ. 广泛发育交错层理;波状层理、脉状层理;波痕等。

ⅲ. 生物化石稀少。

ⅳ. 砂体总体较薄,向岸方向加厚,向海方向减薄。三角洲前缘席状砂是破坏性三角洲的沉积微相类型,在高建设性三角洲相中不发育。

(3)前三角洲亚相。

它位于三角洲前缘的前方,是三角洲沉积最厚的地区。沉积物大部分是在波基面以下深度范围内形成的。其沉积特征为:

① 主要由暗色黏土和粉砂质黏土组成,可含少量细砂。

② 水平层理、页理发育,也见块状层理。

③ 可见海绿石等自生矿物;湖成三角洲见还原性自生矿物。

④ 常见有广盐性的生物化石,如介形虫、瓣鳃类等。向海洋方向,正常海相化石增多,生物潜穴及生物扰动构造发育。

⑤ 前三角洲暗色泥岩富含有机质,可作为良好的生油层。

⑥ 三角洲前缘砂在某些因素作用下,可向前滑塌在前三角洲形成滑塌型浊积扇。

2.1.1.2　沉积微相与产能的关系

沉积微相是指在亚相带范围内具有独特岩石结构、构造、厚度、韵律性等剖面上沉积特征及一定的平面配置规律的最小单元。沉积微相的几何和物理特征决定了水力单元的轮廓尺寸和渗流特征,它所表现出的储层孔隙度、渗透率及含油气饱和度是估算储量、划分开发层系和制订布井方案的直接依据。

比如,对于TH盆地WX1区块和WX5区块的研究表明,沉积微相具有以下几个方面的特征。

(1)沉积体系主体为辫状河三角洲—湖泊沉积体系,主要发育了辫状河三角洲平原等水下分流河道、水下分流河道间、河口沙坝、前缘席状砂、远砂坝、前三角洲泥等6个微相和水下心滩沙坝、水下决口扇等两个亚微相。

(2)水下心滩沙坝亚微相岩性、物性、含油气性最好,单井油气产能最高,水下分流河道微相略差，河口沙坝、远沙坝、席状沙坝微相次之，水下决口扇微相则较差。

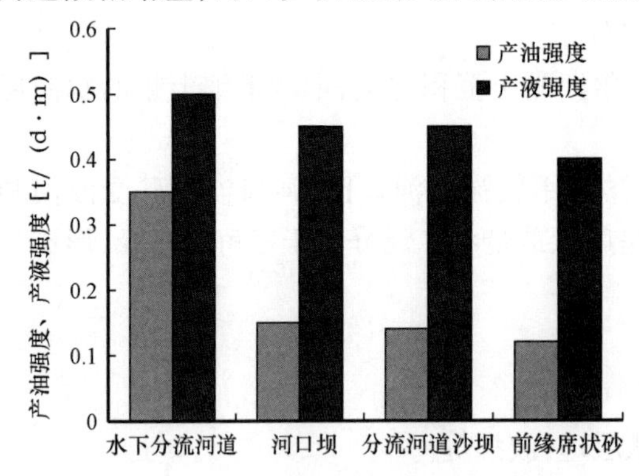

图 2.2　不同沉积微相产油和产液强度直方图

（3）不同微相储层的有效孔隙度、渗透率、原始含油饱和度等除受岩性控制，还受构造制约，处于构造高部位的各井其地层参数、储能参数较构造低部位的各井要高些，甚至在某些局部区域以构造控制为主，岩性控制为次。

油井产量分析结果表明，其产油强度明显受控于储层的沉积微相，水下分流河道的产油强度大于 0.35t/（d·m），河口坝、前缘席状砂等微相产油指强度小于 0.20t/（d·m）（图 2.2）。

2.1.2　成岩作用对油井产能的影响

成岩作用对储层储集性能具有明显的控制作用，其影响包括破坏和改善两个方面。破坏性成岩作用主要有压实作用和胶结作用，改善性成岩作用主要有溶解作用和溶蚀作用。

在不同地温、流体、压力和岩性的影响下，破坏性成岩作用和改善性成岩作用的程度也不同，这也造成了储层在空间上的非均质性。其中，压实作用是造成砂岩孔隙丧失的原因之一。而胶结作用对储层的发育起着双重作用：一方面，胶结物会堵塞孔隙，使储层质量变差；另一方面，胶结物可以起到支撑作用，有效降低砂岩的压实程度，为次生孔隙的形成创造有利条件。溶解、溶蚀作用对改善储层物性起到非常重要的作用。储层中的岩石颗粒、胶结物及交代物质被部分溶蚀后可形成不同形状大小的孔隙，从而改善了储层的孔隙度和渗透性。

经过成岩作用不同程度的改造，储层的非均质程度得到了提高，如在一些厚层砂岩（分流河道砂体）中，钙质夹层和钙质条带发育，致使储层的物性变差甚至岩石致密变成非储层；在泥质含量较高的砂岩中，机械压实作用使得砂岩颗粒排列具有定向性，从而提高了储层在水平与垂直方向上的差异，同时压实作用又加剧了颗粒的紧密接触关系，使粒间孔隙减少，孔隙度和渗透率大幅降低。

此外，成岩相是成岩作用的综合表现形式，不同成岩相组合控制了储层的孔隙发育特征和物性。根据成岩作用类型，并结合沉积岩的结构和岩石的孔隙度和渗透率特征可划分 5 种成岩相：压实固结成岩相、致密胶结成岩相、长石溶蚀—绿泥石薄膜胶结成岩相、溶蚀成岩相和强溶蚀成岩相。

如表 2.3 所示，由某井区某小层不同成岩相物性、试油及初期产量对比分析可知，不同的成岩相带储层对应的初期产能差别较大。强溶蚀成岩相储层物性最好，初期产能一般较高，大于6.0t/d；溶蚀成岩相储层物性较好，初期产能一般大于4.0t/d；长石溶蚀—绿泥石薄膜胶结成岩相储层物性较差，初期产能多介于2.0～4.0t/d，部分小于2.0t/d；由于破坏性成岩作用逐渐增强，多形成不利于油气储集的成岩相，储层物性变差，导致部分油层厚度较大，油井的初期产能很低（小于1.0t/d甚至无产能）。

表2.3　某井区某小层不同成岩相物性、试油及初期产量对比表

成岩相	孔隙度（%）	渗透率（mD）	试油（t/d）	初期产能（t/d）
强溶蚀	>11.0	>5.0	20.10	7.80
溶蚀	10.0～11.0	>0.8	14.90	4.96
长石溶蚀—绿泥石薄膜胶结	8.0～10.5	0.3～1.0	9.32	2.40
致密胶结	<8.0	0.1～0.3	7.50	0.76
压实固结	<8.0	<0.1		

2.1.3　储层非均质的表现及对油井产能的影响

2.1.3.1　储层非均质性的表现

储层非均质性是指储层的各种性质随其空间位置而变化的属性。主要表现在岩石物质组成的非均质和孔隙空间的非均质。碎屑岩储层由于沉积和成岩后生作用的差异，其岩石矿物组成、基质含量、胶结物含量均不相同，影响到孔隙形状和大小及储层物性的变化，形成储层层内、平面和层间的非均质性。在注水开发油田中，储层的渗透率是影响油田开发的重要因素。常用渗透性表示储层的非均质性。通用的表示方法有渗透率级差、变异系数、非均质系数。

2.1.3.1.1　层间非均质性

同一油田在纵向上可以有多个储层，这些储层之间物性差别可能很大，特别对于陆相油气藏、复合油气藏储层，非均质性更为严重。

2.1.3.1.2　储油层岩性之间的差异

储油层岩性是多种多样的，沉积岩储层主要有砾岩储层、砂岩储层、泥页岩储层和碳酸盐储层等。在一定条件下，变质岩和火成岩都可以成为储集层。

2.1.3.1.3　储油空间和油气运移通道不同

储集空间和流体渗流通道主要是孔隙、裂缝和孔洞以及这3种情况的组合。储层储集空间和渗流孔道不同，油水运动规律及孔隙内原始油、气、水的分布也不相同。

2.1.3.1.4　层间渗透率的差别

对于同一种岩性的储层，尤其对砂岩孔隙储油的油层来说，油层间渗透率的非均质是储油层物性非均质中最重要的一种。层间渗透率差别造成注入流体沿高渗透层突进，低渗透层的储量难以动用，降低了开发效果。

2.1.3.1.5 平面非均质性

由于沉积相和成岩作用的控制，平面上储层的砂岩厚度、油层厚度、油层的物性参数都有一定的分布范围。油田开发实践表明，主力油层通常厚度大，平面上油层连续性好，储层的沉积微相及物性变化小，流动单元通常较好，储量丰度高，有利于大面积勘探开发，开发井网控制程度高，剩余油分布较少；厚度小、流动单元差的油层其物性也较差，非均质性强，储量丰度和采出程度低。

2.1.3.2 储层非均质对油井产能的影响

2.1.3.2.1 层间矛盾对油井产能的影响

通常，层数越多，厚度越大，层间渗透率级差越大，开发井网对油层的控制程度越小，层间矛盾对采收率的影响就越大。

2.1.3.2.2 层间干扰现象对油层产能的影响

由于层间干扰严重影响了各层段产能的发挥，多个油层合采时的产量远小于各个层单采时产量之和；对于注水量高的注水井，单层分别注水的注水量之和高于这些层合注的注水量；各种层间干扰现象在一定条件下都会造成油层产能的下降。

2.1.3.2.3 层内矛盾对油井产量的影响

平面非均质性是指一个储层砂体的几何形态、规模、连续性，以及砂体内孔隙度、渗透率的平面变化所引起的非均质性。平面非均质性直接影响着注入水面积波及系数的大小。中国陆上石油储层大多数属于河流沉积，平面非均质性较强，岩石各向异性现象比较显著，在井网部署时，如果忽略渗透率的平面非均质性而采用常规井网进行开发，往往会导致注入水沿高渗透的主河道快速推进，而渗透率低的河道两侧水淹程度低，在生产中表现为波及不均匀衡，严重影响了平面非均质性油藏的开发效果。

2.2 低产低效开发模式成因

低渗透油藏在开发过程中，根据能量来源可分为弹性开发和注水开发两种开发模式。由于开发模式不同，因此在开发过程中造成油井低产低效的原因也不尽相同，下面将根据这两种开发模式解释是如何产生低产低效的。

2.2.1 弹性开发模式

弹性开发是指利用油层天然能量来开采原油的方法，人类对油藏的作用只限于钻出油井,为油流提供通道。这种开发方式适用于原始地层压力高的油藏开发初期。

2.2.1.1 天然能量驱动方式

对于依靠天然能量进行开采的一次采油来说,其最终采收率主要取决于油藏自身的地质条件和天然能量形式及大小。最常见的天然能量及驱动方式有以下6种:

(1)弹性驱。驱动原油流向井底所依靠的主要能量为含油区岩石及流体的弹性能,油藏外边界封闭,地层压力高于泡点压力,由于原油的采出,地层压力降低,引起流体膨胀、岩石孔隙缩小,驱动原油流向井底。在此种驱动方式下,由于流体及岩石的弹性能量有限,地层压力下降迅速。

(2)天然水驱。驱动原油流向井底的主要能量为边水(或底水)区水及岩石的弹性能。在此种驱动方式下,地层压力下降速度较快,但若边底水区域较大,则地层压力下降速度小于弹性驱油藏。

(3)刚性水驱。驱动原油流向井底的主要能量为露头水柱的压能。由于边水一般与地面水源连通,地面水源的水源源不断地流向油藏,油藏压力下降很小甚至不变化,因此称为刚性水驱。进入油藏的水的流量与油藏—露头间岩层的渗流能力、露头与油藏的高差成正比。

(4)气驱。驱动原油流向井底的主要能量是气顶的膨胀能。油藏具有较大的气顶,当压力降传播到气顶后,气顶气不断膨胀,推动油气界面下移,驱使原油流向井底。此种情况下,地层压力下降缓慢,但当气体锥进到井底时,油井的产气量迅速增加。

(5)溶解气驱。外边界封闭的油藏,当压力降到泡点压力以下时,油中的溶解气不断分出、膨胀,推动原油流向井底。若驱油能量主要为溶解气的膨胀能,则此种驱动方式称为溶解气驱。

(6)重力驱。原油流向井底的主要能量为原油自身的重力。当其他能量都已枯竭,且地层倾角较大时,原油流向井底的主要能量为原油本身的重力势能。

2.2.1.2 弹性开发的影响因素分析

(1)启动压力梯度。

大量低渗透油藏岩心实验结果表明,低渗透油藏低速渗流时不遵循达西定律,存在启动压力梯度。启动压力梯度是孔隙结构、固液作用的综合体现,受有效渗流喉道大小的控制。启动压力梯度增加了原油在地层中渗流的黏滞阻力,降低了原油在地层中的流动性,降低了地层的产能。

(2)压力敏感性。

油藏开发过程中,随着流体的排出,地层压力逐渐下降,储层储集空间会发生弹塑性变形,相应的渗透率也发生变化。渗透率的变化会影响储层渗流能力,进而影响油井的产能。

2.2.2 注水开发模式

注水开发是通过注水向油层注水补充能量,保持油层压力,是在依靠天然能量进行采油之后或油田开发早期为了提高采收率和采油速度而被广泛采用的一项重要的开发措施。

油田注水开发实践和注水驱替实验均表明,储层在注水开发后,属性与参数都会发生不同程度的变化。注入水对储层的改造不是简单的浸泡,而是使储层发生强烈、复杂、持久、各种方式的动力地质作用,这种动力地质作用对储层的颗粒骨架、孔隙结构、物性和流体性质等有很大影响,从而使其与注水开发前有一定差异。认清注水储层的变化特征及其影响因素,对进一步认识储层动态变化机理和规律、加强储层保护、指导制定合理的生产制度、预测剩余油分布及挖潜调整等有重要的理论意义和实践价值。前人已在这方面做了大量工作,但由于研究对象和方法不同,得出的认识有所不同。如:随着注入水程度加深,储层物性有些变好,有些变差;储层的孔隙度变化不大,而渗透率与孔喉网络却有较大变化。

2.2.2.1 注水储层动态变化特征

注水储层的动态变化十分复杂,不同的储层性质和注水条件,导致其变化特征有所不同。为了进一步说明注水开发储层的动态变化特征,选取濮城、胜坨二区和孤岛三个储层物性不同的典型油藏,根据储层物性的差异,将同一个储层进一步细分为相对好和相对差2类,分析研究了注水前后储层宏观参数、微观参数和渗流参数3个方面的动态变化特征。总体结果见表2.4。

表2.4 注水前后储层参数总体变化

油田	储层类别(相对)	含水期	平均孔隙度(%)	平均渗透率(mD)	粒度中值(mm)	孔喉半径(μm)		特征结构系数	喉道分选系数
						平均	最大		
濮城(中低渗透)	差	未注水	15.8	54.3	0.07	2.9	4.7	0.51	2.20
		高—特高含水	15.5	24.3	0.06	1.7	5.4	0.30	3.00
	好	未注水	23.2	194.5	0.11	4.4	6.7	1.10	1.60
		高—特高含水	25.8	229.0	0.12	3.6	10.1	0.21	2.10
胜坨二区(高—中渗透)	差	未注水	27.1	643.0	0.12	3.3	8.3	0.61	3.30
		高—特高含水	28.2	639.0	0.13	4.3	9.8	0.70	2.96
	好	未注水	31.4	973.4	0.15	7.6	16.2	0.40	4.04
		高—特高含水	31.2	1038.0	0.15	8.8	20.2	0.60	2.21
孤岛(高—高渗透)	差	未注水	26.8	285.0	0.12	3.5			
		高—特高含水	28.7	491.0	0.16	5.2			
	好	未注水	35.5	1356.0	0.15	10.1			
		高—特高含水	34.4	15645.0	0.17	16.4			

2.2.2.1.1　宏观参数变化特征

对于储层的宏观参数，总体来说，储层注水时渗透率与泥质含量的变化较大，而孔隙度与粒度中值的变化较小。对物性好的储层，注水开发使其变得更好，尤其是渗透率增加的幅度更大，可达10倍以上；对物性差的储层，注水开发可使其变得更差，渗透率减小（表2.4，图2.3和图2.4）。由图2.3和图2.4可看出，渗透率的上升或下降并非单向，而是波动的，即有时变大，有时变小，这与驱出液中的颗粒总数密切相关。这种波动的变化完全有可能导致储层渗透率超过初值。

由表2.4可以看出，孔隙度和粒度中值两项参数在不同的储层中变化幅度很小，而渗透率的变化比较明显。

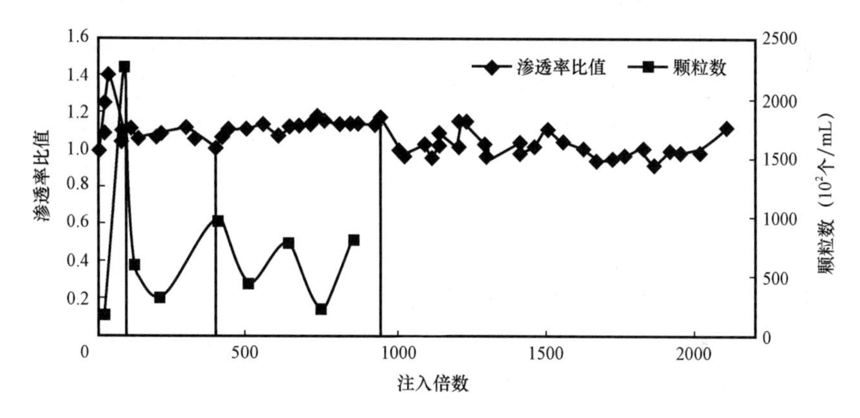

图2.3　胜坨油田二区中低渗透储层渗透率比值和颗粒数与注入倍数关系图

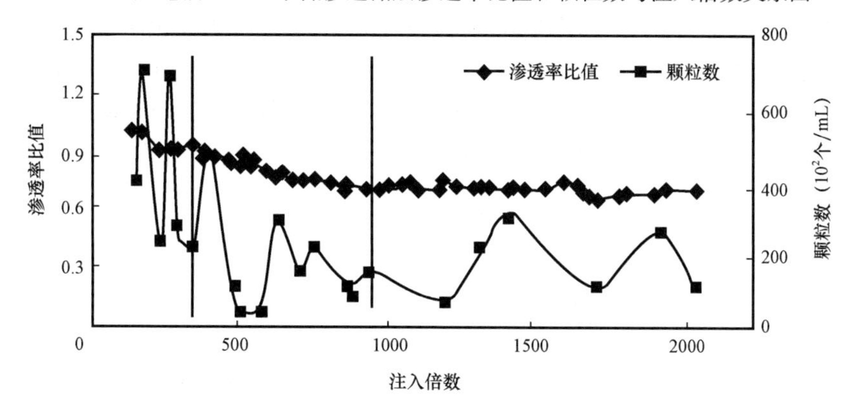

图2.4　胜坨油田二区中低渗透储层渗透率比值和颗粒数与注入倍数关系图

2.2.2.1.2　微观参数变化特征

微观特征参数包括储层岩石颗粒骨架、孔喉网络、黏土矿物等。其中，孔喉网络本身性质最为复杂，其变化最大，对储层流体运动的影响也最大。

由表 2. 4 可看出,注水开发的中后期,对于高孔隙度、中渗透储层,平均孔喉半径和最大孔喉半径均增大,特征结构系数也增大,但孔喉比减小,表明喉道比孔道更易冲刷。对于中低渗储层,平均孔喉半径减小,但最大孔喉半径增大,特征结构系数减小,说明孔隙结构变得更复杂,非均质性增强。

油田注水开发时,黏土矿物的含量有相应变化。研究认为,随注水程度加深,黏土矿物总体含量下降,但各成分所占的比例变化较大。其中,高岭石和蒙脱石的产状变化大,数量减少最多,伊利石次之,绿泥石最少。

2. 2. 2. 1. 3　渗流参数变化特征

储层渗流参数主要体现在润湿性、孔隙结构和相对渗透率 3 个方面。在长期的注水开发中,储层黏土矿物和泥质含量减少,初期无论是亲油还是亲水储层,储层的亲水性都将增强;在高含水时,储层表现为较强—强的亲水性。孔隙结构的变化分种情况:对于物性好的储层,由于孔隙和喉道较大,配位性好,是油水运动的主要通道,岩石胶结物与颗粒骨架受注水冲刷强烈,故泥质含量和胶结物变少,孔隙形状因子变大,平均比表面变小,孔隙连通性变好,均质程度增高;而对物性差的储层,不仅注入水对胶结物和颗粒骨架的冲刷作用小,而且由于孔喉小,注入水在此处流速慢,地层微粒易于沉积,从而堵塞喉道,充填孔隙,使该处孔隙结构变得更为复杂。

相对渗透率特征变化也有差别,如随着注水程度加深,孤岛油田馆陶组储层的束缚水饱和度降低;胜坨油田二区古近系沙二段储层束缚水饱和度呈上升趋势。

2. 2. 2. 2　储层动态变化影响因素分析

由上述分析可看出,注水储层的参数中有些变化微弱,有些则变化明显,其主要原因在于,注水时影响储层动态变化的因素很多,相互间关系复杂,致使储层变化可能一致,也可能相反,甚至表现出一定的波动性。深入全面认识储层动态变化影响因素,是正确理解储层动态变化机理、建立动态变化模型及应用的基础。将这些因素进行总结,如图 2. 5 所示。

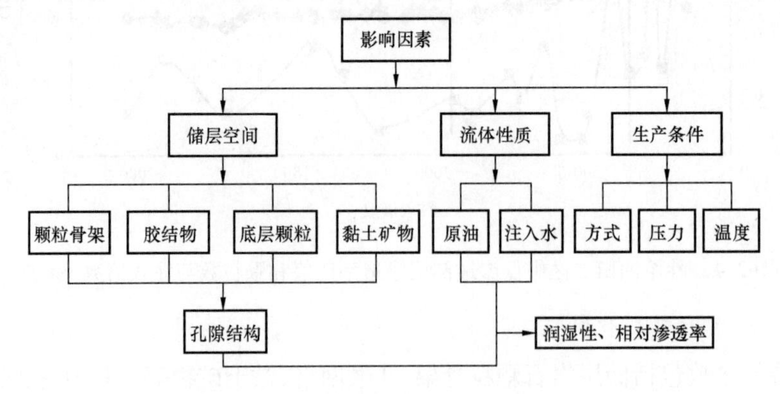

图 2. 5　注水储层动态变化的影响因素

2.2.2.2.1　储层空间的影响

储层空间是储集流体的空间，由储层岩石颗粒骨架、胶结物和黏土矿物等组成。它们之间的组合关系决定了存储和导流油水运动的孔隙结构（包括微裂缝）的特征，从而根本上决定了注水储层动态变化的特征和规律。

岩石颗粒骨架的大小、形态、分选和磨圆度等决定了孔喉网络特征。颗粒形态规则，分选和磨圆度好，则孔隙结构好，孔喉网络均质，油水运动均匀，储层各项参数变化也相对均匀；反之，孔隙结构复杂，储层动态变化差异大，非均质性也增强。

胶结物的类型、数量和形式等影响了岩石的胶结强度，对储层岩石抵抗流体的冲刷作用有重要影响。其中，硅质胶结比泥质和钙质胶结强，基底胶结比接触和孔隙胶结强，其被冲刷改造的程度则相对较弱。

黏土矿物虽然在储层中数量不多，但对储层性质和注水后储层的动态变化有很大影响，这是由于黏土矿物本身性质所决定。常见的黏土矿物有高岭石、蒙脱石、伊利石和绿泥石等。高岭石结晶体细小（一般为 1 ~ 10μm），晶体结合体一般呈蠕虫状或书页状，颗粒附着力弱，注水易分散迁移，表现为速敏；蒙脱石晶体（一般为 2 ~ 5μm）极易水化，膨胀后体积可增大 1 倍，甚至更大，易分散迁移；伊利石相对不易水化膨胀，但在高速流体下也发生微粒运移；绿泥石遇水不膨胀，但易酸敏。黏土矿物与储层属性的匹配关系对黏土矿物的改变也较大。

地层微粒是油层中小于 37μm 的微小矿物颗粒，如石英、长石、岩屑、方解石等。这些微粒和黏土矿物一样，随注入水冲散迁移，使大孔、粗喉更畅通，而在小孔、细喉沉积并堵塞。

2.2.2.2.2　储层流体的影响

注入水常常与储层发生各种物理、化学反应，因此原油的性质也会发生明显的变化。

注入水不仅可使黏土矿物水化，溶解储层中的可溶成分或形成多种沉淀，而且注入水本身含有各种杂质，当这些杂质与孔喉匹配时，易形成浸入式堵塞。此外，注入水携带的细菌进入地层后也会在储层中生长发育而产生结垢。

由于注入水溶解了原油中的轻组分并使原油氧化，使得原油中的溶解气油比和原油饱和压力均下降，原油会发生石蜡、胶质、沥青质等析出现象，它们既堵塞孔喉，又使原油密度和黏度增大。

2.2.2.2.3　生产条件的影响

生产条件和方式包括注水井不同形式的欠注、强注、不稳定注和油井不同形式的强采等措施。注采条件不同，不仅表现在油井产量上，而且明显表现在地层压力（或生产压差）上。在注水井附近，随着注水压力增大，储层孔隙度和渗透率也会增大，储层吸水能力提高。当压力大于某个定值时，会使以前闭合的微裂缝开启或产生新的微裂缝。若油井生产压差过大，流压过小，一方面，流速加快，会启动更多的地层微粒形成桥塞和卡堵；另一方面，由于油井周围压力梯度过大，会使油井周围岩石颗粒发生形变，导致孔隙、喉道和微裂缝收缩，大大降低了储层的渗透性。

温度的影响主要表现在注入水与储层温度的差异，这是油田中普遍存在的现象，如SL油田的这种温差有20～70℃。由于岩石为不良热导体，长期过大的温差会使岩石颗粒骨架、孔喉表面收缩与膨胀很不协调，导致颗粒与胶结物在原地机械破碎，从而改变储层各项参数，而且地层温度的改变还将影响原油的性质。

在油藏注水开发中，由于注入水与储层会发生水化膨胀以及微粒运移等变化，这对储层颗粒、胶结物、黏土矿物等有很大改变，从而对孔喉网络、润湿性及相对渗透率等储层参数均有较大的改变。一般来说，这种变化使物性好的储层变得更好、物性差的储层变得更差，但这种变化并非绝对，应视具体情况而定。有些参数会变好，有些参数却变差，且这种变化并非单向，而是具有一定的波动性，这由地层微粒和孔喉的匹配关系及流动条件所决定。分析注水储层动态变化的影响因素可概括为储层岩石空间、流体性质和生产条件3大因素及多个子因素，这些因素的综合影响和作用导致了储层注水后的各种变化，这些变化在一定规律下具有较大的差异和波动性，但只要辩证地分析和处理这些因素与作用，就能正确认识注水储层的动态变化特征和规律，从而更好地指导油田生产、提高原油采收率。

2.3 钻井完井储层伤害造成油井低产低效

油气井从开钻直至建井等各阶段作业过程中，外来流体始终与井内不同地层和流体接触，使油气藏本身物理、化学、热力学和水动力学等原有平衡状态发生变化，从而导致储层受到伤害[59-65]。

钻进的过程，势必破坏储层原有的原始平衡状态，随着钻井完井液不断与储层接触，对储层造成了不同程度的伤害，甚至于无法消除，成为造成储层伤害的主要因素。同时，钻井完井液是进入储层最主要的外来流体，也是实现保护储层最主要的方式。由于其不可替代的双重作用，因而系统地研究钻井完井液，是防止储层伤害、保护储层技术的关键所在，必须加以充分的认识。

2.3.1 微粒运移

通过X射线衍射和电镜观察表明，研究区层段孔隙中存在各种杂基和黏土矿物，黏土矿物主要以伊利石和伊/蒙混层矿物为主。它们在孔隙中呈片状、支架状、被膜状、丝缕状和蜂窝状等形式。伊利石和伊/蒙混层矿物的这些产状将储层中的孔道进行不规则的分割，造成孔喉变小、引起储层高含水饱和度，进而形成水锁。同时，像黏土矿物、微晶石英、云母碎片等这些地层微粒,在流体流动作用下可能会进一步产生脱落、分散、造成微粒运移,进而在孔喉处发生堵塞,造成油气层渗透率下降,这就是微粒运移可能造成伤害。

但是,微粒运移是有条件的,只有超过临界流速后,众多的微粒才能运移,发生堵塞。然而生产压差能够影响储层中流体流速的大小,一般来讲,生产压差越大,流体流速就越大,因此微粒运移的根源是由于生产压差过大。

经研究发现,临界流速与下列因素有关:

(1)油气层的固结程度、胶结类型和微粒粒径;

(2)孔隙几何形状和流道表面粗糙度;

(3)岩石和微粒的润湿性;

(4)液体的离子强度和 pH 值;

(5)界面张力和流体黏滞力;

(6)温度。

影响微粒运移并引起堵塞的因素有:

(1)微粒级配和微粒浓度是影响微粒堵塞的主要因素,当微粒尺寸接近于孔隙尺寸的 1/3 或 1/2 时,微粒很容易形成堵塞;微粒浓度越大,越容易形成堵塞。

(2)孔壁越粗糙,孔道弯曲越大,微粒碰撞孔壁越容易发生,微粒堵塞孔道的可能性越大。

(3)流体流速越高,不仅越易发生微粒堵塞,而且形成堵塞的强度越大。

(4)流速方向不同,对微粒运移堵塞也有影响。微粒运移是最常见且较严重的伤害方式之一。

对于有强烈的微粒运移潜在伤害的油气藏可采取下列措施:

(1)降低产量或注入量,这种做法可以解决问题但并不是最佳选择。

(2)对于射孔完成井,通过高密度射孔增加流动通道面积,降低流速。

(3)条件允许时,尽可能采用裸眼完井。

(4)应用水平井增大与油气层接触的泄流面积,适当降低流速。

(5)采用水力压裂技术。

(6)疏松砂岩油气层可采用压裂—砾石充填完井技术。

(7)工作液中加入适当的黏土防膨剂和地层微粒稳定剂。

(8)控制油气井过早见水和含水率。

2.3.2 液相圈闭

液相圈闭与不利的毛细管压力和相对渗透率效应有密切关系。液相圈闭的基本表现是,由于某一相流体(气、油、水)饱和度暂时或永久性地增加而造成所希望产出或注入流体相对渗透率的下降。当工作液进入气层、水基工作液滤液进入油气层后,会增加水相的饱和度,降低油或气的饱和度,增加油气流阻力,导致油气相对渗透率降低。凝析气藏开发一段时间后,当井底压力低于气藏露点压力时,凝析液在井眼附近聚集形成油相圈闭。

以某低渗透气藏为例,由于储层气藏初始含水饱和度均值为32.1%,而实验证实气藏束缚水饱和度均值为56.18%,含水饱和度远低于束缚水饱和度,产生超低含水饱和度现象,且储层具有低孔、低渗透和微细孔喉结构特征。非润湿相水在孔隙系统中流动受到捕集作用和毛细管作用的影响,将导致其流动不畅,影响油气的运移。从气水相对渗透率曲线图2.6看出,含水饱和度和气相的渗透率有较强的相关性,表现为水饱和度增加,气相的渗透率下降,当钻井完井液进入储层后,液相在正压差或毛细管自吸作用下侵入储层,导致井筒附近地层含水饱和度上升,气相渗透率下降,产生水相圈闭伤害,严重时会伤害气井产能。

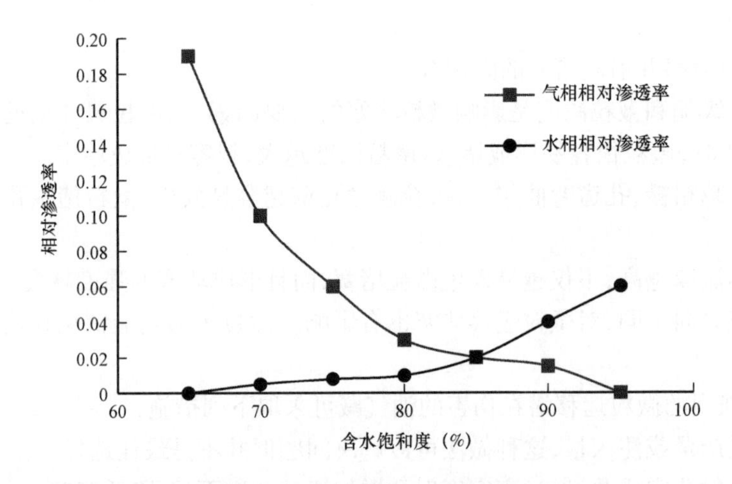

图2.6 150井区相对渗透率曲线

对致密气层来说,由于初始含水饱和度经常低于束缚水饱和度,且储层毛细管压力大,水相圈闭引起的水锁伤害将不容忽视(图2.7)。

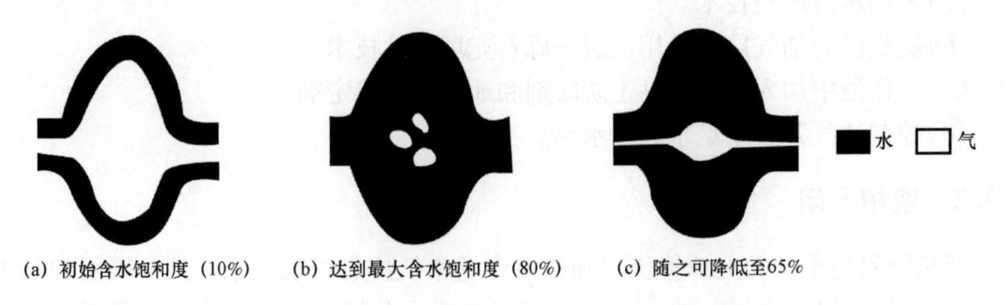

图2.7 初始含水饱和度气藏的水相圈闭伤害机理

影响液相圈闭伤害的因素包括:流体饱和度增加幅度、侵入量(深度)、气藏压力、岩石的相对渗透率曲线形态和气层毛细管压力(孔喉半径分布)。

防止液圈闭的简单方法就是忌用有潜在液相圈闭伤害的流体。例如低渗透—致密气藏的钻井完井作业,最好使用屏蔽暂堵技术和气体类型的欠平衡钻井。当然水基工作液欠平衡钻井可以部分抑制水相圈闭伤害,但由于毛细管自吸作用的存在,要完全消除液相圈闭伤害是不可能的。通过加入表面活性剂、增加油气能量、注入干燥气体、热处理油气层、压裂等措施可以缓解液相圈闭伤害的影响。

2.3.3 固相侵入

由于低渗透储层天然微裂缝一般比较发育,它们对孔隙和渗透率均有一定贡献,并且可能连通着基体孔隙,所以固相颗粒的侵入伤害可能是仅次于水相侵入造成的伤害。

入井流体常含有两种固相颗粒:一种是为达到工艺性能要求而必须加入的有用颗粒,如钻井完井液中的黏土、加重剂和桥堵剂等;另一种对于储层而言属有害固相,如钻井完井液中的钻屑和注入流体中的固相杂质。当入井流体的液柱压力大于储层孔隙压力时,固相颗粒就会随流体一起,在压差的作用下进入储层,在井壁附近的储层孔喉中沉积下来,进而发生堵塞,造成储层渗透率下降,甚至完全堵死。一般来讲,外来固相颗粒在近井地带造成较严重的伤害。

控制外来固相颗粒对油气层的伤害程度和侵入深度的因素有:

(1)固相颗粒粒径与孔喉直径的匹配关系;

(2)固相颗粒的浓度;

(3)施工作业参数如压差、剪切速率和作业时间。

应用辩证的观点可在一定条件下将固相堵塞这一不利因素转化为有利因素,如当颗粒粒径与孔喉直径匹配较好、浓度适中,且有足够的压差时,固相颗粒仅在井筒附近很小范围形成严重堵塞(即低渗透的内滤饼),这样就限制了固相和液相的侵入量,从而降低伤害深度。

当作业的液柱压力太大时,有可能使油气层破裂,或使已有的裂缝开启,导致大量的工作液漏入油气层而产生伤害。影响这种伤害的主要因素是作业压差和地层的岩石力学性质。

射孔完成或通过压裂投产的油气井,固相侵入伤害可以得到一定程度的消除。对于裸眼井或未水泥固井的衬管完成井,固相伤害表现十分严重。水平井大部分采用裸眼或衬管完成,所以防止固相侵入伤害非常必要。应用屏蔽暂堵原理设计无伤害的钻井完井液,或者欠平衡作业是抑制固相侵入伤害的有效途径。现场一般通过对压井液、射孔液、修井液、酸液、压裂液、注入流体的严格过滤来避免固相侵入伤害。

2.3.4 应力伤害

低渗透储层以微孔微喉组合为主、配合微裂缝，骨架颗粒中存在软碎屑，孔隙中有大量黏土矿物，它们从成分和结构上对应力极为敏感，因此可能造成储层的应力伤害。

油气层岩石在地下受到垂向应力（S_V）、侧应力（S_H，S_h）和孔隙流体压力（即地层压力 p_R）的共同作用。上覆岩石产生的垂向应力仅与埋藏深度和岩石的密度有关，对于某点岩石而言，上覆岩石压力可以认为是恒定的。井眼形成后，由于岩石变形和应力的重新分布，井壁岩石的压缩和剪切膨胀可以产生应力伤害。伤害程度决定于井眼轨迹取向、岩石力学性质和原地应力场参数。

油气层压力则与油气井的开采压差和时间有关。随着开采的进行，油气层压力逐渐下降，这样岩石的有效应力（$\sigma = S_V - p_R$）就增加，使流道被压缩，尤其是裂缝—孔隙型流道更为明显，导致油气层渗透率下降而造成应力敏感性伤害，影响应力敏感伤害的因素包括压差、油气层自身的能量和油气藏类型。

当油气层较疏松时，若生产压差太大，可能引起油气层大量出砂，进而造成油气层坍塌，产生严重的伤害。此时，一定要采取防砂措施，并控制压力开采。

2.3.5 其他潜在伤害因素

由于低渗透储层中存在大量敏感性矿物：各种黏土、杂基、自生石英和长石，而且它们的含量极高。但由于储层的渗透率极低，加之近井地带由于工作液滤液的侵入，造成水相圈闭。因此化学伤害很难达到地层深处，所以它们对储层的伤害可能不是主要的，但也不可忽视。低渗透储层可能出现的化学伤害类型如下：

（1）岩石—流体不配伍。

进入储层的工作液与储层中的敏感性矿物不配伍时，将会引起水敏、碱敏、酸敏等现象，导致储层渗透率下降。

（2）储层流体—外来流体不配伍。

当外来流体与储层流体的化学组分不配伍时，将会在储层中产生结垢伤害。主要产生无机垢沉积（如 $CaCO_3$、$CaSO_4$等）、有机垢沉积和乳化沉积等，最终影响储层渗透性。而研究区储层是气层，储层结垢类型主要为无机垢。

综上所述，低渗透储层钻完井过程中，可能存在的潜在伤害主要是液相圈闭伤害（水锁、贾敏效应）、固相侵入伤害、微粒运移（速敏）伤害、应力敏感伤害等。同时，还应特别注意由于外来流体与油气层流体不配伍和地层流体的平衡状态破坏而引起的地层结垢伤害。

2.4　压裂过程中储层伤害造成油井低产低效

水力压裂在油气田勘探开发中占有重要地位，许多低压、低渗透油气藏必须采取压裂措施后才能投产。在水力压裂施工过程中，压裂液侵入储层会改变储层原有的平衡条件，对储层造成伤害，导致储层渗透率下降。特别是低孔隙度、低渗透油气藏，压裂对储层渗透率的伤害滤可达30%以上。因此有必要对水力压裂过程中，压裂液对储层造成的伤害进行分析。

2.4.1　压裂二次伤害机理

2.4.1.1　水锁伤害

在压裂施工过程中压裂滤液侵入储层后，由于毛细管力的滞留作用，地层驱动压力不能将滤液完全排出地层，储层的含水饱和度将增加，油气相对渗透率将降低，这种现象称之为水锁效应。水锁效应对油相有效渗透率伤害率约为10%，低渗透、特低渗透储层中水锁现象更加严重，储层一旦水锁，解除水锁伤害是十分困难的。

2.4.1.2　黏土膨胀与运移伤害

当压裂液滤液侵入含黏土矿物的水敏性地层，使储层岩石结构及表面性质发生变化，从而引起黏土膨胀和颗粒运移，导致储层孔隙度和渗透率下降。Almon 和 Davies 将油藏中的黏土按成分分为4类：高岭石、蒙脱石、伊利石和绿泥石。高岭石遇水产生的膨胀虽然较小，但高岭石在岩石中是以片状结构堆积，压裂液滤失进入储层后，滤液以一定速度流动，松散的片状高岭石晶体发生崩解，随流体移动，堵塞在孔隙喉道处，造成对储层的伤害。蒙脱石是膨胀型黏土，遇到淡水后会发生膨胀，导致储层孔隙度和渗透率下降，并且蒙脱石也可以从孔隙表面释放出去并产生运移。伊利石能够形成多种晶体结构，有时以不规则的纤维状结构在孔隙中生长，遇到外来时可能发生膨胀造成孔隙喉道堵塞。绿泥石黏土衬边常常以叶片状垂直颗粒生成，压裂液滤失进入储层后，流体以一定速度流动，这些绿泥石易被流体冲刷脱落，从而引起微粒迁移，堵塞孔喉，使地层受到严重伤害。不同黏土矿物膨胀能力大小的一般顺序是：蒙脱石 > 伊/蒙混层 > 伊利石 > 高岭石。

2.4.1.3　压裂滤液与地层水反应造成的伤害

压裂过程中存在着压裂液与地层流体之间是否配伍的问题，如果配液所用的清水与地层水不配伍或者压裂添加剂与地层水不配伍，就会发生有害的化学反应，在储层孔隙空间中生成诸如$CaCO_3$，$CaSO_4$，$BaSO_4$，$SrSO_4$和 FeS 等沉淀物，堵塞油气渗流通道。

2.4.1.4 流体乳化伤害

地层中固有的油和水极少会产生乳化液堵塞，但是一般压裂液添加剂中包含有表面活性剂物质，在压裂过程中，如果这类添加剂选择不当，表面活性剂随滤液进入地层，可形成水包油乳化液。乳化液黏度比地下原油黏度高约 3 倍，乳化液中的分散相在流经地层喉道时会产生贾敏效应，使得储层渗流阻力大大增加。

2.4.1.5 压裂液对储层的冷却效应

一般情况下，压裂液的温度都比地层温度低。压裂液通过裂缝口进入储层后，会对储层起到冷却作用，使储层温度降低，从而使地层原油中的蜡及胶质、沥青质等重组分物质析出，析出的这些重组分物质会对储层渗流孔道造成堵塞，使得储层渗透率下降。

2.4.1.6 压裂滤液吸附滞留伤害

吸附作用就是不相溶的两相接触时，在两相界面中某组分的浓度大于其在体相中的富集现象。吸附作用分为物理吸附和化学吸附。物理吸附是以分子间作用力相吸引的，化学吸附则以类似于化学键的力相互吸引。

许多阴离子表面活性剂在方解石、重晶石或氟石上通过化学键力而吸附，许多含羟基、酚基、羧基或氨基的体系中，吸附分子或离子与岩石表面极性基团之间常常通过氢键而发生吸附。压裂液滤失进入储层后会因为吸附作用使得滤液滞留在孔隙介质中。滤液黏度和破胶液黏度大于束缚水黏度增加了油气体流动的阻力，导致油气相对渗透率降低。由于吸附伤害发生在岩石孔隙表面上，所以岩石比表面越大，吸附伤害就越严重。压裂液中稠化剂分子还会因机械捕集作用而滞留在储层孔隙空间。

2.4.1.7 润湿反转

储层岩石润湿性是指岩石表面具有被一层油膜或水膜选择性覆盖的能力。润湿反转是固体表面在活性物质吸附作用下润湿性发生转化的现象。对于砂岩油藏，岩石表面一般为亲水性。在压裂过程中，如果由于表面活性剂使用不当，表面活性剂随滤液侵入储层后将使储层岩石润湿性发生反转，即由亲水性转为亲油性。实验表明，阳离子表面活性剂比阴离子表面活性剂更容易吸附在水湿硅石表面，导致硅石水湿性明显减弱甚至变为油湿。

2.4.1.8 压裂液残渣对储层的伤害

水力压裂施工中压裂液在破胶后一般都有一定量的残渣，一部分残渣在压差作用下进入岩石基质中。残渣进入储层后会堵塞储层空隙空间，造成储层渗透率降低。当破胶液中的水相向地层渗滤过程中，另一部分残渣在压差作用下在裂缝壁面浓缩形成滤饼。因为滤饼的渗透率比储层岩石小得多，因此滤饼的存在会使岩心渗透率大大降低。利用动态滤失仪进行的低渗透储层岩心压裂液伤害试验，实验结果表明压裂液滤饼对岩心的伤害率为 13.2% ~24.4% 。图 2.8 所示为岩心基质伤害实验结果。

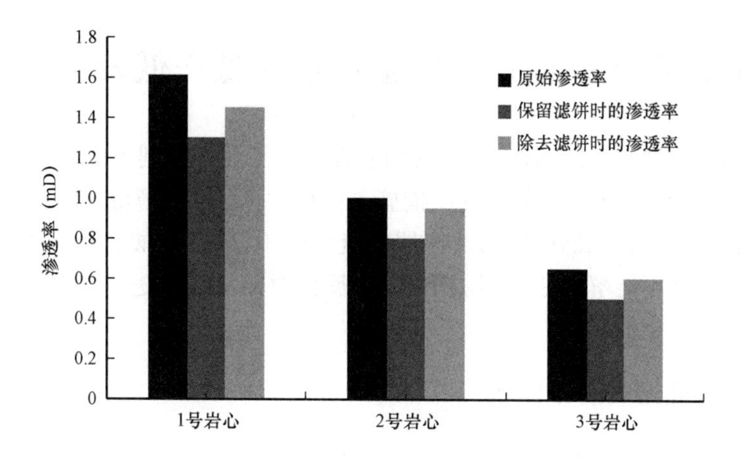

图 2.8 岩心基质伤害实验结果

2.4.2 压裂二次伤害评价

压裂过程中，由于压裂液相人工裂缝岩石壁面的渗滤，会造成岩石壁面渗透率的伤害，渗透率下降。如图 2.9 是压裂过程中裂缝壁面二次伤害区域示意图。

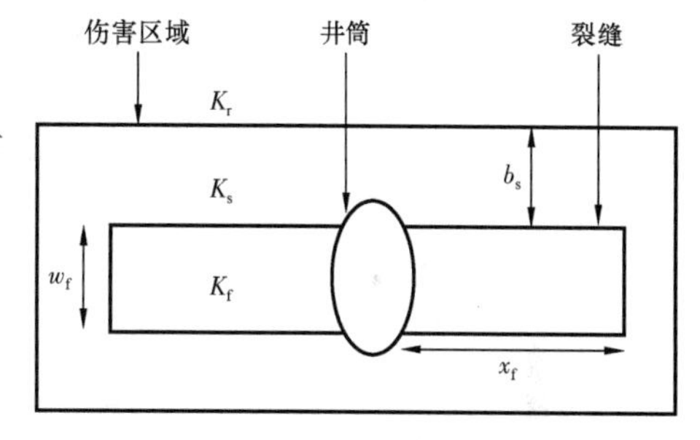

图 2.9 裂缝壁面伤害区域示意图

压裂液对裂缝壁面的伤害可以用表皮因子 S_{fs}来描述：

$$S_{fs} = \frac{cb_s}{2x_f}\left(\frac{K_r}{K_s} - 1\right) \tag{2.1}$$

式中 b_s——裂缝壁面的伤害深度；

K_s——裂缝壁面伤害区域的渗透率；

K_r——储层原始渗透率；

x_f——裂缝单翼缝长。

压裂二次伤害对井的采油指数的影响可以通过式(2.2)来计算：

$$J_{D,damage} = \frac{1}{\frac{1}{J_D} + S_{fs}} \tag{2.2}$$

式中 $J_{D,damage}$——裂缝壁面伤害后的采油指数；

J_D——裂缝壁面未受伤害时的采油指数。

2.5 酸化过程中的储层伤害造成油井低产低效

酸化作为油气井重要的增产和投产措施，在石油工业中得到了广泛的应用。特别是对于受到伤害的储层，把酸化作为投产措施，能在一定程度上解除堵塞物，恢复油井产能。然而，由于储层岩石成分、结构及储层中流体的不同，导致酸化技术的复杂性，使得有的酸化作业不但不能解除原有储层堵塞，相反会对储层造成进一步的伤害，进而导致油井的产能受到一定的影响。

2.5.1 酸液与储层岩石不配伍

2.5.1.1 酸液与储层矿物反应产生二次沉淀

在酸化过程中，酸溶解矿物以扩大孔隙或裂缝空间，但若溶解后的产物再次沉淀出来，则会重新堵塞孔道。使用氢氟酸（HF）酸化后会导致很多二次沉淀，见表2.5。

表2.5 HF酸化所引起的伤害

反应	沉淀
HF＋醋酸盐（方解石、白云石）	氟化钙（CaF_2）、氟化镁（MgF_2）
HF＋黏土、硅酸盐	无定形硅（H_4SiO_4）
HF＋长石	氟硅酸钠（Na_2SiF_6）、氟硅酸钾（K_2SiF_6）
HF＋黏土、长石	氟化铝（AlF_3）、氢氧化铝［$Al(OH)_3$］
HF＋伊利石、黏土	氟硅酸钠（Na_2SiF_6）、氟硅酸钾（K_2SiF_6）
HF（残）＋地层盐水、海水	氟硅酸钠（Na_2SiF_6）、氟硅酸钾（K_2SiF_6）
HF/HCl＋氧化铁和铁矿物	铁基化合物
HF＋方解石（碳酸钙）	氟硅酸钙（$CaSiF_6$）

（1）铁质沉淀。

当储层岩石中含有绿泥石、黄铁矿、磁铁矿和菱铁矿等矿物时，酸液进入储层与这些矿物发生反应产生铁离子，这些铁离子可以水化沉淀或与储层内部物质反应产生沉淀。

$$2Fe^{3+} + H_2S \longrightarrow S\downarrow + 2Fe^{2+} + 2H^+ \tag{2.3}$$

$$Fe^{2+} + H_2S \longrightarrow FeS\downarrow + 2H^+ \tag{2.4}$$

（2）钙质沉淀。

氢氟酸与方解石、白云石等碳酸盐矿物的反应速度比硅酸盐矿物快，氢氟酸进入储层后，将首先与含钙的碳酸盐矿物反应，生成细白粉末状的氟化钙沉淀：

$$CaCO_3 + 2H^+ + 2F^- \longrightarrow CaF_2 \downarrow + CO_2 \uparrow + H_2O \quad (2.5)$$

(3)钠盐和钾盐沉淀。

土酸与地层矿物反应将产生氟硅酸和氟铝酸,它们与酸岩体系中的钾、钠等离子反应后产生难溶的氟硅酸钠、氟硅酸沉淀从而堵塞孔喉:

$$2Na^+ + H_2SiF_6 \longrightarrow Na_2SiF_6 + 2H_2O \quad (2.6)$$

$$2K^+ + H_2SiF_6 \longrightarrow K_2SiF_6 + 2H_2O \quad (2.7)$$

(4)水化硅沉淀。

水化硅的生成是由于 HF 与砂岩反应后的残酸再与黏土矿物发生二次反应的结果。反应方程式如下:

$$26HF + Al_2Si_4O_{10}(OH)_2 \longrightarrow 4H_2SiF_6 + 2AlF(OH)_2 + 8H_2O \quad (2.8)$$

$$H_2SiF_6 + 6Al^{3+} + 6OH^- \longrightarrow 6AlF^{2+} + SiO_2 \cdot 2H_2O + 2H_2O \quad (2.9)$$

2.5.1.2 酸液引起储层黏土矿物膨胀

储层中的黏土矿物有蒙脱石、伊利石、伊/蒙混石、高岭石和绿泥石。这些黏土矿物充填于空隙间的表面积很大,因而从很大程度上增加了增产措施与之作用的化学反应速度,加之遇水后体积迅速膨胀,使孔道变窄甚至堵死,造成增产措施中地层的伤害。

2.5.1.3 酸液的冲刷及溶解作用造成微粒运移

在酸化过程中,岩石骨架中的胶结物(碳酸盐、黏土等)被酸溶解,造成孔隙喉道的堵塞,降低渗透性,如图2.10所示。

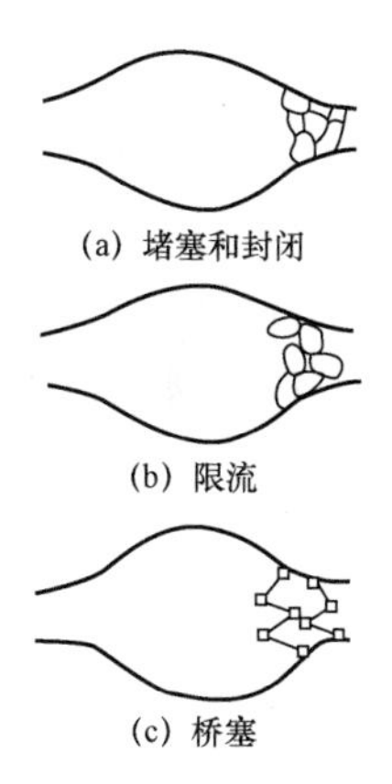

图2.10 孔喉堵塞机理示意图

水敏、速敏反应是最常见的伤害方式。不论是高岭石还是伊利石黏土矿物,酸化过程中酸溶解胶结物不同程度地使储层颗粒或微粒松散,脱落而运移堵塞。这些微粒随酸液的流动和冲刷,极易促进酸液与油气层中的原油一起形成稳定的乳化液而产生液堵。

2.5.1.4 岩石发生润湿性改变并产生液堵

酸液中的表面活性剂可改变岩石润湿性。另外,来自油基钻井液、修井液或完井液的一些阳离子表面活性剂的滤液、防腐剂、杀菌剂、破乳剂、含沥青油基液盐水、含油液体也会改变油层润湿性。当酸液注入地层后,井壁附近含水大大增加,当水油流度比大于1时就会出现水锁。若酸化时再形成乳化、泡沫等,两相流动阻力增大,特别是气泡流经喉道时,产生贾敏效应封堵喉道从而引起储层伤害。

2.5.2 酸液与储层流体不配伍

2.5.2.1 与原油不配伍

原油中的胶质和沥青质与酸接触时，在油酸界面上反应形成不溶性薄层，该薄层的凝聚导致酸渣颗粒的形成。研究表明，在酸液中若不加入适当的抗酸渣添加剂，一般都有产生酸渣的危险，且用酸浓度越高，酸渣生成越多。其中酸液中的Fe^{3+}对酸渣的影响特别明显。酸渣形成是不可逆的，会对储层带来永久性伤害，一般很难解除。

2.5.2.2 与地层水不配伍

地层中水与酸接触带来的危害，主要是反应沉淀问题。不考虑注入酸液与岩石反应时，酸与地层中水接触产生的危害不大。但当地层中水富含 Na^{+}，K^{+}，Mg^{2+}，Fe^{2+}，Fe^{3+}和 Al^{3+} 等时，酸液特别是 HF 将与这些离子作用而产生有害沉淀物，如氟硅酸钠、氟硅酸钾等沉淀物。因此，酸化时要设法避免 HF 与地层水接触。

2.5.3 酸液滤失造成的伤害

酸液滤失造成的储层伤害主要有两种：一是酸液或前置液渗入细微的粒间孔道，产生毛细管阻力；二是酸液溶蚀下的储层微粒在裂缝壁面形成滤饼，对储层流体产生的阻力。酸液中基液渗入基岩后，使岩石中的水敏性矿物膨胀吸附或迁移，减小粒间孔道或堵塞，因此，酸液的滤失可能带来较大的伤害，严重时可能使酸压措施完全失效，实际工作中应重视酸液滤失问题。

2.5.4 有机覆盖层的存在对油层的伤害

酸化中存在的一个普遍问题是酸液不能穿透岩石或结垢表面上的有机覆盖层而使处理失败，这对沥青质原油的储层尤为突出。这类储层酸化前，采用溶剂或酸/溶剂混合物作预处理，或注热油处理。避免把溶解后的有机沉淀物再次注入储层中引起堵塞。

2.5.5 设计和施工带来的问题

2.5.5.1 酸化设计参数不当

酸化设计参数包括酸液浓度、酸液用量、施工泵压、施工排量、关井时间等。酸浓度和酸用量对酸化效果影响很大，酸浓度过高，可能会腐蚀管材、溶蚀基质颗粒、破坏岩石骨架、堵塞油流通道。酸液用量应以刚好解堵为佳，不宜过多。根据不同施工工艺，合理选择施工泵压，避免关井时间延长，引起二次沉淀，造成新的伤害。

2.5.5.2 添加剂选择不当

对不同储层岩石和流体，酸液中应加入相应的添加剂，如缓蚀剂、铁离子稳定剂、黏土稳定剂、互溶剂等。加入的添加剂使用前应在实验室做好配伍实验，在使用类型和用量上要精确设计，否则会引起新的二次伤害，堵塞孔喉，降低油气井产能，从而达不到防止伤害、提高酸化效果的目的。

酸化过程中由于以上这些因素造成的储层渗透性、孔隙度等的伤害，均会进一步影响到油井的产能，应采取有效的措施加以防治。表2.6列举了一些酸化作业过程的伤害及保护措施。

表2.6 酸化作业过程的伤害及保护措施

伤害方式	保护措施
$Fe(OH)_3$，FeS_2沉淀	加铁螯合剂，预处理
无机垢	加盐酸或螯合剂或防垢剂
有机沉淀	加芳香溶剂多次处理并返排
酸渣生成	加抗酸渣剂，前置液处理
溶解胶结物	加前置液，优选酸液浓度
微粒运移	控制注入排量和返排速度
润湿性改变	注入强亲水表面活性剂
乳状液	加互溶剂（及破乳剂）防乳化
出砂	降低流速和压降
液堵	加表面活性剂或乙醇预处理
水敏	控制滤失、加黏土稳定剂
前置液伤害	检查配伍性，加互溶剂
添加剂伤害	筛选处理剂
固相侵入	酸洗、工作液严格过滤

此外，在施工过程中应加强适时监督，做到合理施工、准确建模、优化施工参数，注重事先防止伤害的配套技术手段，建立专家小组和专家系统，及时发现问题并采取有效的应对措施，还应努力开发新技术、新工艺，将储层的伤害程度降至最低，使对油井产能的影响降至最小。

2.6 洗井作业储层伤害造成油井低产低效

低渗透油田油井在洗井过程中，储层容易因作业流体的侵入而造成储层伤害。由于低渗透和特低渗透地层中流体自由流动的孔喉较小，表皮压降往往很大，出现产液良好的油井在洗井作业后产量大幅度降低甚至不产液。研究发现，油田中大量油井在洗井冲蜡作业后产能明显下降，恢复产能一般需要3～7天，甚至更长的时间，使油井产能受到严重影响。其中,水锁和结垢等是低渗透油井洗井作业储层伤害的主要原因。

2.6.1 水锁效应

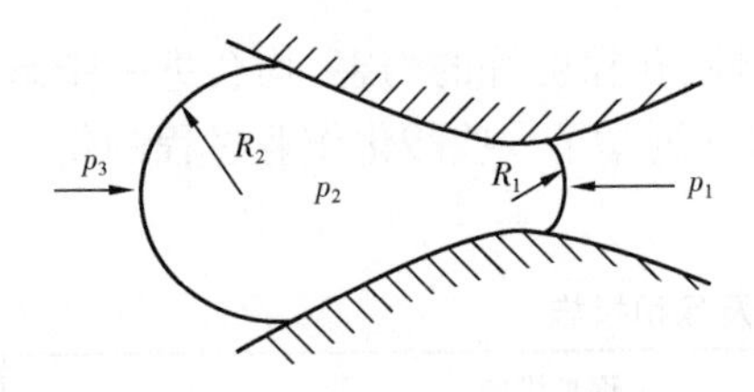

图 2.11 贾敏效应产生示意图

R_1,R_2—曲液面的曲率半径,m;

p_1—孔内压力,mN;

p_2—曲液面内的压力,mN;

p_3—孔外压力,mN

水锁效应是油田注水开发中普遍存在的问题,通常表现在钻井、完井、修井试油作业中储层受作业流体的水锁伤害,或被管外窜漏进入储层的水或产出的地层水水锁伤害,有时也出现产液良好的油井在洗压作业后产量大幅度降低甚至不产液。

水锁效应的本质是由于油—气—水—岩石间存在界面张力而产生的附加压力,为毛细管弯液面两侧非润湿相压力与润湿相压力之差。一般认为,水锁效应主要表现为界面张力热力学效应和贾敏效应动力学(图 2.11)两个方面。

低渗透砂岩油藏绝大多数属于水湿性地层,当外来水相流体侵入油层孔道后,由于微小孔隙中油水界面的存在,形成一个凹向油相的弯液面,进而产生毛细管阻力。毛细管阻力为:

$$p_c = \frac{2\delta\cos\theta}{r} \tag{2.10}$$

式中 δ——油水间的界面张力,mN/m;

θ——油水间接触角,(°);

r——毛细管半径,m。

同时,油水两相在地层中流动时,会有大量的乳化液滴出现,乳化液滴在通过岩心孔隙的喉道处时,会因为贾敏效应而产生一个附加压力,即:

$$\Delta p = \delta\left(\frac{1}{R_1} - \frac{1}{R_2}\right) \tag{2.11}$$

水侵入地层后,欲使原油将其驱入井筒,必须克服这一毛细管阻力和乳状液堵塞产生的阻力。若地层不能提供足够的动力,就不能克服该阻力在地层中形成液相流动,这就是通常意义上的水锁。从式(2.10)可看出,毛细管力的大小与多孔介质的直径成反比,因此对低渗透油气藏而言,由于孔隙喉道直径小,更容易发生水锁伤害,对油水井产能的影响程度甚至比固相颗粒堵塞造成的地层伤害更为严重。

2.6.2 油田水结垢

结垢是在外来流体与储层流体不配伍时,两者相互作用产生无机物沉淀或有机物沉淀。这些沉淀吸附在岩石表面成垢、缩小孔道、或随液流运移堵塞流动通道,使储层造成严重的伤害。

油田水结垢主要由于温度、压力、离子组成等条件改变或不相溶水的相互混合引起,水垢的形成过程可简单表示为:水溶液→过饱和溶液→晶体析出→晶体生长→结垢。结垢过程受热力学、结晶动力学、流体动力学等多种因素的影响。通过油田水静态结垢实验表明,温度、压力对水质结垢均有影响,碳酸钙垢随温度的升高而增加,随压力的降低而增加,温度和压力的作用正好相反,温度的影响远大于压力的影响,实验表明,45°C 是碳酸钙大量结垢的临界温度。油藏环境中的结垢过程比纯溶液体系的结垢过程要复杂得多。洗井过程中,洗井液一般是加热产生的热水或蒸汽,井筒内主要为洗井液,而洗井液结垢趋势受井底温度和注入水 pH 值的影响很大。随温度和 pH 值的升高,$CaCO_3$结垢趋势增大。

2.7 注水过程中储层伤害造成油井低产低效

目前油田低渗透油层主要采用注水开发,与高渗透油层相比,低渗透油层注水相对比较困难,许多注水井在接近油层的破裂压力条件下注水,仍无法完成配注。为了使低渗透油层达到最佳注水量,则要求注入水的成分对油层的伤害降到最低。因此需要对不同注入水的水质指标进行严格控制,对注入水中的杂质对地层造成的伤害进行分析、评价。

虽然各油田对注入水的要求不大相同,但注入水水质的基本要求是:水质稳定,不使地层黏土矿物产生水化膨胀,不堵塞油层孔隙,不产生沉淀、对地层没有腐蚀性。按 SY/T 5329—2012《碎屑岩油藏注水水质指标及分析方法》标准要求,新投注水开发油藏,其注入水质应根据油层渗透率要求执行一级(A1、B1、C1)标准。

在油田注水开发过程中,油层渗透的下降主要是由注入水中的悬浮物、含油量及细菌等成分造成的,在此,针对注入水中悬浮物粒径、悬浮物含量、含油量及硫酸还原菌含量等对油层的伤害进行实验评价。

2.7.1 注入水中固相颗粒对渗透率的影响

注入水中固相颗粒的存在是影响油田注水和对地层造成伤害的一个主要因素,固相颗粒主要从两个方面对岩心渗透率产生影响:一是固相颗粒在岩心孔隙内的聚集,降低了岩心流通断面的面积,增大了油流在孔道内的流动阻力;二是固体颗粒在喉道处的不断聚集形成“桥堵”,造成高渗透孔道的堵塞,迫使注入水沿着低渗透孔道流动,从而增大了油流阻力。

2.7.1.1 注入水固体颗粒粒径对渗透率的影响

悬浮物能否堵塞孔隙,与悬浮物的粒径密切相关,一般认为,当悬浮物粒径中值超过孔隙中值的1/3时,就可能在孔隙内形成"桥堵",造成孔隙的堵塞,因此要严格控制注入水中悬浮物的粒径大小。大量的实验结果表明,随着注入水中悬浮物粒径的增大,岩心渗透率的下降幅度不断增大,并且注入水中悬浮物粒径越大,对地层的伤害越易发生,即在低注入倍数时也能产生较大的伤害。

2.7.1.2 注入水固体颗粒含量对渗透率的影响

实验发现,注入水中的固相颗粒主要进入岩样的大孔道中而产生沉淀,堵塞喉道,随着颗粒含量的增加,岩样被堵塞的大孔道比例增大,渗透率伤害率增大。岩样的渗透率伤害率随注入水中固相颗粒粒径和含量的增加而提高。因此,为保护油气层,减小注水对储层的伤害,油田注水应尽可能控制注入水中固相颗粒粒径和含量。研究表明,注入水中的固相颗粒对低渗透性岩样的伤害大于中高渗透性岩样,所以低渗透油气层的注水,更应严格控制注入水中固相颗粒的量。

2.7.1.3 注水量和注水速度对渗透率的影响

注入水中的固相含量还与注入水的量有关,注水量越大,相应的固相颗粒含量也就越大,故岩样的渗透率伤害率随注水量的增加而提高。因此,为保证注水井正常注水,油田应定期对注水井进行作业。而且,注水量越大,注水速度过快,对于渗透率差异比较大的储层会造成很大的伤害,注水速度过快时,水油流度比增大,容易在高渗透层形成指进现象或者舌进现象,使得油井见水过早,油井采出程度低。

2.7.1.4 油田注水过程对产层伤害的机理

在油田注水开发过程中,由于种种原因,注入产层的水,尽管采取了种种措施,但其质量不完全符合标准,总会含有一定量的固相颗粒。这些含有固相颗粒的水注入产层后,必然会伤害产层。为了分析注水过程中固相颗粒侵入产层后对产层造成伤害的机理,首先要建立一个能模拟产层伤害的数学物理模型。模型的建立与求解过程在后续章节中有详细介绍,这里不再赘述。

2.7.2 细菌含量对注入水堵塞性的影响

注水系统中含有多种细菌,直接影响水质的主要是腐生菌和硫酸还原菌。注入水中细菌的存在主要从两个方面对设备和油层造成伤害:一是细菌产生的黏性物质及由其导致的油层岩心颗粒运移容易堵塞过滤器和注水井的渗流通道;二是细菌的存在容易使注水管线等设备产生腐蚀,造成管壁穿孔等危害,同时产生的大量腐蚀沉淀进入地层后,堵塞油层注水通道、降低油层渗透率。

当过滤器和地层被腐生菌产生的荚膜黏液堵塞时,用酸化及一般的方法不能解堵,黏液附在设备内壁会形成浓差电池，形成有利于硫酸盐还原菌及铁细菌生长的局部厌氧环境，导致点蚀。由于细菌在适宜的条件下繁殖的速度很快，因此需对细菌的含量和其存在的环境进行严格控制，保证细菌含量在合理的范围内。细菌种类多样，其在注水时对岩心渗透率的伤害是与其他成分共同作用的结果。

2.7.3　储层敏感性对渗透率的影响

注水过程中，注入水进入储层后与储集层的岩石和流体接触会发生各种伤害。注入速度与储集层岩石结构的不配伍会产生速敏反应，地层岩石产生新的微粒并运移堵塞孔喉通道，造成地层伤害。注入水与地层岩石的不配伍性，注入水与地层流体的不配伍性，以及注入水的水质不合格等均会对储层造成伤害。

2.7.3.1　水敏对储层渗透率的影响

水敏，指的是当地层中注入不配伍的流体时，引起黏土膨胀、分解、运移，从而导致渗透率下降的现象。

某些水敏性岩层遇水发生吸水膨胀、遇水溶解、遇水电离造成离子侵而破坏注入水、遇水发生水锁破坏油层的渗透率等。水敏性地层一般有黏土层、黏土质地层、岩盐、石膏、低压油层等。

2.7.3.2　盐敏对储层渗透率的影响

盐敏指的是注入水中的矿物离子与储层流体或储层岩石接触时发生化学反应，生成沉淀堵塞孔喉，使地层渗透率降低或者使原油物性发生改变的现象。

研究表明，减缓盐水矿化度下降速度有助于减轻盐敏伤害程度。如果减缓盐水矿化度下降速度，则会使岩心逐步适应电化学环境的改变，减少黏土颗粒分散的机会，岩心渗透率下降幅度就会减小。水溶液中钙离子或者镁离子含量达一定值时对盐敏伤害有很大程度的减轻作用。临界盐度有上下限。

盐水矿化度过低造成地层渗透率下降的机理有：一方面，黏土膨胀使地层孔隙和喉道尺寸变小；另一方面，黏土膨胀后分散脱落，并随流体流动而堵塞孔喉。盐水矿化度过高时则会使地层黏土矿物收缩脱落并堵塞地层喉道。这样，盐水矿化度控制在一个合理范围内可以在很大程度上减轻甚至避免盐敏伤害。

2.7.3.3　速敏对储层渗透率的影响

流速敏感性是指注入水的速度变化引起微粒运移、孔隙喉道堵塞、渗透率降低的现象。

速敏性评价实验的目的在于了解流体流速的变化引起岩石颗粒运移时对油层渗透率的影响，并且测定临界流速作为评估油层速敏程度的指标。微粒运移的程度是随流体的流速增大而增加的。但不同岩石中的微粒对流体速度的反应强弱不同。若岩石中微粒对流体速度反应甚微，这种岩石是我们所希望的。然而，有的岩石，当流体流速增大时，表现出渗透率明显下降。引起渗透率明显下降的流体流动速度称为该岩石的临界流速。不同的油气储层，孔隙结构不同，微粒多少不一样，临界流速也不一样，不同油气藏的临界流速需要具体实验来评价。

2.7.3.4 碱敏对储层渗透率的影响

当注入水中的金属离子含量较高时，流体会在地层中创造一个碱性环境，所谓碱敏性是指在碱性环境下，黏土颗粒易于分散、运移，诱发黏土矿物失稳，碱性介质与储层岩石反应使矿物颗粒分散，与地层水相互作用生成无机垢等，从而造成储层渗透率下降的可能性及其程度。碱敏性能够导致储层产生碱敏伤害。

综上所述，合理选择水质对于高效高速地开发油气田是非常关键的，尤其是对于低渗透油田的开发更是如此。

2.7.4 注水过程中其他方面对渗透率的影响

2.7.4.1 注入水中含油量对渗透率的影响

注入水中含有的油质成分是造成油层渗透率下降的另一个重要因素，较大的油滴在通过岩石内相对较小的喉道时需经过变形，由此产生的贾敏效应将增大注入水通过孔喉时的阻力，造成注水压力的升高。同时，注入水中的油滴也可能与水中悬浮物相融合，造成油层孔隙的堵塞。因此，在油层注水时，要严格控制注入水中的含油量。

2.7.4.2 铁离子及硫化物对渗透率的影响

铁离子对储层的伤害主要表现在三价铁离子生成 $Fe(OH)_3$ 胶状物或絮状物以及二价铁离子与硫离子生成的 FeS 颗粒沉淀对地层造成的堵塞。污水中 FeS 颗粒粒径尺寸远大于地层孔喉半径的1/3，易在渗流端面形成外滤饼堵塞地层。污水中铁离子、硫化物含量分别与腐蚀程度、硫酸盐还原菌含量密切相关。

2.7.4.3 油田污水中的化学物质对渗透率的影响

油田污水的处理过程中经常添加诸如破乳、防腐、防垢、杀菌、絮凝等多种类型的化学剂成分，注入过程中往往注重水处理效果，却忽视了各类化学剂本身或相互作用对地层造成的影响，如对油水相对渗透率、岩石毛细管压力的影响等，目前油田采用的某些水处理剂就存在使岩石毛细管压力上升、增加水驱阻力的问题。特别是低渗透油藏，大量品种繁杂的化学剂进入地层后对储层伤害严重，应引起足够重视。

2.8 采油过程中储层伤害造成油井低产低效

低渗透油藏采油过程中对地层的伤害主要来自微生物堵塞、无机结垢、石蜡、胶质、沥青质以及油井出砂等方面。

2.8.1 微生物采油时造成的储层伤害

近年来,微生物采油逐步得到许多低渗透油田的应用。微生物采油过程中,常常会造成地层伤害。一般认为,微生物菌液进入地层对储层渗透率的伤害主要表现在以下三方面:一是微生物菌液与储层内黏土矿物配伍性差导致的黏土矿物吸水膨胀和分散运移;二是微生物菌液在储层孔隙内吸附滞留引起的液阻效应;三是菌体代谢产生高分子物质在储层孔隙内的吸附滞留。相比低渗透岩心,微生物菌液更易进入高渗透岩心内部,致使微生物产生的代谢产物更多地吸附滞留在高渗透岩心孔隙内部,而仅在低渗透岩心上形成一层滤饼,从而阻止更多的物质进入岩心孔隙,所以对于低渗透油田来说,采用微生物采油时必须找到与地层相配伍的菌类,不然会对油井的产量造成很大的影响。

2.8.2 工作制度选择不当造成的储层伤害

一些油田为了完成原油生产任务,往往会采用强注强采的开发方式,保持大的生产压差进行采油。一方面,导致地层压力的降低,使得采油的自然能量降低,开采效果变差;另一方面,导致井底流压逐年降低,带来以下三方面的问题。

2.8.2.1 采油时应力敏感造成的储层伤害

对于某些异常高压深层油藏,其主要特点是:岩石的孔隙度和渗透率都很低,由于深层油气要承受很高的压力和温度,在开发这些油田的过程中,储层要发生部分或全部的不可逆形变。地层形变加上液体和气体性质的变化,会明显地影响油田动态的特征,若开发不当,会酿成极其不良的后果,油井产能和注水效率急剧地下降且无法恢复。砂岩受压缩最先被压缩的是喉道,而非孔隙,在岩石未受压时,岩石中的孔隙与喉道并存。当加压时,岩石中的喉道首先闭合,而孔隙基本不闭合,随有效压力加大,未闭合的喉道数越来越少,且多为不易闭合的喉道,致使岩石受压后压缩量减小,这种孔喉的闭合最终导致注水效率降低。

2.8.2.2 采油时结垢造成的储层伤害

在采油过程中压力逐渐下降、原油中的气体脱气,使得原因黏度降低,加上注入冷水开发降低储层温度,原油中的石蜡和沥青质从液相中分离出来,沉积在井筒附近中或井筒里,造成地层堵塞。而且随着压力的降低,在采油过程中形成一个压降漏斗,给无机垢的形成创造了良好的条件。事实上,好多油田存在腐蚀结垢的问题,每年因腐蚀结垢修井占维护工作量的50%以上,给油田的经济效益也造成不利的影响。

2.8.2.3 采油速度不当造成的储层伤害

开采过程中,采油速度高油井的产量相应地也高,但对于底水油藏来说,随着采出体积的增加,油水界面会不断升高,从而达到驱替原油的目的。与此同时,底水的锥进,又严重影响着油井的正常生产,使油井过早出现水淹情况,降低了底水的驱替效率。采油速度的大小,对油水界面的上升会产生一定的影响,同时也影响着底水的锥进过程。采油速度越高,油井的见水时间就越短,油水界面的上升速度就越快,但是,井底附近的上升速度快于外边界的上升速度,呈锥进状态。采油速度越高,含水上升速度就越快,产量递减幅度就越大。井底附近的油水界面上升速度快于外边界,对油井含水的影响较大,因此,控制油井的含水率应着眼于井底附近的工艺措施。

2.8.3 油井出砂造成的储层伤害

油井出砂是采油过程中会遇到的重要问题之一,出砂不仅会导致油井减产或停产以及地面、井下设备磨蚀,甚至会使套管损坏、油井报废。对于一些储层岩石为中高强度的地层,油气井生产初期并不出砂,进入中后期后才开始出砂。研究表明,地层出砂过程包括剪切破坏产生屈服区和砂粒运移两个阶段。产水能溶解砂粒之间的一部分胶结物,使地层的胶结强度下降,为出砂的第一阶段创造条件。水侵使黏土膨胀,渗透率降低,破坏油流的连续性,产生水锁效应,增加油流阻力,从而,使地层出砂和砂粒运移。

2.9 井身井况变化造成油井低产低效

在油田生产过程中,总会出现由于人为操作因素和井下、地面设备等的故障造成油井低产低效。

2.9.1 套管寿命对产量的影响

随着油田开发时间的延长,油水井套管长期受构造应力、上覆地层压力、射孔、生产层压力变化、油水井增产增注措施对套管摩擦、油水井注入产出水腐蚀等因素的影响,油水井套管出现不同程度损坏或处于套管损坏量变过程。套管损坏会引起油井生产过程中产量下降。所以,定量分析套管损坏在不同区块、不同开发条件下的套损影响因素、套管腐蚀速度,并预测油水井剩余套管使用寿命,对新钻井套管的选择、井身结构的确定、合理采取油水井增产增注措施、合理采用修复事故井措施的实施具有十分重要的指导意义。

2.9.2 抽油杆寿命对产量的影响

在实际的抽油机井生产过程中,很多情况下由于井身结构的限制、抽油管柱和管柱失稳出现弯曲、产出液性质的影响、抽油管柱存在的振动、机杆泵不匹配、扶正器分布不合理等因素,从而造成抽油杆和油管之间的磨损现象。导致出现油井油管磨损漏失严重、抽油管柱磨损断脱、检泵周期短、系统效率低等问题。由于低渗透油藏开采后期注水后效果差,压力降低,泵挂深度更深,管杆偏磨问题也愈加突出,所以近年来,抽油机井杆柱偏磨问题已成为造成油井低产低效的主要因素之一,严重地影响着油田的正常生产,并且成为有杆泵生产面对的重要问题。所以,研究抽油杆柱的性质和生产过程中使用寿命及其影响因素已变得尤为重要了。

2.9.3　封隔器失效对产量的影响

随着油田的不断开发,多年的分层开采使油井井况变得更加复杂,封隔器封层难度增加,提高坐封质量将成为一项非常重要的工作。导致井下封隔器失效有诸多影响因素,其中受管柱抽汲振动、卡封层段、层间差异等因素影响最大,其作用过程也较为复杂。封隔器失效造成生产过程中的窜槽,是造成油井低产的一个重要因素。

一般对封隔器失效采取以下几个防治措施:

(1)针对封隔器靠近泵的管柱应采取打桥塞、丢手、堵炮眼或对泵进行锚定等措施保证封层质量;

(2)对于层间差异较大的油井宜采取双向卡瓦封隔器或填砂打桥塞的办法封堵高压层;

(3)对于层间距小卡封时需采用支撑式封隔器卡封,以保护套管,利于后期卡封施工。

综上所述,引起低渗透油田低产低效的原因主要有地质因素和工程因素,为了提高低渗透油藏注水开发的整体开发效率,通常具有以下两个方面的技术途径:一是通过注采井网与注采参数优化决策,充分发挥油藏注水开发潜能,预防和降低低产低效井的发生率;二是对于注水开发过程中出现的地质诱因低产低效和储层伤害诱因低产低效,对注采井网和注采参数实施整体优化调整,对工程作业导致的储层伤害诱因低产低效,对储层伤害机理和主控因素进行系统的诊断、预测与评价,在此基础上实施针对性的单井治理措施。

本书第3章至第5章系统介绍了低产低效储层伤害机理室内评价方法、储层伤害主控因素定量预测数学模型和油水井低产低效矿场评价方法,第6章阐述了预防低产低效注采系统优化与调整技术,第7章至第11章阐述了低产低效综合治理单井配套技术。

符号注释

b_s——裂缝壁面的伤害深度,m;

K_s——裂缝壁面伤害区域的渗透率,mD;

K_r——储层原始渗透率,mD;

x_f——为裂缝单翼缝长，m；

$J_{D,damage}$——裂缝壁面伤害后的采油指数；

J_D——裂缝壁面未受伤害时的采油指数；

p_c——油水间毛细管力，mN；

δ——油水间的界面张力，mN/m；

θ——油水间接触角，(°)；

r——毛细管半径，m；

R_1——油膜的曲率半径，m；

R_2——水膜的曲率半径，m。

第3章　低产低效储层伤害机理室内评价方法

如前所述，对于低渗透油藏而言，在钻井完井、酸化、压裂、注水、采油等工艺过程中，都可能会引起油水井近井带不同程度的储层伤害，油井产能下降，水井注入压力升高，是导致低产低效的重要原因之一。引起近井带储层伤害的机理多种多样，通过室内物理模拟实验，系统地评价储层伤害的主控因素及其影响程度，是储层伤害诊断、预测、评价与防治的重要基础。

3.1　储层敏感性评价方法

3.1.1　水敏评价方法

3.1.1.1　储层岩石敏感性评价实验条件

岩石敏感性评价实验依据 SY/T 5358—2010《储层敏感性流实验评价方法》。标准盐水组成见表3.1。

表3.1　标准盐水组成

化学剂(mg/L)			总矿化度(mg/L)
NaCl	$CaCl_2$	$MgCl_2 \cdot 6H_2O$	
17500	1500	1000	20000

实验材料：水采用标准盐水，矿化度为20000mg/L；岩心采用天然岩心。

温度：室温。

实验设备：岩心驱替装置、电子天平、酸度计等。

3.1.1.2　储层岩石敏感性评价方法

(1)将天然岩心抽提、烘干后，将岩样抽空饱和标准盐水；

(2)将地层水以低于临界流速的速度注入岩心，测定岩石水测渗透率；

(3)将10PV的次地层水(10000mg/L)以同样速度注入岩心后，在次地层水中浸泡12h以上，测定次地层水的渗透率；

(4)然后用10PV的其他矿化度水驱替，测定相应的渗透率；

(5)最后用10PV的蒸馏水驱替,测定蒸馏水渗透率。

水敏伤害程度采用水敏指数来表示:

$$I_w = \frac{K_1 - K_w}{K_1} \tag{3.1}$$

式中 I_w——水敏评价指数;

K_w——淡水渗透率,mD;

K_1——饱和盐水渗透率,mD。

表3.2 岩石水敏性评价方法

水敏指数	水敏性程度
$I_w \leqslant 0.05$	无水敏
$0.05 < I_w \leqslant 0.3$	水敏
$0.3 < I_w \leqslant 0.5$	中等偏弱
$0.5 < I_w \leqslant 0.6$	中等偏强
$0.6 < I_w \leqslant 0.9$	强水敏
$I_w > 0.9$	极强水敏

岩石水敏性评价方法见表3.2。以某油田的4口井的岩心为例做实验,取平均实验数据作水敏曲线如图3.1至图3.4所示。

从上述岩石敏感性实验可知:1号和2号岩心为中等偏弱水敏,临界盐度分别为5000mg/L和7500mg/L;3号和4号岩心为弱水敏,临界盐度分别为7500mg/L和8700mg/L。这4口井虽然水敏程度不大,但临界盐度高,在注水时容易产生水敏,因此,水敏是储层岩石潜在的伤害因素。

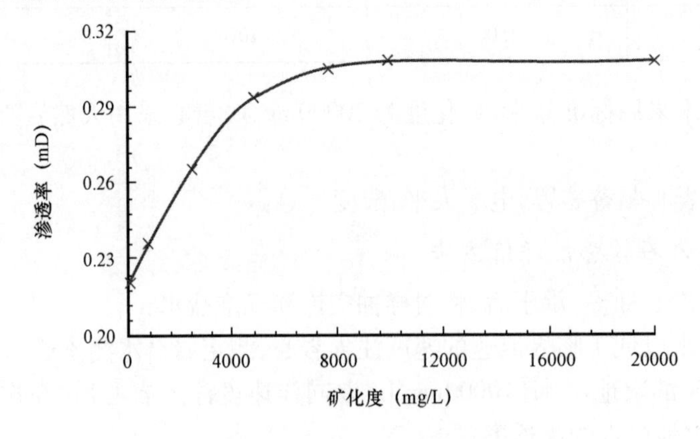

图3.1 1号岩心水敏曲线

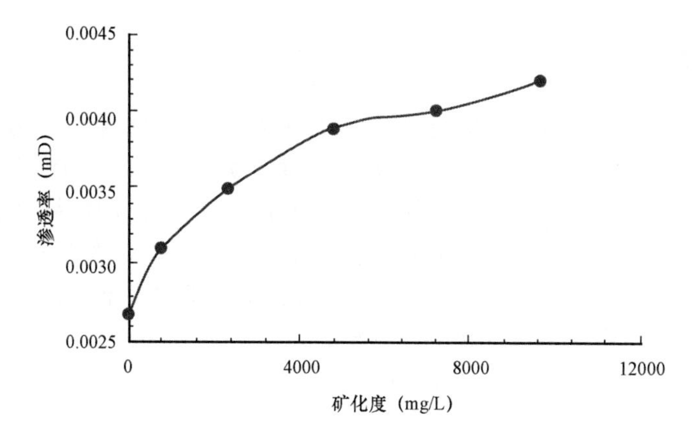

图3.2　2号岩心水敏曲线

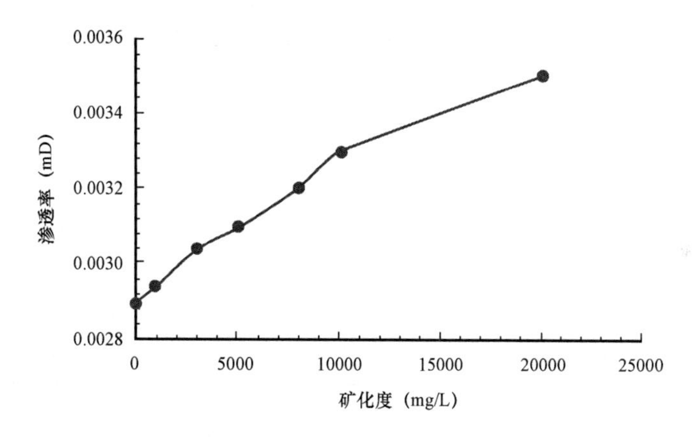

图3.3　3号岩心水敏曲线

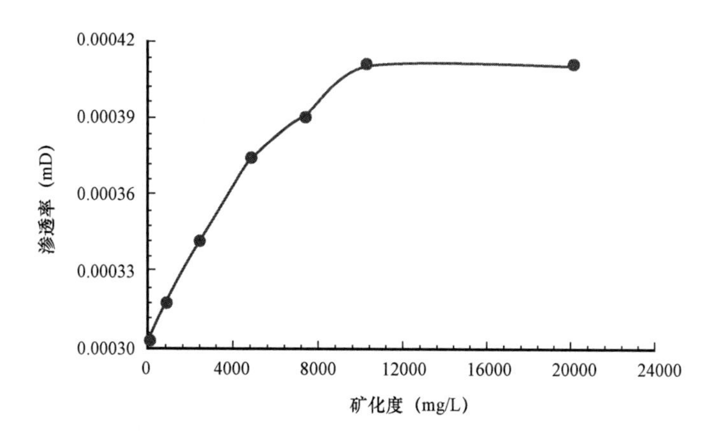

图3.4　4号岩心水敏曲线

3.1.2 盐敏评价方法

盐敏性是指与储层岩石接触的流体矿化度的变化引起储层黏土矿物膨胀、分散、收缩、失稳、脱落，导致渗透率下降的现象。盐敏性评价实验目的是评价储层渗透率对流体矿化度变化的敏感程度，确定渗透率开始明显下降时的矿化度即临界矿化度。实验流速均保持在临界流速之下。首先用模拟地层水测岩心的渗透率 K_f；然后按一定的级差由高向低逐渐降低驱替流体的矿化度，直至去离子水。每一矿化度下驱替 10～15 倍孔隙体积，浸泡 24h 以上，然后测定相应的渗透率 K_i。

盐敏伤害程度采用盐敏指数来表示：

$$I_s = \frac{K_f - K_{min}}{K_f} \tag{3.2}$$

岩石盐敏性评价方法见表 3.3。表 3.4 至表 3.7 是国内 X 油田和 Y 油田储层天然岩心盐敏性实验评价结果。

表 3.3 岩石盐敏性评价方法

盐敏指数	盐敏性程度
$I_s \leqslant 0.05$	无盐敏
$0.05 < I_s \leqslant 0.30$	弱盐敏
$0.35 < I_s \leqslant 0.70$	中等盐敏
$0.75 < I_s \leqslant 0.90$	强盐敏

表 3.4 X 油田油层 5 号岩心盐敏实验数据表（一）

矿化度（mg/L）	渗透率（mD）		
	岩心段 1	岩心段 2	岩心段 3
9000	0.324	0.0468	0.0533
6750	0.286	0.0426	0.0539
4500	0.260	0.0391	0.0394
2250	0.210	0.0207	0.0386
0	0.186	0.0187	0.0325

表 3.5 X 油田油层 5 号岩心盐敏实验数据表（二）

盐敏指数 I_s	0.429	0.6000	0.3900
盐敏程度	中等	中等	中等

表 3.6　Y 油田油层 6 号岩心盐敏实验数据表(一)

矿化度(mg/L)	渗透率(mD)			
	岩心段 1	岩心段 2	岩心段 3	岩心段 4
8095	58.44	346.14	130.90	151.57
6071	56.44	337.95	125.24	147.99
4047	52.77	180.32	118.36	130.91
2024	35.91	136.19	119.53	134.39
0	34.66	148.64	115.97	137.03

表 3.7　Y 油田油层 6 号岩心盐敏实验数据表(二)

盐敏指数 I_s	40.69	57.06	11.41	9.59
盐敏程度	中等	中等	弱	弱

从表 3.5 和表 3.7 可以看出,X 油田油层盐敏指数为 0.390 ~ 0.600,盐敏程度为中等,临界矿化度为 2250mg/L;Y 油田油层盐敏指数为 9.59 ~ 57.06,盐敏程度为弱—中等,临界矿化度为 6071mg/L。因此,这两个油田在注水开发过程中应适当提高注入水的矿化度或加入防黏土膨胀剂,防止盐敏性储层伤害。

3.1.3　碱敏评价方法

地层水的 pH 值一般呈中性和弱碱性,而大多数钻井液的 pH 值为 8 ~ 13.5,采油中的碱水驱也有较高的 pH 值,当高 pH 值流体进入油气层后,将造成油气层中黏土矿物和硅质胶结的结构破坏,从而造成油气层的堵塞伤害;此外,大量的氢氧根离子与某些二价阳离子结合会生成不溶物,造成油气层的堵塞伤害。

碱敏伤害程度采用碱敏指数来表示:

$$I_b = \frac{K_s - K_{sb(min)}}{K_s} \tag{3.3}$$

岩石碱敏性评价方法见表 3.8。

表 3.8　岩石碱敏性评价方法

碱敏指数	碱敏性程度
$I_b \leqslant 0.05$	无碱敏
$0.05 < I_b \leqslant 0.3$	弱碱敏
$0.3 < I_b \leqslant 0.7$	中等碱敏
$I_b > 0.7$	强碱敏

表3.9是国内某油田储层天然岩心碱敏性实验评价结果。

表3.9　储层的碱敏性实验结果

样号	初始渗透率(mD)	伤害后的渗透率(mD)	酸敏指数	酸敏类型
7	385.51	192.75	0.5	中等碱敏
8	23.99	21.19	0.12	弱碱敏

表3.9的实验结果表明:7号和8号岩心酸敏指数分别为0.5和0.12,评价为中等碱敏或弱碱敏。该油田开发作业中,要考虑入井流体的pH值,尤其是碱水驱油时,由于pH值较高,可与大多数铝硅酸盐及石英反应,生成铝、硅沉淀,堵塞地层,要特别注意。

3.1.4　酸敏评价方法

酸化是油田广泛采用的解堵和增产措施,酸液进入油层后,一方面可改善油层的渗透率,另一方面又会与油层中的矿物及地层流体反应产生沉淀并堵塞油层的孔喉。酸敏实验的目的是研究各种酸液的酸敏程度,其本质是研究酸液与油层的配伍性,为油层基质酸化和酸化解堵设计提供依据。

酸敏程度用酸敏指数来表示:

$$I_a = \frac{K - K_i}{K} \tag{3.4}$$

岩石酸敏性评价方法见表3.10。

表3.10　岩石酸敏性评价方法

酸敏指数	酸敏性程度
$I_a \leqslant 0.05$	无酸敏
$0.05 < I_a \leqslant 0.3$	弱酸敏
$0.3 < I_a \leqslant 0.7$	中等酸敏
$I_a > 0.7$	强酸敏

用土酸做流动实验,实验结果为:2块岩心的酸敏指数均小于0.05,说明该区块地层对酸无敏感性,酸化后储层渗透率将有很大提高,可以考虑采用酸化方式来提高油井产量或解除伤害。

3.1.5　速敏评价方法

储层流速敏感性评价实验的目的,是为了研究在不同的流体流速下,储层岩样中被胶结的黏土矿物颗粒或依附于孔隙内表面的松散颗粒,在流体的冲刷下被运移、堵塞,造成渗透率下降的变化规律。

储层速敏性根据应用流体的不同可分为油速敏性和水速敏性两种。油的流动速度变化(即产量变化)所造成的渗透率下降的临界流速是油田开发中确定单井合理产能的主要依据;盐水流动速度的变化所造成的渗透率下降时的临界流速是油田开发选择合理注水速度的重要依据。将引起渗透率下降的流速确定为临界流速。实验也发现,对一定的砂岩储层存在一临界流速 v_c,当润湿相流体的流速大于此值时便引起微粒运移伤害,否则不引起此种伤害。

图3.5和图3.6是某油田模拟油速敏曲线和盐水速敏曲线。从图中速敏曲线可以看出,无论是模拟油,还是盐水,都存在着一个明显的临界流速,即随着注入速度的增加,储层岩石的渗透率在超过临界流速后持续下降,临界流速是储层速敏伤害的一个重要标志。

图3.5和图3.6是某油田储层岩心岩心流动试验中,模拟油和地层水注入速度与渗透率变化之间的关系曲线。

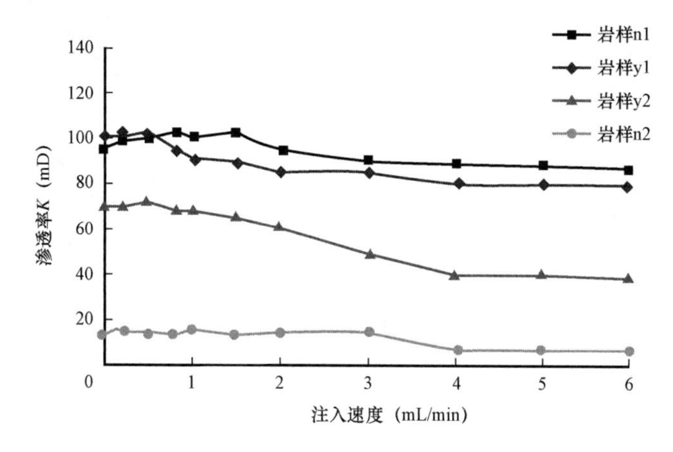

图3.5　油流速敏感性实验曲线

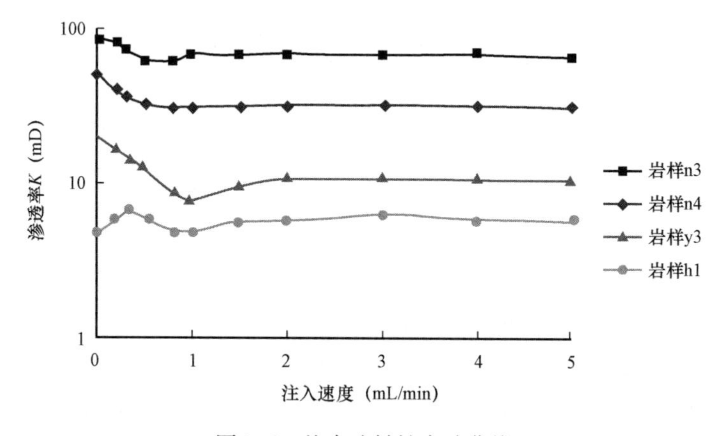

图3.6　盐水速敏性实验曲线

在实验测定中,通常将上述定义的临界流速值的前一个流速值取为临界流速。

速度敏感性伤害程度采用速敏指数来表示:

$$I_v = \frac{K_0 - K_v}{K_0} \quad (3.5)$$

岩石速敏性评价方法见表3.11。

表3.11 岩石速敏性评价方法

速敏指数	速敏性程度
$I_v \leqslant 0.05$	无速敏
$0.05 < I_v \leqslant 0.3$	弱速敏
$0.3 < I_v \leqslant 0.7$	中等速敏
$I_v > 0.7$	强速敏

3.1.6 温度敏感性评价方法

外来流体进入油层可使近井筒附近的地层温度下降,从而导致有机结垢、无机结垢以及地层中的某些矿物发生变化。因此,温度敏感就是指由于外来流体进入地层引起温度下降从而导致地层渗透率发生变化的现象。实验的目的在于研究温度敏感引起的地层伤害程度。

温度敏感性伤害程度采用温度敏感性系数表示:

$$I_T = \frac{K_0 - K_T}{K_0} \quad (3.6)$$

岩石温度敏感性评价方法见表3.12。

表3.12 岩石温度敏感性评价方法

温敏指数	温敏性程度
$I_T \leqslant 0.05$	无温敏
$0.05 < I_T \leqslant 0.3$	弱温敏
$0.3 < I_T \leqslant 0.7$	中等温敏
$I_T > 0.7$	强温敏

图3.7和图3.8分别为某油田储层岩心温度敏感性评价实验结果。

实验结果分析表明:9号岩心温度敏感程度为中等,10号岩心温度敏感性程度为弱敏感。温度敏感伤害发生后,再升温不能恢复原有渗透率,即温度敏感伤害是不可逆的。

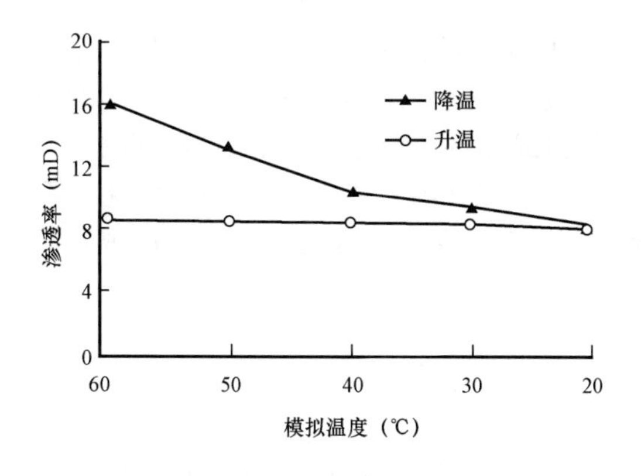

图3.7　9号岩心温度敏感实验结果

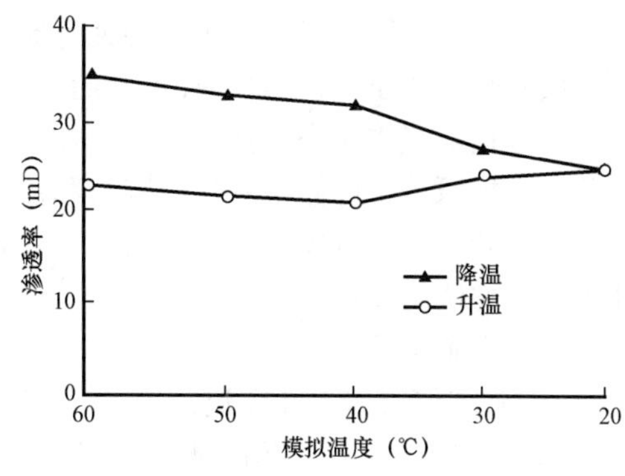

图3.8　10号岩心温度敏感实验结果

3.1.7　应力敏感性评价方法

应力敏感性是储层物性由于应力的改变而改变的现象，对于低渗透致密储层，综合国内外应力敏感性的研究结果发现，学者们对应力敏感性主要有两种观点：一种是低渗透致密储层存在强应力敏感性；另一种是其敏感性为弱应力敏感。

由于低渗透致密气藏储层的渗透率本身很低，应力敏感性的强弱对气井的产能有很大的影响，从而影响井网的部署、油气井的配产以及最终的采收率。因此，搞清低渗透储层的应力敏感性对于低渗透油田的开发有重要的指导意义。

实验装置如图3.9所示。主要由3部分组成：第一部分称为高压气源部分；第二部分称为实验的主体部分；第三部分称为回压装置部分，主要是保持岩心内压不变，获取实验数据。实验流体采用的是氮气。

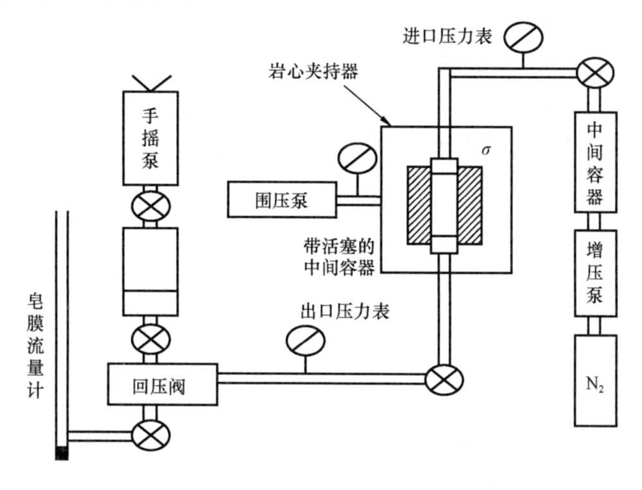

图3.9　应力敏感性评价实验装置流程图

实验应用三轴向静水围压岩心夹持器模拟储层所受的三维应力场，保持围压不变模拟储层所受上覆压力，在岩心夹持器的出口端加装高精度回压阀，通过改变回压阀的压力来模拟孔隙流体压力变化，并应用压差传感器测试岩心夹持器两端的压差。该测试方法首先恢复原始条件储层所受的应力和流体压力，模拟孔隙流体压力变化特性，能较真实反映因储层孔隙流体压力变化而产生的储层岩石应力敏感特性，是对常规储层敏感性评价实验方法的改进。

具体实施步骤分三步：

(1)确定储层岩石孔隙流体压力、上覆压力。

(2)储层原始应力和流体压力的恢复。

① 处理后的岩心先抽真空饱和地层水，然后将岩心加压饱和地层水至原始地层孔隙流体压力。

② 将岩心放入夹持器中，加围压2MPa，并将回压阀压力设置为储层原始孔隙流体压力。

③ 恒压饱和地层水，初始压力0.5MPa，同时围压增加0.5MPa，待岩心内部流体压力达到0.5MPa稳定后，同时增加围压、流体压力各0.5MPa。

④ 以同样增压方式将流体压力增至储层原始孔隙流体压力，然后将围压增至储层原始上覆压力。该加压方式可以较有效恢复储层原始上覆压力和孔隙流体压力，防止因不当的加压方式而引起的岩心孔隙结构发生剧烈变化。

(3)模拟储层在开采和注水开发与开发过程中的应力敏感。

① 在岩心临界流速以下选择某一流速，进行地层水驱替。

② 依次减小岩心出口回压，模拟开采过程中储层孔隙流体压力下降引起的储层应力敏感，直至孔隙流体压力降为开采过程中最低井底流压。

③ 增大回压阀的设置压力，提高孔隙流体压力，模拟注水过程中储层孔隙流体压力增加而引起的储层应力敏感特性。

④ 可根据研究目的不同，在储层原始上覆压力和孔隙流体压力条件下，先提高孔隙流体压力，再降低孔隙流体压力来模拟先注水、后开采过程中储层的应力敏感特性。

应力敏感性伤害程度采用应力敏感系数表示(表3.13)。

$$I_S = \frac{K_0 - K_f}{K_0} \tag{3.7}$$

表3.13　岩石应力敏感性评价方法

应力敏感指数	应力敏感程度
$I_S \leq 0.05$	无应力敏感
$0.05 < I_S \leq 0.3$	弱应力敏感敏
$0.3 < I_S \leq 0.7$	中等应力敏感
$I_S > 0.7$	强应力敏感

3.1.8　贾敏效应评价方法

由于多孔介质的分散作用和原油中存在天然乳化剂，洗井液进入油层后，原油和洗井液会发生乳化作用，乳状液在地层中渗流时会产生贾敏效应，使得油流受到一定的阻力。如果驱动能量不足以克服该阻力，油相渗透率将大大降低。由于渗透率越低，水驱油入口压力和油驱水入口压力之比越大，贾敏效应越突出。这样就会出现贾敏效应的循环现象，当产生贾敏效应叠加时，油流会受到更大的阻力，最终导致油井含水上升。

目前还没有制定针对贾敏效应的石油天然气行业标准，然而借鉴已有的SY/T 5358—2010《储层敏感性流动实验评价方法》中速敏、水敏等敏感性评价标准中，均以渗透率伤害率来进行评价。此处也以渗透率伤害率作为贾敏效应评价标准。

贾敏效应伤害程度采用贾敏伤害指数表示（表3.14）。定义贾敏指数：

$$I_J = \frac{p_{do} - p_{dw}}{p_{dw}} \tag{3.8}$$

表3.14　岩石贾敏性评价方法

渗透率伤害率	贾敏性程度
$I_J < 0.05$	无贾敏效应
$0.05 < I_J \leq 0.3$	弱贾敏效应
$0.3 < I_J \leq 0.7$	中等贾敏效应
$I_J > 0.7$	强贾敏效应

3.2　作业流体潜在伤害评价方法

油气井开采过程中的作业流体包括钻井液、水泥浆、完井液、压井液、洗井液、射孔液和压裂液等。主要是借助于各种仪器设备，预先在室内评价工作液对油气层的伤害程度，达到优选工作液配方和施工工艺参数的目的。

3.2.1　工作液的静态伤害评价

该法主要利用各种静滤失实验装置测定工作液滤入岩心前后渗透率的变化，来评价工作液对油气层的伤害程度并优选工作液配方。实验时，要尽可能模拟地层的温度和压力条件。用工作液伤害指数R_s来评价工作液的伤害程度，R_s值越大，伤害越严重。

$$R_s = (1 - K_{op}/K_0) \times 100\% \tag{3.9}$$

工作液伤害程度评价方法见表3.15。

表 3.15　工作液伤害程度评价方法

渗透率伤害率	伤害程度
$R_s < 0.05$	无伤害
$0.05 < R_s \leqslant 0.3$	弱伤害
$0.3 < R_s \leqslant 0.7$	中等伤害
$R_s > 0.7$	强伤害

3.2.2　工作液的动态伤害评价

在尽量模拟地层实际工况条件下，评价工作液对油气层的综合伤害（包括液相和固相及添加剂对油气层的伤害），为优选伤害最小的工作液和最优施工工艺参数提供科学的依据。

动态伤害评价与静态伤害评价相比能更真实地模拟井下实际工况条件下工作液对油气层的伤害过程，两者的最大差别在于工作液伤害岩心时状态不同，静态评价时，工作液为静止的，而动态评价时，工作液处于循环或搅动的运动状态，显然后者的伤害过程更接近现场实际，其实验结果对现场更具有指导意义。

3.2.3　工作液动态伤害评价方法

3.2.3.1　多点渗透率仪测量伤害深度和伤害程度

动态情况下，计算伤害程度 R_s 仍然采用式（3.9），评价指标也同样用表 3.13，国内已形成商品的动态伤害评价仪。

通常可以采用多点渗透率仪来测量工作液侵入岩心的伤害深度和伤害程度，它的工作原理如图 3.10 所示。

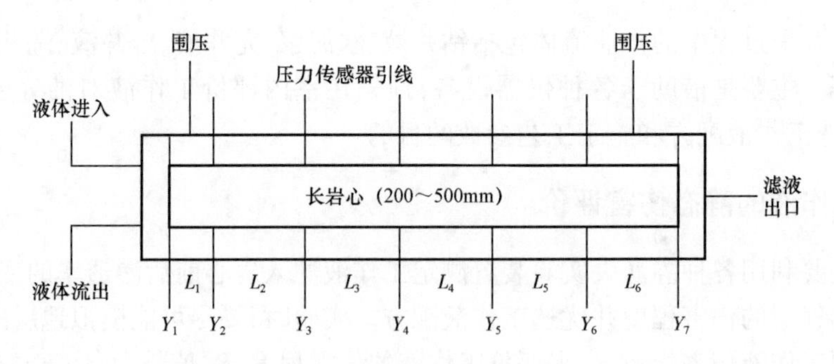

图 3.10　多点渗透率仪工作原理图

将数块岩心装入多点渗透率仪的夹持器内组成长岩心，测量伤害前的基线渗透率曲线，然后用工作液伤害岩心，再测伤害后的恢复渗透率曲线，利用伤害前后渗透率曲线对比求伤害深度和分段伤害程度，如图 3.11 所示。

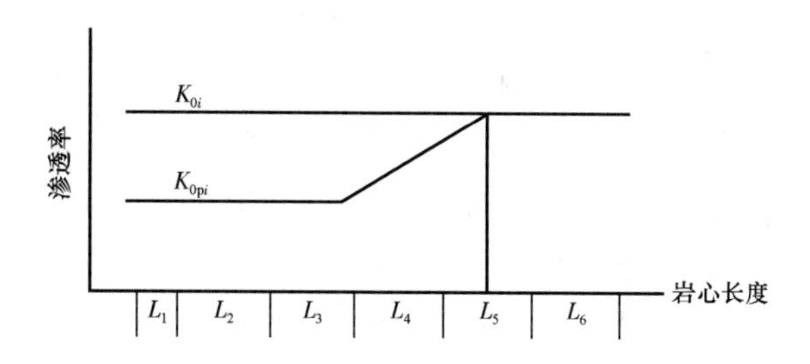

图 3.11 利用伤害前后渗透率曲线对比求伤害渗透

分段伤害程度：

$$R_s = (1 - K_{0pi}/K_{0i}) \times 100\% \qquad (i = 1,2,3,4,5,6) \tag{3.10}$$

利用此实验结果与试井数据对比分析，就可以更加准确地确定油气层的伤害深度和伤害程度。

3.2.3.2 正反向流动实验

岩心流动实验仪是用于对钻井液、完井液、修井液以及其他处理剂对储层岩石流动特性加以评价的仪器。对比最终渗透率测定值和初始渗透率测定值，就可得出各种处理剂对储层渗透率的伤害程度，然后评价酸或其他化学处理剂对恢复原始渗透率的影响。测定岩心渗透率，就其实质而言是测量渗过岩心的滴状液体的流量。若能准确测出渗过岩心的液体流量，根据液体物性与工作条件，可按下式计算出岩心的渗透率：

$$K = q_v \mu L / A \Delta p \tag{3.11}$$

测试岩心流动特性时，利用电子天平测出本次质量、前次质量和采样时间计算出流量，计算公式如下：

$$\Delta W = W_i - W_{i-1} \tag{3.12}$$

$$q_m = \Delta W / T \tag{3.13}$$

$$q_v = q_m / \rho \tag{3.14}$$

根据测得的体积流量 q_v，由式(3.11)计算出岩心渗透率。

3.2.3.3 润湿性评价实验

液体对固体表面的润湿情况可以通过直接测定接触角来确定。将待测矿物磨成光面，浸入油(或水)中，如图 3.12 所示，在矿物光面上滴一滴水(或油)，直径 1 ~ 2mm，然后通过光学系统将一组光线投射到液滴上，将液滴放大、投影到屏幕上，直接测出润湿角，或测量液滴的高度 h 和它与岩石接触处的长度 D，按下式计算接触角 θ：

$$\tan\frac{\theta}{2}=\frac{2h}{D} \tag{3.15}$$

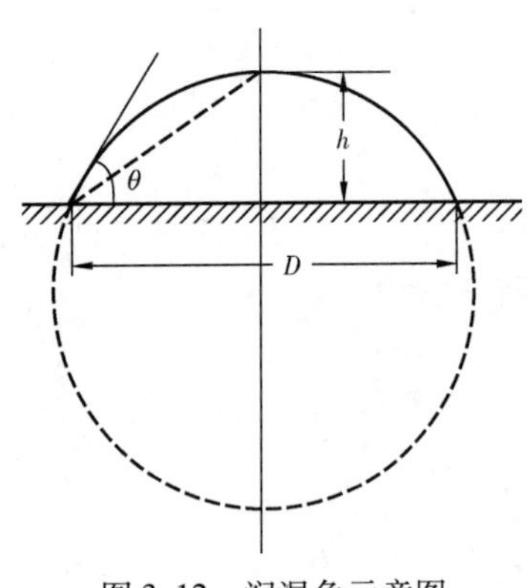

图 3.12 润湿角示意图

润湿角分析方法通常有如下几种：

（1）切线法。将抓拍的图像在测量屏内进行测量。选择切线法，在液滴的一端左键点击一下松开，拉向另一端点点击一下，沿液体外轮廓做液体的切线。

（2）高宽法。该法适应于小液滴，忽略重力影响，也叫小液滴法。

点击图标，在液体一端点击一下，然后拉向另一端点击，液滴地平线中点有一个小竖线，鼠标移动到地平线中点点击一下，竖向拉向液体的最高点，接触角值自动显示出来。

（3）圆环法。圆环法，该方法较上述方法精度准确。

选取此方法图标，按提示在液滴一端点击一下，再在圆环上选择第二点，最后在液滴的另一端点点击一下。拖动鼠标返回到第一端点点击鼠标，松开后拉向另一端点，接触角自动显示。

（4）基线圆环法。打开保存的接触角图像照片，点击方法图标，显示一条水平线，将其移动到液体的底面。在液体轮廓上点击两点，包括液体外线，点击一下。接触角值自动显示。点击右键保存测量值即可。

3.3 水力压裂过程伤害程度预测数学模型

本节以国内某低渗透油田为例，系统介绍了压裂过程对低渗透油藏储层伤害的主要因素及其严重程度的室内评价方法和过程，建立了水力压裂过程中储层伤害程度预测的数学模型，为低渗透油田水力压裂对储层伤害评价、预测与防治提供借鉴与指导。

3.3.1 压裂液造成的储层伤害

3.3.1.1 液体伤害类型

压裂液的性质好坏直接关系到油、气层压裂效果，尤其是对低渗透油气藏的影响更为突出。室内实验研究表明，通常裂缝附近的储层渗透率如果降低 2%，产量就会降低 10% ~15%。压裂液进入地层后是通过物理或化学作用引起地层渗透率和裂缝导流能力下降的。按压裂液作用位置可分为地层基质伤害和支撑裂缝伤害。在压裂施工过程中，对储层的伤害类型主要有以下两方面。

（1）液体伤害。液体伤害主要是压裂液滤液对储层渗透率的伤害，是压裂液与储层岩石及地层流体相互作用的综合结果。在压裂施工中，压裂液在足够高的压力下被挤入地层，滤液进入地层孔隙介质内与储层流体和黏土矿物可能发生物理和化学反应，导致地层伤害。伤害机理不仅涉及储层本身的类型和待性，而且压裂液性能及整个作业过程都至关重要。压裂液滤液引起的地层黏土膨胀、分散、运移、堵塞孔道；滤液进入喉道后，由于毛细管力的作用而造成水锁，润湿性反转，使油相渗透率变小，泵入压裂液与地层油发生乳化时，压裂液与地层流体配伍性差而产生沉淀等都将堵塞地层。

（2）固体伤害。压裂液对储层的固相伤害是压裂液破胶液中的小粒径残渣及添加剂中杂质堵塞孔隙喉道，造成基质渗透率下降。外围油田主要应用的是瓜尔胶原粉及改性瓜尔胶的有机硼交联水基压裂液，天然植物胶中的残渣一是来自粉剂中水不溶物，二是压裂液破胶不完全及浓缩所致。

残渣对地层的伤害程度与破胶液分散体系中的含量、粒径大小及分布规律有关，图3.13是压裂液残渣对储层伤害的三种理论模型。当压裂液中残渣粒径 D_f 大于有效孔喉直径 D_p 时就会形成滤饼伤害；当 $1/7 \leqslant D_f/D_p \leqslant 2/3$ 时，会形成沉积和吸附堵塞；当 $D_f/D_p \leqslant 1/7$ 时，还会造成桥堵。因此，不能够进入地层的大粒径残渣形成的滤饼和能够进入地层孔隙的小粒径残渣都是难以消除的，这样就会导致储层基质渗透率下降，影响压裂措施改造效果。

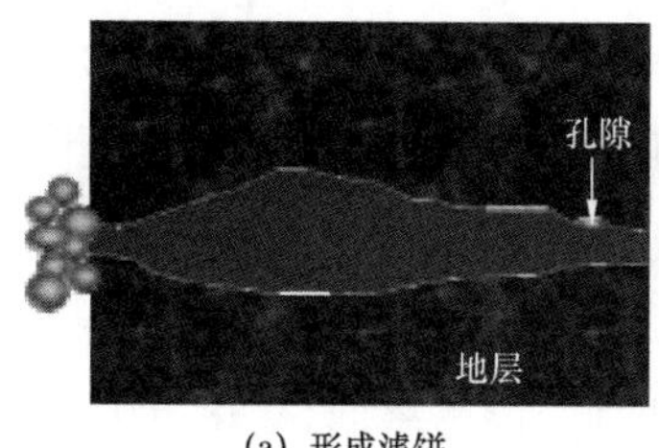

(a) 形成滤饼

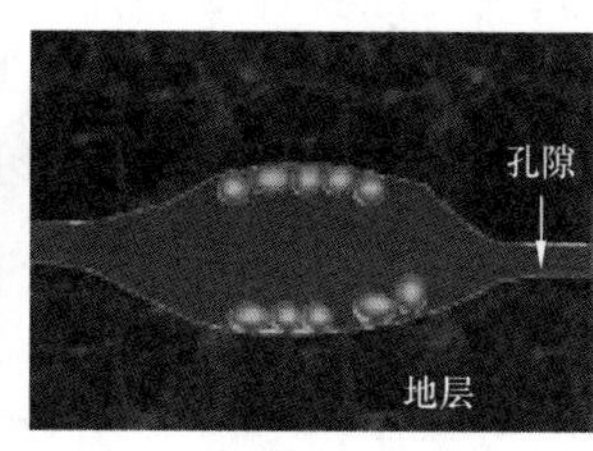

(b) 孔隙壁表面沉积

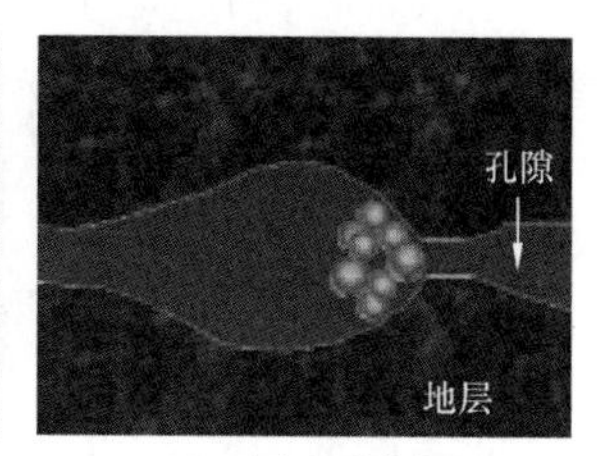

(c) 孔隙喉道堵塞

图3.13　压裂液残渣对储层伤害的三种主要形式

3.3.1.2　岩心伤害实验

压裂液对地层基质的伤害以岩心渗透率的变化来表征。影响岩心伤害率大小的因素主要有岩心的渗透率的大小、矿物组成、压裂液进入岩心的压差大小和时间长短、压裂液返排压差、返排时间和压裂液的性能好坏等，伤害率是反映压裂液影响地层基质伤害各因素的综合表现。

这一节以典型低渗透油藏和常用瓜尔胶压裂液体系为例，通过室内实验研究，系统分析评价了低渗透油田压裂液对储层和裂缝导流能力的伤害原因和程度。

取不同渗透率人造岩心，岩心直径2.5cm、长2.5cm。试验方法参照SY/T 5107—2016《水基压裂液性能评价方法》评价方法。实验温度分别为60℃和90℃。测定不同温度下压裂液破胶液滤液，残渣及滤饼综合对岩心的伤害程度。实验步骤是将岩心正向驱替饱和标准盐水10PV孔隙体积后，再正向驱替煤油测岩心初始渗透率，之后反向驱替伤害液，恒温放置后，再正向驱替煤油测压裂液对岩心伤害后的渗透率。

3.3.1.3 滤液对岩心伤害实验研究

滤液对该油田储层的不同渗透率岩心（$K_{气} \leqslant 200mD$）伤害实验结果如图3.14所示。

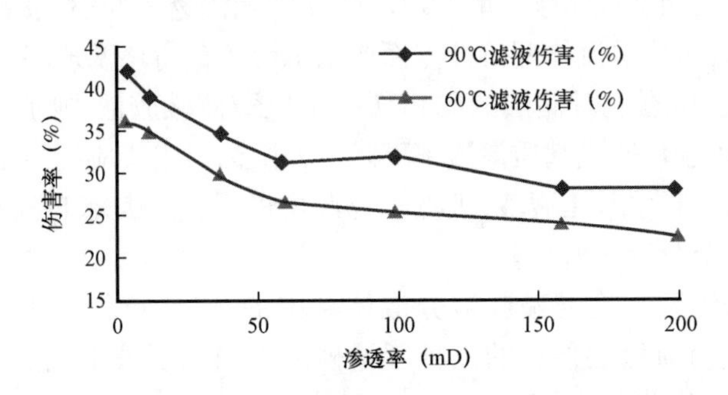

图3.14 不同温度常规压裂液配方滤液对岩心伤害实验曲线

滤液对天然岩心伤害，随着岩心渗透率的升高，滤液对岩心的伤害程度逐渐减弱。滤液对岩心伤害在气测渗透率小于10mD时，伤害率大于40%，滤液伤害程度较大。因为滤液侵入岩心，引起黏土伤害，使孔隙半径变小，同时又增大了孔隙中的毛细管力，使渗透率大幅度降低；随着渗透率增大，在气测渗透率为200mD时，伤害率大约20%，滤液伤害程度减小，由于孔隙半径较大，滤液的毛细管力影响就较弱了，所以渗透率下降幅度小。

3.3.1.4 残渣对储层的伤害

该低渗透油田砂岩储层具有黏土矿物含量高、孔隙度低、渗透率低、变化范围大等特点。最大连通喉道、平均喉道、主流动喉道半径和有效喉峰半径与渗透率之间有较好的关系，根据压汞实验测得该油田砂岩储层最大孔径变化范围为1～21μm，平均有效喉峰半径为0.4～3μm，即有效喉峰直径（D_p）平均为0.8～7μm，因此该油田储层属低渗透细喉性油层。

将不同温度压裂液配方的破胶液采用G_4（最大粒径D_f分布在4～7μm）砂心漏斗抽吸过滤后，用CS激光粒度计数器对不同温度配方压裂液破胶水化后的残渣粒径分布进行测试，测试结果见表3.16。不同配方的残渣粒径直径$D_f \leqslant 7\mu m$的含量为4.5%～9.0%，粒径中值与岩心有效孔喉直径D_p匹配关系$D_f/D_p \leqslant 2/3$在三种堵塞理论的比例之内。

取外围油田不同区块高、中、低渗透率岩心做压汞试验测定岩心的孔隙结构，岩心的基础参数见表3.17。从测定结果可看出，岩心有效喉峰半径为1.03～4.12μm，即有效喉峰直径（D_p）为2.06～8.24μm。

表3.16　不同残渣含量的压裂液配方不同粒径含量测试结果

压裂液配方	残渣含量（mg/L）	粒径≤7μm		含量占80%平均粒径（μm）
		颗粒含量（%）	平均粒径中值（μm）	
60配方	303	4.5	1.0	66.5
90配方	476	9.0	3.0	125.3

表3.17　岩心的孔隙参数

岩心号	气测渗透率（mD）	液测渗透率（mD）	孔隙度（%）	孔隙半径（μm）			孔隙分布	
				最大	平均	中值	峰位（μm）	峰值（%）
2	152.8	69.7	24.5	8.74	4.12	3.39	4.2	32.09
5	104.12	37.6	21.1	6.74	3.41	3.08	2.9	43.35
6	57.77	13.9	19.9	4.78	1.57	1.11	1.9	40.46
10	31.29	8.4	18.3	4.74	1.53	1.06	1.6	18.92
12	15.0	2.5	16.2	2.12	1.03	0.8	0.5	15.5

从CS激光粒度计数器对不同温度配方压裂液破胶水化后的残渣粒径分布测试结果可看出，不同温度压裂液残渣粒径小于15μm占5%～9%，平均粒径50μm左右。外围油田低渗透储层最大孔径变化范围在3～28μm，残渣粒径远大于低渗透储层的平均孔隙半径的1/3，说明大多数残渣是侵入不到低渗透地层孔隙中，所以残渣对低渗透储层伤害程度较滤液的程度小。

残渣对岩心伤害实验采用直径2.5cm、长2.5cm的人造岩心，消除滤液的影响，伤害实验结果如图3.15所示。

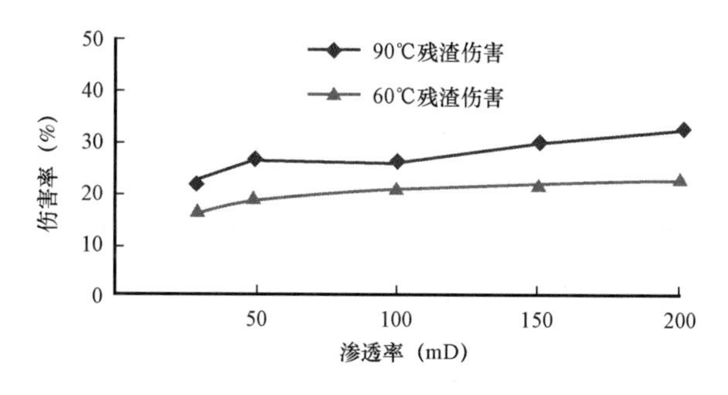

图3.15　不同温度常规压裂液配方残渣对岩心伤害实验曲线

残渣对岩心伤害程度与配方中残渣含量有关，岩心渗透率不同，所对应的残渣粒径范围不同，总体上表现为渗透率越低，出现伤害高峰的粒径范围越小，残渣含量越高，小粒径颗粒含量越多，粒径在 $D_f/D_p \leqslant 1$ 区间含量也增多，对岩心伤害快且严重，对岩心的伤害率越大。对渗透率小于 30mD 岩心的伤害率为 18% 左右，残渣伤害程度较小；随着渗透率增大，残渣伤害程度增大，伤害率近 30%。

3.3.1.5 压裂液对储层渗透率的伤害

压裂液对该油田储层的不同渗透率岩心（$K_气 \leqslant 200$mD）伤害实验结果如图 3.16 所示。

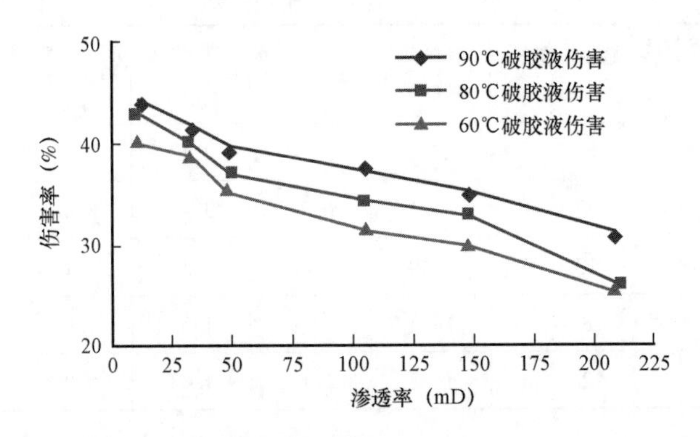

图 3.16 不同温度常规压裂液配方破胶液对岩心伤害

压裂液对岩心的综合伤害率是较大的，对 $K_气 \leqslant 5$mD，黏土含量在 12% 以上低渗透岩心伤害率大于 40%，是滤液和残渣以及形成滤饼综合作用的结果。渗透率小于 50mD 时，主要是滤液和滤饼的伤害，随着岩心渗透率的升高，侵入岩心孔隙的量逐渐增多，所以残渣伤害增加幅度较大。同时，压裂液残渣含量越高，形成滤饼越快，越厚，滤饼阻挡能力越强，滤饼堵塞程度增加，90℃配方伤害率高达 45%，60℃配方伤害率为 38%。滤饼的存在，大大降低了岩心的渗透率。

以上实验结果表明：

(1)残渣对岩心伤害程度与配方中残渣含量有关，岩心渗透率不同，所对应的残渣粒径范围不同，总体上表现为渗透率越低，出现伤害高峰的粒径范围越小，残渣含量越高，小粒径颗粒含量越多，粒径在 $D_f/D_p \leqslant 1$ 区间含量也增多，对岩心伤害快且严重，对岩心的伤害率越大。对渗透率小于 30mD 岩心的伤害率为 18% 左右，残渣伤害程度较小；随着渗透率增大，残渣伤害程度增大，伤害率近 30%。

(2)采用天然岩心的伤害实验结果，小粒径残渣和滤液对岩心伤害程度变大，对同级别渗透率岩心，90℃配方对天然岩心比人造岩心的伤害率高 10% 以上，不同残渣含量配方的伤害率也随含量增加伤害率增大，说明小粒径颗粒进入岩心的量增大，引起岩心伤害程度增大。

3.3.2 压裂液对裂缝导流能力的伤害

压裂措施的核心就是合理地在地层中制造一条有效的支撑裂缝，所谓“合理”就是指裂缝参数合理；而“有效”就是指裂缝具有良好的导流能力。在裂缝参数合理（即裂缝参数确定）的情况下，导流能力是影响改造效果的决定因素，提高裂缝导流能力就能够提高目标井的压后生产能力，从而达到普遍提高措施效果的目的。

压裂液对支撑裂缝导流能力的伤害有两方面原因：一是压裂液中的不溶物或其降解过程中形成的不溶物可能留在支撑剂裂缝中；二是由于压裂液滤失到地层中而造成压裂液在裂缝中浓缩及破胶不彻底，同时在压裂产生的裂缝表面形成致密的滤饼，会对支撑裂缝导流能力产生很大影响。

3.3.2.1 残渣对裂缝导流能力的伤害

（1）残渣对裂缝导流能力伤害原因。

压裂液残渣是压裂液破胶后不溶于水的固体微粒，其来源主要是植物胶稠化剂的水不溶物和其他添加剂的杂质。残渣对压裂效果的影响存在双重性：一方面是形成滤饼，阻碍压裂液侵入地层深处，提高了压裂液效率，减轻了滤液对地层的伤害；另一方面是堵塞地层及裂缝内孔隙和喉道，增强了乳化液的界面膜厚度，难于破乳，降低地层和裂缝渗透率，影响措施效果。

对于低水不溶物的稠化剂，且在破胶体系（破胶剂及用量）较好时，压裂液残渣含量较低，一般为5.0%左右；而对于高水不溶物（大于15%）的稠化剂，若破胶体系选择不当，压裂液残渣含量可大于20.0%。残渣伤害主要是由于残渣颗粒堵塞了裂缝中部分孔隙喉道，导致流动能力的降低。对支撑裂缝导流能力的伤害是压裂液浓缩和残渣叠加作用的结果。残渣含量越大，伤害越严重。

（2）压裂液残渣对导流能力伤害实验。

利用FCES－100型导流仪测定不同温度的压裂液配方的导流能力，对比不同残渣含量的压裂液破胶水化液对裂缝导流能力的影响程度。采用粒径为0.45～0.9mm石英砂和陶粒在不同压力下导流能力变化，每个点测试时间按API要求进行，实验用压裂液配方如下。

配方1：0.6%瓜尔胶＋其他助剂＋0.15%交联剂＋0.05%破胶剂，残渣含量为476mg/L；

配方2：0.4%瓜尔胶＋其他助剂＋0.15%交联剂＋0.05%破胶剂，残渣含量为303mg/L。

图3.17是不同稠化剂浓度的压裂液破胶液对石英砂充填裂缝导流能力伤害的实验，从图中可看出，30MPa压力下驱入相同量（150mL）不同残渣含量的压裂液时，对裂缝的导流能力伤害率由54.2%上升到70.9%，残渣含量上升，伤害率增大。

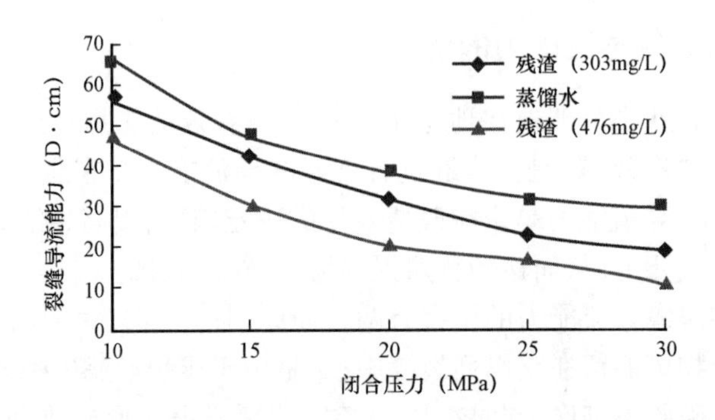

图 3.17　不同残渣含量配方对石英砂充填裂缝导流能力伤害

图 3.18 是不同闭合压力下残渣含量对陶粒充填裂的导流能力伤害实验，随着配方中残渣含量增加，常规压裂液配方对导流能力伤害逐渐增大，设计平均砂比约 20% 时，驱 150mL 破胶液，60℃配方对裂缝导流能力伤害率约为 30.6%，90℃配方对裂缝导流能力伤害率约为 58.7%。说明压裂液中残渣含量对陶粒充填裂缝的导流能力伤害是很大的。

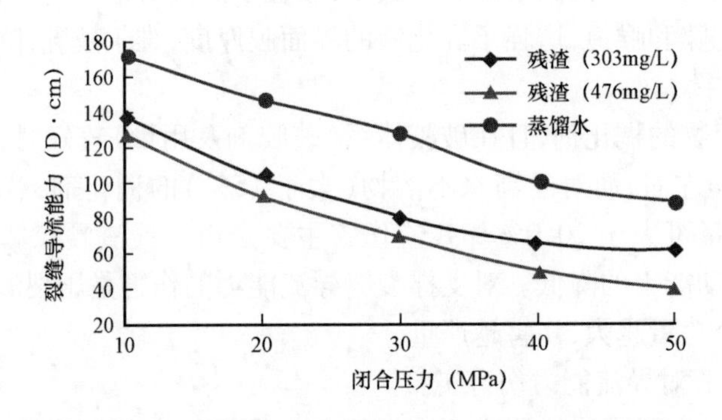

图 3.18　不同残渣含量对陶粒充填裂缝导流能力伤害

3.3.2.2　滤饼和浓缩对裂缝导流能力的伤害

（1）滤饼对裂缝导流能力的伤害原因。

压裂液在裂缝的表面形成具有一定弹性的薄膜即滤饼。由于滤饼的渗透率比地层渗透率小得多，因此在生产中滤饼阻碍了地层流体向裂缝的流动，同时由于裂缝闭合，支撑剂嵌入，滤饼占据了部分以至整个支撑剂之间的间隙，导致裂缝导流能力大大降低，阻碍压裂液的返排和原油的产出。

（2）压裂液浓缩对裂缝导流能力的伤害原因。

在压裂施工中，动态滤失和裂缝闭合造成的最终支撑裂缝宽度的差异，导致了压裂液在支撑裂缝内浓缩。由于冻胶破胶水化后的残渣相对于低渗透层孔隙半径比较大,因此在压裂过程中,由于滤失作用,大量残渣浓集于填砂裂缝中。在闭合过程中孔隙体积又进一步缩小,此时缝中聚合物浓度比原始浓度要增大许多倍。根据聚合物浓缩因子与支撑裂缝的关系,地面配制时的聚合物浓度乘以此因子即为裂缝中的聚合物浓度。

$$\frac{1}{V_{\rho/L}} = \frac{\rho_t}{C_t}\left(\frac{1 - \phi/100}{\phi/100}\right) \tag{3.16}$$

式中 $V_{\rho/L}$——聚合物浓缩因子;

ρ_t——支撑剂浓度,lb/gal;

C_t——液体中支撑剂浓度,lb/gal;

ϕ——支撑裂缝孔隙度,%。

如果聚合物地面浓度是4.8kg/m³,支撑剂浓度是360kg/m³,填砂孔隙度是33.5%,此时修正系数约为15,闭合后缝中聚合物浓度应为15×4.8=72kg/m³。由于聚合物在闭合后的缝中高度浓缩,对裂缝渗透率将产生很大的影响。

(3)压裂液浓缩对导流能力伤害实验。

裂缝中不同支撑剂铺置浓度对压裂液浓缩因子有较大影响,随着支撑剂铺置浓度的减少,压裂液浓缩因子升高,对裂缝的导流能力伤害增大。因此,在压裂液冻胶黏度能够满足携砂要求的情况下,应最大限度地提高砂比,减少压裂液的用量,减少对储层裂缝导流能力的伤害程度。

实验按照国内在压裂施工过程中裂缝内支撑剂设计浓度一般砂液比为7%~56%进行。因此,按前面浓缩公式计算,压裂液在裂缝的前半部分浓缩可高达原浓度的10~40倍,对于硼交联的0.6%的HPG水基压裂液对导流能力伤害后实验结果如图3.19所示,支撑剂浓度增加,压裂液浓缩因子减小。对高度浓缩的压裂液,常规破胶剂用量不可能实现破胶降解,将会形成大量残胶,严重影响支撑裂缝的导流能力。

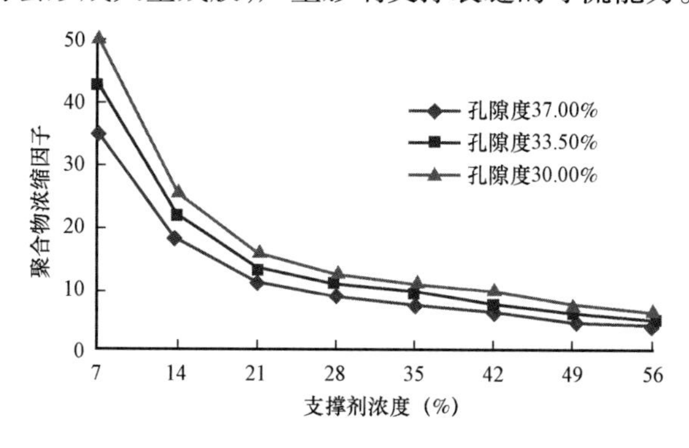

图3.19 支撑剂浓度和孔隙度对聚合物浓缩因子的影响

同时,交联剂的类型对裂缝导流能力也有较大影响,有机硼交联压裂液对地层支撑裂缝的伤害程度小于有机金属交联压裂液体系的伤害率,实验结果如图3.20所示。随着压裂液中增稠剂浓度增加,冻胶浓缩程度增大,对裂缝导流能力伤害程度增加,因此,压裂液中聚合物浓缩引起的渗透率保持恢复率比交联剂类型更敏感。

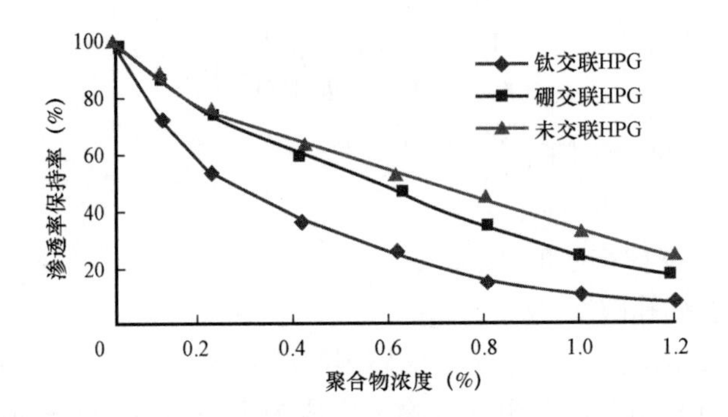

图3.20　聚合物浓度对裂缝渗率保持率的影响

提高压裂液中破胶剂用量是消除滤饼和压裂液浓缩、改善支撑裂缝导流能力的重要方法之一。在不同温度下采用不同浓度的破胶剂用量,裂缝的导流能力大小是不同的,随着压裂液中破胶剂浓度的增大,裂缝的导流能力增加,实验结果如图3.21所示,在93℃下将过硫酸钾浓度提高4倍,裂缝的渗透率保持率可由50%提高到90%。但提高破胶剂浓度,将严重影响压裂液流变性能,以致丧失压裂液的造缝携砂能力。

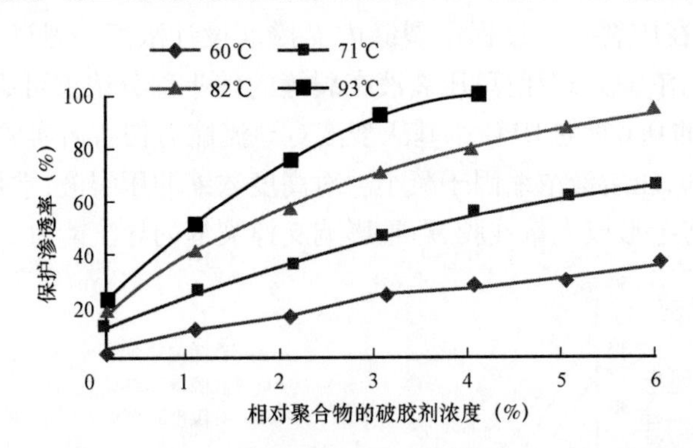

图3.21　温度和破胶剂浓度对裂缝渗透率的影响曲线

图3.22中40MPa压力下,90℃配方不同压裂液用量对陶粒充填裂的导流能力影响实验。蒸馏水随时间变化对应导流能力先降低,到大约7h后导流能力不变。15mL压裂液随时间变化裂缝导流能力保持不变,在20h后有上升的趋势。25mL压裂液随时间变化裂缝导流能力整体呈现为缓慢上升的趋势。实验结果表明,裂缝导流能力随着压裂液用量增大而增强。

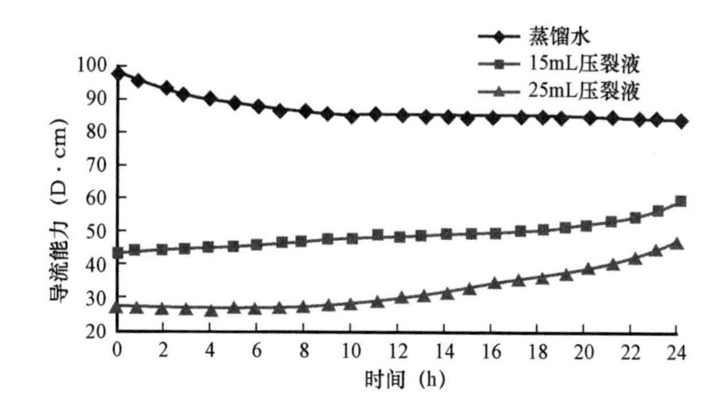

图3.22 90℃配方的压裂液用量对裂缝导流能力的影响曲线

3.3.2.3 实验结论

（1）压裂液中残渣含量对裂缝导流能力的影响是至关重要的，降低压裂液残渣含量，能够大幅度提高裂缝的导流能力，改善压裂措施效果。

（2）30MPa 压力下，常规 60℃、90℃ HPG 水基压裂液配方破胶液对石英砂充填裂的导流能力伤害率由 54.2% 上升到 70.9%。40MPa 压力下对陶粒砂充填裂的导流能力伤害率由 30.6% 上升到 58.7%。

（3）在压裂液能够满足造缝与携砂性能的基础上，提高压裂液的破胶性能，减小压裂液中稠化剂用量，也能够降低压裂液的浓缩因子，改善裂缝的导流能力。同时，降低压裂液的滤失量，减小压裂液的浓缩程度，在满足造缝长度要求下，减小压裂液用量，提高压裂液效率，也能够提高裂缝的导流速能力。

（4）40MPa 压力下 90℃压裂液配方不同量对陶粒充填裂的导流能力结果为：蒸馏水随时间变化对应导流能力先降低，到大约 7h 后导流能力不变；15mL 压裂液随时间变化裂缝导流能力保持不变，在 20h 后有上升的趋势；25mL 压裂液随时间变化裂缝导流能力整体呈现为缓慢上升的趋势。实验结果表明，裂缝导流能力随着压裂液用量增大而增强。

3.3.3 压裂液伤害程度的表征方法

水力压裂裂缝延伸时，由于裂缝内外存在较大的压差，部分压裂液滤失到储层，对其产生伤害。压裂液伤害的室内评价主要有动态滤失法和滤液伤害法。这两种方法基本上建立了标准实验程序，伤害指标用岩心渗透率保持率或岩心伤害率表示，但两者均未完全反映伤害的实质。本文通过分析压裂液伤害产生的机理，提出表征压裂液伤害程度的新概念——附加厚度，以期利用该指标全面地反映压裂液对地层的伤害程度。

3.3.3.1 动态滤失伤害特性

简化压裂液动态滤失伤害评价实验流程为：在高压泵的驱替下，压裂液以 8mL/min 的流速经过 5m×2mm 的不锈钢管，经剪切和温控箱预加热，进入岩心夹持器，压裂液流过岩心端面，经背压阀流出，背压 3.5MPa。预加热管线和岩心夹持器置于烘箱中，温度设定为地层温度（125℃）。压裂液在背压驱动下向岩心滤失，冷却后的滤液通过量筒或天平计量。滤失伤害时间为 2h（模拟较长的压裂施工时间）。然后用地层水反向驱替到渗透率稳定，压裂液伤害率为：

$$D_1 = \frac{K_0 - K_b}{K_0} \times 100\% \tag{3.17}$$

按照上述流程，测试了一组硼交联羟丙基瓜尔胶压裂液（BXHPG）对 TH 油田 2 组岩心的伤害程度（表 3.18）。使用压裂液组有 3 种类型：Ⅰ型压裂液由质量分数为 0.45% 的轻丙基瓜尔胶（HPG）、0.3% 的温度稳定剂（DJ－14）、0.05% 的杀菌剂（甲醛）、1.0% 的助排剂（DJ－02）、1.0% 的破乳剂（DJ－10）、0.8% 的交联剂（ZYT）及 0.01% 的破胶剂（过硫酸铵）；Ⅱ型为Ⅰ型内不加破胶剂的压裂液；Ⅲ为Ⅰ型内 HPG 质量分数为 0.35% 的压裂液。

表 3.18　压裂液对岩心伤害数据

岩心号	井深（m）	初始渗透率（mD）	岩心孔隙体积（cm^3）	滤液体积（cm^3）	压裂液类型	压裂液伤害后的岩心		刮滤饼的岩心		压裂液驱入端切除 2mm		压裂液驱入端切除 15mm	
						渗透率（mD）	伤害率（%）	渗透率（mD）	伤害率（%）	渗透率（mD）	伤害率（%）	渗透率（mD）	伤害率（%）
S70	4900.13	0.0681	4.56	11.3	Ⅰ	0.0347	49.05	0.056	17.76	0.0551	13.1	0.0654	3.96
	4899.98	0.00963	3.26	1.2	Ⅱ	0.00684	39.36	0.00826	14.22	0.00861	7.48	0.00933	3.12
	4900.03	0.0864	4.07	3.5	Ⅲ	0.0513	40.63	0.0716	17.123	0.0765	11.46	0.0828	4.17
S61	4950.99	9.61	3.53	60	Ⅲ	3.01	68.68	6.61	31.25	6.93	27.9	7.56	21.3
	4951.08	8.3	6.88	15	Ⅱ	2.53	69.52	5.61	32.41	5.89	29.0	6.78	18.3
	4953.17	2.08	5.3223	23	Ⅰ	0.594	71.44	1.27	38.94	1.34	35.6	1.56	25.0

被压裂液伤害的岩心，在压裂液驱入端面有残余滤饼。刮去滤饼后渗透率均有所提高，驱入端分别切除 2mm 和 15mm 后，渗透率恢复均较高，说明沿滤失方向伤害程度降低。3 种压裂液对岩心的伤害率没有明显的差别，但 2 组岩心动态伤害差别明显，渗透率较高的岩心伤害更严重。

3.3.3.2　不同部位伤害率校正

滤液体积相当于压裂液侵入岩心的体积。当压裂液侵入岩心的体积不足 1 倍孔隙体积时，所测渗透率是压裂液侵入区和未侵入区的平均值，实际滤液伤害率要更高。因此，为更准确地反映各部位的伤害程度，压裂液侵入区的真实伤害率须校正。

不考虑压裂液滤液的指进，认为滤液在岩心中活塞式驱替地层水，则岩心可简化为横向非均质地层平面线性流模型。岩心分为渗透率为 K_1 的滤液侵入区和渗透率为 K_0 的未侵入区两部分（图3.23），则滤液浸入深度为：

$$L_1 = L\frac{V_1}{V_p} \tag{3.18}$$

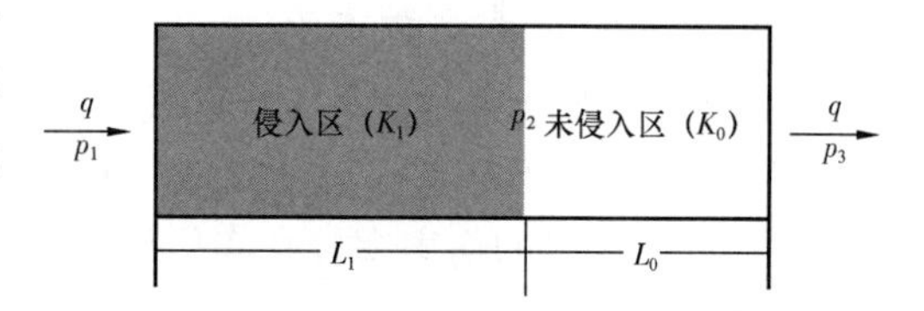

图3.23 岩心伤害后压裂液流动示意图

根据达西定律可知：

$$q = \frac{K_1A(p_1 - p_2)}{\mu L_1} = \frac{K_0A(p_2 - p_3)}{\mu L_0} = \frac{\overline{K}A(p_1 - p_3)}{\mu(L_1 + L_0)} \tag{3.19}$$

由式（3.19）可得：

$$\overline{K} = \frac{L_1 + L_0}{\dfrac{L_1}{K_1} + \dfrac{L_0}{K_0}} \tag{3.20}$$

由式（3.20）可得滤液侵入区的渗透率为：

$$K_1 = \frac{\overline{K}K_0L_1}{\overline{K}L_1 + (K_0 - \overline{K})L} \tag{3.21}$$

滤液侵入体积不足1倍孔隙体积时可直接按式（3.21）对滤液浸入区的渗透率进行校正。设滤饼厚度为1mm，并以岩心初始渗透率为基准，计算沿岩心滤失剖面的渗透率及伤害率。由表3.19可以看出，沿压裂液侵入方向伤害依次降低，伤害主要集中在滤失端面附近；岩心伤害率与滤失量有关，较高渗透率的岩心压裂液伤害更严重。

表3.19 压裂液对岩心不同部位伤害对比

岩心号	井深（m）	考虑滤饼校正		1mm滤饼		压裂液驱入端2mm		压裂液驱入端2～15mm		压裂液驱入端大于15mm	
		渗透率（mD）	伤害率（%）	渗透率（mD）	伤害率（%）	渗透率（mD）	伤害率（%）	渗透率（mD）	伤害率（%）	渗透率（mD）	伤害率（%）
S70	4900.13	0.0342	49.64	0.00101	98.51	0.0173	74.57	0.03925	42.35	0.0654	3.964
	4899.98	0.00676	29.08	0.00041	95.71	0.00206	78.62	0.007179	25.44	0.0085	12.17
	4900.03	0.0506	69.08	0.00199	97.68	0.01984	77.03	0.05461	36.78	0.0821	4.981
S61	4950.99	2.97	41.32	0.06974	99.27	2.450	74.50	4.992	48.048	7.56	21.33
	4951.08	2.49	69.91	0.05853	99.29	2.050	75.30	3.666	55.82	6.78	18.31
	4953.17	0.586	71.81	0.01388	99.33	0.430	79.28	0.8033	61.37	1.56	25.00

3.3.3.3 伤害程度表示新方法

压裂液的伤害沿滤失方向逐渐降低,各点伤害率不同,在非均质岩心中这种现象可能更为明显,因此用伤害率无法准确表示伤害程度。当压裂液侵入岩心的体积大于 1 倍孔隙体积时,计算出的伤害率较真实值偏高;当压裂液侵入岩心的体积不足 1 倍孔隙体积时,计算出的伤害率较真实伤害率偏低。为此须修正岩心长度对压裂液伤害程度的影响。

压裂液对岩心的伤害,在一定压差下相当于通过岩心的流量降低,或一定流量下相当于驱动压差升高。伤害可视为平均渗透率降低,也可视为产生了附加压降,或产生了附加渗流路程(即伤害相当于流过岩心路径变长)。初始渗透率为 K_0 的岩心被伤害后,以平均渗透率 $\overline{K}$ 流动,根据达西定律可知:

$$q = \frac{\overline{K}A(p_1 - p_3)}{\mu L} = \frac{K_0 A(p_1 - p_3)}{\mu(L + \Delta L)} \tag{3.22}$$

由式(3.22)得:

$$\Delta L = L\left(\frac{K_0}{\overline{\overline{K}}} - 1\right) \tag{3.23}$$

若已知不同区间的污染程度,则

$$\Delta L = \sum_{i=1}^{n} L_i\left(\frac{K_0}{\overline{\overline{K}}} - 1\right) = \int_0^L \left(\frac{K_0}{\overline{\overline{K}}} - 1\right)\mathrm{d}L \tag{3.24}$$

从表 3.19 可以看出,当压裂液滤出体积大于岩心孔隙体积时,若岩心足够长,压裂液侵入岩心的深度按式(3.24)计算,侵入区 15mm 后渗透率均按测试岩心切 15mm 后的渗透率计算。

根据 SY/T 5107—2016,用压裂液滤液测试的伤害率约为 20%,且岩心渗透率越低,伤害率越高;按动态滤失法测试的伤害率通常大于 50%。由表 3.19 中数据对比说明,岩心渗透率越高,压裂液滤失产生的伤害越严重,与其他文献反映的结果较一致。因此,采用附加厚度表示伤害程度更接近伤害的本质,有利于认清压裂液伤害对产能的影响程度。

符号注释

A——岩心横截面的面积,cm^2;

C_s——在液体中的支撑剂浓度,kg/m^3;

D——液滴和固体表面接触的弦长,mm;

D_1——压裂液对岩心的伤害率,%;

h——液滴高度,mm;

L——岩心长度,cm;

L_1——滤液侵入深度,cm;

L_0——滤液侵入深度,cm;

ΔL——岩心的附加厚度,cm。

L_i——第 i 段岩心的长度,cm;

K_w——蒸馏水测渗透率,mD;

K_s——KCl 盐水测定的岩样渗透率,mD;

$K_{sb(min)}$——不同 pH 值碱溶液测定的岩样渗透率最小值,mD;

K——酸化前地层水渗透率,mD;

K_i——酸化后地层水渗透率,mD;

K_v——临界流速后最小渗透率,mD;

K_T——温度敏感伤害后渗透率,mD;

K_f——应力敏感伤害后渗透率,mD;

K_{op}——伤害后岩心的油相有效渗透率,mD;

K_{0i}——伤害前基线渗透率曲线;

K_{0pi}——伤害后恢复渗透率曲线;

K_0——岩心初始渗透率,mD;

K_b——储层被伤害后的渗透率,mD;

K_1——侵入区的渗透率,mD;

$\overline{K}$——侵入区和未侵入区的平均渗透率,mD;

p_{dw}——水驱油入口压力,MPa;

p_{do}——油驱水入口压力,MPa;

Δp——岩心前后压差,MPa;

p_1——岩心前端压力,MPa;

p_2——岩心内侵入区和未侵入区界面压力,MPa;

p_3——岩心末端压力,MPa;

R_s——伤害程度,%;

q_m——质量流量,g/s;

q——通过岩心的流体流量,cm^3/s;

q_v——体积流量,cm^3/s;

μ——介质黏度,mPa·s;

V_1——压裂液滤失量,cm^3;

V_{p}——岩心孔隙体积，cm^3；

W_i——本次测得质量，g；

W_{i-1}——前次测得质量，g；

ΔW——质量增量，g；

T——采样时间，s；

ρ——介质密度，g/cm；

θ——润湿角，(°)；

$\frac{1}{V_{\rho/L}}$——聚合物浓缩因子；

ρ_s——支撑剂浓度，kg/m^3；

ϕ——在裂缝中填砂的孔隙浓度，%；

n——岩心细分的段数。

第4章 低产低效储层伤害机理数学模型

在储层伤害主控因素室内物理模拟评价实验的基础上，本章基于储层固/液体系物理化学配伍性特征、物理化学渗流特征以及物理化学动力学特征基本原理，以统计数学、数学物理方程以及数值模拟计算方法为手段，建立了定量描述低产低效储层伤害机理的预测数学模型，实现了对储层伤害主要控制因素及其影响规律的定量描述，为低产低效储层伤害的矿场评价和预防治理提供重要的理论依据。

4.1 储层敏感性伤害表皮系数预测模型

4.1.1 速敏表皮系数预测模型

根据径向渗流动力学原理，速敏引起的表皮系数可由速度敏感性实验确定的临界流速来予以计算，如式(4.1)和式(4.2)所示。

$$K_{shb} = \exp\left(-\frac{5}{v_{cr} \times 694}Q\right) \tag{4.1}$$

$$S_r = \left(\frac{1}{K_{shb}} - 1\right)\left[\ln\left(\frac{r_e}{r_w}\right) - 0.75\right] \tag{4.2}$$

式中各符号代表含义见本章尾符号释义。

4.1.2 水敏表皮系数预测模型

采用岩心的水敏伤害流动实验数据与岩心物性、黏土矿物含量、组分特征的统计分析，提出适合于特低渗透和低渗透储层的水敏伤害预测模型计算水敏表皮系数。某典型低渗透储层和特低渗储层水敏伤害预测统计模型见式(4.3)和式(4.4)。由此得到水敏引起的伤害表皮系数计算模型见式(4.5)。

特低渗透(<10mD)模型：

$$\begin{aligned} K/K_w = {} & -0.13396 + 0.0696\lg\phi + 0.43487w_{Clay} - 0.5868w_{Mt} - 0.57136w_{Ch} - \\ & 0.007244K_a\lg\phi + 0.011726K_a(w_I/w_{Mt}) - 0.01666\lg\phi(w_I/w_{Mt}) - \\ & 0.06186w_{Clay}^2 + 0.059w_{Clay}(w_I/w_{Mt}) + 0.0767w_{Clay}w_{Ch} + \\ & 0.2566w_I(w_I/w_{Mt}) - 0.1817092(w_I/w_{Mt})^2 + 0.001564806w_{Ch}^2 \end{aligned} \tag{4.3}$$

低渗透(>10mD)模型:

$$K/K_w = 0.6558 + 0.0899/K_a + 0.0198 \times 10^{-6} r_c + 0.1287 - 0.0106\phi/K_a - 0.0434 C_{lay}/C_h \tag{4.4}$$

$$S_{water} = \left[\ln\left(\frac{r_e}{r_w}\right) - 0.75\right]\left(\frac{K}{K_w} - 1\right) \tag{4.5}$$

4.1.3 酸敏表皮系数预测模型

通过对岩心酸敏实验数据与岩心物性、黏土矿物含量、组分特征的统计分析,提出计算酸敏指数 I_a 的统计模型和酸敏表皮系数模型。某典型低渗透油藏酸敏指数 I_a 统计模型为:

$$\begin{aligned} I_a = {} & 0.231 + 0.112K_a + 0.029\phi - 0.01R + 0.042w_I/w_{Mt} + \\ & 0.049w_{Ch} - 0.053w_I - 0.059w_{Clay} + 0.099Rw_{Carbo}/100 - \\ & 0.028w_{Ch}^{1.2} \times 0.313w_{Clay}/w_{Carbo} - 0.03 \times (1 + K_a^{0.5}) \times \\ & (1 + \phi^{0.5}) - 0.072 \times K_a^{1.059} - 0.007w_{Ch} \times c_{Fe} \end{aligned} \tag{4.6}$$

根据酸敏指数可以计算出由酸敏引起的表皮系数:

$$S_{acid} = \left[\ln\left(\frac{r_e}{r_w}\right) - 0.75\right] \times \left(\frac{1}{1 - I_a} - 1\right) \tag{4.7}$$

4.2 应力敏感性伤害程度评价与预测数学模型

4.2.1 储层应力敏感性

在油田开发过程中,随着地下流体的不断采出,岩石所受有效应力增加,使得岩石骨架颗粒变形、压缩以及结构变化,从而造成颗粒间孔隙以及喉道空间的不断减小,表现出孔隙度和渗透率随有效应力的增加而降低。这种现象就是储层应力敏感性。

研究表明,随着有效应力的变化,渗透率的变化程度比孔隙度的变化程度要大得多。也就是说,渗透率的应力敏感性远比孔隙度的应力敏感性强,特别是在低渗透油藏中,这种现象更加明显,对应力敏感性的研究均以渗透率为代表。

4.2.2 储层岩石应力敏感常数

储层岩石的应力敏感性与岩石的压缩性紧密相关,储层岩石的应力敏感指数与岩石压缩系数之间的表达式为：

$$SI_{\mathrm{p}} = 10C_{\mathrm{p}} \tag{4.8}$$

而用应力敏感常数表示的岩石应力敏感指数 b 的表达式为：

$$SI_{\mathrm{p}} = 1 - \mathrm{e}^{-10b} \tag{4.9}$$

由式(4.8)和式(4.9)得出：

$$b = -\frac{1}{10}\ln^{1-10C_{\mathrm{p}}} \tag{4.10}$$

4.2.3 应力敏感地层渗透率、表皮系数变化预测数学模型

通过测定有效应力变化过程中岩心渗透率的变化，应用如下指数关系式描述渗透率随有效压力的变化规律，指数关系与实测数据能较好地吻合。渗透率应力敏感的指数式的回归方程为：

$$K = K_0\mathrm{e}^{-b(p_{\mathrm{i}}-p)} \tag{4.11}$$

无限大均质地层中心一口井的平面径向流问题，假设应力敏感油藏物理模型如下：

(1)无限大均质地层中心一口井；

(2)地层各处等厚、各向同性、油层上下分别有不渗透隔层；

(3)考虑单相不可压缩流体渗流，流体物性不随压力变化；

(4)地层中的渗流为平面径向流动，流体流动为线性达西渗流；

(5)地层渗透率与应力相关。

根据上述假设条件下的物理模型，结合渗透率应力敏感的指数关系式推导考虑应力敏感的数学模型如下：

油渗流运动方程

$$v = -\frac{K}{\mu}\mathrm{grad}p \tag{4.12}$$

油渗流连续性方程

$$\mathrm{div}(v) = 0 \tag{4.13}$$

将式(4.12)代入式(4.13)得：

$$\mathrm{div}\left(-\frac{K}{\mu}\mathrm{grad}p\right) = 0 \tag{4.14}$$

4.2.3.1 对于井底压力为常数

$$\begin{cases} \dfrac{1}{r}\dfrac{\partial}{\partial r}\left[r\mathrm{e}^{-b(p_\mathrm{i}-p)}\dfrac{\partial p}{\partial r}\right]=0 \\ p\big|_{r=r_\mathrm{e}}=p_\mathrm{e} \\ p\big|_{r=r_\mathrm{w}}=p_\mathrm{w} \end{cases} \tag{4.15}$$

求解上述模型可以得：

$$\mathrm{e}^{-b(p_\mathrm{e}-p)}=\left[\frac{1-\mathrm{e}^{-b(p_\mathrm{e}-p_\mathrm{w})}}{\ln\dfrac{r_\mathrm{e}}{r_\mathrm{w}}}\ln\frac{r}{r_\mathrm{e}}+1\right] \tag{4.16}$$

假设压力波未传到边界处,则边界压力就等于原始地层压力。式(4.16)就变为:

$$\mathrm{e}^{-b(p_\mathrm{i}-p)}=\left(\frac{1-\mathrm{e}^{-b(p_\mathrm{i}-p_\mathrm{w})}}{\ln\dfrac{r_\mathrm{e}}{r_\mathrm{w}}}\ln\frac{r}{r_\mathrm{e}}+1\right) \tag{4.17}$$

将式(4.17)代入式(4.11)得:

$$K=K_\mathrm{o}\left(\frac{1-\mathrm{e}^{-b(p_\mathrm{i}-p_\mathrm{w})}}{\ln\dfrac{r_\mathrm{e}}{r_\mathrm{w}}}\ln\frac{r}{r_\mathrm{w}}+1\right) \tag{4.18}$$

4.2.3.2 对于以常产量生产的井

$$\begin{cases} \dfrac{1}{r}\dfrac{\partial}{\partial r}\left[r\mathrm{e}^{-b(p_\mathrm{i}-p)}\dfrac{\partial p}{\partial r}\right]=0 \\ \dfrac{2\pi h}{B\mu}\left[r\mathrm{e}^{-b(p_\mathrm{i}-p)}\dfrac{\partial p}{\partial r}\right]_{r=r_\mathrm{w}}=q \\ p\big|_{r=r_\mathrm{e}}=p_\mathrm{e} \end{cases} \tag{4.19}$$

求解上述模型可以得:

$$\mathrm{e}^{-b(p_\mathrm{i}-p)}=\frac{bq\mu}{2\pi h}\ln\frac{r}{r_\mathrm{e}}+\mathrm{e}^{-b(p_\mathrm{i}-p_\mathrm{e})} \tag{4.20}$$

假设压力波未传到边界处,则边界压力就等于原始地层压力。式(4.20)就变为:

$$\mathrm{e}^{-b(p_\mathrm{i}-p)}=\frac{bq\mu}{2\pi h}\ln\frac{r}{r_\mathrm{e}}+1 \tag{4.21}$$

将式(4.21)代入式(4.11)得：

$$K = K_0\left(\frac{bq\mu}{2\pi h}\ln\frac{r}{r_e} + 1\right) \tag{4.22}$$

应用 Hawikns 表皮因子定义式可给出不同计算环形单元堵塞因子：

$$S_i = \left(\frac{K_0}{K_i} - 1\right)\ln\frac{r_i}{r_{i-1}} \tag{4.23}$$

将地层分为 M 个圆环，下标 $i=1,2,\cdots,M$，为方向的单元数，从 r_w 至 r_M 处的平均堵塞因子由算术平均值求得：

$$\overline{S} = \frac{1}{M}\sum_{i=1}^{M} S_i \tag{4.24}$$

4.3 水锁伤害程度预测与评价数学模型

水锁造成地层油相相对渗透率预测数学模型。

模型假设：

① 无限大各向同性均质地层中心一口井生产；

② 忽略水饱和度在驱替方向上分布的变化；

③ 岩石、流体不可压缩，流体为平面径向稳定渗流且符合达西公式；

④ 井底流动压力恒定。

根据达西公式，在驱动压力 Δp 的作用下，从半径为 r 的地层中排出外来水的流量 $\frac{dQ_w}{dt}$ 的表达式如下：

$$\frac{dQ_w}{dt} = \frac{2K_{rw}K_w^0\pi h(\Delta p - p_c)}{\mu_w \ln\frac{r}{r_w}} \tag{4.25}$$

外来水侵入区水饱和度的表示式为：

$$S_w = \frac{Q_w}{\pi(r^2 - r_w^2)h\phi} \tag{4.26}$$

毛细管压力 p_c 的表示式为：

$$p_c = p_a S_w^{1/(D_f-3)} \tag{4.27}$$

根据 Laplace 公式，入口毛细管压力 p_a 的表示式为：

$$p_{\mathrm{a}} = \frac{2\sigma\cos\theta}{r_{\mathrm{a}}} \tag{4.28}$$

将式(4.26)代入式(4.27),得到孔隙结构参数表示的毛细管压力 p_{c} 的表示式为:

$$p_{\mathrm{c}} = \frac{2\sigma\cos\theta}{r_{\mathrm{a}}} S_{\mathrm{w}}^{1/(D_{\mathrm{f}}-3)} \tag{4.29}$$

水相相对渗透率的表示式为:

$$K_{\mathrm{rw}} = \left(\frac{S_{\mathrm{w}} - S_{\mathrm{wirr}}}{1 - S_{\mathrm{wirr}}}\right)^{4} \tag{4.30}$$

将式(4.30)代入式(4.31),分离变量后写成积分形式得到:

$$\int_{1}^{S_w} \frac{\mathrm{d}S_{\mathrm{w}}}{K_{\mathrm{rw}}(\Delta p - p_c)} = -\frac{2K_{\mathrm{w}}^{0} t}{\mu_{\mathrm{w}} \phi (r^2 - r_{\mathrm{w}}^2) \ln \frac{r}{r_{\mathrm{w}}}} \tag{4.31}$$

将式(4.26)和式(4.27)代入式(4.31)得:

$$\int_{1}^{S_{\mathrm{w}}} \frac{\mathrm{d}S_{\mathrm{w}}}{\left(\frac{S_{\mathrm{w}} - S_{\mathrm{wirr}}}{1 - S_{\mathrm{wirr}}}\right)^{4} \left[\Delta p - \frac{2\sigma\cos\theta}{r_{\mathrm{a}}} S_{\mathrm{w}}^{1/(D_{\mathrm{f}}-3)}\right]} = -\frac{2K_{\mathrm{w}}^{0} t}{\mu_{\mathrm{w}} \phi (r^2 - r_{\mathrm{w}}^2) \ln \frac{r}{r_{\mathrm{w}}}} \tag{4.32}$$

对式(4.32)积分可计算出驱替时间为 t 时外来水侵入区水饱和度 S_{w} 的数值,但是在外来水排出的过程中,毛细管压力 p_{c} 随着水饱和度 S_{w} 的下降而上升。当毛细管压力 p_{c} 上升至等于驱动压力 Δp 时,水饱和度 S_{w} 不再变化而使驱替过程达到平衡状态。将 p_{c} 换成 Δp,由式(4.29)可得到驱替平衡时水饱和度 S_{w}^{*} 的表达式为:

$$S_{\mathrm{w}}^{*} = \left(\frac{r_{\mathrm{a}} \Delta p}{2\sigma\cos\theta}\right)^{D_{\mathrm{f}}-3} = \left(\frac{\Delta p}{r_{\mathrm{a}}}\right) \tag{4.33}$$

将式(4.33)代入式(4.32),即可计算出相应的平衡状态时油相对渗透率 K_{ro} 的数值:

$$K_{\mathrm{ro}} = \left(1 - \frac{S_{\mathrm{w}}^{*}}{S_{\mathrm{wr}}}\right)^{1.5} (1 - S_{\mathrm{w}}^{*2}) \tag{4.34}$$

$$S_{\mathrm{wr}} = 1 - S_{\mathrm{or}} \tag{4.35}$$

4.4 微粒运移伤害程度预测数学模型

4.4.1 无限大均质地层中心一口井的情况

平面径向稳定渗流的压力分布公式为：

$$\frac{d^2p}{dr^2} + \frac{1}{r}\frac{dp}{dr} = 0 \tag{4.36}$$

边界条件为：

$$\begin{aligned} p|_{r=r_w} &= p_w \\ p|_{r=r_e} &= p_e \end{aligned} \tag{4.37}$$

式(4.36)在式(4.37)的边界条件下的解为：

$$p = p_w + \frac{p_e - p_w}{\ln\frac{r_e}{r_w}}\ln\frac{r}{r_w} \tag{4.38}$$

平面径向渗流的产量公式为：

$$Q = 2\pi rh\frac{K}{\mu}\frac{dp}{dr} \tag{4.39}$$

将式(4.38)和式(4.39)联立求解，得：

$$Q = \frac{2\pi Kh(p_e - p_w)}{\mu\ln\frac{r_e}{r_w}} \tag{4.40}$$

因为 $Q = vA$，所以：

$$v = \frac{Q}{A} = \frac{K(p_e - p_w)}{\mu\ln\frac{r_e}{r_w}}\cdot\frac{1}{r} \tag{4.41}$$

因为当 $v \geqslant v_{cr}$时发生微粒运移，则微粒运移伤害半径为：

$$r_d = \frac{K(p_e - p_w)}{\mu\ln\frac{r_e}{r_w}}\cdot\frac{1}{v_{cr}} \tag{4.42}$$

在实际生产中，用临界流速来限定油井的产量和注水井的注水量。当流体的渗流速度等于临界流速时，此时的伤害半径可表示为[28]：

$$r_d = r_c = \frac{Q}{2\pi h\phi v_{cr}} \tag{4.43}$$

4.4.2 活塞式水驱油的情况

假设水驱油过程中地层含水区和含油区之间存在着一个明显的分界面，这个油水分界面垂直于液流流线并向井排处移动，水渗入含油区之后将孔隙中的油全部驱走，即油水分界面就像活塞一样向井排移动，当它到达井排处时即见水，这样的水驱油方式就为活塞式水驱油。

设水驱油过程中供给压力与井底流压保持不变，累计注水量为 $Q_{总}$。

因为：

$$Q_{总} = \pi(r_e^2 - r_o^2)h\phi \tag{4.44}$$

所以：

$$r_o = \sqrt{r_e^2 - \frac{Q_{总}}{\pi h}} \tag{4.45}$$

平面径向活塞式水驱油时从供给边缘至井壁处的渗流阻力将由水区阻力和油区阻力两部分组成，水区阻力为：

$$\frac{\mu_w}{2\pi Kh}\ln\frac{r_e}{r_o} \tag{4.46}$$

油区阻力为：

$$\frac{\mu_o}{2\pi Kh}\ln\frac{r_o}{r_w} \tag{4.47}$$

因此渗流总阻力为：

$$\frac{\mu_w}{2\pi Kh}\ln\frac{r_e}{r_o} + \frac{\mu_o}{2\pi Kh}\ln\frac{r_o}{r_w} \tag{4.48}$$

则井的产量公式为：

$$Q = \frac{2\pi Kh(p_e - p_w)}{\mu_w\ln\frac{r_e}{r_o} + \mu_o\ln\frac{r_o}{r_w}} \tag{4.49}$$

则地层中任意一点的渗流速度为：

$$v = \frac{Q}{A} = \frac{K(p_e - p_w)}{\mu_w \ln \frac{r_e}{r_o} + \mu_o \ln \frac{r_o}{r_w}} \cdot \frac{1}{r} \tag{4.50}$$

伤害半径为：

$$r_d = \frac{K(p_e - p_w)}{\mu_w \ln \frac{r_e}{r_o} + \mu_o \ln \frac{r_o}{r_w}} \cdot \frac{1}{v_{cr}} \tag{4.51}$$

4.5　黏土膨胀伤害临界盐度预测模型

根据所用的岩样的黏土矿物和非黏土矿物含量，进行多元非线性统计回归，得到计算临界盐度的公式。以某低渗透油藏为例，临界盐度的公式为：

$$C_c = 1000(658.973 w_{Mt}/w_{Nz} + 753.6464 w_{Gl}/w_{Nz}/595.219 w_{Sy} + 72.2886) \tag{4.52}$$

若 $C_{外来水} \geqslant C_c$，则不存在水化膨胀，由于水化膨胀导致的表皮系数为零，反之则存在水化膨胀。当实际流体盐度低于临界盐度时，其渗透率堵塞值为：

$$K_d = 6.9807 \times 10^{-2} K_c^{1.6016} \left(\frac{0.618 C_c + 0.8 K_c}{140.6257}\right)^{1/C_{外来水}} \tag{4.53}$$

$$S = \left(\frac{K_0}{K_d} - 1\right)\left(\ln \frac{r_e}{r_w} - 0.75\right) \tag{4.54}$$

4.6　蜡质伤害程度预测数学模型

4.6.1　差示扫描量热法测定石蜡沉积点

热分析是指在程序控制温度下，测量物质物理性质与温度关系的一类成熟技术。差示扫描量热法（Differential Scanning Calorimetry）是目前热分析中定量化和重复性最好的一种技术，所用仪器已经定型商品化。通过在控制温度下对被测样品进行温度扫描，差示扫描量热（DSC）可以用来测量样品释放或吸收的热流。在差示扫描量热仪上将原油试样加热至析蜡点温度以上，再以一定速度降温，记录各温度下试样和参比物的差示热流。以差示热流为纵坐标，温度为横坐标绘制原油析蜡差示扫描量热曲线。当降温通过试样析蜡区时，由于析蜡放出潜热引起差示热流变化，在 DSC 曲线上表现为其偏离基线形成放热峰。随着温度继续降低，析蜡释放热量逐渐减小，差示热流也随之减小。最终曲线恢复到基线，此时析蜡过程结束。视 DSC 曲线开始偏离基线的温度为原油析蜡点。如果近井地层段地层的温度低于这个原油析蜡点温度，那么近井地层会有石蜡析出，并且沉积在孔隙表面，降低地层孔隙度，改变地层渗透率。

4.6.2 DSC 曲线计算不同温度析出的蜡量

使用差示扫描量热仪（DSC）测量时一般选择空气作为参比样，将其与试样同放在 DSC 池中。在降温过程中，原油析蜡时放出一定的热量从而造成了试样温度高于参比样，其间形成了温差。为了使试样和参比物温度相等，仪器会自动调节供给试样和参比样热流量并且会将该热流量的差值记录下来，然后将该热流量差值对温度做热谱图。热谱图如图 4.1 所示。图中的曲线偏离基线的点对应的温度 T_e 就是析蜡点。曲线峰值对应于析蜡高峰点。对曲线 ABCD 和基线包围的面积积分可得析蜡潜热。如果只对其中某一温度段积分，可以计算得到相应温度段的平均析蜡潜热。一般取总热效应为 230.5J/g，那么通过原油的 DSC 曲线就可以计算出原油的含蜡量和不同温度段析出蜡的含量。

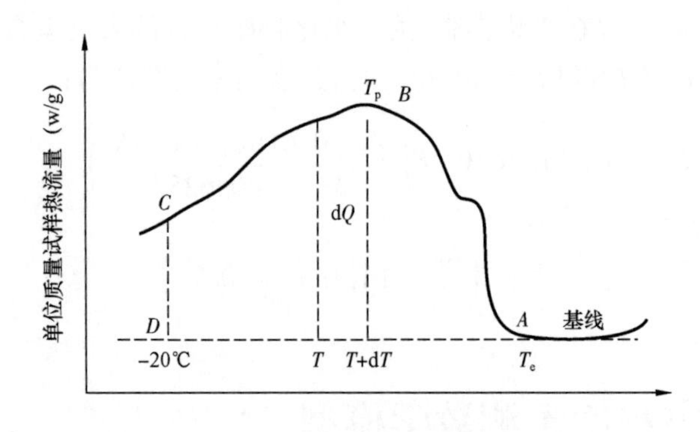

图 4.1　原油 DSC 热谱图

4.6.3 地层压力、温度分布模型

假设：

（1）考虑为无限大地层中心有一口井的情况；

（2）油藏中为单相流体为平面径向稳定渗流且符合达西定律；

（3）油藏岩石和流体是均质的且不可压缩；

（4）液体与岩石骨架温度相等；

（5）不考虑重力的影响。

4.6.3.1　连续性方程

连续性方程为：

$$\frac{1}{r}\frac{\partial}{\partial r}\left(r\frac{\partial p}{\partial r}\right)=0 \tag{4.55}$$

外边界条件为：

$$p\big|_{r=r_e}=p_e \tag{4.56}$$

内边界条件为：

$$p\big|_{r=r_w}=p_w \tag{4.57}$$

4.6.3.2　能量守恒方程

$$\frac{1}{r}\frac{\partial}{\partial r}\left(r\lambda_1\frac{\partial T}{\partial r}\right)+\frac{1}{r}\frac{\partial}{\partial r}\left[r\left(\rho_f c_f\frac{K}{\mu}\frac{\partial p}{\partial r}\right)T\right]=0 \tag{4.58}$$

其中

$$(c\rho)_1=[\phi\rho_f c_f+(1-\phi)\rho_s c_s]$$

$$\lambda_1=[\phi\lambda_f+(1-\phi)\lambda_s]$$

油藏边界条件为：

边界为供给边缘

$$T=T_e=\text{常数} \tag{4.59}$$

井底温度不变

$$T=T_w=\text{常数} \tag{4.60}$$

4.6.4　渗透率、表皮系数预测数学模型

将近井地层 r_w 到 r_d 划分为 n 个小单元环，对于第 i 个小圆环，认为其温度相等且为 T_i，其对应的两个边界半径分别为 r_{i-1} 和 r_i。在 DSC 曲线上从析蜡点温度 T 到 T_i 积分可得到从第 i 个小圆环内每克原油中析出的蜡量 m_i，则此环内析出的总蜡量 M_i 可近似假设为：

$$M_i=\pi(r_i^2-r_{i-1}^2)m_i h\phi_0\rho_{\text{原油}} \tag{4.61}$$

由经验公式得：

$$S' = \frac{2\phi_0}{r_c} \tag{4.62}$$

吕道平在《多孔介质中水力学迂曲度因子的求取及应用》一文中推导出的迂曲度与地层渗透率、孔隙度之间的关系式为:

$$\tau^2 = \frac{\phi_0 S' r_c^2}{8K_0} \tag{4.63}$$

则此环内析出石蜡所占的体积 V_i为:

$$V_i = \frac{M_i}{\rho_{石蜡}} \tag{4.64}$$

当石蜡发生沉积,石蜡以薄膜的形式附着于岩石孔隙的表面上,则此环内沉积的石蜡厚度 l_i为:

$$l_i = \frac{V_i}{\pi(r_i^2 - r_{i-1}^2)\phi_0 h S'} = \frac{M_i}{\pi\rho_{石蜡} h\phi_0(r_i^2 - r_{i-1}^2)S'} \tag{4.65}$$

则石蜡沉积后此环内地层孔隙度 ϕ_i变为:

$$\phi_i = \left(1 - \frac{l_i S'}{2}\right)^2 \phi_0 \tag{4.66}$$

石蜡沉积后此环内地层孔隙度 K_i变为:

$$K_i = \frac{\phi_i {r_c}^2}{8\tau^2} \tag{4.67}$$

由式(4.61)至式(4.67)得:

$$K_i = \left[1 - \frac{M_i}{2\pi\rho_{石蜡} h\phi_0(r_{i+1}^2 - r_i^2)}\right]^2 K_0 \tag{4.68}$$

$$K = \frac{1}{n}\sum_{i=1}^{n} K_i \tag{4.69}$$

$$S_i = \left(\frac{K_0}{K_i} - 1\right) \times \left(\ln\frac{r_e}{r_w} - 0.75\right) \tag{4.70}$$

$$S = \frac{1}{n}\sum_{i=1}^{n} S_i \tag{4.71}$$

4.7　无机垢堵塞程度预测数学模型

4.7.1　无机结垢趋势动态预测数学模型

油田注水开采过程中最常见的垢是$CaCO_3$和无水$CaSO_4$等。无机结垢趋势的预测越来越受到各油田的高度重视。针对油田实际情况,在无机化学、物理化学、分子热力学理论的基础上,应用能量守恒与质量守恒基本原理、溶度积基本原理和离子互吸理论,建立了预测无机结垢动态预测数学模型[66-75]。

4.7.1.1　地层油水两相非等温稳定渗流模型

在对预测结果影响较小的情况下,为了方便研究地层中油水两相非等温渗流规律,有必要忽略油水及地层的一些次要性质。因此,在此作如下假设:

(1)地层等厚,油藏岩石各向同性;

(2)岩石和液体均不可压缩,相互之间不发生化学反应;

(3)油藏流体为稳定渗流且符合达西定律;

(4)不考虑毛管力、重力的作用;

(5)液体与岩石骨架温度相等;

(6)忽略流体动能变化及黏度耗散造成的热运动;

(7)无机结垢仅发生在水相中。

运动方程:

油相

$$v_o = -\frac{KK_{ro}}{\mu_o}\text{grad}p \tag{4.72}$$

水相

$$v_w = -\frac{KK_{rw}}{\mu_w}\text{grad}p \tag{4.73}$$

连续性方程:

油相

$$\nabla\left[\frac{KK_{ro}}{\mu_o}\nabla p\right] = 0 \tag{4.74}$$

水相

$$\nabla\left[\frac{KK_{\mathrm{rw}}}{\mu_{\mathrm{w}}}\nabla p\right]=0 \tag{4.75}$$

能量守恒方程：

$$\frac{1}{r}\frac{\partial}{\partial r}\left(r\lambda\frac{\partial T}{\partial r}\right)+\frac{1}{r}\frac{\partial}{\partial r}\left[r\left(\rho_{\mathrm{o}}C_{\mathrm{o}}\frac{KK_{\mathrm{o}}}{\mu_{\mathrm{o}}}\frac{\partial p}{\partial r}+\rho_{\mathrm{w}}C_{\mathrm{w}}\frac{KK_{\mathrm{w}}}{\mu_{\mathrm{w}}}\frac{\partial p}{\partial r}\right)T\right]=0 \tag{4.76}$$

边界条件：

边界为供给边缘

$$p\big|_{r=r_{\mathrm{e}}}=p_{\mathrm{e}};T\big|_{r=r_{\mathrm{e}}}=T_{\mathrm{e}} \tag{4.77}$$

井底压力和温度不变：

$$p\big|_{r=r_{\mathrm{w}}}=p_{\mathrm{w}};T\big|_{r=r_{\mathrm{w}}}=T_{\mathrm{w}} \tag{4.78}$$

4.7.1.2 溶度积规则

在一定的温度和压力条件下，难溶电解质 $A_{\mathrm{m}}B_{\mathrm{n}}(S)$ 在溶液中有如下的化学平衡：

$$A_{\mathrm{m}}B_{\mathrm{n}}(S)=mA_{\mathrm{n}}^{+}(aq)+nB_{\mathrm{m}}^{-}(aq) \tag{4.79}$$

对于任一时刻的溶液，离子积：

$$Q_{\mathrm{c}}=c_{\mathrm{A_n^+}}^{m}\cdot c_{\mathrm{B_m^-}}^{n} \tag{4.80}$$

对于饱和溶液：用浓度积常数 K_{sp} 表示。

所以对于难溶电解质溶液中，有下列结垢趋势判定条件：

(1) $Q_{\mathrm{c}}<K_{\mathrm{sp}}$，不结垢或原有垢继续溶解；

(2) $Q_{\mathrm{c}}=K_{\mathrm{sp}}$，饱和无结垢；

(3) $Q_{\mathrm{c}}>K_{\mathrm{sp}}$，结垢直到等式成立为止。

4.7.1.3 离子缔合理论

卜耶隆(Bjerum)提出的离子缔合理论认为：两个不同电荷的离子，彼此靠近到某一距离时，它们之间的库仑力大于热运动作用力，就能形成缔合新单元。这种新单元有足够的稳定性[76]。

由自由离子缔合成的离子对，在溶液中又可离解成自由存在着的缔合平衡，可用缔合常数来表示缔合程度的大小。对于二价金属盐 MX，在溶液中有如下平衡：

$$M^{2+}+X^{2-}\leftrightarrow MX^{0} \tag{4.81}$$

缔合常数可表示为：

$$K_{st} = [MX^0]/[M^{2+}][X^{2-}] \tag{4.82}$$

Oddo 和 Tomson 在大量试验基础上，回归出了 K_{st}的经验表达式：

$$\lg K_{st} = 1.86 + 4.5 \times 10^{-3} \times (1.8T + 32) - 1.2 \times 10^{-6} \times (1.8T + 32)^2 + 1551.5 \times 10^{-5}P - 2.38S_t^{\frac{1}{2}} + 0.58S_t - 1.3 \times 10^{-3}S_t^{\frac{1}{2}}(1.8T + 32) \tag{4.83}$$

在油田产出水中，由于高矿化度及高离子强度，因而普遍存在缔合现象。而缔合理论的研究处于实验假设时期。但在计算 I_s 时，为了精确，又不能忽略其他离子的影响，而缔合常数是 T,P 和 S_t 的函数，并且包含了其他离子的作用。在油田水中有如下二价盐缔合平衡：

$$C_{Ca} = [Ca^{2+}] + [CaSO_4^0] \tag{4.84}$$

$$C_{Mg} = [Mg^{2+}] + [MgSO_4^0] \tag{4.85}$$

$$C_{Ba} = [Ba^{2+}] + [BaSO_4^0] \tag{4.86}$$

$$C_{Sr} = [Sr^{2+}] + [SrSO_4^0] \tag{4.87}$$

令

$$\sum CM = C_{Ca} + C_{Ba} + C_{Sr} + C_{Mg}$$

由于在溶液中存在浓度平衡，所以：

$$C_{SO_4} = [CaSO_4^0] + [SrSO_4^0] + [BaSO_4^0] + [MgSO_4^0] + [SO_4^{2-}] \tag{4.88}$$

假设溶液中四种盐（硫酸钙、硫酸钡、硫酸镁、硫酸锶）的缔合常数相同，为了方便，这种假设是必要的。于是有：

$$K_{st} = \frac{[CaSO_4^0]}{[Ca][SO_4^{2-}]} = \frac{[MgSO_4^0]}{[Mg][SO_4^{2-}]} = \frac{[SrSO_4^0]}{[Sr][SO_4^{2-}]} = \frac{[BaSO_4^0]}{[Ba][SO_4^{2-}]} \tag{4.89}$$

由合比定理：

$$K_{st} = \frac{[CaSO_4^0 + BaSO_4^0 + SrSO_4^0 + MgSO_4^0]}{[Ca^{2+} + Mg^{2+} + Ba^{2+} + Sr^{2+}][SO_4^{2-}]} = \frac{C_{SO_4} - [SO_4^{2-}]}{(\sum CM - C_{SO_4} + [SO_4^{2-}])[SO_4^{2-}]} \tag{4.90}$$

由此可以得出：

$$[SO_4^{2-}] = \{-[1 + K_{st}(\sum CM - C_{SO_4})] + \{[1 + K_{st}(\sum CM - C_{SO_4})]^2 + 4K_{st}C_{SO_4}\}^{1/2}\}/2K_{st} \tag{4.91}$$

而

$$[Ca^{2+}] = C_{Ca} - [CaSO_4^0] \tag{4.92}$$

$$K_{st} = [C_{Ca} - Ca^{2+}]/[Ca^{2+}][SO_4^{2-}] \tag{4.93}$$

则可推出：

$$[Ca^{2+}] = C_{Ca}/(1 + K_{st} \cdot [SO_4^{2-}]) \tag{4.94}$$

同理

$$[Mg^{2+}] = C_{Mg}/(1 + K_{st} \cdot [SO_4^{2-}]) \tag{4.95}$$

$$[Sr^{2+}] = C_{Sr}/(1 + K_{st} \cdot [SO_4^{2-}]) \tag{4.96}$$

$$[Ba^{2+}] = C_{Ba}/(1 + K_{st} \cdot [SO_4^{2-}]) \tag{4.97}$$

4.7.1.4 饱和度指数法

在预测油田水结垢趋势时，饱和度指数是一个重要概念，它表示离子的活度积与该盐的溶度积之比。根据化学反应动力学基本原理，有下列等式成立：

$$I_s = \lg[Me][An]/K_{sp}(T,P,S_t) \tag{4.98}$$

(1) $I_s = 0$ 时，溶液处于固液平衡状态，无结垢趋势；

(2) $I_s > 0$ 时，溶液处于过饱和状态，有结垢趋势；

(3) $I_s < 0$ 时，溶液处于欠饱和状态，非结垢条件。

4.7.1.5 离子强度计算

溶液中离子强度可以表示为：

$$S_t = \frac{1}{2}\sum c_i Z_i^2 \tag{4.99}$$

4.7.1.6 碳酸钙结垢趋势预测模型

(1)气相存在时。

$$\begin{aligned} I_s = {} & \lg\left[\frac{Ca^{2+} \cdot (HCO_3^-)^2}{145p \cdot y_g^{CO_2} \cdot f_g^{CO_2}}\right] + 5.85 + 15.19 \times 10^{-3} \times (1.8T + 32) - \\ & 1.64 \times 10^{-6}(1.8T + 32)^2 - 7.64 \times 10^{-3}p - 3.334S_t^{\frac{1}{2}} + 1.431S_t \end{aligned} \tag{4.100}$$

$$y_g^{CO_2} = y_t^{CO_2} \Big/ \left[1 + \frac{145pf_g^{CO_2} \times 6.29(5Q_w + 10Q_o) \times 10^{-5}}{35.32Q_g(1.8T + 492)}\right] \tag{4.101}$$

$$f_g^{CO_2} = \exp\left[145p\left(2.84 \times 10^{-4} - \frac{0.255}{1.8T + 492}\right)\right] \tag{4.102}$$

(2)无气相时(压力大于泡点压力)。

当压力大于临界压力无气相存在时,此时符号 $C_{(aq)}^{CO_2}$ 表示在水和油体积中日产二氧化碳的浓度,无气相时碳酸钙饱和度指数方程为:

$$I_s = \lg\left[\frac{(Ca^{2+})(HCO_3^-)^2}{C_{aq}^{CO_2}}\right] + 3.63 + 8.68 \times 10^{-3} \times (1.8T + 32) + 8.55 \times 10^{-6}(1.8T + 32)^2 - 9.51 \times 10^{-3}p - 3.42S_i^{\frac{1}{2}} + 1.373S_t \tag{4.103}$$

由于二氧化碳溶解在水和油中,可得出:

$$C_{aq}^{CO_2} = \frac{7289.3n_t^{CO_2}}{6.29(Q_w + 3.04Q_g)} \tag{4.104}$$

$$n_t^{CO_2} = y_t^{CO_2} \times 35.32Q_g \tag{4.105}$$

4.7.1.7　*硫酸盐结垢趋势预测模型*

根据饱和度指数定义,硫酸盐结垢预测方程为:

$$I_s = \lg\frac{[An][Me]}{K_{sp}} \tag{4.106}$$

对于硫酸盐中的石膏(大多数情况下为:二水硫酸钙)以及重晶石硫酸钡来说,它们均为强酸盐,因此弱酸(如醋酸、碳酸)对其溶解度极小。所以在预测方程中只考虑了温度、压力离子强度的影响,忽略了其他次要因素。

(1)硫酸锶预测方程。

硫酸锶的预测方程为:

$$I_s = \lg\{[Sr^{2+}][SO_4^{2-}]\} + 6.105 + 1.98 \times 10^{-3}(1.8T + 32) + 6.379 \times 10^{-6}(1.8T + 32)^2 - 663.085 \times 10^{-5}p - 1.887S_t^{0.5} + 0.667S_t - 1.88 \times 10^{-3}S_t^{0.5}(1.8T + 32) \tag{4.107}$$

(2)硫酸钙结垢预测模型。

① 石膏结垢预测模型:

温度 $T<80$℃时,形成二水硫酸钙。

石膏的饱和度指数方程为：

$$I_s = \lg[Ca^{2+}][SO_4^{2-}] + 3.466 + 1.79 \times 10^{-3}(1.8T + 32) + 2.536 \times 10^{-6}(1.8T + 32)^2 - 856.515 \times 10^{-5}p - 1.132S_t^{0.5} + 0.366S_t - 1.95 \times 10^{-3}S_t^{0.5}(1.8T + 32) \quad (4.108)$$

② 半水化合物预测模型：

温度 80℃≤T≤121℃，形成半水硫酸钙。

半水化合物预测方程为：

$$I_s = \lg[Ca^{2+}][SO_4^{2-}] + 4.04 - 1.9 \times 10^{-3}(1.8T + 32) + 11.878 \times 10^{-6}(1.8T + 32)^2 - 1000.79 \times 10^{-5}p - 1.659S_t^{0.5} + 0.486S_t - 0.658 \times 10^{-3}S_t^{0.5}(1.8T + 32) \quad (4.109)$$

③ 硬石膏结垢预测模型：

温度 T≥121℃时，形成无水硫酸钙。

无水硫酸钙的饱和指数方程为：

$$I_s = \lg[Ca^{2+}][SO_4^{2-}] + 2.519 + 9.98 \times 10^{-3}(1.8T + 32) - 0.973 \times 10^{-6}(1.8T + 32)^2 - 445.73 \times 10^{-5}p - 1.088S_t^{0.5} + 0.495S_t - 3.3 \times 10^{-3}S_t^{0.5}(1.8T + 32) \quad (4.110)$$

（3）硫酸钡结垢预测模型。

$$I_s = \lg\{[Ba^{2+}][SO_4^{2-}]\} + 10.025 - 4.77 \times 10^{-3}(1.8T + 32) + 11.411 \times 10^{-6}(1.8T + 32)^2 - 688.75 \times 10^{-5}p - 2.616S_t^{0.5} + 0.889S_t - 2.03 \times 10^{-3}S_t^{0.5}(1.8T + 32) \quad (4.111)$$

4.7.1.8 结垢最大量预测

（1）碳酸钙结垢的最大预测方程：

$$W = \{m_+ + m_- - [(m_+ - m_-)^2 + 4K_{sp}]^{0.5}\}/2 \quad (4.112)$$

（2）硫酸盐结垢的最大预测方程：

$$K_{spBaSO_4} = (m_1 - \Delta m_1)[X - (\Delta m_1 + \Delta m_2 + \Delta m_3)] \quad (4.113)$$

$$K_{spSrSO_4} = (m_2 - \Delta m_2)[X - (\Delta m_1 + \Delta m_2 + \Delta m_3)] \quad (4.114)$$

$$K_{spCaSO_4} = (m_3 - \Delta m_3)[X - (\Delta m_1 + \Delta m_2 + \Delta m_3)] \tag{4.115}$$

分别把 Ba^{2+},Sr^{2+}和 Ca^{2+}的初始浓度和对应的 K_{sp}代入式(4.110)和式(4.111)得到一个三个未知量 Δm_1,Δm_2和 Δm_3的非线性代数方程,求解即可得到对应的沉积量。

4.7.2 地层渗透率和表皮系数计算

将结垢区域化分为若干个小单元,对于半径为 $r_i(i=0,1,2,\cdots,n-1)$和 r_{i+1}之间的环形区域认为地层压力和温度不变,那么这个区域碳酸钙和硫酸盐结垢量为:

$$W_{iCaCO_3} = 0.1\pi h\phi(r_{i+1}^2 - r_i^2)W_i \tag{4.116}$$

$$W_{i硫酸盐} = \pi h\phi(r_{i+1}^2 - r_i^2)(0.234\Delta m_{1i} + 0.184\Delta m_{2i} + 0.136\Delta m_{3i}) \tag{4.117}$$

对应区域无机垢沉积体积为:

$$V_i = \frac{W_{iCaCO_3}}{\rho_{CaCO_3}} + \frac{W_{i硫酸盐}}{\rho_{硫酸盐}} \tag{4.118}$$

假设无机垢在地层孔隙表面均匀沉积,则无机垢沉积后此区域地层孔隙度变为:

$$\phi_i = \phi_0 - \frac{0.1W_i}{\rho_{CaCO_3}} - \frac{0.234\Delta m_{1i}}{\rho_{BaSO_4}} - \frac{0.184\Delta m_{2i}}{\rho_{SrSO_4}} - \frac{0.136\Delta m_{3i}}{\rho_{CaSO_4}} \tag{4.119}$$

$$\frac{K_i}{K_0} = \left(\frac{\phi_i}{\phi_0}\right)^3 \tag{4.120}$$

$$S_i = \left(\frac{K_0}{K_i} - 1\right)\ln\frac{r_{i+1}}{r_i} \tag{4.121}$$

从 r_w 至 r_n 处的平均堵塞因子由算术平均值求得:

$$\bar{S} = \frac{1}{n}\sum_{i=0}^{n-1} S_i \tag{4.122}$$

4.8 细菌堵塞程度预测数学模型

腐生菌是一种嗜氧性短杆状菌。菌体大量繁殖能产生黏性物质,与某些代谢产物累积沉淀。它既可附在管壁上给硫酸盐还原菌造成一个厌氧环境加剧腐蚀,它本身又能起堵塞作用[77]。

通过测定统计回归渗透率变化与注入水中腐生菌含量之间的关系实验数据,可以得到计算腐生菌引起的储层渗透率下降百分值 R_k。以典型低渗岩心为例,R_k的计算模型为:

$$R_k = (0.81/\lg K_o + 6.6385 \times 10^{-2} \times \lg TGB - 0.4040982) V_1 + 0.1633 \tag{4.123}$$

$$V_1 = \frac{V}{\pi h(r_e^2 - r_w^2)\phi} \tag{4.124}$$

渗透率值为：

$$K = (1 - R_k) \times K_0 \tag{4.125}$$

表皮系数为：

$$S = \left(\frac{K_0}{K} - 1\right) \times \left(\ln \frac{r_e}{r_w} - 0.75\right) \tag{4.126}$$

符号注释

A——径向流横截面积，cm^2；

APT_i——水锁指数；

B——流体的体积系数，m^3/m^3；

b——应力敏感常数；

c——井筒储集系数，m^3/MPa；

C_A——油藏形状系数，可查有关图表求得；

w_{Carbo}——碳酸盐岩含量，%；

C_c——岩样的临界盐度，mg/L；

C_D——无量纲井筒储集系数；

c_f——岩石中所含液体的比热容，J/(g·℃)；

C_{fD}——无量纲导流能力；

w_{Ch}——储层中绿泥石含量，%；

c_i——离子浓度，mol/L；

w_{Clay}——储层中黏土矿物含量，%；

C_o——油的压缩系数，MPa^{-1}；

C_w——水的压缩系数，MPa^{-1}；

C_p——岩石压缩系数，MPa^{-1}；

c_s——岩石比热容，J/(g·℃)；

C_t——综合压缩系数，MPa^{-1}；

$C_{外来水}$——外来水矿化度，mg/L；

$C_{(aq)}^{CO_2}$——每日在盐水和油中采出的二氧化碳含量，mol/L；

D——非达西流因子，d/m^3；
D_f——孔隙分布分形维数，取值为2.27～2.89；
FE——流动效率；
C_{Fe}——15% HCl残酸中Fe^{3+}离子浓度，mmol/L；
$f_g^{CO_2}$——二氧化碳气体的逸度系数；
h——油层厚度，m；
W_I——储层中伊利石含量，%；
I_a——酸敏指数，%；
$W_{I/S}$——储层中伊/蒙混层含量，%；
K——某个地层压力(p)下的储层渗透率(应力敏感模型)，mD；
K/K_w——渗透率恢复率，%；
K_a——储层的气测渗透率，mD；
K_c——临界盐度下的渗透率值，mD；
K_d——伤害后地层渗透率，mD；
K_{st}——缔合常数；
K_D——无量纲地层渗透率；
K_0——原始地层压力(p_i)下的储层渗透率，mD；
K_{shb}——渗透率伤害比；
K_{rw}——水相的相对渗透率；
K_{ro}——油相的相对渗透率；
K_{sp}——溶度积；
K_w^0——水的单相渗透率，mD；
$K_{(aq)}^{CO_2}$——水中二氧化碳的溶解系数；
$\overline{K}$——油井附近损害的平均渗透率，mD；
l——石蜡沉积厚度，m；
m_+——二价盐的正离子的初始浓度，mol/L；
m_-——二价盐的负离子的初始浓度，mol/L；
m_1——Ba^{2+}的初始浓度，mol/L；
m_2——Sr^{2+}的初始浓度，mol/L；
m_3——Ca^{2+}的初始浓度，mol/L；
M——流度比，D/(mPa·s)；
w_{Mt}——蒙脱石含量；
M_i——环内析出总蜡量，g；
N——射孔总数；

$n_t^{CO_2}$——标准状态下的二氧化碳的日产量，10^6m^3；
w_{Nz}——泥质含量，%；
p——距离井 r 处在 t 时刻的压力，$p=p(r,t)$，MPa；
p_a——入口毛细管压力，即最大毛细管半径对应的毛细管压力，MPa；
p_c——毛细管压力，MPa；
p_{CO_2}——水中二氧化碳的分压，MPa；
p_D——无量纲压力；
p_d——地层损害处地层压力，MPa；
p_e——边界压力，MPa；
p_i——原始地层压力，MPa；
p_w——井底压力，MPa；
p_{W_1}——解堵前注水压力，MPa；
p_{wD}——无量纲井底压力；
$\bar{p}$——平均地层压力，MPa；
p'_{wf}——$FE=1$ 时的理想井底流压，MPa；
q——井的地面产量，m^3/d；
q_0——p_{wf}压力下的产量，m^3/d；
Q——流体流量（注入量），m^3/d；
Q_g——标准状况下日产气量，10^6m^3；
Q_o——日产油量，m^3；
Q_w——日产水量（日注水量），m^3；
r——距井的距离，m；
r_a——入口毛细管半径，m；
r_b——流度变化区的半径，m；
r_c——地层平均孔隙半径，m；
r_d——地层伤害半径，m；
r_{dp}——压实带半径，m；
r_D——无量纲井眼半径；
r_e——油层供给边缘半径，m；
r_i——第 i 个点处距井底的距离，m；
r_o——任一点处半径，m；
r_w——井筒半径，m；
r_{we}——井有效半径，m；
R——溶失率，%；

R_k——地层渗透率下降百分数,%；
S_A——油藏形状引起的拟表皮系数；
S_{acid}——酸敏引起的表皮系数；
S_{dp}——射孔压实带拟表皮系数；
S_t——离子强度,mol/L；
S_{or}——残余油饱和度,%；
S_{pt}——打开程度不完善引起的表皮系数；
S_w——外来水侵入区饱和度,%；
S_{wi}——原始含水饱和度,%；
SI_p——应力敏感指数；
S_r——速敏引起的表皮系数；
S_{water}——水敏引起的表皮系数；
$S_{wb}(\theta)$——井筒造成的拟表皮系数；
S_H——由射孔引起的水平方向的拟表皮系数；
S_{wr}——残余油时水饱和度的数值,%；
S_{wirr}——实验室模拟储层条件下测得的岩样束缚水饱和度,%；
S_V——射孔引起的垂直方向上的拟表皮系数；
W_{Sy}——石英含量,%；
S'——地层孔隙比表面,m^2/m^3；
S_θ——井斜引起的表皮系数；
$\bar{S}$——平均堵塞因子；
S_w^*——驱替平衡时水饱和度,%；
t——从开井起算的时间,h；
t_D——无量纲生产时间；
t_{Dxf}——无量纲时间；
T_e——供给边缘温度,℃；
T_w——井底温度,℃；
T——地层温度,℃；
TGB——腐生菌含量,个/mL；
v_o——油相渗流速度,m/d；
v_w——水相渗流速度,m/d；
v——渗透速度,m/d；
v_{cr}——室内岩心实验测得的临界流速,m/d；
V——注水井总注水量,m^3；

V_i——此环内沉积石蜡的体积,%;
W——碳酸钙最大沉淀量,mol/L;
W_f——裂缝宽度率,m;
X——SO_4^{2-} 的初始浓度,mol/L;
$y_g^{CO_2}$——在一定温度、压力条件下 CO_2 在气、油、盐水混合体系中的含量,%;
$y_t^{CO_2}$——在地面条件下二氧化碳在气、油、盐水混合体系中的含量,%;
Z_i——离子价数;
Δm_1——$BaSO_4$ 的初始浓度,mol/L;
Δm_2——$SrSO_4$ 的初始浓度,mol/L;
Δm_3——$CaSO_4$ 的初始浓度,mol/L;
Δp——压差,MPa;
c_{A_n},c_{B_m}——溶液离子浓度,mol/L;
μ——流体黏度,mPa·s;
μ_w——水黏度,mPa·s;
ϕ——地层孔隙度,小数;
ϕ_i——无机垢沉积后地层孔隙度,小数;
ϕ_0——原始孔隙度,%;
θ——接触角,(°);
σ——界面张力,N;
ρ_f——岩石中所含液体的密度,g/cm^3;
ρ_s——岩石的密度,g/cm^3;
ρ_o——原油的密度,g/cm^3;
$\rho_{石蜡}$——石蜡密度,g/cm^3;
λ_f——岩石中所含液体的热传导系数,cal/(m·s·℃);
λ_1——岩石总热传导系数,cal/(m·s·℃);
λ_s——岩石的热传导系数,cal/(m·s·℃);
τ——孔隙迂曲度。

第5章　低产低效主控因素矿场评价方法

在引起低产低效的储层伤害机理室内物理模拟实验评价与预测数学模型研究基础上，本章着重阐述了引起油井低产低效主控因素的矿场评价方法，系统介绍了开发效果评价指标、储层伤害表皮因子分析、试井求取地层伤害总表皮系数的数学模型、各种拟表皮系数计算数学模型、计算表皮系数的关键参数、表皮系数分解等方面对引起油井低产低效的主控因素进行定量模拟评价，它们是储层伤害预测、预防与治理工艺技术方案决策及施工参数优化设计的关键依据[78-92]。

5.1　开发效果评价指标

低渗透油藏开发过程中用于评价开发效果的开发指标主要包含产量变化、含水率变化、采油/采液指数变化、注水井吸水指数变化、水驱规律、递减规律及采收率预测等。

5.1.1　综合含水率的变化规律

5.1.1.1　综合含水率随采出程度的变化

从理论上说，含水率的大小取决于地下油水黏度比、孔隙中油水相对渗透率的大小、油层的非均质性、油层物性等多种因素。含水率的变化是随着水驱油的过程变化，随着地层含水饱和度的增加而增加的。由分量方程可以知道，油水黏度比越大，综合含水上升越快。在生产中主要是利用采出程度与含水率的变化曲线来表示开采效果，不同类型的油藏具有不同的曲线形态，一般有5种典型曲线，如表5.1和图5.1所示。我国大多数低渗透油田大都属于Ⅲ类S型到V型凹型曲线。这是由于这些油藏一般属于中低原油黏度和中等非均质储层。当然各油田以方程表达时，其具体系数各不相同。图5.2至图5.4为国内几个代表性低渗透油藏含水率与采出程度关系曲线及其拟合方程式。

表5.1　水驱系列线性方程公式表

采出程度与含水率曲线类型	驱替系列方程线性公式	应用条件	
		油水黏度比	渗透率级差
Ⅰ. 凸形曲线	$R=A+B\ln(1-f_w)$	高黏度比	大到较大
Ⅱ. 凸形S形间过渡形曲线	$\ln(1-R)=A+B\ln(1-f_w)$	高到中高黏度比	较大
Ⅲ. S形曲线	$R=A+B\ln\dfrac{f_w}{1-f_w}$	中高到中黏度比	一般
Ⅳ. S形凹形间过渡形曲线	$\ln R=A+Bf_w$	中到低黏度比	较小
V. 凹形曲线	$\ln R=A+B\ln f_w$	低黏度比	较小到小

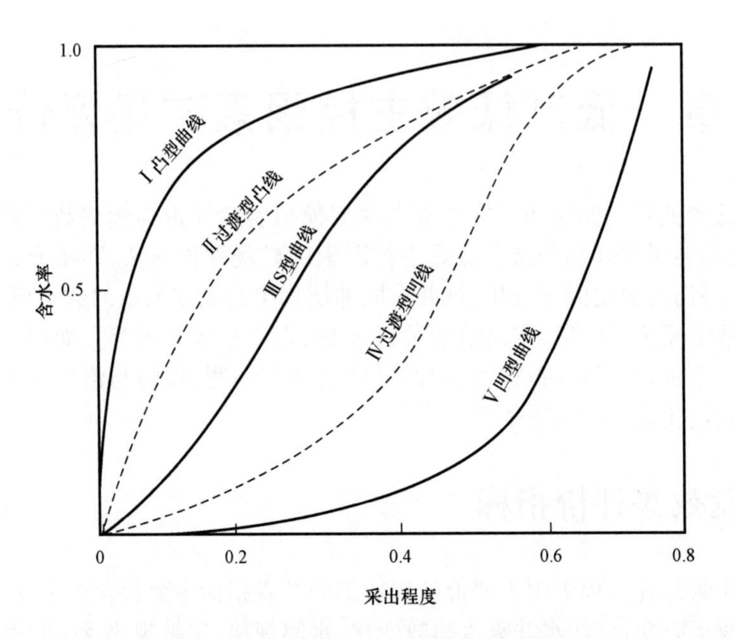

图 5.1　采出程度与含水率关系曲线类型图

FY 油田：

$$R = 0.11195 + 0.03278\ln[f_w/(1 - f_w)] \tag{5.1}$$

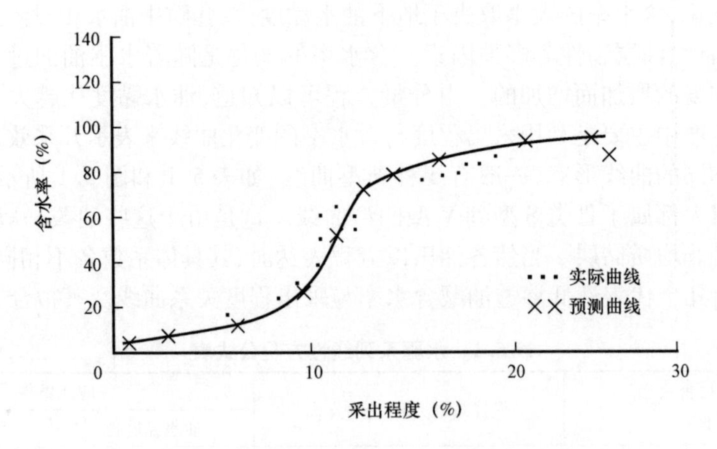

图 5.2　FY 油田采出程度与综合含水率关系曲线

CQ 油田：

$$f_w = -6.918392\ln(1 - R_o) - 0.3050192 \tag{5.2}$$

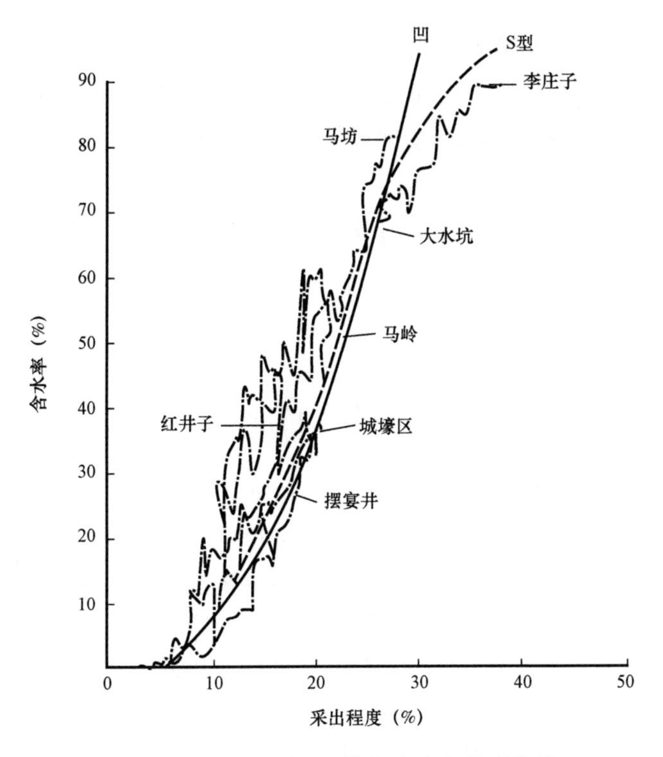

图5.3　CQ油田采出程度与含水率关系曲线

HG油田：

$$R = 0.1530 + 0.0578\ln[f_w/(1 - f_w)] \tag{5.3}$$

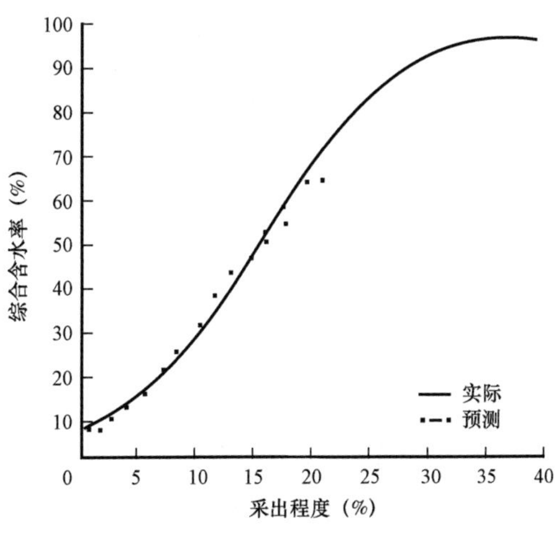

图5.4　HG油田采出程度与综合含水率关系

5.1.1.2　综合含水率与时间的变化关系

油田综合含水率随时间的变化，可以利用翁文波提出的 Logistic 旋回来表达，这种预测方法属于唯象预测范围。Logistic 旋回可以表示为下面的形式：

$$\begin{cases} f_w = \dfrac{D_e}{1 + A\exp(-Bt)} \\ t = y - y_o \end{cases} \tag{5.4}$$

式(5.4)经适当处理，即可变为：

$$V = a + bt, V = \ln\left(\frac{D}{f_w} - 1\right), a = \ln A, b = -B \tag{5.5}$$

这样，根据油田不同开采时间对应的含水率，便可进行线性回归，求出拟合系数 A 和 B，进而利用公式对油田未来的含水率进行预测，从而便得到油田含水率随时间的变化规律了。

HG 油田于 1974 年投产，1979 年含水已达 64.4%，利用 Logistic 旋回对该油田的开发数据进行拟合，相关系数 $r = 0.99$，$a = 2.9160$，$b = 0.2298$。即 $A = \exp a = 18.4665$，$B = 0.2298$，得到 HG 油田含水率随时间的变化规律曲线方程为：

$$f_w = \frac{0.98}{1 + 18.4665\exp[-0.2298(y - 1973)]} \tag{5.6}$$

实际与拟合预测符合很好(图 5.5)。

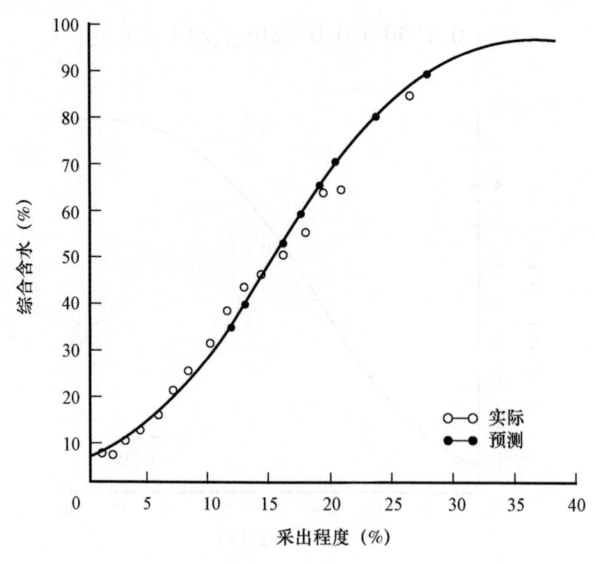

图 5.5　HG 油田采出程度与综合含水率关系

ML 油田综合含水随时间变化,用逻辑斯特旋也可以很好地拟合和预测,其表达式:

$$f_w = \frac{0.98}{1 + 24.8486e^{-0.2064t}} \tag{5.7}$$

同样,进入开发晚期的 LZZ 油田,可得综合含水率随时间变化,拟合很好,$r = 0.995$,其含水率随时间的变化规律曲线方程为:

$$f_w = \frac{0.98}{1 + 2.25e^{-0.1886t}} \tag{5.8}$$

5.1.2 注水井吸水指数的变化规律

吸水指数指注水井单位注水压差下的日注水量。它反映注水井注水能力及油层吸水能力的大小,并可用来分析注水井工作状况及油层吸水能力的变化。其计算公式为:

$$I_w = \frac{q_{iw}}{p_w - p} \tag{5.9}$$

注水井吸水能力的大小,除与油层物性、原油性质有关外,还与注采压差、油水井距离有关。当注采井距一定时,吸水能力的变化主要反映在流动阻力上,注入水流动阻力可用流度比表示。注水开发过程中,在油井见水前,流度比等于 1 并保持不变,吸水能力变化不大;油井见水后,随着含水率上升,岩石孔隙中的地层油被注入水置换,水相渗透率不断增大,流度比大于 1,吸水能力不断提高。矿场资料统计表明,吸水指数随着含水率上升而增大,但不同含水阶段区别较大。含水率 60% 以前,吸水指数随着含水率上升增加较慢;在含水率 60% 以后,吸水指数提高幅度增大;到含水率 90% 时,吸水指数可达投产初期的 4 ~5 倍。

5.1.3 采油指数与采液指数的变化规律

由于低渗透率油藏的物性比较特殊,其采油指数和采液指数的变化不同于高渗透率油藏。利用达西公式和裘比定律推导出采油指数和采液指数的大小。假设不考虑油水间的毛细管力和启动压差,可以得到如下的表达公式:

$$J_o = \frac{q_o}{p - p_{wf}} \tag{5.10}$$

$$J_L = \frac{q_o + q_w}{p - p_{wf}} \tag{5.11}$$

5.1.3.1 无量纲采油指数

无量纲采油指数指油井对应某一含水时的采油指数与其无水时的采油指数之比，其计算公式为：

$$J'_{o}(f_{w}) = \frac{J_{o}(f_{w})}{J_{o}(0)} \tag{5.12}$$

利用相对渗透率曲线可以看出无量纲采油指数随含水的变化规律为：

$$J'_{o}(S_{w}) = \frac{K_{ro}(S_{w})}{K_{ro}(S_{iw})} \tag{5.13}$$

图5.6所示为不同油水黏度比条件下无量纲采油指数变化曲线。

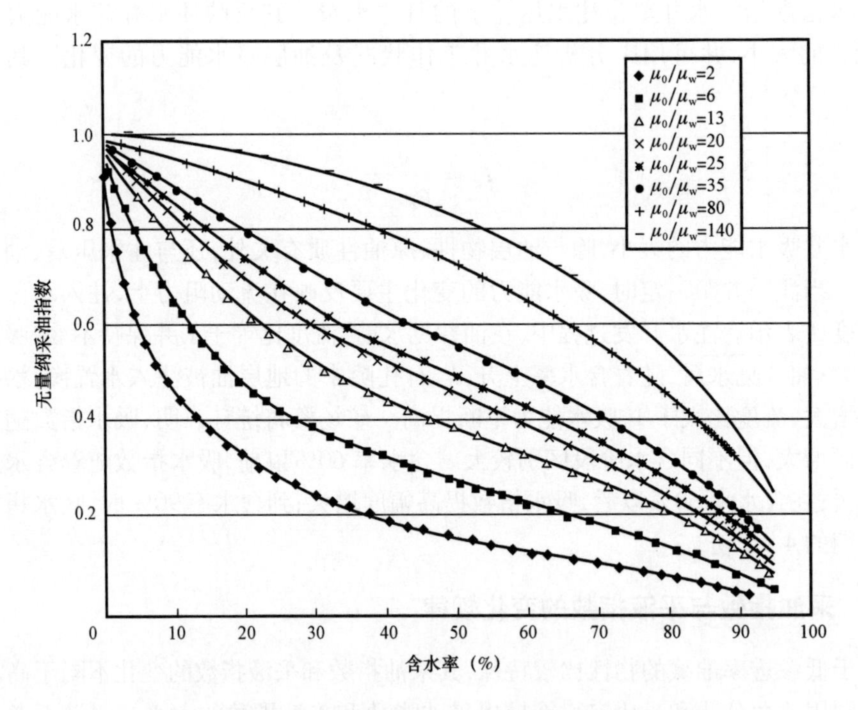

图5.6 不同油水黏度比条件下无量纲采油指数变化曲线

5.1.3.2 无量纲采液指数

无量纲采液指数指油井对应某一含水时的采液指数与其无水时的采液指数之比，其计算公式为：

$$J'_{L}(f_{w}) = \frac{J_{L}(f_{w})}{J_{L}(0)} = \frac{J'_{o}}{1-f} \tag{5.14}$$

$$f = \frac{1}{1 + \frac{\mu_w}{\mu_o} \cdot \frac{K_{ro}}{K_{rw}}} \tag{5.15}$$

利用相对渗透率曲线可以看出无量纲采液指数随含水的变化规律为:

$$J'_L(S_w) = \frac{K_{rw}(S_w)}{K_{ro}(S_{iw})} \frac{\mu_o}{\mu_w} + \frac{K_{ro}(S_w)}{K_{ro}(S_{iw})} \tag{5.16}$$

图5.7所示为不同油水黏度比条件下无量纲采液指数变化曲线。

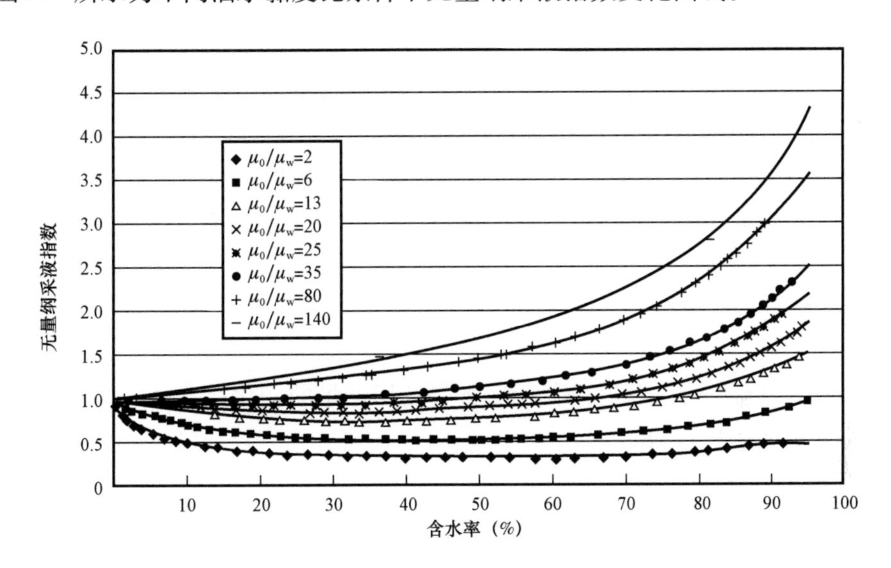

图5.7　不同油水黏度比条件下无量纲采液指数变化曲线

采油指数随综合含水率的上升而降低;采液指数在中低含水期随综合含水率的升高而降低,在高含水期随综合含水率的上升而上升。

5.1.4　产液量的变化规律

在一定井网密度条件下,产液量的大小主要取决于采液指数随含水率变化以及生产压差的变化。油田开发实践表明,随着油井含水率的升高,采液指数不断增大。在一定油水井数比条件下,不同含水阶段的产液量取决于油井的生产压差。在自喷开采阶段,由于含水率增加,井筒液柱密度增大,最低自喷流压上升,生产压差缩小,限制了产液量的进一步提高。如果通过不断提高地层压力来达到不断保持或放大生产压差的目的,势必造成油水井套管损坏速度加快,也不利于后期的开发调整。因此产液量不能与含水率同步增大,产液量必然不断下降。通过改变开采方式,由自喷开采转为机械采油,可以大幅度降低流动压力,放大生产压差,提高产液量,从而保持油田的稳产和减缓产量递减速度。随着流动压力下降,地层压力也随之下降。大庆油田开采方式转变过程中的统计资料表明,流动压力每下降1MPa,地层压力下降0.3~0.4MPa。由于流动压力已降至低于饱和压力,井筒附近地层油开始脱气,出现了油、气、水三相流动,原油黏度增大,使油相相对渗透率下降,因此三相流动时的采液指数比对应两相流动时的采液指数要小得多。如果保持生产压差不被减小的条件下,随着含水率上升,产液量将不断增加。但是在相同含水时流动压力越低,即生产压差越大,产液量越高,而采液指数随着流动压力下降而下降。

5.1.5 产油量的变化规律

产油量随时间的变化规律,在没有特殊波折时,一般油田都经历建产上升、稳产和下降过程。对于这类比较常规的情况,不论中高渗透率或低渗透率油藏,都可以用翁文波提出的泊松旋回(也称翁氏旋回)来加以拟合描述。

假定油(气)田的逐年产量 q_t 在随开采时间 t 的变化过程中,正比于 t 的 n 次方函数兴起,同时随负指数函数衰减,这个过程可以用翁氏旋回表达式来表示为:

$$\begin{cases} q_t = Bt^n \exp(-t) \\ t = (y - y_0)/C \end{cases}$$

通过对翁氏旋回表达式的分析得到,如果油田产量的变化符合翁氏旋回,则油田产量 q_t 的兴衰可分为4个阶段。

(1)加速上升阶段:$t=0 \to (n-\sqrt{n})$。

(2)上升阶段:$t=(n-\sqrt{n}) \to n$。

(3)下降阶段:$t=n \to (n+\sqrt{n})$。

(4)缓慢下降阶段:$t=(n+\sqrt{n}) \to \infty$。

考虑到实际计算上的方便,将式(5.16)改为如下形式:

$$\begin{cases} q_t = A + Bt^n \exp(-t) \\ t = (y - y_0)/C \end{cases} \tag{5.17}$$

比如利用HG油田1973年到1989年16年的产油量资料(1973年取0值),进行拟合[把 $t^n\exp(-t)$ 当作一个变量],结果很理想:相关系数 $r=0.94$,拟合系数 $A=10.5038$,$B=73.4344$;$n=2$,$C=5.4$。这样,便得到HG油田产油量随时间的变化规律为:

$$q_t = 10.5038 + 73.4344[(y-1973)/5.4]^2\exp[-(y-1973)/5.4] \tag{5.18}$$

利用这一关系,对HG油田产油量进行了预测,预测可采储量为 1136×10^4t,采收率为35%,与目前标定值38%接近。从图5.8上看到,拟合和预测的吻合度较好。拟合最后一年1989年的产油量与实际非常接近，实际产油量为43.43×10^4t，拟合为43.81×10^4t。

油田产油量随时间变化可以分两个阶段进行表示：

ML油田稳产阶段（$t=0\sim14$a）

$$Q_t = 0.5 + 57.1939\,(t/4)^3 e^{-(t/4)} \qquad (r = 0.939) \tag{5.19}$$

ML油田递减阶段（$t=15$a）

$$Q_t = 203.8573 e^{-0.07136t} \qquad (r = 0.9346) \tag{5.20}$$

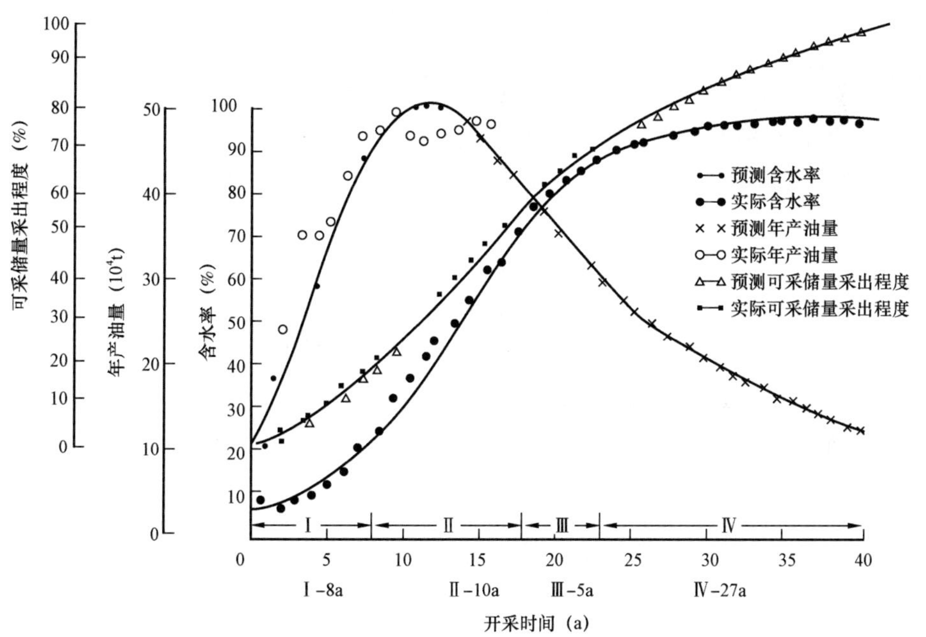

图5.8　油藏开发阶段图（以HG油田为例）

5.1.6　水驱规律

5.1.6.1　水驱规律基础理论

（1）累计产水量（W_p）与累计产油量（N_p）和采出程度（R_o）的关系。

$$\lg(W_p + C) = A_1 + B_1 N_p \tag{5.21}$$

$$\lg(W_p + C) = A_1 + \beta_1 R_o \tag{5.22}$$

其中，$\beta_1 = B_1 N = \dfrac{cS_{oi}}{2.303}$；$C = De^{cS_{wc}}$；$D = \dfrac{N\mu_o B_o \gamma_w}{cd\mu_w B_w \gamma_o (1 - S_{wc})}$；$A_1 = \lg D + \dfrac{cS_{wc}}{2.303}$；$B_1 = \dfrac{cS_{oi}}{2.303N}$；

$R_o = \dfrac{N_p}{N}$。

由式(5.21)可以看出,累计产水量(W_p)必须加上一个常数 C,才能与累计产油量(N_p)在半对数坐标上成直线关系。但是随着油田的生产,含水率上升和累计产水量增加,常数 C 的影响将逐渐减少。因而在油田开发的中后期,累计产水量和累计产油量之间在半对数做标纸上可以得到一条直线关系。

(2)水油比(WOR)与累计产油量(N_p)和采出程度(R_o)的关系式。

$$\lg WOR = A_2 + B_2 N_p \tag{5.23}$$

$$\lg WOR = A_2 + \beta_2 R_o \tag{5.24}$$

其中,$A_2 = \lg\dfrac{\mu_o B_o \gamma_w}{d\mu_w \gamma_o} + \dfrac{cS_{wc}}{2.303}$;$B_2 = \dfrac{cS_{oi}}{2.303N}$;$\beta_2 = B_2 N = \dfrac{cS_{oi}}{2.303}$。

(3)油田含水率f_w与累计产油量 N_p的关系。

根据油、水渗流的基本规律,在不考虑重力和毛细管力的影响下,含水率可以由式(5.25)表示:

$$f_w = \frac{1}{1 + \dfrac{K_{ro}\mu_w B_w \gamma_o}{k_{rw}\mu_o B_o \gamma_w}} = \frac{1}{1 + \dfrac{1}{WOR}} \tag{5.25}$$

由式(5.25)及式(5.23)联立求得:

$$f_w = \frac{1}{1 + e^{-2.303(A_2 + B_2 N_p)}} \tag{5.26}$$

由式(5.26)可以看出,油田含水率与累计产油量在半对数坐标上并不存在直线关系,但稍加整理后可得:

$$\lg\left(\frac{1}{f_w} - 1\right) = A_3 + B_3 N_p \tag{5.27}$$

其中,$A_3 = -A_2$,$B_3 = -B_2$。

5.1.6.2 水驱规律应用实例

根据 BN 油田××油区的实际资料,回归出了累计产水量—累计产油量的关系曲线(图 5.9)、水油比—累计产油量的关系曲线(图 5.10)、含水率—累计产油量的关系曲线(图 5.11)。

根据图 5.9 至图 5.11 的曲线变化趋势可以看出,该区块的开发过程表现出区块投产阶段(1991 年 12 月至 1993 年 6 月)、注水见效阶段(1993 年 7 月至 1998 年 3 月)、注采关系完善和开发效果得到较好改善阶段(1998 年 4 月至 2000 年 3 月)和地层亏空进一步加大和开发效果开始变差(2000 年 4 月至 2004 年 6 月)4 个阶段。

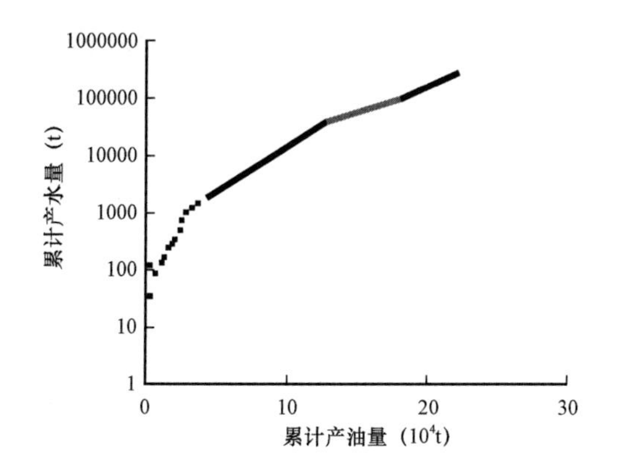

图5.9　累计产水量和累计产油量的关系

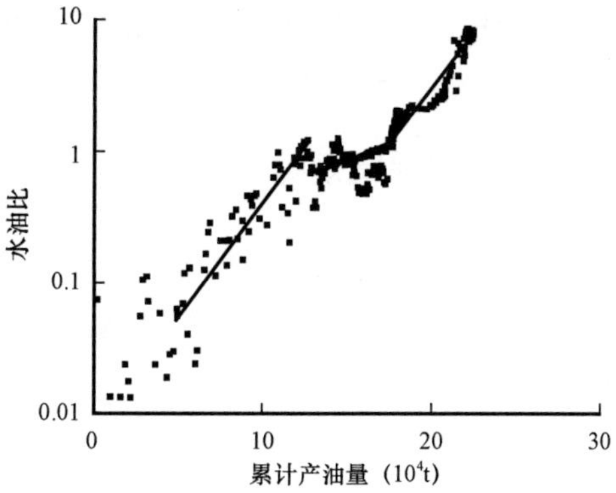

图5.10　水油比和累计产油量的关系

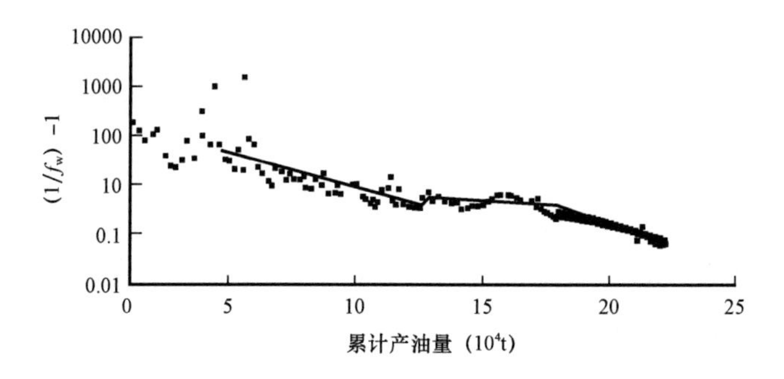

图5.11　含水率和累计产油量的关系曲线

经过曲线回归,可以得到后三个阶段水驱规律的回归式,见表5.2。

表5.2　三条水驱曲线回归式

阶段	关系项	水驱曲线
第二阶段	$W_p - N_p$	$\lg W_p = 2.461 + 1.737 \times 10^{-5} N_p$
	$WOR - N_p$	$\lg WOR = -2.097 + 1.737 \times 10^{-6} N_p$
	$f_w - N_p$	$\lg\left(\frac{1}{f_w} - 1\right) = 2.095 - 1.737 \times 10^{-5} N_p$
第三阶段	$W_p - N_p$	$\lg W_p = 3.689 + 8.686 \times 10^{-7} N_p$
	$WOR - N_p$	$\lg WOR = -0.735 + 4.343 \times 10^{-7} N_p$
	$f_w - N_p$	$\lg\left(\frac{1}{f_w} - 1\right) = 0.735 - 4.343 \times 10^{-6} N_p$
第四阶段	$W_p - N_p$	$\lg W_p = 2.980 + 8.686 \times 10^{-7} N_p$
	$WOR - N_p$	$\lg WOR = -2.886 + 1.737 \times 10^{-6} N_p$
	$f_w - N_p$	$\lg\left(\frac{1}{f_w} - 1\right) = 2.877 - 1.737 \times 10^{-5} N_p$

根据目前的开发曲线变化规律，当$(WOR)_{max}=49$即$f_{wmax}=0.98$时，可求得油田的可采储量为：$N_{pmax}=41.2\times10^4$t。

5.1.7 产量递减规律

5.1.7.1 产量递减规律的理论基础

油气田产量递减阶段，产量递减的大小通常用递减率表示，即单位时间内的产量递减分数，其表达式为：

$$D=-\frac{1}{Q}\frac{dQ}{dt} \tag{5.28}$$

Arps研究认为瞬时递减率与产量遵循下面的关系：

$$D=KQ^n \tag{5.29}$$

由此可以得出，任一时刻的递减率和产量与初始递减率和初始产量满足：

$$\frac{D}{D_o}=\left(\frac{Q}{Q_o}\right)^n \tag{5.30}$$

根据递减指数的不同，产量递减可以分为指数递减、双曲递减和调和递减三种类型。三种递减类型的数学式见表5.3。

表5.3 三种递减类型基本特征对比表

递减类型	基本特征	基本关系式			最大累计产量
		t—Q	t—N_p	Q—N_p	
指数递减	$n=0$ $D=D_0$	$Q=Q_0e^{-D_0t}$	$N_p=\frac{Q_0}{D_0}(1-e^{-D_0t})$	$N_p=\frac{Q_0-Q}{D_0}$	$N_{pmax}=\frac{Q_0}{D_0}$
双曲递减	$n>0$ $D<D_0$	$Q=\frac{Q_0}{(1+nD_0t)^{1/n}}$	$N_p=\frac{Q_0}{D_0}\frac{1}{1-n}\times[(1+nD_0t)^{\frac{n-1}{n}}-1]$	$N_p=\frac{Q_0^n}{D_0(1-n)}\times(Q_0^{1-n}-Q^{1-n})$	$N_{pmax}=\frac{Q_0}{D_0(1-n)}$
调和递减	$n=1$ $D<D_0$	$Q=\frac{Q_0}{1+D_0t}$	$N_p=\frac{Q_0}{D_0}\ln(1+D_0t)$	$N_p=\frac{2.303Q_0}{D_0}\times\lg\left(\frac{Q_0}{Q}\right)$	$N_{pmax}=\frac{2.303Q_0}{D_0}\times\lg Q_0$

研究表5.3的基本关系式可以发现，实际资料如果满足t—$\lg Q$或Q—N_p呈线性关系则为指数递减；实际资料满足N_p—$\lg Q$呈线性关系则为调和递减；既不属于指数递减，也不属于调和递减的，属于双曲递减。

产量的递减速度主要取决于递减指数 n 和初始递减率 D_0。在初始递减率 D_0 相同时，以指数递减最快，双曲递减（特指 $0<n<1$）次之，调和递减最慢。在递减指数一定即递减类型相同时，初始递减率越大，产量递减越快，在递减阶段的初期，三种递减类型比较接近，因而常用比较简单的递减类型如指数递减等研究实际问题；在递减阶段的中期，一般符合双曲递减；而在递减阶段后期，一般符合调和递减。在油气田开发的整个递减阶段，其递减类型并不是一成不变的，因此，应根据实际资料的变化对最佳递减类型作出可靠的判断。

5.1.7.2　产量递减规律的分析与应用

绘制 BN 油田××油区递减阶段的月产油量与递减时间的关系图（图 5.12）及月产油量与累计产油量的关系图（图 5.13），可以发现两条曲线都呈非常好的直线关系，由此可以判断该区块的递减规律为指数递减。由递减率的定义可以求得递减率为：$D=0.01567\text{mon}^{-1}$。

回归两条递减曲线可以得到：

$$Q = 2772e^{-0.01567t} \tag{5.31}$$

$$N_p = -29.905Q + 232782 = -82896.7e^{-0.01567t} + 232782 \tag{5.32}$$

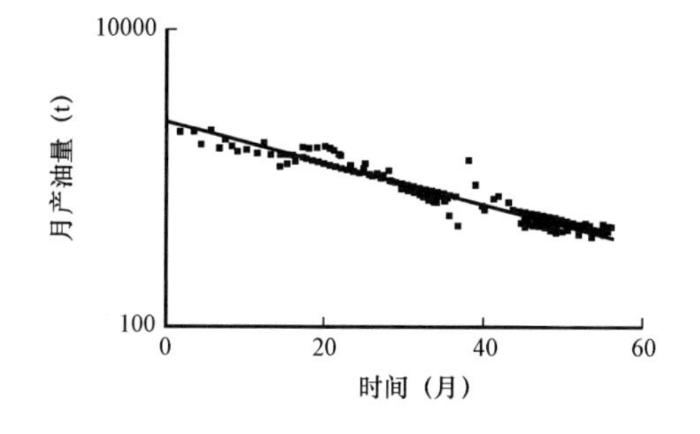

图 5.12　月产油量与递减时间的关系曲线

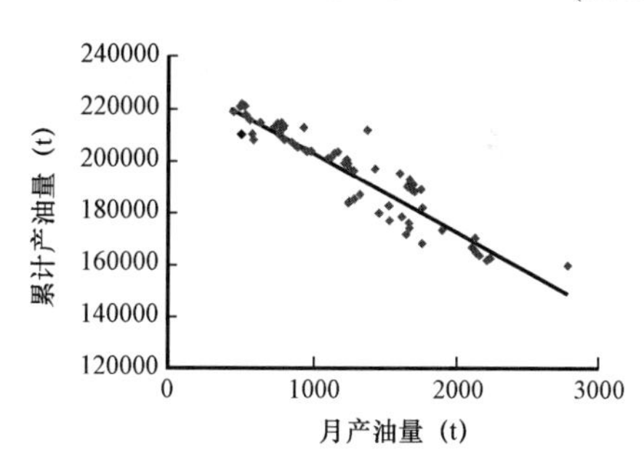

图 5.13　月产油量与累计产油量的关系曲线

5.1.8　确定采收率的方法

确定采收率的方法很多，例如岩心分析法、水动力学概算法、油藏数值模拟法、相关经验公式法和开发动态法。所有这些方法，又可根据方法的特点和所用资料的来源，划分为微观分析法和宏观分析法两类。就目前情况来说，国内外多普遍采用宏观分析法进行采收率的概算。根据采收率的定义，对油气田的采收率可分别写为：

一次采油

$$E_R = 1 - \frac{S_{or}B_{oi}}{S_{oi}B_{oa}} \tag{5.33}$$

$$E_R = 1 - \frac{S_{gr}B_{gi}}{S_{gi}B_{ga}} \tag{5.34}$$

在式(5.33)和式(5.34)中的原油和天然气的体积系数,应由油气的PVT取样分析资料确定;而油、气的饱和度,可由取心分析、测井解释和矿场开发实验结果确定。

如果是水驱油藏或水驱气藏,当地层压力保持不变时,由于 $B_{oi}=B_{oa}$,$B_{gi}=B_{ga}$,故由式(5.33)和式(5.34)得:

$$E_R = 1 - S_{or}/S_{oi} \tag{5.35}$$

$$E_R = 1 - S_{gr}/S_{gi} \tag{5.36}$$

5.1.8.1 岩心分析法

在油田的祥探评价阶段,可以通过探井和评价井取得的岩心进行实验室条件的分析,确定油层的原始含油饱和度,也可以通过人工的模拟注水试验确定其残余油饱和度。当然,也可以通过在水淹区打的检查井,由取得的岩心分析残余油饱和度。

利用水基钻井液取出的岩心,所测得的含油饱和度,通常比地层的实际含油饱和度偏低。这是由于在取心过程中,钻井液对岩心的冲刷,以及岩心从井下取至地面时,随着压力下降所引起的气体膨胀,而造成岩心中原油的渗出与收缩影响。在这种情况下,为确定注水后的地层残余油饱和度,Kazemi 利用了 Craig 的校正方法,提出如下关系式:

$$(\overline{S_{or}})_{res} = (\overline{S_{or}})_{core}B_oE/E_V \tag{5.37}$$

$$E_V = \frac{1 - V_K^2}{M} \tag{5.38}$$

对于以溶解气驱开发的油田,由常规岩心分析法确定的残余油饱和度,可由下式校正为地层残余油饱和度:

$$(\overline{S_{or}})_{res} = (\overline{S_{or}})_{core}B_o \times 1.15 \tag{5.39}$$

式中的1.15为考虑在取岩心时,由于气体膨胀所引起难得原油渗出与收缩的校正系数。

在注水保持地层压力的条件下,考虑到 $\overline{S_{or}}=1-\overline{S_w}$ 和 $S_{oi}=1-S_{wi}$,可由式(5.38)得到微观驱油效率的表达式为:

$$E_D = \frac{\overline{S_w} - S_{wi}}{1 - S_{wi}} \tag{5.40}$$

在由岩心分析资料确定了驱油效率之后,水驱的采收率可由下式估计:

$$E_R = E_DE_V \tag{5.41}$$

式中的 E_V 为水驱油田的体积波及系数,它是面积波及系数 E_A 和垂向波及系数 E_Z 的乘积,可由式(5.38)近似确定。

5.1.8.2　相关经验公式法

相关经验公式法是比较实用的一种方法。它是根据已经开发结束或接近开发结束油田的实际开发指标,就其影响采收率的诸项地质因素和开发因素,进行多元回归分析,最后找到相关系数最大和标准差最小的相关经验公式。

5.1.8.2.1　Guthrie 和 Greenberger 法

Guthrie 和 Greenberger 根据 Craze 和 Buckley 为研究井网密度对采收率的影响,所提供的 103 个油田中 73 个完全水驱和部分水驱砂岩油田的基础数据,利用多元回归分析法得到的相关经验公式为:

$$E_R = 0.11403 + 0.2719\lg K - 0.1355\lg\mu_o + 0.25569S_{wi} - 1.538\phi - 0.00115h \quad (5.42)$$

式(5.42)的复相关系数为 0.8694。

5.1.8.2.2　美国石油学会(API)的相关经验公式

(1)水驱油藏的相关经验公式。

对于 72 个水驱砂岩油田的相关经验公式为:

$$E_R = 0.54898\left[\frac{\phi(1-S_{wi})}{B_{oi}}\right]^{0.0422}\left(\frac{K\mu_{wi}}{\mu_{oi}}\right)^{0.077}S_{wi}^{-0.1903}\left(\frac{p_i}{p_a}\right)^{-0.2159} \quad (5.43)$$

式(5.43)的复相关系数为 0.958,标准差为 17.6%。

Wayhay 等利用式(5.43)对美国科罗拉多州丹佛盆地的 23 个注水开发的砂岩油田进行了采收率的测算,这 23 个注水开发的油田已接近开发的结束阶段。他们的统计研究表明,注水开发的采收率,随注水前一次采油的地层压力消耗程度的增加而减小。这是由于注水前地层压力低于饱和压力时,会引起地层原油的收缩,从而增加了地层残余油饱和度并降低了水驱的流度比。根据他们的统计研究结果,需要对式(5.43)作如下修正:

$$E_{RS} = C_t\left[1-(1-E'_R)\frac{B_{ob}}{B_{owf}}\right] \quad (5.44)$$

$$E'_R = 0.54898\left[\frac{\phi(1-S_{wi})}{B_{oi}}\right]^{0.0422}\left(\frac{K\mu_{wi}}{\mu_{owf}}\right)^{0.077}S_{wi}^{-0.1903} \quad (5.45)$$

(2)溶解气驱的相关经验公式。

根据 98 个油田的砂岩、石灰岩和白云岩的实际开发数据,经多元回归分析所建立的相关经验公式为:

$$E_R = 0.41815\left[\frac{\phi(1-S_{wi})}{B_{ob}}\right]^{0.1611}\left(\frac{K}{\mu_{ob}}\right)^{0.0979}(S_{wi})^{0.3722}\left(\frac{p_b}{p_a}\right)^{0.1741} \tag{5.46}$$

式(5.46)的复相关系数为0.932,标准差为22.9%。

当油田的原始地层压力高于饱和压力(即 $p_i > p_b$)时,利用式(5.46)计算的结果还应当加上由 p_i 降到 p_b 的弹性阶段的采收率,才是油田的总采收率。

弹性驱动阶段采收率的表达式为:

$$E_{RE} = \frac{N_p}{N} = \frac{C_t(p_i - p_b)}{1 + C_o(p_i - p_b)} \tag{5.47}$$

5.1.8.2.3 苏联时期全苏石油天然气科学研究所相关经验公式

苏联时期全苏石油天然气科学研究所根据乌拉尔—伏尔加地区(又称第二巴库)约50个水驱砂岩油田的实际开发数据,利用多元回归分析法,得到了确定采收率的相关经验公式,常用的有如下两个公式:

(1)Кожакин 经验公式。

Кожакин 根据乌拉尔—伏尔加地区42个水驱砂岩油田的开发基础资料建立的相关经验公式(复相关系数为0.85,标准差为25.1%)为:

$$\begin{aligned} E_R = {} & 0.507 - 0.167\lg\mu_R + 0.027\lg K - 0.000855n + \\ & 0.171S_k - 0.050V_K + 0.0018h \end{aligned} \tag{5.48}$$

(2)Гомизков 经验公式。

Гомизков 等根据乌拉尔—伏尔加地区和斯达罗波尔地区50个水驱砂岩油田的实际开发资料建立的相关经验公式(复相关系数为0.886,标准差为20%)为:

$$\begin{aligned} E_R = {} & 0.195 + 0.082\lg K - 0.0078\mu_R - 0.00086n + 0.180S_k - \\ & 0.054Z + 0.27S_{oi} + 0.00146T + 0.0039h \end{aligned} \tag{5.49}$$

根据水驱油田实际应用的经验表明,苏联时期相关经验公式相对于美国的相关经验公式,其计算的结果均偏大。这可能与该地区油田的储量计算参数标准较严和早期注水保持地层压力的效果较好有关。如果注水时的地层压力已经低于饱和压力,考虑用式(5.44)校正是必要的。

5.1.8.2.4 SL 油区及全国矿产储量委员会相关经验公式

(1)SL 油区多元回归公式。

$$E_R = 0.09129 + 0.088921\lg(K/\mu_o) + 0.18966\phi + 0.0028n \tag{5.50}$$

公式应用的参数变化范围:渗透率 K 为 15 ~ 8900mD;地层原油黏度 μ_o 为 0.5 ~

154mPa · s;孔隙度 ϕ 为0.15 ~0.34;井网密度 n 为2.1 ~26.1 井/km^2。

(2)SL 油区井网密度经验公式。

$$E_R = \left(0.742 + 0.19\lg\frac{K_e}{\mu_o}\right)e^{-\frac{1.125}{n}\left(\frac{K_e}{\mu_o}\right)^{-0.148}} \tag{5.51}$$

公式应用的参数变化范围:K_e 为0.005 ~5.5D;μ_o 为0.5 ~140mPa · s。

(3)全国矿产储量委员会弹性驱油藏采收率经验公式。

$$E_R = 0.058419 + 0.084612\lg\frac{K}{\mu_o} + 0.3464\phi + 0.0003871n \tag{5.52}$$

(4)全国矿产储量委员会水驱砂岩油藏采收率公式。

$$E_R = 0.274 - 0.1116\lg\mu_R + 0.09746\lg K_f - 0.0001802Hn - 0.067V_K + 0.0001675T \tag{5.53}$$

公式统计复相关系数为0.621,公式应用的参数变化范围见表5.4。

表5.4 式(5.53)应用的参数变化范围

参数	油水黏度比	平均渗透率	平均有效厚度	井网密度	变异系数	油层温度
单位	无量纲	mD	m	ha/井		℃
变化范围	1.9 ~162.5	69 ~3000	5.2 ~35.0	2.3 ~24	0.26 ~0.92	30 ~99.5
平均值	36.7	883	16.7	9.4	0.677	63

(5)全国矿产储量委员会底水石灰岩油田采收率经验公式。

$$E_R = 0.2326\left(\frac{\phi_t S_{oi}}{B_{oi}}\right)^{0.969}\left(\frac{K_e\mu_w}{\mu_o}\right)^{0.4863}(S_{wi})^{-0.5236} \tag{5.54}$$

公式统计复相关系数为0.9764,公式应用的参数变化范围见表5.5。

表5.5 式(5.54)应用的参数变化范围

参数	总孔隙度	原始含油饱和度	原始含水饱和度	原始原油体积系数	有效渗透率	地下原油黏度	地下水黏度
单位	小数	小数	小数	无量纲	mD	mPa · s	mPa · s
变化范围	0.05 ~0.12	0.7 ~0.8	0.2 ~0.3	1.031 ~1.537	10 ~30900	0.5 ~21.5	0.18 ~0.384
平均值	0.06	0.74	0.26	1.159	4.06	5.25	0.273

(6)全国矿产储量委员会水驱砾岩油藏采收率经验公式。

$$E_R = 0.9356 - 0.1089\lg\mu_o - 0.0059p_i + 0.0637\left(\frac{K_e}{\mu_o}\right)^{0.3409} + 0.001696S + 0.003288L - 0.9087V_K - 0.01833n_{ow} \tag{5.55}$$

公式统计复相关系数为 0.9861。

对于有明显过渡带的油藏,有如下经验公式:

$$E_{RT} = E_R[1 - 0.225N(W)/N] \tag{5.56}$$

以上两个公式应用的参数变化范围见表 5.6。

表 5.6　式(5.55)和式(5.56)应用的参数变化范围

参数	地层原油黏度	原始地层压力	有效渗透率	井网密度	油层连通率	渗透率变异系数	采注井数比	过渡带地质储量/地质储量
单位	mPa·s	MPa	mD	井/km²	%		无量纲	
变化范围	2~215	4.45~31	30~540	3.75~30.42	42~100	0.8~1	1.89~6	0~0.4082
平均值	21.6	13.3	142	12.4	73.1	0.9	2.94	0.021

上述经验公式适用于水驱常规开采油田的采收率计算。

(7)全国矿产储量委员会溶解气驱油藏采收率经验公式。

$$E_R = 0.2126\left[\frac{\phi(1 - S_{wi})}{B_{ob}}\right]^{0.1611}\left(\frac{K}{\mu_{ob}}\right)^{0.0979}(S_{wi})^{0.3722}\left(\frac{p_b}{p_a}\right)^{0.1741} \tag{5.57}$$

油藏废弃压力 p_a 一般取饱和压力的 15%。

5.2 储层伤害表皮系数分析

5.2.1 表皮系数的定义

表皮系数的定义由 VanEverdingenAF 给出:

$$\Delta P_s = \frac{q\mu}{2\pi KL}s \tag{5.58}$$

表皮因子是衡量井工作状况、甄别储层的伤害程度、选择合理的增产措施的重要指标。水平井与直井、高渗透油藏与低渗油藏中的表皮伤害现象是由于井筒附近的油层在钻井、固井、生产作业等施工过程中入井液的侵入、固相颗粒的运移,不可避免地会引起油层的渗透率下降,称为表皮伤害,其具体表现就是导致表皮效应压降,引起产能的下降。通过合理的增产措施可以一定程度恢复地层渗透率,消除这种伤害。同时,在完井过程中由于打开程度的不完善和射孔炮眼、割缝缝槽等处发生的汇聚流动也会引起附加的压力降,使得测试得到的压力值比理论值偏低。理论上,任何使流线偏离理想方向或限制流线的现象,如部分射开、不合理的射孔和割缝参数、高速紊流都会带来正的表皮,表示有流动阻力或地层伤害存在,而负的表皮则表明降低了流动阻力或增加了流动面积。

5.2.2　不同渗流方式下的表皮系数

(1)平面径向流的表皮系数:

$$\Delta P_{\text{skin}} = \frac{q\mu}{2\pi Kh}s \tag{5.59}$$

(2)平面线性流的表皮系数:

$$\Delta p = p_{\text{e}} - p_{\text{wf}} = \frac{q\mu B}{KLh}w \tag{5.60}$$

如果忽略缝顶端流动,考虑垂直裂缝面的伤害情况,在壁面附近伤害深度为 w_{s},渗透率为 K_{s}的伤害带内,考虑一维稳态渗流,注意到裂缝量的分配特征,由壁面伤害引起的附加压力降,可以写成:

$$\Delta p_s = \Delta p_{\text{damage}} - \Delta p_{\text{undamage}} = \frac{q\mu B w_{\text{s}}}{2KLh}\left(\frac{K}{K_{\text{s}}} - 1\right) \tag{5.61}$$

得到线性流的表皮因子:

$$S_{\text{liner}} = \frac{\pi w_{\text{s}}}{2x_{\text{f}}}\left(\frac{K}{K_{\text{s}}} - 1\right) \tag{5.62}$$

(3)空间球形流表皮系数。

考虑半径为力的半球形均质地层,顶部为一圆形平面。顶部中心被部分钻开,钻开部分半径为 r_{w}的球面;底部供给边界半径为 r_{e},压力为 p 的同心半球面。地层发生空间球形达西渗流,井底压差公式为:

$$\Delta p = p_{\text{e}} - p_{\text{wf}} = \frac{q\mu B}{2\pi K}\left(\frac{1}{r_{\text{w}}} - \frac{1}{r_{\text{e}}}\right) \tag{5.63}$$

球形流表皮系数表达式:

$$S_{\text{spherical}} = \left(\frac{K}{K_{\text{s}}} - 1\right)\left(\frac{1}{r_{\text{w}}} - \frac{1}{r_{\text{s}}}\right) \tag{5.64}$$

该式子可用于部分射开直井或水平井。

(4)平面椭圆渗流表皮系数。

在厚度为 h 的均质介质中,一口带有完全压开均匀流量导流垂直裂缝的直井形成的平面椭圆渗流。椭圆状泄流区长轴为 $2a$、短轴为 $2b$,得到平面椭圆渗流井底压降公式:

$$\Delta p = p_{e} - p_{wf} = \frac{q\mu B}{2\pi K}\left(\frac{a + \sqrt{a^{2} - x_{f}^{2}}}{x_{f}}\right) \tag{5.65}$$

若裂缝壁面伤害区的平面投影椭圆长轴为 $2a_{s}$,类似得到:

$$\Delta p = p_{e} - p_{wf} = \frac{q\mu B}{2\pi K}\left(\frac{a_{s} + \sqrt{a_{s}^{2} - x_{f}^{2}}}{x_{f}}\right) \tag{5.66}$$

上式可以用于垂直裂缝井和水平井产能的评价。

(5)分维渗流表皮系数。

由上面的公式归纳出一个包含平面径向流和线性流的通式:

$$S_{\text{fracial}} = \left(\frac{K}{K_{s}} - 1\right)\frac{r_{s}^{2-v} - r_{w}^{2-v}}{2 - v} \tag{5.67}$$

参数 v 与介质的维数和分维数有关。当 $v = 1$ 时,为平面线性流方程;$v = 2$ 时,为平面径向流方程;$v = 3$ 时,为空间球形流方程;$1 < v < 3$ 时,为分维渗流方程。

5.2.3 水平井和直井的表皮效应比较

根据水平井渗流规律物理实验的结果可以得到下面的结论:

从供给边界到井底,水平井的压降几乎呈线性变化,直井在井筒附近的压力梯度比水平井大得多。

水平井的压力分布是一个不完全的椭圆,等压线比较扁平,说明流线基本与井筒垂直,因此可以把水平井近似看作线性流动。

对于直井:

$$\Delta p_{v} = s\frac{\mu B}{2\pi K}\left(\frac{q}{h}\right) \tag{5.68}$$

对于水平井:

$$\Delta p_{h} = s\frac{\mu B}{2\pi K}\left(\frac{q}{L}\right) \tag{5.69}$$

式(5.68)中 h 是直井的油层厚度,L 是射开水平段长度,在表皮系数一定的情况下,表皮附加压降取决于单位长度的流量。一般情况下水平井单位长度流量远小于直井,根据上面的推导认为水平井因地层伤害损失的产能小于直井。但是由于水平井的钻井、完井时间长，入井液与地层接触时间长，水平井表皮系数一般远大于直井，因此水平井表皮系数需要综合考虑渗透率各向异性、完井参数和伤害带及它们之间的相互影响。

5.2.4　由多孔介质流动方程推导表皮模型

假设多孔介质中有一个体积固定的任意控制体 V，通过该控制体的流体有以下的物质平衡关系：

流入 V 的流量 - 流出 V 的流量 = 该控制体 V 中的累计流量

考虑对时间求导：

$$\text{控制体}\ V\ \text{中的流速} = \frac{\partial}{\partial t}\int_v V\ \text{中的累计质量} = \frac{\partial}{\partial t}\int_v \rho\phi \mathrm{d}v \tag{5.70}$$

下面计算方程左边的式子：

假设 ΔA 为 V 中的一个微元表面，通过 ΔA 的流速矢量为 $\boldsymbol{v}$，显然，$\boldsymbol{v}$ 可以分解为垂直于 ΔA 的法向矢量 $\boldsymbol{n}$ 和平行于 ΔA 的切向矢量，如图 5.14 所示。

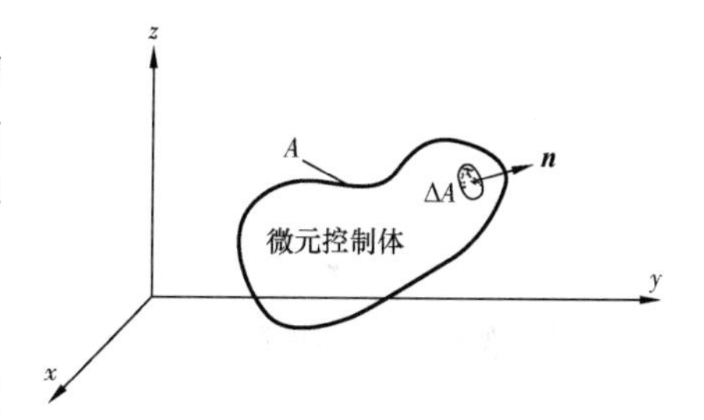

图 5.14　多孔介质中的微元控制体

对于微元 ΔA 可以得到通过 ΔA 的净流量 $= -n\rho\boldsymbol{v}\Delta A$，其中，负号表示流出方向与假设正方向相反。

对上式在面积 A 上积分得到流入 V 的净流量为 $-\int_A n\rho\boldsymbol{v}\mathrm{d}A$。

由此可建立如下物质平衡方程（或者称为连续性方程）：

$$\frac{\mathrm{d}}{\mathrm{d}t}\int_v \rho\varphi \mathrm{d}V = \int_v (\nabla\cdot\rho\boldsymbol{v})\mathrm{d}V \tag{5.71}$$

因为控制体体积固定，把等式左边的导数移到积分符号里面，合并为一个整体，得到：

$$\int_v \left(\varphi\frac{\partial\rho}{\partial t} - \nabla\cdot\rho\boldsymbol{v}\right)\mathrm{dV} = 0 \tag{5.72}$$

由于积分区间 V 为任意常数，可以推出被积函数为0。

$$\varphi\frac{\partial\rho}{\partial t} - \nabla\cdot\rho\boldsymbol{v} = 0 \tag{5.73}$$

在三维的笛卡儿坐标中,上式为:

$$\frac{\partial(\rho v_x)}{\partial x}+\frac{\partial(\rho v_y)}{\partial y}+\frac{\partial(\rho v_z)}{\partial z}=-\varphi\frac{\partial\rho}{\partial t} \tag{5.74}$$

由于达西定律的假设条件是稳定流,定义为某点的质量(密度)不随时间变化,即 $\frac{\partial\rho}{\partial t}=0$,所以方程右边为0。在实际情况下,渗流边界离井口距离一般都大于井眼附近,稳定流条件是可以成立的。

对于气体等高速流动的情况,达西定律不成立。非达西流动时的方程:

$$-\frac{\mathrm{d}p}{\mathrm{d}x}=\frac{\mu}{K}\boldsymbol{v}+\beta\rho\boldsymbol{v}^2 \tag{5.75}$$

方程等式右边第一项为达西渗流项,表征因黏性阻力导致的流动压力梯度降,第二项非达西项为惯性阻力项,其中的 β 可以理解为一个与黏度概念类似的比例系数。

达西定律的一般形式可以表达为:

$$\frac{\partial p}{\partial\xi}=\frac{q\mu}{KA(\xi)} \tag{5.76}$$

这里,$A(\xi)$ 表示作为流线坐标 ξ 函数的流动区域面积。考虑非达西流动,上式变为:

$$\frac{\partial p}{\partial\xi}=\frac{q\mu}{KA(\xi)}+\beta\rho\left(\frac{q}{A(\xi)}\right)^2 \tag{5.77}$$

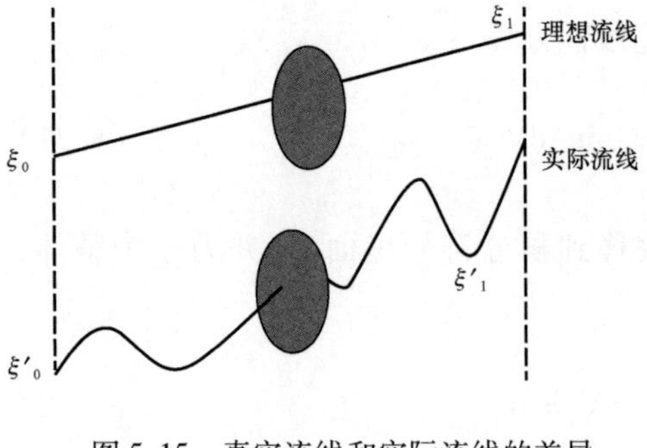

计算真实情况下的压降就是将上式由真实流线的任意起点 ξ_0 到任意终点 ξ_1 上积分,如图5.15所示。

图5.15 真实流线和实际流线的差异

假设流线不会因为非达西流动而发生大的改变,得到:

$$\int_{\xi_0}^{\xi_1}\frac{\partial p}{\partial\xi}\mathrm{d}\xi=\int_{\xi_0}^{\xi_1}\left[\frac{q\mu}{KA(\xi)}+\beta\rho\left(\frac{q}{A(\xi)}\right)^2\right]\mathrm{d}\xi \tag{5.78}$$

而理想情况下的达西流动压降为:

$$\int_{\xi'_0}^{\xi'_1}\frac{\partial p}{\partial\xi'}\mathrm{d}\xi'=\int_{\xi'_0}^{\xi'_1}\frac{q\mu}{KA(\xi')}\mathrm{d}\xi' \tag{5.79}$$

由表皮系数的定义，真实和理想情况下压降之差为：

$$\Delta p_{s} = \frac{q\mu}{2\pi KL}s \tag{5.80}$$

$$\Delta p_{s} = \int_{\xi_0}^{\xi_1} \frac{q\mu}{KA(\xi)}\mathrm{d}\xi + \int_{\xi_0}^{\xi_1} \beta\rho\left(\frac{q}{A(\xi)}\right)^2 \mathrm{d}\xi - \int_{\xi'_0}^{\xi'_1} \frac{q\mu}{KA(\xi')}\mathrm{d}\xi' \tag{5.81}$$

联立上面两个式子，化简后就得到表皮系数的表达式：

$$S = 2\pi L\left(\int_{\xi_0}^{\xi_1} A^{-1}\mathrm{d}\xi - \int_{\xi'_0}^{\xi'_1} A^{-1}\mathrm{d}\xi'\right) + \frac{\beta\rho K}{\mu}(2\pi Lq)\int_{\xi_0}^{\xi_1} A^{-2}\mathrm{d}\xi \tag{5.82}$$

引入一个 Forehheimer 系数：

$$F_{0,\mathrm{w}} = \frac{\beta\rho K}{\mu}\left(\frac{q}{2\pi r_{\mathrm{w}}L}\right) \tag{5.83}$$

定义无量纲的流动区域面积：

$$A_{\mathrm{D}} = \frac{A}{2\pi r_{\mathrm{w}}L} \tag{5.84}$$

定义无量纲的流线距离坐标：

$$\xi_{\mathrm{D}} = \frac{\xi}{r_{\mathrm{w}}} \tag{5.85}$$

将上面的无量纲量代入方程后得到一个很简单的表皮形式：

$$S = S_0 + f_1 + F_{0,\mathrm{w}} \tag{5.86}$$

其中

$$S_0 = \int_{\xi_{\mathrm{D0}}}^{\xi_{\mathrm{D1}}} A_{\mathrm{D}}^{-1} d\xi_{\mathrm{D}} - \int_{\xi'_{\mathrm{D0}}}^{\xi'_{\mathrm{D1}}} A_{\mathrm{D}}^{-1}\mathrm{d}\xi'_{\mathrm{D}} \tag{5.87}$$

$$f_1 = \int_{\xi_{\mathrm{D0}}}^{\xi_{\mathrm{D1}}} A_{\mathrm{D}}^{-2}\mathrm{d}\xi_{\mathrm{D}} \tag{5.88}$$

如果在流线经过的位置发生了渗透率变化（最常见的情况是地层渗透率因固相颗粒和钻井滤液侵入而降低），上式变为：

$$S_0 = \int_{\xi_{\mathrm{D0}}}^{\xi_{\mathrm{D1}}} K_{\mathrm{D}}^{-1}\mathrm{d}\xi_{\mathrm{D}} - \int_{\xi'_{\mathrm{D0}}}^{\xi'_{\mathrm{D1}}} A_{\mathrm{D}}^{-1}\mathrm{d}\,\xi'_{\mathrm{D}} \tag{5.89}$$

$$f_1 = \int_{\xi_{D0}}^{\xi_{D1}} \beta_D A_D^{-2} d\xi_D \tag{5.90}$$

S_0可以理解为与由于真实流线路径与理想情况路径的差异产生的与流速无关项，即黏性表皮项；而f_1是由真实情况下可能发生的高速紊流而产生的，为惯性表皮项。

5.3 试井求取地层伤害总表皮系数的数学模型

传统的判断储层伤害程度的方法是对油水井进行试井，通过压力测试资料来评价储层伤害程度。

5.3.1 常规试井方法计算地层总表皮系数

5.3.1.1 压力降落试井法求取总表皮系数

压力降落试井方法是对以固定产量生产时井底压力随时间的降落的资料进行分析的一种方法。

单相微可压缩且压缩系数为常数的液体在水平、等厚、各向同性的均质弹性孔隙介质中，其压力变化服从如下偏微分方程：

$$\frac{\partial^2 p}{\partial r^2} + \frac{1}{r}\frac{\partial p}{\partial r} = \frac{1}{3.6\eta}\frac{\partial p}{\partial t} \tag{5.91}$$

定解条件为：

$$\begin{cases} p(t=0) = p_i \\ p(r=\infty) = p_i \\ \left(r\dfrac{\partial p}{\partial r}\right)_{r=r_w} = \dfrac{q\mu B}{172.8\pi Kh} \end{cases} \tag{5.92}$$

则式(5.90)在式(5.91)的定解条件下的解为：

$$p_{wf}(t) = p_i - \frac{q\mu B}{345.6\pi Kh}\left[-E_i\left(-\frac{r_w^2}{14.4\eta t}\right) + 2S\right] \tag{5.93}$$

当$\dfrac{r_w^2}{14.4\eta t}<0.01$时，有：

$$p_{wf}(t) = p_i - \frac{2.121\times10^{-3} q\mu B}{Kh}\left(\lg\frac{Kt}{\phi\mu C_t r_w^2} + 0.9077 + 0.8686S\right) \tag{5.94}$$

由该公式可以看出，在压降情形，$p_{wf(t)}$ 与 $\lg t$ 成以直线关系，直线的斜率为 $\frac{2.121\times10^{-3}q\mu B}{Kh}$，其用 m 表示。当 $t_0=1\text{h}$ 时，表皮系数表达式为：

$$S = 1.151\left[\frac{p_i - p_{wf}(1\text{h})}{m} - \lg\frac{K}{\phi\mu C_t r_w^2} - 0.9077\right] \tag{5.95}$$

5.3.1.2　压力恢复试井方法求取总表皮系数

压力恢复试井法是利用油井关井后井底压力随时间不断恢复的实测资料来分析求参数。

假定井以常产量 q 生产 t_p 小时后关井，关井时间用 Δt 表示。这时的定解问题是：

$$\begin{cases}\dfrac{\partial^2 p}{\partial r^2} + \dfrac{1}{r}\dfrac{\partial p}{\partial r} = \dfrac{1}{3.6\eta}\dfrac{\partial p}{\partial \Delta t} \\ p(\Delta t = -t_p) = p_i \\ p(r = \infty) = p_i \\ \left(r\dfrac{\partial p}{\partial r}\right)_{r=r_w} = \begin{cases}\dfrac{q\mu B}{172.8\pi Kh} & (-t_p \leqslant \Delta t \leqslant 0) \\ 0 & (\Delta t \geqslant 0)\end{cases}\end{cases} \tag{5.96}$$

应用叠加原理可知定解问题的解为：

$$p_{ws}(\Delta t) = p_i - \frac{2.121\times10^{-3}q\mu B}{Kh}\left(\lg\frac{t_p + \Delta t}{\Delta t}\right) \tag{5.97}$$

由式(5.97)有：

$$p_{ws}(\Delta t = 0) = p_{wf}(t = t_p) = p_i - \frac{2.121\times10^{-3}q\mu B}{Kh}\left(\lg\frac{Kt_p}{\phi\mu C_t r_w^2} + 0.9077 + 0.8686S\right) \tag{5.98}$$

式(5.97)减式(5.98)，可得：

$$p_{ws}(\Delta t) = p_{wf}(t_p) + \frac{2.121\times10^{-3}q\mu B}{Kh}\left(-\lg\frac{t_p + \Delta t}{\Delta t} + \lg\frac{Kt_p}{\phi\mu C_t r_w^2} + 0.9077 + 0.8686S\right) \tag{5.99}$$

由式(5.99),在压力恢复情形,$p_{ws}(\Delta t)$与$\frac{t_p+\Delta t}{\Delta t}$成一直线,直线的斜率为$\frac{2.121\times10^{-3}q\mu B}{Kh}$。为了简便起见,用 m 表示斜率的绝对值,即:

$$m=\frac{2.121\times10^{-3}q\mu B}{Kh} \tag{5.100}$$

如果 $t_p \gg \Delta t_0$,则式(5.100)变为:

$$p_{ws}(\Delta t)=p_{wf}(t_p)+\frac{2.121\times10^{-3}q\mu B}{Kh}\left(\lg\Delta t+\lg\frac{K}{\phi\mu C_t r_w^2}+0.9077+0.8686S\right) \tag{5.101}$$

表皮系数 S 可由下式计算:

$$S=1.151\left[\frac{p_{ws}(1h)-p_{ws}(0)}{m}-\lg\frac{K}{\phi\mu C_t r_w^2}-0.9077\right] \tag{5.102}$$

5.3.2 低渗透率油层试井解释方法

由于测试工具在井下逗留的安全时间限制,低渗透率油层的钻柱测试压力恢复资料往往未能出现明显的径向流动期。利用低渗透率油层压力恢复试井模型,可得压力恢复早期资料解释模型:

$$S=1.151\left\{\frac{0.2\times10^{-8}[p_i-p_{ws}(\Delta t=0)]Kh}{Q\mu B}-\lg K\times10^{-3}-\lg\left(\frac{\frac{t_p}{24}+1}{0.9354\times10^3\phi\mu C_t r_w^2}\right)\right\}-3.2275 \tag{5.103}$$

5.3.3 有限导流能力垂直裂缝井试井解释方法

当地层垂向应力大于水平方向地应力时,水力压裂后将形成垂直裂缝。根据水力压裂裂缝延伸基本力学原理,在深度超过1000m的地层中,人工压裂裂缝基本都是垂直缝。根据压裂井特征值试井解释方法研究,直裂缝井试井表皮系数为:

$$S=0.5\left[\frac{(\Delta p_w)_R}{(t\cdot\Delta p'_w)_R}-\ln\frac{3.6Kt_R}{\phi\mu C_t r_w^2}-0.80907\right] \tag{5.104}$$

5.3.4 注水井不停注试井解释方法

假设:地层均质等厚各向同性;液体渗流服从达西定律且压力梯度较小;流度比等于

1.0;液体及地层的压缩性很小且压缩系数为常数。

注水井周围地层由内向外含水饱和度逐渐减小,将其简化为三个区,由内向外分别为注入水汇区、油水混和区以及油区(图5.16)。注水开发的中、晚期,生产井普遍见水,水驱前缘半径较大,油区基本消失,可以近似认为注入水地层流体流度与原来地层流体的流度比为1.0,此时满足假设条件,渗流规律满足式(5.105):

$$\frac{\partial^2 p}{\partial r^2} + \frac{1}{r} \cdot \frac{\partial p}{\partial r} = \frac{1}{3.6\eta} \cdot \frac{\partial p}{\partial r} \quad (5.105)$$

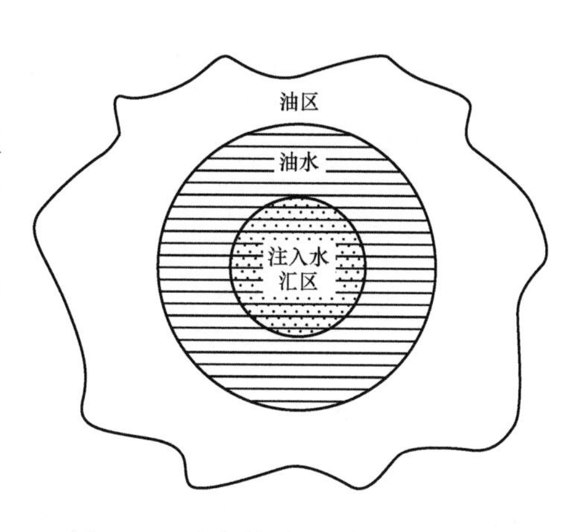

图5.16　注水井周围流体分布示意图

根据弹性渗流力学原理,注水井二流量试井仍属于不稳定试井的范畴,是不稳定试井的一个特例。当一口注水井改变工作制度时,井底及周围地层都会产生一个不稳定的流动过程,在这一过程中,任意一点的压力变化都反映出地层和流体的性质及井的边界条件。注水井停注试井以关井来达到上述目的,而二流量试井改变工作制度却不停注,将注入量由 q_1 变至 q_2,从压力变化资料也可求出地层和井的参数。反之,停注试井相当于 q_2 为零。注水井二流量不停注试井流量和压力变化关系如图5.17所示。

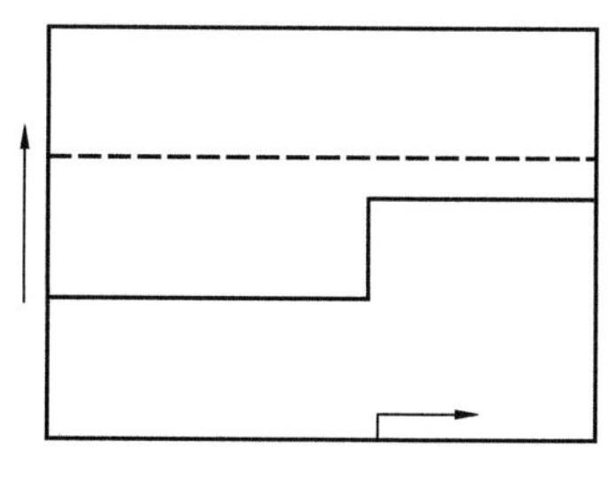

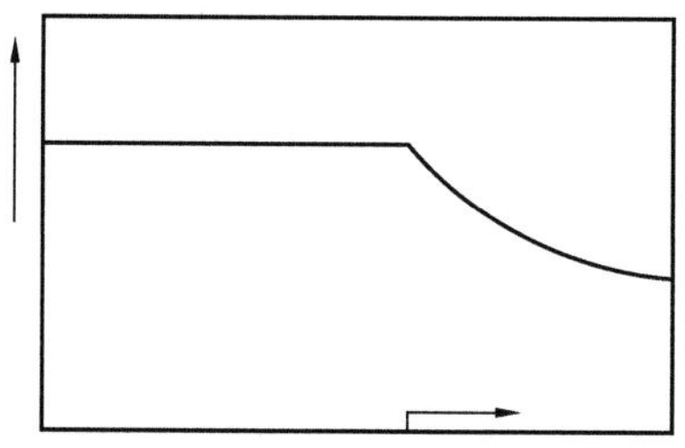

图5.17　二流量试井流量和压力变化关系示意图

根据拉塞尔的二流量试井理论,在无限大地层中,一口注水井以恒定流量 q_1 注入,时间为 t_p,然后改变工作制度以流量 q_2 注入,时间为 Δt,结合式(5.104),并考虑相应的初始条件及边界条件,由叠加原理,最后可得改变注入量后井底压力变化的关系式:

$$p_{wf} = p_i - 2.12 \times 10^{-3}\mu B_w q_2\left(\lg\frac{K}{\phi\mu C_t r_w^2} + 0.908 + 0.87S\right) - \frac{2.12 \times 10^{-3}\mu B_w q_1}{Kh}\left[\lg\left(\frac{t_p + \Delta t}{\Delta t}\right) + \frac{q_2}{q_1}\lg\Delta t\right] \quad (5.106)$$

可以看出，以 p_{wf}—$\lg\left(\frac{t_{\mathrm{p}}+\Delta t}{\Delta t}\right)+\frac{q_2}{q_1}\lg\Delta t$ 作分析图，得一直线。

直线段的斜率为：

$$m = 2.12\times10^{-3}\frac{q_1\mu B_{\mathrm{w}}}{Kh} \tag{5.107}$$

截距为：

$$b' = p_i - \frac{2.12\times10^{-3}q_2\mu B_{\mathrm{w}}}{Kh}\left[\lg\left(\frac{K}{\phi\mu C_{\mathrm{t}}r_{\mathrm{w}}^2}\right)+0.908+0.87S\right] \tag{5.108}$$

由式(5.106)至式(5.108)可求取如下一系列地层及井的参数：

(1)渗透率 K。

$$K = \frac{2.12\times10^{-3}\mu B_{\mathrm{w}}q_1}{mh} \tag{5.109}$$

(2)表皮系数 S。

$$S = 1.151\left[\frac{q_1}{q_1-q_2}\left(\frac{P_{\mathrm{wf}(\Delta t=0)}-P_{\mathrm{wf}(\Delta t=1)}}{m}\right)-\lg\left(\frac{K}{\phi\mu C_{\mathrm{t}}r_{\mathrm{w}}^2}\right)-0.908\right] \tag{5.110}$$

5.4 各种拟表皮系数计算数学模型

如上所述，由试井得出的表皮系数是近井储层的总体伤害程度，是各项技术措施对井底附近油层伤害的真表皮系数、井的不完善程度、井斜、非达西流动、射孔等引起的拟表皮系数的综合表现，不能用来准确衡量由于钻井、固井、酸化、压裂等各项作业所引起的地层伤害程度。因此，需要将从试井得出的总表皮系数进行分解，得到各施工环节对地层带来的伤害表皮系数。此处介绍了常规直井的真表皮系数分解的计算方法，对于斜井、水平井、复杂结构井等非常规井的表皮系数分解计算模型还不完善，但已有一些实用的研究成果，多数情况需要借助数值模拟方法，有兴趣读者可以查阅相关文献报道。

5.4.1 部分打开油层的拟表皮系数

$$S_{\mathrm{pt}} = \left(\frac{h}{h_{\mathrm{p}}}-1\right)\left[\ln\left(\frac{h}{r_{\mathrm{w}}}\right)\sqrt{\frac{K_{\mathrm{H}}}{K_{\mathrm{V}}}}-2\right] \tag{5.111}$$

5.4.2 井斜拟表皮系数

$$S_{\theta} = -\left(\frac{\theta'_{w}}{41}\right)^{2.06} - \left(\frac{\theta'_{w}}{56}\right)^{1.865} \lg\left(\frac{h}{100r_{w}}\sqrt{\frac{K_{H}}{K_{V}}}\right) \tag{5.112}$$

$$\theta'_{w} = \arctan\left(\sqrt{\frac{K_{V}}{K_{H}}}\tan\theta_{w}\right) \tag{5.113}$$

5.4.3 油藏形状引起的拟表皮系数

当实际地层不是圆形时,偏离了理想渗流,产生一个拟表皮系数,有:

$$S_{A} = 0.5\ln\left(\frac{31.62}{C_{A}}\right) \tag{5.114}$$

5.4.4 完井方式引起的表皮系数

5.4.4.1 裸眼完井表皮系数

裸眼完井是最基本、最简单的完井方式,也是水平井中经常采用的完井方式之一,适用于碳酸盐岩及其他胶结好、无气水夹层的坚硬地层。

未伤害裸眼井总表皮系数为:

$$S_{o} = F_{ow} \tag{5.115}$$

(1)地层伤害对裸眼完井的影响。

钻井引起的地层伤害将会大大减小裸眼井的产能。地层伤害可以描述为井眼周围一个有限的渗透率降低的区域。

黏性表皮项:

$$\begin{aligned} S_{o}^{0} &= \int_{1}^{r_{D}} K_{Ds}^{-1} A_{D}^{-1} \mathrm{d}\xi_{D} - \int_{1}^{r'_{D}} A_{D}^{-1} \mathrm{d}\xi'_{D} = (K_{Ds}^{-1} - 1)\int_{1}^{r_{D}} r_{D}^{-1}\mathrm{d}r_{D} \\ &= (K_{Ds}^{-1} - 1)\ln r_{Ds} \end{aligned} \tag{5.116}$$

(2)渗透率各向异性对裸眼完井的影响。

$$S_{o}^{0} = (K_{Ds}^{-1} - 1)\ln\frac{r_{DsH} + \sqrt{r_{DsH}^{2} + I_{ani}^{2} - 1}}{I_{ani}^{2} + 1} \tag{5.117}$$

5.4.4.2 割缝衬管和贯眼套管完井表皮因子

割缝衬管完井的表皮主要由以下 4 个部分构成：向缝流动的紊流、缝中的堵塞、地层伤害的影响以及上述因素的综合作用。图 5.18 所示为衬管的割缝样式。

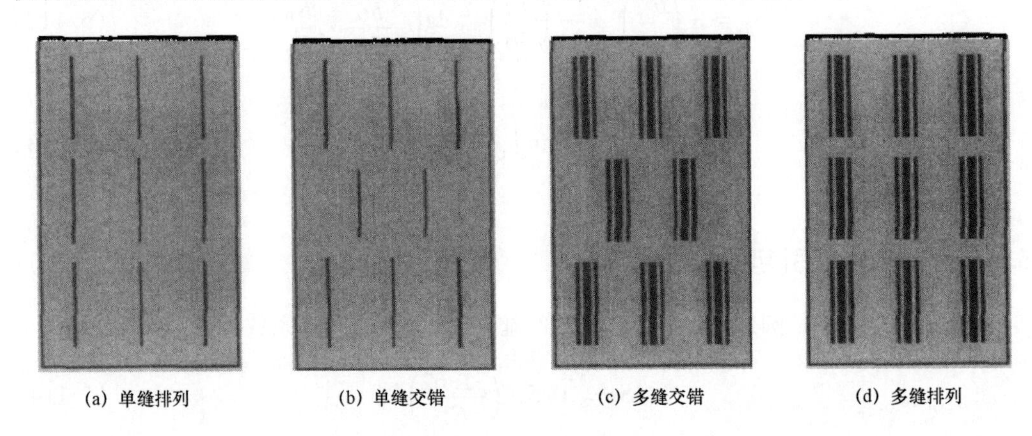

图 5.18 衬管的割缝样式

(1)缝中线性流动表皮。

由流线变化引起的表皮项：

$$\int_{x_{D2}}^{x_{D1}} \frac{\mathrm{d}\,x_D}{k_D\,A_D} = \int_0^{t_{sD}} \frac{2\pi}{n_s m_s w_{Ds}\lambda\,k_{Dt}}\mathrm{d}\,x_D = \left(\frac{2\pi}{n_s m_s w_{Ds}\lambda}\right)\frac{t_{Ds}}{k_{Dt}} \tag{5.118}$$

这里，t_{Ds}为无量纲的割缝堵塞深度。

线性流区域的惯性表皮项为：

$$\int_{x_{D0}}^{x_{D1}} \frac{\beta_D \mathrm{d}x_D}{A_D^2} = \left(\frac{2\pi}{n_s m_s w_{Ds}\lambda}\right)^2 \beta_{Dt} t_{Ds} \tag{5.119}$$

(2)由多个割缝引起的径向流动表皮。

$$\int_{r_{D1}}^{r_{D2}} \frac{\mathrm{d}r_D}{A_D} = \left(\frac{2\,l_{Ds}}{n_s\ m_s\lambda}\right)\ln\left(\frac{1-\lambda+2\,l_{Ds}/\,w_{Ds}}{1-\lambda+n_s\ l_{Ds}/\,w_{Du}}\right) \tag{5.120}$$

(3)由割缝单元角度分布引起的径向流动表皮。

对于高割缝密度：

$$\int_{D_2}^{D_3} \frac{dr_D}{A_D} = \frac{2}{m_s}\left[\frac{1}{\lambda}\ln\left(1-\lambda+\frac{l_{Ds}}{w_{Du}}\right)+\left(\frac{2\lambda\nu}{l_{Ds}}\right)\right] \tag{5.121}$$

对于低割缝密度：

$$\int_{D_2}^{D_3} \frac{\mathrm{d}\, r_D}{A_D} = \frac{2}{m_s \lambda} \ln \left(\frac{1 - \lambda + \dfrac{l_{Ds}}{w_{Du}}}{1 - \lambda + \dfrac{l_{Ds}}{2v}} \right) \tag{5.122}$$

(4)衬套外的径向流动表皮。

$$\int_{r_{D3}}^{r_{D4}} \frac{\mathrm{d}r_D}{A_D} = \frac{\dfrac{l_{Ds}}{\lambda}}{l_{Ds} - 2(1 - \lambda)} \ln \left\{ \left(\frac{\lambda + \dfrac{l_{Ds}}{2}}{1 + v} \right) \left[1 + \frac{2v(1 - \lambda)}{l_{Ds}} \right] \right\} + \ln \left(\frac{r_{Db}}{1 + \dfrac{l_{Dp}}{2\lambda}} \right) \tag{5.123}$$

(5)贯眼套管完井表皮因子的推导。

与割缝衬管原理相似，贯眼套管完井按照一定的布孔参数预先在衬管上铣好孔然后再下到生产层段。表皮的表达式：

$$S_{PL} = S_{PL}^0 + f_{t,PL} F_{0,w} \tag{5.124}$$

5.4.4.3　射孔完井表皮系数

通常由试井得到的表皮系数是总表皮，包括了井斜、打开程度不完善、完井方式和地层伤害等因素的影响。为了研究的方便，需要将总表皮分解为许多拟表皮。作为一种最为常见的完井方式，国内外有很多文献都计算了射孔的拟表皮系数。

这些方法都是根据射孔表皮产生的原因，采用半解析的经验公式，将射孔拟表皮再分解为平面流动效应表皮系数、垂直流动效应表皮系数、井筒效应表皮系数和压实带拟表皮系数4部分。

图5.19和图5.20是射孔完井中的几个重要的参数。假设水平井在 x 轴上并与 y 轴和 z 轴垂直。在没有明显的地层伤害或射孔伤害的地层，射孔井表皮是以下几个参数的函数：每个平面上射孔的数 m_p，射孔长度 l_p；射孔半径 r_p；射孔密度 n_p（或者沿井方向射孔空间 h_p）；井半径 r_w；原始渗透率 k_x、k_y、k_z 和射孔方位 α，定义为射孔方向和最大渗透率方向的夹角。

水平井和垂直井最大的不同是在于射孔的方位的影响。对于在高度各向异性地层中完井的水平井，α 会大大影响射孔表皮系数。

根据 Karakas 和 Tariq 的模型，我们把水平井射孔表皮系数分解为三部分：二维平面上的表皮系数 S_{2d}、井眼堵塞表皮系数 S_{wb} 和三维会聚表皮系数 S_{3d}。所以总的黏性射孔表皮：

$$S_p^0 = S_{2d} + S_{wb} + S_{3d} \tag{5.125}$$

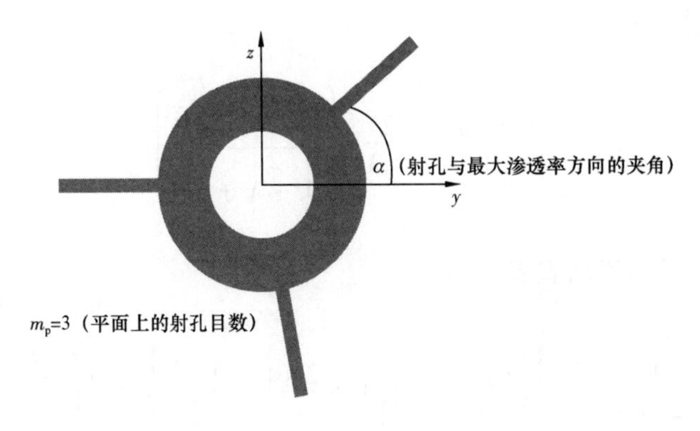

图 5.19　射孔完井的方位角定义

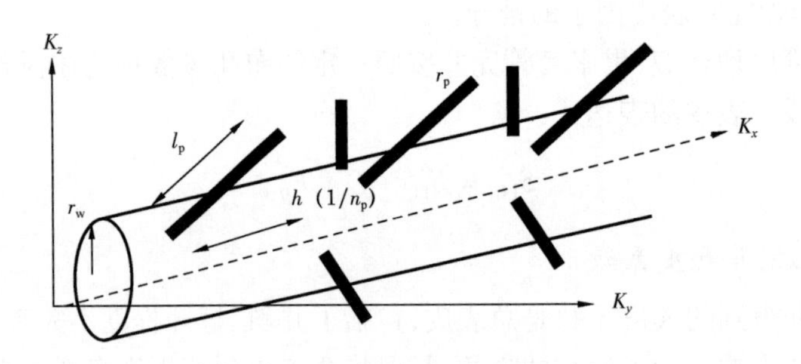

图 5.20　射孔完井参数

（1）二维平面流动表皮系数。

各向异性地层单个射孔的二维平面表皮系数：

$$S_{2d} = \ln\left(\frac{4}{l_{Dp}}\right) + \ln\left(\frac{\sqrt{K_y/K_z}+1}{2\left(\cos^2\alpha+(K_y/K_z)\sin^2\alpha\right)^{0.5}}\right) \tag{5.126}$$

公式里的第二项表示了油藏各向异性和射孔相位的影响。对于固定的射孔相位（α为常数），油藏各向异性指数根据相位的不同影响表皮系数的增加或者减少。当α趋近于0°（也就是最大渗透率方向），射孔表皮系数随着各向异性指数增加而增加；同样，当α趋近于90°（也就是最小渗透率方向），射孔表皮系数随着各向异性指数增加而减少。图5.21和图5.22分别为不同 m_p 条件下射孔相位和各向异性指数对平面表皮系数的影响曲线。

二维平面的表皮系数的最终表达式可以归纳为：

对于 $m_p<3$

$$S_{2d} = a_m\ln\left(\frac{4}{l_{Dp}}\right) + (1-a_m)\ln\left(\frac{1}{1+l_{Dp}}\right) + \ln\left(\frac{\sqrt{K_y/K_z}+1}{2\left(\cos^{-1}\alpha+(K_y/K_z)\sin^2\alpha\right)^{0.5}}\right) \tag{5.127}$$

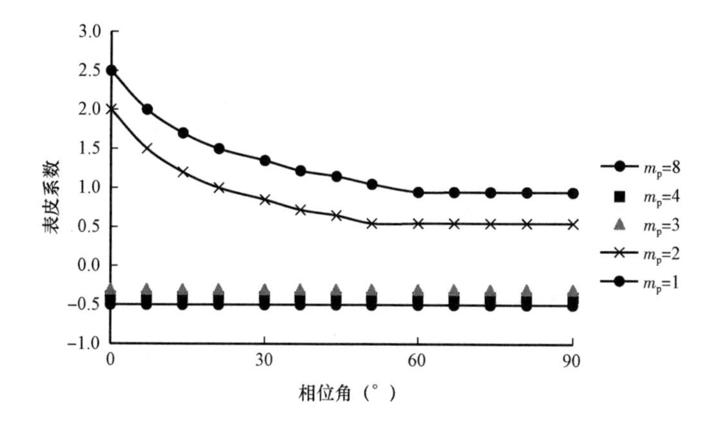

图 5.21　不同 m_p 条件下射孔相位对平面表皮系数的影响曲线

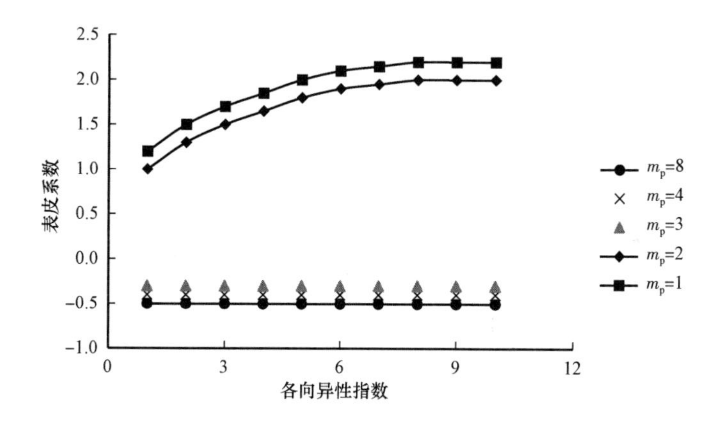

图 5.22　不同 m_p 条件下各向异性指数对平面表皮系数的影响曲线

对于 $m_p \geqslant 3$

$$S_{2D} = a_m \ln\left(\frac{4}{l_{Dp}}\right) + (1 - a_m)\ln\left(\frac{1}{1 + l_{Dp}}\right) \tag{5.128}$$

(2)井筒阻塞表皮系数。

由于井筒的存在对流入射孔孔眼的流线会产生扭曲作用，如图 5.23 所示。所有流线的变化都会产生附加的压降损失。尤其当 $m_p = 1$ 时，井筒的阻塞效应非常明显。引入一项表征该阻塞效应的总为正值的拟表皮系数 S_{wb}。图 5.24 所示为射孔相位对井筒阻塞表皮系数的影响曲线。

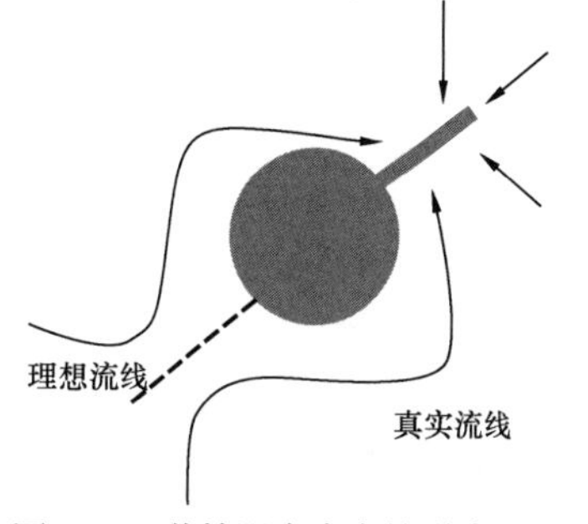

图 5.23　井筒阻塞表皮的形成机理

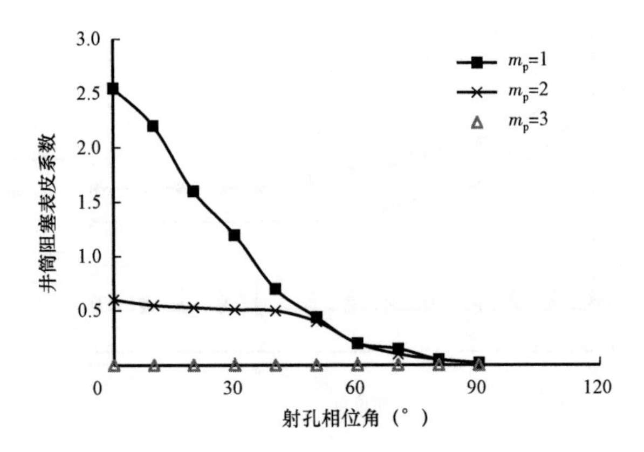

图 5.24　射孔相位对井筒阻塞表皮系数的影响曲线

归纳井筒阻塞效应表皮系数的关系式为：

$$S_{wb}=b_m\ln[c_m/l_{Dp,eff}+\exp(-c_m/l_{Dp,eff})] \tag{5.129}$$

对于$m_p=1$

$$l_{Dp,eff}=l_{Dp}\left[\frac{(K_y/K_z)\sin^2\alpha+\cos^2\alpha}{(K_y/K_z)\cos^2\alpha+\sin^2\alpha}\right]^{0.675} \tag{5.130}$$

对于 $m_p=2$

$$l_{Dp,eff}=l_{Dp}\left[\frac{1}{(K_y/K_z)\cos^2\alpha+\sin^2\alpha}\right]^{0.675} \tag{5.131}$$

对于 $m_p=3$

$$l_{Dp,eff}=l_{Dp} \tag{5.132}$$

(3)三维汇聚效应表皮系数。

根据 Karaka 和 Tariq 的经验关系，可以得到三维汇聚表皮系数的公式：

$$S_{3D}=10^{\beta_1}h_{De}{}^{\beta_2-1}r_{De}{}^{\beta_2} \tag{5.133}$$

其中

$$\beta_1=d_m\lg r_{De}+e_m \tag{5.134}$$

$$\beta_2=f_m r_{De}+g_m \tag{5.135}$$

图 5.25 和图 5.26 所示分别为射孔密度对三维表皮系数和射孔总表皮系数的影响曲线。

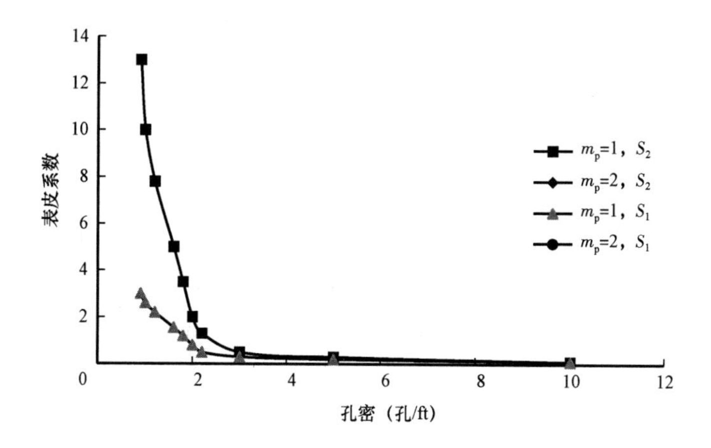

图 5.25　射孔密度对三维表皮系数的影响曲线

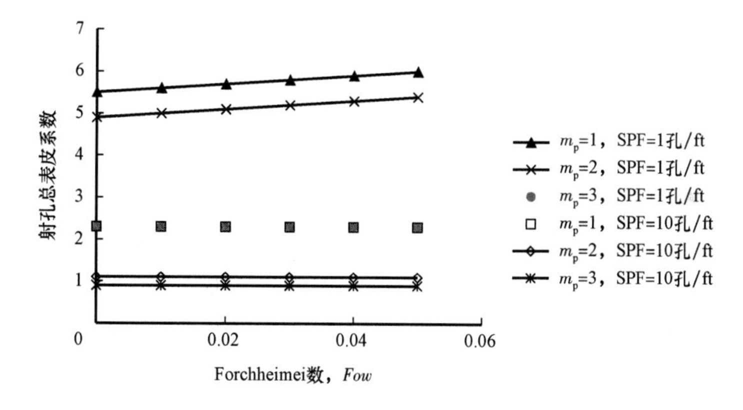

图 5.26　射孔密度对射孔总表皮系数的影响曲线

对于各向异性地层，无量纲参数 h_{De} 和 r_{De} 根据不同的 m_{p} 推导得：

对于 $m_{\mathrm{p}}=1,2$

$$f_{\mathrm{t,p}}=1+\left[\frac{h_{\mathrm{De}}\left(1+\sqrt{K_y/K_x}\right)}{2l_{\mathrm{Dp}}\sqrt{\cos^2\alpha+\left(K_y/K_x\right)\sin^2\alpha}}\right]\left(\frac{1}{r_{\mathrm{De}}}-2\right) \tag{5.136}$$

对于 $m_{\mathrm{p}}=3$

$$f_{\mathrm{t,p}}=1+\left(h_{\mathrm{Dp}}/l_{\mathrm{Dp}}\right)\left(1/r_{\mathrm{Dp}}-2\right) \tag{5.137}$$

(4)地层伤害和射孔压实带对射孔井的影响。

地层伤害和压实带影响的射孔表皮系数：

① 射孔未穿透污染带的情况。

$$S_{\mathrm{p}} = S_{\mathrm{fo}} + \frac{K}{K_{\mathrm{s}}}S_{\mathrm{p}}^{o} + h_{\mathrm{De}}\left(\frac{K}{K_{\mathrm{cz}}} - \frac{K}{K_{\mathrm{s}}}\right)\ln\frac{r_{\mathrm{cz}}}{r_{\mathrm{p}}} + F_{\mathrm{o,w}}\left\{\beta_{\mathrm{Dcz}}\left(\frac{h_{\mathrm{De}}}{l_{\mathrm{Dp}}}\right)\left(\frac{1}{r_{\mathrm{De}}} - \frac{1}{r_{\mathrm{De,cz}}}\right) + \beta_{\mathrm{Ds}}\left[1 + \left(\frac{h_{\mathrm{De}}}{l_{\mathrm{Dp}}}\right)\left(\frac{1}{r_{\mathrm{De,cz}}} - 2\right)\right]\right\} \tag{5.138}$$

② 射孔穿透伤害带的情况。

$$S_{\mathrm{p}} = S_{\mathrm{p}}^{0} + h_{\mathrm{De}}(K_{\mathrm{Dcz}}^{-1} - 1)\ln\frac{r_{\mathrm{cz}}}{r_{\mathrm{p}}} + F_{\mathrm{o,w}}\left\{1 + \left(\frac{h_{\mathrm{De}}}{l_{\mathrm{Dp}}}\right)\left[\beta_{\mathrm{Dcz}}\left(\frac{1}{r_{\mathrm{De}}} - \frac{1}{r_{\mathrm{De,cz}}}\right) + \left(\frac{1}{r_{\mathrm{De,cz}}} - 2\right)\right]\right\} \tag{5.139}$$

5.4.4.4　砾石充填完井表皮系数

(1)裸眼砾石充填表皮系数。

在裸眼砾石充填井中,除非砾石的渗透率已经被地层颗粒严重伤害,否则通过砾石的压降应该比地层的压降小。根据计算表皮系数的一般表达式,裸眼砾石充填完井的表皮为:

$$S_{\mathrm{oG}} = S_{\mathrm{oG}}^{0} + f_{\mathrm{t,oG}}F_{\mathrm{o,w}} \tag{5.140}$$

假设存在地层伤害,如图 5.27,与流速无关的表皮项表达式为:

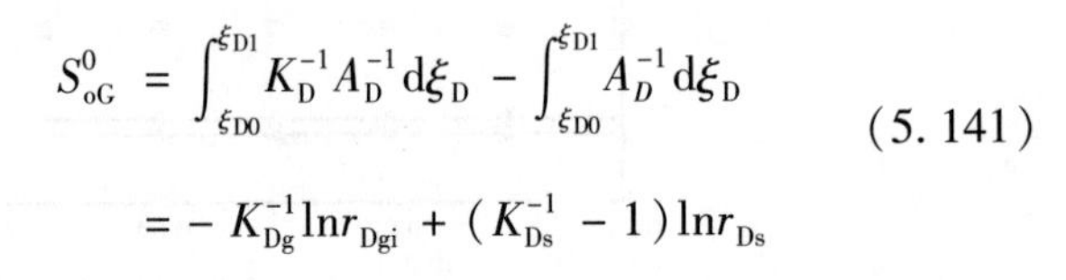

$$S_{\mathrm{oG}}^{0} = \int_{\xi_{\mathrm{D0}}}^{\xi_{\mathrm{D1}}} K_{\mathrm{D}}^{-1}A_{\mathrm{D}}^{-1}\mathrm{d}\xi_{\mathrm{D}} - \int_{\xi_{\mathrm{D0}}}^{\xi_{\mathrm{D1}}} A_{D}^{-1}\mathrm{d}\xi_{\mathrm{D}} = -K_{\mathrm{Dg}}^{-1}\ln r_{\mathrm{Dgi}} + (K_{\mathrm{Ds}}^{-1} - 1)\ln r_{\mathrm{Ds}} \tag{5.141}$$

这里

$$r_{\mathrm{Dgi}} = r_{\mathrm{gi}}/r_{\mathrm{w}} \tag{5.142}$$

$$K_{\mathrm{Dg}} = K_{\mathrm{g}}/K \tag{5.143}$$

这里的 r_{gi} 和 K_{g} 分布是内筛管半径和填充在裸眼和筛管之间的砾石渗透率。公式的第一项由于砾石相比地层的高渗透率,通常可以忽略,除非是由于结垢、结蜡或钻井液侵入造成砾石的渗透率被伤害。

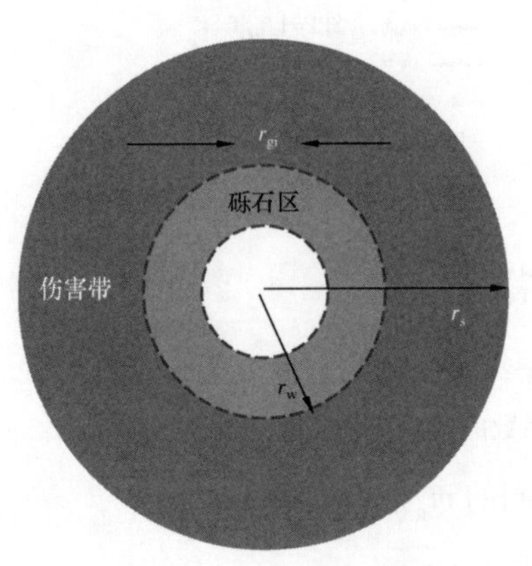

图 5.27　存在伤害的裸眼砾石充填井数学模型

在各向异性地层中,与流速无关表皮和紊流项表皮为:

$$S_{\mathrm{oG}}^{0} = -K_{\mathrm{Dg}}^{-1}\ln r_{\mathrm{Dgi}} + (K_{\mathrm{Ds}}^{-1} - 1)\ln\left(\frac{r_{\mathrm{DsH}} + \sqrt{r_{\mathrm{Dsh}}^{2} + I_{\mathrm{ani}}^{2} - 1}}{I_{\mathrm{ani}} + 1}\right) \tag{5.144}$$

$$f_{\mathrm{t,oG}} = \beta_{\mathrm{Ds}}\left(\frac{1}{r_{\mathrm{Dgi}}} - 1\right) + \beta_{\mathrm{Ds}} + (1 - \beta_{\mathrm{Ds}})\left(\frac{I_{\mathrm{ani}} + 1}{r_{\mathrm{Dsh}} + \sqrt{r_{\mathrm{Dsh}}^{2} + I_{\mathrm{ani}}^{2} - 1}}\right) \tag{5.145}$$

(2)套管砾石充填完井表皮系数。

对套管砾石充填完井,如图5.28所示,砾石充填射孔的压降将在整个压降中占很大部分,它可以被分成以下三个部分:

① 在套管和筛管之间的砾石压降,这部分通常可以被忽略。

② 在套管和水泥射孔通道间的压降。

③ 在套管外由于流向射孔的汇聚流引起的压降。

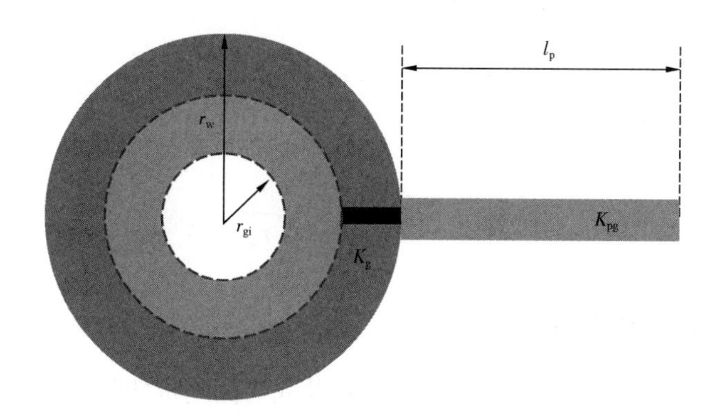

图5.28 射孔砾石充填井的数学模型

其中,后两种压降是研究的重点。根据表皮系数的一般表达式,石充填井的表皮系数为:

$$S_{CG} = S_{CG}^0 + f_{t,CG}F_{o,w} \tag{5.146}$$

根据积分求出公式中黏性表皮项:

$$S_{CG}^0 = \int_{\xi_D} K_D^{-1}A_D^{-1}\mathrm{d}\xi_D - \int_{\xi_D} A_D^{-1}d\xi_D \tag{5.147}$$

根据砾石渗透率和地层渗透率之比确定套管外的流态。该值在正无穷时对应套管射孔井,在等于1时对应于射孔衬管井。因此,可以作下面的插值计算套管区外部的表皮:

$$S_{CG,ic}^0 = (1 - K_{Dcg}^{-\sigma})S_p^0 + K_{Dcg}^{-\sigma}S_{sp}^0\mid_{m_p=1} \tag{5.148}$$

这里的$s_{sp}^0\mid_{m_p=1}$表示$m_p=1$时的贯眼套管表皮,σ是由有限元方法得到的一个经验参数。下标ic和oc分别代表在套管内和在套管外。

同样可以得到紊流项的表皮系数:

$$f_{t,CG} = f_{t,CG,ic} + f_{t,CG,oc} \tag{5.149}$$

在套管内部:

$$f_{t,CG,ic} = \left(\frac{2h_{Dp}}{r_{Dct}^2}\right)^2 \beta_{Dcg} t_{Dct} \tag{5.150}$$

在套管外部：

$$f_{t,CG,oc} = (1 - K_{Dcg}^{-0.5}) f_{t,p} + K_{Dcg}^{-0.5} f_{t,PL} \big|_{m_p} = 1 \tag{5.151}$$

5.4.5 流度变化拟表皮系数

当近井地带存在明显流度变化或储层径向非均质时，将产生拟表皮效应，由此产生的表皮系数为流度变化拟表皮系数。

$$S_b = \left(\frac{1}{M} - 1\right) \ln \frac{r_b}{r_w} \tag{5.152}$$

5.4.6 非达西流拟表皮系数

井底流速很高时，将出现非达西流动，增加井底周围地带的附加压力损失，从而引起非达西拟表皮系数。

$$S_{tu} = D \cdot Q \tag{5.153}$$

5.4.7 地层纯伤害表皮系数(真表皮系数)

从试井资料中得到的总表皮系数中减去各种拟表皮系数即得到纯伤害表皮系数：

$$S_d = S - S_{pt} - S_\theta - S_A - S_{pF} - S_{tu} - S_b \tag{5.154}$$

5.5 计算表皮系数的关键参数

在确定了各种拟表皮系数的算法、明确了完井参数与表皮系数的关系的基础上，要对试井获得的总表皮系数进行分解，还需要一些关键参数的支撑。

5.5.1 地层条件下射孔穿透深度的确定

每一种射孔弹型都有它的穿透深度指标，这一指标来源于地面岩心靶的试验检测结果，由于实际地层的抗压强度与地面岩心靶的抗压强度各不相同，孔隙度也存在差异，因此岩心靶检测试验获得的穿透深度并不能代表地层中的实际穿透深度，有必要进行修正来获得地层条件下射孔穿透深度。

5.5.1.1 抗压强度图折算方法

这是美国德莱赛公司根据大量试验数据，做出的抗压强度与穿透深度关系图（图5.29），用该图求取地层条件下射孔穿透深度，首要的条件就是要知道储层的抗压强度。如何获得储层抗压强度呢，研究认为对于有压裂井的区块，可以用区块压裂井监测到的破裂压力作为储层的抗压强度。这在区块物性变化不大时，是可行而有效的，但区块物性变化较大时，井处于区块不同位置因物性的变化可能导致该值的变化，应用时要根据区块特点加以区分。当一些区块没有压裂井时，该值就难以确定，特别是探井，因是区块的第一口井，地层抗压强度就更难准确获得；另外查图法的精度也受到影响。为此，有些人又提出了孔隙度折算方法。

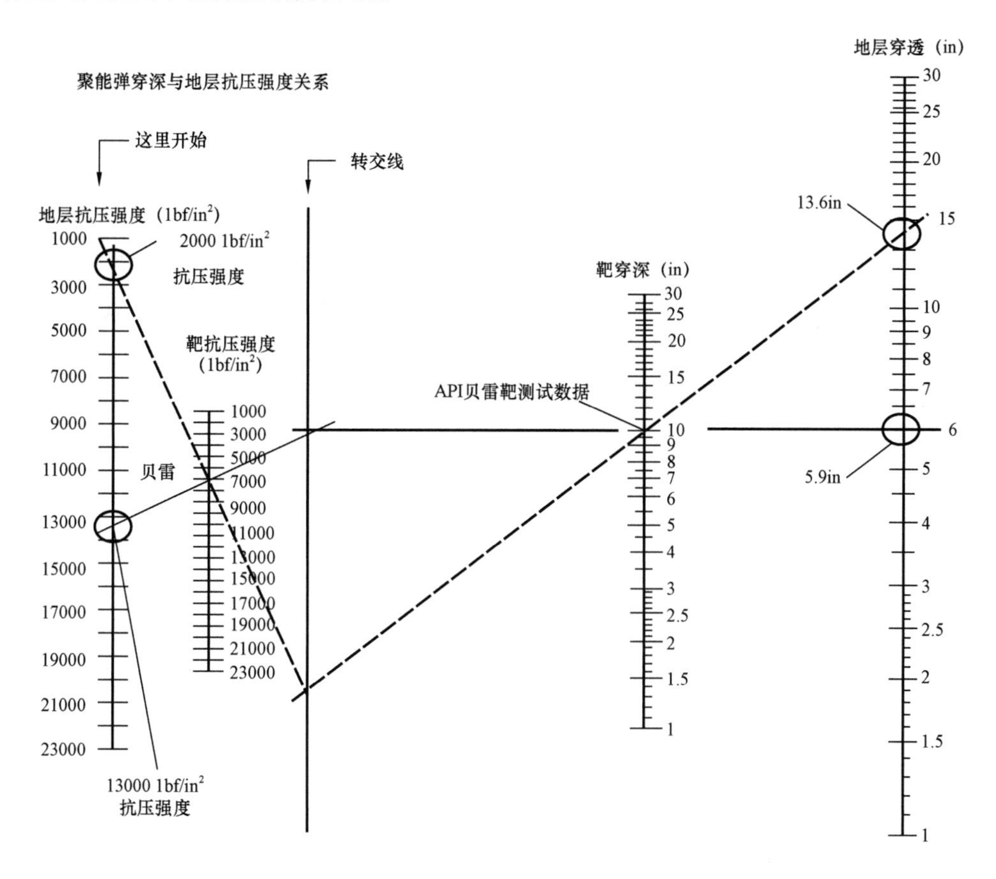

图5.29 抗压强度与穿透深度关系图

5.5.1.2 孔隙度折算方法

地层的抗压强度与孔隙度有着密切的关系，因而通过孔隙度折算法来获取地层条件下的射孔深度就成了射孔技术研究的课题，通过大量研究和实验，得到了经验公式。

当 $\phi_f/\phi_B<1$ 时：

$$L_{pf}=L_{pB}\left(\frac{\phi_f}{\phi_B}\right)^{1.5}\left(\frac{19}{\phi_f}\right)^{0.5} \tag{5.155}$$

当 $\phi_f/\phi_B=1$ 时：

$$L_{pf}=L_{pB} \tag{5.156}$$

当 $\phi_f/\phi_B>1,\phi_B<19\%$ 时：

$$L_{pf}=L_{pB}\left(\frac{\phi_f}{\phi_B}\right)^{1.5}\left(\frac{\phi_B}{19}\right)^{0.5} \tag{5.157}$$

当 $\phi_f/\phi_B>1,\phi_B>19\%$ 时：

$$L_{pf}=L_{pB}\left(\frac{\phi_f}{\phi_B}\right)^{1.5} \tag{5.158}$$

因为在射孔深度试验中，对试验靶有着严格的要求，有相关标准可查，贝雷岩心靶孔隙度要求为12%～14%，抗压强度为43～45MPa，因而 ϕ_B、抗压强度基本是一定值，研究过程中，通过向射孔技术人员请教，认为目前贝雷岩心靶孔隙度一般为14%，抗压强度为44.8MPa，因而在用孔隙度法折算射孔深度时，ϕ_B 取值为14%，查图法时，抗压强度取值44.8MPa。

5.5.1.3 渗透率折算法

$$L_{pf}=L_{pB}\left(1+A_P\ln\frac{K_r}{K_B}\right) \tag{5.159}$$

但该方法要根据岩石的性质及组分确定 A_P，相对来说不如上面两种方法来得直接，因而在实际工作中应用较少。

5.5.2 压实带半径的确定

射孔孔眼周围受到射孔时的挤压，会造成岩石结构的破坏，射孔挤压所波及到的范围常用压实带半径或压实厚度来表示，对该项参数的确定，有的油田研究出一种颜色指示法，通过岩心射孔试验将射孔后的岩心压实带形状、半径真实清晰地显示出来，在此基础上获得压实带半径，通过积累和整理，获得经验公式：

$$r_{dp}=0.0125+r_p \tag{5.160}$$

5.5.3 压实带渗透率的确定

射孔孔眼周围受到射孔的挤压，会造成挤压带渗透率的降低，通过实验，Bell 给出了实验公式：

$$K_{dp} = (10\% \sim 25\%)\,K_d \tag{5.161}$$

对于气井，压实带渗透率K_{dp}取决于非达西因子 D：

$$D = 6.28\times10^{-14}\left(\frac{\beta}{N^{2L_p{}^2r_p}}\right)\left(\frac{Kh}{\mu}\right) \tag{5.162}$$

由上式可解出β，则：

$$K_{dp} = (2.97\times10^{8}/\beta)^{\frac{1}{1.2}} \tag{5.163}$$

由此可知，只要获得伤害带渗透率，即可确定压实带渗透率。

5.5.4 伤害带渗透率的确定

在钻井、完井过程中，因钻井液、压井液不配伍或密度过大，对近井地带储层造成伤害，从而降低井底附近地带储层的有效渗透率，为了确定伤害带渗透率，从试井分析的角度着手，可运用 Mckinley 法求解井底附近地层流动系数和有效渗透率的特点来求取井底附近的渗透率即受伤害地层的渗透率。

Mckinley 法是运用 Mckinley 典型曲线与实测曲线早期段的拟合来求取井底附近的渗透率。早期数据曲线与 Mckinley 典型曲线达到最佳拟合状态时，从早期匹配段上选择匹配点并记录$(\Delta p)_{\mathrm{II}}$（横轴）、$\left(\frac{\Delta pC}{q_{oB_o}}\right)_M$（纵轴），$\left(\frac{T}{C}\right)_{MW}$（那一条典型曲线），然后根据匹配值求取井底附近的流动系数，其关系式为：

$$T_{WB} = \left(\frac{Kh}{\mu_o}\right)_{WB} = 1.3218\times10^{-5}\left(\frac{\Delta pC}{q_oB_o}\right)_M\left(\frac{T}{C}\right)_{MW}\frac{q_oB_o}{(\Delta p)_M} \tag{5.164}$$

$$K_d = \left(\frac{Kh}{\mu_o}\right)_{WB}\left(\frac{\mu}{h}\right) \tag{5.165}$$

式中 T_{WB}——井底附近受伤害地带的流动系数，D · m/Pa · s；

K_d——近井地带受伤害地层的有效渗透率，D。

用 Mckinley 法求取井底附近受伤害地层的有效渗透率，更符合每口井的实际情况，因压力恢复资料是井底压力状态的真实反映；同时，运用这一方法，在构造复杂、储层非均质区块就更有针对性，可避免因统计资料带来的误差。

5.5.5 伤害深度的初步估算

初步估算伤害深度，以判别射孔孔深是否穿透伤害带，这对表皮系数的分解至关重要，因射孔未穿透伤害带，则产生的拟表皮系数远大于穿透情况下的拟表皮系数。

据相关经验统计，初步估算伤害深度的公式：

$$L_d = \frac{1}{2}B r_w \{\ln(r_w + 2A\sqrt{\Delta r \cdot r_L Ht}] - \ln r_w\} \tag{5.166}$$

式中 L_d——伤害深度，cm；

B——结构参数，取 1.291；

A——回归常数，取 0.06476；

$\Delta\gamma$——钻井液密度与地层压力系数之差；

H——井深，m；

t——钻井液浸泡时间，h；

γ_L——钻井液失水量，mL。

$$L_d = \sqrt{r_w^2 + 1.728\frac{Kt\Delta p}{\mu\phi}} - r_w \tag{5.167}$$

式中 Δp——钻井压差，MPa；

μ——钻井液滤液黏度，mPa · s。

通过经验公式的初步估算，来判断射孔孔深是否穿透伤害带，但真正的伤害深度要等求得真实的储层伤害表皮系数后才能确定。

5.5.6 地层参数的确定

地层参数是直接关系到表皮系数计算结果正确与否的重要参数，可通过岩心分析直接获得渗透率、孔隙度、垂向渗透率与水平渗透率之比等参数，但是这种直接测量方法通过大量实验分析获得，因而在实际工作中并不实用。

这里列出了确定如下不同参数的获取方法。

5.5.6.1 渗透率的确定

通过测试(试井)资料的霍纳法、叠加法或 Gringarte 法分析确定，这就是平常所说的试井解释，在此就不赘述，因为每个测试层均可作出这样的解释，因而渗透率的获得并不困难。

5.5.6.2 孔隙度的确定

用测井解释渗透率加权平均来获得：

$$\phi = \frac{\sum (h_1\phi_1 + h_2\phi_2 + \cdots + h_i\phi_i)}{\sum (h_1 + h_2 + \cdots + h_i)} \tag{5.168}$$

5.5.6.3 地层压力的确定

用实测地层压力或用霍纳法、叠加法分析获得的储层压力。

5.5.6.4 垂向渗透率与水平渗透率之比

该值可通过岩心实验分析或垂向干扰（脉冲）试井获得，而岩心分析能提供的这方面的资料很有少，垂向干扰（脉冲）试井投入则更大，且影响产量，在实际工作中不太现实，因而有些人开展了垂向渗透率的变化对拟表皮系数影响的研究。

在储层参数（厚度、渗透率、污染带渗透率、伤害半径）、射孔参数（孔深、孔径、压实厚度、压实带渗透率、相位角、孔密、伤害孔径）相同的前提下，改变垂向渗透率与径向渗透率的比值，获得对应的射孔拟表皮系数，再作垂向渗透率与径向渗透率的比值$\left(\frac{K_V}{K}\right)$与射孔拟表皮系数的关系图，如图5.30所示，从图中不难看出，当储层垂向渗透率与径向渗透率的比值$\left(\frac{K_V}{K}\right)$小于0.1时，所引起的射孔拟表皮系数变化较大，比值为0.1~0.7，引起的表皮系数变化明显减弱；当比值大于0.7时，比值变化引起的射孔拟表皮系数变化则很小。

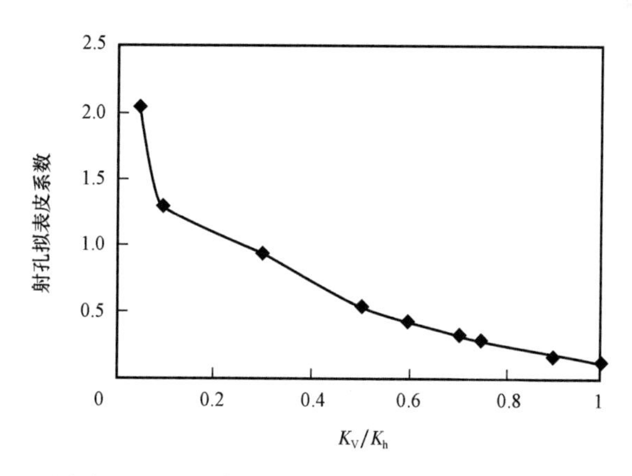

图5.30 垂向与径向渗透率的比值（K_V/K）与射孔拟表皮系数的关系图

5.6 表皮系数分解及应用

5.6.1 表皮系数分解

在表皮系数系统分解理论和关键参数获取技术的支撑下，以测录井资料为起点，以射孔参数为核心，综合测试资料解释成果，以分解方法为指导，开展测试资料的表皮系数系统分解。储层基础资料准确与否同最终分解结果精度紧密相连，为确保分解的精度，每口井从接到测试任务起，就注意收集钻井、测井、录井、射孔等资料，正是如此，才得以确保研究工作的顺利开展。

5.6.1.1 射孔深度的校正

在收集相关测录井、射孔资料的基础上，对射孔穿透深度进行校正，因射孔弹的穿透深度是试验靶的深度，而对不同地层同一射孔弹穿透深度就不一样，因而有必要进行修正。其修正方法就是抗压强度图折算方法或孔隙度折算方法，通过修正，获得地层情况下的真实射孔深度，表 5.7 为某油田真实穿透深度、试验穿透深度与储层孔隙度关系数据表。由此可以看出，真实射孔穿透深度与试验穿透随储层孔隙度的变化较大。

表 5.7 某油田真实穿透深度、实验穿透深度与储层孔隙度关系数据表

序号	井号	井段（m）	孔隙度（%）	枪型	弹型	试验孔深（mm）	射孔穿深（mm）	射孔孔径（mm）	射孔密度（孔/m）
1	瓦 2－3	2615.8～2621.1	7.19	YD－102	127	750	449	10.4	16
2	韦 8－6	1282.5～1304.2	22.72	YD－102	1m	850	1508	11.4	16
3	黄 82	2525.0～2634.5	7.47	YD－102	1m	850	528	11.4	16
4	庄 2－52	1714.6～1733.7	10.55	YD－102	102	550	305	10.4	16
5	高 6－44	2067.4～2097.0	6.67	YD－102	102	550	305	10.4	16
6	瓦 X2	2588.6～2595.5	14.44	YD－102	1m	850	761	11.4	16
7	周 36－6	1705.4～1715.2	24.01	89	89	450	867	9.5	16
8	高 6－46	1932.4～1948.4	11.61	YD－102	102	550	531	10.4	16
9	沙 33	2534.6～2552.4	10.47	YD－102	1m	850	740	11.4	16
10	台 3	2338.0～2341.5	12.41	YD－102	1m	850	878	11.4	16
11	花 X10	3613.8～3634.6	9.68	YD－102	1m	850	684	11.4	16
12	瓦 X3	2920.8～2923.4	5.02	YD－102	1m	850	355	11.4	16
13	高 6－60	1998.0～2056.0	14.01	YD－102	127	750	750	10.6	16
14	花 X10	3413.8～3474.4	9.46	YD－102	1m	850	669	11.4	16
15	高 6－60	1967.8～2033.6	10.88	YD－102	102	850	498	10.4	16
16	沙 36	2138.2～2141.8	23.49	YD－102	102	850	1020	10.4	16
17	沙 X34	2255.4～2262.8	12.07	YD－102	1m	850	853	11.4	16
18	天 X78	2136.3～2184.8	3.96	YD－102	1m	850	280	11.4	16
19	瓦 2－2	2370.8～2386.5	17.47	YD－102	127	850	850	10.6	16
20	马 X31	1932.3～1935.4	15.13	YD－102	1m	850	818	11.4	16

续表

序号	井号	井段(m)	孔隙度(%)	枪型	弹型	试验孔深(mm)	射孔穿深(mm)	射孔孔径(mm)	射孔密度(孔/m)
21	台5	2910.6~2023.4	11.1	YD-102	1m	850	785	11.4	16
22	许5-1	2593.2~2600.8	10.98	YD-102	1m	850	776	11.4	16
23	许5-1	2526.3~2538.0	12.48	YD-102	1m	850	883	11.4	16
24	塔8	1731.3~1742.4	4.52	YD-102	1m	850	319	11.4	16
25	沙X40	1640.4~1665.8	16.16	YD-102	102	850	585	10.4	16
26	沙X39	2720.6~2735.0	5.04	YD-102	1m	850	356.5	11.4	16
27	马8-5	2156.4~2168.6	15.13	YD-102	1m	850	819	11.4	16
28	沙X39	2679.7~2704.1	6.25	YD-102	1m	850	442	11.4	16
29	许27	2289.1~2315.1	8.50	YD-102	1m	850	601	11.4	16
30	许5-1	2451.8~2477.4	13.45	YD-102	1m	850	951	11.4	16
31	马X32	2624.0~2627.6	12.62	YD-102	1m	850	892	11.4	16
32	联X33	2514.4~2521.7	3.60	YD-102	1m	850	254	11.4	16
33	马X32	2062.9~2204.0	14.57	YD-102	1m	850	775	11.4	16
34	花X11	3274.5~3281.0	15.41	YD-102	1m	850	842	11.4	16
35	韦8-9	1187.3~1284.0	24.01	YD-102	102	850	123.5	10.4	16
36	沙X39	2600.8~2610.7	15.07	YD-102	1m	850	815	11.4	16
37	花X11	3182.2~3186.8	10.86	YD-102	1m	850	768	11.4	16

5.6.1.2 伤害带渗透率的确定

在获得相关测试资料的基础上,运用Mckinley法可求解井底附近地层流动系数和有效渗透率的特点来求取井底附近的渗透率(即受伤害地层的渗透率)。例如表5.8为某油田伤害带渗透率数据表。

表5.8 某油田伤害带渗透率数据表

序号	井号	有效渗透率(mD)	污染带渗透率(mD)	压实带渗透率(mD)	垂向渗透率(mD)	压实带平径(mm)	射开层段井斜(°)
1	瓦2-3	2.23	1.24	0.46	1.78	17.8	53.29
2	韦8-6	0.78	8.92	2.23	0.62	18.2	44.05
3	黄82	0.07	0.04	0.01	0.06	18.2	9.88
4	庄2-52	27.29	15.29	4.82	21.83	17.7	9.72
5	高6-44	9.50	3.31	1.46	7.6	17.7	23.80

续表

序号	井号	有效渗透率（mD）	污染带渗透率（mD）	压实带渗透率（mD）	垂向渗透率（mD）	压实带平径（mm）	射开层段井斜（°）
6	瓦 X2	42.80	17.07	4.27	34.24	18.2	46.88
7	周 36－6	50.57	124.10	12.41	40.46	17.25	9.52
8	高 6－46	16.03	3.83	0.96	12.82	17.7	2.26
9	沙 33	4.30	4.07	1.02	3.44	18.2	直井
10	台 3	9.17	6.17	2.04	7.34	18.2	直井
11	花 X10	0.07	0.12	0.03	0.06	18.2	29.13
12	瓦 X3	25.02	51.95	10.39	20.02	18.2	28.51
13	高 6－56	35.43	13.00	3.25	28.34	17.8	22.0
14	花 X10	0.35	1.09	0.27	0.28	18.2	21.04
15	高 6－60	5.97	1.29	0.32	4.77	17.7	26.91
16	沙 36	419.68	332.85	83.21	335.74	17.7	直井
17	沙 X34	444.43	91.89	22.97	355.54	18.2	24.15
18	天 X78	0.02	13.82	3.46	0.016	18.2	35.97
19	瓦 2－2	10.23	11.57	2.89	8.18	17.8	直井
20	马 X31	98.5	46.67	11.67	78.8	18.2	20.1
21	台 5	7.6	4.44	2.36	6.08	18.2	25.52
22	许 5－1	0.03	0.12	0.031	0.02	18.2	7.30
23	许 5－1	2.89	3.35	0.84	2.31	18.2	10.90
24	塔 X8	1.66	0.85	0.21	1.33	18.2	18.85
25	沙 X40	109.8	40.76	10.19	87.84	17.7	48.0
26	沙 X39	0.02	0.24	0.06	0.01	18.2	45.75
27	马 8－5	0.11	0.03	0.02	0.08	18.2	39.6
28	沙 X39	0.12	0.08	0.02	0.09	18.2	45.75
29	许 27	0.04	0.01	0.003	0.03	18.2	4.40
30	许 5－1	10.11	5.58	1.39	8.08	18.2	10.84
31	马 X32	2.25	1.26	0.315	1.80	18.2	23.88
32	联 X33	0.32	0.03	0.008	0.25	18.2	12.11
33	马 X32	1.72	0.64	0.16	1.37	18.2	29.12
34	花 X11	0.17	0.06	0.07	0.13	18.2	35.35
35	韦 8－9	0.95	0.86	0.21	0.76	17.7	8.23
36	沙 X39	0.02	0.02	0.005	0.02	18.2	46.5
37	花 X11	0.28	0.28	0.07	0.22	18.2	37.47

5.6.1.3　表皮系数分解

在射孔穿透深度、伤害带渗透率这两个最主要的参数确定后,即可开展表皮系数系统分解,各层表皮系数分解结果见表5.9。

表5.9　表皮系数分解数据表

序号	井号	局部射开表皮系数	井斜表皮系数	射孔拟表皮系数			流度变化表皮系数	总表皮系数	真实表皮系数
				孔眼表皮系数	压实表皮系数	射孔表皮系数			
1	瓦2-3	—	-1.14	-0.96	1.59	0.43	-0.27	0.83	1.69
2	韦8-6	—	-0.97	-1.99	-0.33	-0.16	—	-2.34	-0.97
3	黄82	—	-0.05	-1.10	3.43	1.09	-1.25	-0.01	0.07
4	庄2-52	—	-0.05	-1.02	2.48	1.03	—	2.49	1.38
5	高6-44	—	-0.27	-0.54	1.60	0.71	—	9.5	8.93
6	瓦X2	—	-0.96	-1.42	4.66	1.09	—	3.81	3.55
7	周36-6	—	-0.04	-1.52	1.66	1.03	—	0.39	-0.72
8	高6-46	—	—	-1.10	8.33	3.70	—	8.64	4.82
9	沙33	—	—	-1.40	1.66	0.18	—	-0.55	-0.85
10	台3	—	—	-1.54	1.55	-0.18	-2.72	-1.84	0.94
11	花X10	—	-0.41	-0.73	1.58	1.16	-0.50	-1.7	-2.07
12	瓦X3	—	-0.25	-0.73	0.73	0.38	—	-2.83	-2.92
13	高6-56	—	-0.26	-1.40	5.21	1.38	—	7.34	6.102
14	花X10	—	-0.24	-1.31	0.15	0.01	—	-0.87	-0.47
15	高6-60	—	-0.40	-1.05	9.08	4.24	—	8.90	4.94
16	沙36	—	—	-1.66	2.16	0.06	—	-0.77	0.95
17	沙X34	7.35	-0.26	-1.52	9.48	2.12	—	20.81	18.81
18	天X78	—	-0.72	-0.49	1.58	1.58	—	-3.97	-0.94
19	瓦2-2	—	—	-1.55	1.33	-0.04	-1.17	-0.63	0.46
20	马X31	—	-0.13	-1.48	3.84	0.70	—	-2.42	-3.11
21	台5	—	-0.28	-1.48	1.14	-0.02	-3.28	-1.35	2.11
22	许5-1	—	-0.02	-1.44	0	-0.34	—	-0.84	-0.58
23	许5-1	—	-0.06	-1.55	1.18	-0.15	—	-0.20	-0.10
24	塔8	—	-0.13	-0.61	1.60	0.41	—	3.60	3.96
25	沙X40	—	-0.94	-1.19	5.18	1.97	—	-0.12	-1.27
26	沙X39	—	-0.90	-0.74	1.61	1.55	—	-2.33	-3.09
27	马8-5	—	-0.80	-1.48	0.11	-1.80	-1.59	-0.98	5.17
28	沙X39	—	-1.04	-0.95	1.64	0.26	—	-1.50	-0.84

续表

序号	井号	局部射开表皮系数	井斜表皮系数	射孔拟表皮系数			流度变化表皮系数	总表皮系数	真实表皮系数
				孔眼表皮系数	压实表皮系数	射孔表皮系数			
29	许27	—	-0.01	-1.22	1.55	-1.92	-1.21	-0.76	2.27
30	许5-1	—	-0.06	-1.61	3.21	0.32	-2.48	-0.27	1.83
31	马X32	—	-0.20	-1.55	3.17	0.39	—	3.937	3.62
32	联X33	—	-0.06	-0.42	1.32	-2.56	-0.92	2.28	5.70
33	马X32	—	-0.32	-1.44	5.03	1.17	—	7.01	6.04
34	花X11	—	-0.54	-1.51	0.03	-0.84	-1.86	-1.07	2.05
35	沙X39	1.878	-1.043	-1.48	0.48	-1.66	—	-1.53	-1.29
36	花X11	—	-0.544	-1.43	1.55	0.14	-1.22	-0.005	1.49
37	韦8-9	—	-0.035	-1.82	1.85	-0.15	—	-1.85	-1.77

5.6.2 表皮系数分解的应用

5.6.2.1 分析表皮效应原因

通过表皮系数的系统分解，每一环节表皮效应产生的拟表皮系数清清楚楚，这就为有针对性地开展增产措施提供了依据，解决了过去那种总表皮系数反映储层不完善，但影响因素却无法判断的困惑。

表5.10显示，GJ区块在开发调整过程中，测试井解释总表皮系数为7.34～9.50，表皮系数如此之高，是单一的储层伤害所引起，还是存在其他影响因素呢？未进行表皮系数分解，就不可能有足够而充分的资料加以分析，也就很难说清主要影响因素；表皮系数分解后，由井斜和射孔等因素产生的拟表皮系数一清二楚，而排除这些因素的影响后，就可以确定储层的真实伤害表皮系数。

表5.10 GJ区块表皮系数分解数据表

序号	井号	井段（m）	井斜表皮系数 S_*	射孔拟表皮系数			油藏形状表皮系数 S_A	非达西流表皮系数 S_{tu}	总表皮系数 S_t	真实表皮系数 S_d
				孔眼表皮系数 S_p	压实带表皮系数 S_{dp}	射孔表皮系数 S_{pF}				
1	高6-44	2067.4～2097.0	-0.26	-0.54	1.60	0.71	0.117	0.0003	9.50	8.93
2	高6-46	1932.4～1948.4	—	-1.10	8.33	3.70	0.117	0	8.64	4.82
3	高6-59	1998.0～2056.0	-0.26	-1.40	5.21	1.38	0.117	0.0001	7.34	6.10
4	高6-60	1967.8～2033.6	-0.40	-1.05	9.08	4.24	0.117	0	8.90	4.94

如G5 -44井,解释总表皮系数为9.5,由井斜产生的拟表皮系数是-0.268,射孔拟表皮系数为0.71,储层真实伤害表皮系数为8.93,表明储层受到严重的伤害。而G5 -46井,解释总表皮系数为8.64,与G5 -44基本相近,而通过表皮系数的分解,射孔拟表皮系数为3.70,储层真实伤害表皮系数为4.82,由此表明G5 -46的真实伤害程度远低于G5 -44井,而造成两井总表皮系数相近的原因是有差异的,G5 -44井是真正受真实伤害的影响,而G5 -46则是受真实伤害和射孔拟表皮系数的共同影响,因而要消除真实伤害的影响,G5 -44可能要采取比G5 -46更强有力的增产措施才能达到同等的效果。

通过表皮系数分解,我们还不难看出,在测试的4口井中,3口井压实带拟表皮系数分别为8.33,5.21和9.08,表明射孔产生了较严重的压实伤害,虽然这一伤害随着生产时间的推移有可能减弱或消失,但早期的影响是不容忽视的,这就要求射孔前进行优化设计,选择最适合该区块的射孔弹和射孔密度,减小压实伤害的影响。

导致G6井区调整井真实伤害表皮系数的原因可能是多方面的,但综合钻井和测试资料分析,钻开测试层段时,储层压力系数仅为0.3013~0.6158,而钻井液密度达1.13g/cm^3,这样井筒与储层就存在较大的压差,经计算压差为9.85~15.60MPa,在这样大的压差条件下,钻井液浸入储层是可想而知的,如再加之钻井液与储层的配伍性差,导致储层伤害也就必然会发生。

5.6.2.2 确定伤害半径

储层伤害程度,除可以利用表皮系数、流动效率、堵塞比衡量外,还可用伤害半径来衡量其伤害范围。

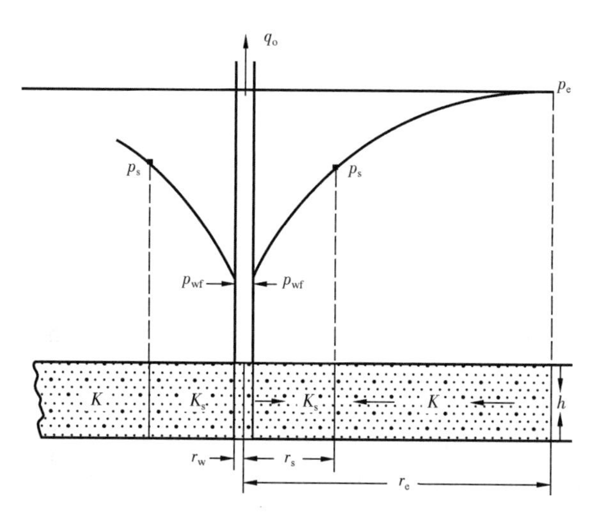

图5.31 受伤害油井的地层剖面和压力剖面图

图 5.31 表示一口受伤害油井的地层剖面和压力剖面图，在供给边界以内地层，可分为两个连续的毗邻区，即井底周围的伤害区和远离井底的未伤害区，这两个相邻区的压力可表示为：

$$p_e - p_{wf} = (p_e - p_s) + (p_s - p_{wf}) \tag{5.169}$$

根据达西稳定径向流公式：

$$p_e - p_s = \frac{1.842 \times 10^{-3} q_o \mu_o B_o}{Kh} \ln \frac{r_e}{r_s} \tag{5.170}$$

$$p_s - p_{wf} = \frac{1.842 \times 10^{-3} q_o \mu_o B_o}{K_s h} \ln \frac{r_s}{r_w} \tag{5.171}$$

由此可得到：

$$p_e - p_{wf} = \frac{1.842 \times 10^{-3} q_o \mu_o B_o}{Kh} \left[\ln \frac{r_e}{r_w} + \left(\frac{K}{K_s} - 1 \right) \ln \frac{r_s}{r_w} \right] \tag{5.172}$$

根据油井受污染时的理论产量公式：

$$q_o = \frac{5.4287 \times 10^2 Kh(p_e - p_{wf})}{\mu_o B_o \left(\ln \frac{r_e}{r_w} + S \right)} \tag{5.173}$$

$$S = \left(\frac{K}{K_s} - 1 \right) \ln \frac{r_s}{r_w} \tag{5.174}$$

$$r_s = r_w \exp\left(\frac{S}{\frac{K}{K_s} - 1} \right) \tag{5.175}$$

从获取 r_s 的关系式可以看出，如果能将 S、K 和 K_s 等参数确定下来，便可计算伤害半径的大小。

在获得伤害半径的基础上，可根据伤害半径来确定措施半径，如酸化，酸化半径究竟多大为最佳，即可根据伤害半径来确定；如伤害半径大，酸化措施不能有效消除伤害，则从措施的选择上就要考虑采取更大强度的增产措施等。

5.6.2.3 措施增产率和措施后产量的预测

地层测试最终目的除获得储层渗流参数、地层压力、产量外，就是运用表皮系数判断储层伤害程度，预测措施增产率，为增产措施的实施提供依据，从而提高增产措施的效益。措施增产率的预测要借助于试井理论。

对平面径向稳定渗流：

$$q = \frac{5.4287 \times 10^2 Kh(p_e - p_{wf} - \Delta p_s)}{\mu B \ln \frac{r_e}{r_w}} \tag{5.176}$$

其中：$\Delta p_s = 0.87mS$，$m = \frac{2.12 \times 10^{-3} qB\mu}{Kh}$。

而措施后产量与措施前产量之比：

$$\frac{q_a}{q} = \frac{p_e - p_{wf} - \Delta p_{sa}}{p_e - p_{wf} - \Delta p_s} \tag{5.177}$$

措施增产率：

$$\eta = \frac{q_a - q}{q} = \frac{\Delta p_s - \Delta p_{sa}}{p_e - p_{wf} - \Delta p_s} = \frac{0.87m\left(S - \frac{q_a}{q}\right)}{p_e - p_{wf} - 0.87mS} = \frac{0.87m[S - (\eta + 1)S_a]}{p_e - p_{wf} - 0.87mS} \tag{5.178}$$

求解上述方程，可得措施增产率 η：

$$\eta = \frac{0.87m(S - S_a)}{p_e - p_{wf} - 0.87m(S - S_a)} \tag{5.179}$$

酸化增产措施主要改变的是真表皮系数，其他表皮系数基本是不变的，因此

$$S - S_a = S_d - S_{da} \tag{5.180}$$

式中　S_a——措施后的总表皮系数；

S_d——真实表皮系数；

S_{da}——措施后的真实表皮系数。

根据上述推导可知，如果已知措施前的霍纳直线斜率、真实伤害表皮系数、地层压力、井底流压，在地层压力和井底流压不变的条件下，则就可获得措施增产率。

对于真实伤害表皮系数大于0的层，预测措施增产率和产量时考虑措施使伤害表皮系数降至0；对表皮系数小于0及储层低渗透的情况，则考虑通过压裂等大型措施使伤害表皮降至 -3，对于压裂改造有可能提高近井地带的渗透率则没有进行考虑。

5.6.3　表皮系数分解应用

（1）表皮系数分解使各环节的表皮效应更加清晰。测试解释表皮系数是各种表皮效应产生的总和，仅能笼统地分析储层的完善情况，而不可知各环节对储层的影响，而通过表皮系数的分解，各环节产生的拟表皮系数得到清晰的展现。

（2）表皮系数分解使增产措施和储层保护更具针对性。表皮系数系统分解，在理清产生表皮效应主要原因的基础上，也就为续后的钻探、完井过程中的储层保护提供了确

切依据,使储层保护从哪方面入手有据可依。

(3)表皮系数分解为增产措施优化设计提供依据。运用表皮系数来确定伤害半径属首次,它解决了过去实际生产中知道储层存在伤害但不知道伤害半径的难题,试井解释技术与表皮系数分解技术的结合,不仅使伤害程度量化,而且使伤害深度量化,使油藏工程技术人员能从平面上来了解储层的伤害范围,有了伤害半径这一定量的值,在增产措施优化设计时,就可考虑措施半径要达到什么样的范围,能不能达到这个范围,要达到这一范围,措施液用量要多少等问题,而不再象过去酸化半径不管伤害程度如何而几乎为一等值,有些井可能消除了伤害带的伤害,起到了效果,而有些井,因伤害深度深,而未能完全消除伤害带的伤害,效果并不理想,在分析原因时又很难判断措施效果差的原因。

(4)表皮系数分解提高了措施效果的预见性。

(5)表皮系数分解有效解释了负表皮现象。目前现场测试解释表明,有相当一部分井在没有进行任何措施之前表皮系数就为负值,导致成果应用部门对测试解释成果的怀疑和思考,而表皮系数的分解,理清了各环节所产生的拟表皮系数,用有说服力的数据去解释产生负表皮的原因,使人们一目了然。

符号注释

a,b——常数;

$A_x,B_x,C_x(x=1,2,3,\cdots)$——拟合系数;

A_P——与岩石性质有关的校正参数;

B_o——地层原油的体积系数,m^3/m^3;

B_w——地层水的体积系数,m^3/m^3;

B_{oi}——平均原始原油体积系数,m^3/m^3;

B_{gi}——原始的天然气体积系数,m^3/m^3;

B_{oa}——废气压力下的原油体积系数,m^3/m^3;

B_{ga}——废气压力下的天然气体积系数,m^3/m^3;

B_{ob}——饱和压力下的地层原油体积系数,m^3/m^3;

B_{owf}——在开始注水时的地层原油体积系数,m^3/m^3;

B_{ob}——饱和压力下原油体积系数,m^3/m^3;

C_r——相对波及系数,即人工注水和天然水驱波及系数之比,它的大小为0.91~0.97;

c,d——与储层和流体物性有关的常数;

C_t——总压缩系数,MPa^{-1};

C_o——地质原油的压缩系数,MPa^{-1};

D——瞬时递减率，mon^{-1} 或 a^{-1}；

D_1——非达西因子；

D_e——油田地质特点确定的经验系数，其取值范围为 $0.95 < D_e \leq 1.0$；

D_0——初始递减率，mon^{-1} 或 a^{-1}；

E_{RE}——弹性阶段的采收率；

E_μ——地层条件下的油水黏度比；

E——渗出系数，等于1.11；

E_V——Craig的近似体积波及系数；

E_D——微观驱油效率；

E_{RS}——考虑地层原油收缩影响修正后的采收率；

E_{RT}——有油水过渡带油藏的采收率；

E_R——油田或气田的采收率；

M——流度比，即在水突进时刻平均含水饱和度下水的流度，与在束缚水饱和度下油的流度之比值；

f_w——逻辑斯特旋回拟合的油田含水率；

f——油井含水率；

h——有效厚度，m；

h_p——油井打开厚度，m；

H——油藏平均有效厚度，m；

L——油层连通率，%；

L_{pf}——地层条件下射孔深度，mm；

L_{pB}——贝雷岩心靶射孔深度，mm；

$p(r,t)$——距离井 $r(m)$ 处，在 $t(h)$ 时刻的压力，MPa；

p_{ws}——关井恢复压力，MPa；

Δp_s——理想的和实际的井底流压之差，MPa；

p_w——井底注水压力，MPa；

p——地层压力，MPa；

p_{wf}——流压，MPa；

p_i——原始地层压力，MPa；

p_a——油田废弃时的地层压力，当早期注水保持地层压力时，$p_a = p_i$，MPa；

p_b——饱和压力，MPa；

I_w——吸水指数，$m^3/(d \cdot MPa)$；

q_{iw}——日注水量，m^3/d；

q_o——日产油量，t/d；

q_t——按翁氏旋回拟合的油田年产量；
q_w——日产水量，t/d；
R——采出程度；
J_o——采油指数，t/(d·MPa)；
J_L——采液指数，t/(d·MPa)；
$J'_o(f_w)$——含水为f_w时的无量纲采油指数；
$J_o(f_w)$——含水为f_w时的采油指数；
$J_o(0)$——无水时的采油指数；
$J'_L(f_w)$——含水为f_w时的无量纲采液指数；
$J_L(f_w)$——含水为f_w时的采液指数；
$J_L(0)$——无水时的采液指数；
J'_0——无量纲采油指数；
$J'_L(S_w)$——含水为S_w时的无量纲采液指数；
$K_{ro}(S_{rw})$——束缚水饱和度下油的相对渗透率；
K_{rw}，$K_{rw}(S_w)$——水相相对渗透率；
K_{ro}，$K_{ro}(S_w)$——油相相对渗透率；
$K_{ro}(S_{iw})$——束缚水饱和度下油的相对渗透率；
K——算术平均的绝对渗透率，mD；
K_d——近井附近受伤害地带的有效渗透率，D；
K_e——有效渗透率，mD；
K_f——分布规律平均渗透率，mD；
K_r——地层岩石的渗透率，mD；
K_h——水平渗透率，D；
K_V——垂直渗透率，D；
K_B——贝雷岩心靶渗透率，mD；
K_x，K_y，K_z——x，y，z方向上的渗透率，D；
K_{dp}——压实带渗透率，mD；
μ_w——水的黏度，mPa·s；
μ_w——地层水的黏度，mPa·s；
μ_o——地层原油黏度，mPa·s；
μ_{wi}——在原始地层压力下的地层水黏度，mPa·s；
μ_{oi}——在原始地层压力下的地层原油黏度，mPa·s；
μ_{ob}——饱和压力下的地层原油黏度，mPa·s；
μ_R——地层油水黏度比；

μ_{owf}——开始注水时地层原油的密度，mPa·s；

R_o——采出程度；

γ_o——地面脱气原油的相对密度；

γ_w——地面水的相对密度；

n——生产井的平均井网密度，ha/well；

N_p——弹性阶段的累计产油量，10^4m^3；

N——油田的地质储量，10^4m^3；

W_p——累计产水量，10^4m^3；

WOR——水油比；

n_{ow}——采注井数比；

$N(W)$——油水过渡带地质储量，t；

Q_t——产油量，t/mon 或 t/a；

Q——递减阶段时间的产量，油田为 t/mon 或 t/a，气田为 m^3/mon 或 m^3/a；

$\frac{dQ}{dt}$——单位时间内的产量变化率；

Q_o——初始产量，油田为 t/mon 或 t/a，气田为 m^3/mon 或 m^3/a；

S_{wc}——地层束缚水饱和度；

S_{wo}——地层原始含油饱和度；

S_{oi}——油田的原始含油饱和度；

S_{gi}——气田的原始含油饱和度；

S_{or}——油田的平均残余油饱和度；

S_{gr}——气田的平均残余油饱和度；

$\overline{S_{or}}$——平均残余油饱和度；

$(\overline{S_{or}})_{res}$——注水后油藏水淹区的平均残余油饱和度；

$(\overline{S_{or}})_{core}$——由岩心分析所得的平均残余油饱和度；

$\overline{S_w}$——平均含水饱和度；

S_{wi}——地层束缚水饱和度；

S——表皮系数；

S_θ——井斜拟表皮系数；

S_{pt}——打开程度不完善引起的表皮系数；

S_1——井网密度，井/km^2；

S_k——砂岩系数（有效厚度除以开发层系的井段长度）；

S_o——未污染裸眼总表皮系数；

y_0——油田投产年份；

y——油田投产后的采油年份；
V_k——渗透率变异系数；
ϕ——有效孔隙度；
Z——储量比（过渡带的地质储量除以油田的总地质储量）；
Δt——关井时间，h；
t——体系发展的时间或过程；
t_p——关井前生产时间，h；
V——线性回归指数；
T——地层温度，℃；
T_{WB}——井底附近受伤害地带的流动系数，D·m/（mPa·s）；
ϕ_t——地质储量计算用总孔隙度；
ϕ_f——储层孔隙度；
ϕ_B——贝雷岩心靶孔隙度；
r——离井的距离，m；
r_e——外半径，m；
r_w——井筒半径，m；
K_s——变化后的储层渗透率，mD；
L——河道地层宽度，m；
W——河道地层长度，m；
H——河道地层厚度，m；
p_i——供给边界压力，MPa；
q——流量，L；
W_s——壁面附近污染深度，m；
ρ——流体密度，g/cm³；
η——地层的导压系数，D·MPa/（mPa·s）；
θ_w——井斜角度，（°）；
θ_w'——井斜校正角度，（°）；
S_A——油藏形状引起的拟表皮系数；
C_A——油藏形状系数，可查有关图表求得；
α——射孔方位角，rad；
$a_m, b_m, c_m, d_m, e_m, f_m, g_m$——与射孔相位角有关的系数；
m_p——每个平面上射孔的数；
l_p——射孔长度，mm；
r_p——射孔半径，mm；

n_p——射孔密度,m^{-1};
$l_{PD,eff}$——无量纲有效深孔穿深,与射孔相位角有关,m;
h_{pD}——无量纲射孔间距;
r_{pD}——无量纲孔眼半径;
h_p——射孔间距,射孔密度的倒数,m;
r_p——孔眼半径,mm;
r_{cz}——压实带半径;
K_{cz}——孔眼压实带渗透率,mD;
K_{Dcz}——无量纲压实带渗透率,$K_{Dcz}=K_{cz}/K_h$;
$r_{De,cz}$——无量纲压实带半径,$r_{De,cz}=r_{cz}/h_p$;
S_{cg}——砾石充填完井的总表皮系数;
S_{PF}——射孔完井时总表皮系数;
S_{pg}——流体通过砾石层的表皮系数;
t_{ct}——套管孔道长度,mm;
K_{cg}——套管孔道充填砾石渗透率,mD;
f_p——射孔完井时的紊流系数;
M——流度比,D/(mPa·s);
r_b——流度变化区的半径,m;
S_{tu}——非达西流拟表皮系数,d/m^3;
Q——流体流量,m^3/d;
S_d——纯污染表皮系数;
L_d——污染深度,cm;
B——结构参数,取1.291;
A——回归常数,取0.06476;
$\Delta\gamma$——钻井液密度与地层压力系数之差;
H——井深,m;
T_1——钻井液浸泡时间,h;
γ_L——钻井液失水,mL;
Δp——钻井压差,MPa;
μ——钻井液滤液黏度,mPa·s;
S_a——措施后的总表皮系数;
S_d——真实表皮系数;
S_{da}——措施后的真实表皮系数。

第6章　低产低效预防注采系统优化与调整技术

本章以具体低渗透油藏为例，从井网方式最优化、水驱压力控制最优化、注采井网与人工压裂裂缝的适配性、注采动态参数最优化以及注采井网与注采参数综合调整等方面，系统阐述了有效降低低产低效井的影响、提高低渗透油藏注水开发效率的油藏工程理论与技术举措。

6.1　井网方式最优化

衡量一套注采井网是否合理，是否适应油田开发的需要，主要取决于以下三个方面：

(1)充分利用面积井网开发初期采油速度高的优势，尽可能延长无水采油期，提高开发初期的采油速率。

(2)获得较高的最终采收率。

(3)井网系统对于后期调整有较大的灵活性。对于低渗透油藏而言，既要考虑单井控制储量以及整个油田开发的经济合理性，井网不能太密；又要充分考虑注水井和产油井之间的压力传递关系，注采井距不能过大；另外，还要最大程度地延缓方向性的水窜以及水淹时间。

在低渗透油藏开发中，井网优化一直占据着重要地位和起着至关重要的作用，它关系到油气田开发方案的正确与否，是联系地质与开发的桥梁。井网模式及其演化往往与所开发的油藏类型及其开发难度相关。早期开发油藏多为常规性油藏，储层物性好，井网布置简单容易。低渗透油藏井网部署需要考虑的因素多，井网形式也呈现多样化。渗透率各向异性的存在，使得低渗透油田对注水开发井网的布置更为敏感。如果部署注采井网合理，注入水均衡驱替，水驱扫油面积系数最大，可以取得好的开发效果。如果部署注采井网不合理，注入水沿渗透率主值较大方向快速推进，导致主向采油井见水过快、甚至发生暴性水俺。因此，高效开发低渗透各向异性油藏的关键在于：合理部署其注水开发井网，合理的井网参数有利于合理的匹配天然裂缝和渗透率各向异性；合理的部署井排距有利于低渗透油藏建立起有效的驱替压力系统，提高单井产量，使得压力保持在较高水平。

6.1.1　井网形式优化

通常而言，低渗透井常用的注采井网为五点井网、反七点井网和菱形反九点井网，不同的井网形式对油井的采出程度会带来一定的影响。为确定油田合理的注采井网，在井网密度相同的情况下，模拟油田按五点井网、反七点井网及菱形反九点井网进行开发，对比分析不同井网对低渗透油田开发效果的影响。在井网密度相同的情况下，模拟低渗透油田按五点井网、反七点井网和菱形反九点井网进行布井开发，初期注采比设定为1，模拟开发时间为20年，分析各井网开发指标曲线。以西部某低渗透油田为例，模拟结果如图6.1和图6.2所示。

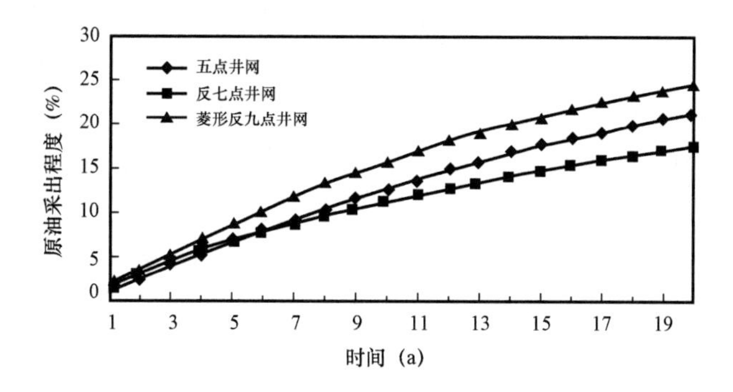

图6.1　各井网采出程度变化曲线

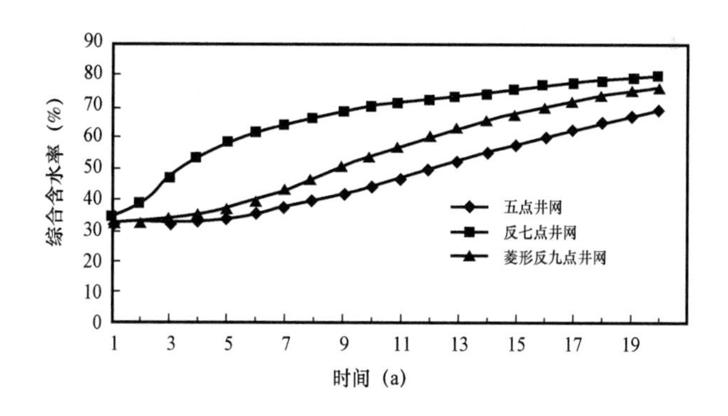

图6.2　各井网原油采出程度—综合含水率关系

低渗透油田通常需进行压裂，形成人工裂缝后才具备开采价值。低渗透储层压裂后沿水平主应力方向的渗透率有较大增加，有可能是其他方向渗透率的几倍或十几倍。因此，在低渗透油田开发过程中，如果选用菱形井网进行开发，可拉大沿人工裂缝方向的油井与水井之间的距离，缩短垂直于人工裂缝方向的油井与水井之间的距离，延长角井的见水时间，减缓角井水淹速度，使得低渗透储层各方向受力相对均匀，从而提高低渗透油田开发效果。低渗透油田在井网密度一定的条件下，与其他井网相比，采用菱形反九点井网进行开发可获得较高的原油采出程度及采油速度，综合含水率相对较低，并且具有后期调整灵活的优点。角井水淹后可实施转注，使菱形反九点井网变为矩形五点法以实现线状注水。在开发初期应采用菱形反九点法井网，这样可取得较好的经济效益。菱形反九点井网可作为该低渗透油田的推荐井网开发形式。

6.1.2 井排井距优化

李道品等通过对我国低渗透、特低渗透、油田注水开发规律与实践经验的分析总结，指出低渗透油田合理排井距之比应介于 1 ∶ 3 ~ 1 ∶ 5。通过数值模拟研究的方法，参数设计为菱形反九点井网排距为一般为 100m，125m，150m 和 175m，井距为 400m，460m，520m 和 580m，即形成 4 种井网：100m × 400m、125m × 460m、150m × 520m 和 175m × 580m。比如，针对西部某低渗透油田 XH 油区实际，在井网面积一定的条件下，利用数值模拟软件对上述 4 种排距、井距组合进行了模拟分析，模拟结果如图 6.3 所示。

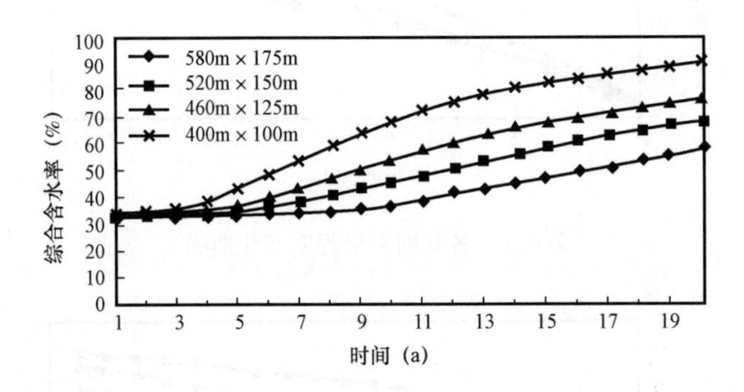

图 6.3 菱形反九点井网不同井距、排距与综合含水率关系曲线

模拟结果表明，在菱形反九点井网中，当井距为 520m、排距为 150m 时，开发 20 年后采出程度较大，采油速度最快，单井平均累计产油量相对较高，而注采比和综合含水率都相对较低。通过对比可以得出该油区最优井距和排距，菱形反九点井网中以井距 520m、排拒 150m 较优。

6.2 水驱压力控制最优化

保持合理的压力水平，是获得较高原油采收率的基础，同时也是提高注水利用率、控制油水井套损的关键。一般低渗透油田水驱注采关系复杂，开发层系交叉，虽然地层压力总体保持在合理范围内，但局部压力不均衡。因此，通过研究低渗透油田特高含水期水驱地层压力、流压、注采比之间的关系，并制订调整的技术界限指导压力系统调整。以下 LMD 油田压力系统未调整前参数，见表 6.1。

表6.1 LMD油田水驱2011年地层压力现状表

层系	合理井(-1.0~+0.5MPa)				高压井(≥+0.5MPa)				低压井(≤-1.0MPa)			
	井数(口)	比例(%)	地层压力(MPa)	总压差(MPa)	井数(口)	比例(%)	地层压力(MPa)	总压差(MPa)	井数(口)	比例(%)	地层压力(MPa)	总压差(MPa)
基础	29	37.66	10.96	-0.24	27	35.06	12.39	1.17	21	27.27	9.76	-1.45
一次	35	41.67	11.26	-0.16	28	33.33	12.46	1.13	21	25	9.93	-1.36
二次	29	38.67	11.38	-0.1	23	30.67	12.25	0.96	23	30.67	9.88	-1.4
三次	3	23.08	11.22	-0.07	5	38.46	12.45	1.15	5	38.46	9.98	-1.32

对LMD油田压力系统的优化调整分为以下三个方面：

(1)地层压力调整。

① 高压井点调整。一是对总差压在+0.5~+1.0MPa的井采取缓慢降压，确保半年压差、年压差控制在0~0.5MPa以内。其中，对流压高、含水高、产液量高的井实施采油井堵水，同时对长期吸水好、注水强度高的主要注水层段实施方案减水，配注量下调40m^3以下；对流压低、含水低、产液量低的井实施采油井压裂，同时对注水井对应层段实施方案加水，日配注量上调20~30m^3；对流压低、含水高的井实施采油井参数优化，同时对注水井实施方案减水，日配注量下调20~30m^3。二是对总差压在1.0MPa以上的井采取分阶段降压，半年压差控制在-0.5~-0.3MPa，年压差控制在-1.0~-0.6MPa。其中，对流压高、含水高、产液量高的井实施注水井方案减水，配注量下调60m^3以上；对含水高、产液量低的井实施参数优化，同时实施注水井方案减水，配注量下调30m^3以上；对流压低、含水低、产液量低的井实施油井压裂，根据油井动态变化情况及时进行注水井跟踪调整；对流压低、含水高的井实施注水井平面调整，对高含水层实施减水，配注量下调60m^3以上，对低含水层实施加水，配注量上调30~40m^3。

② 低压井点调整。一是对总差压在-1.5~-1.0MPa的井采取缓慢升压，确保半年压差在+0.2~+0.4MPa以内、年压差控制在+0.4~+0.8MPa以内。其中，对流压高、含水高的井实施采油井参数优化，同时实施注水井平面调整，对高含水层实施减水，对低含水层实施加水，井组整体注水量不变；对流压低、含水低的井实施注水井方案加水，日配注量上调30~50m^3；对低流压、高含水井实施采油井参数优化。二是总差压在-1.5MPa以下的井采取分阶段升压，半年压差控制在+0.3~+0.5MPa，年压差控制在+0.5~+1.0MPa。其中，对流压高、含水高的井区实施采油井参数优化，同时实施注水井平面调整，对高含水层实施减水，对低含水层实施加水，对加水困难的层段实施措施增注，井组整体日注水量提高30~50m^3；对流压低、含水低的井实施注水井方案加水，日配注量上调50m^3以上；对流压低、含水高的井实施采油井参数优化，同时对长期注水差层实施措施增注。

(2)流压调整。

一是对低流压、低含水井组,实施注水井上调配注,配注量上调 40^3 以上,或对吸水差层实施措施增注;二是对流压低、含水高井区或流压高、含水低井区实施参数优化;三是对流压高、含水高井区实施注水井方案减水。

(3)压力系统调整效果。

对比水驱 182 口测压井(表 6.2),合理井 83 口井,占测压井比例为 45.60%,与调整前相比,提高了 7.05%。其中,基础井网、一次加密井、二次加密井总压差均控制在合理压力范围。

表 6.2 2012 年 LMD 油田水驱压力系统状况情况表

层系	合理井(-1.0~+0.5MPa)				高压井(≥+0.5MPa)				低压井(≤-1.0MPa)			
	井数(口)	比例(%)	地层压力(MPa)	总压差(MPa)	井数(口)	比例(%)	地层压力(MPa)	总压差(MPa)	井数(口)	比例(%)	地层压力(MPa)	总压差(MPa)
基础	27	46.55	11.13	-0.09	16	27.59	12.27	1.06	15	25.86	9.94	-1.26
一次	24	42.86	11.38	0.02	17	30.36	12.43	1.09	15	26.79	9.86	-1.48
二次	28	48.28	11.40	0.05	17	29.31	12.35	0.98	13	22.41	9.87	-1.51
三次	4	40.00	11.46	0.15	4	40.00	12.57	1.26	2	20.00	9.71	-1.56

6.3 井网系统与人工裂缝优化配置研究

水力压裂在低渗透油藏开发过程中不是一个孤立的工程问题,井网系统与裂缝密切相关。无论是一次井网还是二次加密调整井网,裂缝参数设计合理与否,直接关系油藏压裂开发效果。特别是加密调整后,受井网转换、老井裂缝等因素影响,加密井压裂改造的难度进一步加大。本章在一次井网与人工裂缝最优匹配的基础上,结合合理井网加密调整模式,重点开展了加密井裂缝参数与井网系统优化配置研究。

6.3.1 一次井网人工裂缝参数研究

加密井压裂规模受限于一次井网老井裂缝,首先对一次井网裂缝参数进行研究,确保老井裂缝与一次井网最优匹配,在加密井裂缝参数优化设计之前是非常必要的。根据安塞长 6 油藏开发经验对各参数选取水平,裂缝方位(采油井排与人工裂缝的夹角)取值为 0°,23°,45°,60°和 90°,裂缝导流能力取值为 50mD · m,100mD · m,150mD · m,200mD · m 和 250mD · m,裂缝穿透比(人工裂缝的半长与井距的比值)为 0.1,0.2,0.3,0.4 和 0.5。对这三个参数进行随机组合基于正反九点井网建立了 115 个非均质地质模型进行数值模拟研究。

（1）裂缝方位。

从图6.4裂缝方位与采出程度关系曲线中可以看出，不同裂缝穿透比、不同裂缝导流能力，取不同裂缝方位时，采出程度的变化趋势相同。该模型中正方形反九点井网采油井排与人工裂缝的夹角为23°和90°时的开发效果较好，23°略优于90°。其原因在于，采油井排与人工裂缝呈23°夹角时，缓解了正反九点井网裂缝方向角井受效差的程度，较0°和90°也可以避免注入水沿人工裂缝直接推进至边井，裂缝向边井过早水淹。并且夹角为23°时压裂规模较0°和90°可调范围变大，不会因为穿透比不当，油井压裂改造造成多井间椭圆泄油面积重叠，井间干扰严重，影响整体开发效果。

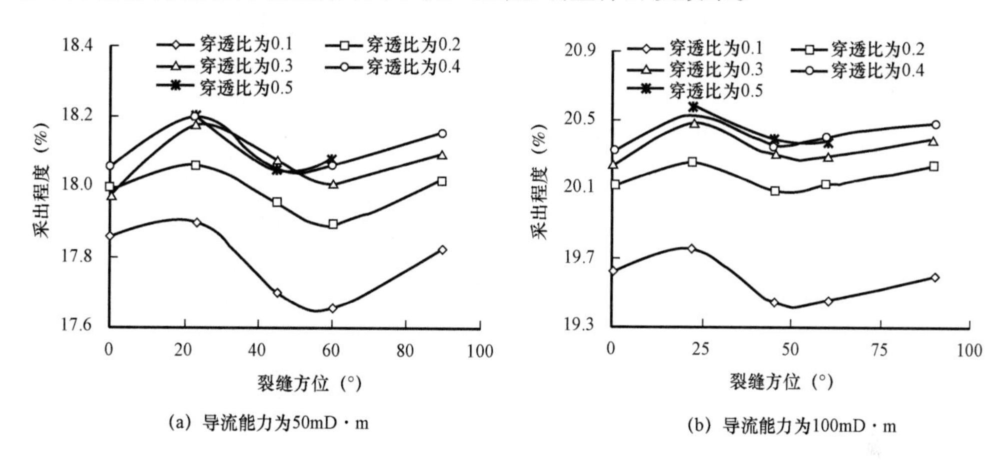

(a) 导流能力为50mD·m　　(b) 导流能力为100mD·m

图6.4　裂缝方位与采出程度关系曲线

（2）裂缝导流能力。

不考虑导流能力的失效性，模拟计算了导流能力对采出程度的影响。以下给出了裂缝方位为23°时的模拟计算结果。

由图6.5裂缝导流能力与采出程度、采出程度增幅关系曲线中可以看出，不同穿透比时均为导流能力越高，采出程度越高，高导流能力的裂缝能提高采出程度，但由图6.5(b)可知，提高的幅度随裂缝导流能力的增加不断减小，当裂缝导流能力大于150mD·m以后时，采出程度的增幅迅速减小，采出程度直至趋于相近。在压裂设计时应选取合适的导流能力，不但能较好地发挥压裂井的潜能，而且还能获得良好的经济效益。对于本文算例而言，最优导流能力为可取在150mD·m左右。

图6.6为裂缝方位为0°和45°时的含水率关系曲线图，由图可以看出不同裂缝方位时，随着导流能力的增加，含水率随时间的变化规律相似。导流能力小于100mD·m时，随着导流能力的增加，含水率明显上升。并且，由图6.7可见，随着导流能力的增加，无水采油时间提前，无水采出程度先减小，导流能力大于150mD·m以后略有增加，但是增加的幅度逐渐缩小。

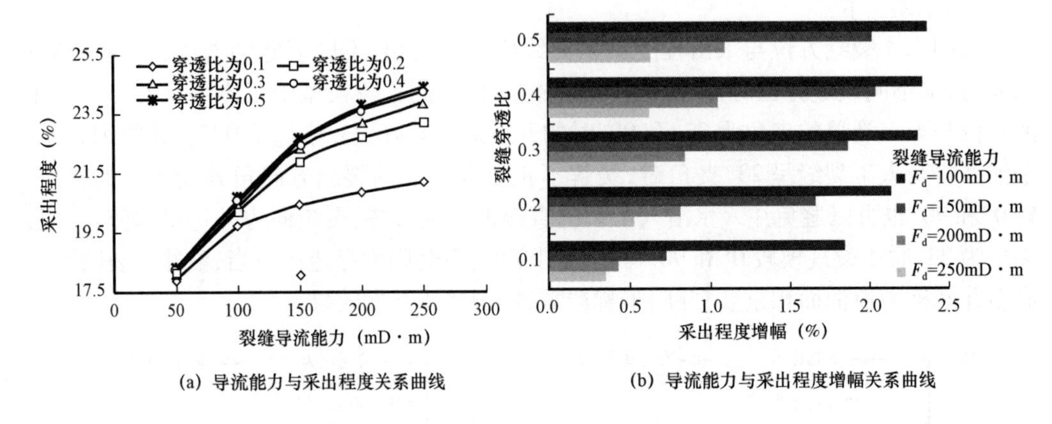

(a) 导流能力与采出程度关系曲线　(b) 导流能力与采出程度增幅关系曲线

图 6.5　不同裂缝导流能力采出程度对比图

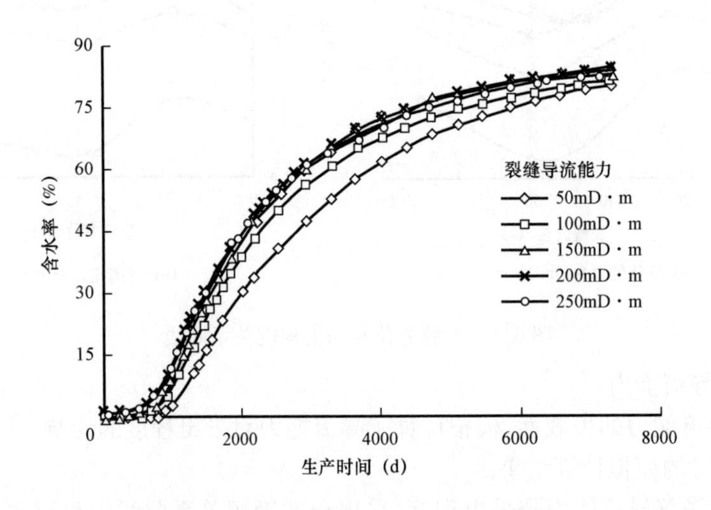

图 6.6　不同导流能力下含水率关系曲线

(3)裂缝穿透比。

以裂缝方位为 23°、导流能力为 150mD · m 时压裂井的采出程度、含水率、无水采油期和无水采出程度的变化情况为例进行分析研究。

从图 6.8 裂缝穿透比与采出程度和采出程度增幅关系曲线中可以看出，虽然随着穿透比的增加，采出程度也相应地增加，但是采出程度并不随裂缝长度的增加呈线性增大，采出程度的增幅迅速递减，当穿透比大于 0.3 以后，增幅趋于平缓。其原因是人工裂缝内存在一定的渗流阻力，引起了一定的压降，裂缝越长，对产能的影响越大。

由图 6.9 裂缝穿透比与含水率关系曲线中可知随着穿透比的增加，油井含水率的变化趋势一般是先是一段无水采油期而后有一段平稳上升过程，最后趋于稳定，随着穿透比的增加,含水率有小幅度的增大。同时,由图6.10裂缝穿透比与无水采油期、无水采出程度关系曲线可见,随着裂缝穿透比的逐渐增大,无水采油期和无水采出程度逐渐减小。裂缝穿透比增大,油井的见水时间提前,这对注水效率很不利。

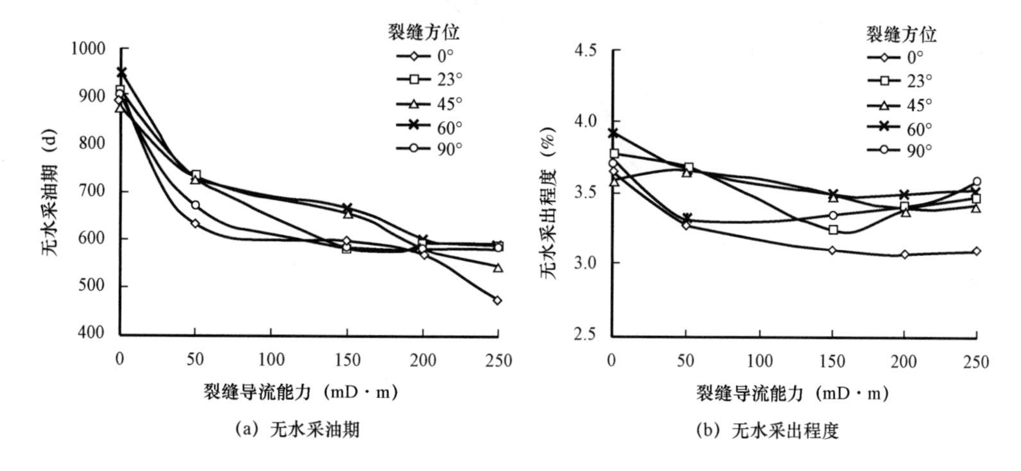

图6.7 不同导流能力无水采油期和无水采出程度对比图

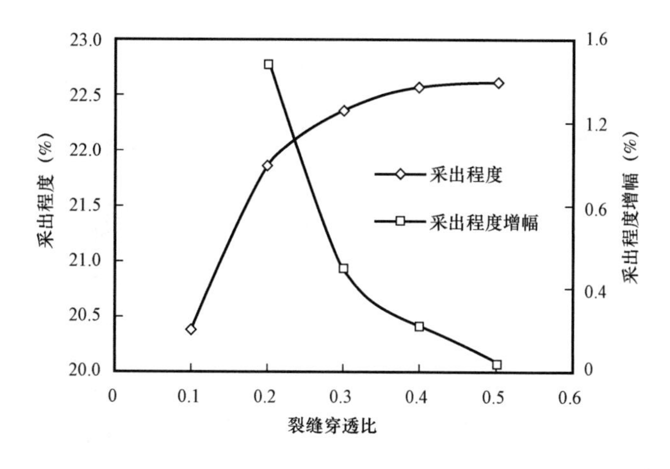

图6.8 裂缝穿透比与采出程度和采出程度增幅关系曲线

6.3.2 加密井转向可行性研究

一次井网油井压裂裂缝以及长期注水作用引起的诱导应力的存在,使得加密井局部地应力场可能发生变化。而地应力是决定人工裂缝延伸方向的重要因素,原始地应力场的变化反过来影响加密井裂缝方位,存在两者之间的反馈作用。因此,研究加密井局部地应力场,清楚加密井压裂可能裂缝方位是加密井裂缝参数与井网系统优化匹配的前

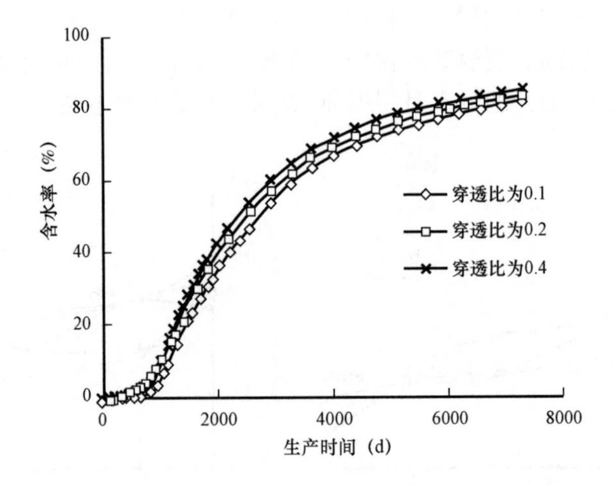

图 6.9　裂缝穿透比与含水率关系曲线

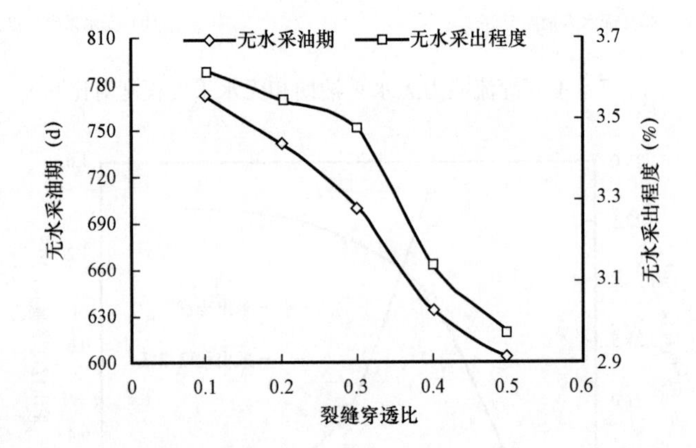

图 6.10　裂缝穿透比与无水采出程度和无水采油期关系曲线

提。下面从注、采两方面入手进行探讨分析。

以采油井井筒为中心，周围地带的原始地应力场因压裂缝的存在、长期注采活动导致地层孔隙压力的变化而受到干扰，发生一定变化，并且这种变化也不是均匀的，是由三种应力场共同叠加耦合的：(1)原始地应力场；(2)人工裂缝诱导的应力场；(3)注采活动引起孔隙压力的变化诱导的应力场。

低渗透油藏油井压裂开采一段时间后时间和空间上应力变化为：

$$\Delta\sigma_{\mathrm{H}}(x,y,t) = \Delta\sigma_{\mathrm{HF}}(x,y,t) + \Delta\sigma_{\mathrm{Hp}}(x,y,t) \tag{6.1}$$

$$\Delta\sigma_{\mathrm{h}}(x,y,t) = \Delta\sigma_{\mathrm{HF}}(x,y,t) + \Delta\sigma_{\mathrm{Hp}}(x,y,t) \tag{6.2}$$

则近井地带水平应力场为：

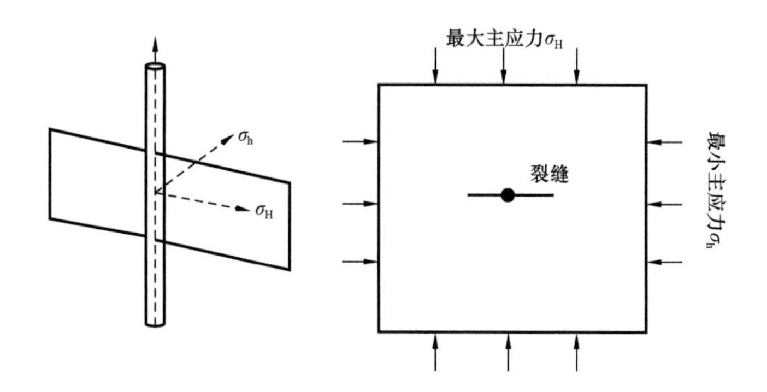

图6.11　裂缝与应力关系示意图

$$\sigma_H = \sigma_{H0} + \Delta\sigma_H \tag{6.3}$$

$$\sigma_h = \sigma_{h0} + \Delta\sigma_h \tag{6.4}$$

国内外学者研究表明，沿着压裂缝方向的最小水平主应力变量 $\Delta\sigma_h$ 大于与压裂缝方向垂直的最大主应力变量 $\Delta\sigma_H$，也就是说油井裂缝为中心应力差趋于"均一化"发展，当诱导应力差足够大可以抵消初始应力差时，则以油井裂缝为中心周围应力场就有可能发生重定向。

而从注水井方面来讲，随着注水开发的不断深入，注入水水线逐渐向油井推进，到达油井排后沿人工裂缝突进到油井，此时，注入水克服的主要是垂直裂缝方向上的总应力。单从地应力方面来表述，总应力反映了最小主应力和注入水沿裂缝推进时产生的附加应力之和（排除由于注水污染或者其作业而产生的附加应力）

$$p_{di} = \sigma_h + \Delta\sigma_h(\Delta H) \tag{6.5}$$

随着开发时间的逐渐延长，注水线在垂直人工裂缝方向上的累积总厚度越来越大，附加应力会越来越大，也就是说垂直于最大主应力方向上的总应力越来越大。设 f_h 为注水线的局部水平最小主应力，则：

$$f_h = \sigma_h + \Delta\sigma_h(\Delta H) \tag{6.6}$$

局部水平最小主应力也会逐渐增大，将会无限接近水平最大主应力：

$$\lim_{t \to T} f_h \to \sigma_H \tag{6.7}$$

使得以油井为中心应力场"均一化"发展特征，更为明显。

而井网加密调整一般情况都是在油藏开发中后期，如图6.12所示加密井受到油、水井共同影响，局部地应力场重新分布位于应力异常区。当满足下述力学条件时：

$$\sigma_{h0} + \Delta\sigma_{oh} + \Delta\sigma_{wh} > \sigma_{H0} + \sigma_{oH} \tag{6.8}$$

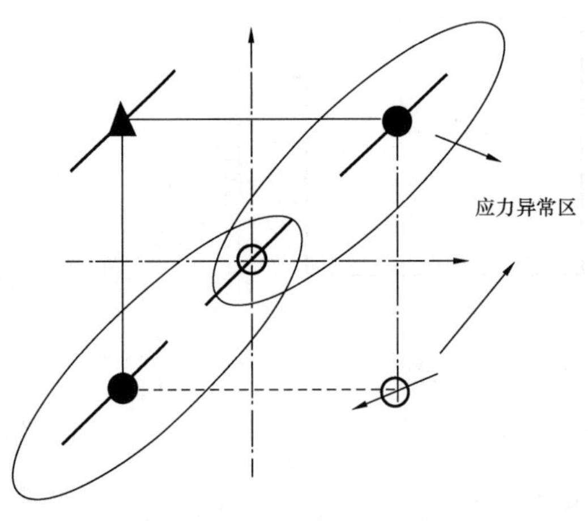

图 6.12　加密井应力场分布示意图

加密井压裂改造裂缝重定向的可能性很大，即为加密井压裂改造呈现多方位的力学机理。

而对于裂缝发育低渗透油藏人工裂缝的延伸方向虽然与现应力场的主应力方向有关，但主要受到天然裂缝的影响。根据岩石三轴力学实验结果，有先存破裂面的岩石抗张强度要比没有先存破裂面的岩石低 43% ~55%，当先存破裂面与最大主应力方向的夹角小于 30°时，岩石抗张强度最小。对于天然裂缝发育油藏，当天然裂缝与现应力场最大主应力方向夹角较小(通常 <45°)时，压裂缝沿早期裂缝扩展，一般不产生新缝，只有远离天然裂缝的区域，压裂缝才开始沿着最大主应力方向延伸，或者天然裂缝与现应力场最大主应力方向夹角较大时，人工裂缝沿最大主应力方向延伸。

实际 AS 油田 C6 裂缝不发育区块加密井压裂改造之后，第一阶段投产试验加密井采用与前期相当的储层压裂规模，压后人工裂缝形态复杂多样，呈现多方位性，具体井位裂缝方位统计见表 6.3。

表 6.3　加密井人工裂缝监测结果

井号	裂缝方位(°)	裂缝方位与原水平最大主应力转角(°)
王 22 -031	NE60	7.0
王加 25 -034	NE63.2	3.8
王加 22 -071	NE75.1	-8.1
王加 25 -054	NE65	2
王加 25 -053	NE46.4	20.6
王 20 -063	NE50.1	16.9
王加 21 -1182	NE68	-1.0
王 22 -052	NW28.8	-84.2
王加 25 -032	NW21.6	88.6

注:最大主应力方向为 NE67°，加密井裂缝转向角度沿主应力方向逆时针为正，顺时针为负。

并且由于压裂规模不当，试验 5 口井，其中 3 口井产水，效果不理想。可见，优化设计加密井裂缝参数实现加密井人工裂缝与二次井网(加密调整井网)的优化配置对加密调整后开发效果的好坏有重要影响。

6.3.3　菱形反九点加密井裂缝参数优化配置研究

AS油田C6裂缝发育油藏剩余油分布规律研究结果表明,天然裂缝与主应力夹角基本一致,加密调整后加密井人工裂缝沿早期裂缝(最大主应力)延伸,转向的可能性很小。根据前面研究成果,C6裂缝较发育油藏初期部署菱形反九点井网,合理井网加密调整方式为主向井转注,侧向井行间加密两口油井,转为沿裂缝方向线状注水。图6.13所示为加密井井网加密调整及压裂示意图。

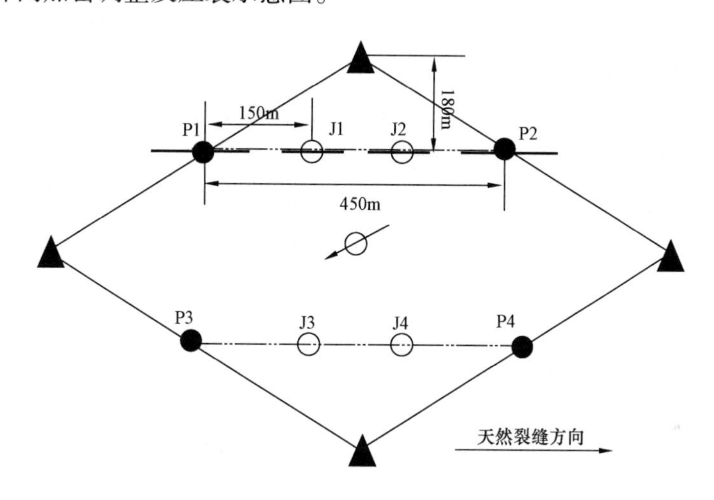

图6.13　加密井井网加密调整及压裂示意图

(1)加密井裂缝导流能力研究。

加密井取最佳裂缝半长,取不同导流能力为100mD·m,150mD·m,200mD·m,250mD·m和300mD·m建立相关模型模拟研究,计算结果如图6.14所示。最佳裂缝导流能力取值200~250mD·m。

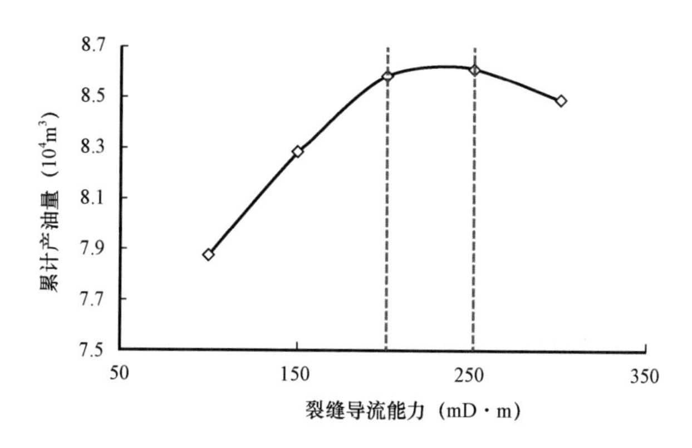

图6.14　累计产油量与加密井裂缝导流能力关系曲线

(2)加密井裂缝半长研究。

研究区老井压裂裂缝半长在120m左右,加密调整后的井距为150m,所以说加密井压裂缝长范围为10～30m,很容易即可将裂缝一翼沟通形成与注水水线相平行的裂缝带,压裂缝缝长的合理设计显得十分重要。在加密井裂缝方向沿最大主应力方向时分别取裂缝半长为20m,30m,40m,50m和60m建立相关模型进行模拟研究。

由图6.15可以看出,随着裂缝半长的增加,加密井累计产油量逐渐增加,但是当裂缝半长大于50m后,累计产油量随裂缝半长变化不再明显,也就是说加密井裂缝最佳半长为50m。其主要原因在于:① 随着裂缝半长的增加,加密井裂缝与老井裂缝间距减小,新、老井裂缝沟通逐渐形成“隔板”,使得两侧的注入水不能均匀地推进,注入水得不到有效利用;② 裂缝半长增加以后,油井椭圆泄油面积发生重叠,且长度越大,面积重叠的越明显,导致井间生产干扰严重,产能下降。

根据图6.16可以看出,4口加密井累计产油量随着裂缝半长的变化规律基本一致,最佳裂缝半长均为50m,所以说没有对加密井进行分类处理。

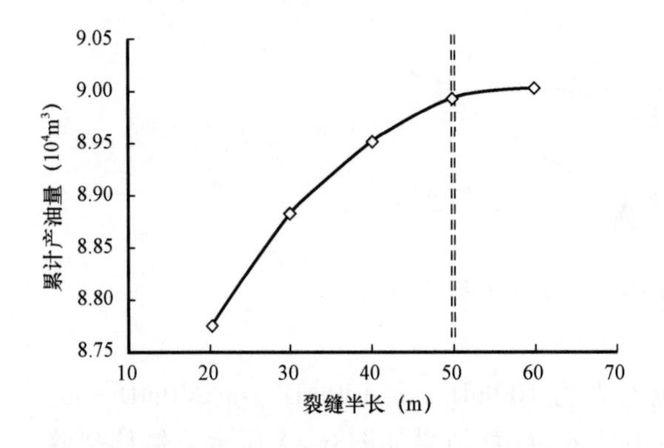

图6.15　累计产油量与裂缝半长关系曲线

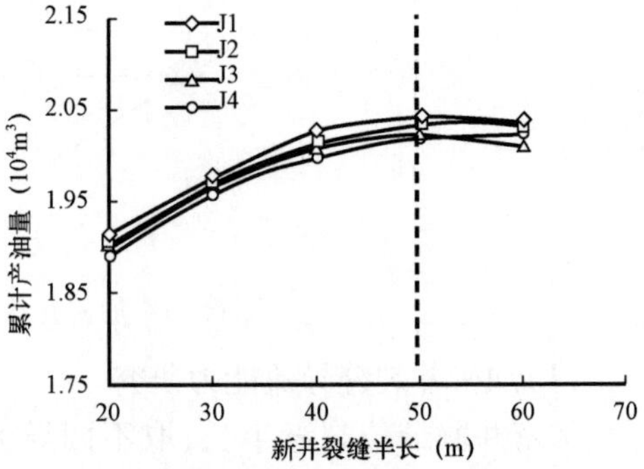

图6.16　加密井单井累计产油量与裂缝半长关系曲线

(3)加密井裂缝参数敏感性分析。

对加密井裂缝半长、裂缝导流能力进行归一化处理转化为无量纲值,回归出无量纲参数值与累计产油量的线性关系曲线如图6.17所示。

直线斜率绝对值的大小反应参数变化的敏感性,由此可得参数敏感性大小为:加密井裂缝导流能力 > 加密井裂缝半长。

6.4　注采动态参数优化

AS油田是国内较早全面投入注水开发的低渗透、特低渗透油田。针对低渗透油藏

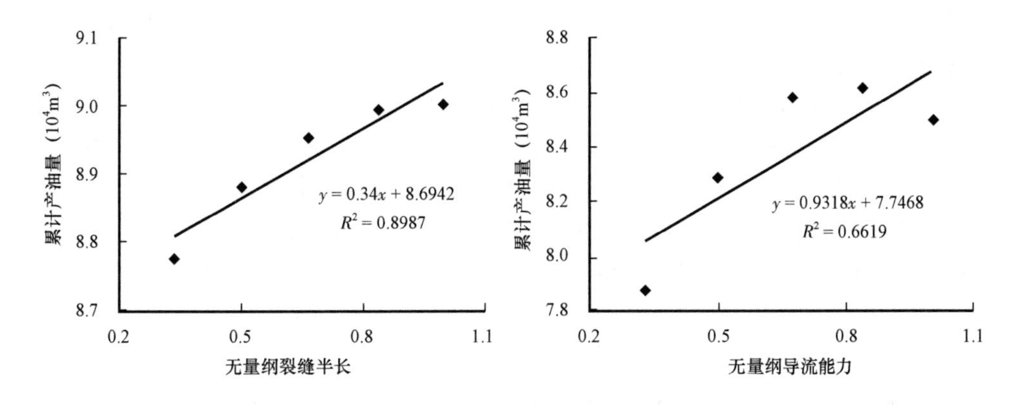

图 6.17 加密井裂缝参数敏感性分析

注水开发过程中易出现的层间、层内和平面三大矛盾，运用油藏数值模拟技术并与矿场生产实际监测数据信息有机结合，对注采参数与注水方式进行整体优化，取得了明显开发效果。

6.4.1 早期强化注水

为了尽快提高地层压力，建立有效的压力驱替系统，除在有条件的井区实施超前注水外，其余主要以强化注水为手段。一是实施注采同步区强化注水试验，1998 年在 XH 油区西北部选择同步投注井组 X15－24 进行初期强化注水试验。初期 3 个月日注水平 $30m^3$，后提高到 $40\sim50m^3$，注采比提高到 4.3，注水强度 $2.1m^3/(d\cdot m)$。3 个月后油井开始见效，产能持续上升，1999 年 10 月单井产能 4.48t/d，是初期产能的 132%，二是在未建立有效压力驱替系统的孔隙渗流区，“温和注水”不能有效补充地层能量，应采取注水强度与注采比相结合的方法进行注水。1997 年在杏河区进行了 19 个井组提高注水强度试验，由 $1.2m^3/(d\cdot m)$ 提高到 $2.5\sim3.0m^3/(d\cdot m)$，5 个月后，油井压力由 6.85MPa 上升到 10.52MPa，老井日产油水平持续上升。当年综合递减为 －6.19%。1998 年针对侯市区东部孔隙渗流区长期注水不见效、油井产能低的侯 6－28 井组进行强化注水试验，注采比由 1.5 提高到 6.0，注水强度由 $0.8m^3/(d\cdot m)$ 提高到 $1.6\sim1.9m^3/(d\cdot m)$。提高注水强度后，压力上升，井组单井产能由 1.7t/d 上升到 2.5t/d。

6.4.2 不稳定注水

针对孔隙裂缝渗流区，初期强注后，油井陆续见效，见效后平均单井产能达到 3.0t 以上，以后由于井组中主向油井含水上升，导致井组油井产能下降；为控制含水上升，提高驱油效率及波及系数，进行了不稳定注水。AS 油田从 1996 年以来共对 157 个井组实施了不稳定注水，在 WY 油区 1996 年进行不稳定注水井组 32 个，平均产能由 2.24t/d 上升到2.53t/d,含水由45.4%下降到42.1%;1997年进行不稳定注水井组46个,平均产能由1.98t/d上升到2.36t/d,含水由50.4%下降到47.8%;1998年进行不稳定注水井组40个,平均产能由1.84t/d上升到2.18t/d,含水由51.2%下降到41.6%,动液面由989m下降到1010m;1999年实施不稳定注水33个井组,平均单井日产油由1.92t上升到1.97t,含水由44.7%下降到38.0%。结果表明,不稳定注水对孔隙渗流区、孔隙裂缝渗流区能起到稳油控水的作用,但注水效果随着实施时间的延长呈下降趋势。2000年在HC油田开展了3个注水井组的试验,采取了注2个月停1.5个月的不对称周期,至年底,3个井组已实施了2个周期,有4口井见到了效果,周期注水前后对比,日产油由5.9t上升到8.1t,综合含水由62.4%下降到52.2%(表6.4)。

表6.4　H152区长3油藏周期注水见效油井产量变化表

井号	周期注水前			周期注水后		
	日产液(m^3)	日产油(t)	含水(%)	日产液(m^3)	日产油(t)	含水(%)
剖15-8	2.37	0.90	54.9	4.16	2.18	38.7
剖36-8	7.83	1.60	75.7	7.06	1.65	72.6
剖37-8	2.39	1.97	4.1	3.30	2.62	6.9
剖35-9	6.07	1.43	72.2	5.56	1.62	67.2
合计	18.66	5.90	62.4	20.08	8.07	52.2

(1)沿裂缝强化注水。

针对部分井区裂缝发育,油井见水快,裂缝线上油井水淹,侧向油井长期处于低压、低产状态等问题,AS油田1996年以来先后开展了20条沿裂缝注水,先由单井日注20m^3提高到30m^3,半年后又提高到60m^3,注水强度2.3~3.0m^3/(m·d),当侧向压力保持水平达到100%以上后进行平衡注水,根据连续5年对应的动态反映,侧向油井压力缓慢上升,产量保持稳定或小幅度上升(表6.3)。其中2001年上半年20条裂缝线增加注水量10.8×10^4m^3,增加油量2307t,投入产出比为1∶1.8。

(2)高含水区强化注水提高采液指数。

针对WY油区孔隙渗流区注入水推进较均匀,油井含水高、采出程度高的特征,从2000年起对油层厚度大、吸水较均匀的孔隙渗流区W16-9,W16-15和W21-012井组进行强化注水试验,旨在提高驱油压力梯度,水驱波及体积及采液、采油指数,单井日注水平由15m^3提高到30~40m^3,注水强度由1.5m^3/m提高到2.53m^3/m。通过试验,主要有以下认识:① 中部高含水区域强注,可以提高采液(采油)指数,达到稳产的目的;② 水驱压力增大后,来水方向井含水明显上升较快。通过强注—间注—强注方法,可以稳定油井含水,提高单井产能,达到老区块稳产目的;③ 井组强注压力上升后,低产井解堵增产效果好。

(3)改变液流方向。

在裂缝主向油井水淹后,通过转注、转采等手段,改变液流方向,提高水驱波及程度。1998年对PQ油区已见水裂缝线上的4口注水井进行了转抽试验,单井日增油0~1.0t,目前只有P44-17在生产。根据油藏动态特征,适时将水淹油井转注,使面积井网变为排列井网进行注水。这样充分利用了裂缝的特征,改变了原来的水驱方向,提高了水驱效率。从1997年到2000年共实施油井转注16口。通过注水,部分井组已见到注水效果,水驱状况得到了改善。如P6-15井于1999年4月转注后,单井日注水平保持在30m^3左右,裂缝侧向7口油井单井产能由1.85t上升到2.33t,含水48.5%。

6.5　注采井网调整对策研究

6.5.1　注采井网调整的方式和时机

6.5.1.1　合理调整方式研究

(1)储层裂缝不发育。

对于储层裂缝不发育的油田,应根据储层砂体发育状况,选择合理的井网调整方式。通常正方形反九点法井网的调整,根据油田地质特征有4种方式可供选择:第一,调整为五点法井网;第二,调整为横向线状行列注水;第三,调整为纵向线状行列注水;第四,到开发后期可调整为九点法井网。对于薄层、连通性好的大片席状砂体,注采井网首先应保证具有较高的水驱面积波及系数。从不同井网水驱面积波及系数来看(图6.18),在相同流度比下,五点法井网水驱面积波及系数明显高于行列注水和反九点井网,水驱波及面积明显增大,同时由于储层连通性较好,水驱控制程度高,剩余油主要分布在角井区域,调整为五点法井网后可以有效动用角井区域剩余油。

对敖南油田试验区按不同的调整方式进行预测,结果见表6.5。从表6.5可以看出,反九点法井网转五点法井网后,剩余油动用程度最高,阶段末和最终开发效果好于其他井网。这说明对于储层裂缝不发育、连通性较好的低渗透油田,井网调整为水驱面积波及系数较高的五点法井网好。

(2)储层裂缝发育。

对于储层裂缝发育的油田,大量研究及实践表明,沿裂缝方向调整为线性注水是较为合理的方式。储层裂缝具有双重作用,一方面,注入水沿裂缝突进,造成注水井排的油井过早见水;另一方面,裂缝可以提高注水井的吸水能力和采油井的生产能力。因此,沿裂缝方向调整为线性注水后,平行裂缝方向注水,垂直裂缝方向驱油,可以缓解平面矛盾,充分利用裂缝系统的高导流能力,改善油田的开发效果。

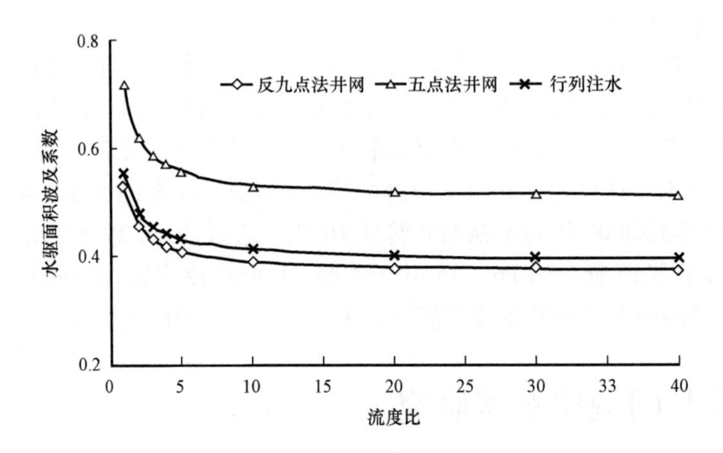

图 6.18　不同井网水驱面积波及系数随流度比变化曲线

表 6.5　不同井网调整方式数值模拟预测结果

方案	注采井网调整方案						数值模拟预测结果		
	井网	转注井数量（口）	油井（口）	水井（口）	油水井数量比	水驱控制程度（%）	阶段末采出程度（%）	阶段末含水率（%）	最终采收率（%）
原井网	反九点法井网		47	13	3.6	97.8	17.7	77.7	24.4
1	五点法井网	13	34	26	1.3	98.1	19.6	75.1	26.3
2	行列式	12	35	25	1.4	98.6	19.2	75.2	25.6
3	行列式	12	35	25	1.4	99.4	19.4	75.7	25.8

6.5.1.2　合理调整时机研究

低渗透油田初期采用较高的油水井数比，受储层条件的影响，地层压力保持水平往往较低。AN 油田在反九点法井网条件下，地层压力保持水平为 69.1%，而合理的地层压力保持水平在 80% 左右。因此，合理的注采井网调整时机要有利于地层压力保持在合理水平，便于后期的调整挖潜。为此，对不同转注时机的开发效果进行了预测。从预测结果来看，转注越晚，压力恢复至合理保持水平的时间越长，最终开发效果越差。含水 60% 时转注较含水 30% 时转注压力恢复至合理的水平时间晚 3.1 年，最终采收率要低 1.4 百分点。因此，低渗透油田在注采井网不能满足开发需要后，越早调整，越有利于提高油田开发效果。

6.5.2　井网调整后的合理注水调整方法

注采井网调整后，新老井压力场必然存在较大差异。此时应该以调整地层压力场为主，缓解平面矛盾。

(1)储层裂缝不发育。

对于储层裂缝不发育油田，转注初期，为恢复地层压力，老注水井强度不变，新注水井正常配水，受效后按照不同调整方法进行了预测，结果见表6.6。从表6.6可以看出，老注水井不变，加强新注水井，含水上升快，压力保持水平过高，降低了储层驱油效率，开发效果较差，最终采收率仅为24.87%；控制老注水井，新注水井不变，压力保持水平低，储层产能得不到充分发挥；而控制老注水井，加强新注水井，使地层压力保持在合理水平，压力分布更加趋于合理，最终采收率可以达到26.93%，具有较好的开发效果。

(2)储层裂缝发育。

对储层裂缝发育的油田，井网沿裂缝方向调整后，为充分利用裂缝，发挥线性驱油的效果，应使新老注水井水线尽早沟通。对新老注水井水线沟通按照不同调整方法进行了预测，结果见表6.7。从表6.7可以看出，由于新老注水井压差小，水线沟通时间较长，转注后老注水井不变、加强新注水井，和新老注水井均控制注水两种调整方法的水线沟通时间，分别为18个月和24个月；而适当控制老注水井、加强新注水井的调整方法，增加了新老注水井压差，可以使水线较早得以沟通，水线沟通仅需6个月，可以取得较好的开发效果。

表6.6　转注受效后新老井调整方法数值模拟预测结果

方案	调整方案	注水强度[$m^3/(d \cdot m)$]				数值模拟预测结果			
		受效前		受效后		阶段末			最终采收率(%)
		老井	新井	老井	新井	采出程度(%)	含水率(%)	压力保持水平(%)	
1	老注水井不变，加强新注水井			3.1	3.8	19.24	77.86	105.4	24.87
2	控制老注水井，加强新注水井	3.1	2.8	2.3	3.8	19.70	72.43	81.6	26.93
3	控制老注水井，新注水井不变			2.3	2.8	18.73	69.70	66.5	25.46

表6.7　水线沟通前不同调整方法数值模拟预测结果

方案	调整方案	注水强度[$m^3/(d \cdot m)$]			水线沟通时间(月)	数值模拟预测结果		最终采收率(%)
		转注前	转注后			阶段末		
			老井	新井		采出程度(%)	含水率(%)	
1	老注水井不变，加强新注水井		2.8	4.2	18	15.85	73.2	26.98
2	控制老注水井，加强新注水井	2.8	1.9	4.2	6	16.92	72.3	27.85
3	新老注水井均控制注水		1.9	2.5	24	14.24	70.4	26.42

水线沟通后，由于老注水井压力扩散范围大，新注水井注水时间短，压力扩散范围小，为平衡地层压力，新注水井注水强度应该大于老注水井；同时，为避免老方向过早见水，老注水井采取层段周期注水适当降低注水强度，新方向加强注水，促进均衡动用。从数值模拟预测结果来看，水线沟通后，适当控制老井注水，新井保持不变，最终采收率可以达到28.68%，高于其他几种调整方式（表6.8）。

表6.8　水线沟通后不同调整方法数值模拟预测结果

方案	调整方案	注水强度[$m^3/(d \cdot m)$]					数值模拟预测结果		
		水线沟通前			水线沟通后		阶段末		最终采收率（%）
		老井	新井	沟通时间（月）	老井	新井	采出程度（%）	含水率（%）	
1	老注水井加强，新注水井不变	1.9	4.2	6	2.8	4.2	16.02	72.5	27.45
2	控制老注水井，新注水井不变				1.0	4.2	17.77	71.6	28.68
3	老注水井不变，控制新注水井				1.9	2.5	14.36	70.6	26.58

6.6　注水方式调整

6.6.1　不稳定注水研究

6.6.1.1　不稳定注水驱油机理

不稳定注水是一种将周期注水和改变液流方向注水相结合的注水开发方式，即按照注水井组轮流改变其注入方式，在油层中建立不稳定的压力降，促使原来未被水波及的储层、层带和区段投入开发，从而提高非均质储层的波及系数和扫油效率，即提高原油采收率。

根据导压系数和毛细管压力梯度两个公式：

$$\alpha = \frac{K}{\mu \phi C_t} \tag{6.9}$$

$$\frac{\partial p_t}{\partial L} = \frac{\partial p_t}{\partial S_w} \cdot \frac{\partial S_w}{\partial L} \tag{6.10}$$

从式(6.9)中可以看出，高渗透层因为K大，μ小，C_t小，因而导压系数较大。反之，低渗透层导压系数较小。从式(6.10)中可以看出，含水饱和度越大，毛细管压力梯度越大，在油水界面上，毛细管压力梯度最大。

在升压半周期,注水压力加大(水量为 q_1),由于高渗透层的导压系数较大,此时一部分注入水首先进入高渗透层段,同时由于时间的作用,高渗透层段压力升高后注入水又进入低渗透层和高渗透层内低渗透段,驱替那些在常规注水时未能被驱走的剩余油,改善了吸水剖面。另外,由于注入量的增大,一部分在大孔道中流动的水克服毛细管压力的作用,沿高低渗透段的交界面进入低渗透段,使低渗透段的一部分油被驱替。再者,注水压力加大使低渗透层段获得更多的弹性能。因此,q_1 越大,升压半周期储层内流体的各项活动越强烈。当进入降压半周期(水量为 q_2)时,由于高、低渗透段导压系数不同,高渗透段导压系数较大,压力下降快,低渗透段导压系数低,压力下降慢,这样高、低渗透段间形成一反向压力梯度,同时由于毛细管压力和弹性力的作用,在两段交界面出现低渗透段中的部分水和油缓慢向高渗段的大孔道流动,并在生产压差作用下随同后来的驱替水流向生产井。因此,q_2 越小,高渗透层段能量下降越快,越有利于低渗透层段较早地发挥其储备能,而高渗透层段内低渗透段流体在弹性能和毛细管压力的作用下,沿高、低渗透段的交界面进入高渗透段的时机也越早,产出流体也越多。

6.6.1.2　改向注水提高油藏采收率机理

对一个稳定的注采系统,在正常注水下液流流线分布如图6.19所示,在注水井与油井连线的主流线上严重水淹,油井之间形成滞流区。当实施不稳定注水,水井1注水,水井2停注,则滞流区内剩余油将向水井2处移动,这部分储量将得到动用,改善了水驱效果。

6.6.1.3　油藏符合不稳定注水的条件

(1)油藏裂缝发育。

天然微裂缝发育,加之油水井均经压裂改造,地下裂缝系统发育,裂缝的存在扩大了渗流通道,使油藏形成了渗透率差别较大的高低渗透层段,在裂缝和高渗透层段周围,油层压力高、含水高、水淹严重,而在裂缝不发育和低渗透层段,油层压力低、含水低,剩余油富集。

(2)油层大多属于正韵律油层。

正韵律油藏的不稳定注水效果优于反韵律油藏。常规注水时,正韵律油藏由于重力的附加影响,层内储量动用不均衡的状况要比反韵律油藏严重,其低渗透层段的剩余油潜力大于反韵律油藏。不稳定注水时,强注强采增加的水平驱动力有效地抑制了垂向重力作用的不利影响,因此,正韵律油藏采出

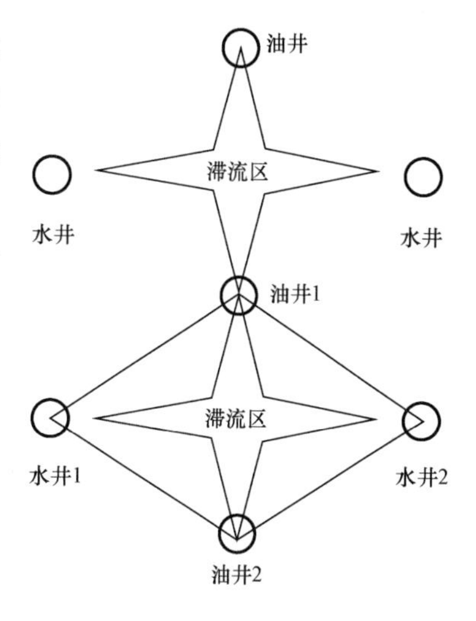

图6.19　正常注水液流分布图

程度提高幅度要高于反韵律油藏。由此推论,复合韵律油藏由于其高、低渗透层交互分布,层间流体交渗作用更充分,因而其改善水驱的效果更好。

(3)油层润湿性为亲水。

亲水油藏不稳定注水效果优于亲油油藏。在加压过程中,油藏积累能量与油藏润湿性无关,即亲水、亲油油藏水驱效果都能得到改善。不同的是亲水油藏由于油层毛细管的滞留作用,在高、低渗透带流体发生交渗作用时,必然有部分注入含油孔隙中的水被毛细管压力滞留于低渗透含油孔隙中,从而替换出等量的油。

6.6.1.4 周期注水时机及注水参数的选择

(1)注水时机的选择。

一是根据数模结果,结合得出由较高含水期转入周期注水效果较好,其原因是:在油层水淹程度小的情况下,高低渗透带内流体基本同是原油,液流交换失去意义,且过度提高注水强度,会加剧高低渗透层水驱不均衡的矛盾,水驱开发效果将变差。而在高含水期或特高含水期转入周期注水,高渗透层内流体多为注入水,高低渗透带间液流交渗作用才有意义,毛细管压力和亲水油藏的吮吸作用能够得到充分发挥,提高油藏采收率幅度相对较高。二是根据生产情况。以 DLH 低渗透油田为例,在常规注水方式下开发,1996 年自然递减率高达 18.8%,含水上升率高达 4.4%,开展不稳定注水技术研究迫在眉睫。

(2)注采比优选。

以 DLH 油田为对象,分别取 5 种不同注采比进行优选,预测结果见表 6.9。

表 6.9 注采比优选对比表

注采比	采油速度(%)	含水率(%)	采出程度(%)	压降(MPa)	最终采收率(%)
1.31	1.47	59.5	15.34	4.7	30.5
0.84	1.62	55.75	15.5	9.4	36.0
0.90	1.57	57.6	15.44	6.1	35.4
0.97	1.53	58.37	15.39	4.48	34.2
1.05	1.51	58.9	15.33	3.28	33.1
1.14	1.46	60.54	15.31	1.83	30.9

从预测结果分析,合理注采比范围为 0.9 ~ 1.05,过高的注采比会造成水窜,含水上升快,区块最终采收率低;过低注采比,地层压力下降快,不能正常生产,注采比 0.9 ~ 1.05 时,含水上升较慢,压力能保持稳定,开发效果较好。

(3)注水周期优选。

优选合理注采比和注水方式后,对波动周期进行了计算,根据注水周期计算公式,对径向油藏,最优化的工作周期交替工作频率计算:

$$w = 4\eta/R^2 \tag{6.11}$$

最优化工作周期：

$$T = R^2/4\eta \tag{6.12}$$

其中

$$\eta = K/[(\beta_r + \phi\beta_l)\mu]$$

根据式(6.12)计算注水周期为15天，同时根据数值模拟结果，预测表明周期短区块含水上升相对较缓，短的波动周期预测含水比长周期低0.3%。由于短周期减少了强注时间，因而也降低了裂缝连通的可能性，因此选用15天为一个较好的选择方案。

(4)注水量波动幅度。

注水量波动幅度计算公式：

$$X = (q_1 - q_2)/q \tag{6.13}$$

数值模拟结果表明，注水量波动幅度高于50%效果最好。低于这个量值，一个周期内，为了保持一定的注采比，注水时间就要相对延长，而长注短停效果差。但水量波动幅度过大，对注水压力要求过高，也会给注水系统带来难度。根据注水量的波动幅度，考虑到低渗透油田保持地层压力开发的要求，采用了强注和弱注的方式，单井平均强注期注水量为100m^3/d，弱注期注水量为40m^3/d。

(5)注水方式对称性选择。

根据周期注水的模拟结果，长注短停的采收率最低，为43.1%～44.8%；对称型即注停相等的效果略好，采收率为46.1%～46.3%；不对称型的短注长停效果更好，采收率高达47.1%～50.7%；不对称的水井强注期间油井停产，水井停注期间油井枯竭采油，这种方式采收率最高，为48.1%～50.7%。但是，根据注采比和地层能量的要求，同时考虑到低渗透油田注水难度大的状况，采用了对称型方式，即强注15天以后弱注15天的方式。

(6)采用改向注水的方式。

采用注水井井排交替强注、弱注的方法，即一排注水井强注时，另一排注水井弱注，依次交替。从而对应一排油井，有两排注水井改向交替注水，能够起到较好的注水效果。

6.6.1.5　开发效果总体评价

DLH低渗透油田自1996年以来产量递减快，但开发中选用了正确的注水方式和注采技术政策调整，水驱效果不断向好的方向转化，使油田的开发实现了良性循环，主要表现在含水与采出程度、水驱指数与采出程度、无量纲注入量与采出程度、含水上升率与采出程度等曲线好于理论曲线并进一步向好的方向转化。

表 6.10　DLH 油田开发指标表

年度	动用储量(10^4t)	开油井数(口)	日产油水平(t/d)	年均含水(%)	年产油(10^4t)	采油速度(%)	年均含水上升率(%)	开水井数(口)	月注采比	自然递减(%)
1996	1350	86	512	41	18.1352	1.34	4.4	37	1.04	18.8
1997	1350	88	414	43.6	15.5504	1.15	2.1	41	1.38	15.5
1998	1350	87	406	52.3	14.9953	1.09	8.0	43	1.13	8.4
1999	1350	82	370	55.6	13.9875	1.03	3.2	40	1.08	7.0
2000	1412	76	328	59.7	12.898	0.88	1.02	39	1.08	8.29
2001	1740	79	256	67.0	10.3877	0.64	1.25	41	1.55	19.39
2002	1740	79	247	67.6	9.3993	0.62	5.06	44	1.56	8.66
2003	1959	124	481	58.0	16.6185	0.92	−2.85	53	1.11	15.85

符号注释

C_t——油水岩石的压缩系数，MPa^{-1}；

σ_{H0}——初始最小水平主应力，MPa；

σ_{h0}——初始最大水平主应力，MPa；

$\Delta\sigma_{Hf}$——人工裂缝引起的最大水平主应力变化量，MPa；

σ_{hf}——人工裂缝引起的最小水平主应力变化量，MPa；

$\Delta\sigma_{Hp}$——孔隙压力引起的最大水平主应力变化量，MPa；

σ_{hp}——孔隙压力引起的最小水平主应力变化量，MPa；

σ_h——水平最小主应力，MPa；

ΔH——注水线在垂直人工裂缝方向上的累积厚度，cm。

$\Delta\sigma_{oh}$——油井生产活动引起的最小主应力分量，MPa；

$\Delta\sigma_{wh}$——水井生产活动引起的最小主应力分量，MPa；

$\Delta\sigma_{oH}$——油井压裂、生产引起的最大主应力分量，MPa；

α——导压系数；

K——渗透率，mD；

μ——液体黏度，mPa · s；

ϕ——孔隙度，%；

p_L——毛细管压力，MPa；

p_{di}——注水井的井底平衡压力，MPa；

S_w——含水饱和度,%;
L——长度,m;
R——排泄单元半径,m;
l——排泄单元长度,m;
β_r——岩石压缩系数,MPa^{-1};
β_l——液体压缩系数,MPa^{-1};
T——周期,d;
q_1——不稳定注水时最大注水量,m^3/d;
q_2——不稳定注水时最小注水量,m^3/d;
q——常规注水量平均注水量,m^3/d;
X——注水幅度。

第 7 章　水窜水淹深部整体调控技术

如前所述,通过注采系统的油藏工程优化与调整和对油水井各生产环节工艺措施及其入井工作液配伍性的标准化控制,可以有效预防低渗透油藏低产低效油井对注水开发的严重影响。但是,由于低渗透油藏非均质性低强,特别是多数油藏天然微裂缝发育,注水过程中,注入水容易沿着高渗透层段(纵向)和高渗透条带(横向)窜流,低渗透层段和低渗透条带难以波及,致使处于河流沉积砂体主通道方向的部分油井含水快速上升,甚至水淹,而处于河流沉积砂体侧向的部分注水井吸水能力差,注水压力高,部分油井见水效果差,产液量低,甚至不上液,纵向和平面矛盾日益加剧。随着注水开发进入中后期,对部分注水井,通过降压增注、化学调剖调驱、分隔注水等技术手段实现精细注水,在增加注水量的同时,调整注水剖面,改善注水井纵向和横向上的吸水不均匀性,提高水驱波及体积和驱油效率。对部分油井,通过重复压裂改造、酸化解堵、物理—化学复合解堵、分层隔采、查层补孔、低产井举升参数优化、井身质量保障等技术手段,提液引效,调整产液剖面,完善油层动用程度。在此基础上,提高油田整体采油速度和最终采收率。

第 7 章至第 11 章阐述了低产低效综合治理单井配套技术,着重介绍了水窜水淹深部整体调控、重复压裂改造优化决策、低频水力脉冲—多氢酸酸化、超声波—化学复合解堵、低产油井间歇抽油等几项行之有效的单井治理新技术。

本章系统描述了低渗透油藏水窜水淹深部整体调控配套技术,系统介绍了低渗透油藏窜流通道模糊识别技术、深部调控选井 IDPI 决策技术、水窜水淹深部调控剂体系和深部调控多级井间化学示踪监测技术[94-103]。

7.1　水窜通道模糊识别技术

7.1.1　窜流通道影响因素与生产特征

窜流通道的形成受多种因素的影响,形成后在生产动态上表现出很多特征,因此,依据单一因素或特征识别窜流通道容易出现误判,须综合考虑多个影响因素和表现特征。而出于简便、准确识别的目的,需要按照系统性、代表性、独立性、敏感性、准确性和实用性的原则对众多影响因素和表现特征进行筛选,建立一个更为简便、合理的评判指标体系。

影响窜流通道的因素:

(1)天然裂缝的发育程度。天然裂缝越发育,流体发生窜流的可能性越大。

(2)储层改造的影响。压裂作业程度越大,流体发生窜流的可能性越大。

(3)胶结程度对大孔道形成的影响。胶结程度越高,砂粒移动所需要的压力梯度越大,即需要的驱替速度越高,反之则出砂,需要的冲刷速度越小。

(4)渗透率对窜流通道形成的影响。渗透率越大,流动阻力越小,所需的压差也越小,要使砂粒移动,必须要有较高的驱替速度。在相同的压差下用相同的流体驱替,渗透率高的出砂量大,因为高渗透通道阻力小,流量分配大,对砂粒的冲刷作用强。

(5)生产速率对窜流通道形成的影响。生产速率越高,作用在岩石颗粒上的压力梯度越大,砂粒越容易脱落,出砂量越大,越容易形成高渗透带,压力下降越快。而压力下降越快越容易出砂。

(6)流体黏度对窜流通道形成的影响。渗流速度较低时,油越稠出砂量越大。稠的油流动阻力大,对砂粒的拖曳力也大;同时,稠油的携砂能力比较强,细砂颗粒能比较稳定地分布在稠油中一同运动。

存在窜流通道时的生产特征:

以往想知道井间地下连通情况,须进行示踪剂作业,在工序上费事,成本高。而通过开发生产历史,建立包括时间、产油量、产水量、油井套压、水井油压、注水量、动液面等数据的生产历史数据库可以直接反映油井生产过程中油水运动规律的历史数据,可以根据生产特征判断井间是否存在大孔道。

(1)采液指数。采液指数在大孔道出现以前变化平稳,大孔道形成后大幅度上升,油井产液量和含水率都大幅度上升。

(2)吸水指数。注水井视吸水指数在大孔道形成前变化平稳;大孔道形成后,日注水量不变时井底压力下降,视吸水指数猛然上升(最高点),封堵大孔道后又明显下降。

(3)井组采注比。井组采注比既反映大孔道形成后生产井采液能力,也反映注水井对应的生产井采液能力。在同一注采单元中,被大孔道连通井的采注比大于其他井,采注比大于1时有可能存在大孔道,接近1为正常。

(4)油、水井井底压力。注水井井底压力变化情况也反映注水井和采油井之间的连通关系。大孔道形成后,流体在近乎管流的状态下流动,渗流阻力小,油井井底压力逐渐增加到接近水井井底压力。

7.1.2　窜流通道识别基础知识库和数据库的建立

由上述影响因素和生产特征表征,可以得到识别窜流通道类型所需要的基础知识库和数据库,以下是需要的主要基础知识库和数据库。

知识库和数据库及其管理系统的功能是对知识数据进行贮存和系统化组织与管理。由于该系统的知识采用if(前提)和then(结论)这种简单的产生式规则的逻辑来表示,只要通过简单的选择,系统就会给出其指标值,从而实现知识的增加、删除和修改。因该系统已包括了所有影响窜流通道的主要因素，所以采用了静态的数据库管理体系，也因此简化了对知识库的管理。

主要数据包含：

(1)质静态数据。包括单井钻遇油层组、射开油层组、所处沉积微相、孔隙度、渗透率、渗透率极差、渗透率突进系数、渗透率变异系数、平面非均质性系数、饱和度等。

(2)开发动态数据。包括井口压力指数、注采压差、吸水剖面、吸水指数、吸水剖面非均质系数、采液指数、含水率、示踪剂等。

(3)其他数据。包括井间连通性、连通油井剩余储量、连通油井采出程度和平均含水率、特殊井况等。

7.1.3 窜流通道模糊识别模型及评价体系的建立

窜流通道的存在严重影响油藏的注水开发。由上述可知，按照窜流通道识别基础数据不同，目前窜流通道的识别方法主要有注入井测井识别、注入井试井识别、井间监测识别、观察井岩心分析识别、模糊识别等；按照窜流通道识别数学计算方法不同，窜流通道的识别方法又可分为灰色关联度分析、层次分析法、等级权衡法、模糊综合评判法、多元二次多项式回归法等。这些方法都存在着许多不足之处，如获取周期长、成本高、评判指标对识别结果不够敏感等。

针对前述不足，提出了一种更加精细的窜流通道分级模糊评判方法：根据窜流程度将窜流通道分为5种级别，即无异常储层、未完全发展微裂缝、微裂缝、未完全发展大裂缝、大裂缝。综合考虑窜流通道的影响因素和表现特征，构建简便、合理的评判指标体系，确定各指标的分级界限并分配权重，最后建立适用于水驱油藏的窜流通道分级模糊评判模型，从而为及时发现和有效治理水窜提供依据。这里以该课题组对延长油田T157科技示范区进行的研究为例，对窜流通道的识别技术进行具体的介绍。

结合区块开发实际及资料的可获取程度，采用模糊综合评判法，建立3级评判指标体系。第1级评判指标是目标层，即评判的目标是识别大孔道是否存在；第2级评判指标是准则层，即将目标层分为动态因素和静态因素；第3级评判指标是指标层，即各单项指标。综合考虑到油藏的实际特点及资料的可获取程度，优选出评判指标体系中的9项静态地质因素指标和9项开发动态因素指标，并以油藏实际数据为基础确定指标界限。

7.1.3.1 静态指标选取及指标界限确定

根据大量文献调研结果，选取9种影响大孔道形成的典型静态因素，并根据某油藏区块实际情况，确定静态指标界限，见表7.1。

表 7.1　静态指标选取及指标界限

指标	指标界限及指标值			
	0	0.5	1	不参与评价
渗透率(mD)	<1	[1,10]	>10	无资料
孔隙度	<0.1	[0.1,0.12]	>0.12	无资料
主力层砂岩厚度(m)	<2	[2,4]	>4	无资料
原油黏度(mPa·s)	<3	[3,5]	>5	无资料
渗透率级差	<2	[2,10]	>10	无资料
平面渗透率变异系数	<0.5	[0.5,0.7]	>0.7	无资料
注采方向与主裂缝方向夹角(°)	[70,90]	[30,70]	[0,30]	无资料
裂缝面密度(mm/mm^2)	<0.03	[0,0.1]	>0.1	无资料
沉积微相	主体相	过渡相	非储层相	无资料

7.1.3.2　动态指标选取及指标界限确定

生产动态关联系数是表征油、水井生产动态相关性大小的指标,可根据不同时间油井采液指数与水井视吸水指数的相关性判断注水井和生产井的连通情况,关联系数越大表明油水井之间连通性越好;吸水剖面均匀程度反映储层吸水的均匀性,它可以直接反映出层内的非均质性,可以通过吸水剖面示意图直观得出;穿透比表征储层被人工改造的程度,其值越大越易出现裂缝窜流带;含水月上升速度为生产历史中自投产至最高含水率值过程中,平均月含水上升幅度;井组累计注采比为井组水井累计注入量与油井累计产液量之比,累计注采比过大易导致油井水淹;视吸水指数上升幅度为对应油井含水率最大时水井平均视吸水指数与初期视吸水指数之差;产液指数上升幅度为油井含水率最大时平均视产液指数与初期平均视产液指数之差;注采压差下降幅度为油井含水率最大时平均注采压差与初期平均注采压差之差;含水率最大值是裂缝发育程度的直接反映,定义为含水率最大时前后各2月内平均含水率。

根据T157区块生产实际,选取9种影响大孔道形成的典型动态因素,并确定动态指标界限,见表7.2。

表 7.2　动态指标选取及指标界限

动态指标	指标界限及指标值			
	0	0.5	1	不参与评价
生产动态关联系数	<0.5	[0.5,0.7]	>0.7	无资料
吸水剖面均匀程度	较均匀	不均匀	极不均匀	无资料
穿透比	<0.06	[0.06,0.27]	>0.27	无资料

续表

动态指标	指标界限及指标值			
	0	0.5	1	不参与评价
含水率月上升速度(百分点)	<1	[1,2]	>2	无资料
井组累计注采比	1	[1,2]	>2	无资料
视吸水指数上升幅度[m^3/(d·MPa)]	0	[0,1]	>2	无资料
产液指数上升幅度[m^3/(d·MPa)]	0	[0,0.18]	>0.18	无资料
注采压差下降幅度(MPa)	0	[0,1]	>1	无资料
含水率最大值(%)	<40	[40,60]	>60	无资料

7.1.3.3 指标权重的确定

层次分析法(AHP)是一种定性分析和定量计算相结合的系统分析方法。它把复杂的问题分为若干层次,然后根据对一定客观现实的判断,就每一层次各元素的相对重要性给出定量表示,即构造判断矩阵。通过求解该判断矩阵的最大特征根及对应的特征向量,来确定出每一层次各元素相对重要性的权重。通过各层次的分析协调,达到整个问题分析结构的统一。

采用层次分析法确定指标权重,主要步骤为:首先建立层次结构模型,将准则层定为静态地质因素和动态开发因素;其次对下边的各静态、动态因素重要性进行判断,用九标度法给出定量化判断值,这样就构造了一个判别矩阵,最后通过求解该矩阵得出各指标因素的权重值。具体的操作步骤如下:

层次结构模型的构建将准则层定为静态地质因素和动态开发因素,将选取的9个动态指标与9个静态指标作为指标层,层次结构模型如图7.1所示。

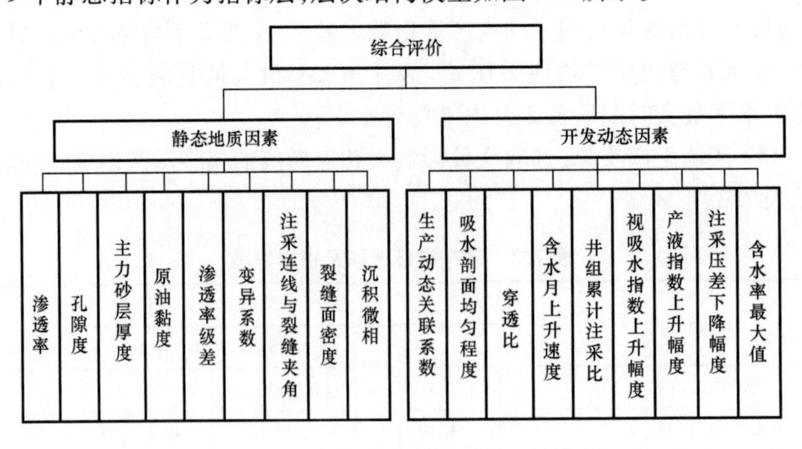

图7.1 指标权重评价层次结构图

7.1.3.4　判别矩阵

对每一结构层次内各因素两两比较其重要性的大小，并把比较结果通过合适的标度表示出来，写成矩阵形式，即得判断矩阵。采用九标度法(表7.3)。

表7.3　九标度判断矩阵标度含义

标度	含义
1	2个因素相比，具有同等重要性
3	2个因素相比，一个比另一个稍微重要
5	2个因素相比，一个比另一个明显重要
7	2个因素相比，一个比另一个十分重要
9	2个因素相比，一个比另一个极端重要
2,4,6,8	上述两相邻因素判断中值
倒数	设因素 i 与因素 j 比较的判断值为 b_{ij}，则因素 j 与因素 i 的判断值为 $1/b_{ij}$

7.1.3.5　计算权重

采用方根法计算权重。修改指标数为 n，其计算步骤如下。

(1)计算判断矩阵中每行所有元素的几何平均值，得向量：

$$\boldsymbol{M}_1 = [m_1, m_2, \cdots, m_i, \cdots, m_n]^{\mathrm{T}} \tag{7.1}$$

其中

$$m_i = \sqrt[n]{\prod_{j=1}^{n} b_{ij}} \quad (i = 1,2,\cdots,n)。$$

(2)对向量 $\boldsymbol{M}$ 作归一化处理，得相对权重向量：

$$\boldsymbol{\omega} = [\omega_1, \omega_2, \cdots, \omega_i, \cdots, \omega_n]^{\mathrm{T}} \tag{7.2}$$

其中

$$\omega_i = m_i / \sum_{j=1}^{n} m_j$$

(3)实际计算结果见表7.4和表7.5。

表7.4　地质和开发动态指标权重

因素	静态地质	开发动态	权重值
动态开发	2	1	0.67
静态地质	1	0.5	0.33

表7.5 静态地质指标判别矩阵及其权重

因素	渗透率	孔隙度	主力砂岩厚度	原油黏度	渗透率级差	平面渗透率变异系数	注采方向与主裂缝方向夹角	裂缝面密度	沉积微相	权重
渗透率	1	2	2	1	1	2	2	0.5	1	0.059
孔隙度	0.5	1	1	0.5	0.5	1	1	0.33	0.5	0.003
主力砂岩厚度	0.5	1	1	0.5	0.5	1	1	0.33	0.5	0.003
原油黏度	1	2	2	1	1	2	2	0.5	1	0.059
渗透率级差	1	2	2	1	1	2	2	0.5	1	0.059
平面渗透率变异系数	0.5	1	1	0.5	0.5	1	1	0.33	0.5	0.003
注采方向与主裂缝方向夹角	0.5	1	1	0.5	0.5	1	1	0.33	0.5	0.003
裂缝面密度	2	3	3	2	2	3	3	1	2	0.752
沉积微相	1	2	2	1	1	2	2	0.5	1	0.059

表7.6 动态开发指标判别矩阵及其权重

因素	生产动态关联系数	吸水剖面均匀程度	穿透比	含水率月上升速度	井组累计注采比	视吸水指数上升幅度	产液指数上升幅度	注采压差下降幅度	含水率最大值	权重
生产动态关联系数	1	2	1	2	2	2	3	3	1	0.308
吸水剖面均匀程度	0.5	1	0.5	1	1	1	2	2	0.5	0.018
穿透比	1	2	1	2	2	2	3	3	1	0.308
含水率月上升速度	0.5	1	0.5	1	1	1	2	2	0.5	0.018
井组累计注采比	0.5	1	0.5	1	1	1	2	2	0.5	0.018
视吸水指数上升幅度	0.5	1	0.5	1	1	1	2	2	0.5	0.018
产液指数上升幅度	0.33	0.5	0.33	0.5	0.5	0.5	1	1	0.33	0.001
注采压差下降幅度	0.33	0.5	0.33	0.5	0.5	0.5	1	1	0.33	0.001
含水率最大值	1	2	1	2	2	2	3	3	1	0.308

7.1.3.6 缺少资料时指标权重的处理

现场资料不全时,需要采用动态的方法处理指标权重。先将资料缺少的因素权重值赋为0,然后再将所有因素的权重值累加,将各因素的权重值除以权重值的累加值,以此作为各因素指标的实际权重值。

7.1.3.7 窜流通道模糊识别模型

窜流通道的动态判度:是将各动态因素指标值 F_{Di} 和其权重值 ω_{Di} 乘积并累加,其累

加值记作 F_D；大孔道的静态判度：将各静态因素指标值 F_{Ji} 和其权重值 ω_{Ji} 相乘的累加值记作 F_J，计算公式如下：

$$F_D = \sum_{i=1}^{9}(\text{动态地质指标值}F_{Di} \times \text{权值}\omega_{Di}) \tag{7.3}$$

$$F_J = \sum_{i=1}^{9}(\text{静态地质指标值}F_{Ji} \times \text{权值}\omega_{Ji}) \tag{7.4}$$

窜流通道的综合判度 F_Z：将大孔道的动态判度 F_D 和静态判度 F_J 分别和其权重值 ω_D 和 ω_J 相乘再求和，表达式为：

$$F_Z = F_J\,\omega_J + F_D\,\omega_D \tag{7.5}$$

7.1.3.8　窜流通道识别评判标准

窜流通道分为5个级别，分别为：无异常储层、未完全发展微裂缝、微裂缝、未完全发展大裂缝、大裂缝。评判指标为：当大孔道的综合判度 $F_z<0.3$ 时，表示存在无异常储层；当大孔道的综合判度 $0.3\leqslant F_z<0.45$ 时，表示存在未完全发展微裂缝；当大孔道的综合判度 $0.45\leqslant F_z<0.65$ 时，表示存在微裂缝；当大孔道的综合判度 $0.65\leqslant F_z<0.80$ 时，表示存在未完全发展大裂缝；当大孔道的综合判度 $0.80\leqslant F_z<1$ 时，表示存在大裂缝。

根据T157区块40个井组的动态、静态数据及生产测试数据，计算各动态、静态指标，计算井组内各油水井的静态判度、动态判度、综合判度，用模糊综合评判模型对T157区块40个井组进行窜流通道识别，评价结果见表7.7。

表7.7　窜流通道识别模糊综合评判模型在T157区块的应用

所属井组	井号	静态判度	动态判度	综合判度	判断结果
T87－2	T87	0.75	0.83	0.8	大裂缝
	T87－3	0.62	0.36	0.45	微裂缝
	1446－4	0.74	0.67	0.69	未完全发展大裂缝
T86－1	1387－2	0.63	0.83	0.76	未完全发展大裂缝
	1385－1	0.51	0.84	0.73	未完全发展大裂缝
	T86	0.62	0.51	0.55	微裂缝
	1366－3	0.5	0.06	0.21	无异常
	1368－1	0.75	0.83	0.8	大裂缝
	1368－3	0.52	0.83	0.73	未完全发展大裂缝
	1368－2	0.38	0.36	0.37	未完全发展微裂缝

续表

所属井组	井号	静态判度	动态判度	综合判度	判断结果
T157－2	T157	0.62	0.51	0.55	微裂缝
	1297－6	0.75	0.35	0.48	微裂缝
	1299－4	0.75	0.34	0.48	微裂缝
	1299－5	0.76	0.52	0.6	微裂缝
	1299－6	0.63	0.52	0.56	微裂缝
	1363－3	0.62	0.35	0.44	未完全发展微裂缝
T108－3	T108	0.74	0.2	0.38	未完全发展微裂缝
	T108－2	0.75	0.35	0.48	微裂缝
	T108－1	0.75	0.2	0.38	未完全发展微裂缝
	T108－4	0.74	0.35	0.48	微裂缝
T1448－4	1448－5	0.75	0.38	0.5	微裂缝
	1446－2	0.74	0.67	0.69	未完全发展大裂缝
	1446－3	0.63	0.67	0.66	未完全发展大裂缝
	1366－1	0.62	0.5	0.54	微裂缝
	1448－3	0.63	0.83	0.76	未完全发展大裂缝
	1387－4	0.74	0.81	0.79	未完全发展大裂缝

7.1.4 窜流通道定量计算方法

7.1.4.1 窜流通道体积计算的理论模型

通过研究各种不同介质的流动规律和特点，综合运用渗流力学和流体力学理论建立从孔隙线性渗流到粗糙管湍流的统一的裂缝流态定量分析和参数计算方法，可直接计算出窜流通道纯体积，从而为油田确定堵剂用量和堵剂类型提供直接依据。

水井的注水量和油井的产液量之差造成了地层压力的变化，当注入量大于产液量时，地层压力升高；反之，地层压力降低。注采量和地层平均压力之间的关系可表示为：

$$c_t V_p \frac{\mathrm{d}p(t)}{\mathrm{d}t} = i(t) - q_o(t) \tag{7.6}$$

注水井的日注水量可以表示为：

$$i(t) = I_w[p_{wfi}(t) - p(t)] \tag{7.7}$$

将式(7.7)代入式(7.6)得：

$$q_w(t) = i(t) - \frac{c_t V_p}{I_w}\frac{di(t)}{dt} + c_t V_p \frac{dp_{wfi(t)}}{dt} \tag{7.8}$$

在油田实际开发中，当一口生产井与 m_1 口注水井窜通时，式(7.8)可以写成：

$$q = \sum_{j=1}^{j=m_1} \lambda_j \left(i_j - \frac{c_t V_{pj}}{I_{wj}}\frac{di_j}{dt} + c_t V_{pj}\frac{dp_{wfi,j}}{dt} \right) \tag{7.9}$$

假设选取 n 组动态数据，则式(7.9)共有 $2m_1$ 个未知量，包括 m_1 个窜通系数和 m_1 个窜通体积，n 个方程和 n 个动态数据点。当动态数据组数 $n \geqslant 2m_1$ 且数据有较明显波动时，利用最小二乘法可以求解式(7.9)。

7.1.4.2　理论模型在T157井区的实际应用

根据井组的动态、静态数据及生产测试数据，用窜流通道体积计算模型对T157区块40个井组进行计算，结果见表7.8。

表7.8　窜流通道体积计算结果

所属井组	井号	判断结果	大孔道体积(m^3)
T87-2	T87	大裂缝	370
	T87-3	微裂缝	
	1446-4	未完全发展大裂缝	
T86-1	1387-2	未完全发展大裂缝	980
	1385-1	未完全发展大裂缝	
	T86	微裂缝	
	1366-3	无异常	
	1368-1	大裂缝	
	1368-3	未完全发展大裂缝	
	1368-2	未完全发展微裂缝	
T157-2	T157	微裂缝	530
	1297-6	微裂缝	
	1299-4	微裂缝	
	1299-5	微裂缝	
	1299-6	微裂缝	
	1363-3	未完全发展微裂缝	
T108-3	T108	未完全发展微裂缝	290
	T108-2	微裂缝	
	T108-1	未完全发展微裂缝	
	T108-4	微裂缝	

7.2 深部调控选井 I_{DPI} 决策技术

在窜流通道分析识别的基础上,需要结合油水井生产动态特征,建立深部调控井层的优选决策。目前,选井选层决策主要有油藏工程方法(Re)和压力指数方法(I_{PI})。它们在常规高含水油藏堵水调剖选井选层方面获得了广泛的应用。但是,由于低渗透油藏非均质性严重、天然未裂缝发育、人工压裂缝复杂,现有技术难以照搬使用。Re 方法需要采用数值模拟技术计算油水流动规律和窜流流线特征,数值模拟计算难度大,精确度低。I_{PI}方法无法考虑优势通道形成前后储层渗透率的动态变化,导致可能在相同的时间内,下降慢的井可能会被误判成需要调剖的井。此处介绍一种基于 I_{PI} 方法的改进压力指数决策方法,即 I_{DPI} 无量纲压力指数决策方法,对于低渗透油藏水窜水淹深部调驱选井选层方便而适用。

7.2.1 I_{PI}指数决策方法在低渗透油藏调剖选井应用中存在的问题

压力指数是由水井井口压降曲线求出的用于调剖决策的重要参数,其定义为:

$$I_{PI} = \int_0^{t_c} p(t_c)\,dt_c / t_c \tag{7.10}$$

由于水井的 I_{PI} 值与地层渗透率反相关,与吸水强度(q/h)成正比,因此 PI 值越小,越须进行调剖。此外,为了使水井的 PI 值可与区块中其他水井的 PI 值相比较,须将各水井的 PI 值改正至一个相同的吸水强度值,即 PI 改正值。

$$I_{DPI} = I_{PI}\frac{h}{q}G \tag{7.11}$$

I_{PI}决策方法用于低渗透裂缝性油藏调剖选井主要存在以下问题:

(1)I_{PI}值无法考虑优势通道形成前后储层渗透率的动态变化。在油藏开发流体长期的动力地质作用下,储层内微裂缝张开、泥质胶结物溶解、砂粒运移等使储层孔喉结构逐渐发生变化,部分层位渗透率增大、渗透能力增强,进而形成注入水渗流的优势通道。然而由 I_{PI}值的定义可知,I_{PI}值仅代表储层目前渗流能力的强弱,无法体现出储层渗透率的变化程度。如果 I_{PI}值比较小,那么可能是储层中已经形成了优势通道,也可能是储层固有的渗流能力较强。虽然 I_{PI}改正值对 I_{PI}值进行了改进,但改进以后得到的数值仍代表储层目前的渗流能力,因此用 I_{PI}改正值进行选井决策可能造成误判。

(2)I_{PI}值存在偏差,在相同的时间内,下降慢的井可能会被误判成需要调剖的井。如图 7.2 所示,在相同时间内当曲线所围阴影图形的面积 $S_1 = S_2$ 时,井 1 和井 2 的 I_{PI}值相等。当 $S_1 > S_2$ 时，井 2 的 I_{PI} 值大于井 1，如果此时两注水井的吸水强度相同，则井 2 的 I_{PI} 改正值大于井 1。若依据 *PI* 决策方法进行选井，则应对井 1 进行调剖。然而，井 1 的压力降落曲线下降平缓，不需要进行调剖。其中，t_p 为利用测压曲线进行计算的时刻。

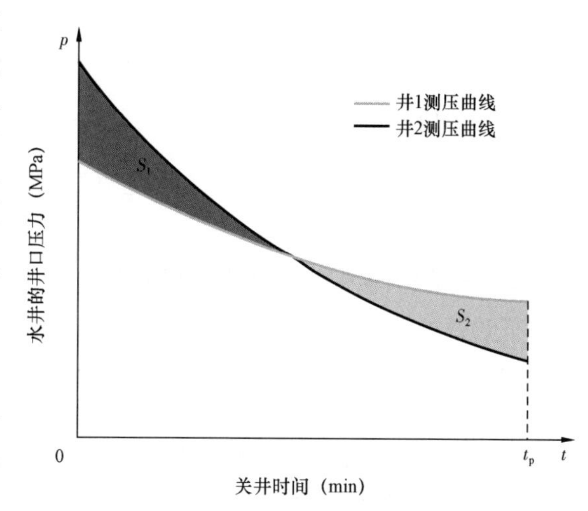

图 7.2　*PI* 决策导致选井结果偏差的示意图

对于中高渗透油藏，该问题可以通过充满度（*FD*）来辅助解决。但是，对于低渗透裂缝性油藏，*FD* 却无法解决这一问题。由于低渗透裂缝性储层本身的渗流能力很弱，注水井井口泄压非常慢，泄压幅度就很小。以 CQ 油田 WLW 一区 15 口水井的井口压降测试结果为例，测试 3h 后的压降幅度一般在 0.1～0.2MPa，和中高渗透油藏几个兆帕的压降幅度相比很小。因此所有井压降曲线的 *FD* 数值很大但差别很小，均在 0.984～0.998。由于不同井的充满度数值差别太小，很小的误差都会导致选井结果的错误。因此 *FD* 无法用于低渗透油藏的调剖选井决策。

（3）I_{PI} 值应用于低渗透裂缝性油藏时易于造成混淆和不便。对于低渗透裂缝性油藏，射孔层的吸水层位大多呈尖峰状吸水而且吸水厚度随着注水时间的延长发生明显的偏移。如 L70－42 井 2 个射孔段的厚度都是 4m，但测试的吸水厚度分别为 5.8m 和 3.6m，已经发生较大变化。那么在对 *PI* 值进行改正时，如果使用射孔厚度，则与储层目前实际的吸水状况不符；如果使用吸水厚度则还须测试每口井的吸水剖面，大大增加了工作量，限制了 I_{PI} 决策方法的应用。

（4）关井时间的选取不合理。I_{PI} 决策方法中，规定 90min 的关井时间，这是针对常规中高渗透油藏而定的。然而由于低渗透油藏渗流能力弱泄压慢，测试井一般不能在 90min 以内完成主要的压力降落。因此，对于低渗透油藏，应当选取更加合理的测试时间。本书中根据低渗透油藏特征与矿藏测试实践经验，I_{DPI} 决策方法中，推荐测试时间为 3h。

7.2.2　无量纲压力指数决策方法

7.2.2.1　无量纲压力指数的定义

考虑到 I_{PI} 决策方法中所存在的问题，在 I_{PI} 值的基础上，提出了一种新的组合参数，即无量纲 I_{DPI} 值，其定义为：

$$I_{DPI} = \frac{K_i h_i}{1.842 \times 10^{-3} q_w \mu} I_{PI} \tag{7.12}$$

在达西单位制下,无量纲 PI 值的定义为:

$$I_{DPI} = \frac{2\pi K_i h_i}{q_w \mu} I_{PI} \tag{7.13}$$

7.2.2.2 无量纲压力指数值的物理意义

在低渗透油藏中,储层内流体的渗流呈现低速非达西渗流特征,启动压力梯度的影响不可忽视,因此可以采用拟启动压力梯度模型来描述流体的渗流规律。此外,对于低渗透裂缝性油藏,微裂缝普遍发育对储层内流体的流动和压力传递具有重要影响。利用分形几何学原理研究低渗透裂缝性油藏的孔喉结构和渗流特性已经得到认可,因此采用分形渗流力学考虑裂缝对注水井井口压降曲线的影响。

令

$$\beta = d_f - \theta - 1$$

$$p_D = \frac{10(p_i - p_w) a V_s m}{q\mu r_w^{1-\beta}}$$

$$t_D = \frac{10tm}{C_f \mu r_w^{\theta+2}}$$

$$B = \frac{a V_s m \lambda_B r_w}{q\mu r_w^{1-\beta}}$$

$$z = \mu^{\frac{\theta+2}{\beta+1}}$$

$$m_1 = \frac{2}{\theta + 2}$$

$$\delta = \frac{d_f}{\theta + 2}$$

$$\mu = 1 - \delta$$

$$M = B\beta(\theta + 2)^{\frac{\beta-2(\theta+1)-i}{\theta+2}} \Gamma\left(\frac{1}{\theta+2}\right) \Gamma\left(\frac{\beta}{\theta+2}\right)$$

$$H = J_{v-1}^2(m_1 z) + Y_{v-1}^2(m_1 z)$$

$$N = \sin\left[\frac{d_f + \beta + 1}{2(\theta + 2)}\pi\right] J_{v-1}(m_1 z) - \cos\left[\frac{d_f + \beta + 1}{2(\theta + 2)}\pi\right] Y_{v_1}(m_1 z)$$

则低渗透裂缝性油藏井底的无因次压力为

$$p_{\mathrm{D}}(1,t_{\mathrm{D}}) = \frac{2\,(\theta+2)^2}{\pi^2(\beta+1)}\int_0^{\infty}\left(\frac{1+\beta}{zH}+\frac{M}{\mu}\frac{N}{H}\right)\cdot\frac{1-\exp(-z^2t_{\mathrm{D}})}{z^3}\mu^{\frac{2\theta+3-\beta}{\beta+1}}\mathrm{d}\mu \tag{7.14}$$

由式(7.10)可得：

$$I_{PI} = \frac{1}{t}\int_0^t(p_0-\Delta p)\,\mathrm{d}t = p_0-\frac{1}{t}\int_0^t\Delta p\mathrm{d}t \tag{7.15}$$

由式(7.14)得到低渗透裂缝性油藏井口的压力降落值为：

$$\Delta p = \frac{q\mu r_{\mathrm{w}}^{1-\beta}}{10aV_{\mathrm{s}}m}p_{\mathrm{D}} = \frac{q\mu r_{\mathrm{w}}^{1-\beta}}{10aV_{\mathrm{s}}m}\frac{2(\theta+2)}{\pi^2(\beta+1)}\int_0^{\infty}\frac{\mu^{\frac{2\theta+3-\beta}{\beta+1}}}{z^3}\cdot\left(\frac{1+\beta}{zH}+\frac{M}{\mu}\frac{N}{H}\right)\cdot \left\{\left[1-\exp\left(-z^2\frac{10mt}{C_{\mathrm{f}}\mu r_{\mathrm{w}}^{\theta+2}}\right)\right]\right\}\mathrm{d}u \tag{7.16}$$

因此：

$$\frac{1}{t}\int_0^t\Delta p\mathrm{d}t = \frac{q\mu r_{\mathrm{w}}^{1-\beta}}{10aV_{\mathrm{s}}m}\frac{2\,(\theta+2)^2}{\pi^2(\beta+1)}\cdot\frac{1}{t}\int_0^t\int_0^{\infty}\frac{\mu^{\frac{2\theta+3-\beta}{\beta+1}}}{z^3}\left(\frac{1+B}{zH}+\frac{M}{\mu}\frac{N}{H}\right)\cdot \left\{\left[1-\exp\left(-z^2\frac{10mt}{C_{\mathrm{f}}\mu r_{\mathrm{w}}^{\theta+2}}\right)\right]\right\}\mathrm{d}u\mathrm{d}t \tag{7.17}$$

根据分形油藏的定义：

$$K = \frac{aV_{\mathrm{s}}m}{G}r_{\mathrm{w}}^{\beta-1} \tag{7.18}$$

于是有：

$$aV_{\mathrm{s}}m = G\,Kr_{\mathrm{w}}^{1-\beta} \tag{7.19}$$

再由 $G_{\phi}=aV_{\mathrm{s}}, GKr_{\mathrm{w}}^{1-\beta}=aV_{\mathrm{s}}m$ 可得：

$$m = Kr_{\mathrm{w}}^{1-\beta}/\phi \tag{7.20}$$

因此，式(7.17)可化简为：

$$\frac{1}{t}\int_0^t\Delta p\mathrm{d}t = \frac{q\mu r_{\mathrm{w}}^{1-\beta}}{10aV_{\mathrm{s}}m}\frac{2\,(\theta+2)^2}{\pi^2(\beta+1)}\cdot\frac{1}{t}\int_0^t\int_0^{\infty}\frac{\mu^{\frac{2\theta+3-\beta}{\beta+1}}}{z^3}\left(\frac{1+B}{zH}+\frac{M}{\mu}\frac{N}{H}\right)\cdot \left\{\left[1-\exp\left(-z^2\frac{\eta t}{r_{\mathrm{w}}^{d_{\mathrm{f}}}}\right)\right]\right\}\mathrm{d}u\mathrm{d}t \tag{7.21}$$

式中，η 为导压系数，$\eta = \dfrac{10K}{\phi\mu C_{\mathrm{f}}}$，$\mathrm{cm^2/s}$。

由径向流公式可得：

$$\frac{q}{r^{\beta}} = -\frac{aV_{\mathrm{s}}m}{\mu}\left(\frac{\partial p}{\partial r} - \lambda_{\mathrm{B}}\right) \tag{7.22}$$

$$\int_{r_{\mathrm{w}}}^{r_{\mathrm{e}}} \frac{q}{\gamma^{\beta}}\mathrm{d}r = \frac{aV_{\mathrm{s}}m}{\mu}\int_{r_{\mathrm{e}}}^{r_{\mathrm{w}}}\left(\frac{\partial p}{\partial r} - \lambda_{\mathrm{B}}\right)\mathrm{d}r \tag{7.23}$$

当 $\beta \neq 1$ 时，由式(7.23)可得：

$$q\frac{(r_{\mathrm{e}}^{1-\beta} - r_{\mathrm{w}}^{1-\beta})}{1-\beta} = \frac{aV_{\mathrm{s}}m}{\mu}[10\Delta p_{\mathrm{wh}} - \lambda_{\mathrm{B}}(r_{\mathrm{w}} - r_{\mathrm{e}})] \tag{7.24}$$

式中：$\Delta p_{\mathrm{wh}} = p_{\mathrm{w}} - p_{\mathrm{e}}$，MPa；$p_{\mathrm{e}}$ 为水井控制面积内边界处的压力，MPa。

则：

$$\Delta p_{\mathrm{wh}} = \frac{\lambda_{\mathrm{B}}}{10}(r_{\mathrm{w}} - r_{\mathrm{e}}) + \frac{qu}{10aV_{\mathrm{s}}m}\frac{(r_{\mathrm{e}}^{1-\beta} - r_{\mathrm{w}}^{1-\beta})}{1-\beta} \tag{7.25}$$

因此：

$$p_0 = p_{\mathrm{m}} + \frac{\lambda_{\mathrm{B}}}{10}(r_{\mathrm{w}} - r_{\mathrm{e}}) + \frac{qu}{10aV_{\mathrm{s}}m}\frac{(r_{\mathrm{e}}^{1-\beta} - r_{\mathrm{w}}^{1-\beta})}{1-\beta} \tag{7.26}$$

当 $\beta = 1$ 时，由式(7.23)可得：

$$q\ln\frac{r_{\mathrm{e}}}{r_{\mathrm{w}}} = \frac{aV_{\mathrm{s}}m}{\mu}[\Delta p_{\mathrm{wh}} - \lambda_{\mathrm{B}}(r_{\mathrm{w}} - r_{\mathrm{e}})] \tag{7.27}$$

$$p_0 = p_{\mathrm{m}} + \frac{\lambda_{\mathrm{B}}}{10}(r_{\mathrm{w}} - r_{\mathrm{e}}) + \frac{q\mu}{10aV_{\mathrm{s}}m}\ln\frac{r_{\mathrm{e}}}{r_{\mathrm{w}}} \tag{7.28}$$

定义：

$$E = \begin{cases} \dfrac{1}{10}\dfrac{r_{\mathrm{w}}^{\beta-1}}{1-\beta}(r_{\mathrm{e}}^{1-\beta} - r_{\mathrm{w}}^{1-\beta}) & (\beta \neq 1) \\[2ex] \dfrac{1}{10}r_{\mathrm{w}}^{\beta-1}\ln\dfrac{r_{\mathrm{e}}}{r_{\mathrm{w}}} & (\beta = 1) \end{cases}$$

$$F = \frac{(\theta+2)^2}{5\pi^2(\beta+1)}\frac{1}{t}\int_0^t\int_0^{\infty}\left(\frac{1+B}{zH} + \frac{M}{\mu}\frac{N}{H}\right)\frac{\mu^{\frac{2\theta+3-\beta}{\beta+1}}}{z^3}\left\{\left[1 - \exp\left(-z^2\frac{\eta t}{r_{\mathrm{w}}^{d_{\mathrm{f}}}}\right)\right]\right\}\mathrm{d}u\mathrm{d}t$$

则由式(7.26)和式(7.28)可得：

$$p_0 = p_m + \frac{\lambda_B}{10}(r_w - r_e) + \frac{q\mu}{aV_s m} r_w^{1-\beta} E \tag{7.29}$$

由式(7.11)、式(7.22)和式(7.29)可得：

$$I_{PI} = p_m + \frac{\lambda_B}{10}(r_w - r_e) + \frac{qur_w^{1-\beta}}{aV_s m}E - \frac{qur_w^{1-\beta}}{aV_s m}F \tag{7.30}$$

由于p_m很小，可以忽略，因此根据式(7.16)可将式(7.30)化简为：

$$I_{PI} = \frac{\lambda_B}{10}(r_w - r_e) + \frac{q\mu}{2\pi h'K}(E - F) \tag{7.31}$$

由无量纲 PI 值的定义可得：

$$I_{DPI} = \frac{2\pi K_i h_i}{q\mu} I_{PI} = \frac{\pi K_i h_i}{5q\mu}\lambda_B(r_w - r_e) + \frac{K_i h_i}{Kh'}(E - F) \tag{7.32}$$

由于λ_B很小，因此式(7.32)可近似为：

$$I_{DPI} \approx \frac{K_i h_i}{Kh'}(E - F) \tag{7.33}$$

由式(7.33)可得，I_{DPI}的物理意义近似为储层原始地层系数和目前地层系数之比与常数的乘积。该值越小，开发过程中水井周围地层渗流能力增大得越多，存在优势通道的可能性越大，越需要深部调剖。

对式(7.31)进行验证，当 $df=2,\theta=0$ 时，即不考虑裂缝的情况下，式(7.31)可简化为：

$$I_{PI} = \frac{\lambda_B}{10}(r_w - r_e) + \frac{q\mu}{20\pi h'K}\cdot\left[\ln\frac{r_e}{r_w} - \frac{4}{\pi^2 t}\int_0^t\int_0^\infty \frac{1 + B - \frac{B}{2}\pi Y_1(u)}{J_1^2(u) + Y_1^2(u)}\cdot \frac{1 - \exp(-u^2 t_D)}{u^3}\mathrm{d}u\mathrm{d}t\right] \tag{7.34}$$

当$\lambda_B=0$时，即没有启动压力梯度的情况下，可化简为

$$I_{PI} = \frac{q\mu}{20\pi h'K}\cdot\left\{\ln\frac{r_e}{r_w} - \frac{4}{\pi^2 t}\int_0^t\int_0^\infty \frac{1 - \exp(-u^2 t_D)}{[J_1^2(u) + Y_1^2(u)]u^3}\mathrm{d}u\mathrm{d}t\right\}$$

由于存在以下等式：

$$\frac{4}{\pi^2}\int_0^\infty \frac{1-\exp\left(-u^2\frac{\eta t}{r_w^2}\right)}{J_1^2(u)+Y_1^2(u)}\frac{1}{u^3}du = \frac{1}{2}\left[-Ei\left(-\frac{r_w^2}{4\eta t}\right)\right] \tag{7.35}$$

且当 $\frac{r_w^2}{4\eta t} \leqslant 0.01$ 时，由

$$-Ei\left(-\frac{r_w^2}{4\eta t}\right) = \ln\left(\frac{4\eta t}{r_w^2}\right) - 0.5772 = \ln\left(\frac{2.25\eta t}{r_w^2}\right) \tag{7.36}$$

因此：

$$I_{PI} = \frac{q\mu}{20\pi h'K}\cdot\left[\ln\frac{r_e}{r_w} - \frac{1}{2t}\int_0^t \ln\left(\frac{2.25\eta t}{r_w^2}\right)dt\right] = \frac{q\mu}{40\pi h'K}\left[\ln\left(\frac{r_e^2}{0.8277\eta t}\right)\right] \tag{7.37}$$

式(7.37)即为中高渗透油藏 I_{PI} 值的物理意义。

7.2.2.3 无量纲压力指数值 I_{DPI} 的优势

无量纲值考虑了储层的原始渗透率，消除了储层本身泄压能力对压降曲线的影响。无量纲 I_{DPI} 值还是对储层渗流能力增强程度的度量，其大小与水井关井前的工作制度，如注入压力、注入量等无关，因此同一区块内不同水井的无量纲 I_{DPI} 值之间可以直接进行相互比较。而且 I_{PI} 值与无量纲 I_{DPI} 值并不是相互矛盾的，其分别从两个不同的角度对储层的渗流能力进行了描述。I_{PI} 值反映的是储层目前的渗流能力，而无量纲 I_{DPI} 值则反映的是开发过程中储层渗流能力增强的程度。

在以上数学模型中，中高渗透油藏可作为低渗透裂缝性油藏的特殊情形（启动压力梯度 $\lambda_B=0$，裂缝的分形维数 $df=2$，分形指数 $\theta=0$）。因此，对于中高渗透油藏，无量纲 PI 值仍与储层原始地层系数和目前地层系数的比值成正比。

无量纲 I_{DPI} 值保留了 I_{PI} 值简单实用的特性，仅与计算时间的选取有关。而计算时间选取的原则为在关井时间内，测试井要完成主要的压力降落幅度，即曲线信息要能反映出井筒、井壁区以至近井地带一定范围内的地层信息。

7.2.2.4 无量纲压力指数 I_{DPI} 决策方法

在实际应用中，可按照以下步骤使用无量纲 I_{DPI} 值进行低渗透裂缝性油藏的调剖选井决策：

(1)对区块内各水井的井口压力降落曲线进行测试，应尽量保证测试时间段内邻近各井的工作制度不发生变化。对于低渗透油藏，推荐关井测试时间为3h。

(2)在测试完成后，绘制注水井井口的压降曲线。

(3)利用式(7.1)计算各水井的 I_{PI} 值，然后利用式(7.3)计算各水井的无量纲 I_{DPI} 值。

（4）选择低于区块平均无量纲 I_{DPI} 值的水井为调剖井，在区块平均无量纲 I_{DPI} 值附近以及高于区块平均无量纲 I_{DPI} 值的水井不予处理。

7.2.3　选井判度指数及其在实践中的应用

当窜流通道定量分析和无量纲压降指数量化以后，统一采用一个叫做选井判度指数（I_{WSPC}）的参数来决定需要深部调控的水井候选。选井判度指数定义为窜流通道识别判度 Fz 和无量纲压降指数 I_{DPI} 的算术平均值，即 $I_{WSPC} = I_{DPI} \times 0.5 + Fz \times 0.5$。当 $I_{WSPC} > 0.6$ 时，对应水井需要采取深部调控。

表 7.9　I_{DPI} 决策方法在 GGY 油田 T157 井区的应用

水井井号	目前地层系数	无量纲压力指数	选井判度	是否调剖
T157－2	25.53682	0.968314	0.608329	是
T87－2	9.441452	0.67405	0.652143	是
T1295－2	13.74361	0.805444	0.740289	是
T1351－6	9.414351	0.856318	0.54993	否
T1352－2	17.6536	0.856318	0.572406	否
T1360－2	10.73	0.622078	0.539082	否
T1360－6	16.21398	0.753106	0.632907	是
T1361－7	4.608505	0.824476	0.570229	否
T1363－5	11.86558	0.764452	0.46089	否

矿场实践中，根据 I_{DPI} 决策模型计算结果，通过对 T157－2，T87－2，T1295－2 和 T1360－64 个井组进行了聚合物弱凝胶深部调控，取得了明显的增油降水效果。

7.3　低渗透油藏水窜水淹深部调控剂体系

实现低渗透油藏水窜水淹深部调控的关键技术是深部调剖体系，一种好的深部调剖体系必须能够满足“进得去，堵得住，能移动”的要求。经过几十年的发展，目前已经形成了多种深部调剖体系，各具特色，同时也存在一定的不足。

总体上，深部调剖体系可分为两类：一类是在地下发生物理、化学、生物作用的，可称之为地下反应型深部调剖体系；另一类是注入地下后不发生物理、化学、生物作用的，可称之为非地下反应型深部调剖体系。

7.3.1　地下反应型深部调剖体系

由于地下反应形成产物不同，地下反应型深部调驱体系可分为沉淀类、微生物类、泡沫类、无机凝胶类、有机凝胶类等。[104]

7.3.1.1　沉淀类

沉淀类深部调剖体系主要是通过注入液在地层中形成沉淀物而起作用，从施工过程可分为单液法和双液法两类。单液法如注入浓硫酸，酸液先与近井地带的碳酸盐反应，增加注水井吸收能力，而生成的硫酸钙颗粒可进入地层深部，实现深部调剖。双液法通常分段塞注入不同的化学剂，两种成分地下混合后能形成无机沉淀，对高渗透层产生机械堵塞，为防止过早反应，一般用隔离液隔开。主要有两类：(1)水玻璃能与氯化钙、三氯化铁、硫酸亚铁等反应生成沉淀。例如中原油田 2001 年 1—9 月，使用双液法深部调剖剂 LF·l 对 18 口注水井进行了近疏远调处理。取得了 1 年内累计增产原油 4603.3t、减少产水 35842.2t 的效果；(2)醇致盐，即饱和电解质溶液（氯化钠等）与非电解质（乙醇等）构成的体系，当饱和盐水与乙醇相遇时，溶液中电解质的溶解度降低，使部分电解质析出形成固体沉淀，降低高渗透层的渗透率。

该类体系的优点是生成产物为无机物，强度不受地层温度影响，尤其适合应用于有机体系受限的高温油藏，适合于存在渗透率极差的中等渗透率油藏。不足之处是单液法沉淀快，易在近井堵塞，同时对地层水矿化度有要求；双液法由于隔离液的存在，沉淀反应不完全或无法生成沉淀物的情况易于发生。

7.3.1.2　微生物类

微生物深部调剖主要利用细菌在地层深部高渗透层中的繁殖，生成黏性聚合物及生物物质，对大孔道产生堵塞，达到改善注水剖面的目的，适用于波及效率低和具有大孔道的油藏。在深部调剖处理中，一般预先交替注入磷、盐水和糖类等营养物，以便在微生物生长之前把养料注入地层深部。如大港油田港西四区的三口注水井通过微生物深部处理，取得了平均每立方米微生物菌液增油 118t 的显著效果。

该类体系的优点是微生物菌液易于通过大孔道（水流通道）进入地层深部，一旦细菌繁殖即可有效降低高渗透区的渗透率，适用温度一般为 50～100℃，因菌种不同而不同。不足之处是细菌一旦在近井地带大量繁殖容易造成近井堵塞；地层条件对细菌存活及繁殖影响很大，菌种对环境有选择性，不易大规模推广；菌液成本较高，制约工业化应用。

7.3.1.3　泡沫类

泡沫类深部调驱体系由发泡剂、水、稳泡剂和气体等几部分组成，通过优先进入高渗透层并形成泡沫而达到调剖的目的。由于原油对泡沫具有消泡作用，泡沫遇油破裂，不会降低含油层位的渗透率，可以做到堵水不堵油，有效提高采收率。萨北油田的一个水驱井组通过注入 $4477m^3$ 泡沫剂、$100.7\times10^4m^3$ 氮气的泡沫调剖有效控制了注入水的无效循环，措施后 5 个月增油 890.7t。由于泡沫具有耐温性，因此在稠油热采中被广泛应用。

泡沫调驱的优点是对地层伤害小，适用温度范围宽，高渗透油藏效果好于低渗透油藏，因此更适于中、高渗透油藏。不足之处是易发生重力分异，影响调剖效果；泡沫剂易于在储层吸附损耗，成本较高。

7.3.1.4　无机凝胶类

无机凝胶类主要是硅酸凝胶体系[7,8]，是由硅酸溶胶失去流动性转变而来的。有酸性和碱性两类，前者是将水玻璃加到活化剂中配成，后者是将活化剂加到水玻璃中制得。硅酸凝胶有一定强度和稳定性，已广泛用于油井的堵水和水井的调剖并取得了增油效果。如中原濮城油田沙三段和文卫结合部油藏采用由反应制得的缓速酸与水玻璃溶液组成深部调剖体系处理，对应油井 25 口见效，日增油 35t，累计增油 3650t。该体系的优点是耐高温、抗盐好，适于高温高盐油藏；体系黏度低，易于进入地层深部。

不足之处是成胶时间短运移深度有限；成胶受地层水稀释的影响。

7.3.1.5　有机凝胶类

有机凝胶类深部调剖体系应用较多的是胶态分散凝胶、弱凝胶等，还有木质素磺酸钠、木质素磺酸钙、腐植酸钠、丙烯腈等为主剂形成的凝胶体系。

（1）胶态分散凝胶。

胶态分散凝胶（CDG）是由低浓度聚合物和交联剂形成的非三维网络结构的凝胶体系，即主要由分子内交联的聚合物分子线团构成的胶态粒子分散在水介质中所形成的具有凝胶属性和胶体性质的热力学稳定体系，国内外对此进行了大量研究。CDG 作为一种深部调剖剂首先由美国 TIORCO 公司开发并应用于油田生产。该公司在 1985—1995 年间共实施了 37 个胶态分散凝胶驱油矿场试验，有 31 个项目获得成功。国内大庆、胜利、辽河、新疆等油田均已进行了现场试验，并获得推广应用。

该体系的优点是相对于其他类型有机凝胶，聚合物、交联剂的使用量更少、成本更低；地层中可运移，兼具驱油作用；不足之处是在地层中成胶情况受剪切、降解、矿化度、温度、交联剂吸附等诸多因素的影响，易发生不交联问题；强度弱，不适合裂缝和大孔道的封堵；体系不能应用于高温油藏。

（2）弱凝胶。

弱凝胶是由低浓度的聚合物（聚合物浓度通常在 800 ~ 1500mg/L）和低浓度的交联剂形成的、以分子间交联为主及分子内交联为辅的，黏度为 100 ~ 10000mPa · s，具有三维网络结构的弱交联体系。从主要以分子间交联的特性来看，弱凝胶可被认为是稀（弱）的本体凝胶，与本体凝胶不同，弱凝胶具有一定的流动性。聚合物主要是聚丙烯酰胺和黄胞胶，交联剂主要是柠檬酸铝、乙酸铬、乳酸铬等。

该体系在国内各大油田均已广泛应用。比如，自 1995 年开始，SL 油田采用弱凝胶体系对 GD 油区 X 井区的三口水窜水淹井进行了成功的深部调剖矿场试验。交联体系采用0.3%分子量为1200万的聚丙烯酰胺和0.05%的交联剂乙酸铬,共注入深部调剖剂$1.55\times10^5m^3$,累计增油9800t。20世纪90年代,美国的Shovel – Turn油田在44口注水井中进行黄原胶深部调剖,共注入1000mg/L的黄原胶溶液和500mg/L乙酸铬溶液$1.31\times10^4m^3$,累计增油1.03×10^4t。随后,弱凝胶体系逐步在我国胜利、大庆、华北、河南、中原、新疆、吐哈和长庆等油田获得推广应用,取得了明显的增油降水效果。

该体系的优点是在地层中可运移,实现深部调剖,兼具驱油作用。存在的主要问题是交联时间过快,在其深入地层深部之前已经交联,导致注入压力过高;或者由于地层水稀释及交联剂离子的吸附损耗等原因,导致有时在地层内不能成胶;另外,聚合物的高温降解也限制了该体系的使用范围。

7.3.2 非地下反应型深部调剖体系

该类体系的优点是不需在地下发生物理、化学、生物反应,主要有预交联凝胶颗粒、聚合物微球、柔性转向剂等类型。

7.3.2.1 预交联凝胶颗粒

预交联凝胶颗粒是将一定配比的单体、交联剂和填料等混合均匀后通过爆聚反应,形成具有一定交联度的凝胶体,然后经过干燥、粉碎、造粒形成产品,吸水后具有"变形虫"特性,可进入地层深部封堵高渗透层。国内预交联凝胶颗粒类堵剂应用很多,取得了一定的效果。大庆油田X7 – 2 – F35井组连通油井7口,调剖前日产液$699m^3$,日产油50t,综合含水92.8%,平均沉没度259.75m。调剖后,初期日产液$745m^3$,日产油60t,综合含水91.9%,日增液$46m^3$,日增油10t,综合含水下降0.9个百分点[16,17]。中原油田、胜利油田应用预交联凝胶颗粒均取得了降水增油的效果。

该体系存在的不足是预交联凝胶颗粒类堵剂的吸水速度较快,通常情况下,在地面配液池中还未泵入井筒就已膨胀,使得注入过程变得复杂,不易运移到更深的地层;材料吸水后强度变弱,吸水越多,力学性能越差,在泵入过程中、通过筛管以及向地层深部运移过程中容易剪切变碎,越运移粒度越小,最终失去堵调作用;由于材料由丙烯酰胺类单体聚合而成,不适宜在80℃以上油藏使用。

7.3.2.2 聚合物微球

将分散介质在反应器中加热至反应温度,再将聚合物、聚合反应剂、催化剂、成球剂和其他助剂分别溶于水中,并按合成微球的孔喉尺度设计要求,将其均匀分散在分散介质中进行聚合反应[18,20]。反应完成后,对反应生成的微球进行沉淀分离,即得到孔喉尺度的聚合物凝胶微球[21,22]。

自2004年以来,先后在胜利油田的孤岛油田、浅海油田和现河油田以及青海油田等进行了近10个井组的矿场试验，试验井组的原始油藏渗透率为0.30～1.5D，试验取得了明显的增油降水效果。其中青海油田的一个井组注入3个月就增油3500t，一口高含水油井从注入前含水率91%下降到3个月后的65%。

该体系的优点是分散性好，不需大型注入泵站和专门的注入管线，适用于单井、小区块、海上等油田的调剖；颗粒小适合于低渗透油藏深部调剖。不足之处是粒径小，容易伤害非目的层，对大孔道、裂缝的封堵能力有限；材质为有机材料，不适合在高温油藏应用。

7.3.2.3　柔性转向剂

柔性转向剂通过自身形变与恢复及一定的二次黏连作用，沿程运移产生暂堵、脉动现象，产生一定的动态沿程流动阻力，从而改变水驱通道，实现深部液流转向，提高水驱波及体积。

2005年11月在吉林油田新木采油厂木G块中南部裂缝性特低渗透油藏的G2－1井组进行了柔性转向剂SR－3深部液流转向矿场先导性试验，共注入三段塞300m^3、8tSR－3柔性转向剂，获得了良好的增油降水效果。以其中的低产井（G2－3）的增油效果最好，措施前日产油不足1t，措施后初期日增油2.2t，平均日增油为1.6t，有效期达到10个月。

该体系的优点是体系不受油藏温度、矿化度影响，适应高温高盐油藏，尤其是具有裂缝的高渗透油藏。不足之处是成本高，不宜推广，颗粒尺寸相对孔喉尺寸大得多，注入深度受限。

综上所述，任何一个深部调剖体系都不是普适的，均具有其局限性，需要根据油藏实际情况及经济效果预测选择合适的深部调控剂体系。

7.4　低渗透油藏深部调控多级井间化学示踪监测技术

井间化学示踪技术作为定量监测井间动态的重要手段之一，已形成一套完整的理论体系，逐渐被矿场实践所认可。但是现有常规的解析、数值和半解析示踪剂定量化解释方法都是把油藏处理为由互不连通的一些层组成的“千层饼”，对于裂缝性低渗透油藏的示踪剂解释已不再适用。同时，逐级调控过程中注入流体的波及范围和地层参数会发生时域性改变，传统的示踪剂测试缺乏连续性、动态性，不能有效反馈逐级调控过程中的动态变化情况。

基于提出了与裂缝性特低渗透油藏水窜水淹逐级调控相配套的多级井间化学示踪技术，通过实时监测逐级调控过程中各级窜流通道的封堵情况、裂缝参数与注入水波及动态变化情况，优化与预测逐级调控参数，达到提高逐级调控效果的目的。该技术可为裂缝性特低渗透油藏逐级调控参数实时优化及效果预测评价提供重要依据。

7.4.1 示踪剂测试级次设计方法

逐级调控多级井间化学示踪测试是保证示踪监测和逐级调控顺利进行的前提。示踪剂监测级次的设计不仅要考虑示踪剂监测与逐级调控施工周期，而且应避免凝胶段塞注入后对示踪剂监测结果的影响[105-110]。

以逐级调控注入方案为依据，明确注入凝胶段塞与示踪剂段塞的注入次序和示踪剂监测次数。示踪剂监测是在一定压力下的注入流体分布，凝胶段塞的注入势必会使地层压力产生波动，考虑到凝胶交联时间和压力传导的延迟性，当前一级次示踪剂浓度达到峰值浓度后，进行凝胶段塞的注入对示踪剂监测结果影响较小。假设每级凝胶段塞后均测1次示踪剂，第 e 级次的凝胶和示踪剂段塞体积分别为 V_e 和 V_e'。注水井正常日注入量为 Q，凝胶候凝关井时间为 a_i，各级次示踪剂预测峰值浓度时间为 $t_{\mathrm{p}i}$，为保证在时间 T 内顺利完成施工，则应从 E 个示踪剂注入级次中任选取 F 个，使各段塞注入时间及其成胶时间与示踪剂测监测时间之和小于等于 T，即：

$$\sum_{e=1}^{E}\left(\frac{V_e}{Q}+a_e\right)+\sum_{f=1}^{F}\left(\frac{V_f{}'}{Q}+t_{\mathrm{p}f}\right)\leqslant T \tag{7.38}$$

由式(7.38)即可求得调控过程中示踪剂最大注入级次 F，示踪剂最大注入级次为调控前1次、调控中 F 次和调控后1次之和，即 $F+2$ 次。考虑到逐级调控矿场实施情况，可适当增减示踪剂注入级次。

其中，预测的示踪剂峰值浓度时间 $t_{\mathrm{p}i}$ 为：

$$t_{\mathrm{p}i}=\max(t_{\mathrm{p}ji}) \tag{7.39}$$

$$t_{\mathrm{p}ji}=\frac{\pi s_{ji}{}^{2}\sum\limits_{i=1}^{N_j}\dfrac{n_{ji}D_{ji}{}^{4}}{s_{ji}}\sum\limits_{j=1}^{M}\sum\limits_{i=1}^{N_j}\dfrac{n_{ji}D_{ji}{}^{4}}{s_{ji}}}{4QD_{ji}{}^{2}\left(\pi\sum\limits_{i=1}^{N_j}\dfrac{n_{ji}D_{ji}{}^{4}}{s_{ji}}-4D_{ji}{}^{2}f_jV_e\right)} \tag{7.40}$$

7.4.2 示踪剂的筛选原则及用量计算方法

选择不同级次的示踪剂和计算各级次示踪剂用量是裂缝性特低渗透油藏水窜水淹逐级调控多级井间化学示踪测试方案设计的重要组成部分。

7.4.2.1 多级井间化学示踪剂筛选评价原则

仅测1次的传统示踪剂在示踪剂筛选评价中只需考虑示踪剂的物理化学性质、油藏岩石性质、油田水及注入水性质、经济以及安全和环境保护等因素，对于多级井间示踪剂的筛选评价除需考虑上述因素外，还需考虑不同级次间示踪剂的相互影响以及示踪剂与所注入凝胶的物理化学特性。为有效避免各级次示踪监测之间的影响,应至少筛选2种示踪剂,采用多级次交替注入的方法。多级示踪剂筛选除需进行耐热性、配伍性(示踪剂与注入水、地层水)、吸附性(示踪剂与岩石)和储层伤害评价外[18],还必须进行示踪剂间配伍性以及凝胶对示踪剂吸附性的评价,因此,应选取最大吸光波长差距大、凝胶对示踪剂吸附小的多级化学示踪剂。

7.4.2.2 多级井间化学示踪剂用量计算方法

由裂缝性特低渗透油藏水窜水淹特点可知,注入水主要波及流动阻力小的裂缝体系,示踪剂跟踪注入水监测裂缝状况。因此在 Brigham - Smith 水驱条件下,将五点法井网化学示踪剂用量公式改写为可用于裂缝性特低渗透油藏井间化学示踪剂用量计算公式:

$$m_{\mathrm{T}} = 4.442\phi_{\mathrm{f}}\bar{h}\frac{\rho_{\mathrm{o}}f_{\mathrm{ws}}}{\rho_{\mathrm{o}}f_{\mathrm{ws}} + B_{\mathrm{o}}(1 - f_{\mathrm{ws}})}\frac{d}{a}C_{\mathrm{smax}}L^{1.735} \times 10^{-6} \tag{7.41}$$

式中含水率可由井组内各生产井生产动态数据求得。由于裂缝孔隙度的求解相对比较复杂,逐级调控之前第1级次示踪剂监测的裂缝孔隙度主要根据研究区裂缝密度和裂缝规模参数求取,因此可得到第一级次示踪剂用量计算公式:

$$m_{\mathrm{T}} = 4.442\frac{hlw\rho_{\mathrm{f}}H}{V}\bar{h}\frac{\rho_{\mathrm{o}}f_{\mathrm{ws}}}{\rho_{\mathrm{o}}f_{\mathrm{ws}} + B_{\mathrm{o}}(1 - f_{\mathrm{ws}})}\frac{d}{a}C_{\mathrm{smax}}L^{1.735} \times 10^{-6} \tag{7.42}$$

随着逐级调控的进行,各级裂缝逐步封堵,裂缝孔隙度和含水率逐渐减小,根据上1次示踪剂解释结果可得其裂缝体积,进而求得相应裂缝的孔隙度。因此,可推导出不同级次的井间化学示踪用量计算公式:

$$m_{\mathrm{T}} = 4.442\frac{\phi_{\mathrm{f}}V - \sum_{e=1}^{k}V_{e}}{V}\bar{h}\frac{\rho_{\mathrm{o}}f_{\mathrm{ws}}}{\rho_{\mathrm{o}}f_{\mathrm{ws}} + B_{\mathrm{o}}(1 - f_{\mathrm{ws}})}\frac{d}{a}C_{\mathrm{smax}}L^{1.735} \times 10^{-6} \tag{7.43}$$

7.4.3 逐级调控多级示踪剂分类解释模型

示踪剂曲线的综合解释是裂缝性特低渗透油藏水窜水淹逐级调控多级井间化学示踪技术的核心内容。通过对大量该类油藏水窜水淹井示踪剂产出曲线的分析结果表明,水窜裂缝系统主要包括窜通型、差异交互型和相对均匀推进型等3类,其相应的示踪剂曲线形态依次表现为单峰型、多峰型和宽台型。针对不同类型水窜裂缝系统特征,建立了1/4注采井网裂缝条带分布物理模型(表7.10),利用等效流管法将裂缝条带等效为符合 Hagen - Poiseaille 方程的流管束,以基本假设为基础,其假设从一维对流扩散方程出发,利用不同裂缝条带流管的示踪剂浓度在生产井的叠加,将宏观生产信息(f_j、Q 和 V_d)

表 7.10　裂缝性特低渗透油藏水窜水淹逐级调控示踪剂分类解释模型

模型类型	窜通型水窜裂缝系统(Ⅰ类)	差异裂缝交互型水窜裂缝系统(Ⅱ类)	相对均匀推进型水窜裂缝系统(Ⅲ类)
模型等效	等效为一条裂缝条带	等效为渗流差异较大的 N 条裂缝条带	等效为渗流差异较小的 N 条裂缝条带
物理模型示意图及其示踪剂曲线形态	油井　注水井　示踪剂产出浓度(mg/L)　时间(d)　单峰型	示踪剂产出浓度(mg/L)　时间(d)　多峰型	示踪剂产出浓度(mg/L)　时间(d)　宽台型
数学模型	$\frac{C}{C_0}=\frac{f_jV_d\times10^6}{\sqrt{n\pi^2D^2\alpha f_jQt}}\exp\left[-\frac{(n\pi D^2s\times10^{-6}-4\times10^6f_jQt)^2}{16n\pi D^2\alpha f_jQt}\right]$	$\frac{C}{C_0}=\frac{f_jV_d\times10^6}{\pi\sum_{i=1}^{N}\frac{n_iD_i^{\ 4}}{s_i}\sqrt{f_jQ\sum_{i=1}^{N}\frac{n_iD_i^{\ 4}}{s_i}}}\sum_{i=1}^{N}\left\{\frac{n_iD_i^{\ 5}}{s_i\sqrt{\alpha_is_it}}\exp\left[-\frac{\left(\pi s_i^{\ 2}\sum_{i=1}^{N}\frac{n_iD_i^{\ 4}}{s_i}\times10^{-12}-4f_jQD_i^{\ 2}t\right)^2}{16\times10^{-12}\pi\alpha_if_jQs_iD_i^{\ 2}\sum_{i=1}^{N}\frac{n_iD_i^{\ 4}}{s_i}t}\right]\right\}$	$\frac{C}{C_0}=\frac{f_jV_d\times10^6}{\pi(\sum_{i=1}^{N}n_i)\sqrt{f_jQ(\sum_{i=1}^{N}n_i)}}\sum_{i=1}^{N}\left\{\frac{n_i}{D_i\sqrt{\alpha_it}}\exp\left[-\frac{(\pi D_i^{\ 6}M'(\sum_{i=1}^{N}n_i)\times10^{-6}-4\times10^6f_jQt}{16\pi\alpha_iD_i^{\ 2}f_jQ(\sum_{i=1}^{N}n_i)t}\right]\right\}$

注：裂缝条带渗透率可用流管当量直径计算，$k_i=D_i^{\ 2}/32$。

与微观裂缝信息（N_j、n_{ji}、D_{ji}和 s_{ji}等）有机结合，推导了裂缝性特低渗透油藏水窜水淹逐级调控示踪剂分类解释模型。

基本假设如下：（1）注入水为连续流动的不可压缩流体；（2）示踪剂在注入过程中类似于水，对示踪剂运动的分析就相当于对水运动的分析；（3）把裂缝性特低渗透油藏复杂的水窜裂缝系统等效为一系列由注水井到采油井互不相交的裂缝条带，每条裂缝条带均可等效为 n 个当量直径为 D、长度为 s 的流管组成的流管束，在裂缝中的流动就相当于在这些流管束中的流动；（4）忽略流体重力及毛细管压力，在流管中示踪剂与注入水为流度比等于 1 的活塞式驱替；（5）流体在流管中的流动符合 Hagen - Poiseaille 方程；（6）忽略示踪剂纬向弥散和分子扩散的影响，示踪剂不吸附到岩石壁面上；（7）忽略基质与裂缝的渗吸置换，流体仅在裂缝中流动。

示踪剂曲线的反演拟合可看作是以下非线性优化问题：

$$\min \sum_{i=1}^{n} (C_i^* - C_i)^2 \tag{7.44}$$

目前常用的优化算法有遗传算法、差分进化法、蚁群算法、模拟退火法等。本文采用遗传算法进行井间示踪剂产出曲线的自动拟合，遗传算法是模拟达尔文生物进化论的自然选择和遗传学机理的生物进化过程的计算模型，是一种通过模拟自然进化过程搜索最优解的方法。

以井组生产动态资料和示踪剂测试数据为基础，采用裂缝性特低渗透油藏水窜水淹逐级调控示踪剂分类解释数学模型，利用遗传算法，编制了裂缝性特低渗透油藏水窜水淹逐级调控示踪剂解释软件（图 7.3）。

其中，向不同采油井的注入水分配系数 f_j 为：

$$f_j = \frac{m_j}{\sum_{j=1}^{M} m_j} = \frac{\sum C\Delta Q + a_j C_{ej}}{\sum_{j=1}^{M} (\sum C\Delta Q + a_j C_{ej})} \tag{7.45}$$

7.4.4　逐级调控参数优化与预测方法

根据逐级调控示踪剂测试结果，结合生产动静态资料，预测调驱段塞注入后压力的变化情况，对逐级调控注入参数进行实时优化与调整，确保逐级调控效果。

7.4.4.1　逐级调控调驱剂注入压力的优化

逐级调控中，为使调驱剂段塞前缘向地层深部推进，一方面要控制延迟交联时间，另一方面要有足够的注入压力。对于裂缝性特低渗透油藏而言，过大的注入压力强行挤注，可能使新的天然隐缝张启，形成新的水窜通道。因此，可依据实验得出适用于该储层逐级调控体系的可控延迟交联时间范围，选取矿场可实现可控延迟交联时间上下限，推

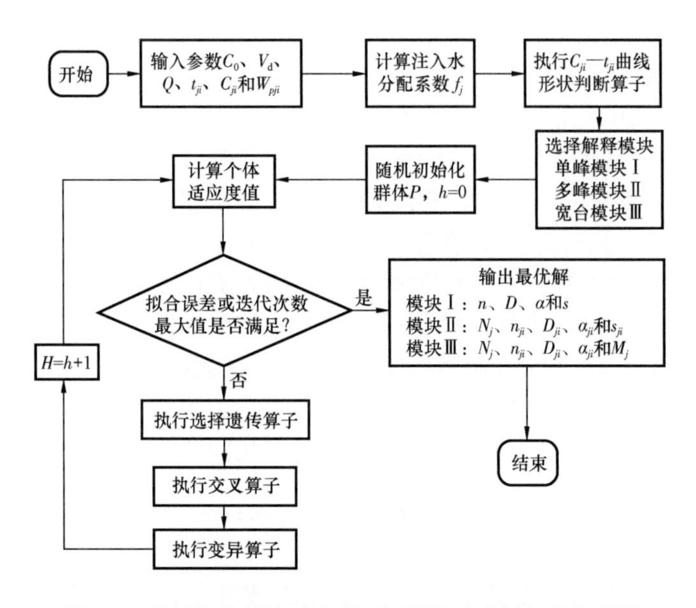

图 7.3　裂缝性特低渗透油藏逐级调控示踪剂解释流程图

导出调驱剂注入压力范围，即需满足式(7.46)：

$$\sum_{j=1}^{M}\sum_{i=1}^{N_j} n_{ji}A_{ji}v_{ji}(p_z)t_J = V_k \tag{7.46}$$

其中

$$A_{ji} = \frac{\pi D_{ji}^{\ 4}}{4} \tag{7.47}$$

$$v_{ji}(p_z) = \frac{D_{ji}^{\ 2}\Delta p_j(p_z)}{32\mu s_{ji}} \tag{7.48}$$

$$p_z = \Delta p_j + \rho g h_{dj} - \rho g h_Z \tag{7.49}$$

同时，考虑到采油井为压裂投产，井周存在大规模人工裂缝，防止过多的调驱剂被回采，一般使调驱剂段塞前缘位置在远离注水井井筒注采井距 2/3 处即可，需满足式(7.50)：

$$\frac{2}{3}s_{ji} \leqslant v_{ji}(p_z)t_J \tag{7.50}$$

最后根据式(7.46)及式(7.50)可得逐级调控不同级次的最优调驱剂注入压力。

7.4.4.2　交联成胶后注入压力预测

调驱剂在裂缝条带中交联成胶后，以正常配注量注水，注入压力会有所升高，预测其注入压力变化可评价逐级调控提压效果。假设交联成胶后,任一生产井 j 的裂缝条带流管当量直径由 D_{ji} 变为 $\overline{D}_{ji}$,则任一生产井 j 的注采压差表示为:

$$\Delta p_j(p'_{Zj}) = \frac{128\mu f_j{}'Q}{\pi \sum_{i=1}^{N_j} \frac{n_{ji}\overline{D}_{ji}{}^4}{s_{ji}}} \tag{7.51}$$

其中

$$\overline{D}_{ji}{}^2 = D_{ji}{}^2 - \frac{4f_j V_k}{\frac{\pi}{D_{ji}{}^4} \sum_{i=1}^{N_j} \frac{n_{ji}D_{ji}{}^4}{s_{ji}}} \tag{7.52}$$

$$f_j{}' = \sum_{i=1}^{N_j} \frac{n_{ji}}{\frac{s_{ji}}{\overline{D}_{ji}{}^4} \sum_{j=1}^{M} \sum_{i=1}^{N_j} \frac{n_{ji}\overline{D}_{ji}{}^4}{s_{ji}}} \tag{7.53}$$

依据式(7.49)和式(7.52),可计算出基于不同生产井动液面测试的注入压力,考虑到动液面测试的误差,注入压力取平均值,可预测交联成胶后注水井注入压力为:

$$\overline{p'_{\mathrm{z}}} = \frac{\sum_{j=1}^{M} p_{zj}{}'}{M} \tag{7.54}$$

7.4.5　矿场应用实例

SH 油田 8－1 区位于鄂尔多斯盆地陕北斜坡中部,主力开发层系为 $C6_1$,平均孔隙度 12.5%,平均渗透率为 1.04mD,天然微裂缝广泛发育,属于典型的裂缝性特低渗透油藏。由于储层致密、非均质性强、转注等复杂原因,注水水窜水淹严重,平均综合含水率为 73.4%。为实时监测逐级调控主要裂缝参数变化,优化逐级调控参数、提高和评价逐级调控效果,选取 S583 井组实施多级井间化学示踪技术。S583 井组注水井正常日配注量为 $14.4m^3$,注入压力 4.0MPa,对应 4 口采油井含水率均大于 80.0%。逐级调控调驱剂设计总用量为 $720.53m^3$,预处理液、前置液、主体剂、顶替液和后置液分别为 $55.08m^3$,$145.20m^3$,$355.00m^3$,$100.17m^3$ 和 $65.08m^3$(表 7.11)。

7.4.5.1　逐级调控多级井间化学示踪方案设计及矿场实施

(1)多级井间化学示踪剂的筛选与评价。

通过分析该井组采出水中原始含油各种物质的本底浓度(背景浓度),对初选的硫氰酸氨、溴化钠、乙醇和硝酸钠 4 种示踪剂进行了耐热性、示踪剂之间的配伍性、吸附性、储层伤害等评价实验。耐温性实验结果表明，45℃下，50天后4种示踪剂浓度保留率均大于80%，耐温性能良好；4种示踪剂分别与注入水、地层水按比例混合72h后检测混合液示踪剂浓度，注入水混合液示踪剂浓度未改变或有轻微变化，地层水混合液中硫氰酸铵和溴化钠浓度基本不变，乙醇和硝酸钠浓度明显下降；岩石和凝胶吸附实验表明，随着示踪剂浓度的增加，岩石和凝胶对硫氰酸铵和溴化钠的吸附量均增大，但浓度保留率呈增大趋势，浓度保留率均大于97%，吸附量均小于1000mg/t(图7.4和图7.5)；储层伤害实验表明，4种拟选示踪剂对储层伤害程度较低，储层平均伤害率小于17%，为弱伤害。

表7.11　S583井组注水井逐级调控调驱剂用量设计表

预处理液（m^3）	前置液（m^3）	1～4级主体段塞（m^3/级）	5级主体段塞（m^3）	后置液（m^3）	中间顶替液（m^3）	合计（m^3）
55.08	145.2	70	75	65.08	100.17	720.53

综上所述，在4种拟选示踪剂中，硝酸钠和乙醇与地层水不配伍，硫氰酸铵和溴化钠满足背景浓度低、耐温性好、配伍性好、对岩石和凝胶的吸附量小。因此，选取硫氰酸铵和溴化钠作为示踪剂，利用交替注入示踪剂的方式，进行多级井间示踪动态监测。

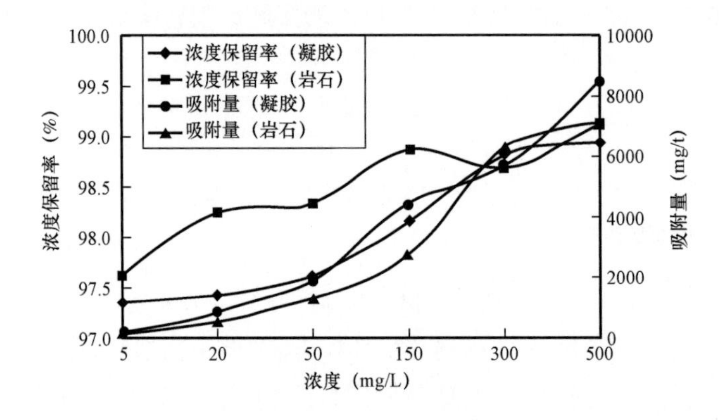

图7.4　凝胶、岩石对硫氰酸铵吸附曲线

(2)多级井间化学示踪级次及用量设计。

根据表7.10中逐级调控调驱剂用量、延迟交联时间2～5天及矿场施工周期120天，利用式(7.38)，计算调控过程中最大示踪剂注入级次F为2，逐级调控和各级次示踪测试总用时预测为113天，略小于矿场施工时间。最大注入级次的计算忽略了多段塞注入时的交联时间，仅仅将各级次示踪测试间的段塞总注入量视为一个段塞，所以最佳示踪剂注入级次应该为3次，即调控前1次，调控过程中1次(注完1～4级逐级调控主体剂段塞后)和调控后1次(注完逐级调控设计所有段塞体积)。

根据示踪剂级次设计和各级次间主体段塞用量，利用多级井间化学示踪剂用量

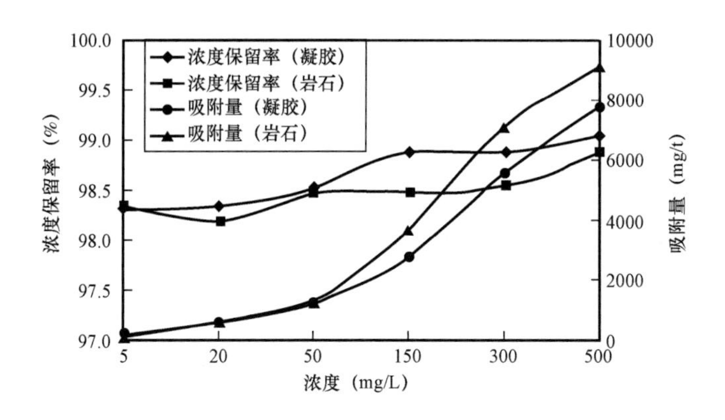

图7.5　凝胶、岩石对溴化钠吸附曲线

式(7.42)和式(7.43)，可得第1、第2和第3级次示踪剂用量分别为0.724t，0.604t和0.466t。

(3)矿场实施情况。

依据多级井间化学示踪设计方案，进行了各级次的化学示踪监测。2014年3月26日进行第1级次示踪测试，注入初始浓度为800mg/L的硫氰酸铵10m^3，实际用量为0.80t；注入逐级调控主体剂段塞280m^{3}后，待压力稳定后，于2014年6月16日进行第2级次示踪测试，注入初始浓度为650mg/L的溴化钠10m^3，实际用量为0.65t；逐级调控结束后待压力稳定，于2014年8月5日注入初始浓度为500mg/L的硫氰酸铵10m^{3}进行了第3级次示踪监测。3次示踪剂监测累计采样464个，各生产井不同级次示踪剂曲线特征明显，可作为解释分析的数据基础。

7.4.5.2　基于示踪剂解释结果的逐级调控参数优化

根据S583井组多级井间化学示踪监测到的3个级次共12组示踪剂产出浓度数据及其生产动态资料，利用裂缝性特低渗透油藏水窜水淹逐级调控示踪剂分类解释程序进行相关参数解释与曲线拟合，得到注水井到不同生产井间裂缝条带个数N_j、等效流管个数n_{ji}、等效流管当量直径D_{ji}和等效流管长度S_{ji}等裂缝参数信息。根据实时解释的裂缝参数，利用式(7.46)至式(7.50)，计算出可优化的注入5级主体剂段塞时的注入压力，以达到逐级调控最佳效果。计算的各级段塞注入压力分别为5.2MPa，5.8MPa，6.7MPa，7.5MPa和8.8MPa，结果满足矿场情况。

以上述不同级次主体剂注入压力注入段塞，待各级段塞交联成胶后，以正常配注量14.4m^{3}为标准，利用式(7.51)至式(7.54)，可预测每级调控后正常注水注入压力分别4.3MPa，5.4MPa，6.1MPa，6.3MPa和7.2MPa，与矿场试注时实测注水压力相比较(图7.6)，两者相对误差较小，在3%～11%，该预测方法可有效评价裂缝性特低渗透油藏水窜水淹逐级调控增压效果。

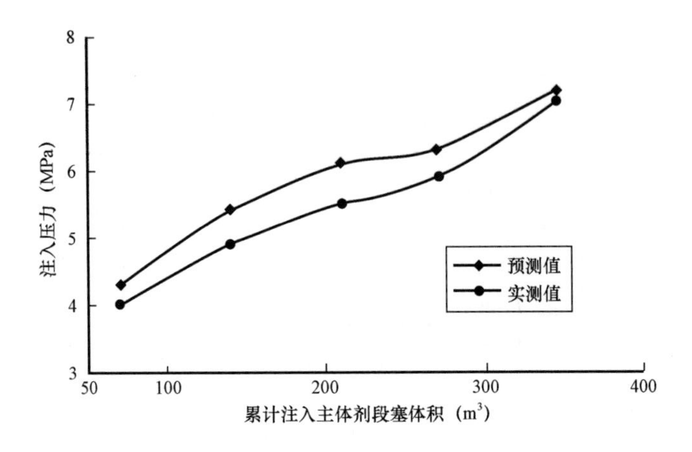

图 7.6 S583 井组各级次预测注入压力与试注实测压力对比图

7.4.5.3 逐级调控多级井间化学示踪结果分析

通过对多级井间示踪监测结果、逐级调控采油井生产动态变化与注水井压降曲线变化对比分析，表明逐级调控多级井间化学示踪监测结果与生产动态测试结果相吻合。

(1)逐级调控前(第 1 级次)。

逐级调控前井组平均综合含水率高达 86.7%，平均日产油量仅为 1.95m³。注水井 S583 井组注入压力仅为 4.0MPa，压降曲线反映地层阻力很小，停注 4.5h 后，井口压力即降为 0，充满度计算仅为 0.246，说明注入水对地层能量的增加贡献很小，注入水无效循环，水窜水淹严重(图 7.7 和图 7.8)。

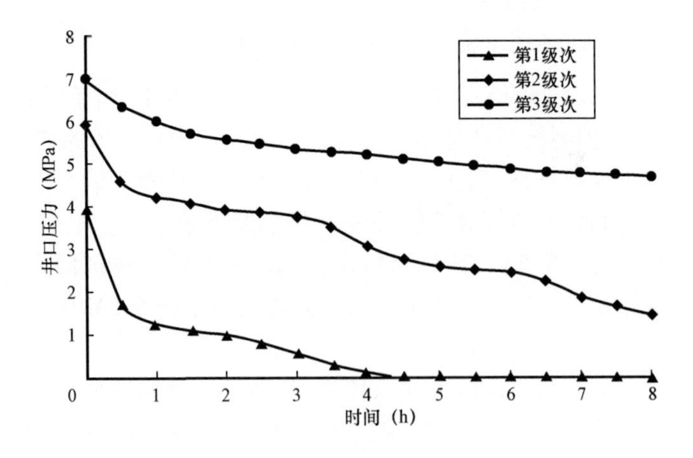

图 7.7 S583 注水井逐级调控压降曲线对比图

实施逐级调控前第 1 次示踪剂监测结果表明，注采井间均不同程度的存在明显的水

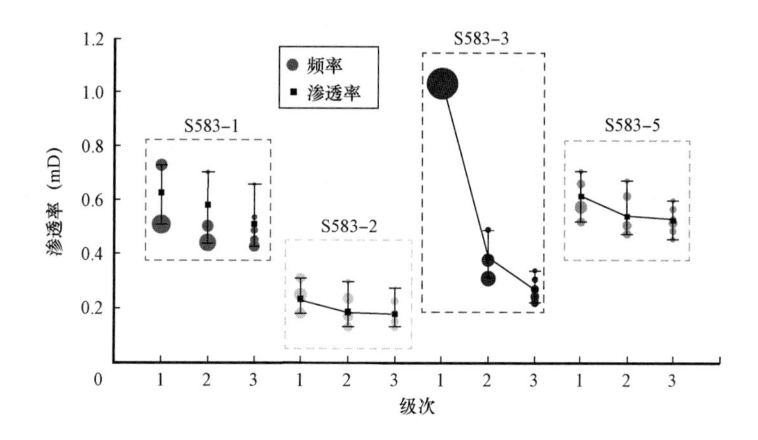

图7.8　S583井组裂缝条带渗透率动态变化对比图

窜裂缝条带，其中S583－3井间存在一条渗透率高达1.05D的水窜裂缝条带（图7.8），其注入水分配系数高达0.59，一半以上的注入水都经由该条井间裂缝条带流入井筒，同时示踪剂见剂时间最短，仅为2天，注入水推进速度很快，说明S583－3是该井组水窜水淹的主要方向[图7.9(a)]。

(2)逐级调控中(第2级次)。

注入280m^3主体剂段塞后，井组平均综合含水率明显下降，为73.3%，平均日产油量有所增加，为2.55m^3。注水井S583注入压力升高为5.9MPa，压降曲线反映地层阻力有所增加，停注8.0h后，井口压力扔保持在1.5MPa左右，充满度计算为0.539，说明井组水窜水淹已得到有效控制，逐级调控“增油降水”效果显现(图7.7和图7.8)。

实施逐级调控中第2次示踪剂监测结果表明，注采井间存在的水窜裂缝条带的渗透率明显减小，且相对低渗透裂缝条带个数在增加(图7.8)，注入水分配系数也逐步趋于均匀，表明优势裂缝条带得到了有效封堵，液流明显转向，注水综合利用率在提高。S583－3井间的高渗透裂缝条带(渗透率为1.05D)转变为3条相对低渗透的裂缝条带(渗透率为0.49D,0.38D和0.31D)，其注入水分配系数由0.59下降到0.46，同时示踪剂见剂时间变大，注入水推进速度变慢，说明S583－3井间窜通型裂缝条带已逐步得到封堵，注入水逐渐波及渗透率较小的渗流通道[图7.9(b)]。

(3)逐级调控后(第3级次)。

逐级调控后，井组平均综合含水率由73.3%进一步下降到64.4%，平均日产液量也明显下降，平均日产油量增加至3.41m^3。注水井S583井组注入压力由逐级调控前的4.0MPa增加到7.0MPa，由压降曲线可以看出，停注8.0h后，井口压力仍保持在4.7MPa较高水平，充满度也由逐级调控前的0.246增加到0.863，表明注入水持压时间长，压力可持续向地层深部传导，逐级调控”增油降水”效果明显(图7.7和图7.8)。

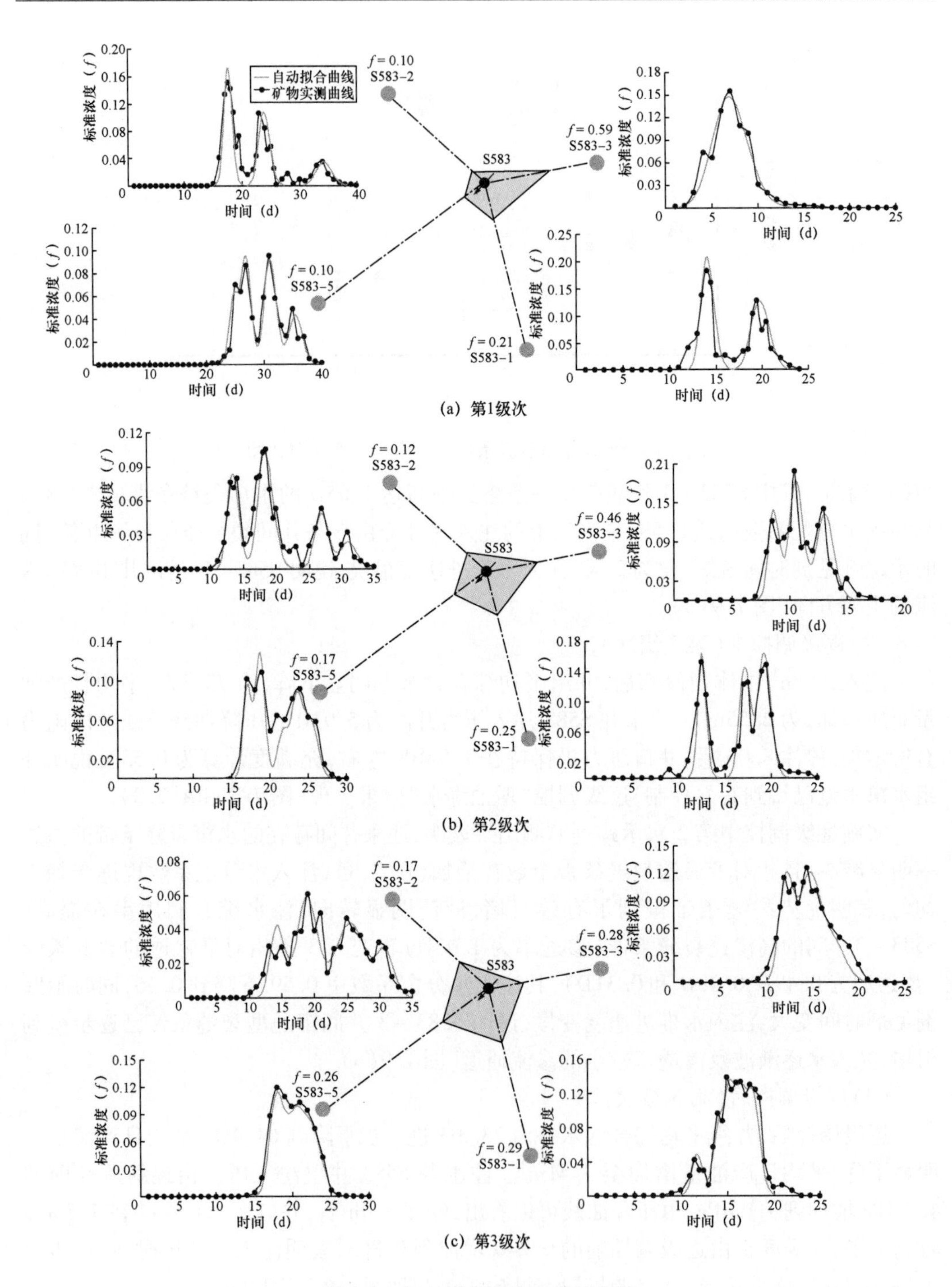

(a) 第1级次

(b) 第2级次

(c) 第3级次

图 7.9　S583 井各级次示踪剂曲线

实施逐级调控后第3次示踪剂监测结果表明，注采井间的水窜裂缝条带的渗透率进一步减小，不同裂缝条带渗透率之间的差异变小，裂缝条带流管个数频率偏向较小渗透率，且相对低渗透裂缝条带个数也进一步增多（图7.9），注入水分配系数均趋于0.25，分水量小的井在增大，分水量大的井在减小，表明优势裂缝经封堵后，非均质性得到明显改善，注水综合利用率大幅度提高，注入水波及范围增大［图7.9（c）］。同时，通过分析不同级次示踪剂曲线形态的变化也可反映逐级调控动态变化情况。从S583井组多级井间化学示踪各生产井3个级次的示踪剂曲线形态可以看出，其基本都呈现由"单峰型"到"多峰型"再到"宽台型"、或"多峰型"到"多峰型"再到"宽台型"的变化趋势［图7.9］，表明随逐级调控进行，S583井组水窜裂缝系统逐渐向相对均匀推进型水窜裂缝系统水淹层逐步转换，反映井间非均质性逐渐改善，逐级调控效果明显。

符号注释

a——单元体密度参数，cm；

a_1——生产井井距，m；

a_e——第 e 个级次凝胶侯凝关井时间，d；

a_j——以累计产水量为横坐标，示踪剂浓度为纵坐标（对数），以指数递减外推直线段斜率的倒数；

A_{ji}——向 j 生产井的第 i 条裂缝条带等效流管横截面积，μm^2；

B_o——原油体积系数；

C_f——流体压缩系数，MPa；

c_t——地层压缩系数，MPa^{-1}；

C——示踪剂产出浓度，mg/L；

C_0——示踪剂初始注入浓度，mg/L；

C_{ej}——出现直线段时对应的示踪剂浓度，mg/L；

C_q^*——矿场实测示踪剂浓度，mg/L；

C_q——模型计算示踪剂浓度，mg/L；

C_{smax}——地面最大示踪剂采出浓度，mg/L；

d——注水井到生产井排的距离，m；

d_f——分形维数，是分形体复杂程度的重要标志，复杂程度越高，则 d_f 值越大；

D——Ⅰ类裂缝条带等效流管当量直径，μm；

D_i——Ⅱ类和Ⅲ类第 i 条裂缝条带等效流管当量直径，μm；

D_{ji}——向 j 生产井的第 i 条裂缝条带的等效流管当量直径，μm；

$\overline{D}_{ji}$——凝胶交联成胶后向 j 生产井的第 i 条裂缝条带的等效流管当量直径，μm；

e——级次，$e=1,2,3,\cdots,E$；
E——注入凝胶段塞的总次数；
f——所选示踪剂测试级次，$f=1,2,3,\cdots,F$；
f_j——注水井向 j 生产井的注入水分配系数；
f_j'——预测的向油井 j 的注入水分配系数；
f_{ws}——井组平均含水率；
F——选取满足条件的示踪剂测试总次数；
F_{Di}——各动态因素指标值；
F_{Ji}——各静态因素指标值；
F_Z——窜流通道的综合判度；
g——重力加速度，m/s^2；
h_f——裂缝切深，m；
h——地层厚度，m；
$\bar{h}$——油层平均有效厚度，m；
h_{dj}——生产井 j 的动液面高度，m；
h_z——注水层段深度，m；
h'——吸水厚度，cm；
h_i——射孔厚度，m；
H——垂直裂缝方向的长度，m；
H_1——井组注水井与所有生产井注采井距之和，m；
j——生产井编号，$j=1,2,3,\cdots,M$；
k——注入凝胶段塞的级次；
k_i——第 i 条裂缝条带渗透率，mD；
k_{ji}——向 j 生产井的第 i 条裂缝条带的渗透率，mD；
K_i——储层原始渗透率，D；
K——等效渗透率，D；
m_j——井网中 j 生产井的示踪剂采出总量，mg；
m_T——示踪剂用量，t；
l——裂缝长度，m；
L——注采井距，m；
M——井组生产井总数，个；
R——等效流阻，$m/\mu m^4$；
M_1——向量；
n——Ⅰ类裂缝条带等效流管个数，个；

n_i——Ⅱ类和Ⅲ类第 i 条裂缝条带等效的流管数,个;
n_{ji}——向 j 生产井的第 i 条裂缝条带的等效流管个数,个;
N——裂缝条带总个数,个;
N_j——向生产井 j 的裂缝条带总数,个;
p_D——无量纲压力;
p_z——注水井注入压力,MPa;
Δp_j——生产井 j 的注采压差,MPa;
p_{zj}'——预测的注水井注入压力,MPa;
$\overline{p_z}'$——注水井平均注入压力,MPa;
p_m——地层吸水时井口的启动压力,MPa;
p_0——水井正常注水时的井口压力,MPa;
p_i——地层原始压力,MPa;
p_w——井底瞬时压力,MPa;
Δp——井口压力降落值(与井底压力降落值相等),MPa;
p——随关井时间变化的水井井口压力,MPa;
$p(t)$——当前地层压力,MPa;
$p_{wfi(t)}$——第 t 天的注入压力,MPa;
Q——注水井日注入量,m^3/d;
ΔQ——累计产水体积变化量,m^3;
r——距井轴的径向距离,cm;
r_e——注水井的控制半径,cm;
r_w——井径,cm;
s——Ⅰ类裂缝条带长度,m;
s_i——Ⅱ类和Ⅲ类第 i 条裂缝条带等效长度,m;
s_{ji}——生产井 j 对应的第 i 条裂缝条带的等效长度,m;
t_1——示踪剂注入天数,d;
t——生产时间,d;
t_c——关井时间,min;
t_D——无量纲时间;
t_j——延迟交联时间,d;
t_{pe}——第 e 个级次预测的示踪剂峰值浓度时间,d;
t_{pf}——预测所选示踪剂测试第 f 级次的示踪剂峰值浓度时间,d;
t_{pji}——生产井 j 对应的第 i 条裂缝条带的示踪剂峰值时间,d;
T——逐级调控施工时间,d;

v_{ji}——向 j 生产井的第 i 条裂缝条带的示踪剂平均运移速度，m/d；
V——井组油藏总体积，m^3；
V_d——示踪剂初始注入体积，m^3；
V_e——第 e 个级次凝胶注入的体积，m^3；
V_f——所选示踪剂测试第 f 级次的示踪剂注入体积，m^3；
V_i，V_e'——第 e 级次的凝胶、示踪剂的段塞体积，m^3；
V_k——注入第 k 级次凝胶段塞的体积，m^3；
V_{pj}——第 j 口注水井与生产井的窜通体积，m^3；
V_p——注采井间的窜通体积，m^3；
V_s——典型单元体体积，cm^3；
w——裂缝切穿深度，m；
w_1——裂缝宽度，m；
α——Ⅰ类裂缝条带水动力弥散度，m；
α_i——Ⅱ类和Ⅲ类第 i 条裂缝条带水动力弥散度，m；
ρ——流体密度，g/cm^3；
ρ_w——水的密度，g/cm^3；
ρ_f——线裂缝密度，条/m；
ρ_o——原油密度，g/m^3；
ϕ_f——裂缝孔隙度；
ϕ——孔隙度；
θ——分形指数，刻画了分形网络的连通情况，裂缝网络越扭曲，连通性越差，θ 值越大；
m——裂缝网络几何参数，$cm^{\theta+2}$；
q——流量，cm^3/s；
q_w——水井关井前的注入量，m^3/d；
$q_o(t)$——第 t 天的产油量，m^3/d；
λ_B——拟启动压力梯度，MPa/dm；
$\Gamma(x)$——伽马函数；
λ_j——第 j 口注水井与生产井的窜通系数；
$i(t)$——第 t 天的注水量，m^3/d；
i_j——第 j 口注水井的日注水量，m^3/d；
I_w——吸水指数，$m^3/(d \cdot MPa)$；
I_{wj}——第 j 口注水井的吸水指数，$m^3/(d \cdot MPa)$；

I_{PI}——水井的压力指数，MPa；
I_{DPI}——I_{PI}无量纲修正值，MPa；
G——区块注水井吸水强度平均值的就近规整值，$m^3/(d \cdot m)$；
μ——流体的黏度，mPa · s；
μ_w——水的黏度，mPa · s；
ω_{Di}——各动态因素指标值权重；
ω_{Ji}——各静态因素指标值权重。

第8章　储层重复压裂改造优化决策技术

缝内转向压裂技术是在压裂过程中加入暂堵剂，利用暂堵剂在裂缝内的桥堵作用，使裂缝内产生升压效应，形成高压环境，在强度足够大的情况下，裂缝壁面应力薄弱处发生破裂，产生新的支裂缝或沟通更多微裂缝，形成裂缝网络，扩大油井泄油面积，提高低产低效油井的产量。[111-124]

本章以国内一个典型的特低渗透油藏XF油田C8储层为例，系统介绍了缝内转向重复压裂技术动力学机理、裂缝延伸规律、压裂液优选、暂堵剂研制以及压裂工艺优化等配套理论与技术。目前，缝内暂度重复压裂技术已在该油田全面推广应用，成为该油田开发中后期低产低效井治理的重要手段之一。

8.1　缝内转向压裂技术条件

8.1.1　微裂缝开启条件

为了达到沟通微裂缝或造新缝的目的，需要依据岩石力学基本原理，建立储层岩石内某处发生破裂的临界条件。对于微裂缝比较发育的XF油田C8储层，要实现微裂缝开启，缝内净压力值须大于天然微裂缝的主应力值。Nolte和Smith等研究认为，使天然裂缝张开的缝内静压力需要满足式(8.1)：

$$p_{\mathrm{net}} = (\sigma_{\mathrm{h1}} - \sigma_{\mathrm{h2}})/(1 - 2\mu) \tag{8.1}$$

表8.1为XF油田微裂缝开启压力计算值。

表8.1　微裂缝开启压力对照表

区块	水平最大主应力(MPa)	水平最小主应力(MPa)	微裂缝开启最小静压力(MPa)
XF油田C8储层	35.29	31.58	5.62

8.1.2　地质条件

通过岩心观察、薄片观察、地面露头及工业CT分析可知，XF油田C8储层天然微裂缝发育，天然微裂缝的存在大大增加了在人工裂缝内通过缝内转向造成新裂缝的概率。XF油田C8储层水平地应力差较小，仅3.71MPa左右；可在较低的缝内净压力情况下产生微裂缝开启。压裂前后井温测井、裂缝监测结果都反映出，XF油田C8储层上下泥岩层遮挡条件较好,水力压裂所形成的裂缝基本被控制在储层范围内。

8.2　重复压裂应力场

重复压裂前储层中的水平应力方向控制着裂缝的起裂和延伸方向。重复压裂过程,裂缝沿着新的方位起裂,当延伸一段长度后,裂缝超过应力重定向椭圆区域,恢复初次裂缝方向继续延伸,即重复压裂裂缝呈近"S"形延伸。

8.2.1　建立原地应力模型

考虑线弹性材料,原始地应力作用下垂直井围岩应力为:

$$\begin{cases}\sigma_{ri} = \dfrac{\sigma_H + \sigma_h}{2}\left(1 - \dfrac{r_w^2}{r^2}\right) + \dfrac{r_w^2}{r^2} \cdot p_w + \dfrac{\sigma_H - \sigma_h}{2}\left(1 - \dfrac{r_w^2}{r^2}\right)\left(1 - 3\dfrac{r_w^2}{r^2}\right)\cos 2\theta - p_0\left(1 - \dfrac{r_w^2}{r^2}\right) \\ \sigma_{\theta i} = \dfrac{\sigma_H + \sigma_h}{2}\left(1 + \dfrac{r_w^2}{r^2}\right) - \dfrac{r_w^2}{r^2} \cdot p_w - \dfrac{\sigma_H - \sigma_h}{2}\left(1 + 3\dfrac{r_w^4}{r^4}\right)\cos 2\theta - p_0\left(1 + \dfrac{r_w^2}{r^2}\right) \\ \tau_{r\theta i} = -\dfrac{\sigma_H - \sigma_h}{2}\left(1 - \dfrac{r_w^2}{r^2}\right)\left(1 + 3\dfrac{r_w^2}{r^2}\right)\sin 2\theta \end{cases} \tag{8.2}$$

8.2.2　诱导应力模型

8.2.2.1　注、采生产孔隙压力模型

根据协调方程,应变分量与位移分量关系为:

$$\varepsilon_r = \frac{\partial u_r}{\partial r}, \varepsilon_\theta = \frac{1}{2}\left(\frac{u_r}{r} + \frac{\partial u_\theta}{r\partial\theta}\right) \tag{8.3}$$

消去式(8.2)中应力应变项,考虑均质材料,得径向和周向位移平衡方程:

$$\frac{E(1-v)}{(1+v)(1-2v)}\left(\frac{\partial^2 u_r}{\partial r^2} + \frac{1}{r}\frac{\partial u_r}{\partial r} - \frac{u_r}{r^2}\right) = \alpha\frac{\partial p(r,t)}{\partial r} \tag{8.4a}$$

$$\frac{E(1-v)}{(1+v)(1-2v)}\frac{\partial^2 u_\theta}{\partial \theta^2} - \frac{E}{2(1+v)}\frac{u_\theta}{r^2} = \alpha\frac{\partial p(r,t)}{\partial \theta} \tag{8.4b}$$

边界条件:

$$\begin{cases} p(r,t) = \sigma_{ri} = p_{w} & r = r_{w} \\ u_{r} = u_{\theta} = 0 & r = \infty \end{cases} \tag{8.5}$$

由广义虎克定律，二维各向同性材料有效应力与应变关系：

$$\sigma_{rp} = -\frac{Ev}{(1+v)(1-2v)}\varepsilon_{vol} - 2v\varepsilon_{r} \tag{8.6a}$$

$$\sigma_{\theta p} = -\frac{Ev}{(1+v)(1-2v)}\varepsilon_{vol} - 2v\varepsilon_{\theta} \tag{8.6b}$$

考虑流体和储层的耦合效应，对于二维情况，有：

$$\frac{\partial(\phi\mu c p(r,t))}{\partial t} + \mu\frac{\partial\varepsilon_{vol}}{\partial t} = \frac{1}{r}\frac{\partial}{\partial r}\left[k_{r}\frac{\partial p(r,t)}{\partial r}\right] + \frac{1}{r^{2}}\frac{\partial}{\partial\theta}\left[k_{\theta}\frac{\partial p(r,t)}{\partial\theta}\right] \tag{8.7}$$

初始条件和边界条件：$p(r,0)=p_0$；$p(r_e,0)=p_0$；$p(r_w,0)=p_w$。

由式(8.3)至式(8.7)井眼周围由孔隙压力诱导应力为：

$$\sigma_{rp} = \frac{1-2v}{1-v}\frac{1}{r^{2}}\int_{r_w}^{r}[r(p(r,t)-p_0)]\mathrm{d}r + \frac{r_w^2}{r^2}p_w - p(r,t) + p_0\left(1-\frac{r_w^2}{r^2}\right) \tag{8.8}$$

$$\sigma_{\theta p} = \frac{1-2v}{1-v}\frac{1}{r^{2}}\left\{\int_{r_w}^{r}[r(p(r,t)-p_0)]\mathrm{d}r - (p(r,t)-p_0)\right\} - \frac{r_w^2}{r^2}p_w - p(r,t) + p_0\left(1+\frac{r_w^2}{r^2}\right) \tag{8.9}$$

8.2.2.2 孔隙压力诱导应力转向角确定

假设为二维均匀介质材料，根据广义虎克定律和协调方程，得到孔隙压力诱导应力和原地应力引起的应力分布：

$$\sigma_{rip} = \frac{1-2v}{1-v}\frac{1}{r^{2}}\int_{r_w}^{r}[r(p(r,t)-p_0)]\mathrm{d}r + \frac{r_w^2}{r^2}p_w - p(r,t) + \left(1-\frac{r_w^2}{r^2}\right)\frac{\sigma_H+\sigma_h}{2} + \left(1-4\frac{r_w^2}{r^2}+3\frac{r_w^2}{r^2}\right)\frac{\sigma_H-\sigma_h}{2}\cos\theta \tag{8.10}$$

$$\sigma_{\theta ip} = \frac{(1-2\nu)}{(1-\nu)}\frac{1}{r^{2}}\left[\int_{r_w}^{r}[r(p(r,t)-p_0)]\mathrm{d}r - (p(r,t)-p_0)\right] - \frac{r_w^2}{r^2}p_w - p(r,t) + \left(1-\frac{r_w^2}{r^2}\right)\frac{\sigma_H+\sigma_h}{2} - \left(1+3\frac{r_w^2}{r^2}\right)\frac{\sigma_H-\sigma_h}{2}\cos(2\theta) \tag{8.11}$$

$$\tau_{r\theta\mathrm{ip}} = -\frac{\sigma_{\mathrm{H}} - \sigma_{\mathrm{h}}}{2}\left(1 - \frac{r_{\mathrm{w}}^2}{r^2}\right)\left(1 + 3\frac{r_{\mathrm{w}}^2}{r^2}\right)\sin(2\theta) \tag{8.12}$$

最大主应力和主应力方位角为：

$$\sigma_{\mathrm{pmax}} = \frac{\sigma_{r\mathrm{ip}} + \sigma_{\theta\mathrm{ip}}}{2} + \sqrt{\frac{(\sigma_{r\mathrm{ip}} + \sigma_{\theta\mathrm{ip}})^2}{4} + \tau_{r\theta\mathrm{ip}}^2} \tag{8.13}$$

$$\tan 2\varphi = \frac{2\tau_{r\theta\mathrm{ip}}}{\sigma_{r\mathrm{ip}} - \sigma_{\theta\mathrm{ip}}} \tag{8.14}$$

式中，φ 为从 θ 方向到最大主应力方位角；$\varphi+\theta$ 为从 $\theta=0$（x 轴）方向到最大主应力方向的主应力方位角如图 8.1 和图 8.2 所示。

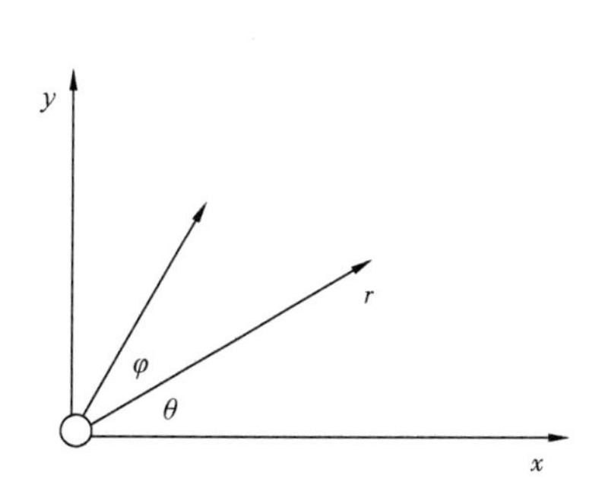

图 8.1　注、采诱导应力转向示意图

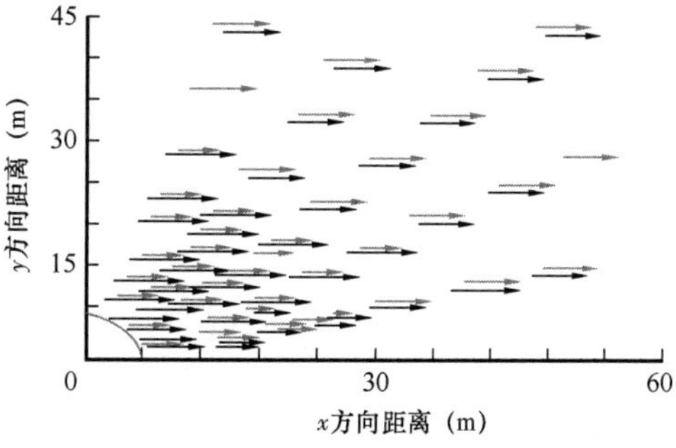

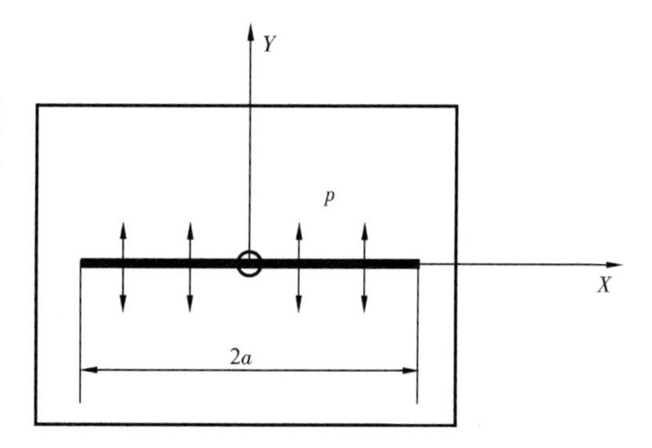

图 8.2　注、采诱导应力转向方位

8.2.3　初次人工裂缝诱导应力模型

采用图 8.3 的物理模型建立初次人工裂缝产生的诱导应力。如图 8.3 所示：平板中央一直线状裂缝，缝长为 $2a$，裂纹穿透板厚。

假设初次人工裂缝上下不穿层，裂缝内的净压力（取压为正）分布为：

$$p(z) = \sigma_{\mathrm{h}} + \alpha^{*} p_1 \tag{8.15}$$

二维垂直裂缝所诱导的应力场为：

图 8.3　初次人工裂缝诱导应力物理模型

$$\sigma_{x\mathrm{f}} = p(z)\frac{r}{a}\left(\frac{a^2}{r_1 r_2}\right)^{\frac{3}{2}}\sin\theta\sin\frac{3}{2}(\theta_1+\theta_2) + p(z)\left[\frac{r}{(r_1 r_2)^{\frac{1}{2}}}\cos\left(\theta - \frac{1}{2}\theta_1 - \frac{1}{2}\theta_2\right) - 1\right] \tag{8.16}$$

$$\sigma_{yf} = -p(z)\frac{r}{a}\left(\frac{a^2}{r_1r_2}\right)^{\frac{3}{2}}\sin\theta\sin\frac{3}{2}(\theta_1+\theta_2)+p(z)\left[\frac{r}{(r_1r_2)^{\frac{1}{2}}}\cos\left(\theta-\frac{1}{2}\theta_1-\frac{1}{2}\theta_2\right)-1\right] \tag{8.17}$$

$$\tau_{xyf} = p(z)\frac{r}{a}\left(\frac{a^2}{r_1r_2}\right)^{\frac{3}{2}}\sin\theta\cos\frac{3}{2}(\theta_1+\theta_2) \tag{8.18}$$

各参数间满足：

$$\begin{cases} r = \sqrt{x^2+y^2} \\ r_1 = \sqrt{r^2+a^2-2ar\cos\theta} \\ r_2 = \sqrt{r^2+a^2+2ar\cos\theta} \\ r_1r_2 = \sqrt{(r^2+a^2)^2-4a^2r^2\cos^2\theta} \end{cases} \tag{8.19a}$$

$$\begin{cases} \theta = \tan^{-1}(y/x) \\ \theta_1 = \arctan\left(\dfrac{r\sin\theta}{r\cos\theta-a}\right) \\ \theta_2 = \arctan\left(\dfrac{r\sin\theta}{r\cos\theta-a}\right) \end{cases} \tag{8.19b}$$

8.2.4 裂缝起裂角模型

重复压裂前，井眼周围应力满足：

$$\sigma'_H+\sigma'_h = \sigma_{xf}+\sigma_{yf}+\sigma_{pmax}[\cos(\theta+\varphi)+\sin(\theta+\varphi)] \tag{8.20}$$

$$\sigma'_H-\sigma'_h = \sigma_{xf}-\sigma_{yf}+\sigma_{pmax}[\cos(\theta+\varphi)-\sin(\theta+\varphi)] \tag{8.21}$$

重复压裂前井眼周围总应力分布为

$$\sigma_r = \frac{X+Y}{2}\left(1-\frac{r_w^2}{r^2}\right)+\frac{Z+M}{2}\left(1-\frac{r_w^2}{r^2}\right)\left(1-\frac{3r_w^2}{r^2}\right)\cos2\theta+\frac{r_w^2}{r^2}p_w \tag{8.22}$$

$$\sigma_\theta = \frac{X+Y}{2}\left(1+\frac{r_w^2}{r^2}\right)-\frac{Z+M}{2}\left(1+\frac{3r_w^4}{r^2}\right)\cos2\theta-\frac{r_w^2}{r^2}p_w \tag{8.23}$$

$$\tau_{r\theta} = -\frac{Z+M}{2}\left(1-\frac{r_w^2}{r^2}\right)\left(1+\frac{3r_w^2}{r^2}\right)\sin2\theta \tag{8.24}$$

$$X = 2p(z)\left[\frac{r}{(r_1r_2)^{\frac{1}{2}}}\cos\left(\theta - \frac{1}{2}\theta_1 - \frac{1}{2}\theta_2\right) - 1\right]$$

其中

$$Y = \sigma_{\text{pmax}}[\cos(\theta + \varphi) + \sin(\theta + \varphi)]$$

$$Z = -2p(z)\frac{r}{a}\left(\frac{a^2}{r_1r_2}\right)^{\frac{3}{2}}\sin\theta\sin\frac{3}{2}(\theta_1 + \theta_2)$$

$$M = \sigma_{\text{pmax}}[\cos(\theta + \varphi) - \sin(\theta + \varphi)]$$

考虑裂纹完全拉伸破坏时有：

$$\frac{\partial\sigma_\theta}{\partial\theta} = 0, \frac{\partial^2\sigma_\theta}{\partial\theta^2} < 0 \tag{8.25}$$

考虑裂纹完全剪切破坏时有：

$$\frac{\partial\tau_{r\theta}}{\partial\theta} = 0, \frac{\partial^2\tau_{r\theta}}{\partial\theta^2} < 0 \tag{8.26}$$

式(8.25)和式(8.26)可以计算得出重复压裂两种破坏方式下的裂纹起裂角，在实际破坏中裂纹为复合型裂纹扩展，所以起裂角介于式(8.25)和式(8.26)的计算结果之间。

8.3　裂缝起裂与延伸规律

重复压裂井中的应力场分布决定了重复压裂产生新裂缝的最佳时机、新裂缝的起裂位置和方位、新缝延伸方向和延伸轨迹以及新裂缝的裂缝长度等。

初次人工裂缝产生后，油气井长期的生产活动将在井眼和初次人工裂缝周围的椭圆形区域内导致局部孔隙压力重新分布，因此，初次人工裂缝和孔隙压力的变化改变了油气藏中的应力分布状况。数值模拟结果表明，与初次人工裂缝缝长方向平行的水平应力分量(最大水平主应力)变化较快，而垂直初次人工裂缝缝长方向上的水平应力分量(最小水平应力)变化较慢，二者都是时间和空间的函数。因此，当重复压裂井中的诱导应力差足以改变地层中的初始应力差时，则在井筒和初次人工裂缝周围的椭圆形区域内发生应力重定向：初始最小水平应力方向可能转变为目前最大水平应力方向，而初始最大水平应力方向则变为目前最小水平应力方向。根据弹性力学理论和岩石破裂准则，裂缝总是沿着垂直于最小水平主应力方向起裂，那么重复压裂就可以产生一条垂直于初次人工裂缝的新缝。这就是重复压裂造新缝的力学基础。如果当重复压裂井井筒及裂缝周围的应力发生重定向(最大、最小主应力发生90°反转)。同时进行重复压裂,重复压裂新裂缝将可能垂直于初次裂缝缝长方向起裂和延伸,一直延伸到椭圆形的应力重定向边界处(应力各向同性点),超过应力各向同性点后,应力场方向恢复到初始应力状态,重复压裂新裂缝将逐渐重新转向到平行于初次裂缝缝长方向继续延伸;如果应力没有再次发生转向,则裂缝继续向前延伸。

8.3.1 重复压裂新裂缝起裂和延伸机理

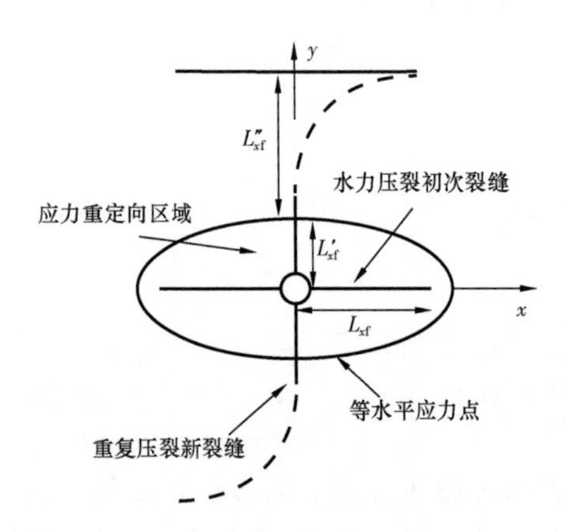

图8.4 重复压裂新裂缝延伸理论模型

垂直裂缝井重复压裂施工前,由于初次人工裂缝产生的诱导应力和油气井生产过程中孔隙压力降低引起储层应力下降,长期注水致使储层温度下降引起储层岩石收缩所引起的储层应力下降,导致了井眼处及近井眼处应力方向发生了转向,如果该井此时进行重复压裂,将可能产生垂直于初次裂缝缝长方向上的重复压裂新裂缝。然而,这个影响仅仅适用于距离井口的有限距离,重复压裂新裂缝的继续延伸过程中,储层中的应力分布在不断变化,一方面是油气井生产过程中对储层的应力影响随着距离井筒及裂缝的距离而不断减小,另一方面是新裂缝的产生和延伸也会对新裂缝周围的应力场产生影响,并直接影响和控制着裂缝延伸方向。图8.4表示了一个理想的重复压裂新裂缝的几何形状。

8.3.1.1 重复压裂造新缝的力学条件

根据岩石的张性破裂准则:周向有效正应力(周向主应力减去孔隙压力后的有效应力,规定压应力为正)$\sigma'_{\theta\theta}$达到岩石的抗拉强度σ_1时,岩石发生断裂,初始扩展方向将是周向有效正应力$\sigma_{\theta\theta}$的最大值方向;裂缝的扩展是沿这个方向的最大周向应力达到了临界值而产生的,即:周向有效应力小于或者等于岩石的抗张强度时,裂缝就会延伸。

$$\sigma'_{\theta\theta} = \sigma_{\theta\theta} - p \leqslant \sigma_1 \tag{8.27}$$

垂直裂缝井重复压裂产生新裂缝的力学条件为重复压裂前在井眼以及近井应力分布中存在应力区域。如果井壁处的初始最大水平应力方向变为当前的最小水平应力方向,初始最小水平应力方向变为当前的最大水平应力方向,则此时重复压裂将产生垂直初次裂缝缝长方向的新裂缝。井壁处产生新裂缝的力学条件为:

$$\sigma_{H0}(0,0) + \Delta\sigma_x(0,0,t) < \sigma_{h0}(0,0) + \Delta\sigma_y(0,0,t) \tag{8.28}$$

8.3.1.2　重复压裂的最佳时机

重复压裂的最佳时机是此时裂缝长度可以达到很长或裂缝将延伸到的区域孔隙压力仍很高,当地层应力分布及油藏特性诸如孔隙度、渗透率和地应力等控制压力分布的因素已知时,可以确定重复压裂的最佳时机。因此,如果由于油气生产活动导致的应力改变量足以克服原地应力差时,由于影响新裂缝缝长的应力重定向区域的大小与生产时间有极大的关系,怎样在缝长和孔隙压力之间选择一个最佳的切合点达到压裂改造增产效果最好,这要结合压后的产能预测才能确定出。

起裂产生新裂缝的最佳时机 t:

$$\sigma_{H0}(x,y,0) + \Delta\sigma_x(0,L'_t,t) = \sigma_{h0}(x,y,0) + \Delta\sigma_y(0,L'_t,t) \tag{8.29}$$

8.3.2　重复压裂新裂缝延伸规律

尽管国外通过油田重复压裂缝延伸方位现场测量,得到了许多有用的结论,但是该领域的理论研究非常滞后,还没有一种有效的方法能够真正模拟地层中裂缝延伸的实际轨迹。本文基于重复压裂前地应力场分析的成果,将位移不连续法应用于断裂力学,采用位移不连续法来研究的平面应变条件下弹性体内的裂缝扩展,数值模拟了裂缝起裂后的延伸轨迹得到了重复压裂裂缝的延伸长度、延伸路径。

8.3.2.1　复合型裂缝最大拉应力原理裂缝扩展的基本原理

在实际工程问题中,裂缝通常为混合型裂缝,并且多数处于组合应力场中,混合型裂缝的扩展不沿原裂缝面扩展,而是沿新的分支扩展。因此,在计算上除了确定裂缝扩展的临界载荷外,还要确定扩展的方向。目前常用的复合型裂缝脆性断裂的理论有三种:

(1)最大拉应力理论。首先,裂缝的初始扩展方向将是轴向正应力的最大值方向;其次,裂缝的扩展是沿这个方向的最大周向应力达到了临界值而产生的。

(2)能量释放率理论。首先,裂缝沿着能产生最大能量释放率的方向扩展;其次,裂缝的扩展是由于最大能量释放率达到了临界值而产生的。

(3)最小应变能密度因子理论。首先,裂缝沿着应变能密度因子最小的方向开始扩展;其次,裂缝的扩展是由于最小应变能密度因子达到了材料相应的临界值时发生的。

根据岩石力学、断裂力学和水力压裂力学,水力裂缝是1型、2型裂缝的混合型问题,假设裂缝周围的岩石为均匀连续的线弹性体,可以采用线弹性断裂力学理论来研究分析重复压裂新裂缝转向后的扩展方向。本文采用复合型裂缝的最大拉应力原理来研究裂缝的扩展,那么水力压裂裂缝的扩展方向取决于张开型应力强度因子 K_1 和剪切型应力强度因子 K_2。断裂准则的联合作用。

根据弹性力学和断裂力学的理论,一个1型和2型混合裂缝尖端的应力可以用应力强度因子表示为:

$$\sigma_r = \frac{1}{2\sqrt{2\pi r}}\left[K_1(3-\cos\theta)\cos\frac{\theta}{2} + K_2(3\cos\theta - 1)\sin\frac{\theta}{2}\right] \tag{8.30}$$

$$\sigma_r = \frac{1}{2\sqrt{2\pi r}}\cos\frac{\theta}{2}[K_1(1+\cos\theta) - 3K_2\sin\theta] \tag{8.31}$$

$$\tau_{r\theta} = \frac{1}{2\sqrt{2\pi r}}\cos\frac{\theta}{2}[K_1\sin\theta + K_2(3\cos\theta - 1)] \tag{8.32}$$

根据最大拉应力理论：(1)裂缝的初始扩展方向将是周向正应力的最大值方向；(2)其次裂缝的扩展是沿这个方向的最大周向应力达到了临界值而产生的。

根据最大拉应力理论第(1)条，令 $\frac{\partial\sigma_\theta}{\partial\theta} = 0$ 及 $\frac{\partial^2\sigma_\theta}{\partial\theta^2} < 0$ 就可求得裂缝的扩展方向。

由 $\frac{\partial\sigma_\theta}{\partial\theta} = 0$ 得：

$$\cos\frac{\theta}{2}[K_1\sin\theta + K_2(3\cos\theta - 1)] = 0 \tag{8.33}$$

式中 $\cos\frac{\theta}{2} = 0$ 的解，对应 $\theta = \pm\pi$，与实际不符，故由方程

$$K_1\sin\theta + K_2(3\cos\theta - 1) = 0 \tag{8.34}$$

确定开裂角 θ_0。

式(8.34)是确定开裂角的必要条件，要使 σ 达到最大值还需要满足 $\frac{\partial^2\sigma_\theta}{\partial\theta^2} < 0$ 的条件。

根据最大拉应力理论第(2)条，当沿 θ_0 方向的周向应力达到临界值 $\sigma_{\theta c}$ 时裂缝开始扩展，由应力强度因子定义，可表达为：

$$\sigma_{\theta 0}\sqrt{2\pi r} = K_{1C} \tag{8.35}$$

即：

$$\frac{1}{2}\cos\frac{\theta_0}{2}[K_1(1+\cos\theta_0) - 3K_2\sin\theta_0] = K_{1C} \tag{8.36}$$

令当量应力强度因子：

$$K_e = \frac{1}{2}\cos\frac{\theta_0}{2}[K_1\sin\theta - K_2(3\cos\theta_0 - 1)] \tag{8.37}$$

那么裂缝发生扩展的判据就为：

$$K_e = K_{1C} \tag{8.38}$$

由断裂力学可知，应力强度因子可由相应的应力场得到：

$$K_1 = \lim_{r \to 0} \sqrt{2\pi r}\sigma_r(r,0) \tag{8.39}$$

$$K_2 = \lim_{r \to 0} \sqrt{2\pi r}\tau_r(r,0) \tag{8.40}$$

8.3.2.2　位移不连续法模拟裂缝扩展

8.3.2.2.1　位移不连续法理论及其基本方程式

对于均匀各向同性弹性平面应变常位移不连续问题，研究如图8.5所示的无限弹性体中的一段裂缝，其长度为$2a$。裂缝的两个不连续面，如图8.5所示的坐标系，可分别记为$y=0_+$和$y=0_-$，将这两个裂缝面之间的切向位移记为D_x，法向相对位移记为D_y，并将它们称为位移不连续量。假定图示方向的D_x和D_y为正，则它们与弹性体的位移场分量之间存在以下关系：

$$D_x = u_x(x,0_-) - u_x(x,0_+) \tag{8.41}$$

$$D_y = u_y(x,0_-) - u_y(x,0_+) \tag{8.42}$$

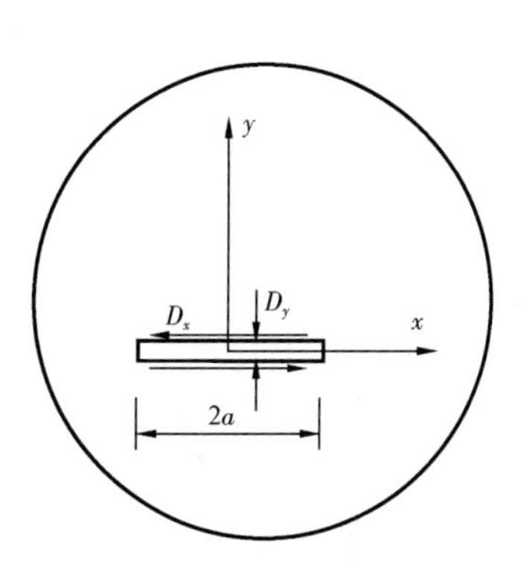

图8.5　无限大体中裂缝及常位移不连续分量D_x和D_y示意图

设D_x和D_y在整个裂缝长度上均匀分布，并将其称为常位移不连续值，则由弹性力学原理可知在平面应变情形下，均匀各向同性无限体中因裂缝的相对运动（D_x、D_y）而产生的位移、应力分量的表达式为：

$$u_x = D_x[2(1-v)f_y - yf_{xx}] + D_y[-(1-2v)f_x - yf_{xy}] \tag{8.43}$$

$$u_y = D_x[(1-2v)f_y - yf_{xy}] + D_y[2(1-v)f_y - yf_{yy}] \tag{8.44}$$

$$\sigma_{xx} = 2GD_x[2f_{xy} + yf_{xyy}] + 2GD_y[2f_{yy} + yf_{yyy}] \tag{8.45}$$

$$\sigma_{yy} = 2GD_x[-yf_{xyy}] + 2GD_y[f_{yy} - yf_{yyy}] \tag{8.46}$$

$$\sigma_{xy} = 2GD_x[f_{xy} + yf_{xyy}] + 2GD_y[-yf_{yyy}] \tag{8.47}$$

式中函数$f(x,y)$的表达式为：

$$f(x,y) = -\frac{1}{4\pi(1-v)}\left[y\left(\arctan\frac{y}{x-a} - \arctan\frac{y}{x+a}\right)\right] -$$

$$(x-a)\ln[(x-a)^2+y^2]^{1/2}+(x+a)\ln[(x+a)^2+y^2]^{1/2} \tag{8.48}$$

式中函数$f(x,y)$的表达式为：

$$f(x,y)=\frac{1}{4\pi(1-v)}\{\ln[(x-a)^2+y^2]^{1/2}+(x+a)\ln[(x+a)^2+y^2]^{1/2}\} \tag{8.49}$$

它的二阶和三阶导数分别为：

$$f_y=-\frac{1}{4(1-v)}\left(\arctan\frac{y}{x-a}-\arctan\frac{y}{x+a}\right) \tag{8.50}$$

$$f_{xy}=\frac{1}{4\pi(1-v)}\left[\frac{y}{(x-a)^2+y^2}-\frac{y}{(x+a)^2+y^2}\right] \tag{8.51}$$

那么，对任意的裂缝边缘进行直线单元离散，并假定位移不连续量在每个裂缝单元上按某种规律分布，并借助“裂缝”位移不连续量作用下的解析函数，根据每一个边界单元的影响效应叠加构造出求解域任意位置位移、应力解。再由每个边界单元给定的边界条件值，建立相应的代数求解方程组，利用适合的求解方法，即可以解出每一单元上的位移不连续值两个分量，进而由任意点位移、应力分量关于边界单元位移不连续量的线性表达式求得任意点位移、应力值。

位移不连续法适合不同类型边界条件问题的求解，且不论何种边界条件类型，它具有下面4个求解步骤：

(1)将问题域的曲线边界离散成若干小单元，并假定每个单元的基本未知量的分布模式。

(2)根据边界条件类型，建立离散型数值方程组，并使得所建立的方程式在所有单元结点上精确满足该位置给定的边界条件值。同时，为消除刚体位移效应，需建立相应的辅助方程式。由此形成代数求解方程组。

(3)求解上述已经建立的代数方程组，得到每一单元结点基本未知量。

(4)计算由上述已经求出的每一边界单元基本未知量q线性表示的问题域内任意点位移、应力分量值。

8.3.2.2.2　重复压裂裂缝周围的应力分析

在重复压裂新裂缝扩展前，地层中存在由原地应力场、初次水力压裂裂缝诱导的应力场、孔隙压力变化诱导的应力场、温度场变化诱导的应力场叠加形成的应力场。在这样各点应力变化的应力场的均匀各向同性平面应变弹性体中存在一条内部受均匀压力$\sigma_n=-p$作用的裂缝，研究在这个裂缝周围的应力分布。

由于裂缝张开，裂缝壁上将产生释放荷载以平衡张开的岩块，并由此产生二次扰动应力场,则围岩的最终应力场为由张开裂缝释放荷载产生的二次扰动应力场和初始应力场的叠加场。设由裂缝张开释放的应力场分量为σ'_{kl},最终应力场分量为σ_{kl},($i=1,2,3,\cdots,N$):

$$\sigma_{kl} = \sigma^0_{kl} + \sigma'_{kl} \qquad (k,l = x,y) \tag{8.52}$$

这个问题属于应力边界条件问题,下面就用位移不连续法求解这个应力场。

(1)应力边界条件。

首先求解这个问题的应力边界条件。将裂缝离散成N个边界单元,每个单元近似一直线段代替曲线边界(图8.6),单元处于局部坐标系:s,n中,并将任意单元i中点处与该单元的局部坐标系相应的初始应力分量记为:$(\sigma'_s)_0,(\sigma'_n)_0,(\sigma'_{sn})_0$。

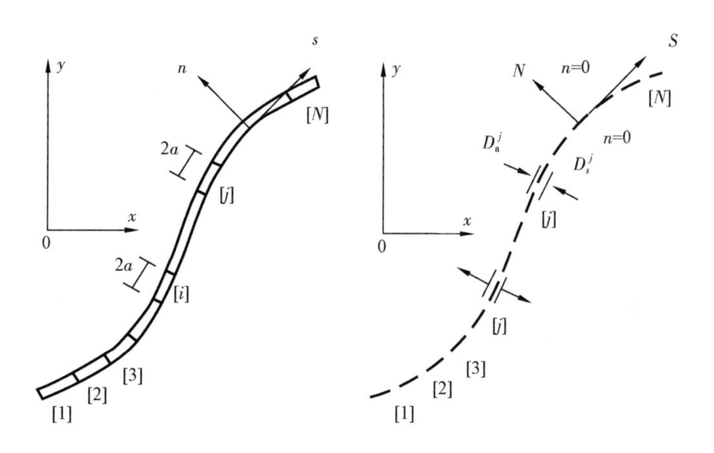

图8.6　裂缝边界离散示意图

那么:

$$(\sigma'_s)_0 = \sigma^0_{xxi}\cos^2\theta_i + \sigma^0_{yyi}\sin^2\theta_i + \sigma^0_{xyi}\sin2\theta_i \tag{8.53}$$

$$(\sigma'_n)_0 = \sigma^0_{xxi}\sin^2\theta_i + \sigma^0_{yyi}\cos^2\theta_i + \sigma^0_{xyi}\sin2\theta_i \tag{8.54}$$

$$(\sigma'_{sn})_0 = \frac{1}{2}(\sigma^0_{yyi} - \sigma^0_{xxi})\sin2\theta_i + \sigma^0_{xyi}\cos2\theta_i \tag{8.55}$$

在展开的裂缝壁面上,边界单元面力$t'_l(l=s,n)$为:

$$t'_l = (t'_l)_0 + (t'_i)' \qquad (l = s,n;i = 1,2,\cdots,N) \tag{8.56}$$

式中:$(t'_s)_0=(\sigma'_{sn})_0$,$(t'_n)_0=(\sigma'_n)_0$,$(t'_i)$为裂缝张开释放载荷。裂缝张开后裂缝壁内部受均布压力$-p$即:

$$t'_s = 0, t'_n = -p \tag{8.57}$$

将式(8.57)代入式(8.56)中得到：

$$(t'_s) = -(\sigma'_{sn})_0 \tag{8.58}$$

$$(t'_n)' = -p - (\sigma'_n)_0 \tag{8.59}$$

式(8.58)和式(8.59)就是由于裂缝张开引起的应力边界条件。

(2)位移不连续法求解应力的数学模型。

定义单元 j 的位移不连续量位于局部坐标 s、n 中如图 8.6 所示，并记为 D'_s 和 D'_n，有：

$$D^l_s = u^l_{s-} - u^l_{s+} \tag{8.60}$$

$$D^l_n = u^l_{n-} - u^l_{n+} \tag{8.61}$$

式中，u'_s和 u'_n分别为第 j 个单元切向和法向位移，“ + ”“ - ”则表示裂缝的正负两边。u'_s和 u'_n的正向与坐标轴 s 和 n 正向一致，D'_s和 D'_n的正向规定如下：当裂缝的两边处于相向运动时 D'_n为正，当裂缝的正边相对于负边向左运动时 D'_s为正。

假设在各边界单元上存在法向和切向常分布位移不连续值，且弹性体在常位移不连续值的影响下已知边界条件保持不变，如图 8.6 所示。各单元常位移不连续量 D'_s和D'_n产生剪切力和法向力的计算式为：

$$t^i_s = \sum_{j=1}^{N} (a^{i,j}_{ss} D^j_s + a^{i,j}_{sn} D^j_n) \qquad (i,j = 1,2,\cdots,N) \tag{8.62}$$

$$t^i_n = \sum_{j=1}^{N} (a^{i,j}_{ns} D^j_s + a^{i,j}_{nn} D^j_n) \qquad (i,j = 1,2,\cdots,N) \tag{8.63}$$

式中，$a^{i,j}_{ss}$，$a^{i,j}_{sn}$，$a^{i,j}_{ns}$和$a^{i,j}_{nn}$为边界应力影响系数，含义分别为：$a^{i,j}_{ss}$和$a^{i,j}_{sn}$分别表示与单元 j 上的单位切向常位不连续值($D^j_s = 1$)相应的单元 i 中点的剪切力和法向力，$a^{i,j}_{ns}$和$a^{i,j}_{nn}$分别表示与单元 j 上的单位法向常位移不连续值($D^j_n = 1$)相应的单元 i 中点的剪切力和法向力。

将式(8.58)和式(8.59)分别代入式(8.62)和式(8.63)，可得到求解本问题基本未知数的方程组为：

$$-(\sigma^i_{sn}) = \sum_{j=1}^{N} (a^{i,j}_{ss} D^j_s + a^{i,j}_{sn} D^j_n) \qquad (i,j = 1,2,\cdots,N) \tag{8.64}$$

$$-p - (\sigma^i_n)_0 = \sum_{j=1}^{N} (a^{i,j}_{ns} D^j_s + a^{i,j}_{nn} D^j_n) \qquad (i,j = 1,2,\cdots,N) \tag{8.65}$$

这样就有 $2N$ 个代数方程组，与基本未知数的个数相等。求出式中所有的边界应力影响系数并解这个方程组，即可得出符合要求的各单元的常位移不连续值。

(3)边界应力影响系数的计算。

设任意边界单向的局部坐标系对问题域总体坐标系的倾角为 θ_i，如图8.7所示。将式(8.45)至式(8.47)由局部坐标系向总体坐标系进行坐标变换，可得在总体坐标系中与单向上的单位切向常位移不连续值相应的任意点 i 的应力分量的表达式为：

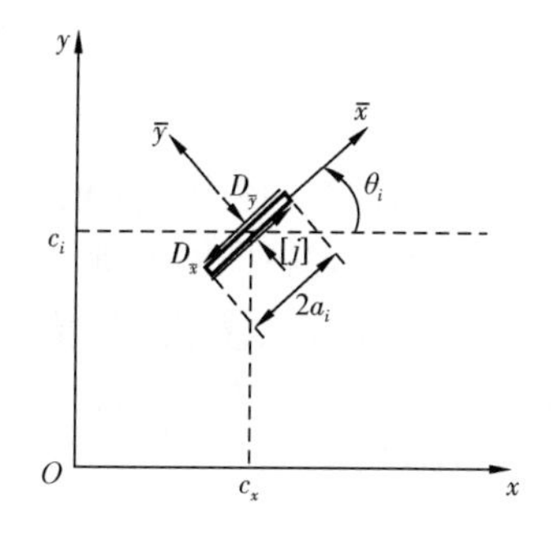

图8.7　坐标转换关系示意图

$$\sigma_{xxi} = 2G[2f_{xy}\cos^2\theta_i + f_{xx}\sin2\theta_i + y(f_{xyy}\cos2\theta_i - f_{yyy}\sin2\theta_i)] \tag{8.66}$$

$$\sigma_{yyi} = 2G[2f_{xy}\sin^2\theta_i - f_{xx}\sin2\theta_i - y(f_{xyy}\cos2\theta_i - f_{yyy}\sin2\theta_i)] \tag{8.67}$$

$$\sigma_{xyi} = 2G[2f_{xy}\sin2\theta_i - f_{xx}\cos2\theta_i + y(f_{xyy}\sin2\theta_i + f_{yyy}\cos2\theta_j)] \tag{8.68}$$

与单元 j 上的单位法向常位移不连续值相应的任意点 i 的应力分量的表达式为：

$$\sigma_{xx2} = 2G[-f_{xy} + y(f_{xyy}\sin2\theta_i + f_{yyy}\cos2\theta_j)] \tag{8.69}$$

$$\sigma_{yy2} = 2G[-2f_{xy} - y(f_{xyy}\sin2\theta_i + f_{yyy}\cos2\theta_i)] \tag{8.70}$$

$$\sigma_{xy2} = 2G[-y(f_{xyy}\cos2\theta_i - f_{yyy}\sin2\theta_i)] \tag{8.71}$$

将任意点 i 理解为单元 i 的中点，则式(8.69)至式(8.71)即为在总体坐标系中分别与单元上的单位切向、法向常位移不连续值相应的单元 i 中点的应力分量的计算式。将式(8.69)至式(8.71)向单元 i 的局部坐标系进行变换，即得边界应力影响系数的算式为：

$$\sigma_{ss}^{\eta} = 2G[-f_{xy}\sin2\gamma - f_{xx}\cos2\gamma - y(f_{xyy}\sin2\gamma - f_{yyy}\cos2\gamma)] \tag{8.72}$$

$$\sigma_{sn}^{\eta} = 2G[-y(f_{xyy}\cos2\gamma + f_{yyy}\sin2\gamma)] \tag{8.73}$$

$$\sigma_{ns}^{\eta} = 2G[2f_{xy}\sin^2\gamma + f_{xx}\sin2\gamma - y(f_{xyy}\cos2\gamma + f_{yyy}\sin2\gamma)] \tag{8.74}$$

$$\sigma_{nn}^{\eta} = 2G[-f_{xx} + y(f_{xyy}\sin2\gamma - f_{yyy}\cos2\gamma)] \tag{8.75}$$

其中

$$\gamma = \theta_i - \theta_j \tag{8.76}$$

令式(8.76)中的 $i=j$，即得各单元的边界自影响系数为：

$$a_{sn}^{\eta} = a_{ns}^{\eta} = 0 \tag{8.77}$$

$$a_{ss}^{\eta} = a_{nn}^{\eta} = \frac{G}{\pi(1-v)a_i} \tag{8.78}$$

(4)任意点应力分量的计算。

对于均匀各向同性弹性体中承受均布压力的裂隙,该问题最终位移、应力分量即为由裂缝边界常位移不连续值引起的位移、应力分量值。根据弹性叠加原理,由式(8.65)至式(8.71)可得出在总体坐标系中任意点(包括边界点)最终应力分量的计算式,分别为:

$$\sigma_{xx} = \sigma_{xx}^{0} + \sum_{j=1}^{N}(\sigma_{xx1}D_s^l + \sigma_{xx2}D_n^l) \qquad (j = 1,2,\cdots,N) \tag{8.79}$$

$$\sigma_{yy} = \sigma_{yy}^{0} + \sum_{j=1}^{N}(\sigma_{yy1}D_s^l + \sigma_{yy2}D_n^l) \qquad (j = 1,2,\cdots,N) \tag{8.80}$$

$$\sigma_{xy} = \sigma_{xy}^{0} + \sum_{j=1}^{N}(\sigma_{xy1}D_s^l + \sigma_{xy2}D_n^l) \qquad (j = 1,2,\cdots,N) \tag{8.81}$$

式中 D_s^l 和 D_n^l 即为算得的各边界单元上的常位移不连续值,其余符号的含义与式(8.66)至式(8.75)相同。注意,这些式中的 θ_j 为单元 j 的局部坐标系的 x 轴与总体坐标系的 x 轴之间的夹角。

8.3.3 重复压裂新裂缝扩展数值模拟流程图

通过数值求解上述裂缝扩展动力学方程,即可模拟重复压裂新裂缝扩展的主控因素及其影响规律,为重复压裂工艺参数优化设计提供理论基础。重复压裂新裂缝扩展数值模拟流程如图 8.8 所示。

8.4 配套技术

8.4.1 选井选层

选井选层是决定重复压裂效果的一个重要因素。在不同时期的重复压裂中,其影响因素重要性的排序是不同的。目前选井选层方法主要有以下三种:(1)生产统计法;(2)灰色关联度法;(3)模糊识别模型法。

8.4.1.1 生产统计法

生产统计方法通过对生产数据的统计、分析并结合专家的经验进行选井。目前矿场上多采用统计法进行选井,就是通过对生产井的开发动态资料进行分析研究,寻找潜力

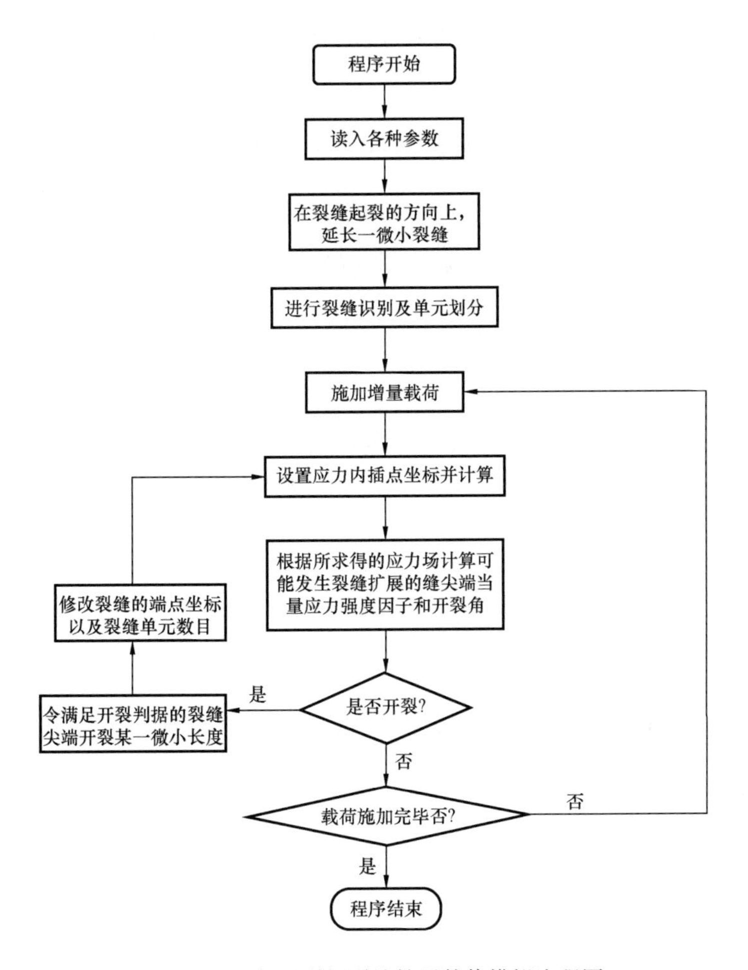

图8.8　重复压裂新裂缝扩展数值模拟流程图

层进行重复压裂。优点是方便快捷，紧密结合目的区块的实际。不足之处在于对技术人员水平的依赖程度高，缺乏科学性。近年来，利用灰色关联法和模糊识别原理进行重复压裂选层，效果比较明显。

8.4.1.2　灰色关联度法

所谓灰色关联度，就是表征输出与输入间动态变化的对应关系。其计算表达式为：

(1)数据的初值化处理。

设原始数列为：

$$X^{(0)} = \{X^{(0)}(1), X^{(0)}(2), X^{(0)}(3), \cdots, X^{(0)}(num)\} \tag{8.82}$$

对 $X^{(0)}$ 初值化后变为：

$$Y^{(0)} = \{Y^{(0)}(1), Y^{(0)}(2), Y^{(0)}(3), \cdots, Y^{(0)}(num)\} \tag{8.83}$$

(2)求差序列。

$$\Delta_{0i(k)} = |Y_0^{(0)}(k) - Y_i^{(0)}(k)| \quad (i = 1,2,\cdots,m; k = 1,2,\cdots,num) \tag{8.84}$$

(3)求两级最大差与最小差。

$$\Delta_{max} = \max_i \max_k |Y_0^{(0)}(k) - Y_i^{(0)}(k)| \tag{8.85}$$

$$\Delta_{min} = \min_i \min_k |Y_0^{(0)}(k) - Y_i^{(0)}(k)| \tag{8.86}$$

(4)计算关联系数。

$$\xi_{0i}(k) = \frac{\Delta_{min} + \rho\Delta_{max}}{\Delta_{0i}(k) + \rho\Delta_{max}} \tag{8.87}$$

(5)计算关联度。

$$r_{0i} = \frac{1}{n}\sum_{k=1}^{n}\xi_{0i}(k) \tag{8.88}$$

(6)计算权重。

$$W_i = \frac{r_{0i}}{\sum_{i=1}^{m} r_{0i}} \tag{8.89}$$

8.4.1.3 模糊识别模型法

模糊识别法则利用建立的模型,对各参数对压裂效果的影响进行研究,以此进行井层筛选。

设 A 是重复压裂井层组成的集合,P 是相应的特征参数组成的集合,由集合 A 到集合 P 的一个模糊关系记为 $\boldsymbol{R}$,因 A 和 P 都是有限论域,故 $\boldsymbol{R}$ 可表示为:

$$\begin{cases} \boldsymbol{R} = [r_{ij}]_{n\times m} & (i = 1,2,\cdots,n; j = 1,2,\cdots,m) \\ r_{ij} \in [0,1] \end{cases} \tag{8.90}$$

按半升梯形法求集合 A 到集合 P 间的模糊关系 $\boldsymbol{R}$:

$$r_{i,j} = \mu_{(x)} = \begin{cases} 0 & (x \leqslant a_1) \\ \dfrac{x - a_1}{a_2 - a_1} & (a_1 < x < a_2) \\ 1 & (x \geqslant a_2) \end{cases} \tag{8.91}$$

将 $\boldsymbol{R}$ 划分为 n 个次级模糊矩阵 $\boldsymbol{R}_1,\boldsymbol{R}_2,\cdots,\boldsymbol{R}_{n-1}$ 及 $\boldsymbol{R}_n{}^*(\boldsymbol{R}_1,\boldsymbol{R}_2,\cdots,\boldsymbol{R}_{n-1})$，表示 $n-1$ 个重复压裂待选井与相应特征参数间的模糊关系，而 $\boldsymbol{R}_n{}^*$ 表示标准井层与其特征参数间的模糊关系。

现以标准井层作为理想模式，求 $n-1$ 个待选井层与标准井层的贴近程度，可用欧氏贴近度来表征：

$$\rho(\boldsymbol{R}_j,\boldsymbol{R}_n^*) = 1 - \sqrt{\frac{1}{m}\sum_{i=1}^{m}\{w_i[\boldsymbol{R}_j(P_i) - \boldsymbol{R}_n^*(P_i)^2]\}} \tag{8.92}$$

有了欧氏贴近度，就可依此判断那些井层适于重复压裂，并可将一批井层按优劣排序。

8.4.2　支撑剂筛选

充填裂缝的支撑剂的量适当、类型合适，是水力压裂施工取得成功的关键，支撑剂的浓度和强度将决定裂缝在整个开采期限的导流能力，支撑剂的选择主要取决于达到的裂缝导流能力，诸如支撑剂特性（强度、圆度、球度、表面光洁度等）、油层闭合压力、压降速度、嵌入和最终支撑缝宽等因素都会影响裂缝导流能力，对兰州石英砂、宜兴陶粒等4种支撑剂进行了评价和选择。

8.4.2.1　筛析实验评价

4种支撑剂筛析实验结果见表8.2。

表8.2　4种支撑剂筛析实验结果对比

粒径范围（mm）	质量分数（%）		粒径范围（mm）	质量分数（%）	
	宜兴陶粒	兰州石英砂		宜兴陶粒	兰州石英砂
>1.25	0.2	0.1	>1.6	0	0
0.9~1.25	5.2	0.2	1.2~1.6	1.9	1.4
0.63~0.9	63.7	79.1	1.0~1.2	53.4	30.2
0.5~0.63	26.6	17.2	0.9~1.0	27.3	35.3
0.4~0.5	2.8	2.3	0.8~0.9	9.1	24.9
0.355~0.4	1.0	0.8	0.63~0.8	7.3	8.1
<0.355	0.5	0.3	<0.63	1.0	0.1
符合粒径范围	93.2	98.6	符合粒径范围	89.8	90.4
不符合粒径范围	6.8	1.4	不符合粒径范围	10.2	9.6

8.4.2.2　物理性质测试与评价

对4种支撑剂的性质进行了评价试验，包括支撑剂的颗粒密度、体积密度、圆度、球度、表面光洁度、酸溶解度、单颗粒抗压强度及产状、群体破碎度等8项内容，试验结果见表8.3。

表8.3　4种支撑剂物理性质对比表

项目		宜兴陶粒		兰州石英砂	
粒径范围(mm)		0.4~0.9	0.8~1.25	0.4~0.9	0.8~1.25
颗粒密度(g/cm³)		2.82	2.81	2.66	2.65
体积密度(g/cm³)		1.73	1.73	1.68	1.70
圆度		0.9	0.9	0.7	0.6
球度		0.9	0.9	0.7	0.7
表面光洁度		中	中	中	中
酸溶解度(12% HCl+13% HF)%		4.9	2.6	5.4	2.5
群体破碎率(%)	30MPa			24.2	
	45MPa	7.1	20.4	36.0	46.4
	60MPa	13.2	32.5	42.5	55.2

8.4.2.3　导流能力测试与评价

对4种支撑剂进行了导流能力试验，试验结果见表8.4。

表8.4　4种支撑剂导流能力对比表

闭合压力(MPa)	导流能力(D·cm)			
	宜兴陶粒		兰州石英砂	
	0.4~0.9mm	0.8~1.25mm	0.4~0.9mm	0.8~1.25mm
10.0	145	250	91	106
20.0	108	203	51	59
30.0	85	129	19	24
40.0	60	82	10	
50.0	38	48		
60.0	24	30		

从评价结果来看，对于C6储层，由于闭合压力低，对支撑剂的抗压强度要求不高，所要求的主要是较高的导流能力。以上4种支撑剂，从导流能力来看，对于井深小于2000m的压裂井以0.4~0.9mm石英砂为首选支撑剂。

8.4.3 压裂液性能综合评价

在缝内转向压裂技术中,压裂液黏度要满足两方面要求:一是保证液体具有较强的悬砂能力;二是有利于创造脱砂环境形成的暂堵条件。

8.4.3.1 压裂液添加剂选择

(1)增稠剂。

增稠剂选用水不溶物低、基液黏度高轻两基瓜尔胶,它的含水率为 8% ~10% ,水不溶物 7.0% ~10.0% ,1% 基液黏度 270 ~310mPa · s。

(2)破乳助排剂。

筛选的 CF -5C 复合破乳助排剂,有较低的表面张力和油水界面张力,且具有破乳能力,比原用 CF -5B 有好的性能指标(表 8.5)。在水中加入 CF -5C 后,原油 : 水 = 1 : 1具有良好的破乳效果,破乳率达 95% 以上,能加快油水的分离速度和分离程度,防止乳化堵塞造成的伤害。

表 8.5 CF -5C 性能测试结果

助排剂	浓度(%)	表面张力(mN/m)	界面张力(mN/m)	破乳率(%)
CF -5B	0.3	32.2	1.7	—
CF -5C		29.7	1.1	95

(3)黏土稳定剂。

进行水力压裂,如果地层中含有黏土矿物,压裂液会使地层岩石结构表面性质发生变化、水相与黏土矿物接触、或地层水相与压裂液水相的化学位差,引起黏土矿物各种形式的水化,膨胀、分散和运移,对储层的渗透率造成伤害,甚至堵塞孔隙喉道,对压裂改造效果产生很大的影响,尤其对强水敏、强碱敏地层,影响更为明显。因此,压裂液中必须加入黏土稳定剂,增强压裂液对黏土的抑制作用。常用的黏土稳定剂分为无机型和有机型两种。它们都是为了保持一定的阳离子交换能力使黏土稳定。二者相比较,一般认为无机型作用明显但有效期短,而有机型由于可吸附在黏土表面而耐冲刷,有效期长。新的研究发现,聚季铵类黏土稳定剂具有长效的黏土防膨作用,但大分子的聚合物又易引起对低渗透储层的伤害,所以优选了无机离子 KCl 盐型黏土稳定剂,其防膨率如图 8.9 所示。

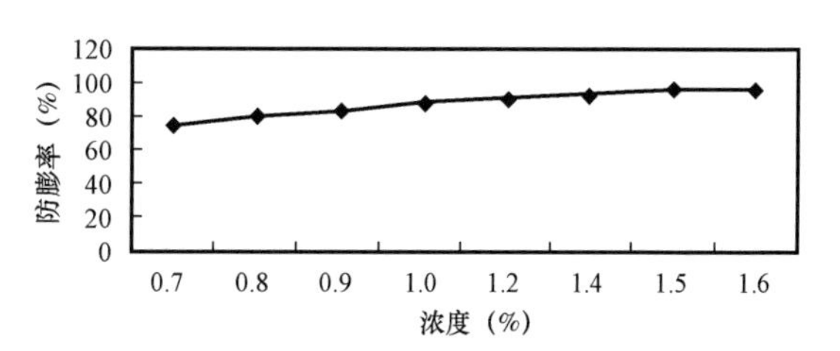

图 8.9 黏土稳定剂膨率曲线

8.4.3.2 压裂液性能测试

(1)压裂液流变性。

交联冻胶压裂液的流变性参数,是压裂设计的重要指数,对裂缝几何尺寸的计算有着直接的影响,它还反应压裂液的黏弹性、悬浮能力和施工的摩阻等,这些参数是压裂液的重要性能参数。其中,黏弹性用以保证压裂液的造缝和携砂能力,它是压裂液的滤失量和压裂液效率的反映。因此,流变参数的确定就显得十分的重要。

表 8.6 压裂液流变性能表

温度(℃)	30min		60min		90min	
	n'	$K'(\mathrm{Pa\cdot s^n})$	n'	$K'(\mathrm{Pa\cdot s^n})$	n'	$K'(\mathrm{Pa\cdot s^n})$
30	0.7822	0.3869	0.9642	0.0279		
45	0.4451	1.252	0.5512	1.0753	0.7504	0.9991
55	0.1572	1.3505	0.6318	0.8575	0.8264	1.0268

可见,具有较好的流变特性,能满足压裂施工的要求。

(2)压裂液耐温、抗剪切性能。

经室内测定,压裂液具有较为优良的抗剪切性能和黏温性,在模拟施工时剪切速率的情况下,在该温度下剪切 90min 后的黏度仍然有 60mPa·s,表明压裂液具有较好的抗剪切能力。图 8.10 是该压裂液在 45°C 和 55°C 的流变性能曲线,表明压裂液具有良好的稳定性能和抗剪切性能。

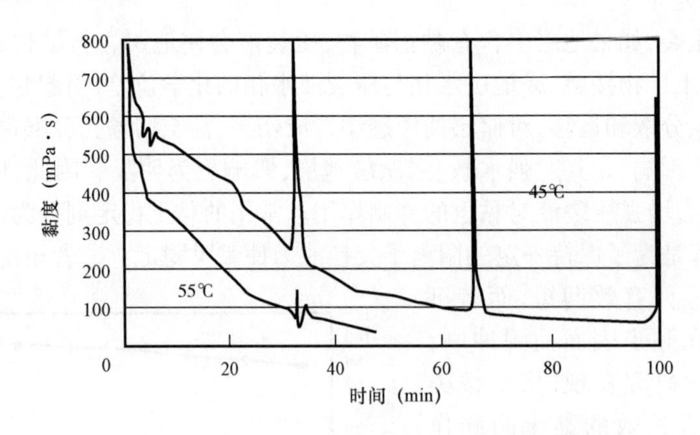

图 8.10 压裂液在 45°C 和 55°C 时的流变性能曲线

(3)压裂液的破胶性能。

为了改善压裂液的返排能力,降低对储层的堵塞,要求压裂液在施工结束时实现快速彻底破胶,而又为了保证压裂液有较好的沉砂剖面,要求压裂液破胶时间和裂缝闭合时间相匹配,在施工中采用变浓度破胶剂和延迟破胶剂的方法,破坏压裂液的网络结构,降解高分子聚合物长链,以保证压裂施工和降低压裂液的伤害。交联瓜尔胶水溶液在试验温度下,4~8h 内,最终破胶液黏度仅为 1.5~5.8mPa·s。

目前水基冻胶压裂液中使用的破胶剂主要为:氧化性化合物。主要为过硫酸盐,但经验证明过硫酸盐在 70°C 以上适合做压裂液的破胶剂,温度越高,其反应活性越强,破胶越迅速、彻底;当温度低于 50°C 时,则因其分解太慢,破胶能力会迅速下降,破胶效果不理想,尤其在 40°C 以下的温度应用时破胶效果更差。对于埋藏深度在 300~1000m、储层温度在 20~50°C 的油气井,一般采用氧化—还原压裂液的破胶技术,即过硫酸盐与破胶助剂相结合才能使体系破胶水化。这些破胶助剂主要成分为还原性物质,如叔胺、乙酸乙酯和活性金属离子(如 Fe^{2+},Cu^{+})等。它们能使过硫酸铵在低温下释放游离氧,破坏植物冻胶压裂液结构,使大分子降解。利用该破胶技术在较低温度下也能使压裂液冻胶彻底破胶水化。然而在低温条件下采用过硫酸盐与破胶助剂相结合做破胶剂,过硫酸盐用量仍较大,如果地层水矿化度较高,体系破胶后的反应产物与高矿化度地层水易生成沉淀,堵塞地层。

生物酶破胶剂于 1992 年首次应用于低温井的压裂中,目前已经逐步被推广应用,生物酶破胶技术是目前破胶技术发展的方向。酶是一类特殊的蛋白质,属于生物催化剂,也是一种很好的植物胶压裂液破胶剂,可以使聚合物降解,且可持续较长时间,酶破胶剂较氧化破胶剂能更有效地降低分子量,酶破胶剂对聚合物分子的催化降解作用可至少持续 8 周以上,使用活性酶处理的被纤维素形成凝胶堵塞的地层岩心,渗透率可由开始的零恢复到最大的 98%。压裂液增稠剂——瓜尔胶、香豆胶、田箐及其衍生物等都是半乳甘露聚糖,酶能与半乳甘露聚糖形成远远低于糖键活化物的过渡物,活化能可从 140kJ/mol降到约 22kJ/mol,使活化分子大大增多,键断裂速度提高 1014~1018 倍,因此酶能够使压裂液在低温下破胶。

酶的破胶原理为:

$$\text{半乳甘露聚糖} + \text{聚糖酶} \longleftrightarrow \text{ES} \longleftrightarrow \text{半乳甘聚糖} + \text{聚糖酶}$$

一般酶的使用范围受环境 pH 值的影响较大,其活性在 pH 为 6~7 时最好,随着温度和 pH 值升高均会使酶失去活性。酶适合在低于 6℃ 和 pH 值为 3.5~7.5 的条件下进行破胶。在低温井中,常规压裂液体系 pH 值一般为 6~8,通过调节配方可使体系黏度满足施工要求,因此在低温条件下,酶破胶剂是一种较好的压裂液破胶剂,它具有持续降解、破胶彻底等优势,发展潜力巨大。生物酶破胶剂与过硫酸铵破胶剂相比,破胶液残渣含量低,对岩心的伤害相对减少。且生物酶破胶剂在厌氧封闭环境下半衰期长,与聚合物反应的时间远远长于氧化剂,可持久作用于地层中的瓜尔胶以及累积于地层中的残留瓜尔胶,疏通裂缝堵塞从而达到增强裂缝导流能力的效果。C_6储层物性均表现为低孔隙度、低渗透率，使用生物酶破胶剂更清洁，在满足施工要求前提下可将压裂液体系配方pH值调整接近于中性，在pH值接近中性时生物酶的活性较好，因此可对生物酶破胶剂进行研究。室内配制0.4% HPG溶液，将添加剂按比例加入，分别采用生物酶和过硫酸铵为破胶剂，在35°C水浴中恒温破胶，对体系破胶液残渣进行对比分析，实验结果见表8.7。

表8.7 破胶液残渣对比

破胶剂类型	体系残渣(mg/L)
过硫酸铵+破胶激活剂	210.2
生物酶	180.6

由实验结果可知，采用生物酶破胶剂，体系残渣较低，对裂缝导流影响较小，因此建议采用生物酶作破胶剂。

8.4.4 暂堵剂优选

目前XF油田使用的暂堵剂主要为长庆油气工艺研究院生产的A型、B型和C型三种，通过现场应用对比分析及室内实验，A型的暂堵剂基本上能满足需要，但该暂堵剂不能很好地与其他固相配合形成良好的封堵层，故需更合适的暂堵剂。

8.4.4.1 DJ-UN暂堵剂特性黏数评价

(1)评价目的。

评价聚合物在盐水中的增黏能力。

(2)评价方法。

根据GB 12005.1—1989《聚丙烯酰胺特性黏数测定方法》测定DJ-UN的特性黏数。将DJ-UN用1mol/L的氯化钠溶液配制，在30℃水浴温度条件下，用乌氏黏度计测定。

(3)结果分析。

实验结果见表8.8。

表8.8 各样品的特性黏数

样品	CLS-1	CLS2	YP(29)	DJ-UN	MO4000
特性黏数(mL/g)	481.03	164.47	254.01	654.16	1960

注：MO4000是以部分水解聚丙烯酰胺(其分子量为2400万)作为参考，考察各样品特性黏数的大小。

8.4.4.2 DJ-UN的水溶性评价

(1)评价目的。

评价暂堵剂在水和油中的溶解性。

(2)结果分析。

在煤油中的暂堵剂烘干后仍然是1g,说明样品DJ－UN是不溶于油的。

图8.11是样品DJ－UN在煤油中的溶解试验结果。

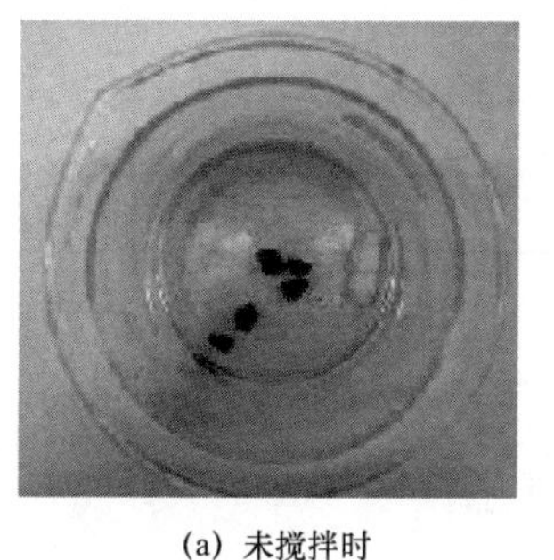

(a) 未搅拌时

(b) 搅拌1h

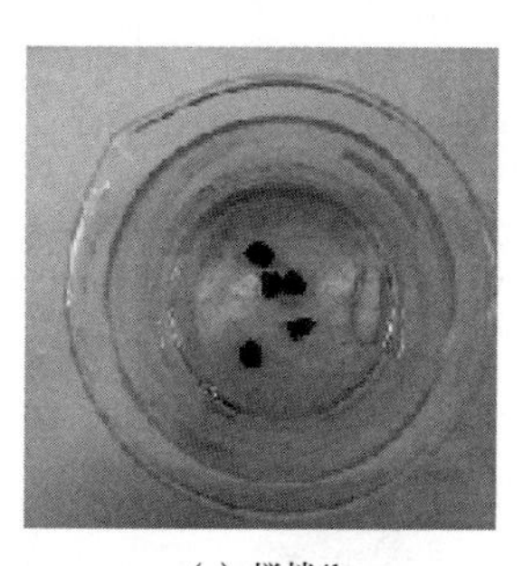

(c) 搅拌4h

图8.11　样品DJ－UN在煤油中溶解试验结果

将样品DJ－UN取1g放入100mL的自来水中,在常温下搅拌,发现样品在慢慢溶解,图8.12是样品DJ－UN在水中溶解试验结果。

(a) 溶解2h

(b) 溶解5h

(c) 8h后完全溶解

图8.12　样品DJ－UN在水中溶解试验结果

8.4.4.3　暂堵剂溶胀性和溶解性评价

(1)评价目的。

评价暂堵剂溶胀能力与溶解性能。

(2)结果分析。

各种暂堵剂溶胀能力与溶解性能实验结果见表8.9。

从表8.9中可以看出,LXN－HM24样品膨胀速度最快,膨胀能力最强,最大膨胀倍比为1.47;DJ－UN样品膨胀速度稍次,CLS1样品膨胀速度较小。分析其溶胀过程如图8.13所示。

表 8.9 各种暂堵剂溶胀能力与溶解性能实验结果

样品	条件	原始长度(mm)	1h 后长度(mm)	2h 后长度(mm)	3h 后长度(mm)	4h 后长度(mm)	膨胀倍比
DJ - UN	室温	9	13	15	18	21	1.33
CLS - 1	室温	10	15	16	17	18	0.8
LXN - H24	室温	10	14	16	17	17.5	0.75
LXN - HM24	室温	6	9	12	14	14.8	1.47

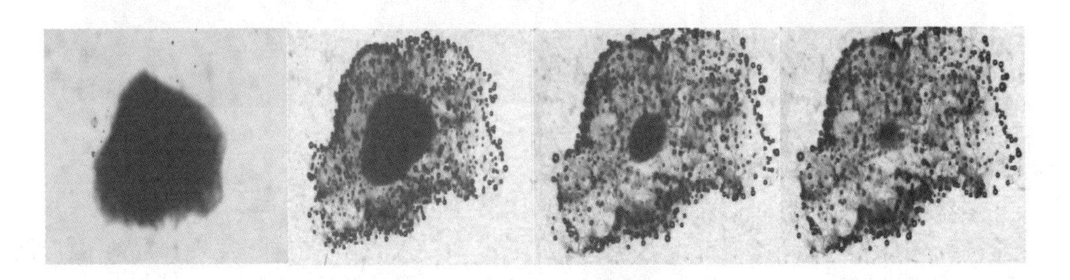

图 8.13 暂堵剂溶胀过程

8.4.4.4 暂堵剂抗温稳定性评价

(1)评价目的。

评价对比各种暂堵剂在室温和地层温度条件下溶胀性能,分析温度对其溶胀性能的影响。

(2)结果分析。

实验结果见表 8.10 和表 8.11。

表 8.10 新型暂堵剂和 DJ - UN 暂堵剂室温条件下膨胀倍数对比

样品	条件	原始长度(mm)	1h 后长度(mm)	2h 后长度(mm)	3h 后长度(mm)	4h 后长度(mm)	膨胀倍比
DJ - UN	室温	9	13	15	18	21	1.33
CLS - 1	室温	10	15	16	17	18	0.8
LXN - H24	室温	10	14	16	17	17.5	0.75
LXN - HM24	室温	6	9	12	14	14.8	1.47

从表 8.10 和表 8.11 可以看出,温度对 DJ - UN 样品的膨胀倍比影响最小,抗温稳定性最好。抗温能力大小依次为 DJ - UN >LXN - HM24 >LXN - H24 >CLS - 1。由此可见,DJ - UN 满足暂堵剂抗温稳定性能的要求。

表8.11　60℃条件下新型暂堵剂和DJ－UN样品的膨胀倍数对比

样品	条件	原始长度(mm)	1h后长度(mm)	2h后长度(mm)	3h后长度(mm)	4h后长度(mm)	膨胀倍比
DJ－UN	60℃烘箱中	9	15	16	18	20	1.22
CLS－1	60℃烘箱中	9	13	15	16	17	0.88
LXN－H24	60℃烘箱中	10	17	18	18	19.3	0.93
LXN－HM24	60℃烘箱中	7	10	12	13.4	13.7	0.96

8.4.4.5　暂堵剂与壁面的黏附性评价

(1)评价目的。

评价暂堵剂与壁面的黏附性能。

(2)结果分析。

① 无压状态实验结果见表8.12。

表8.12　无压状态下暂堵剂与壁面的黏附性能对比

样品	条件	原始长度(mm)	黏附性能					
			20min	40min	60min	2h	17h	22h
DJ－UN	室温	9	微黏玻壁	黏附玻壁	黏附玻壁	黏附玻壁	部分溶解	强黏玻壁
SLS－1	室温	9	不黏玻壁	微黏玻壁	黏附玻壁	黏附玻壁	部分溶解	强黏玻壁
LXN－H24	室温	10	不黏玻壁	微黏玻壁	黏附玻壁	黏附玻壁	部分溶解	强黏玻壁
LXN－HM24	室温	10	微黏玻壁	黏附玻壁	黏附玻壁	黏附玻壁	部分溶解	强黏玻壁

由表8.12可以看出,DJ－UN和LXN－HM24样品起黏最快,CLS－1和LXN－H24样品稍稍滞后,两者黏附性稳定而且最终黏附强度大。

② 承压状态实验结果见表8.13。

表8.13　承压状态下新型暂堵剂与DJ－UN暂堵剂与壁面的黏附性能对比

样品	浓度(mg/L)	环压(MPa)	外力大小(N)	断裂情况	强度大小
CLS－1	10000	4	3.4	沿缝断裂	$\sigma_{g-w}<\sigma_g$
DJ－UN	10000	4	9.7	自身断裂	$\sigma_{g-w}>\sigma_g$
LXN－B	10000	4	6.9	自身断裂	$\sigma_{g-w}>\sigma_g$
LXN－H24	10000	4	3.2	自身断裂	$\sigma_{g-w}>\sigma_g$
LXN－HM24	10000	4	7.5	自身断裂	$\sigma_{g-w}>\sigma_g$

注:σ_g—抗拉强度;σ_{g-w}—胶体、壁面间的黏附强度。

从表8.13中可以看出,DJ - UN样品与裂缝壁面黏附性最好,自身抗拉强度大,CLS - 1样品稍次,LXN - H24样品黏附性最差。

8.4.4.6 暂堵剂变形伸长能力评价

(1)评价目的。

评价暂堵剂在承压状态下的变形伸长能力。

(2)结果分析。

实验结果见表8.14。

表8.14 暂堵剂在承压状态下的变形伸长能力对比

样品	原长(mm)	压后长度(mm)	伸长率
CLS - 1	20.70	34.00	0.64
DJ - UN	11.70	23.70	1.03
LXN - H24	12.00	35.00	1.92
LXN - HM24	10.00	38.33	2.83

从表8.14中可以看出,LXN - HM24样品最大伸长率为2.83,CLS - 1样品承压伸长性能较差。可见,通过不同功能单体的嵌入,可以达到暂堵性能的最佳要求。

8.4.4.7 暂堵剂封堵强度评价

(1)评价目的。

研究油藏条件下半溶胀状态的暂堵剂在人造裂缝中的封堵强度,评价转向重复压裂暂堵技术所需暂堵剂性能。

(2)结果分析。

实验结果见表8.15。

表8.15 暂堵剂封堵强度对比表

样品	浓度(mg/L)	突破压力(MPa)	裂缝长度(m)	封堵强度(MPa/m)
CLS - 1	10000	0.9	0.05	18.0
DJ - UN	10000	1.5	0.05	30.0
LXN - B	10000	1.975	0.05	39.5
LXN - H24	10000	3.147	0.05	62.9
LXN - HM24	10000	2.21	0.05	44.2

从表8.15可以看出,LXN - H24样品的封堵能力最强,LXN - HM24封堵能力次之。

8.4.4.8 暂堵剂返排性能评价

(1)评价目的。

评价暂堵剂溶解后溶液的黏度,为暂堵剂配方优化以及施工设计提供参数。

（2）结果分析。

实验结果见表8.16。

表8.16　暂堵剂溶解后溶液的黏度对比

样品	浓度（mg/L）	完全溶解时间（h）	60℃条件下黏度值（mPa·s）
DJ－UN	10000	22～29	95.0
CLS－1	10000	18～22	18.0
LXN－B	10000	7～12	3.5
LXN－H24	10000	18～27	90.5
LXN－HM24	10000	24～31	53.1

从表8.16中可以看出，CLS－1样品溶解时间比DJ－UN短，LXN－HM24溶解时间和DJ－UN样品相当，完全溶解后的黏度也较接近。DJ－UN达到了所需性能要求。

通过对各种暂堵剂的性能评价，综合暂堵剂的性能，可以看出DJ－UN型暂堵剂的性能，达到了缝内转向压裂所需暂堵剂性能的要求，适合陇东油田三叠系缝内转向压裂技术的需要。

8.4.4.9　总体性能评价

在60℃的水中，1cm长的暂堵剂颗粒15h之后体积可膨胀到最大值，膨胀倍比大于或等于1.5。

0.5h后起黏，1h后黏附在烧杯壁；倒置烧杯0.5h，1h之内不脱离杯底。

在60℃的条件下，经过环压4MPa静置0.5h后，裂缝岩心在大于5N的外力条件下暂堵剂与裂缝壁面的黏附强度大于或等于自身抗拉强度。

承压条件下，处于溶胀状态的暂堵剂的最大伸长率大于40%。

在60℃的条件下，在缝宽为4mm、缝长为50mm的裂缝中，在水驱速度为60mL/h的条件下，暂堵剂封堵强度大于30MPa/m。

目前陇东油田应用比较成熟的缝内转向剂为长庆石油勘探局工程技术研究院研制的CQZ－A和CQZ－C。将这两种型号的屏蔽暂堵剂按一定比例组合搭配使用。具有不粘泵、易泵送、封堵效果好、油溶性好、易返排无伤害的技术特点。

通过在陇东油田缝内转向压裂的应用，认为转向剂规格为1～3mm中低温油溶性缝内转向剂，每米油层用量15～25kg可以满足施工和实现缝内转向的目的。

表8.17　屏蔽暂堵剂性能指标

名称	外观颜色	相对密度	油溶指标
CQZ－A	深绿色	1.24	标准状况下，煤油30min完全溶解
CQZ－C	暗红色	1.28	标准状况下，煤油40min完全溶解

8.4.5 压裂施工工艺

在室内研和矿场实践的基础上，基本确定了该油田人工缝内暂堵重复压裂技术的具体操作方法。

(1)低排量泵入5~10m³前置液；

(2)以总规模30%~40%的砂量低砂比充填原裂缝；

(3)以每米油层15~20kg加入暂堵剂；

(4)较大排量泵入前置液，大排量高砂比加入总砂量30%~40%；

(5)以每米油层20~25kg加入暂堵剂，大排量高砂比加入总砂量20%~40%；

(6)注顶替液。

实践证明，该设计程序的实施，可在疏通充填老裂缝基础上，利用变排量、变砂比和人为加入暂堵剂的方法，迫使老裂缝暂时屏蔽且产生交变压力，从而沟通更多微裂缝，形成裂缝系统，达到了增产的目的。

8.4.6 矿场试验效果及转向裂缝监测验证

8.4.6.1 矿产试验效果

2010年，缝内转向压裂技术在XF油田矿场试验10井次，有效率77%，有效井平均单井日增油2.14t，取得了较好的效果，为油田探索提高单井产量的途径进行了有益的尝试。图8.14所示为X40-30井措施前后采油曲线。

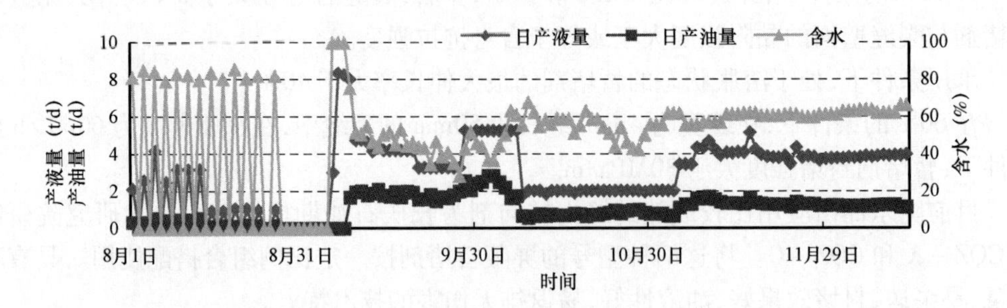

图8.14 X40-30井措施前后采油曲线

8.4.6.2 转向裂缝监测验证

为验证缝内转向压裂工艺能否产生新缝，并掌握三叠系油藏人工裂缝延伸规律、裂缝几何形态、砂量与裂缝长度之间的关系、裂缝的延伸方向，不断提高压裂施工方案的科学性，开展了嵌入式人工裂缝实时监测。

共实施13口井，其中XF油田8口井。从监测结果看，8口井中有6口井产生了第二条缝,比率为75.0%,第二条缝与老缝夹角最小为11.4°,最大为91.5°,平均为61.4°。说明缝内转向压裂产生了新缝。2口井未产生新缝井,平均压力升高了3.2MPa,未产生新缝的原因可能为暂堵剂加入量不够,压力上升值未达到理论值。常规压裂对比井5口,监测产生第二条缝井有3口,但其第二条缝与老缝夹角最小为2.0°,最大为21.0°,平均为10.3°,从夹角分析,压裂未产生新缝,监测到的第二条缝可能为压裂产生老缝系列中的一条。裂缝实时监测解释成果见表8.18。

表8.18　裂缝实时监测解释成果表

井号	裂缝1				裂缝2			
	东翼缝长(m)	西翼缝长(m)	裂缝方位(°)	裂缝高度(m)	东翼缝长(m)	西翼缝长(m)	裂缝方位(°)	裂缝高度(m)
P31-4	96.6	112.3	50.6	28.9	42.3	84.4	132.3	27.4
P33-2	109.8	113.2	136.5	26.6				
D79-54	86.6	86.7	71.6	20	110.6	110.7	59.5	17.3
D80-50	102.8	115.9	69.5	20				
X32-40	77.2	89.7	48.6	18.5	70.5	70.5	130.2	18.3
Z55-24	81.2	102.3	43.8	17.1	45.5	45.5	312.3	16.8
Z71-28	201.4	141.8	89.6	17.7	18.8	136.7	78.2	14.3
Z77-29	78.6	111.5	56.7	22.8	73.5	73.5		22.6
P21-02	112	112	81.1	20	102.7	102.7	83.1	21.3
Z69-29	212.2	183.9	62.7	21.3				
D77-53	86.6	86.7	68.1	20	108.4	94.3	60.2	16
P27-01	70.7	82.2	45.0	10.6				
P36-2	56.6	85.8	156.2	7.6	60.5	89.2	135.2	8.1

以X32-40井为例,该井投产初期产量一直维持在3t/d左右,2009年6月产量开始下降。分析认为该井投产初期产量较高,有一定稳产期,对应水井注水正常,地层能量较为充足,堵塞现象明显。根据油层物性特点选择暂堵压裂工艺,同时进行裂缝测试。图8.15为X32-40井压裂施工曲线。

产生了两条裂缝。首先产生北东向主裂缝1,然后在该裂缝的西翼约40m处产生裂缝2,该裂缝为北西向。裂缝1总长166.9m,裂缝2总长约70.5m。裂缝总体影响高度为18.5m,裂缝产状为垂直。产生的第二条缝与老缝夹角达到81.6°,加入暂堵剂后,压力升高7MPa,措施后,日增油达到1.91t,分析确实产生了新缝。

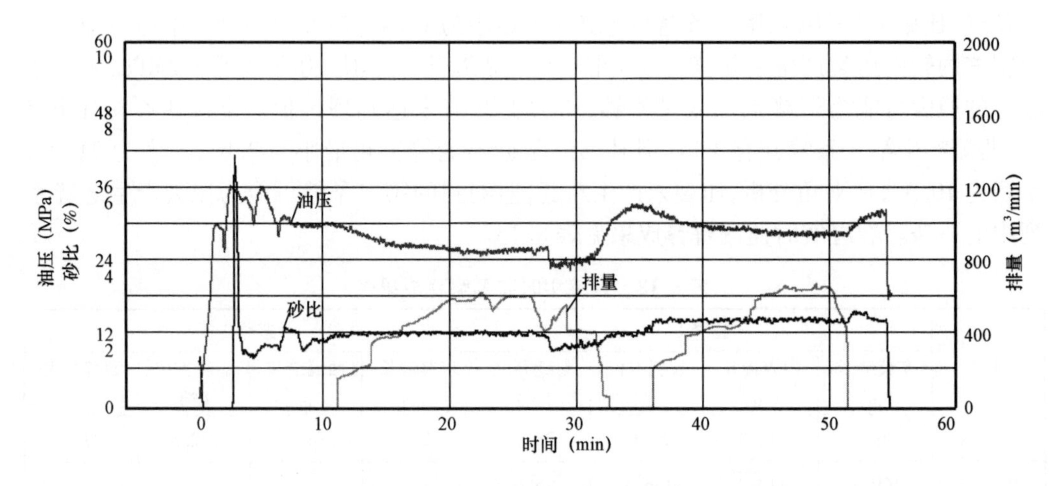

图 8.15　X32－40 井压裂施工曲线

符 号 注 释

a_1——重复压裂井层的任一特征参数的最小值；

a_2——重复压裂井层的任一特征参数的最大值；

p_{net}——水力压裂裂缝净压力，MPa；

p——孔隙压力，MPa；

σ_{h1}——储层最大水平主应力，MPa；

σ_{h2}——储层最小水平主应力，MPa；

μ——岩石泊松比；

σ_r——重复压裂前径向总应力；

σ_θ——重复压裂前周向总应力；

$\tau_{r\theta}$——重复压裂前总剪切应力；

$\sigma'_{\theta\theta}$——周向有效应力；

$\sigma_{\theta\theta}$——总的周向应力；

$\sigma_{H0}(x,y,0)$——储层的初始最大水平主应力；

$\sigma_{h0}(x,y,0)$——储层的初始最小水平主应力；

$\Delta\sigma_x(0,y,t)$——过井筒垂直于初次裂缝方向线上（y 轴）的初始最大水平应力方向上的应力变化；

$\Delta\sigma_t(0,y,t)$——过井筒垂直于初次裂缝方向线上（y 轴）的初始最小水平应力方向上的应力变化；

σ_{xxi}^{0},σ_{yyi}^{0},σ_{xyi}^{0}——单元 i 中点处的裂缝未张开时的就地应力;
θ_i——单元切线与 x 轴正向的夹角;
ρ——分辨系数,作用在于提高关联系数间的差异显著性,$\rho \in (0,1)$,通常取作0.5;
num——数据个数;
X——重复压裂井层的任一特征参数。

第 9 章　水力脉冲波协同多氢酸酸化解堵技术

低频水力脉冲波协同酸化解堵是一种新型物理—化学复合解堵增产增注新技术[125]。现场应用结果表明,水力脉冲波协同多氢酸酸化技术对于高压注水近井区域的储层堵塞具有高效的解堵效果,同时具有简单、易行、投入少、见效快且污染小等优点。本章针对水力脉冲波协同化学解堵过程中的动力学问题,开展了相应的室内动力学实验,对水力脉冲波条件下的岩石矿物静态酸岩反应溶蚀动力学机理进行了研究,基于多氢酸活性酸组分的酸岩反应模型,以水力脉冲波传播动力学为基础,构建了水力脉冲波协同作用下的多氢酸酸化反应动力学模型;研究了孔隙度、渗透率、酸液及矿物浓度随时间和距离的变化规律,分析了水力脉冲波协同多氢酸酸化解堵的参数敏感性,从而为水力脉冲波协同化学无机解堵技术现场应用提供重要理论基础。

9.1　水力脉冲波协同作用下酸岩反应溶蚀动力学机理研究

9.1.1　实验部分

9.1.1.1　实验材料

选取 4 种不同粒径大小(425μm,325μm,230μm,125μm)的石英颗粒,石英颗粒需要对表面进行漂洗和去除黏土等清理工作。采用配置好的多氢酸溶液,考察不同粒径石英颗粒的酸岩溶蚀情况。

9.1.1.2　实验仪器

实验仪器包括有机玻璃试管、电子天平、电子显微镜。

9.1.1.3　实验及分析方法

取 8 个有机玻璃试管,分为 A 和 B 两大组,A 组为不加载水力脉冲波条件下不同粒径岩石矿物的静态酸岩溶蚀实验,B 组为水力脉冲波加载条件下不同粒径岩石矿物的颗粒溶蚀实验。具体操作为将一定质量的石英颗粒置于有机玻璃试管中,用移液管向 A 组的 4 个样品中加入 20mL 的多氢酸酸液,利用水力脉冲发生器向 B 组的 4 个实验样品中加入 20mL 的多氢酸酸液,在 50℃条件下,进行一定时间的静态酸岩溶蚀实验。

当反应不同时间后,将有机玻璃试管中的酸化液倒出,并用蒸馏水将酸蚀反应后的石英颗粒冲洗至中性,烘干,冷却后称量;同时,利用电子显微镜对反应前后的石英颗粒粒径进行统计分析,对比各组颗粒粒径大小的变化。

一定反应时间内的石英砂酸化溶蚀率和反应速率可以根据酸蚀反应前后的石英砂质量差求取：

$$x_{YS} = \frac{W_0 - W_F}{W_0} \times 100\% \tag{9.1}$$

$$v_{YS} = \frac{W_0 - W_F}{t} \tag{9.2}$$

9.1.2　岩石矿物的静态酸岩反应

无水力脉冲波加载条件下和水力脉冲波加载条件下石英颗粒溶蚀率曲线如图9.1所示。

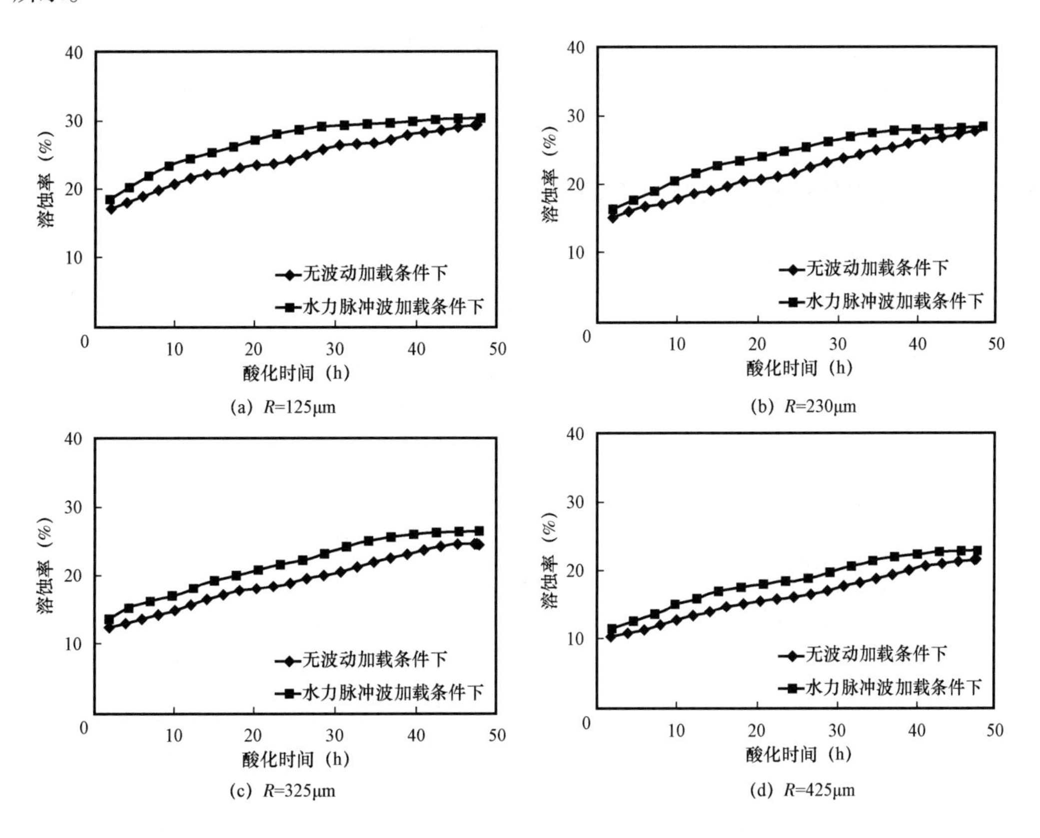

图9.1　不同条件下石英砂颗粒溶蚀率随时间变化曲线

根据不同加载条件下石英砂的静态酸蚀实验结果(图9.1)可知,在相同的加载条件下,酸化反应后石英砂颗粒的半径越小,溶蚀率越高。而相比无水力脉冲波加载条件下的酸岩反应溶蚀率，水力脉冲波加载条件下不同粒径石英砂的溶蚀率更高。随着溶蚀率的不断升高，石英砂颗粒的粒径也不断减小，不同粒径的石英砂颗粒酸化前后平均粒径大小的实验结果见表9.1。

表9.1 酸化前后石英砂颗粒粒径统计数据表

石英砂（目）	酸化前平均粒径（μm）	酸化后平均粒径（μm）		平均粒径减小值（μm）	
		A组	B组	A组	B组
25～40	425	374	367	51	58
40～60	325	288	281	37	44
60～90	230	204	198	26	32
90～120	125	105	100	20	25

由表9.1可知，水力脉冲波加载条件下酸岩反应后，4种不同粒径的石英砂粒径均小于无波动加载条件下相应的石英砂粒径，可见水力脉冲波加载条件下的注酸方式有利于提高酸化效果。

9.1.3 岩石矿物的静态酸岩反应动力学

由酸岩反应的通式：

$$aH^{+} + YS \rightleftharpoons Y^{a+}H_{a}S \tag{9.3}$$

对于多相反应过程岩石颗粒的酸蚀反应，该过程一般利用不可逆反应过程加以描述，同时酸岩反应过程的整个反应过程中均具有明显的反应界面[201]，如图9.2所示。

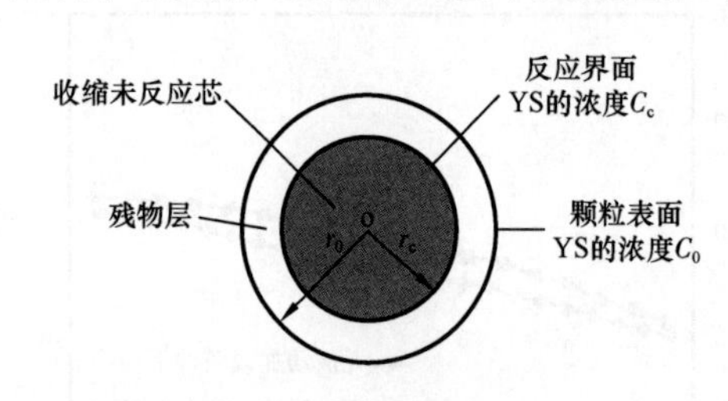

图9.2 未反应收缩核酸蚀反应示意图

对于静态的岩石矿物酸岩反应动力学模型应做如下假设：

（1）整个岩石颗粒的酸岩反应过程视为拟稳态过程；

（2）反应过程中的反应温度恒定，同时反应过程中释放或吸收的热量所产生的瞬时微小温度变化此处忽略不计；

（3）岩石颗粒的酸岩反应过程中，岩石矿物颗粒粒径均匀减小；

（4）由于酸岩反应的产物并没有泥化现象的产生，因此假设酸岩反应过程满足未反应收缩核模型。

反应物H^{+}通过固体颗粒残留层的扩散速度计算如下：

$$J_{(H^+)} = -4\pi r_c^2 D_e \frac{dC_{(H^+)}}{dr_c} \tag{9.4}$$

边界条件：

$$r = r_0, C_{(H^+)} = C_{0(H^+)} \tag{9.5}$$

$$r = r_c, C_{(H^+)} = C_{c(H^+)} \tag{9.6}$$

对式(9.4)进行积分，整理得到：

$$C_{0(H^+)} - C_{c(H^+)} = \frac{J_{(H^+)}}{4\pi D_e}\left(\frac{1}{r_c} - \frac{1}{r_0}\right) \tag{9.7}$$

在收缩未反应芯和残物层反应界面上进行的化学反应速率计算为：

$$-\frac{dG_{(H^+)}}{dt} = KAC_{c(H^+)} = 4\pi r_c^2 KC_{c(H^+)} \tag{9.8}$$

当酸蚀反应达到稳定态时，H^+ 通过残物层的扩散速度和化学反应速率相等，则：

$$J_{(H^+)} = -\frac{dG_{(H^+)}}{dt}$$

从而得到：

$$C_{c(H^+)} = \frac{D_e r_0 C_{0(H^+)}}{K(r_0 r_c - r_c^2) + r_0 D_e} \tag{9.9}$$

根据酸岩反应通式(9.3)中的化学计量系数可以得到：

$$\frac{dG_{(H^+)}}{dt} = -a\frac{dG_{YS}}{dt} = -\frac{ar_{YS}}{M_{YS}}4pr_c^2\frac{dr_c}{dt} \tag{9.10}$$

易知酸岩反应过程中岩石颗粒的损失量 x_{MB} 和物质 YS 参与酸蚀反应的分数相等，则：

$$C_{0(H^+)} = C_0(1 - x_{YS}) \tag{9.11}$$

因此，损失量为：

$$x_{YS} = 1 - \left(\frac{r_c}{r_0}\right)^3 \tag{9.12}$$

联立式(9.8)至式(9.12)，消去 $C_{c(H^+)}$，可得：

$$\frac{a\rho_{YS}}{M_{YS}}\frac{\mathrm{d}r_c}{\mathrm{d}t}=\frac{D_e r_0 K C_0\left(\frac{r_c}{r_0}\right)^3}{K(r_0 r_c-r_c^2)+r_0 D_e} \tag{9.13}$$

对式(9.13)进行积分并整理，同时将式(9.12)代入，可得：

$$t=\frac{a\rho_{YS}r_0^2}{M_{YS}D_eC_0}[(1-x_{YS})^{-\frac{1}{3}}-1+\ln(1-x_{YS})^{\frac{1}{3}}]-\frac{ar_0\rho_{YS}}{2KC_0M_{YS}}[(1-x_{YS})^{-\frac{2}{3}}-1] \tag{9.14}$$

式(9.14)可简化为：

$$t=F(x_{YS}) \tag{9.15}$$

$$\frac{t}{[(1-x_{YS})^{-\frac{1}{3}}-1+\ln(1-x_{YS})^{\frac{1}{3}}]}=\frac{a\rho_{YS}r_0^2}{M_{YS}D_eC_0}-\frac{ar_0\rho_{YS}}{2KC_0M_{YS}}\frac{[(1-x_{YS})^{-\frac{2}{3}}-1]}{[(1-x_{YS})^{-\frac{1}{3}}-1+\ln(1-x_{YS})^{\frac{1}{3}}]} \tag{9.16}$$

定义：

$$y=\frac{t}{[(1-x_{YS})^{-\frac{1}{3}}-1+\ln(1-x_{YS})^{\frac{1}{3}}]} \tag{9.17}$$

$$x=\frac{[(1-x_{YS})^{-\frac{2}{3}}-1]}{[(1-x_{YS})^{-\frac{1}{3}}-1+\ln(1-x_{YS})^{\frac{1}{3}}]} \tag{9.18}$$

$$e=\frac{a\rho_{YS}r_0^2}{M_{YS}D_eC_0} \tag{9.19}$$

$$f=-\frac{ar_0\rho_{YS}}{2KC_0M_{YS}} \tag{9.20}$$

则式(9.16)转化为：

$$y=e+fx \tag{9.21}$$

式中：C_0 为酸液初始浓度，mol/mL；$C_{(H^+)}$ 为酸液在主流体中的浓度，mol/mL；$C_{c(H^+)}$ 为收缩未反应芯与液相界面上的酸液浓度，mol/mL；$C_{0(H^+)}$ 为颗粒外表面与液相界面上酸液浓度，mol/mL；D_e 为有效扩散系数，cm^2/s；$J_{(H^+)}$ 为通过颗粒表面扩散到颗粒内部的酸液物质的量，mol；K 为反应速率常数；Δ 为反应界面面积；ρ_{YS} 为 YS 物质的密度，g/cm^3；M_{YS}

为 YS 物质相对分子质量；r_0 为石英颗粒的初始半径，cm；r_c 为反应进行 t 时间后收缩未反应芯的半径，cm；a 为酸液的反应系数；$G_{(H^+)}$ 为通过固体残留层酸液的物质量，mol；G_{YS} 为岩石颗粒的物质量，mol。

通过对不同加载条件下不同粒径石英颗粒的溶蚀率数据计算得到式(9.21)中的 x 值和 y 值，通过线性拟合可以得到基于未反应收缩核的酸岩反应动力学模型的回归曲线(图9.3和图9.4)。

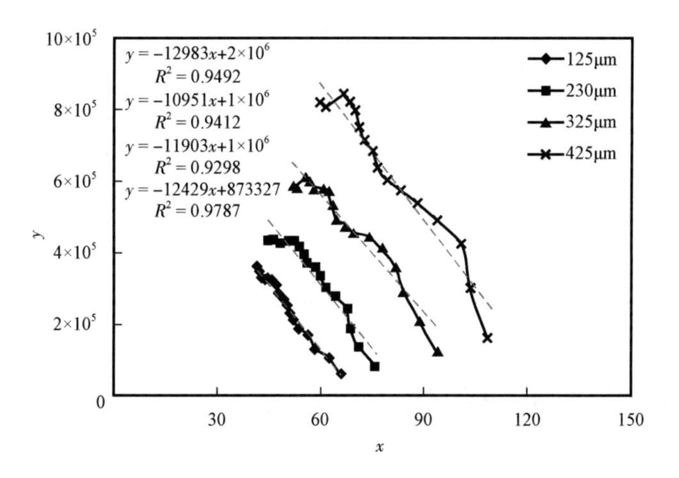

图9.3　非波动条件下石英砂颗粒的静态酸岩反应动力学模型回归曲线

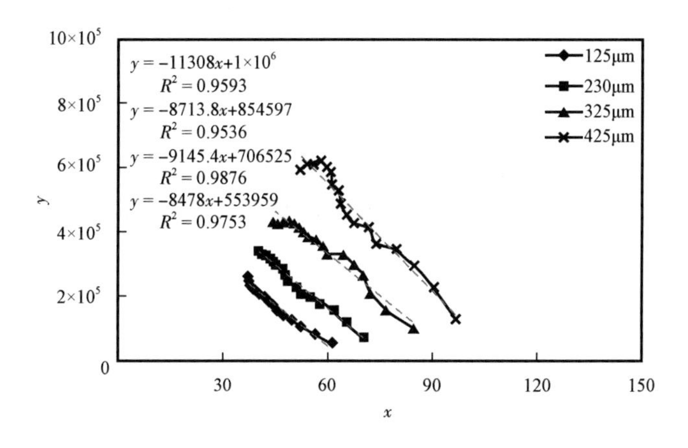

图9.4　波动条件下石英砂颗粒的静态酸岩反应动力学模型回归曲线

通过式(9.21)可以看出，当酸液的反应系数 a、YS 物质的密度 ρ_{YS}、YS 物质相对分子质量 M_{YS}、岩石颗粒的初始半径 r_0、初始酸液物质浓度 C_0 一定时，e 值越小，有效扩散系数 D_e 越大。对比表9.2中非波动条件与波动条件下的回归系数 e，同一粒径条件下的

波动条件下的 e 值均比非波动条件下的小。因此，波动作用有助于提高酸液有效成分的有效扩散系数，有利于提高酸岩反应速率，缩短酸岩反应时间。

表 9.2 不同条件下酸岩反应动力学模型参数

实验条件	石英砂粒径(μm)	回归参数		
		$e(10^5)$	f	R^2
非波动条件	425	20	12983	0.9492
	325	10	10951	0.9412
	230	10	11903	0.9298
	125	8.73	12429	0.9787
波动条件	425	10	11308	0.9593
	325	8.55	8713.8	0.9536
	230	7.07	9145.4	0.9876
	125	5.54	8478	0.9753

9.2 水力脉冲波协同作用下多氢酸酸化解堵动力学模型

9.2.1 模型的建立

9.2.1.1 基本假设

根据物质守恒定律，建立水力脉冲波协同作用下多氢酸酸化反应动力学模型。其基本假设为：

(1)不考虑氢离子的传质扩散；

(2)不考虑储层的各向异性，且认为多氢酸体系在地层中的流动为单向径向流，流动满足达西定律；

(3)将储层岩石矿物分成几类，每一类矿物与多氢酸活性酸组分的反应都服从与其对应的酸岩反应动力学方程；

(4)注入多氢酸时地层中的碳酸盐岩成分已与前置液中的盐酸完全反应；

(5)纵向上地层孔隙中酸液浓度保持不变，同一位置的酸液浓度在孔隙中与在孔隙壁面相同。

9.2.1.2 网格的划分

本书对所建立的水力脉冲波协同多氢酸酸化反应动力学模型进行求解时，采用的网格划分形式如图 9.5 所示。假设油藏的泄油半径是 R_e；所划分的微元体高度为 h。以井

眼为中心划分为 N 个径向网格单元，则每个网格单元的面积可以表示为：

$$A_i = \pi(r_i^2 - r_{i-1}^2), r_i = ar_{i-1} \qquad (i = 1,2,\cdots,n,a > 1) \tag{9.22}$$

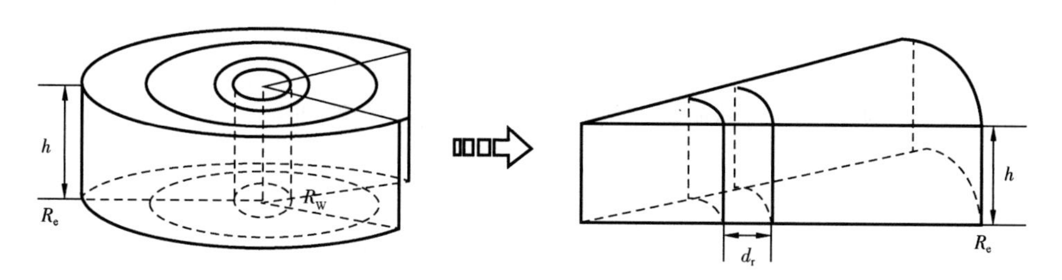

图 9.5　水力脉冲波协同酸化模型微元体的划分

9.2.1.3　动力学模型

(1)单位时间内，沿径向方向流入微元体的多氢酸活性酸组分物质的量(mol)为：

$$n_i = 2h\pi rvC_{HF} \tag{9.23}$$

(2)单位时间内，沿径向方向流向微元体的多氢酸活性酸组分物质的量(mol)为：

$$n_o = 2\pi h(r + dr)\left(v + \frac{\partial v}{\partial r}dr\right)\left(C_{HF} + \frac{\partial C_{HF}}{\partial r}dr\right) \tag{9.24}$$

(3)单位时间内，微元体内由于发生反应而消耗的多氢酸活性酸组分物质的量为：

$$n_f = 2h\pi rv_{HF} \cdot dr \tag{9.25}$$

(4)单位时间内，微元体内的多氢酸活性酸组分物质的量(mol)的变化值为：

$$n_b = 2\pi rh\phi \cdot \frac{\partial C_{HF}}{\partial t}dr \tag{9.26}$$

由物质守恒定律：

$$n_b = n_i - n_o - n_r \tag{9.27}$$

整理式(9.23)至式(9.27)，并消除二阶无穷小量，得出多氢酸活性酸组分的酸化数学模型为：

$$v\frac{\partial C_{HF}}{\partial r} + \phi\frac{\partial C_{HF}}{\partial t} = -v_{HF} \tag{9.28}$$

H_2SiF_6 的公式推导过程与式(9.23)至式(9.28)的推导过程相同。

微元体内,砂岩分类里的两种矿物成分所减少的物质的量(mol)等于消耗掉的物质的量(mol):

$$2hv_{\mathrm{j}}\pi r\cdot \mathrm{d}r = 2h\pi r\cdot(1-\phi)\cdot\frac{\partial C_{\mathrm{j}}}{\partial t}\mathrm{d}r \tag{9.29}$$

通过式(9.29)化简,得各矿物成分反应溶解的数学模型,即:

$$v_{\mathrm{j}} = (1-\phi)\frac{\partial C_{\mathrm{j}}}{\partial t} \tag{9.30}$$

综合以上,多氢酸活性算组分与砂岩在水力脉冲协同作用下的酸化数学模型为:

$$\begin{cases} v\dfrac{\partial C_{\mathrm{HF}}}{\partial r}+\phi\dfrac{\partial C_{\mathrm{HF}}}{\partial t} = -v_{\mathrm{HF}} \\ -k_1\theta(C_{\mathrm{HF}}-C_{\mathrm{HF0}})(C_{\mathrm{M1}}-C_{\mathrm{M10}}) = (1-\phi)\dfrac{\partial C_{\mathrm{M1}}}{\partial t} \\ -k_3\theta(C_{\mathrm{H_2SiF_6}}-C_{\mathrm{H_2SiF_60}})(C_{\mathrm{M1}}-C_{\mathrm{M10}}) = v\dfrac{\partial C_{\mathrm{H_2SiF_6}}}{\partial r}+\phi\dfrac{\partial C_{\mathrm{H_2SiF_6}}}{\partial t} \\ -k_2(C_{\mathrm{HF}}-C_{\mathrm{HF0}})(C_{\mathrm{M2}}-C_{\mathrm{M20}}) = (1-\phi)\dfrac{\partial C_{\mathrm{M2}}}{\partial t} \\ -k_4(C_{\mathrm{HF}}-C_{\mathrm{HF0}})(C_{\mathrm{Si(OH)_4}}-C_{\mathrm{Si(OH)_40}}) = (1-\phi)\dfrac{\partial C_{\mathrm{Si(OH)_4}}}{\partial t} \\ v = v_{\mathrm{w}}-\omega A_{\mathrm{n}}\mathrm{e}^{-\beta x}\sin\left[\omega\left(t-\dfrac{x}{u}\right)+\phi_n\right] \end{cases} \tag{9.31}$$

初始条件与边界条件为:

$$\begin{cases} C_j(r,0) = C_{j0}C_i(r,0) = 0 \\ C_i(r_{\mathrm{w}},t) = C_{i0},C_j(r_{\mathrm{w}},\mathrm{t}) = 0,(i = \mathrm{HF},\mathrm{H_2\,SiF_6}) \\ C_i(r>R_{\mathrm{fe}},t) = 0,C_j(r>R_{\mathrm{fe}},t) = C_{j0}(j = \mathrm{M1},\mathrm{M2},\mathrm{Si\,(OH)_4}) \end{cases} \tag{9.32}$$

9.2.1.4 酸化后孔隙度及渗透率求解

(1)酸化后孔隙度分布计算。

采用酸化反应中各矿物浓度的体积平衡方程推得储层孔隙度的表达式为:

$$\phi_{\mathrm{o}i}^{n+1} = \phi_{\mathrm{o}i}^{n}+(1-\phi_{\mathrm{o}i}^{n})\sum_{j=1}^{2}(C_{\mathrm{Mo}ji}^{n+1}-C_{\mathrm{M}ji}^{n+1})\frac{W_j}{\rho_j}-\phi_{\mathrm{o}i,k}^{n}(C_{\mathrm{Si(OH)_4}i}^{n+1}-C_{\mathrm{Si(OH)_4}i}^{n})\frac{W_{\mathrm{Si(OH)_4}}}{\rho_{\mathrm{Si(OH)_4}}} \tag{9.33}$$

(2)化后渗透率分布计算。

Labrid 指数关系式：

$$k = k_0 \left(\frac{\phi}{\phi_0} \right)^L \tag{9.34}$$

式中,$L>1$,对于 Fontainebleau 砂岩为 3。

9.2.2　模型的离散化

9.2.2.1　多氢酸活性酸组分酸化模型离散化

在求解多氢酸活性酸组分酸化模型时,采用 Crank – Nicolson 差分格式(C – N 差分格式)求解多氢酸活性酸组分浓度分布数值解以提高求解精度。多氢酸活性酸组分酸化模型的 Crank – Nicolson 差分格式,其中时间导数采用一阶向后差分,空间导数采用一阶中心差分[126-129]：

$$\phi_i^n \frac{C_{\mathrm{HF}i}^{n+1} - C_{\mathrm{HF}i}^n}{\Delta t_n} + v_i^n \left[\frac{C_{\mathrm{HF}i+1}^{n+1} - C_{\mathrm{HF}i-1}^{n+1}}{2(r_{i+1} - r_{i-1})} + \frac{C_{\mathrm{HF}i+1}^{n} - C_{\mathrm{HF}i-1}^{n}}{2(r_{i+1} - r_{i-1})} \right] = - v_{\mathrm{HF}i}^n \tag{9.35}$$

化简为：

$$A_i^n C_{\mathrm{HF}i-1}^{n+1} + B_i^n C_{\mathrm{HF}i}^{n+1} + C_i^n C_{\mathrm{HF}i+1}^{n+1} = D_i^n \tag{9.36}$$

其中

$$\boldsymbol{A}_i^n = -\frac{v_i^n}{2(r_{i+1} - r_{i-1})}$$

$$\boldsymbol{B}_i^n = \frac{\phi_i^n}{\Delta t_n}$$

$$\boldsymbol{C}_i^n = -A_i^n$$

$$\boldsymbol{D}_i^n = \frac{\phi_i^n}{\Delta t_n} C_{\mathrm{HF}i}^n - \frac{v_i^n (C_{\mathrm{HF}i+1}^n - C_{\mathrm{HF}i-1}^n)}{2(r_{i+1} - r_{i-1})} - v_{\mathrm{HF}i}^n$$

进一步可得到多氢酸活性酸组分浓度 Crank – Nicolson 的数值模型,即：

$$\begin{cases} \boldsymbol{A}_i^n C_{\mathrm{HF}i-1}^{n+1} + \boldsymbol{B}_i^n C_{\mathrm{HF}i}^{n+1} + \boldsymbol{C}_i^n C_{\mathrm{HF}i+1}^{n+1} = \boldsymbol{D}_i^n \\ C_{\mathrm{HF}i}^0 = 0 \quad (\text{边界条件}) \\ C_{\mathrm{HF}0}^{n+1} = C_{\mathrm{HF}0} \quad (\text{内边界条件}) \\ C_{\mathrm{HF}N}^{n+1} = 0 \quad (\text{外边界条件}) \\ C_{\mathrm{HF}i>N}^{n+1} = 0 \quad (i = 1,2\cdots,N; n = 0,1,2,\cdots) \end{cases} \tag{9.37}$$

将上式写成矩阵的形式,即:

$$\begin{bmatrix} B_1^n & C_1^n & & & \\ A_2^n & B_2^n & C_2^n & & \\ \cdots & \cdots & \cdots & \cdots & \cdots \\ & A_i^n & B_i^n & C_i^n & \\ \cdots & \cdots & \cdots & \cdots & \cdots \\ & & & A_{N-1}^n & B_{N-1}^n \end{bmatrix} \begin{bmatrix} C_{\mathrm{HF1}}^{n+1} \\ C_{\mathrm{HF2}}^{n+1} \\ \cdots \\ C_{\mathrm{HF}i}^{n+1} \\ \cdots \\ C_{\mathrm{HF}N-1}^{n+1} \end{bmatrix} = \begin{bmatrix} D_1^n - A_1^n C_{\mathrm{HF_0}} \\ D_2^n \\ \cdots \\ D_i^n \\ \cdots \\ D_{N-1}^n \end{bmatrix} \tag{9.38}$$

上面的三对角矩阵即为多氢酸活性酸组分浓度的求解矩阵。求解时采用追赶法。

9.2.2.2 H_2SiF_6 酸化模型离散化

同理 H_2SiF_6浓度分布数值解如下:

$$\phi_i^n \frac{C_{\mathrm{H_2SiF_6}i}^{n+1} - C_{\mathrm{H_2SiF_6}i}^n}{\Delta t_n} + v_i^n \left[\frac{C_{\mathrm{H_2SiF_6}i+1}^{n+1} - C_{\mathrm{H_2SiF_6}i-1}^{n+1}}{2(r_{i+1} - r_{i-1})} + \frac{C_{\mathrm{H_2SiF_6}i+1}^{n} - C_{\mathrm{H_2SiF_6}i-1}^{n}}{2(r_{i+1} - r_{i-1})} \right]$$

$$= -\lambda_3 (C_{\mathrm{H_2SiF_6}i}^n - C_{\mathrm{H_2SiF_6}i0})(C_{\mathrm{M1}i}^n - C_{\mathrm{M10}})\theta \tag{9.39}$$

化简为:

$$\boldsymbol{M}_i^n C_{\mathrm{H_2SiF_6}i-1}^{n+1} + \boldsymbol{N}_i^n C_{\mathrm{H_2SiF_6}i}^{n+1} + \boldsymbol{G}_i^n C_{\mathrm{H_2SiF_6}i+1}^{n+1} = \boldsymbol{W}_i^n \tag{9.40}$$

其中:

$$\boldsymbol{M}_i^n = -\frac{v_i^n}{2(r_{i+1} - r_{i-1})}$$

$$\boldsymbol{N}_i^n = \frac{\phi_i^n}{\Delta t_n}$$

$$\boldsymbol{G}_i^n = -\boldsymbol{M}_i^n$$

$$\boldsymbol{W}_i^n = C_{\mathrm{H_2SiF_6}i}^n \frac{\phi_i^n}{\Delta t_n} - \frac{v_i^n}{2(r_{i+1} - r_{i-1})}(C_{\mathrm{H_2SiF_6}i+1}^n - C_{\mathrm{H_2SiF_6}i-1}^n) -$$

$$\lambda_3 (C_{\mathrm{H_2SiF_6}i}^n - C_{\mathrm{H_2SiF_6}0})(C_{\mathrm{M1}i}^n - C_{\mathrm{M10}})\theta$$

进一步可得到 H_2SiF_6浓度 Crank - Nicolson 的数值模型,即:

$$\begin{cases} \boldsymbol{M}_i^n C_{H_2SiF_6 i-1}^{n+1} + \boldsymbol{N}_i^n C_{H_2SiF_6 i}^{n+1} + \boldsymbol{G}_i^n C_{H_2SiF_6 i+1}^{n+1} = \boldsymbol{W}_i^n \\ C_{H_2SiF_6 i}^0 = 0 \quad (\text{边界条件}) \\ C_{H_2SiF_6 0}^{n+1} = C_{H_2SiF_6 0} \quad (\text{内边界条件}) \\ C_{H_2SiF_6 N}^{n+1} = 0 \quad (\text{外边界条件}) \\ C_{H_2SiF_6 i>N}^{n+1} = 0 \quad (i = 1,2\cdots,N;n = 0,1,2,\cdots) \end{cases} \tag{9.41}$$

9.2.2.3　矿物成分溶解模型离散化

$$\begin{cases} (1-\phi_i^n)\dfrac{C_{M1i}^{n+1}-C_{M1i}^n}{\Delta t_n} = -k_1(C_{HFi}^n - C_{HF0})(C_{M1i}^n - C_{M10})\theta \\ (1-\phi_i^n)\dfrac{C_{M2i}^{n+1}-C_{M2i}^n}{\Delta t_n} = -k_2(C_{HFi}^n - C_{HF0})(C_{M2i}^n - C_{M20}) \\ (1-\phi_i^n)\dfrac{C_{Si(OH)_4 i}^{n+1}-C_{Si(OH)_4 i}^n}{\Delta t_n} = -k_4(C_{HFi}^n - C_{HF0})(C_{Si(OH)_4 i}^n - C_{Si(OH)_4 0}) \\ C_{ji}^0 = C_{0j} \\ C_{j1}^{n+1} = 0 \\ C_{jK}^{n+1} = C_{0j} \\ j = M1, M2, Si(OH)_4 \end{cases} \tag{9.42}$$

此外，也可以用矩阵法求解浓度方程。

(1)对于矿物 M1 的求法。

$$(1-\phi_i^n)\frac{C_{M1i}^{n+1}-C_{M1i}^n}{\Delta t_n} = -k_1(C_{HFi}^n - C_{HF0})(C_{M1i}^n - C_{M10})\theta \tag{9.43}$$

化简格式：

$$C_{M1i}^{n+1} = \frac{-k_1(C_{HFi}^n - C_{HF0})(C_{M1i}^n - C_{M10})\theta\Delta t_n}{1-\phi_i^n} + C_{M1i}^n \tag{9.44}$$

(2)对于矿物 M2 的求法。

$$(1-\phi_i^n)\frac{C_{M2i}^{n+1}-C_{M2i}^n}{\Delta t_n} = -k_2(C_{HFi}^n - C_{HF0})(C_{M2i}^n - C_{M20}) \tag{9.45}$$

化简格式：

$$C_{\mathrm{M2}i}^{n+1} = \frac{-k_2(C_{\mathrm{HF}i}^n - C_{\mathrm{HF0}})(C_{\mathrm{M2}i}^n - C_{\mathrm{M20}})\Delta t_n}{1-\phi_i^n} + C_{\mathrm{M2}i}^n \tag{9.46}$$

(3)对于矿物 $Si(OH)_4$的求法。

$$(1-\phi_i^n)\frac{C_{\mathrm{Si(OH)_4}i}^{n+1} - C_{\mathrm{Si(OH)_4}i}^n}{\Delta t_n} = -k_3(C_{\mathrm{HF}i}^n - C_{\mathrm{HF0}})(C_{\mathrm{Si(OH)_4}i}^n - C_{\mathrm{Si(OH)_4}0}) \tag{9.47}$$

化简格式：

$$C_{\mathrm{Si(OH)_4}i}^{n+1} = \frac{-k_3(C_{\mathrm{HF}i}^n - C_{\mathrm{HF0}})(C_{\mathrm{Si(OH)_4}i}^n - C_{\mathrm{Si(OH)_4}0})\Delta t_n}{1-\phi_i^n} + C_{\mathrm{Si(OH)_4}i}^n \tag{9.48}$$

9.2.2.4　酸化后孔隙度分布计算

采用矿物浓度的体积平衡方程可以推得孔隙度方程的离散化求解为：

$$\phi_i^{n+1} = \phi_i^n + (1-\phi_i^n)\sum_{j=1}^{2}(C_{\mathrm{M}ji}^n - C_{\mathrm{M}ji}^{n+1})\frac{W_j}{\rho_j} - \phi_i^n(C_{\mathrm{Si(OH)_4}i}^{n+1} - C_{\mathrm{Si(OH)_4}i}^n)\frac{W_{\mathrm{Si(OH)_4}}}{\rho_{\mathrm{Si(OH)_4}}} \tag{9.49}$$

9.2.2.5　酸化后渗透率分布计算

$$K = K_0\left(\frac{\phi}{\phi_0}\right)^L \qquad (L=3) \tag{9.50}$$

9.2.3　模型的实例计算

9.2.3.1　模型求解基本流程

(1)确定水力脉冲波协同作用下酸液在地层中的流速，选取合适的水力脉冲波的振幅、频率、相位，计算脉冲流速 v。

(2)确定初始的孔隙度及其他相关基础参数，见地层参数初始数据表9.4。

(3)确定初始条件和边界条件。

(4)根据前述可确定时间节点 $n=0$ 时的酸液浓度及孔隙度，利用多氢酸活性酸组分浓度差分方程，求解 $n=1$ 时刻的多氢酸活性酸组分浓度随位置节点 i 的分布；同理，利用其他矿物及多氢酸活性酸组分差分方程求出 $n=1$ 时刻的矿物 M1 和 M2 及 $Si(OH)_4$和 H_2SiF_6的浓度随位置节点 i 的分布。

(5)利用所求解出的矿物浓度分布，重新计算 $n=1$ 时刻的孔隙度及渗透率。

表9.3　酸及矿物基础参数

物质名称	初始浓度(mol/cm^3)	平均密度(kg/m^3)	分子量	化学反应常数	化学计量数
快反应矿物 M1	0.38	2500	270	2.55	8
慢反应矿物 M2	0.62	2650	60	0.93	4
$Si(OH)_4$	0.035	2100	96	0.63	6
HF	1.05	—	—	—	—
H_2SiF_6	0.2	—	—	1.12	—

(6)重复步骤(3)(4),计算至 $n=N$ 时刻,得到酸液及矿物浓度随空间位置及时间的分布。

模型运行结果均采用无量纲浓度(酸及矿物浓度)及无量纲倍数(孔隙度及渗透率)形式,对于多氢酸活性酸组分、快反应矿物 M1 及慢反应矿物 M2 均为地层实际浓度与初始浓度的比值;对于氟硅酸及 $Si(OH)_4$ 为实际浓度与最大质量浓度的比值;孔隙度及渗透率为实际数值与初始数值的比值[130-150]。

模型实例求解计算基础参数见表9.3和表9.4,模型计算流程图如图9.6所示,利用Matlab软件对离散数值模型进行编程,得到水力脉冲波协同作用下的多氢酸活性酸组分酸化模型数值解[151-156],同时对模型进行敏感性分析。

表9.4　地层及水力脉冲波基础参数表

物理量	数值
初始流速(cm/s)	0.3
频率(rad/s)	5
振幅(m)	0.03
振动相位(rad)	1
衰减系数	0.01
原始孔隙度	0.30
地层损害孔隙度	0.12
原始渗透率(mD)	510
地层损害渗透率(mD)	187

9.2.3.2　模型求解结果

(1)水力脉冲波条件下的地层流体质点流速时空分布。

图9.7和图9.8是水力脉冲波频率 f_p 为9Hz,振幅 A_n 为0.03m条件下的流速随时间和距离的分布图,可以发现不同位置处的酸液流速随时间变化呈正弦函数规律变化。

图9.9和图9.10是水力脉冲波频率 f_p 为5Hz,振幅 A_n 为0.03m条件下的流速随时间和距离的分布图。

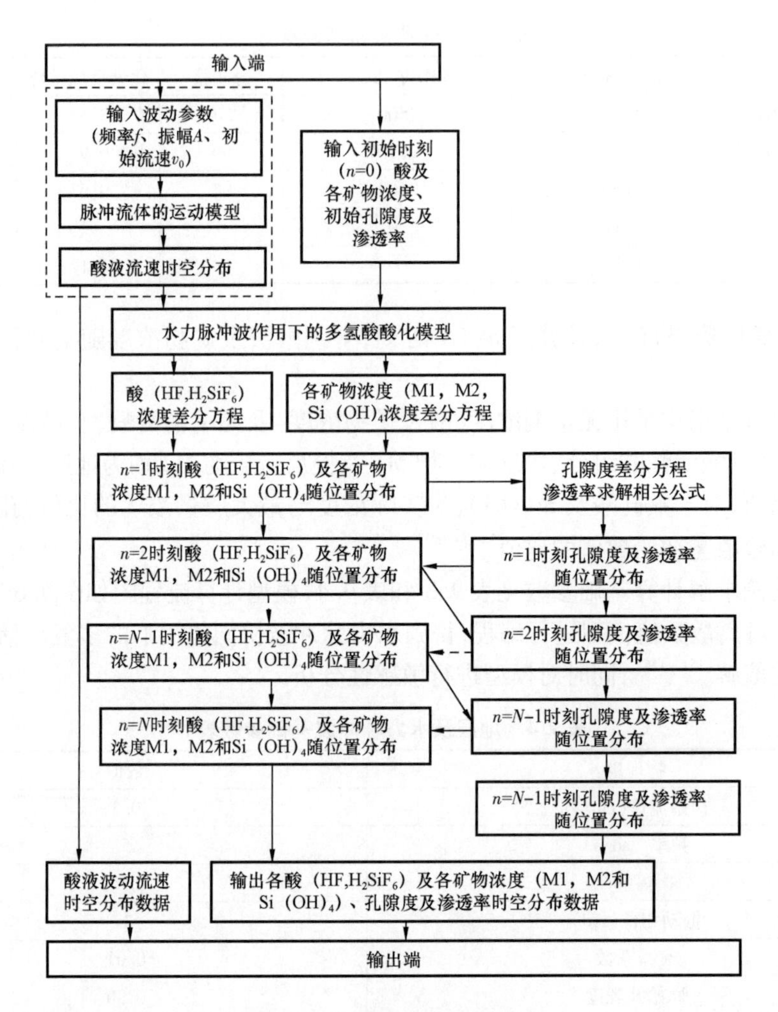

图 9.6　模型运算基本流程图

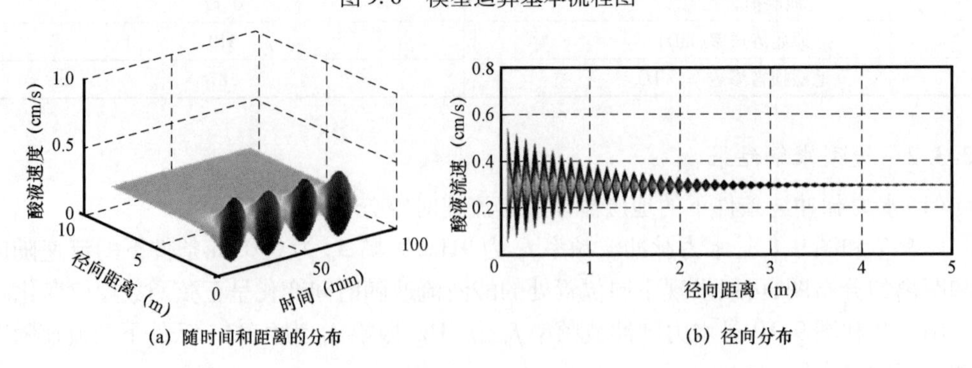

图 9.7　水力脉冲波作用下的酸液速度的三维分布($f_p=9Hz$,$A_n=0.03m$)

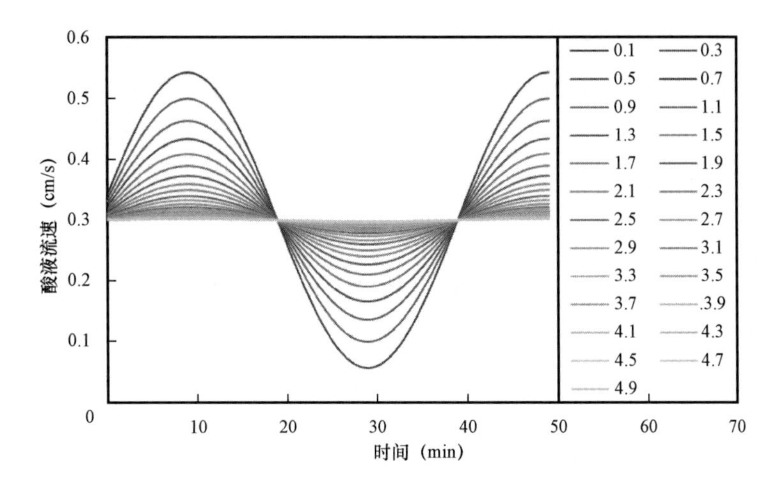

图9.8 水力脉冲波作用下的酸液速度随时间的变化

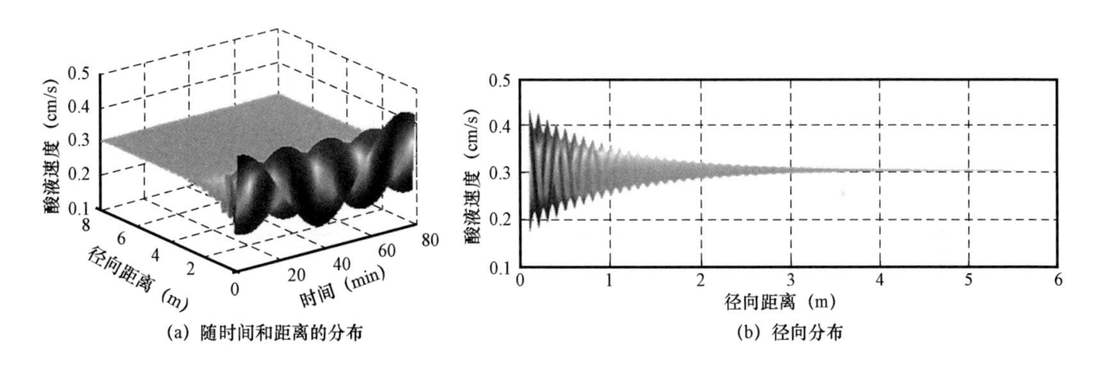

图9.9 水力脉冲波作用下的酸液速度的三维分布(f_p =5Hz,A_n =0.03m)

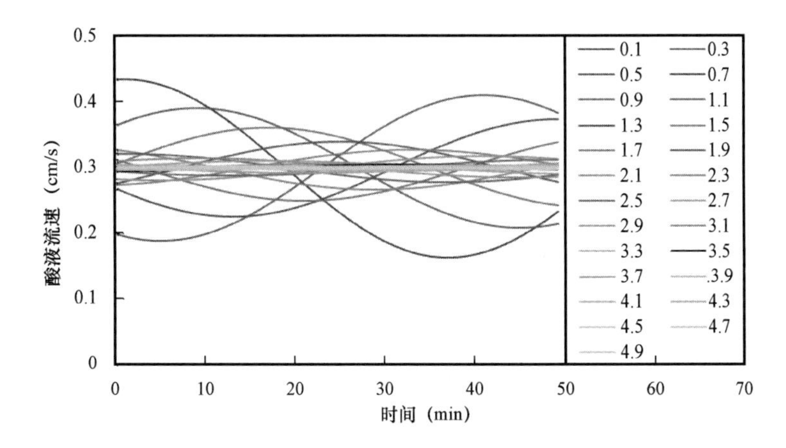

图9.10 水力脉冲波作用下的酸液速度随时间的变化(f_p =5Hz,A_n =0.03m)

由于水力脉冲波在传播过程中是采用连续多脉冲形式的多列叠加波，酸液的流速随时间的分布呈简谐波的形式；同时水力脉冲波在传播过程中受到岩石骨架和孔隙中流体的能量吸收，以及流体脉动渗流过程的作用，故在径向传播过程中受到衰减作用的影响，因此波动条件下酸液速度随径向距离的增大而不断衰减。径向距离越近，水力脉冲波作用越明显。

(2)各酸及矿物浓度分布。

由图9.11和图9.12可知，水力脉冲波协同作用增加了酸化的有效作用距离和时间；当酸化时间及径向距离相同时，水力脉冲波协同作用下的活性酸组分浓度高于非波动条件下的活性酸组分浓度；当酸化时间为50min时，非波动条件下活性酸组分的无量纲浓度为0，而波动条件下的活性酸组分仍在参与酸岩反应过程，且有效作用距离为1.5m。由于快反应矿物(黏土、长石及云母等)的反应活化能比慢反应矿物(石英)的反应活化能高一个数量级，且快反应矿物可以同时与多氢酸活性酸组分和H_2SiF_6发生酸化溶蚀反应，因此相对于石英，黏土及长石等的反应速度更快，反应程度相对较大，而近井区域的渗透率及孔隙度的改善主要依赖于酸液对黏土类快反应矿物的溶蚀。波动条件下参与酸化反应的快反应矿物的浓度要明显高于非波动条件下快反应矿物的浓度。对比发现，慢反应矿物的变化趋势与快反应矿物相似，且水力脉冲波协同作用使岩石矿物更多地参与到酸岩反应过程中，有利于提高近井地带堵塞物的酸化反应效果。

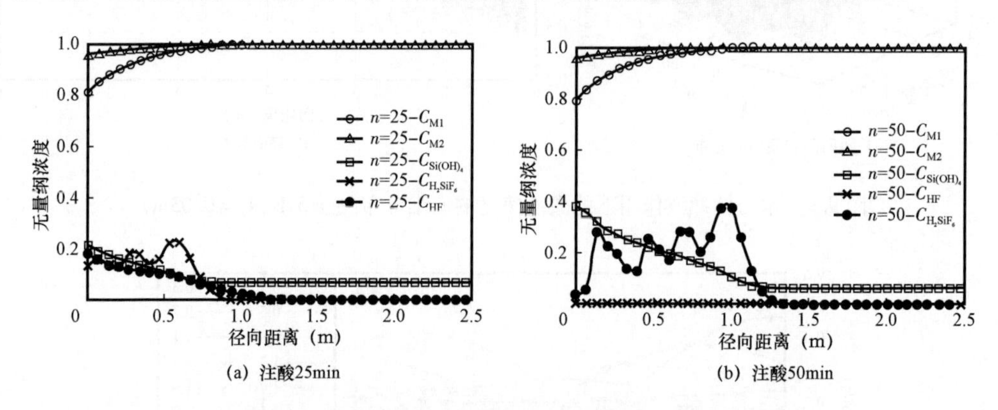

图9.11 无脉冲协同作用地层中酸及矿物浓度分布

由于H_2SiF_6是协同酸化过程中的中间产物，其浓度一方面受多氢酸活性酸组分与矿物的反应速率影响，另一方面又受其本身与酸液反应速率的影响，水力脉冲协同作用下生成的H_2SiF_6的无量纲浓度平均值要比非波动条件下高，酸化时间为50min时，波动协同作用下H_2SiF_6的峰值浓度出现在0.19m；而酸液单纯作用时，其峰值浓度则出现在1m。波动作用加强了多氢酸活性酸组分与快慢反应矿物的反应强度，从而使H_2SiF_6生成量增大。而H_2SiF_6与快反应矿物的反应速率常数要低于其与多氢酸活性酸组分的反

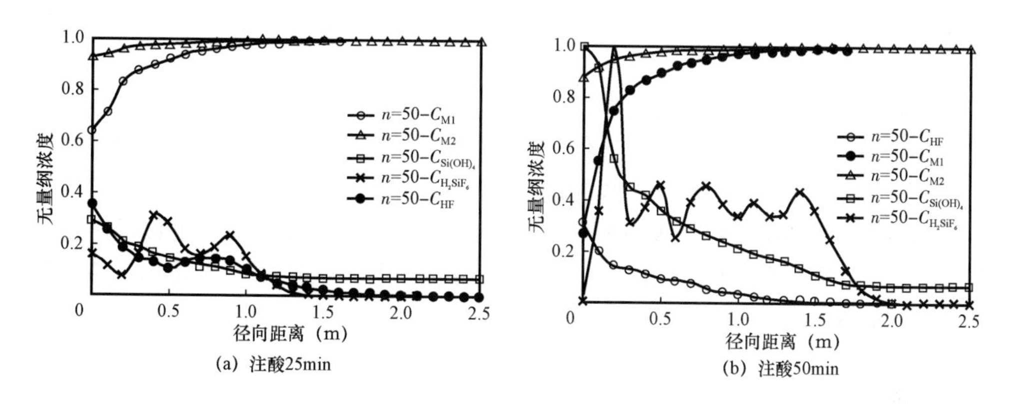

图9.12　水力脉冲波协同作用地层中酸及矿物浓度分布

应速率常数，最终导致 H_2SiF_6 的生成量与消耗量之差相对较大。波动协同作用下 $Si(OH)_4$ 沉淀在越靠近井底位置的无量纲浓度要高于无波条件下的无量纲浓度，分析认为由于波动作用下的酸化反应过程中 H_2SiF_6 的生成总量较高，且波动作用对 H_2SiF_6 与快反应矿物之间的酸化反应具有促进作用，最终使得 $Si(OH)_4$ 的生成量增加，因此在酸化过程中适时返排措施有利于提高解堵效果。

（3）多氢酸活性酸组分浓度变化。

对比多氢酸活性酸组分在波动条件和无波条件下的无量纲浓度随距离的变化，由图9.13可知，当酸化时间及径向距离相同时波动下的多氢酸活性酸组分浓度要高于非波动条件下的酸浓度。

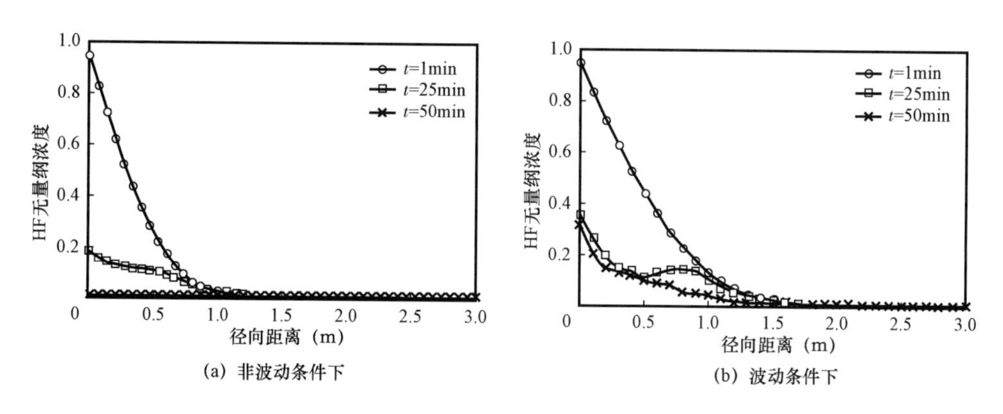

图9.13　不同反应时间多氢酸活性酸组分无量纲浓度随距离变化

当酸化时间为50min时，非波动条件下的多氢酸活性酸组分浓度为0，即反应完全；而波动条件下的多氢酸活性酸组分仍在参与酸化反应；容易发现无波条件下的多氢酸活性酸组分有效作用距离在1m左右，波动条件下有效作用距离为1.5m；由此表明，水力脉冲波波动作用提高了酸液流速，延长了酸的有效作用距离和酸化反应时间，有利于提高近井地带酸化效果。

(4)快慢反应矿物浓度变化。

对比快反应矿物 M1 在波动条件和无波条件下的无量纲浓度随距离的变化，由图 9.14可知，当酸化时间及径向距离相同时，波动条件下，参与酸化反应的 M1 浓度要高于非波动条件下的 M1 矿物浓度，25～50min 波动条件下的酸化反应在继续，M1 浓度变化较明显；而非波动条件下 M1 浓度变化较小，由此表明波动作用总体延长了酸化反应的时间，增强了酸岩反应的程度。

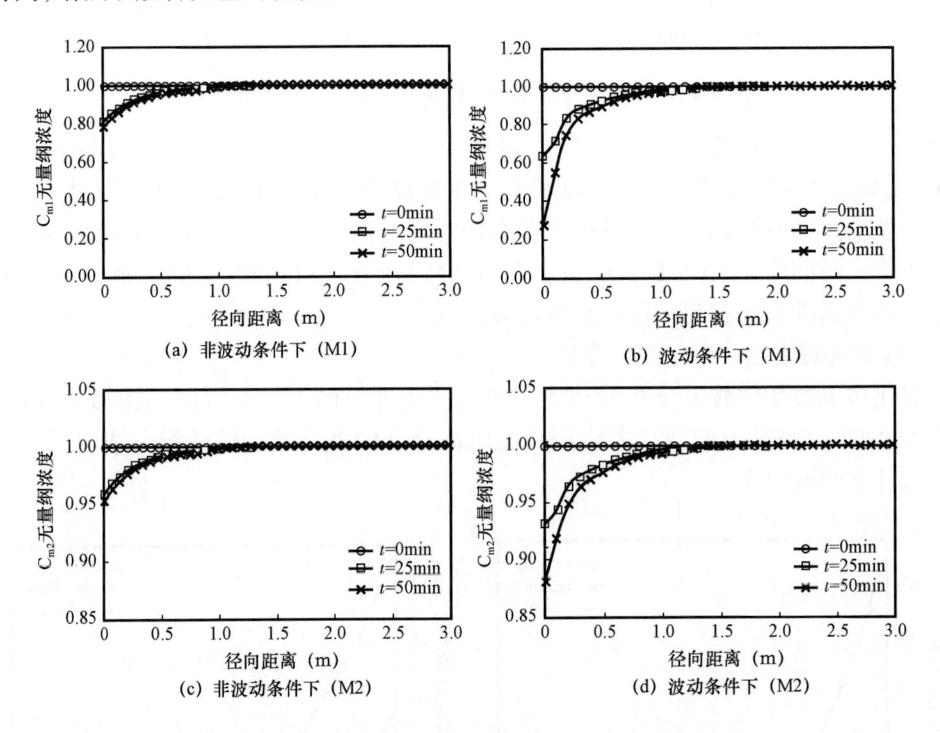

(a) 非波动条件下（M1）
(b) 波动条件下（M1）
(c) 非波动条件下（M2）
(d) 波动条件下（M2）

图 9.14　不同时间矿物无量纲浓度随径向距离的变化

同理，对比慢反应矿物 M2 在波动条件和无波条件下的无量纲浓度随距离的变化，其变化趋势与 M1 相似，不同之处在于快反应矿物的曲线斜率大，参与反应的无量纲浓度大，由于快反应矿物（黏土、长石及云母等）反应活化能高于慢反应矿物（石英）一个数量级，且快反应矿物可以同时与多氢酸活性酸组分和 H_2SiF_6 发生酸化溶蚀反应，因此相对于石英，黏土及长石等的反应速度更快，反应程度相对较大，近井地带的渗透率及孔隙度的改善主要依赖于酸液对黏土类的快反应矿物的溶蚀。

(5)氟硅酸浓度变化。

氟硅酸在整个酸岩反应过程中处于不断产生又不断消耗的状态，由图 9.15 中的无

量纲浓度实际上是 H_2SiF_6的生成量与消耗量之差，无量纲浓度曲线呈上下波动起伏形态，且波动条件下产生的 H_2SiF_6无量纲浓度平均值要比非波动条件下高。分析原因是波动作用加强了多氢酸活性酸组分与快慢反应矿物 M1 和 M2 的酸化反应强度，从而 H_2SiF_6生成量急剧增大，而 H_2SiF_6仅与快反应矿物 M1 发生反应，H_2SiF_6的反应速率常数要低于多氢酸活性酸组分与 M1 的反应速率常数，最终导致 H_2SiF_6的生成量与消耗量之差相对较高。

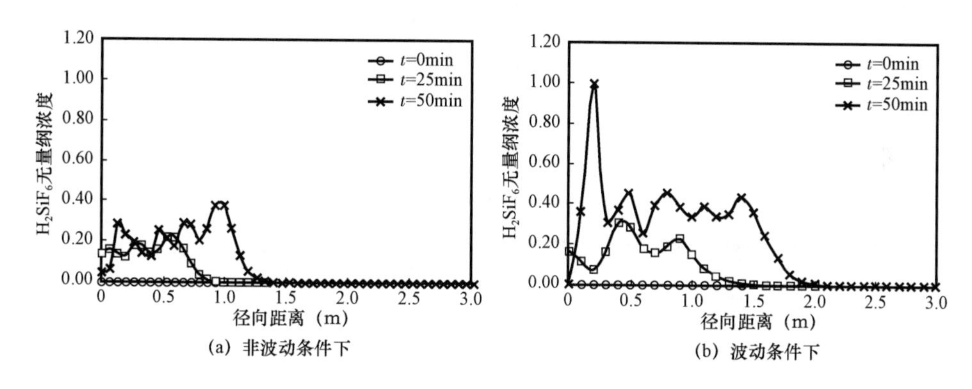

图 9.15　不同时间 $H_2S_iF_6$无量纲浓度随径向距离的变化

（6）$Si(OH)_4$浓度变化。

对比 $Si(OH)_4$沉淀在波动条件和无波条件下的无量纲浓度随距离的变化，由图 9.16 可知，波动条件下 $Si(OH)_4$沉淀在靠近井底越近的位置其无因次浓度较无波条件下数值要高，分析原因是波动作用下的酸化反应过程中 H_2SiF_6的生成总量较高，且波动作用对 H_2SiF_6与 M1 之间的酸化反应具有促进作用，最终使得硅胶 $Si(OH)_4$沉淀的生成量增加，因此在酸化过程中的适时的返排措施有利于提高解堵效果。

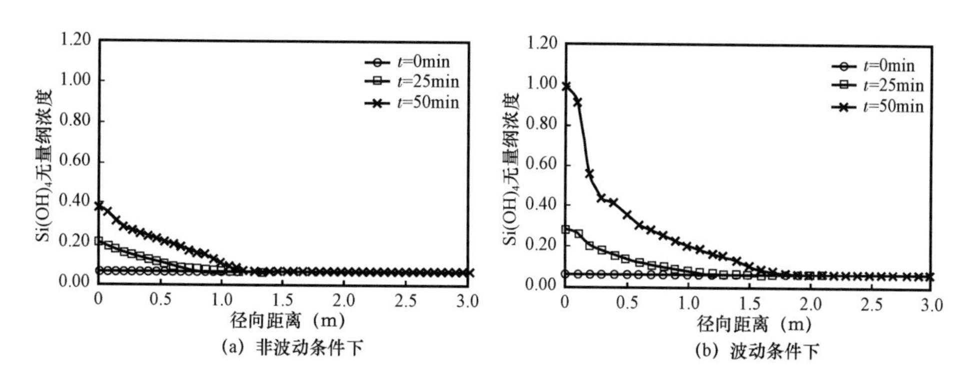

图 9.16　不同时间 $Si(OH)_4$ 沉淀无量纲浓度随径向距离的变化曲线

(7)孔隙度变化。

图9.17是孔隙度的无量纲倍数(实际孔隙度与初始孔隙度之比值)曲线,对比可知,波动条件下在酸化时间为50min时,孔隙度增加最大百分比为18.54%;而无波动条件下孔隙度增加最大百分比仅为5.46%,波动作用提高了13个百分点。经数据平均统计计算,水力脉冲波相对提高孔隙度酸化效果为5%~8%。

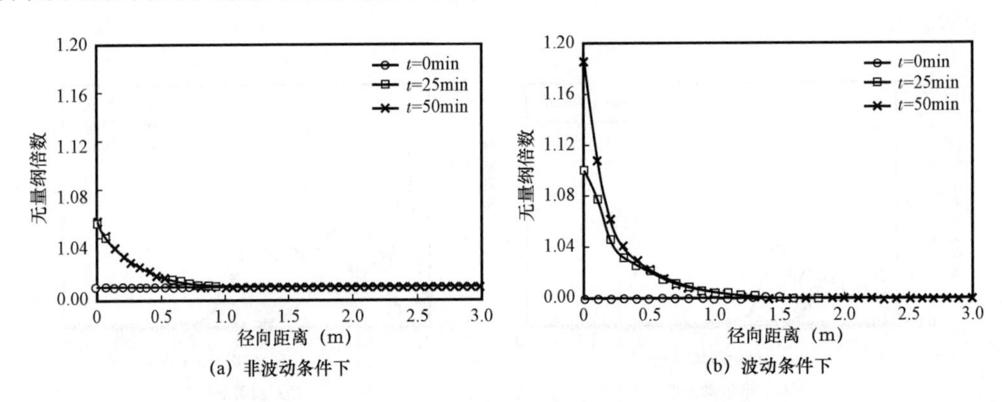

图9.17 不同时间无量纲孔隙度随径向距离的变化曲线

图9.18是无量纲孔隙度在不同位置随酸化时间的变化曲线。由图9.18可知,波动条件下的孔隙度在酸化时间为20min以后呈上升趋势,而非波动条件下无量纲孔隙度则在20min后为平缓不变趋势,同时波动条件下的无量纲孔隙度在相同位置及时间时明显高于无波条件下的无量纲孔隙度,经过前述分析波动作用在近井地带一定程度上促使酸化反应更加均匀,减缓了酸化反应的局部强度,延长了反应时间,使得整个酸化溶蚀反应过程进行的更加彻底,从而有效提高酸化效果。

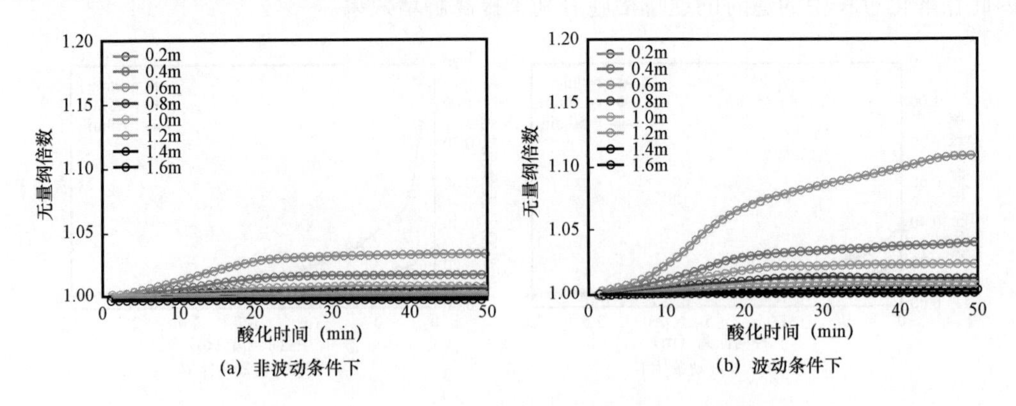

图9.18 不同位置无量纲孔隙度随酸化时间的变化曲线

(8)渗透率变化。

从不同条件下无量纲渗透率随时间和距离的变化(图9.19和图9.20)可知,水力脉冲波协同作用下,渗透率增加最大百分比为66.6%;而非波动条件下的渗透率增加最大百分比为17.3%。同时,水力脉冲波协同作用下的无量纲渗透率在酸化时间为20min以后仍呈上升趋势,而非波动条件下无量纲渗透率则在20min后基本保持不变,协同作用下无量纲渗透率在相同位置及时间时明显高于无波条件下的无量纲渗透率,水力脉冲波的协同作用改善了多级释放活性酸组分的酸化反应局部强度,强化了多氢酸的缓释效果,有效增加了酸化的距离和时间,使整个酸化反应过程进行的更加彻底,提高了整体的酸化效果。

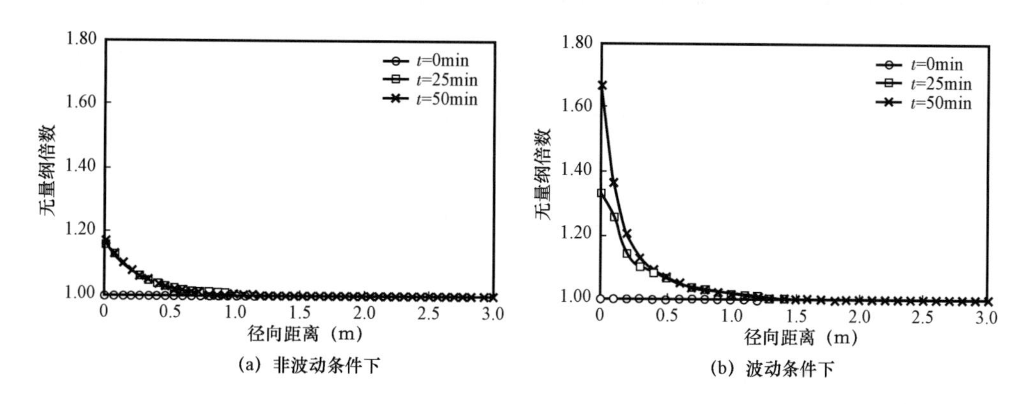

图9.19　不同时间无量纲渗透率随径向距离的变化曲线

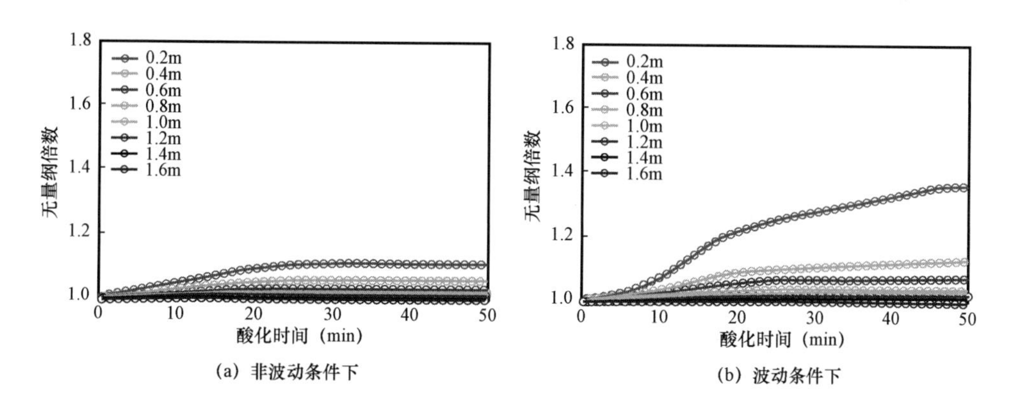

图9.20　无波条件下不同距离无量纲渗透率随酸化时间的变化曲线

9.2.4　参数敏感性分析

9.2.4.1　酸液流速

由图9.21可知,在近井区域,水力脉冲波的振幅对酸液流速的影响较为明显。

当频率相同时，振幅不断增大，协同作用下酸液流速在径向上的差异更加明显，同时局部反应强度差异也受振幅的增加不断增大。而随着径向距离的增加，振幅对酸液的影响减弱，当径向距离大于3m时，酸液流速受波动协同作用的影响较小。频率对促进酸液径向作用距离的影响与振幅相类似，但是由于改变了水力脉冲波的周期，在高频条件下，酸液流速在径向上的变化距离也随之变短，高频脉冲波提高了酸液流速径向差异的同时缩短了各周期酸液流速的变化距离，较大程度地改善了酸液的局部反应强度。

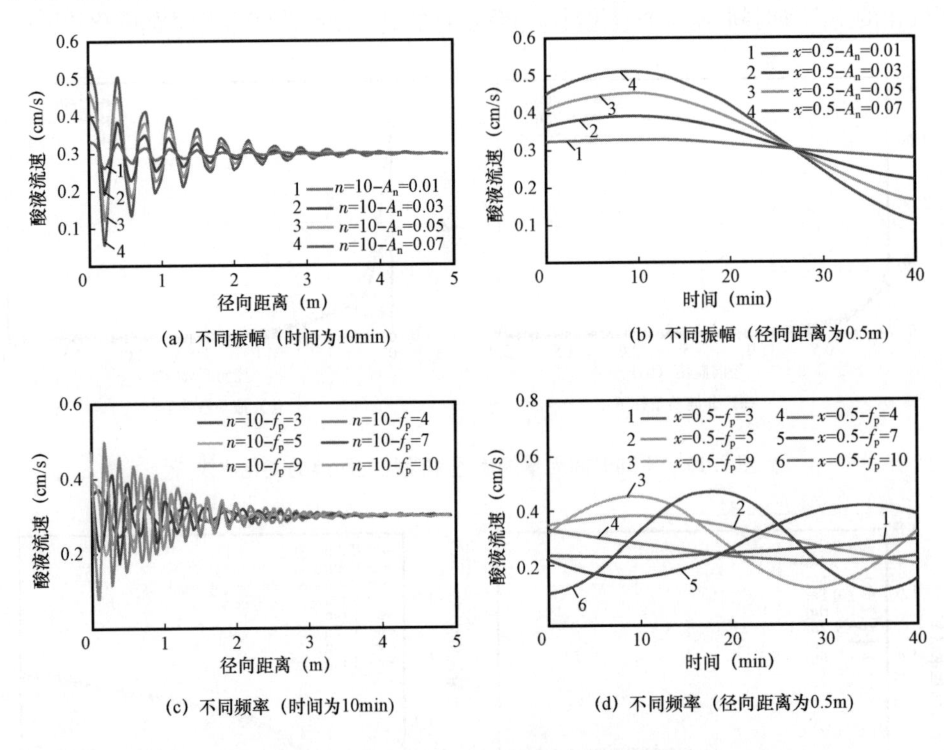

图9.21　不同波动参数下的酸液流速的变化曲线

9.2.4.2　孔隙度和渗透率

由图9.22和图9.23可知，水力脉冲波的振幅和频率对协同解堵作用后的储层渗透率影响差异较大，其中随着振幅的不断增大。协同作用对渗透率的改善效果呈先增强、后逐渐减弱的趋势。振幅越大，局部反应强度的差异越大，而局部反应强度的差异直接影响到相邻位置的解堵效果，因此振幅的最优值并不是越大越好。同时随着频率的增大，渗透率的增大倍数在5Hz时出现最大值；随着频率的继续增大，渗透率在径向上的改善效果逐渐降低；当频率为10Hz时，渗透率的增大倍数随径向距离呈现不稳定衰减，主要是由于在高频作用时，水力脉冲波的协同作用在提高酸液流速径向传播差异的同时缩短了各周期酸液流速的变化距离，使得高频脉冲作用时，近井区域的局部反应强度受到强化，降低了协同作用的效果。

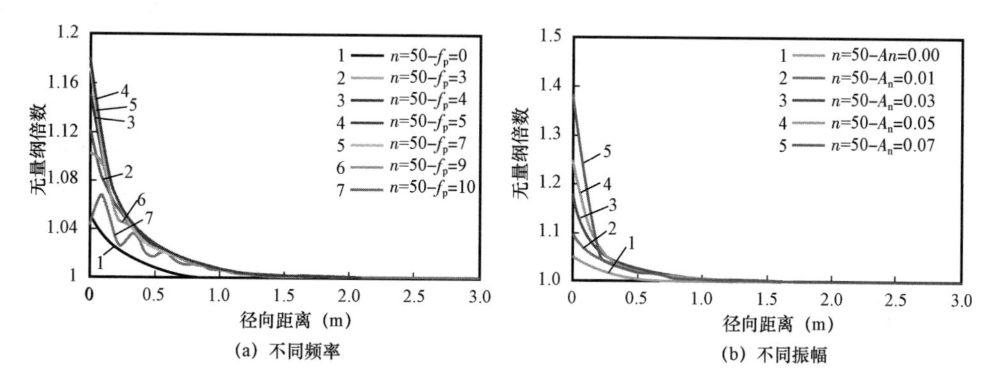

图9.22 不同波动参数下无量纲孔隙度随地层径向距离分布变化曲线(酸化时间为50min)

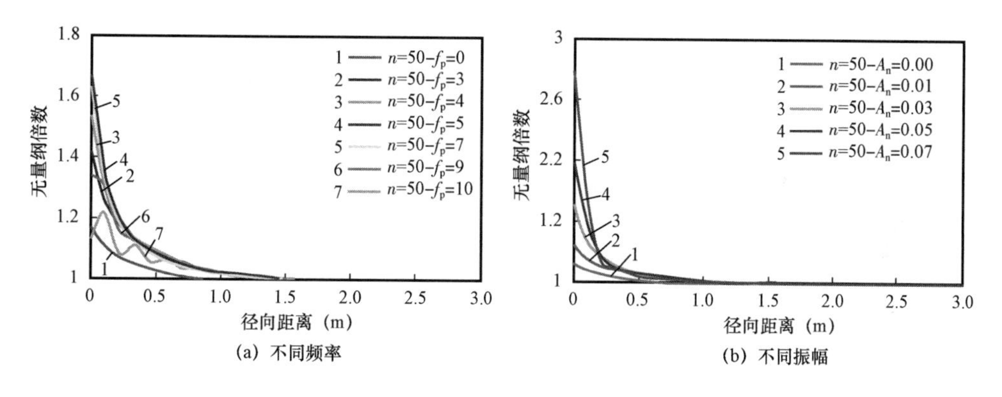

图9.23 不同波动参数下无因次渗透率随地层径向距离分布变化曲线(酸化时间为50min)

9.3 矿场应用

在实验研究基础上，大功率低频水力脉冲波—化学复合解堵技术在国内各大油田获得了广泛的工业化应用，详细情况可以参见本丛书卷三《复杂油藏波场强化开采理论与技术》的相关章节和相关学术论文报道。

此处选取低渗透砂岩油藏(青海尕斯油田)和疏松砂岩油藏(胜利孤东油田)中的典型高压注水、注汽井作为典型实例，介绍了该项技术的矿场解堵效果。

9.3.1 GS油田

GS油田储层岩性以细砂岩为主，其次为粉砂岩、中砂岩，平均黏土矿物含量21%，其中蒙脱石含量占50%以上,储层水敏性较强,平均孔隙度约为15.67%,平均渗透率为25.13mD。由于储层物性较差且水敏性较强,注水开发以来,部分注水井初期注入量较大,随着时间的增长,注水井的注水量下降较快,而常规土酸酸化效果较差。2014年采用水力脉冲波协同多氢酸酸化解堵作业共6井次,成功率100%,平均见效期达210天以上,平均注入压力下降6.3MPa,平均单井日注入量18.6m^3,酸化后日注入量27.4m^3,累计增注25469m^3。其中YJ－87井措施前不吸水,2013年常规多氢酸酸化后注入压力下降6.7MPa,有效期96天,平均日增注3.2m^3;2014年3月开展水力脉冲波协同多氢酸酸化作业,XAPJ－1振动器的现场应用频率为12Hz,振幅为7cm,酸化时初始泵压值为30MPa,最终确保泵压稳定在23MPa左右。现场试验结果表明,措施结束后,注入压力由16.5MPa下降为9.5MPa,注入量达到了配注要求且处于稳定状态,截至2014年11月,该井仍可达到配注要求,有效期8个月,累计增注量为8161m^3。图9.24所示为YJ－87井注水曲线。

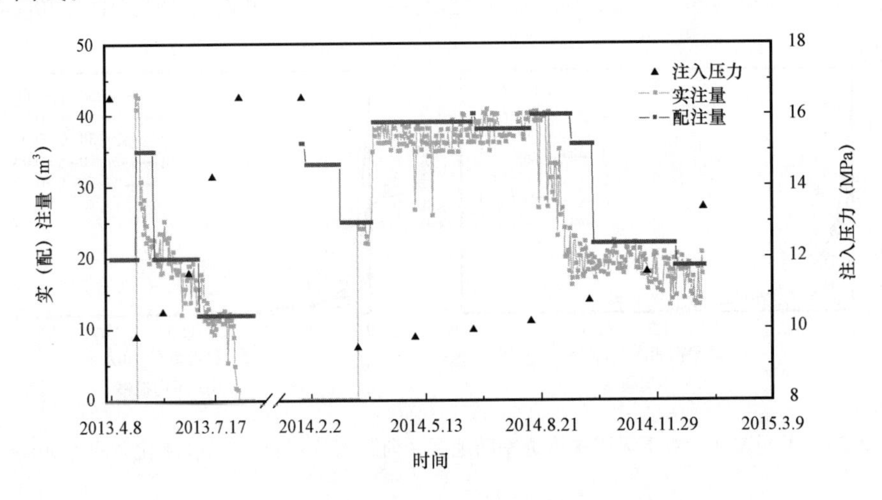

图9.24　YJ－87井注水曲线

9.3.2　SL油田

SL油田GD827油区为含细砂中砂岩,岩矿组分以石英长石为主,石英57%～69%,长石23%～35%,平均黏土矿物含量13.4%;平均孔隙度为22.38%,平均渗透率614mD。由于该区块黏土含量高,蒸汽吞吐作业时极易造成注汽高压,平均注汽压力11.7MPa,平均注汽干度38%,2014年共开展水力脉冲波协同多氢酸酸化解堵作业共5井次,注汽压力平均下降3.5MPa,平均注汽干度提高15.8%。其中GD－53井上一轮次(2013年1月)采用超临界锅炉注汽,注入压力为19.2MPa,注汽干度20.2%,周期产油586.8t,周期产水2402.1m^3,2014年3月开展水力脉冲波协同多氢酸酸化作业,作业频率设定为10Hz，振幅为5cm；措施后注汽压力由上轮次注汽的19.2MPa下降至14.3MPa，截至2015年7月累计产油766.3t，累计产水2569.9m^3。

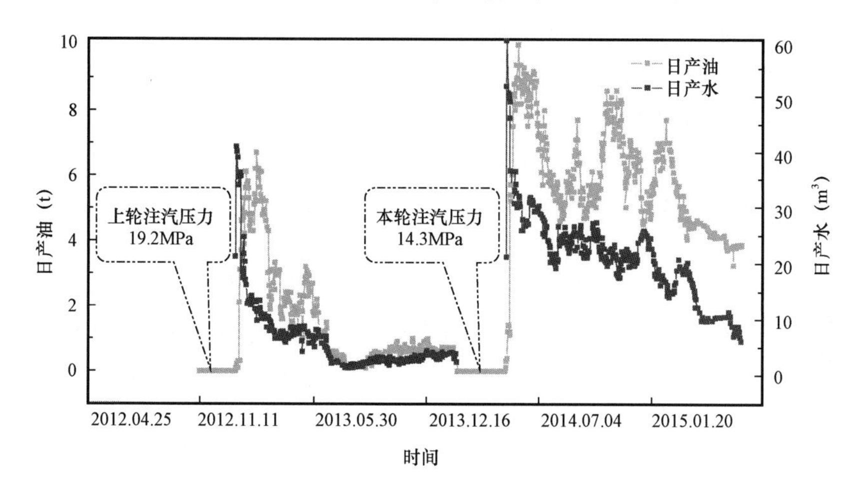

图9.25　GD－53井生产动态曲线

符号注释

C_{HF}，C_{M1}，C_{M2}，$C_{H_2SiF_6}$，$C_{Si(OH)_4}$——HF、快反应矿物、慢反应矿物、H_2SiF_6和$Si(OH)_4$的浓度，下标为0时表示酸或矿物初始时刻的浓度，mol/L；

r——酸液径向传播距离，cm；

v——水力脉冲波作用下地层中流体的速度，m/s；

v_j，v_{HF}——矿物、HF发生反应的速度，g/h；

v_w——水力脉冲波作用时的流体流速，cm/s；

k_1，k_2，k_3，k_4——快反应矿物、慢反应矿物、H_2SiF_6和$Si(OH)_4$的反应速率常数，L/(mol·s)；

θ——反应总成分中没有被SiO_2沉淀所覆盖的快反应矿物的比例；

A——振幅，cm；

ω——振动角频率，rad/s；

t——振动时间，s；

x——波的传播距离，cm；

u——传播介质中的波速，cm/s；

φ——初相位，rad；

ϕ——孔隙度；

W_j——不同矿物的分子量（$j=1,2$ 分别代表快反应矿物、慢反应矿物）；

ρ_j——不同矿物的平均密度，kg/m^3；

C_j——矿物成分的浓度，g/cm^3；

C_{Mji}——不同矿物的浓度，mol/L；

A_n——n 列波叠加后的振幅，cm；

φ_n——n 列波叠加后的相位，rad；

r_i——第 i 个位置节点酸液的径向距离，cm；

C_{HFi}^n——第 i 个位置节点和第 n 个时间节点下 HF 的浓度，mol/L；

A_i^n,B_i^n,C_i^n,D_i^n——A_i^n,B_i^n,C_i^n 和 D_i^n 的元素，上标 n 为随时间离散，下标 i 为随距离离散；

v_i^n——第 n 个时间节点地层流体的流速，m/s；

Δt_n——第 n 和 $n-1$ 时间节点的时间间隔，s；

v_{YS}——石英颗粒反应速率，g/h；

x_{YS}——石英砂溶蚀率，%；

W_0——石英颗粒初始质量，g；

W_F——石英颗粒反应后质量，g；

R——粒径，mm；

t——反应时间，h；

N——网格位置节点；

ϕ_i——不同网格孔隙度。

第10章　超声波—化学复合解堵技术

利用波场采油动态模拟实验装置，展开了超声波解除聚合物堵塞、石蜡沉积堵塞、钻井液堵塞、无机垢堵塞、岩心水敏堵塞室内模拟实验研究，系统研究了影响超声波解堵效果的主要因素及其规律，并将超声波、化学剂及超声波—化学剂复合解堵效果做了对比，结果表明超声波与化学剂之间具有物理—化学协同作用，复合解堵效果显著。

10.1　超声波—化学复合解堵效果评价

10.1.1　室内模拟实验设计

超声波近井处理室内模拟实验以优化超声波施工参数、形成超声波现场施工选井、选层原则与标准为目标。超声波施工参数主要包括超声波频率、功率、累计处理时间等。实验使用人造石英砂岩心，岩心气测渗透率取30mD，80mD和150mD三种。模拟的伤害类型为现场作业、施工中常见的储层聚合物伤害、石蜡沉积、钻井液伤害、岩心水敏和无机垢堵塞。

实验按岩心气测渗透率大小分为三部分，分别研究超声波解除气测渗透率30mD，80mD和150mD段岩心各种伤害类型的情况，实验设计思路如下：

(1)实验准备，包括实验用水、溶液的配置，岩心参数的确定及岩心抽空饱和；

(2)制造岩心伤害；

(3)超声波换能器的优选；

(4)最佳超声波处理时间的优选；

(5)化学剂解除岩心伤害；

(6)超声波与化学解堵剂复合解除岩心伤害；

(7)实验数据的处理、对比及分析。

根据上述思路，实验设计结果见表10.1。

10.1.2　实验设备

10.1.2.1　设备介绍

本实验主要设备是波场采油多功能动态模拟系统，该系统是根据波场采油原理、振动采油原理、驱替机理和相似原理模拟地层压力、温度条件，并借助于计算机技术、传感器技术对岩心进行各种模拟实验,可以研究波场对岩石、流体、储层堵塞物的物化性质影响规律;模拟油藏在多重波场叠加条件下的渗流机理及增产规律;进行波场近井处理油层室内评价,研究波场—化学复合解堵的主要控制因素及其影响规律等[157-168]。

表 10.1 超声波解堵室内模拟实验设计结果

气测渗透率	伤害类型	相同作用时间换能器编号优选	累计处理时间优选(min)	化学剂单独处理(min)	复合处理时间(min)
30mD 段	聚合物伤害	6	3	1	1
	石蜡沉积	6	3	1	1
	钻井液伤害	6	3	1	1
	岩心水敏	6	3	1	1
	无机垢堵塞	6	3	1	1
80mD 段	聚合物伤害	6	3	1	1
	石蜡沉积	6	3	1	1
	钻井液伤害	6	3	1	1
	岩心水敏	6	3	1	1
	无机垢堵塞	6	3	1	1
150mD 段	聚合物伤害	6	3	1	1
	石蜡沉积	6	3	1	1
	钻井液伤害	6	3	1	1
	岩心水敏	6	3	1	1
	无机垢堵塞	6	3	1	1

该设备流程示意图如图 10.1 所示。

该设备主要由以下几个系统组成:高压脉冲伺服系统、声波—超声波发生系统、驱替系统、模型系统、环压自动跟踪系统、流程管汇系统、油水计量系统、回压系统、温度控制系统、抽空组件、蒸汽发生系统、数据采集和微机测控系统等。主要部件的外形如图 10.2 至图 10.5 所示。

10.1.2.2 主要技术参数

10.1.2.2.1 超声波发生系统技术指标

(1)超声波发生系统频率连续可调,范围 0～100kHz。受超声波换能器工作原理及本身材料的限制,每一个换能器的设定频率、额定功率是相对固定的,只有在设定频率下工作,换能器才能达到额定功率。

本实验选用的 6 个超声波换能器具体参数见表 10.2。

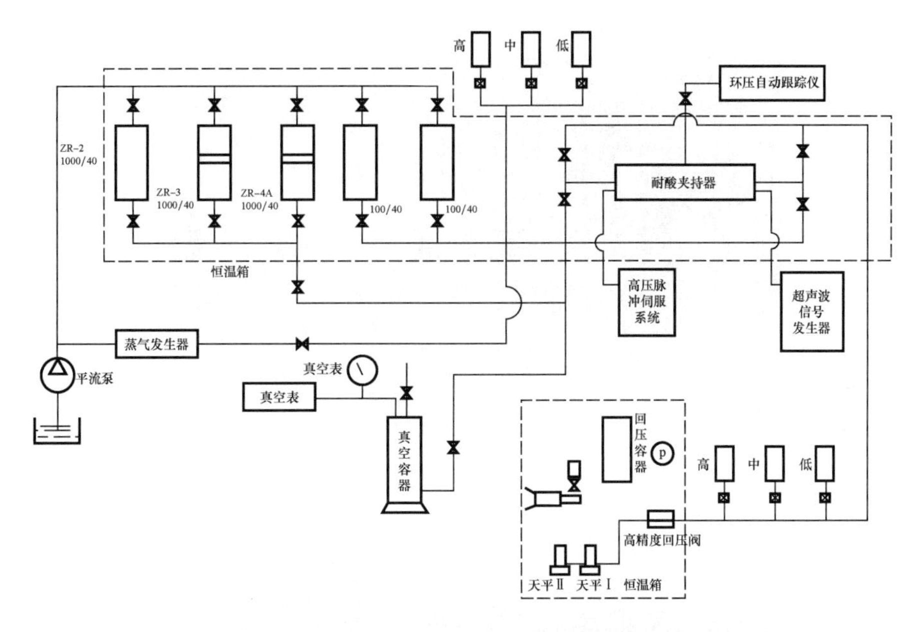

图 10.1　波场采油多功能动态模拟系统流程示意图

图 10.2　波场采油多功能动态模拟系统外形图

表 10.2　超声波换能器参数

换能器编号	换能器设定频率(kHz)	换能器额定功率(W)
1	18	1000
2	20	1000
3	25	1000
4	30	60
5	40	60
6	50	200

图 10.3　驱替与超声波信号采集系统

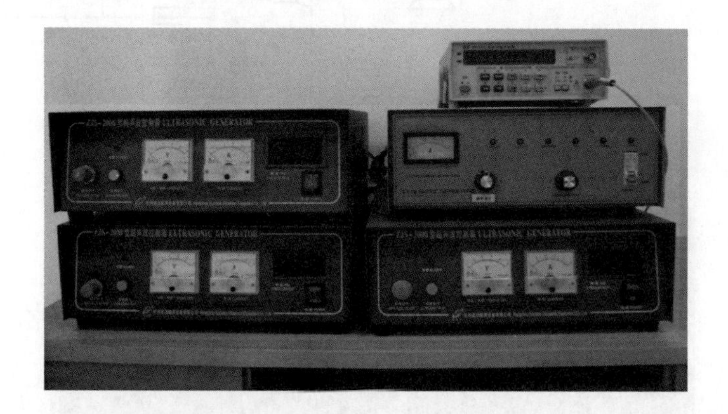

图 10.4　超声波发生系统

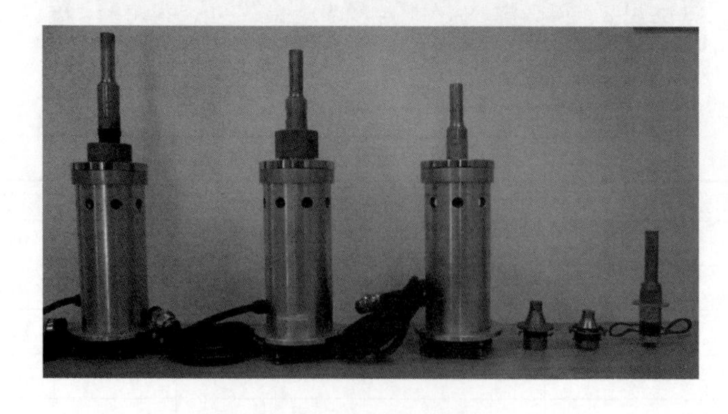

图 10.5　超声波换能器
（从左到右依次为 1 ~6 号换能器）

(2)换能器耐温:100℃。

(3)换能器耐压:30MPa。

10.1.2.2.2　岩心驱替系统技术指标

(1)工作压力:环压50MPa、液流压52MPa。

(2)工作温度180℃,控温精度±0.5℃。

(3)微量动力系统:恒流或恒压操作模式;泵体容积532mL;流速范围0.001～107mL/min;流速准确度0.5%;压力范围0～52MPa。

10.1.3　超声波近井处理室内模拟实验与结果

10.1.3.1　超声波解除聚合物堵塞室内模拟实验

10.1.3.1.1　实验设备

天平、岩心抽空加压饱和装置、波场采油动态模拟系统、纯水机等。

10.1.3.1.2　实验药品

$NaCl$、$CaCl_2$、$MgCl_2 \cdot 6H_2O$、分子量为500万的聚丙烯酰胺、盐酸、二氧化氯等。

10.1.3.1.3　实验步骤

(1)按$NaCl : CaCl_2 : MgCl_2 \cdot 6H_2O = 7 : 0.6 : 0.4$配置标准盐水。气测渗透率30mD的岩心使用的盐水矿化度为20000mg/L,气测渗透率80mD和150mD的岩心使用的盐水矿化度均为10000mg/L;配置浓度为0.2%的聚丙烯酰胺溶液。

(2)岩心量尺寸、称干重后在抽空加压饱和装置中饱和盐水8h。

(3)将配置好的标准盐水和聚合物溶液装入高压中间容器中,随后将饱和好的岩心放入岩心夹持器,使用数据采集和微机测控系统测试仪表、阀门、平流泵、天平等部件的完好性,利用环压自动跟踪系统加环压,然后开泵水驱。气测渗透率30mD的岩心平流泵流速为1.5mL/min,气测渗透率80mD和150mD的岩心平流泵流速为2mL/min。待岩心中液体流动状态稳定后,读取此时微机采集、计算得出的渗透率值,即为岩心的初始液测渗透率K_0。

(4)之后,通过转向装置改变岩心夹持器中的液体流向,使聚合物溶液以低于临界流速的流量通过岩心,注入量为2倍的岩心孔隙体积,停驱替泵,关闭岩心夹持器出口、入口阀门,使岩心与聚合物溶液接触2h。

(5)再次改变岩心夹持器中的液体流向后,开泵进行盐水驱替,平流泵流速同上,待岩心中液体流动状态稳定后,读取此时岩心的渗透率,即为岩心被聚合物污染后的液测渗透率K_d。

(6)待K_d不再变化后,水驱的同时,开始用1号超声波换能器处理岩心。超声波处理采用间歇方式,每处理 10min 间歇 5min。待累计处理时间达到 60min 时,停止超声波处理。岩心中流体流动状态再次稳定后,读取此时岩心渗透率值,即为超声波作用后岩心的液测渗透率 K_t。

(7)停泵,实验结束。

(8)重复步骤(3)—(5),换 2 号超声波换能器处理岩心,直至 1 ~6 号换能器全部进行完实验。以岩心渗透率恢复率(K_t—K_d)/K_0 为超声波解堵效果的衡量指标,进行实验数据的对比、分析,优选出解除聚合物堵塞效果最佳的超声波换能器。

(9)另取三块饱和标准盐水的岩心,重复步骤(3)—(5),使用优选出的换能器分别累计处理不同时间,优选出超声波最佳处理时间。

(10)重复步骤(3)—(5),待 K_d 不再变化后,改变岩心夹持器中的液流方向,注入 2PV 浓度为 10% 的盐酸溶液,换向后进行 4PV 的水驱,再次换向注入 2PV 浓度为 5% 的二氧化氯溶液,换向再次水驱,直至岩心中液体流动状态稳定,此时测得的岩心渗透率即为化学剂解堵后的岩心渗透率。

(11)重复步骤(3)—(5),用优选出的超声波换能器与盐酸、二氧化氯解堵剂复合使用解除聚合物堵塞。化学剂用量、注入方式同上,确保超声波处理是在正向水驱时进行,累计处理时间为优选出的最佳超声波处理时间。待岩心中液体流动状态稳定后,测得的岩心渗透率即为超声波—化学复合解堵后的岩心渗透率。

(12)以岩心渗透率的恢复率为指标,实验结果的处理与分析。

10.1.3.1.4 超声波解除岩心聚合物堵塞实验结果

从气测渗透率 30mD,80mD 和 150mD 段的岩心中各取 6 块,按上述实验步骤,做超声波解除聚合物堵塞换能器优选实验,超声波累计处理时间均为 60min,实验结果见表 10.3 至表 10.5。

表 10.3 超声波解除 30mD 段岩心聚合物堵塞实验结果

岩心编号	换能器编号	K_0(mD)	K_d(mD)	K_t(mD)	$(K_t-K_d)/K_0$(%)
3-9	1	21.40	3.47	6.91	16.1
3-11	2	20.38	3.68	7.76	20.0
3-8	3	21.24	3.48	7.66	19.7
3-10	4	22.69	3.97	5.18	5.3
3-7	5	18.68	3.26	3.87	3.3
3-3	6	21.52	3.59	5.40	8.4

表 10.4　超声波解除 80mD 段岩心聚合物堵塞实验结果

岩心编号	换能器编号	K_0(mD)	K_d(mD)	K_t(mD)	$(K_t-K_d)/K_0$(%)
8-16	1	60.39	11.84	21.65	16.2
8-37	2	62.60	12.87	23.71	17.3
8-40	3	66.34	13.27	24.31	16.6
8-25	4	59.28	12.34	14.74	4.0
8-18	5	63.10	12.83	14.00	1.9
8-13	6	55.32	12.73	16.04	6.0

表 10.5　超声波解除 150mD 段岩心聚合物堵塞实验结果

岩心编号	换能器编号	K_0(mD)	K_d(mD)	K_t(mD)	$(K_t-K_d)/K_0$(%)
15-12	1	117.76	18.35	34.68	13.9
15-351	2	109.66	20.23	36.31	14.7
15-364	3	106.17	18.54	33.63	14.2
15-372	4	118.31	18.08	21.51	2.9
15-374	5	124.98	20.28	22.87	2.1
15-375	6	112.24	16.23	20.64	3.9

由表 10.3 至表 10.5 可知，超声波解除 30mD，80mD 和 150mD 段岩心聚合物堵塞效果最好的换能器均为 2 号换能器，岩心渗透率的恢复率$(K_t-K_d)/K_0$分别为 20%，17.3% 和 14.7%，K_t/K_d分别为 2.11，1.84 和 1.79，这两个指标均呈下降趋势；由实验数据还可知，4～6 号换能器与 1～3 号换能器效果相差较大，这主要是由换能器的输出功率决定的，下一章将做具体探讨。

接下来，优选超声波最佳累计处理时间。从 30mD，80mD 和 150mD 段岩心中每段各取 3 块岩心，用上一步优选出的 2 号换能器做实验。每个气测渗透率段的 3 块岩心累计处理时间均为 40min，80min 和 100min（超声波累计处理时间 60min 的实验数据来自换能器优选实验），之后超声波停止作用，测定岩心的液测渗透率，实验结果见表 10.6 至表 10.8。

表 10.6　30mD 段岩心超声波累计处理时间优选实验结果

岩心编号	累计处理时间(min)	K_0(mD)	K_d(mD)	K_t(mD)	$(K_t-K_d)/K_0$(%)
3-12	40	22.32	3.90	7.88	17.9
3-11	60	20.38	3.68	8.02	21.3
3-2	80	17.16	4.21	7.94	21.7
3-15	100	22.34	3.48	8.25	21.4

表 10.7　80mD 段岩心超声波累计处理时间优选实验结果

岩心编号	累计处理时间(min)	K_0(mD)	K_d(mD)	K_t(mD)	$(K_t-K_d)/K_0$(%)
8－35	40	60.26	12.46	21.74	15.4
8－37	60	62.60	12.87	23.71	17.3
8－34	80	64.39	11.99	23.36	17.7
8－36	100	59.27	12.69	22.93	17.3

表 10.8　150mD 段岩心超声波累计处理时间优选实验结果

岩心编号	累计处理时间(min)	K_0(mD)	K_d(mD)	K_t(mD)	$(K_t-K_d)/K_0$(%)
15－84	40	139.28	20.41	35.26	10.7
15－351	60	109.66	20.23	36.31	14.7
15－376	80	110.37	20.88	37.82	15.3
15－380	100	128.44	18.86	38.81	15.5

由表 10.6 至表 10.8 可知,在超声波作用初始阶段随着累计处理时间的增长,岩心渗透率恢复率显著提高(超声波未作用时岩心渗透率恢复率为 0)。累计处理 40min 后 30mD,80mD 和 150mD 段岩心$(K_t-K_d)/K_0$分别为 17.9%、15.4%、10.7%,之后,$(K_t-K_d)/K_0$增长放缓。30mD,80mD 和 150mD 段岩心分别在累计处理时间 80min,80min 和 100min 后达到最大值,$(K_t-K_d)/K_0$分别为 21.7%,17.7%和 15.5%。随着累计处理时间的增加,岩心渗透率的恢复率反而有所降低。

由上述实验结果可知,气测渗透率 30mD,80mD 和 150mD 段岩心,超声波解除聚合物堵塞最佳条件是分别为 2 号换能器累计处理 80min、2 号换能器累计处理 80min、2 号换能器累计处理 100min。

从每段岩心中各另取 2 块岩心,做化学剂单独解堵及超声波—化学复合解堵实验,步骤不再赘述。

现将每段岩心超声波、化学剂、超声波—化学剂复合三者解堵效果相比较,结果见表 10.9 至表 10.11。

表 10.9　30mD 段岩心超声波、化学剂及复合解堵效果比较

岩心编号	解堵方式	$(K_t-K_d)/K_0$
3－2	2 号换能器累计处理 80min	21.7
3－16	盐酸、二氧化氯化学剂解堵	19.5
3－17	超声波与盐酸、二氧化氯复合解堵	36.8

表 10.10 80mD 段岩心超声波、化学剂及复合解堵效果比较

岩心编号	解堵方式	$(K_t - K_d)/K_0$
8 - 34	2 号换能器累计处理 80min	17.7
8 - 31	盐酸、二氧化氯化学剂解堵	18.5
8 - 30	超声波与盐酸、二氧化氯复合解堵	37.7

表 10.11 150mD 段岩心超声波、化学剂及复合解堵效果比较

岩心编号	解堵方式	$(K_t - K_d)/K_0$
15 - 380	2 号换能器累计处理 100min	15.5
15 - 113	盐酸、二氧化氯化学剂处理	21.9
15 - 97	超声波与盐酸、二氧化氯复合解堵	39.8

由表 10.9 至表 10.11 可知,超声波单独处理与化学剂单独处理效果相当,3 段岩心超声波单独处理效果分别为 21.7%,17.7% 和 15.5%,呈下降趋势;而化学剂单独处理效果分别为 19.5%,18.5% 和 21.9%,超声波—化学剂复合处理效果分别为 36.8%,37.7% 和 39.8%,总体趋势均向上,这表明超声波与化学剂解堵效果均受岩心渗透率的影响。岩心渗透率越大,岩心孔隙越大,解堵剂与堵塞物质接触面积增加,反应更充分,解堵效果更好。超声波随岩心渗透率增加解堵效果下降的现象还需进一步的实验验证。

由表 10.9 至表 10.11 还可知,超声波—化学剂复合处理效果最佳,分别是超声波单独处理渗透率恢复率的 1.7 倍、2.1 倍和 2.6 倍。这与岩心的渗透率、流体性质及振动作用与化学剂的协同效应有关,下一章再做详细阐述。

10.1.3.2 超声波解除石蜡沉积室内模拟实验

10.1.3.2.1 实验设备

天平、岩心抽空加压饱和装置、波场采油动态模拟系统、纯水机等。

10.1.3.2.2 实验药品

NaCl、$CaCl_2$、$MgCl_2 \cdot 6H_2O$、液态石蜡、纯度 99% 癸烷、乙醇、四氯化碳等。

10.1.3.2.3 实验步骤

(1)按 $NaCl : CaCl_2 : MgCl_2 \cdot 6H_2O = 7 : 0.6 : 0.4$ 配置标准盐水,气测渗透率 30mD 段的岩心使用的盐水矿化度为 20000mg/L,气测渗透率 80mD 和 150mD 段的岩心使用的盐水矿化度为 10000mg/L。

(2)配置石蜡质量分数为 20% 的石蜡—癸烷混合物,将混合物在恒温箱升温至 80℃,然后慢慢冷却,测量石蜡开始析出时的温度,即石蜡的雾点温度。实验中测得石蜡雾点温度约为 28℃。

(3)岩心称干重后在抽空加压饱和装置中饱和盐水8h。

(4)恒温箱升温至70℃,将配置好的标准盐水和石蜡—癸烷混合物装入高压中间容器中,随后将饱和好的岩心放入岩心夹持器,使用数据采集和微机测控系统测试仪表、阀门、平流泵、天平等的完好性,利用环压自动跟踪系统加环压,然后开泵水驱,气测渗透率30mD段的岩心平流泵流速为1.5mL/min,气测渗透率80mD和150mD段的岩心平流泵流速为2mL/min。待岩心中液体流动状态稳定后,读取岩心渗透率值,即为岩心的初始液测渗透率K_0。

(5)通过转向装置改变岩心夹持器中的液体流向,使石蜡—癸烷混合物以低于临界流速的流量通过岩心,注入量为2倍的岩心孔隙体积,之后停驱替泵,关闭岩心夹持器出口、入口阀门,并使恒温箱降温至室温约20℃左右,使岩心与混合物溶液接触2h。

(6)再次改变岩心夹持器中的液体流向后,开泵水驱,平流泵流速同上,待岩心中液体流动状态稳定后,读取此时岩心的渗透率,即为石蜡沉积后岩心的液测渗透率K_d。

(7)渗透率K_d不再变化后,水驱的同时,开始用1号超声波换能器处理。超声波处理采用间歇方式,每处理10min间歇5min,超声波累计处理时间设为60min,之后停止超声波处理。待岩心中流体流动状态再次稳定后,读取此时岩心渗透率值,即为超声波作用后岩心液测渗透率K_t。

(8)停泵,实验结束。

(9)重复步骤(3)—(6),换2号超声波换能器处理岩心,直至1~6号换能器全部进行完实验。以岩心渗透率恢复率$(K_t-K_d)/K_0$为超声波解堵效果的衡量指标,进行实验数据的对比、分析,优选出解除石蜡沉积效果最佳的超声波换能器。

(10)另取3块饱和好的岩心,重复步骤(3)—(6),使用优选出的换能器分别累计处理不同时间,优选出超声波最佳处理时间。

(11)重复步骤(3)—(6),待测得岩心渗透率K_d不再变化后,改变岩心夹持器中的液流方向,注入2PV四氯化碳浓度为10%的乙醇—四氯化碳溶液,解除石蜡沉积,换向后再次水驱,直至岩心中液体流动状态稳定,此时测得的即为化学剂解堵后的岩心液测渗透率。

(12)重复步骤(3)—(6),用优选出的超声波换能器与化学解堵剂复合使用解除石蜡沉积。化学剂用量、注入方式同上文,确保超声波处理是在正向水驱时进行,累计处理时间为优选出的最佳超声波处理时间。待岩心中液体流动状态稳定后,测得的渗透率即为超声波—化学复合解堵后的岩心液测渗透率。

(13)以岩心渗透率的恢复率为指标,实验结果的处理与分析。

10.1.3.2.4 *超声波解除岩心石蜡沉积实验结果*

从气测渗透率30mD,80mD和150mD段的岩心中各取6块,按上述实验步骤,做超声波解除石蜡沉积换能器优选实验,超声波累计处理时间均为60min,实验结果见表10.12至表10.14。

表 10.12　超声波解除 30mD 段岩心石蜡沉积实验结果

岩心编号	换能器编号	K_0(mD)	K_d(mD)	K_t(mD)	$(K_t-K_d)/K_0$(%)
3－18	1	21.25	7.31	13.30	28.2
3－19	2	21.84	8.09	14.38	28.8
3－20	3	23.00	8.14	15.03	30.0
3－21	4	21.46	8.32	9.93	7.5
3－22	5	20.23	8.79	9.97	5.8
3－23	6	19.87	7.88	9.73	9.3

表 10.13　超声波解除 80mD 段岩心石蜡沉积实验结果

岩心编号	换能器编号	K_0(mD)	K_d(mD)	K_t(mD)	$(K_t-K_d)/K_0$(%)
8－29	1	57.50	21.51	36.66	26.4
8－28	2	63.20	21.83	38.82	26.9
8－24	3	57.79	21.24	37.06	27.4
8－19	4	63.57	22.85	27.51	7.3
8－4	5	62.06	24.77	28.18	5.5
8－15	6	57.75	23.91	29.34	9.4

表 10.14　超声波解除 150mD 段岩心石蜡沉积实验结果

岩心编号	换能器编号	K_0(mD)	K_d(mD)	K_t(mD)	$(K_t-K_d)/K_0$(%)
15－72	1	128.46	41.22	69.04	21.7
15－68	2	113.97	45.40	72.53	23.8
15－366	3	119.04	42.12	71.12	24.4
15－103	4	102.43	40.05	46.32	6.1
15－368	5	115.07	43.61	49.62	5.2
15－111	6	114.79	43.39	54.02	9.3

由表 10.12 至表 10.14 可知,超声波解除 30mD,80mD 和 150mD 段石蜡沉积效果最好的换能器均为 3 号换能器。3 段岩心渗透率的恢复率$(K_t-K_d)/K_0$最大值分别达到 30.0%,27.4%和 24.4%,优于超声波解除聚合物堵塞效果,同样,4～6 号换能器解堵效果较差。

由表 10.2 可知,2 号和 3 号换能器功率相同均为 1000W,但 3 号换能器频率较大。由 Biot 理论可知,3 号换能器超声波能量耗散更严重,产生的热量更多,因石蜡沉积受温度影响较大,所以 3 号换能器解除石蜡沉积效果更好。

接下来,优选超声波最佳累计处理时间。从 30mD,80mD 和 150mD 段岩心中每段各取3块岩心,用上一步优选出的3号换能器做实验。气测渗透率30mD和80mD段岩心每段的3块岩心超声波累计处理时间均为80min,100min和120min;150mD段岩心超声波累计处理时间为100min,120min和140min,之后超声波停止作用,测定岩心的液测渗透率,实验结果见表10.15至表10.17。

表10.15　30mD段岩心超声波累计处理时间优选实验结果

岩心编号	累计处理时间(min)	K_0(mD)	K_d(mD)	K_t(mD)	$(K_t-K_d)/K_0$(%)
3-20	60	23.00	8.14	15.03	30.0
3-6	80	19.48	6.94	13.40	33.2
3-8	100	17.88	9.82	15.85	33.7
3-85	120	21.60	9.30	16.47	33.8

表10.16　80mD段岩心超声波累计处理时间优选实验结果

岩心编号	累计处理时间(min)	K_0(mD)	K_d(mD)	K_t(mD)	$(K_t-K_d)/K_0$(%)
8-24	60	57.79	21.24	37.06	27.4
8-17	80	61.92	21.88	39.77	28.0
8-129	100	56.92	23.44	39.28	28.3
8-127	120	64.94	23.47	41.37	29.0

表10.17　150mD段岩心超声波累计处理时间优选实验结果

岩心编号	累计处理时间(min)	K_0(mD)	K_d(mD)	K_t(mD)	$(K_t-K_d)/K_0$(%)
15-366	60	119.04	42.12	71.12	24.4
15-369	100	117.42	40.61	72.02	26.7
15-353	120	112.03	45.00	73.19	27.0
15-373	140	106.26	40.56	65.59	27.6

由表10.15至表10.17可知,超声波解除石蜡沉积效果较好。30mD,80mD和150mD段最佳超声波累计处理时间分别是120min,120min和140min,$(K_t-K_d)/K_0$最大值分别为33.8%,29.0%和27.6%,随岩心渗透率的增加,$(K_t-K_d)/K_0$降低。

为了证实随超声波累计处理的延长,岩心渗透率恢复率趋于平稳,甚至有所降低,150mD段岩心超声波累计处理时间优选实验特延长作用时间到140min。但本组实验结果显示,随超声波处理时间的延长,解堵效果增加,这说明解堵效果与处理时间的关系受堵塞类型的影响,同时说明超声波解除石蜡沉积效果与超声波能量呈正比。

由上述实验结果可知,气测渗透率30mD,80mD和150mD段岩心,超声波解除石蜡沉积最佳条件是分别为3号换能器累计处理100min、3号换能器累计处理100min、3号换能器累计处理 140min。解堵效果与作用时间的关系需进一步实验验证。

从 30mD,80mD 和 150mD 段每段岩心中各另取 2 块岩心,做化学剂单独解堵及超声波—化学复合解堵实验,步骤不再赘述。

现将每段岩心超声波、化学剂、超声波—化学剂复合三者解堵效果相比较,结果见表 10.18 至表 10.20。

表 10.18　30mD 段岩心超声波、化学剂及复合解堵效果比较

岩心编号	解堵方式	$(K_t - K_d)/K_0$
3 - 8	3 号换能器累计处理 100min	33.8
3 - 86	四氯化碳化学剂单独处理	23.1
3 - 5	超声波与四氯化碳复合处理	41.2

表 10.19　80mD 段岩心超声波、化学剂及复合解堵效果比较

岩心编号	解堵方式	$(K_t - K_d)/K_0$
8 - 17	3 号换能器累计处理 100min	29.0
8 - 128	四氯化碳化学剂单独处理	24.2
8 - 125	超声波与四氯化碳复合处理	51.3

表 10.20　150mD 段岩心超声波、化学剂及复合解堵效果比较

岩心编号	解堵方式	$(K_t - K_d)/K_0$
15 - 369	3 号换能器累计处理 140min	27.6
15 - 377	四氯化碳化学剂单独处理	28.2
15 - 99	超声波与四氯化碳复合处理	56.8

由表 10.18 至表 10.20 可知,超声波解除石蜡沉积效果随岩心渗透率的增大而降低,化学解堵及超声波—化学复合解堵效果随岩心渗透率的增大而增加,这与超声波解堵聚合物堵塞实验结果相符。还可知,超声波单独处理与化学剂单独处理效果相当,但从施工成本、储层保护等角度考虑,超声波处理有化学解堵无法比拟的优势。而超声波与化学剂复合处理效果优于二者单独处理效果,30mD,80mD 和 150mD 段岩心复合处理效果分别是化学解堵效果的 1.78 倍、2.12 倍和 2.01 倍。

10.1.3.3　超声波解除无机垢堵塞室内模拟实验

10.1.3.3.1　实验设备

天平、岩心抽空加压饱和装置、波场采油动态模拟系统、纯水机等。

10.1.3.3.2　实验药品

NaCl、$CaCl_2$、$MgCl_2 \cdot 6H_2O$、Na_2CO_3、盐酸等。

10.1.3.3.3　实验步骤

(1)按 NaCl：$CaCl_2$：$MgCl_2 \cdot 6H_2O$ = 7：0.6：0.4 配置标准盐水，气测渗透率30mD段的岩心使用的盐水矿化度为20000mg/L，气测渗透率80mD和150mD段的岩心使用的盐水矿化度10000mg/L。

(2)配置质量分数为20%的碳酸钠溶液，按等量的水中碳酸钠与氯化钙物质的量之比为1：1计算，配置氯化钙溶液中氯化钙质量分数约为21%。

(3)岩心称干重后在抽空加压饱和装置中饱和盐水8h。

(4)将配置好的标准盐水、碳酸钠和氯化钙溶液分别装入高压中间容器中，随后将饱和好的岩心放入岩心夹持器，使用数据采集和微机测控系统测试仪表、阀门、平流泵和天平等的完好性，利用环压自动跟踪系统加环压，然后开泵水驱，气测渗透率30mD段的岩心平流泵流速为1.5mL/min，气测渗透率80mD和150mD段的岩心平流泵流速为2mL/min。待岩心中液体流动状态稳定后，测岩心的初始液测渗透率K_0。

(5)之后，通过液流转向装置改变岩心夹持器中的液体流向，首先使碳酸钠溶液以低于临界流速的流量通过岩心，注入量为2倍的岩心孔隙体积，打开夹持器进口端的管道阀门，用盐水清洗管道后，再注入2PV的氯化钙溶液，停驱替泵，关闭岩心夹持器出口、入口阀门，使岩心与工作液接触2h。

(6)再次改变岩心夹持器中的液体流向后，开泵水驱，平流泵流速同上文，待岩心中液体流动状态稳定后，读取此时岩心的渗透率，即为岩心被碳酸钠与氯化钙反应后的无机垢产物堵塞后的岩心渗透率K_d。

(7)当渗透率K_d不再变化后，水驱的同时，开始用1号超声波换能器处理，超声波处理采用间歇方式，每处理10min间歇5min，超声波累计处理时间设为60min，之后停止处理，待岩心中流体流动状态再次稳定后，读取此时岩心渗透率值，即为超声波作用后岩心液测渗透率K_t。

(8)取得上述数据后，停泵，实验结束。

(9)重复步骤(3)—(6)，换2号超声波换能器处理岩心，直至1~6号换能器全部进行完实验。以岩心渗透率恢复率$(K_t-K_d)/K_0$为超声波解堵效果的衡量指标，进行实验数据的对比、分析，优选出解除无机垢堵塞效果最佳的超声波换能器。

(10)另取三块饱和好的岩心，重复步骤(3)—(6)，使用优选出的换能器分别累计处理不同时间，优选出超声波最佳处理时间。

(11)重复步骤(3)—(6)，待测得岩心渗透率K_d不再变化后，改变岩心夹持器中的液流方向，注入2PV浓度为10%的盐酸溶液，解除无机垢堵塞。换向后再次水驱，直至岩心中液体流动状态稳定，此时测得的即为化学剂解堵后的岩心液测渗透率。

(12)重复步骤(3)—(6)，用优选出的超声波换能器与化学解堵剂复合使用解除无机垢堵塞。化学剂用量、注入方式同上文，确保超声波处理是在正向水驱时进行，累计处理时间为优选出的最佳超声波处理时间。待岩心中液体流动状态稳定后，测得的渗透率即为超声波—化学复合解堵后的岩心液测渗透率。

(13)以岩心渗透率的恢复率为指标，实验结果的处理与分析。

10.1.3.3.4 超声波解除岩心无机垢堵塞实验结果

从气测渗透率30mD，80mD和150mD段的岩心中各取6块，按上述实验步骤，做超声波解除岩心无机垢堵塞换能器优选实验，超声波累计处理时间均为60min，实验结果见表10.21至表10.23。

表10.21 超声波解除30mD段岩心无机垢堵塞实验结果

岩心编号	换能器编号	K_0(mD)	K_d(mD)	K_t(mD)	$(K_t-K_d)/K_0$(%)
3-14	1	20.77	11.91	18.37	31.1
3-33	2	21.10	9.98	17.17	34.1
3-34	3	20.03	11.49	18.15	33.3
3-30	4	19.84	10.83	12.78	9.8
3-32	5	21.60	10.74	12.61	8.6
3-29	6	21.03	10.15	12.31	10.2

表10.22 超声波解除80mD段岩心无机垢堵塞实验结果

岩心编号	换能器编号	K_0(mD)	K_d(mD)	K_t(mD)	$(K_t-K_d)/K_0$(%)
8-143	1	62.37	36.28	56.07	31.7
8-26	2	56.93	32.38	53.02	36.3
8-106	3	61.82	32.52	52.57	32.4
8-144	4	66.71	35.49	41.95	9.7
8-146	5	59.20	35.22	39.75	7.6
8-10	6	64.42	34.44	41.48	10.9

表10.23 超声波解除150mD段岩心无机垢堵塞实验结果

岩心编号	换能器编号	K_0(mD)	K_d(mD)	K_t(mD)	$(K_t-K_d)/K_0$(%)
15-80	1	108.16	60.76	94.88	31.5
15-37	2	111.81	55.30	97.04	35.7
15-74	3	111.76	62.94	101.41	34.4
15-129	4	122.13	58.29	71.24	10.6
15-89	5	125.69	64.31	76.81	9.9
15-11	6	123.33	59.72	75.64	12.9

由表10.21至表10.23可知，超声波解除30mD，80mD和150mD段岩心无机垢堵塞效果最好的均为2号换能器，岩心渗透率恢复率$(K_t-K_d)/K_0$的最大值分别为34.1%，36.3%和35.7%，且超声波解除无机垢堵塞效果明显优于超声波解除岩心聚合物堵塞、石蜡沉积效果$(K_t-K_d)/K_0$高出10%～20%，即使是功率较低的4～6号换能器，$(K_t-K_d)/K_0$也达到7.6%～12.9%。随着岩心渗透率的增加，超声波的解堵效果有上升的趋势，这可能与堵塞类型、堵塞物质性质有关，此现象仍需进一步证实，我们将在接下来的章节中探讨。

接下来，优选超声波最佳累计处理时间。从30mD、80mD、150mD段岩心中每段各取3块岩心，用上一步优选出的2号换能器做实验。气测渗透率30mD、80mD、150mD段岩心每段的3块岩心超声波累计处理时间均为80min、100min、120min，之后超声波停止作用，测岩心渗透率，实验结果见表10.24至表10.26。

表10.24　30mD段岩心超声波累计处理时间优选实验结果

岩心编号	累计处理时间(min)	K_0(mD)	K_d(mD)	K_t(mD)	$(K_t-K_d)/K_0$(%)
3－33	60	21.10	9.98	17.17	34.1
3－28	80	18.89	10.89	17.45	34.7
3－27	100	19.94	10.48	17.64	35.9
3－26	120	22.34	11.64	19.49	35.2

表10.25　80mD段岩心超声波累计处理时间优选实验结果

岩心编号	累计处理时间(min)	K_0(mD)	K_d(mD)	K_t(mD)	$(K_t-K_d)/K_0$(%)
8－26	60	56.93	32.38	53.02	36.3
8－38	80	60.70	36.03	58.79	37.5
8－39	100	63.28	32.56	56.32	37.6
8－42	120	61.45	34.09	55.92	35.5

表10.26　150mD段岩心超声波累计处理时间优选实验结果

岩心编号	累计处理时间 min)	K_0(mD)	K_d(mD)	K_t(mD)	$(K_t-K_d)/K_0$(%)
15－74	60	111.76	62.94	101.41	34.4
15－54	80	117.34	63.28	106.27	36.6
15－2	100	121.43	65.60	111.90	38.1
15－93	120	127.35	62.23	109.52	37.1

由表10.24至表10.26可知，在超声波处理初始阶段，岩心渗透率恢复率急剧增加；处理时间60min后，解堵效果趋于稳定；处理时间100min时，超声波解除气测渗透率

30mD,80mD 和 150mD 段岩心无机垢堵塞岩心渗透率恢复率达到最大值,分别为 35.9,37.6 和 38.1,超声波解堵效果显著,效果随岩心渗透率的增加而增加,证实了上一步实验结果。随着处理时间的延长,岩心渗透率的恢复率反而有所降低,降幅为0.7%～2.1%。

由上述实验结果可知,气测渗透率 30mD,80mD 和 150mD 段岩心,超声波解除岩心无机垢堵塞最佳条件均为 2 号换能器累计处理 100min。

从 30mD,80mD 和 150mD 段每段岩心中各另取 2 块岩心,做化学剂单独解堵及超声波—化学复合解堵实验,步骤不再赘述。

现将每段岩心超声波、化学剂、超声波—化学剂复合三者解堵效果相比较,结果见表 10.27至表 10.29。

表 10.27　30mD 段岩心超声波、化学剂及复合解堵效果比较

岩心编号	解堵方式	$(K_t - K_d)/K_0$
3-27	2 号换能器累计处理 100min	35.9
3-25	盐酸溶液单独处理	38.3
3-24	超声波与盐酸溶液复合处理	49.6

表 10.28　80mD 段岩心超声波、化学剂及复合解堵效果比较

岩心编号	解堵方式	$(K_t - K_d)/K_0$
8-39	2 号换能器累计处理 100min	37.6
8-43	盐酸溶液单独处理	44.5
8-44	超声波与盐酸溶液复合处理	61.5

表 10.29　150mD 段岩心超声波、化学剂及复合解堵效果比较

岩心编号	解堵方式	$(K_t - K_d)/K_0$
15-2	2 号换能器累计处理 100min	38.1
15-76	盐酸溶液单独处理	47.5
15-20	超声波与盐酸溶液复合处理	60.0

由表 10.27 至表 10.29 可知,超声波解除岩心无机垢堵塞效果稍差于化学解堵效果,这是由于在盐酸溶液的作用下,无机垢堵塞物质将被溶解,随液体排出岩心,而超声波解堵解堵后的堵塞微粒依然存在,在孔喉及流速较低处仍可能造成二次堵塞。而超声波与化学剂复合处理后 K_t/K_0 分别达到 1.09,1.13 和 1.03,明显优于超声波、化学剂单独处理效果,这与超声波、化学剂之间协同作用有关。

10.1.3.4 超声波解除钻井液堵塞室内模拟实验

10.1.3.4.1 实验设备

天平、岩心抽空加压饱和装置、波场采油动态模拟系统、纯水机等。

10.1.3.4.2 实验药品

NaCl、$CaCl_2$、$MgCl_2 \cdot 6H_2O$、盐酸、氢氟酸、胜利油田钻井院高浓度钻井液 SLZJY－1、SLZJY－2、SLZJY－3 等。

10.1.3.4.3 实验步骤[29]

(1)按 $NaCl : CaCl_2 : MgCl_2 \cdot 6H_2O = 7 : 0.6 : 0.4$ 配置标准盐水，气测渗透率 30mD 段的岩心使用的盐水矿化度为 20000mg/L，气测渗透率 80mD 和 150mD 段的岩心使用的盐水矿化度 10000mg/L。

(2)用标准盐水按钻井液质量分数 10% 将高浓度钻井液稀释。

(3)岩心称干重后在抽空加压饱和装置中饱和盐水 8h。

(4)将配置好的标准盐水、稀释后的钻井液分别装入高压中间容器中，随后将饱和好的岩心放入夹持器中，使用数据采集和微机测控系统测试仪表、阀门、平流泵和天平等的完好性，利用环压自动跟踪系统加环压，然后开泵水驱，气测渗透率 30mD 段的岩心平流泵流速为 1.5mL/min，气测渗透率 80mD 和 150mD 段的岩心平流泵流速为 2mL/min。待岩心中液体流动状态稳定后，测此时岩心的初始液测渗透率 K_0。

(5)之后，通过转向装置改变岩心夹持器中的液体流向，使稀释后的钻井液以低于临界流速的流量通过岩心，注入量为 2PV，停驱替泵，关闭岩心夹持器出口、入口阀门，使岩心与钻井液接触 2h。

(6)再次改变岩心夹持器中的液体流向后，开泵进行水驱，平流泵流速同上，待岩心中液体流动状态稳定后，测钻井液堵塞后的岩心液测渗透率 K_d。

(7)当岩心渗透率 K_d 不再变化后，水驱的同时，开始用 1 号超声波换能器处理，超声波处理采用间歇方式，每处理 10min 间歇 5min，超声波累计处理时间设为 60min，之后停止处理，待岩心中流体流动状态再次稳定后，读取此时岩心渗透率值，即为超声波作用后岩心液测渗透率 K_t。

(8)取得上述数据后，停泵，实验结束。

(9)重复步骤(3)—(6)，换 2 号超声波换能器处理岩心，直至 1～6 号换能器全部进行完实验。以岩心渗透率恢复率 $(K_t - K_d)/K_0$ 为超声波解堵效果的衡量指标，进行实验数据的对比、分析，优选出解除钻井液堵塞效果最佳的超声波换能器。

(10)另取三块饱和好的岩心，重复步骤(3)—(6)，使用优选出的换能器分别累计处理不同时间，优选出超声波最佳处理时间。

(11)重复步骤(3)—(6)，待测得岩心渗透率 K_d 不再变化后，改变岩心夹持器中的液流方向,注入2PV 盐酸质量分数为10%、氢氟酸质量分数为5%的土酸溶液,解除钻井液堵塞[1]。换向后再次水驱,直至岩心中液体流动状态稳定,测化学剂解堵后的岩心液测渗透率。

(12)重复步骤(3)—(6),用优选出的超声波换能器与化学解堵剂复合使用解除钻井液堵塞。化学剂用量、注入方式同上文,确保超声波处理是在正向水驱时进行,累计处理时间为优选出的最佳超声波处理时间。待岩心中液体流动状态稳定后,测得的渗透率即为超声波—化学复合解堵后的岩心液测渗透率。

(13)以岩心渗透率的恢复率为指标,实验结果的处理与分析。

10.1.3.4.4 超声波解除岩心钻井液堵塞实验结果

从气测渗透率30mD,80mD和150mD段的岩心中各取6块,按上述实验步骤,做超声波解除岩心钻井液堵塞换能器优选实验,超声波累计处理时间均为60min,实验结果见表10.30至表10.32。

表10.30 超声波解除30mD段岩心钻井液堵塞实验结果

岩心编号	换能器编号	K_0(mD)	K_d(mD)	K_t(mD)	$(K_t-K_d)/K_0$(%)
3-89	1	22.08	10.73	15.69	22.5
3-88	2	21.43	9.88	15.53	26.4
3-87	3	20.28	10.91	15.71	23.7
3-99	4	20.31	9.91	11.67	8.7
3-4	5	22.93	9.59	11.13	6.7
3-79	6	20.09	10.69	12.62	9.6

表10.31 超声波解除80mD段岩心钻井液堵塞实验结果

岩心编号	换能器编号	K_0(mD)	K_d(mD)	K_t(mD)	$(K_t-K_d)/K_0$(%)
8-62	1	61.69	26.97	39.76	20.7
8-14	2	61.07	27.87	41.81	22.8
8-130	3	61.30	27.08	41.72	23.9
8-137	4	65.68	28.15	33.03	7.4
8-138	5	58.21	27.93	30.90	5.1
8-139	6	60.77	29.57	35.23	9.3

表 10.32　超声波解除 150mD 段岩心钻井液堵塞实验结果

岩心编号	换能器编号	K_0(mD)	K_d(mD)	K_t(mD)	$(K_t-K_d)/K_0$(%)
15-78	1	126.72	58.59	80.13	17.0
15-34	2	117.66	50.26	73.96	20.1
15-70	3	115.50	52.80	73.92	18.3
15-42	4	99.43	52.23	58.09	5.9
15-48	5	114.67	52.51	59.14	5.8
15-82	6	135.88	57.43	70.52	9.6

由表 10.30 至表 10.32 可知，超声波解除 30mD，80mD 和 150mD 段岩心钻井液堵塞效果效果最好的分别是 2 号、3 号和 2 号换能器，岩心渗透率恢复率$(K_t-K_d)/K_0$的最大值分别为 26.4%，22.8% 和 20.1%，故超声波解堵效果是随着岩心渗透率的增加而降低的，与超声波解除聚合物堵塞、石蜡沉积实验结果相同，与超声波解除无机垢堵塞实验结果相反。同样，4～6 号换能器解堵效果相对较差。

接下来，优选超声波最佳累计处理时间。从 30mD，80mD 和 150mD 段岩心中每段各取 3 块岩心，分别用上一步优选出的 2 号、3 号和 2 号换能器做实验。气测渗透率 30mD，80mD 和 150mD 段岩心每段的 3 块岩心超声波累计处理时间分别为：80min，100min 和 140min；80min，100min 和 120min；80min，100min 和 140min。之后超声波停止作用，测岩心渗透率，实验结果见表 10.33 至表 10.35。

表 10.33　30mD 段岩心超声波累计处理时间优选实验结果

岩心编号	累计处理时间(min)	K_0(mD)	K_d(mD)	K_t(mD)	$(K_t-K_d)/K_0$(%)
3-88	60	21.43	9.88	15.53	26.4
3-91	80	21.08	9.70	15.59	28.0
3-92	100	21.94	9.54	15.82	28.6
3-94	140	19.74	9.39	14.39	25.3

表 10.34　30mD 段岩心超声波累计处理时间优选实验结果

岩心编号	累计处理时间(min)	K_0(mD)	K_d(mD)	K_t(mD)	$(K_t-K_d)/K_0$(%)
8-130	60	61.30	27.08	41.72	23.9
8-140	80	64.46	27.86	43.65	24.5
8-141	100	69.83	29.98	47.97	25.8
8-121	120	56.80	27.97	41.74	24.2

表 10.35　30mD 段岩心超声波累计处理时间优选实验结果

岩心编号	累计处理时间(min)	K_0(mD)	K_d(mD)	K_t(mD)	$(K_t-K_d)/K_0$(%)
15-34	60	117.66	50.26	73.96	20.1
15-41	80	114.29	50.42	74.54	21.1
15-125	120	108.70	50.17	73.49	21.5
15-9	140	129.72	55.78	82.03	20.2

为了进一步研究超声波解堵效果随时间的变化规律，特延长了超声波累计作用时间至140min。由表10.33至表10.35可知，超声波解除30mD，80mD和150mD段岩心钻井液堵塞最佳处理时间分别为100min，100min和120min，$(K_t-K_d)/K_0$ 分别达到28.6%，25.8%和21.5%，随岩心渗透率的增加解堵效果降低，与上一步实验结果相符。随着时间延长，超声波解堵效果稍有降低，降幅为1.3%～3.3%，故从处理效果、经济的角度考虑，超声波处理时间均不是越长越好。

由上述实验结果可知，气测渗透率30mD，80mD和150mD段岩心，超声波解除岩心钻井液堵塞最佳条件均为2号换能器累计处理100min，3号换能器累计处理100min，2号换能器累计处理120min。

从30mD，80mD和150mD段每段岩心中各另取2块岩心，做化学剂单独解堵及超声波—化学复合解堵实验，步骤不再赘述。

现将每段岩心超声波、化学剂、超声波—化学剂复合三者解堵效果相比较，结果见表10.36至表10.38。

表 10.36　30mD 段岩心超声波、化学剂及复合解堵效果比较

岩心编号	解堵方式	$(K_t-K_d)/K_0$
3-92	2号换能器累计处理100min	28.6
3-93	土酸溶液单独处理	27.2
3-97	超声波与土酸溶液复合处理	48.9

表 10.37　80mD 段岩心超声波、化学剂及复合解堵效果比较

岩心编号	解堵方式	$(K_t-K_d)/K_0$
8-130	3号换能器累计处理100min	25.8
8-142	土酸溶液单独处理	24.8
8-109	超声波与土酸溶液复合处理	50.7

表 10.38　150mD 段岩心超声波、化学剂及复合解堵效果比较

岩心编号	解堵方式	$(K_t - K_d)/K_0$
15－34	2 号换能器累计处理 120min	21.5
15－127	土酸溶液单独处理	26.3
15－52	超声波与土酸溶液复合处理	53.1

土酸溶液中 HCl 质量分数为 10%，HF 质量分数为 5%，土酸溶液解除黏土膨胀、固体颗粒堵塞等效果明显，但钻井液中含有大量的无机、有机高分子添加剂，使得土酸解堵效果与超声波处理效果相当，而超声波与土酸复合处理效果较为显著。

10.1.3.5　超声波解除水敏堵塞室内模拟实验

10.1.3.5.1　实验设备

天平、岩心抽空加压饱和装置、波场采油动态模拟系统、纯水机等。

10.1.3.5.2　实验药品

NaCl、$CaCl_2$、$MgCl_2 \cdot 6H_2O$、蒸馏水、土酸。

10.1.3.5.3　实验步骤

(1)按 NaCl ∶ $CaCl_2$ ∶ $MgCl_2 \cdot 6H_2O$ = 7 ∶ 0.6 ∶ 0.4 配置标准盐水，气测渗透率 30mD 段的岩心使用的盐水矿化度为 20000mg/L，气测渗透率 80mD 和 150mD 段的岩心使用的盐水矿化度 10000mg/L。

(2)岩心称干重后在抽空加压饱和装置中饱和盐水 8h。

(3)将配置好的标准盐水、蒸馏水分别装入高压中间容器中，随后将饱和好的岩心放入岩心夹持器中，测试仪表、阀门、平流泵和天平等的完好性，利用环压自动跟踪系统加环压，然后开泵水驱，气测渗透率 30mD 段的岩心平流泵流速为 1.5mL/min，气测渗透率 80mD 和 150mD 段的岩心平流泵流速为 2mL/min。由待岩心中液体流动状态稳定后，测岩心的初始液测渗透率 K_0。

(4)之后，通过转向装置改变岩心夹持器中的液体流向，使蒸馏水以低于临界流速的流量通过岩心，注入量为 10 倍的岩心孔隙体积，停驱替泵，关闭岩心夹持器出口、入口阀门，使岩心与蒸馏水接触 8h。

(5)再次改变岩心夹持器中的液体流向后，按标准开泵进行水驱，平流泵流速同上，待岩心中液体流动状态稳定后，读取此时岩心的渗透率，即为岩心水敏后的渗透率 K_d。

(6)当岩心渗透率 K_d 不再变化后，水驱的同时，开始用 1 号超声波换能器处理，超声波处理采用间歇方式，每处理 10min 间歇 5min，超声波累计处理时间设为 60min，之后停止处理，待岩心中流体流动状态再次稳定后，读取此时岩心渗透率值，即为超声波作用后岩心液测渗透率 K_t。

（7）取得上述数据后，停泵，实验结束。

（8）重复步骤（3）—（6），换2号超声波换能器处理岩心，直至1~6号换能器全部进行完实验。以岩心渗透率恢复率$(K_t - K_d)/K_0$为超声波解堵效果的衡量指标，进行实验数据的对比、分析，优选出解除岩心水敏效果最佳的超声波换能器。

（9）另取三块饱和好的岩心，重复步骤（3）—（6），使用优选出的换能器分别累计处理不同时间，优选出超声波最佳处理时间。

（10）重复步骤（3）—（6），待测得岩心渗透率K_d不再变化后，改变岩心夹持器中的液流方向，注入2PV盐酸质量分数为10%、氢氟酸质量分数为5%的土酸溶液，解除岩心水敏。换向后再次水驱，直至岩心中液体流动状态稳定，测得化学剂解堵后的岩心液测渗透率。

（11）重复步骤（3）—（6），用优选出的超声波换能器与化学解堵剂复合使用解除岩心水敏。化学剂用量、注入方式同上，确保超声波处理是在正向水驱时进行，累计处理时间为优选出的最佳超声波处理时间。待岩心中液体流动状态稳定后，测得的渗透率即为超声波—化学复合解堵后的岩心液测渗透率。

（12）以岩心渗透率的恢复率为指标，实验结果的处理与分析。

10.1.3.5.4　超声波解除岩心水敏实验结果

从气测渗透率30mD，80mD和150mD段的岩心中各取6块，按上述实验步骤，做超声波解除岩心水敏换能器优选实验，超声波累计处理时间均为60min，实验结果见表10.39至表10.41。

表10.39　超声波解除30mD段岩心水敏实验结果

岩心编号	换能器编号	K_0(mD)	K_d(mD)	K_t(mD)	$(K_t - K_d)/K_0$(%)
3-35	1	18.82	14.66	17.90	17.2
3-96	2	21.50	13.83	18.01	19.5
3-95	3	20.18	14.74	18.45	18.4
3-100	4	18.99	15.57	16.31	3.9
3-37	5	20.05	13.35	14.14	4.0
3-13	6	21.78	16.80	18.80	9.2

表10.40　超声波解除30mD段岩心水敏实验结果

岩心编号	换能器编号	K_0(mD)	K_d(mD)	K_t(mD)	$(K_t - K_d)/K_0$(%)
8-45	1	65.02	45.09	57.06	18.4
8-46	2	64.08	47.39	61.29	21.7
8-47	3	59.34	42.91	54.69	19.8

续表

岩心编号	换能器编号	K_0(mD)	K_d(mD)	K_t(mD)	$(K_t-K_d)/K_0$(%)
8-49	4	68.95	45.04	48.56	5.1
8-51	5	57.57	48.14	51.24	5.4
8-74	6	63.20	42.80	48.53	9.1

表10.41　超声波解除30mD段岩心水敏实验结果

岩心编号	换能器编号	K_0(mD)	K_d(mD)	K_t(mD)	$(K_t-K_d)/K_0$(%)
15-17	1	119.11	84.82	109.77	20.9
15-86	2	123.80	88.43	116.07	22.3
15-95	3	113.38	77.74	100.78	20.3
15-62	4	120.67	85.40	91.00	4.6
15-47	5	112.65	81.63	88.00	5.7
15-91	6	127.98	85.99	100.06	11.0

与前几种岩心堵塞相比，岩心水敏后的堵塞程度$(K_t-K_d)/K_0$相对较低，为17%～33%，水敏的成因主要是蒸馏水的注入造成岩样中的黏土膨胀，微粒运移。由表10.39至表10.41可知，超声波解除气测渗透率30mD，80mD和150mD段岩心水敏效果最好的均为2号换能器，岩心渗透率恢复率$(K_t-K_d)/K_0$分别为19.5%，21.7%和22.3%，超声波解堵后渗透率K_t与初始液测渗透率K_0之比K_t/K_0为69%～99%。与超声波解除无机垢堵塞结果相似，随岩心渗透率的增加超声波解堵效果也增加，这证实了超声波解除固体微粒堵塞效果与岩心渗透率的关系。

接下来，优选超声波最佳累计处理时间。从30mD，80mD和150mD段岩心中每段各取3块岩心，分别用上一步优选出的2号换能器做实验。气测渗透率30mD，80mD和150mD段岩心每段的3块岩心超声波累计处理时间分别为：80min，100min和120min；80min，100min和140min；80min，100min和120min。之后超声波停止作用，测岩心渗透率，实验结果见表10.42至表10.44。

表10.42　30mD段岩心超声波累计处理时间优选实验结果

岩心编号	累计处理时间(min)	K_0(mD)	K_d(mD)	K_t(mD)	$(K_t-K_d)/K_0$(%)
3-96	60	21.50	13.83	18.01	19.5
3-38	80	23.13	16.99	22.62	24.3
3-39	100	20.70	15.68	20.91	25.3
3-98	120	19.84	15.17	20.13	25.0

表 10.43　80mD 段岩心超声波累计处理时间优选实验结果

岩心编号	累计处理时(min)	K_0(mD)	K_d(mD)	K_t(mD)	$(K_t - K_d)/K_0$(%)
8-46	60	64.08	47.39	61.29	21.7
8-72	80	61.30	47.03	60.62	22.2
8-70	100	56.93	41.28	55.18	24.4
8-68	140	64.46	46.68	60.84	22.0

表 10.44　150mD 段岩心超声波累计处理时间优选实验结果

岩心编号	累计处理时间(min)	K_0(mD)	K_d(mD)	K_t(mD)	$(K_t - K_d)/K_0$(%)
15-86	60	123.80	88.43	116.07	22.3
15-45	80	122.15	85.13	113.51	23.2
15-19	100	124.41	90.30	120.39	24.2
15-87	120	113.70	78.47	104.13	22.6

由表10.42至表10.44可知，超声波解除30mD，80mD和150mD段岩心水敏最佳处理时间分别均为100min，岩心渗透率恢复率$(K_t - K_d)/K_0$分别为25.3%，24.4%和24.2%。

由上述实验结果可知，气测渗透率30mD，80mD和150mD段岩心，超声波解除岩心钻井液堵塞最佳条件均为2号换能器累计处理100min。

从30mD，80mD和150mD段每段岩心中各另取2块岩心，做化学剂单独解堵及超声波—化学复合解堵实验，步骤不再赘述。

现将每段岩心超声波、化学剂、超声波—化学剂复合三者解堵效果相比较，结果见表10.45至表10.47。

表 10.45　30mD 段岩心超声波、化学剂及复合解堵效果比较

岩心编号	解堵方式	$(K_t - K_d)/K_0$
3-39	2号换能器累计处理100min	25.3
3-42	土酸溶液单独处理	26.1
3-43	超声波与土酸溶液复合处理	44.2

表 10.46　80mD 段岩心超声波、化学剂及复合解堵效果比较

岩心编号	解堵方式	$(K_t - K_d)/K_0$
8-70	2号换能器累计处理100min	24.4
8-66	土酸溶液单独处理	34.2
8-64	超声波与土酸溶液复合处理	45.8

表 10.47　150mD 段岩心超声波、化学剂及复合解堵效果比较

岩心编号	解堵方式	$(K_t - K_d)/K_0$
15 - 19	2 号换能器累计处理 100min	24.2
15 - 63	土酸溶液单独处理	33.8
15 - 18	超声波与土酸溶液复合处理	43.1

由表 10.45 至表 10.47 可知，超声波单独处理稍差于化学单独处理效果，而超声波—土酸复合处理效果与二者单独处理效果相比提高 10% ~20%，复合处理后 K_t/K_0 分别达到 1.13，1.12 和 1.1，效果显著。

10.2　超声波解堵主控因素及其影响规律

10.2.1　伤害类型对超声波解堵效果的影响规律

分别将超声波解除气测渗透率 30mD，80mD 和 150mD 段岩心各种堵塞类型的换能器优选实验结果，以换能器编号为横坐标、岩心渗透率的恢复率$(K_t - K_d)/K_0$ 为纵坐标作图，如图 10.6 至图 10.8 所示。

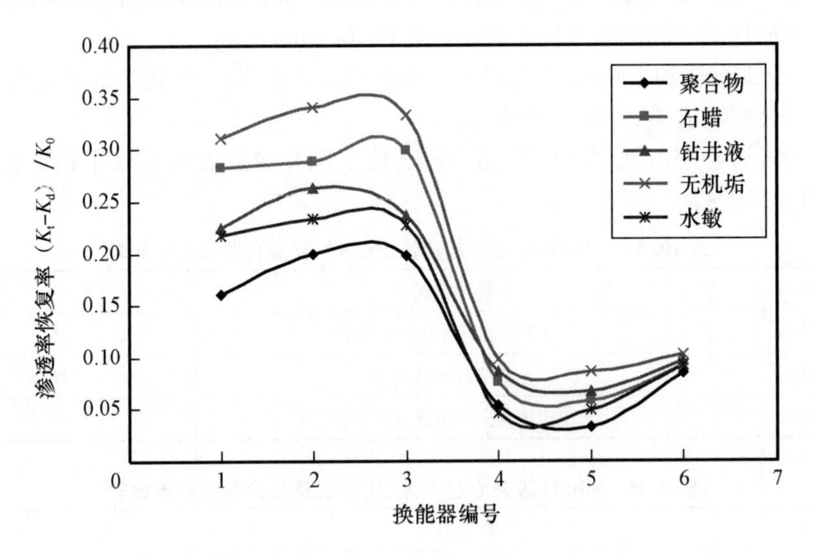

图 10.6　超声波解除气测渗透率 30mD 段岩心堵塞实验结果

由图 10.6 至图 10.8 可知，在超声波累计处理时间均为 60min 的情况下，1 ~3 号换能器解除无机垢堵塞效果最好，接下来依次为石蜡沉积、钻井液堵塞、岩心水敏、聚合物堵塞，且超声波解除上述 5 种堵塞效果差别较大，解堵效果排序相对稳定；同条件下，

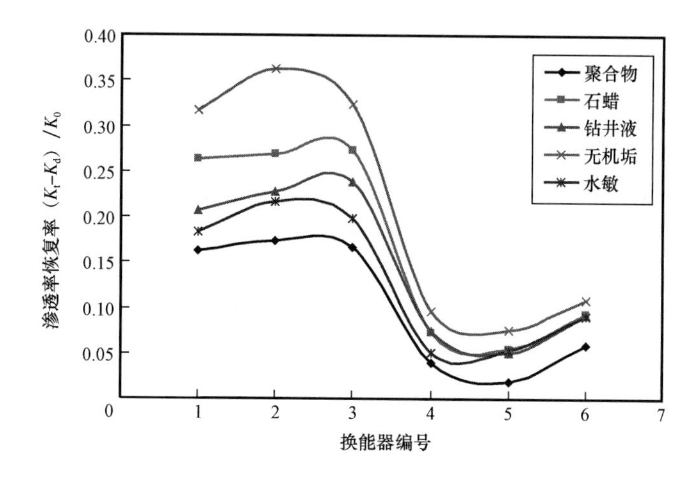

图 10.7 超声波解除气测渗透率 80mD 段岩心堵塞实验结果

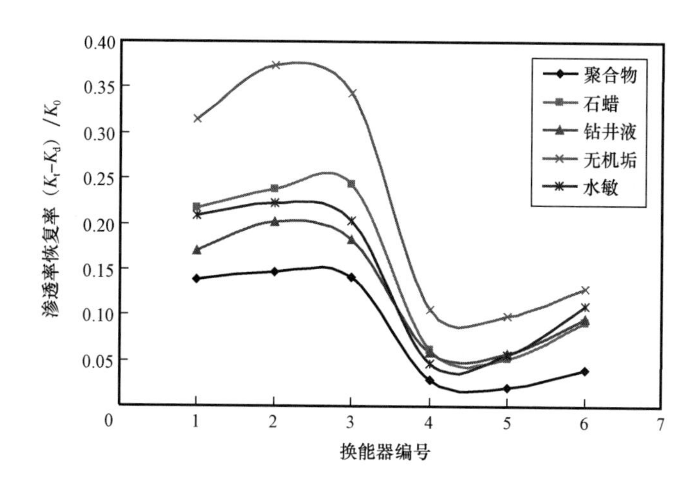

图 10.8 超声波解除气测渗透率 150mD 段岩心堵塞实验结果

4 ~6 号换能器的实验结果较为复杂，尤其是无机垢堵塞、石蜡沉积和钻井液堵塞解堵效果排序不确定，且解堵效果差别很小。上述现象的主要原因是 4 ~6 号换能器与 1 ~3 号换能器功率相差较大，1 ~3 号换能器输出功率均为 1000W，远大于 4 ~6 号换能器的输出功率。大功率超声波作用下，超声波机械作用、空化作用、热作用等更强烈，超声波能够成为解堵的主导力量，反映了超声波解堵的实际情况；而小功率超声波作用下，不确定因素对解堵效果影响大，只在一定程度上反映了超声波解堵的规律。

超声波解堵效果的好坏与堵塞机理及堵塞物质本身的性质有关。实验中无机垢堵塞主要是碳酸钠与氯化钙反应生成的碳酸钙沉淀，在孔道中形成固体微粒桥型堵塞、黏附堵塞、大颗粒堵塞等，这种结构在超声波的强烈振动下容易遭到破坏，改变固体微粒的受力状态,造成微粒从孔壁的剥落,随流体流出,从而增大岩心孔隙体积、提高岩心渗透率。超声波的机械振动作用对解除无机垢堵塞起主要作用[169-173]。

超声波解除石蜡沉积效果较好,主要是石蜡沉积受温度影响较大。在超声波作用过程中,由于能量耗散、边界摩擦、空化作用等将会产生大量热量,提高岩心温度,降低岩心中流体黏度,对解除石蜡沉积等效果较好。1~3 号换能器较 4~6 号换能器功率大,故产生的热量也多。从而 1~3 号超声波换能器解除石蜡沉积效果很好,仅次于无机垢解堵效果。在 4~6 号换能器处理下,受功率影响超声波产生的热量有限,导致处理效果下降。由图 10.6 和图 10.8 可知,4~6 换能器解除石蜡沉积效果较同条件下解除钻井液堵塞效果差。

岩心水敏是岩心与蒸馏水接触过程中,本身的黏土成分膨胀、分散、运移,堵塞岩心孔道,造成岩心渗透率下降。故岩心水敏造成的伤害程度相对较低,30mD,80mD 和 150mD 段岩心水敏的伤害程度$(K_t - K_d)/K_0$ 分别为 18% ~35%,16% ~35% 和 27% ~32%。虽然从岩心渗透率恢复率$(K_t - K_d)/K_0$ 的角度衡量超声波解除岩心水敏效果一般,但超声波处理后岩心渗透率 K_t 与初始岩心渗透率 K_0 之比,30mD,80mD 和 150mD 段岩心分别达到了 84% ~101%,88% ~99% 和 89% ~97%。超声波解除岩心水敏主要依靠其机械振动作用、空化作用等产生的力,将固体微粒与孔壁剥离,在声流作用下,剥落的固体颗粒随着液流朝着换能器方向流动,起到疏通孔喉的作用,提高岩心渗透率。

由图 10.6 至图 10.8 可知,超声波解除聚合物堵塞效果较差。实验用聚合物 HPAM 分子量大,溶液黏度高,注入后在岩心孔隙中会发生吸附、滞留,造成岩心孔道严重堵塞,降低岩心渗透率。超声波解除聚合物堵塞机理主要是空化作用、热作用等。空化作用在气核崩溃时会产生激波,在气核崩溃时瞬时产生的几千摄氏度高温和几千甚至几万大气压的高压会引起一系列的特殊反应,促进高分子聚合物的解聚,起到解堵作用;热作用能提高岩样温度,降低流体黏度,提高岩心渗透率。实验中超声波解除聚合物堵塞效果相对较差,这与超声波解堵机理、能力和聚合物性质有关。建议建立超声波能量、声强等与聚合物流变性、黏度、分子量等的关系,深入研究超声波解除聚合物堵塞机理。

实验中使用的钻井液是现场施工中用到的钻井液,处理黏土成分外,还含有大量为调节钻井液性能而添加的无机钻井液处理剂和有机高分子钻井液处理剂。由图 10.6 至图 10.8 可知,1~3 换能器解除钻井液堵塞效果介于石蜡沉积和岩心水敏之间,而同条件下 4~6 号换能器解堵效果相对较好,认为这与钻井液堵塞的特殊性有关:钻井液造成的岩心堵塞是固体微粒堵塞与类似于聚合物堵塞的复杂堵塞类型。由上述分析可知,超声波解除固体颗粒堵塞效果较好,而解除高分子物质堵塞效果较差。鉴于钻井液组分的复杂性,超声波解堵施工前应针对现场使用的钻井液做具体的室内模拟研究。

10.2.2 岩心渗透率对超声波解堵效果的影响规律

为了研究初始岩心渗透率对超声波解堵效果的影响,将超声波解除 30mD,80mD 和

150mD 段岩心每一种堵塞类型的实验结果,以岩心气测渗透率大小为横坐标,岩心渗透率恢复率为纵坐标作图,如图 10.9 至图 10.13 所示。

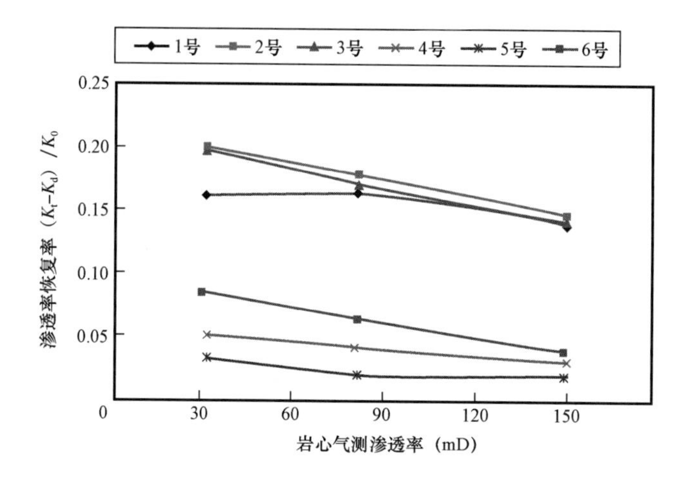

图 10.9　超声波解除聚合物堵塞实验结果

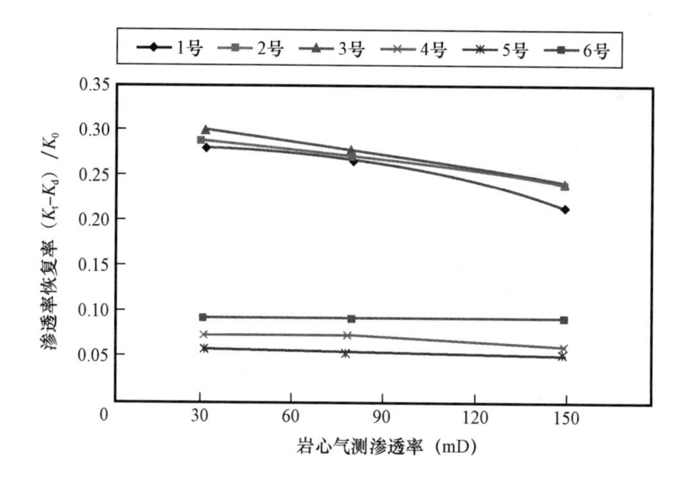

图 10.10　超声波解除石蜡沉积实验结果

由图 10.9 至图 10.13 可知,超声波解除 5 种类型岩心堵塞的效果与岩心初始渗透率有关:超声波解除聚合物堵塞、石蜡沉积、钻井液堵塞效果随岩心初始渗透率的增大而降低;超声波解除岩心无机垢堵塞、岩心水敏效果随岩心初始渗透率的增大而增加。这与堵塞机理及堵塞物质物性有关。无机垢堵塞、岩心水敏为固体微粒堵塞,若岩心初始渗透率增大,则与渗透率有直接关系的岩心孔道也增大,微粒与孔壁、微粒与微粒间的黏附力减小,使得微粒的受力状态容易改变,微粒更易脱落,且岩心孔道越大,在微粒随液体排出的过程中也不易形成二次堵塞。

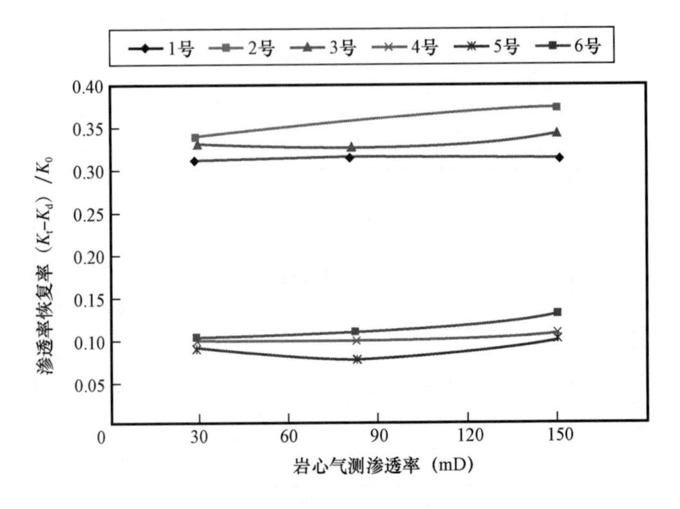

图 10.11　超声波解除无机垢堵塞实验结果

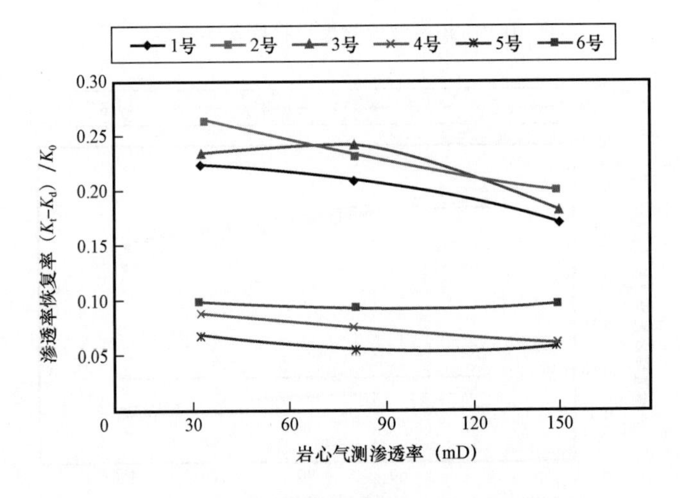

图 10.12　超声波解除钻井液堵塞实验结果

上述结论为超声波现场施工选井、选层提供了一条依据。但岩心渗透率恢复率变化的快慢、幅度并不相同。另外需要明确一点，岩心渗透率的恢复率$(K_t - K_d)/K_0$是一个比值，故气测渗透率较大的岩心，在超声波作用下渗透率的增加值不一定小。

10.2.3　超声波累计处理时间对解堵效果的影响规律

为了进一步研究超声波累计处理时间对解堵效果的影响，将超声波解除 30mD，80mD 和 150mD 段岩心堵塞实验结果，以超声波累计处理时间为横坐标，岩心渗透率恢复率为纵坐标，分别作图如图 10.14 至图 10.16 所示。

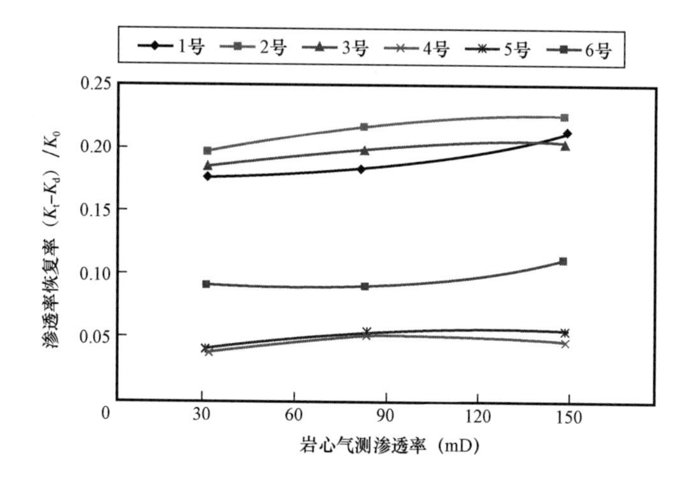

图 10.13　超声波解除岩心水敏实验结果

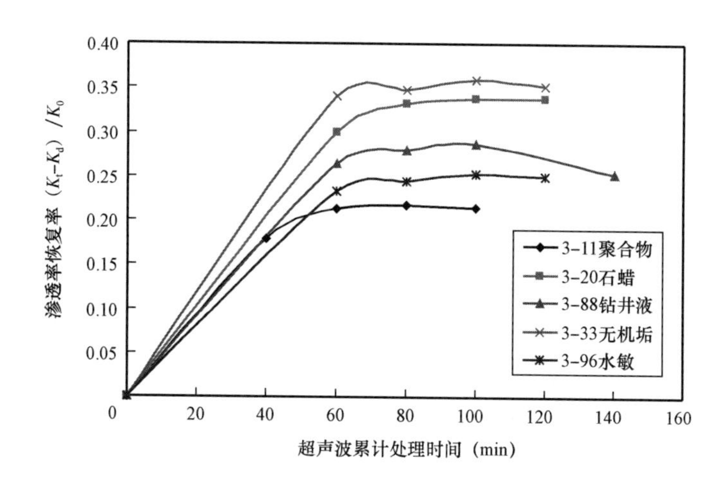

图 10.14　气测渗透率 30mD 段岩心超声波累计处理时间与渗透率恢复率关系曲线

为了便于对比和分析，图 10.14 至图 10.16 中的各条曲线从 0 点开始，此时超声波尚未开始作用，岩心渗透率的恢复率为 0。

由图 10.14 至图 10.16 可知，在超声波处理的初始阶段 0 ~ 40min，岩心渗透率恢复率显著提高。由 3 条聚合物解堵曲线可知，累计处理时间 40min 岩心渗透率恢复率与累计处理 60min 时相比仍有 1.9% ~4% 的上升空间；当累计处理时间达到 60min 后，岩心渗透率恢复率开始趋于稳定，但尚未达到最大值；在超声波累计处理 80 ~ 120min 时间内，各条曲线岩心渗透率恢复率都将取得最大值，即超声波解堵效果达到最好；当累计处理时间达到 140min 后，由图 10.14 和图 10.15 中钻井液解堵曲线以及图 10.16 中水敏解堵曲线可知，岩心渗透率恢复率与所在曲线最大渗透率恢复率相比反而降低了

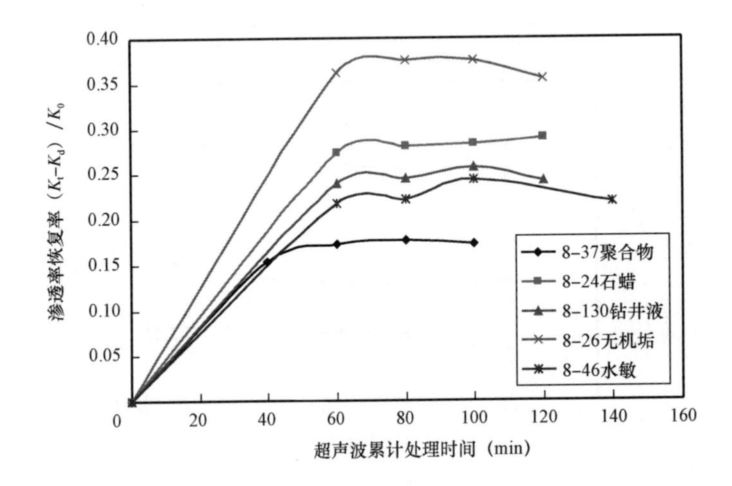

图 10.15　气测渗透率 80mD 段岩心超声波累计处理时间与渗透率恢复率关系曲线

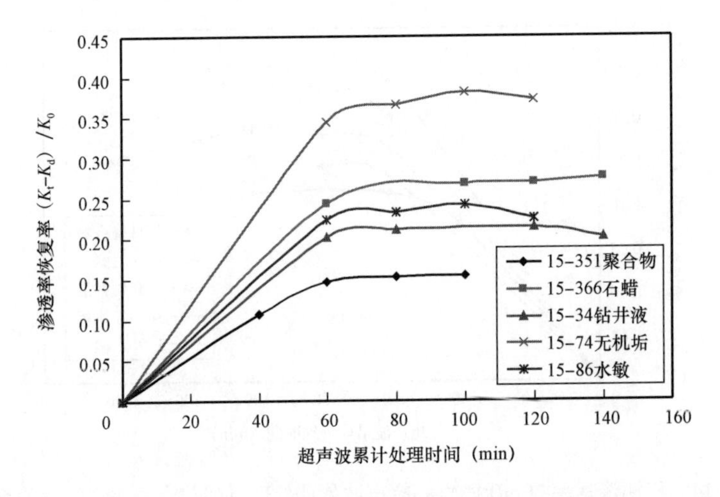

图 10.16　气测渗透率 150mD 段岩心超声波累计处理时间与渗透率恢复率关系曲线

1.2%～3.3%。这可能是随着时间的延长，换能器至岩心的液柱中将产生强烈的空化现象，造成超声波能量的大量耗散，使得实际作用在岩心上的能量减少，再者空化现象产生的激波及气泡破灭时产生的高压相当于给驱替装置加了回压，造成岩心中液体流出受阻。本文认为，超声波累计处理时间的优选受空化现象的影响较大。空化现象能够消除气阻，扩大孔隙半径、提高油层温度，解聚的作用，降低流体黏度，提高地层渗透率。然而长时间、高强度的空化现象带来的负面效应不能忽视，如造成超声波能量耗散、出口端持续高压等（这一结论尚需理论与大量实验结果的证实）。为此需进一步研究超声波空化机理，并从超声波设备上加以改进，尽量缩短换能器与地层间的液柱段塞，使超声波空化现象发生在地层内部,变不利因素为有利因素。

由图 10.14 至图 10.16 还可知,累计处理时间越长,超声波解除石蜡沉积效果越好。这与石蜡物性有关,当超声波产生的热量使岩心温度高于石蜡雾点温度时,石蜡将恢复流动性,处理时间越长,岩心得到的热量越多,岩心温度越高,使得超声波解除石蜡沉积岩心渗透率恢复率没有出现降低的现象。

10.2.4　超声波频率对解堵效果的影响规律

在超声波累计处理时间均为 60min 的情况下,分别将超声波解除气测渗透率 30mD,80mD 和 150mD 段岩心各种堵塞类型的换能器优选实验结果,以换能器频率为横坐标,岩心渗透率的恢复率$(K_t - K_d)/K_0$ 为纵坐标,作图如下:

1 ~ 3 号超声波换能器频率分别为 18kHz,22kHz 和 25kHz,功率均为 1000W。由图 10.17至图 10.19 可知,超声波解除 5 种岩心堵塞效果最好时,频率均为 22 ~ 25kHz,且4 ~ 6号换能器处理效果较 1 ~ 3 号换能器急剧降低。分析其原因 1 号超声波换能器频率 18kHz,严格来讲属于声波范畴,实验过程中会发出刺耳的声音,这必定要耗散掉一部分声能,使得岩心实际得到的能量减少,影响其解堵效果。而 4 ~ 6 号换能器由于功率较小,作用到岩心上的超声波能量较少,导致其解堵效果较 1 ~ 3 号换能器差。在上述 15 条曲线中有 10 条曲线显示 2 号换能器解堵效果优于 3 号换能器,这主要是由于随着超声波频率的增加超声波能量在液柱、岩心中的衰减增大。再者也受换能器结构的影响,2 号换能器岩极距小于 3 号换能器岩极距,这样 2 号换能器金属塞与岩心间的液柱变短,超声波在液柱中的能量衰减减少,岩心得到的超声波能量增加。注意到 3 号换能器解堵效果最好的 5 条曲线中,有 3 条超声波解除石蜡沉积曲线。这是由于石蜡沉积受温度影响较大,而 3 号换能器耗散掉的能量大部分转换成了热能的缘故。从能量角度考虑,不管是作用到岩心上的能量还是耗散掉的能量对超声波解堵都是有益的,但我们更希望超声波能量在地层中传递更远,超声波作用有效面积增大,这样控制超声波能量的耗散就显得尤为重要。

再来分析 4 ~ 6 号换能器解除效果,4 号和 5 号换能器功率均为 60W,频率分别为 30kHz 和 40kHz,由图 10.17 至图 10.19 可知,5 号换能器解堵效果与 4 号相比稍差,这主要是由于二者功率相同,5 号换能器频率较大、超声波能量衰减也大。受 6 号换能器功率增大的影响,超声波频率 50kHz 时超声解堵效果又有所提升。

10.2.5　超声波功率对解堵效果的影响规律

由图 10.6 至图 10.8 可知,1 ~ 3 号换能器解堵效果远好于 4 ~ 6 号换能器解堵效果,分析其原因,一是超声波频率越高能量衰减越大,二是解堵效果受换能器功率的影响。1 ~ 3号换能器功率均为 1000W,3 号和 4 号换能器功率只有 60W,6 号换能器功率 200W。

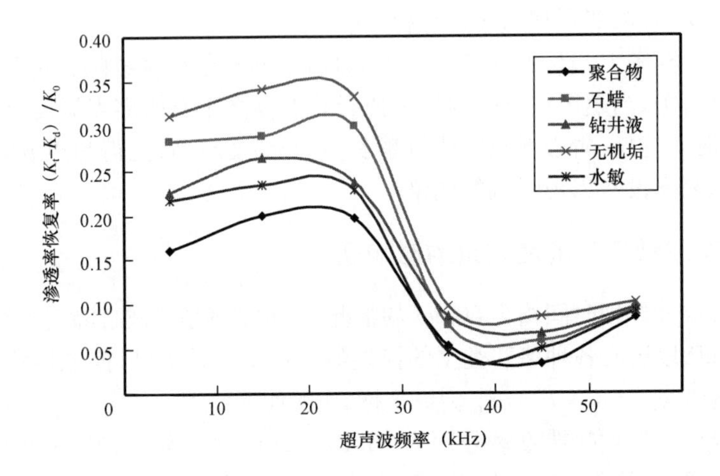

图 10.17 气测渗透率 30mD 段岩心超声波频率与渗透率恢复率关系曲线

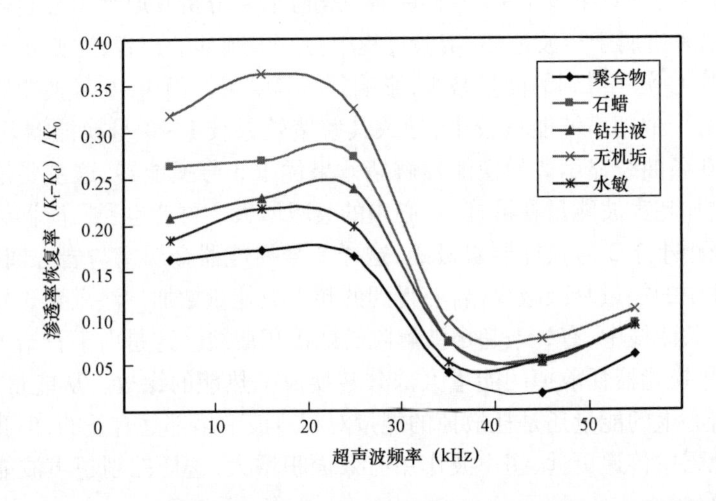

图 10.18 气测渗透率 80mD 段岩心超声波频率与渗透率恢复率关系曲线

1～3 号换能器功率相同,解堵效果的差异源自频率、岩极距等。分析 4～6 号换能器解堵效果,6 号换能器频率为 50kHz,是频率最高的换能器,但其解堵效果却比 4 号和 5 号换能器好,这仍与换能器功率有关,6 号换能器功率是 4 号和 5 号功率的 3 倍多。由此可以推断超声波解堵效果除受频率的影响外,功率是另一个至关重要的因素。这一观点在相关的文献中得到证实,同样一些超声波现场施工资料也显示,随着换能器功率的增大,超声波解堵效果明显提高。但超声波换能器功率是否越高越好？这仍需进一步的研究。另外,超声波换能器功率的提高受到超声材料、换能器体积、金属塞形状等的限制,盲目提高换能器功率将极大缩短换能器使用寿命,甚至在特定换能器体积、金属塞形状的要求下根本就

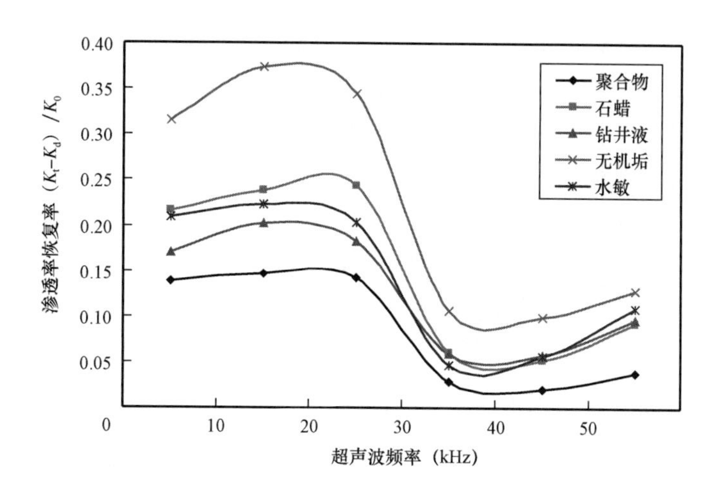

图 10.19　气测渗透率 150mD 段岩心超声波频率与渗透率恢复率关系曲线

无法实现。实验中使用的 1 ~3 号换能器已是该厂家此类换能器所能达到的最大功率。

由此认为,在超声材料与超声技术所能实现的最大超声波功率范围内,超声波输出功率越大其解堵效果越好。

10.2.6　超声波、化学剂及复合解堵效果的对比

将气测渗透率 30mD,80mD 和 150mD 段岩心,每一种堵塞类型超声波最佳解堵效果、化学剂解堵效果及超声波—化学剂复合解堵效果相对比,以岩心气测渗透率为横坐标、岩心渗透率的恢复率为纵坐标作图,分析如下。

聚合物对岩心的伤害主要是通过其吸附和滞留,在运动过程中可能出现分子链的相互缠绕,包容黏土颗粒运移等情况。因此,聚合物在岩心中的吸附将不再是均一的单分子层吸附,这种吸附使岩心渗透孔道变窄,甚至堵塞孔道,显著降低地层渗透率[2]。实验中使用的解堵剂是二氧化氯,它是一种强氧化剂,二氧化氯能使聚合物降解,降低其黏度,提高聚合物流变性而易于排出,可以避免聚合物再吸附;超声波解除聚合物堵塞主要依靠其边界摩擦、空化作用、热作用等提高岩心温度,降解聚合物、降低其黏度,提高岩心渗透率。由图 10.20 可知,超声波解除聚合物堵塞效果随岩心渗透率增大呈降低趋势,化学解堵效果随岩心渗透率变化趋势与此相反,这是由于渗透率提高,化学剂与堵塞物质接触面积增大,化学反应充分,解堵效果更显著。

石蜡—癸烷混合物在较高的温度注入岩心,随后降温,当温度达到始凝析点温度时,石蜡开始在岩心孔隙中沉积,堵塞岩心孔道,造成岩心渗透率的降低。实验中使用的化学解堵剂是四氯化碳,四氯化碳可溶液沉积的石蜡。由图 10.21 可知,在 30mD 和 80mD 段超声波解堵效果优于四氯化碳解堵效果,150mD 段时四氯化碳解堵效果稍好。超声

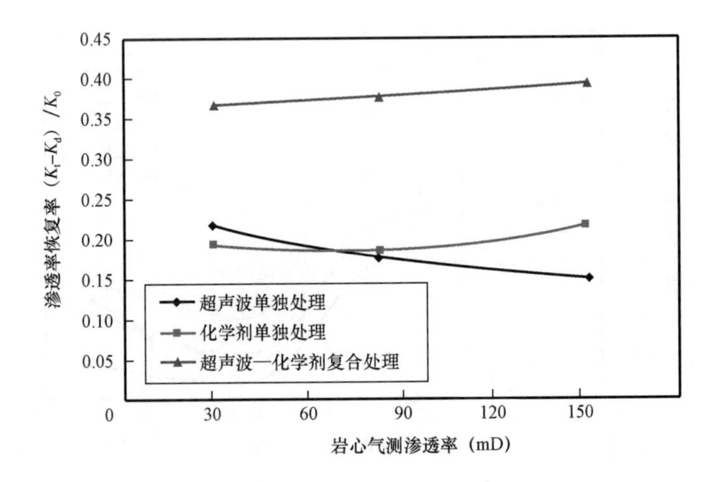

图 10.20 超声波、化学剂及超声波—化学剂复合解除聚合物堵塞实验曲线

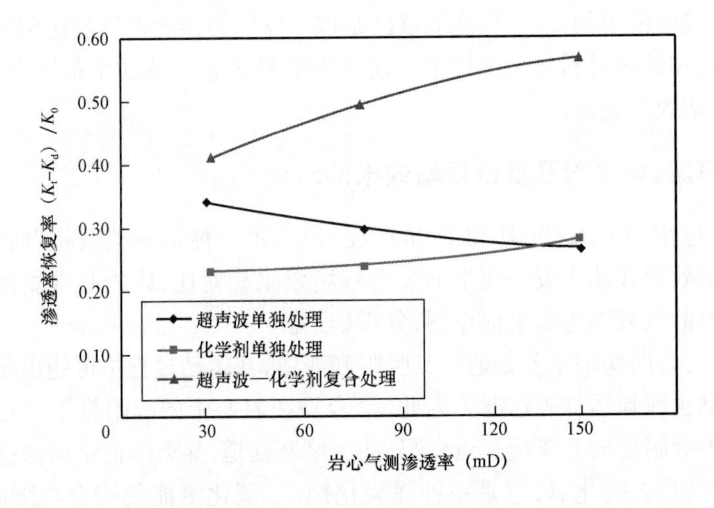

图 10.21 超声波、化学剂及超声波—化学剂复合解除石蜡沉积实验曲线

波解除石蜡沉积主要依靠其热作用，提高岩心温度，恢复石蜡流动能力。

由图 10.22 和图 10.23 可知，土酸溶液解除岩心水敏、盐酸溶液解除无机垢堵塞效果好于超声波单独解堵效果，解堵剂中的盐酸成分可以解除岩心孔隙中的堵塞碳酸盐类物质，并维持酸液在较低的 pH 值，氢氟酸成分可以溶解岩心中的泥质和部分石英颗粒，从而达到清除岩心中的黏土膨胀，恢复地层渗透率的目的；而超声波解除岩心水敏和无机垢堵塞主要依靠其机械振动作用、空化作用和声流作用，使孔壁黏附的黏土、无机垢颗粒剥落，随液体排出，提高岩心渗透率，但堵塞颗粒仍然存在，在其运移的过程中，在孔喉处或流速较低的孔道中再次造成堵塞。

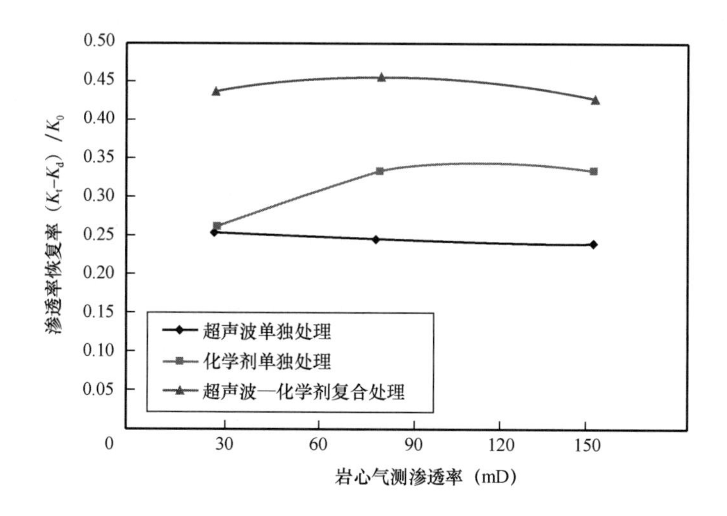

图 10.22　超声波、化学剂及超声波—化学剂复合解除岩心水敏实验曲线

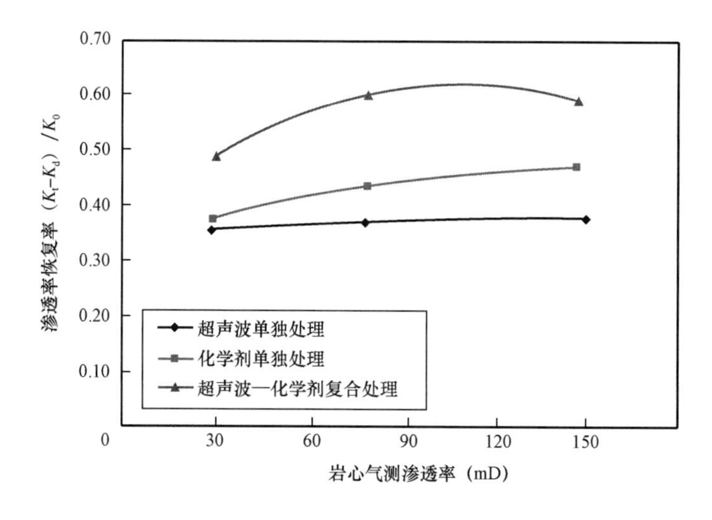

图 10.23　超声波、化学剂及超声波—化学剂复合解除无机垢堵塞实验曲线

从上述实验结果可知，与化学解堵效果相比，超声波解除石蜡沉积效果较好，解除岩心水敏、无机垢堵塞效果较差，解除聚合物与钻井液堵塞效果相当。这与二者解堵机理有关。超声波解堵是物理法解除地层堵塞，改变流体性质，没有外来流体的侵入，也就不存在与地层流体、岩石配伍性的问题；而化学剂解堵则是通过注入储层的化学剂与堵塞物质、流体、岩石等发生化学反应起到解堵效果，外来流体的侵入，不可避免地会造成储层的二次伤害。故超声波解堵有化学解堵无法比拟的优点，超声波近井解堵具有安全可靠，设备少，施工方便，工艺简单，成本低，见效快，效率高，对油水井、油层无伤害等优点。

从储层保护和油田可持续开发考虑,超声波解堵较化学解堵占有明显优势。

由图10.20至图10.24可知,超声波与化学剂复合处理效果明显优于二者单独处理效果,复合处理与二者单独处理相比,岩心渗透率的恢复率提高约10%～30%。超声波与化学复合解堵机理除了兼有波动采油与化学驱的采油机理外,二者还能产生协同效应:超声波作用能增强化学剂的活性,使化学驱,尤其是表面活性剂驱变为动态的化学过程,促进化学剂反应速度,延长化学作用距离,提高表面活性剂处理效果,同时降低化学剂用量;由于化学剂作用,堵塞颗粒受到化学剂侵蚀后,受力状态改变,降低了储层流体、堵塞颗粒、岩石间的表面张力,使得波场解堵、疏通孔道等效果也更加显著,再者波动作用能抑制近井带堵塞物的形成,从而保持化学处理效果,延长化学处理有效期。

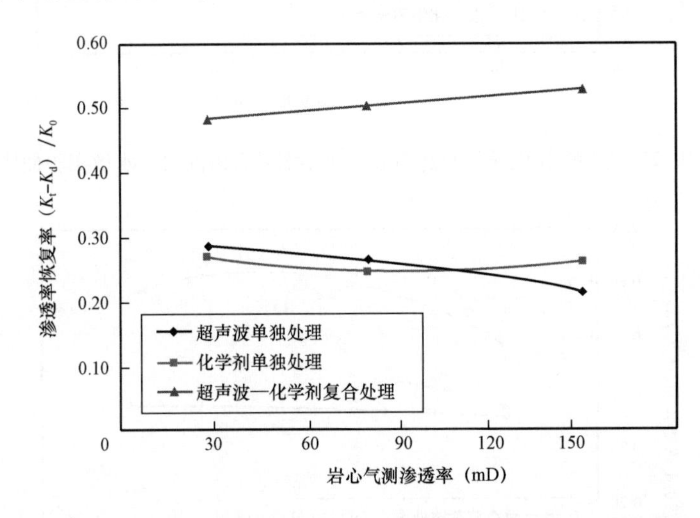

图10.24　超声波、化学剂及超声波—化学剂复合解除钻井液堵塞实验曲线

超声波—化学剂复合解除上述5种堵塞类型效果如图10.25所示。

由图10.25可知,超声波—化学剂复合解堵岩心渗透率恢复率为35%～60%。结合实验数据可知,超声波解除聚合物堵塞、石蜡沉积、岩心水敏、无机垢堵塞、钻井液堵塞后,K_t/K_0 分别达到53%～59%,75%～92%,110%～113%,103%～113%和97%～102%,超声波—化学剂复合解除岩心水敏、无机垢堵塞、石蜡沉积、钻井液堵塞效果较好,解除聚合物堵塞效果相对较差,总体仍优于超声波、化学剂单独解堵效果。故超声波—化学解堵联作不失为一种有效的近井带解堵技术。

10.3　超声波近井处理选井选层标准与原则

为保证超声波近井处理的成功率,必须正确选择适合于超声波处理的油(水)井及

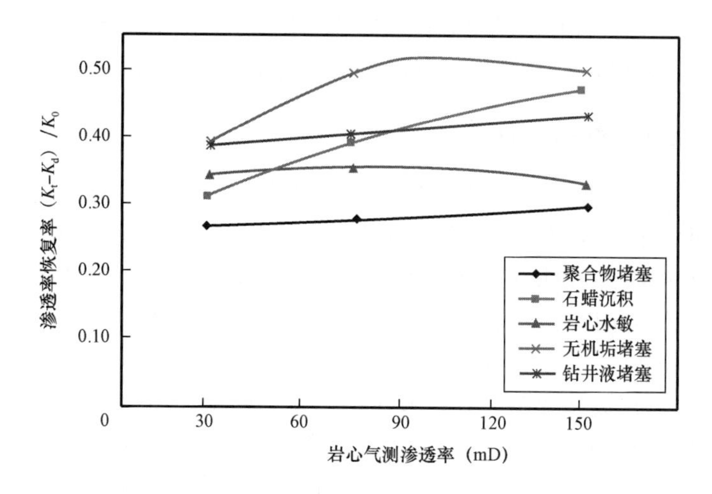

图10.25　不同岩心堵塞类型，超声波—化学复合解堵效果对比

层位，其筛选的标准不是绝对的，而且是随着作业数据的积累、理论与实验研究的结果不断加以修正完善的。本节在调研相关资料的基础上，通过上述理论研究与实验结果，结合课题合作单位的现场施工资料，得出了量化的超声波近井处理选井、选层标准与原则。

10.3.1　宏观原则与标准

10.3.1.1　选井

（1）生产过程中因结垢、结蜡等伤害或由于增产措施，如酸化、压裂、化学清蜡、化学防砂等造成伤害的油水井。

（2）距水线较近或因固井质量差、易窜槽等原因不能实施压裂增产措施的井，或其他不能实施水力压裂的井段。

（3）多层合采需选层处理，分层难度大，其他措施无法一次性处理的油水井。

（4）套管变形或套管外漏无法进行常规措施的井。

（5）采用常规工艺开采的低产、沥青质含量较高的稠油井。

（6）常规增产措施无法实施的黏土油藏、低渗透油藏、致密岩层油藏等。

10.3.1.2　选层

（1）所选油层是生产过程中的堵塞层，这些地层在开采初期有一定的产能，但随开采时间延长，产量下降较快。

（2）在注水井中一般处理没有吸水能力或吸水能力下降的油层。

（3）对水、酸有敏感性的油层。

（4）近井带存在无机垢堵塞、石蜡沉积、水敏、钻井液堵塞的地层；若近井带储层聚合物堵塞较严重，则不推荐超声波单独处理。

(5)受无机垢堵塞、岩心水敏等固体微粒伤害的储层,储层初始渗透率越大越好;受聚合物堵塞、钻井液堵塞、石蜡沉积等有机垢伤害的储层,储层初始渗透率越小越好。

10.3.2 超声波施工参数的优选

通过上述原则与标准可确定使用超声波近井处理的油水井与目的层,然后利用矿场动态资料判断近井带是否存在地层伤害及其堵塞程度;通过室内评价方法确定近井带地层堵塞的主要伤害类型,在明确近井带主要伤害类型后,需确定超声波施工参数。

施工参数的确定是以理论与实验研究结果为依据。由10.2节分析可知,超声波功率对解堵效果影响较大,对于聚合物堵塞、石蜡沉积、钻井液堵塞、无机垢堵塞、岩心水敏等5种伤害类型,超声波功率越大处理效果均越好。但受超声波技术与材料的限制,需兼顾超声波功率与设备制造成本、设备使用寿命等间的契合点;由Biot理论可知,超声波频率越高其在饱和流体多孔介质中衰减越快,超声波作用距离减小,岩心得到的实际能量减少,使得解堵效果降低,由超声波室内解堵实验结果可知,超声波解除上述5种堵塞类型,推荐超声波频率22~25kHz;超声波累计处理时间是影响其解堵效果的又一重要因素,由超声波解堵实验结果可知,在超声波处理初始阶段,岩心渗透率的恢复率迅速提高,在超声波累计处理时间超过60min后,处理效果趋于平稳,从缩短施工时间,节省成本的角度考虑,80~140min处理时间较为合适,针对石蜡沉积、聚合物堵塞等受热作用影响大的堵塞类型,可适当延长作用时间。

综合上述分析,推荐超声波施工参数见表10.48。

表10.48 超声波施工参数的确定

堵塞类型	换能器功率	超声波频率(kHz)	累计处理时间(min)	备注
无机垢堵塞	越大越好	22~25	80~120	解堵机理以机械振动为主
石蜡沉积	越大越好	22~25	100~140	解堵机理以热作用为主,故适当延长处理时间
钻井液堵塞	越大越好	22~25	80~120	
岩心水敏	越大越好	22~25	80~120	解堵机理以机械振动为主
聚合物堵塞	越大越好	22~25	100~140	不建议超声波单独处理

上述超声波参数的确定受岩心、堵塞物物性、堵塞机理及超声波解堵机理等的影响,不同的堵塞类型,超声波解堵的主要机理并不相同,深入研究超声波解堵机理对其超声波施工参数的进一步细化至关重要。

在实验研究基础上,超声波—化学复合解堵技术在国内各大油田获得了广泛的工业化应用,详细情况可以参见本丛书卷三《复杂油藏波场强化开采理论与技术》的相关章节以及相关学术论文报道。

第11章　低产油井间歇抽油技术

人工举升是油田开发的关键环节之一，科学的人工举升工艺可提高油井的生产时率，降低电能消耗，为油井产能正常发挥提供条件，开展提高机采效率方法研究，实现管、杆、泵的优化配置，优化举升工艺制度，有效地降低了能耗，大幅度节约了采油成本，对提高油田整体开发效益具有十分重要的意义。长期以来，国内外对此问题高度重视，进行了广泛的研究与实践，机采系统效率逐年稳步提高。但是，在低渗透油藏的注水开发过程中，处于油藏砂体边部的油井注水见效差，地层供液不足，单井产液量低，采用常规连续抽油制度采油泵效低，能耗大，经济效益差，间歇抽油是一种非常有效的生产措施。目前，一些油田所进行的间歇抽油制度，主要采取实地测量，有油就抽，没油就停，这样不仅浪费大量的人力物力，而且还会不可避免地出现"抽空现象"。利用基于地层供液动力学理论的计算机软件系统，可以根据每一口井的实际情况，优选出是否适合连续抽油或间歇抽油，设计最佳的抽油制度，从而使油井达到高效和低能耗的目的，将油井低产低效的影响减小到最低程度，是在目前最为行之有效的方法。本章以某低渗透油藏为例，系统阐述了低产井间歇抽油的理论基础、优化方法和应用实例。

11.1　间歇抽油理论基础

11.1.1　间歇抽油工作过程及作用

对于实施间开的油井，由于地层能量低、渗透率低、产量低，间开前井口表现为间歇出液，间开后，在一个间开周期内动液面的变化很大。关井之后，地层继续向井筒供液，油井的动液面开始上升，泵的沉没度增大。至油井开始抽油时刻，动液面上升到最大高度，此时的沉没度最大，泵的充满程度最高，泵效最高。随着生产时间的延续，因地层供液能力差，地层供液量小于泵的排液量，导致液面逐渐下降，泵口的吸入压力逐渐降低，泵的充满程度也逐渐降低，如果一直抽下去，就会出现"干抽"现象，导致井口不出液。此时，进入下一个间开周期。因此对间开油井，建议采用以下工作制度：

(1)泵挂应尽可能深，以提供较大的生产压差。

(2)长冲程、慢冲数、小泵径。

(3)合理控制开井时间和关井时间。如果关井时间过短,那么动液面还没有上升到足够的高度,沉没度太小,会使泵效过低,浪费电能、增大机械磨损。如果关井时间过长,因为井底流压的上升而限制了地层的供液能力,导致油井的产液量下降。

比如,AS 油田通过对现场 24 口油井的间开跟踪分析,其平均泵效提高 2.17 倍。通过间开前后的实测示功图对比,间开后的示功图比间开前有了显著改善,说明间开后泵效提高了,深井泵的工作条件得到了改善。在此基础上,对 276 口低产井实施间开,考虑冬天气温条件,每年工作时间为 7 个月,每年可节约耗电 3930780.0kW · h,折算电费为 180 万元。

目前间歇抽油技术的研究和应用结果表明:

(1)对低渗透、低产油井而言,只要合理优化间开制度,间开后的产量不会有大幅度下降。

(2)油井间开并不是一种增产手段,而是低产井提高经济效益行之有效的措施之一。

11.1.2 抽油机井间歇抽油工作液面变化规律

假设条件:

(1)忽略地层、井筒流体流动的加速度对井筒流体体积的影响。

(2)油井流入动态满足 Petrobras 方程。

(3)抽汲时间 t 时井筒中的动液面深度为 h。

(4)抽油前地层与井筒流体处于静止状态,即 $t=0$ 时井筒中的液面为静液面 h_0。

取时间间隔 Δt,地层渗流入井的流体量 Q_1 为:

$$Q_1 = Q_l \Delta t \tag{11.1}$$

式中:Q_1 为 Δt 时间内由地层渗流入井的流体量,m^3;Q_l 为对应于液面深度 h 时地层入井的平均渗流速度,m^3/d;Δt 为时间微元,d。

Q_l 可采用 Petrobras 方程计算。一般地,先根据油层和油井的静动态资料,利用 Petrobras 方程计算油井的 IPR,然后根据动液面深度 h 确定 t 时刻的井底流压,从而确定 t 时刻动液面深度 h 对应的 Q_l。

Δt 时间内,泵抽汲的流体量 Q_2 为:

$$Q_2 = Q_p \Delta t \tag{11.2}$$

式中：Q_2 为 Δt 时间内抽油泵抽汲流体的量，m^3；Q_p 为对应于液面深度 h 时抽油泵的实际产量，m^3/d。

$$Q_p = Q_t \eta_p \tag{11.3}$$

式中：Q_t 为泵的理论排量，m^3/d；η_p 为对应与液面深度 h 时的泵效。

泵效 η_p 的计算：

$$\eta_p = \frac{1}{B_1} \cdot \frac{S_p}{S} \cdot \frac{1 - kR}{1 + R} - \frac{\left(\frac{\pi De^3 g}{12\nu} \cdot \frac{\Delta H}{L} - \frac{1}{2}\pi Dev_p\right) \times 86400}{2Q_t} \tag{11.4}$$

式中：B_1 为泵吸入条件下被抽汲流体的体积系数，m^3/m^3；S_p为柱塞冲程，m；S 为悬点冲程，m；k 为泵的余隙比；R 为泵内气液比，m^3/m^3；D 为泵径，m；e 为柱塞与泵衬套的间隙，m；ν 为流体的运动黏度，m^2/s；ΔH 为柱塞两端的压差，mH_2O；L 为柱塞长度，m；v_p为柱塞运动速度，m/s。

显然，B_1，S_p，R 和 ΔH 等均为泵吸入压力或泵沉没度、下泵深度 h_{pum_1}、抽油杆柱组合等的函数，因此在计算中采用迭代法处理。

根据井筒中的物质平衡原理，Δt 时间内井筒内流体的变化量为：

$$\Delta Q = Q_1 - Q_2 = - A\Delta h \tag{11.5}$$

式中：ΔQ 为井筒内流体的体积变化量，m^3（取井筒内流体体积量增大为正）；Δh 为动液面深度的变化值，m；A 为对应于 Δh 的井筒流体占据空间的当量横截面积，m^2。

11.1.3　抽油时间的确定

根据油井间歇抽油的特点，运用抽油机井生产动态模拟技术，以油井停抽时井筒流体的液面恢复到静液面作为初始条件，研究其在不同工作制度下的油井生产工作状况。计算流程如图 11.1 所示。

11.1.4　液面恢复时间的确定

当抽油机井停抽后，井筒中的液面将在地层续流的作用下从下泵深度处逐渐向上恢复，沉没度将随时间增加而增加，与此同时，由于井筒中液面高度增加，井底压力逐渐增大，油层渗流入井的液体量随时间增加而减少。因此，井筒中液面高度随时间增加变得越来越慢。从油层渗流入井的液体量全部用于恢复井筒中的液面。确定液面恢复规律的计算流程图如图 11.2 所示。

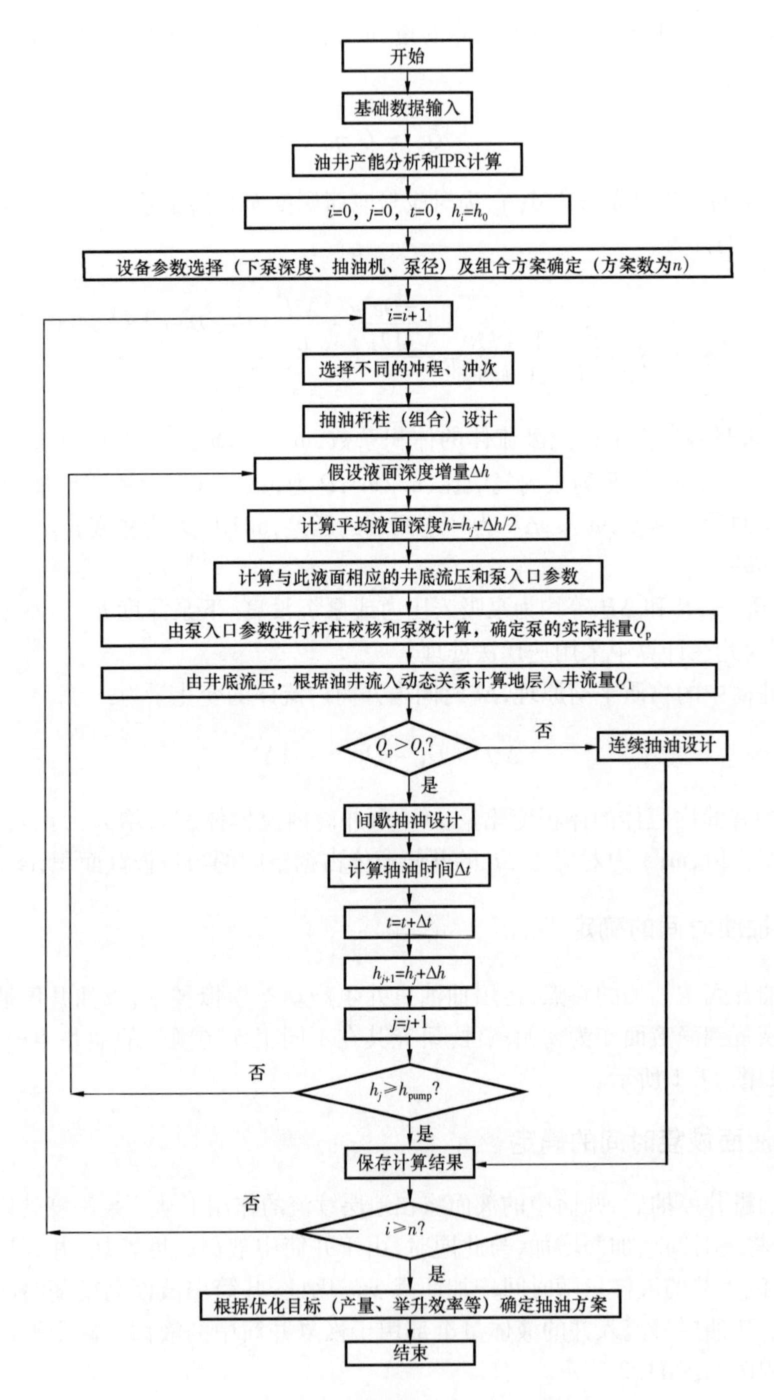

图 11.1　抽油时间及液面变化规律计算流程图

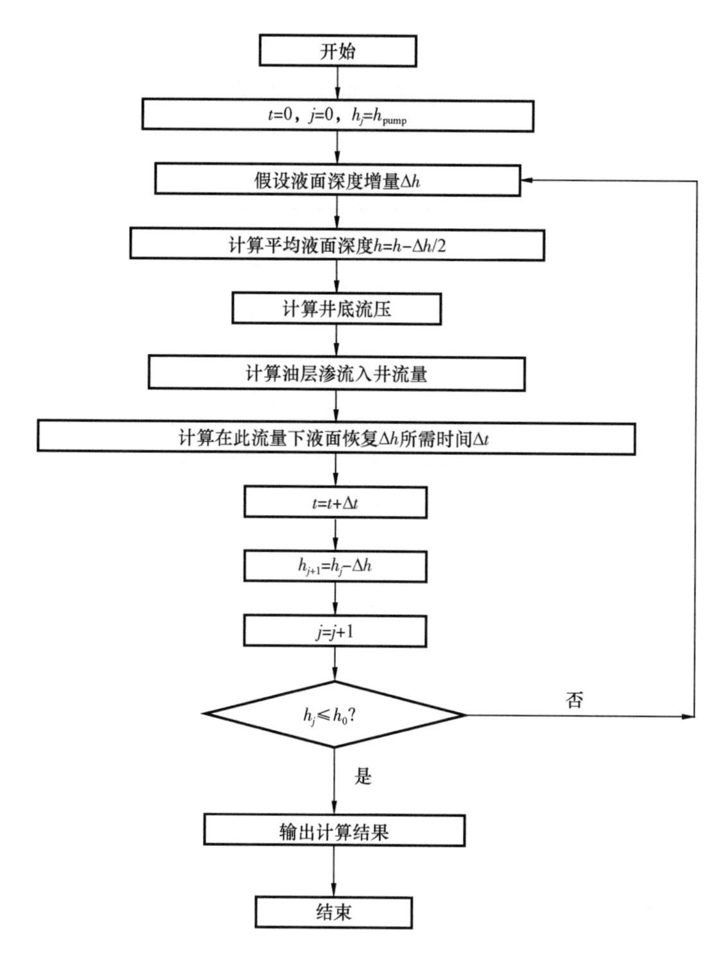

图 11.2　液面恢复规律计算流程图

11.2　间歇抽油实例分析

11.2.1　单井分析

采用软件对我国东部某油田的5口油井进行了原生产数据的工况校核、原杆柱下的参数调整、动杆柱下的连续抽油优化设计和动杆柱下的间歇抽油优化设计，现以HKY-1井为例进行说明。

11.2.1.1 油井基本条件

表11.1是在5月取的HKY-1井的各种基本参数,抽油机系统效率分析与优化设计软件就是在此基础上进行的。

表11.1 HKY-1井数据表

基础数据		生产数据	
参数	数据	参数	数据
油井深度(m)	3100.9	抽油机类型	CYJ110-4.10-73HB
鱼顶深度(m)	3320.7	泵径(mm)	44
原油密度(kg/m³)	881.6	冲程(m)	4.2
油层温度(℃)	133.9	冲次(次/min)	4
饱和压力(MPa)	21.1	下泵深度(m)	1794.9
水密度(kg/m³)	1000	尾管深度(m)	1811.4
套管内径(mm)	124.6	日产液(t)	11.1
套管外径(mm)	139.7	动液面深度(m)	1808
天然气相对密度	1.01	日产油(t)	2.95
油管外径(mm)	89	含水(%)	73.4
油管内径(mm)	76	生产气油比(m³/t)	54
油层压力(MPa)	20.7	套压(MPa)	2.3
		油压(MPa)	0.8
		抽油杆柱组合(直径×长度)(mm×m)	22×1787.2+25×7.7

在下面进行的对HKY-1井的各种参数的优化设计中,所取的参数范围均为表11.2所示。这样根据HKY-1井的已知数据和所提供的设备(机、杆、泵)及设计分析数据范围,共有4×8×11×3=1056个组合方案,而本软件将从中选择出一系列具有技术可行性的方案来。可以根据产量最大、举升效率最大或者其他标准来选择相应的最佳方案。

表11.2 敏感性分析数据范围表

指标	数据范围	指标	数据范围
抽油机型号	CYJ110-4.10-73HB	迭代间距(m)	100
冲程(m)	2.1,2.7,3,4.2	尾管长度(m)	50
冲次(min^{-1})	3,4,5,5.5,6,7,8,9	泵径(mm)	38,44,57
下泵深度(m)	1200~2200(间隔100)	极限沉没度(m)	100

11.2.1.2　油井产能分析

本软件在进行各种分析和优化设计前，必须先进行产能分析。在进行产能分析的时候，可以根据一次测得的参数来分析，如：静压与产量与动液面组合、采液指数与产量与动液面的组合等；也可以用两次测得的资料来分析，如：两次测得的产量与动液面组合等。图11.3是根据静压与产量与动液面组合来分析得到的油井流入动态曲线图。

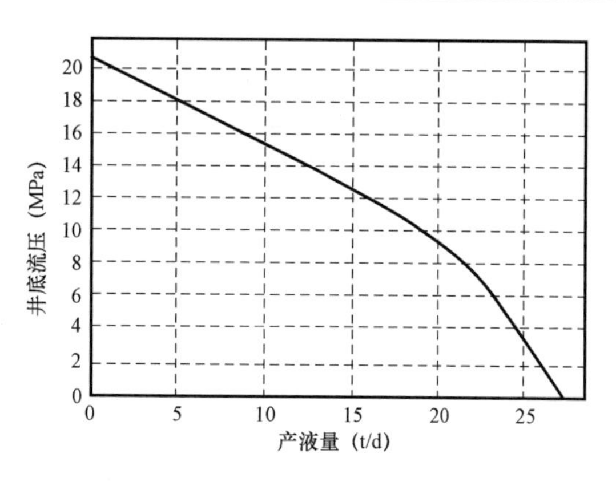

图11.3　HKY-1井的流入动态关系曲线

11.2.1.3　油井工作状况校核与分析

抽油机井生产系统工况校核分析主要是对目前正常生产的油井生产系统工作状况进行分析，计算油井IPR、井筒流体温度分布（图11.4）、井筒压力分布（图11.5）、检查抽油杆柱的受力状况和安全性、分析泵效及其影响因素的影响程度（图11.6）、计算抽油机井地面工况指标和油井的系统效率及其组成等，为对油井的深入认识和措施的落实提供依据。同时，由于该模块所用的主要数学模型与抽油机井生产系统生产参数优化设计模块所用的数学模型相同，所以该模块的计算结果与油井有关测试资料的对比分析，可以检查所建立的数学模型的准确性。

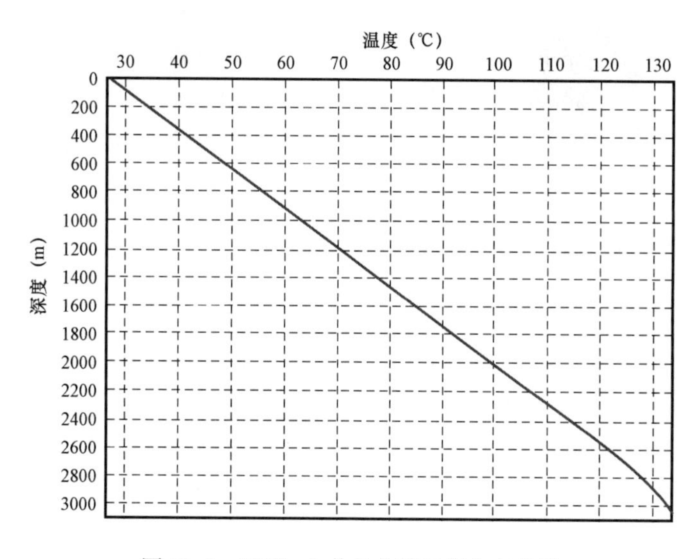

图11.4　HKY-1井的井筒温度分布曲线

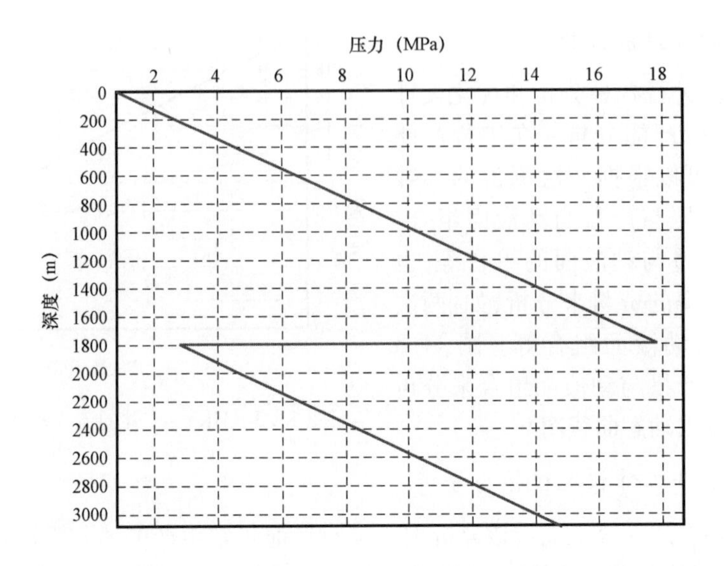

图 11.5　HKY－1 井井筒压力分布曲线

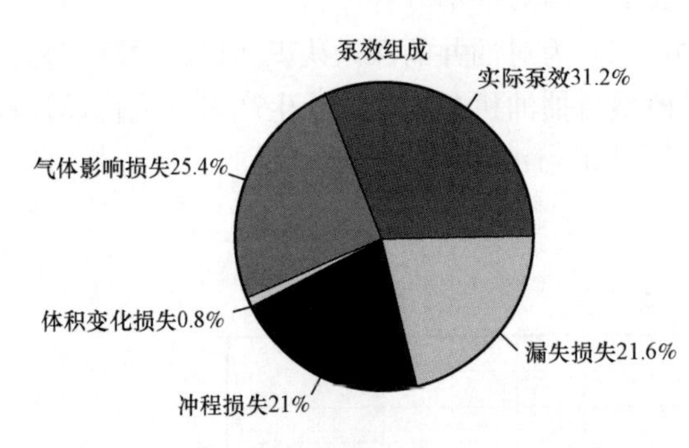

图 11.6　HKY－1 井的泵效及其影响因素的影响程度

HKY－1 井在表 11.1 中的各参数下生产时的校核结果见表 11.3，由表 11.3 以及表 11.1 中的实际参数可以看到，在现有的生产方式及参数条件下，这口井的泵效只有 31.2%，举升效率只有 23.51%。这样如果不进行生产方式的优化，将浪费大量的能源来得到相对较少的原油，因此必须进行动杆柱的优化设计。

11.2.1.4　油井抽油方式优化设计

11.2.1.4.1　原杆柱下的参数调整

抽油机井生产参数调整与分析主要是对目前正常生产的、经工况分析认为只需进行地面生产参数调节、且不动管杆柱的抽油机井进行地面生产参数对举升效率或经济效益的敏感性分析，并以高效为目标，制订参数调节方案，预测参数调节后的生产指标和设备工况指标。

在表 11.2 所示的范围内，HKY－1 井不动杆参数优化方案中，产量最高的一组见表 11.4。

表 11.3 HKY-1 井月生产校核分析报告

参数		数据	参数		数据
日产液(t)		11.1	泵效(%)		31.2
动液面深度(m)		1808	气体影响损失(%)		25.4
日产油(t)		2.95	体积变化损失(%)		0.8
泵排出口压力(MPa)		17.8	冲程影响损失(%)		21.1
泵吸入口压力(MPa)		2.7	漏失损失(%)		21.5
悬点最大载荷(kN)		76.48	举升效率(%)		23.51
悬点最小载荷(kN)		44.91	杆顶部应力(MPa)		200.31/117.37
减速箱扭矩(kN·m)		34.35	应力范围比	最大	0.8855
有效举升高度(m)		1648.82		最小	0.6002
抽油杆直径(mm)	内径	22	杆柱安全状况分析(杆柱不安全点深度)		杆柱安全
	外径	25			
抽油杆长(m)		1787.2,1287.7			

表 11.4 HKY-1 井月原杆柱优化设计报表(产量最大化)

参数		数据	参数		数据
抽油机类型		CYJ110-4.10-73HB_兰石	泵径(m)		44
冲程(m)		4.2	冲次(次/min)		5.5
下泵深度(m)		1794.9	尾管深度(m)		1811.4
日产液(t)		12	日产油(t)		3.2
动液面深度(m)		1585.4	泵效(%)		24.43
冲程损失影响(%)		23.88	气体影响损失(%)		29.71
体积变化损失(%)		0.62	漏失影响损失(%)		21.36
悬点最大载荷(kN)		79.23	悬点最小载荷(kN)		43.49
电动机有效功率(kW)		14.54	减速箱扭矩(kN·m)		37.88
举升效率(%)		15.97	优化目标		产量最大化
抽油杆直径(mm)	内径	22	抽油杆长(m)		1787.2
	外径	25			
杆顶部应力(MPa)		207.5/113.7	应力范围比	最大	0.9816
平衡半径(m)		1.423		最小	0.6699
单块平衡块质量(kg)		1670	平衡块数量(块)		4

另外,分别以举升效率最大化和产量不小于原产量中举升效率最大化为目标,而选取的优化设计方案与以产量最大化为目标所选取的优化方案对比见表 11.5。

表 11.5 不同目标下各不动杆柱优化设计方案与原生产方式对比

方案	举升效率（%）	泵效（%）	泵径（mm）	冲程（m）	冲次（次/min）	日产液量（t）	日产油量（t）	抽油杆应力范围比	
								22mm	25mm
原生产方式	23.51	31.2	44	4.2	4	11.1	2.95	0.8855	0.6002
产量最大	15.97	24.43	44	4.2	5.5	12	3.2	0.9816	0.6699
举升效率最大	30.49	40.71	44	3	3	7.8	2.1	0.7317	0.4935
不小于原产量中举升效率最大	22.58	31.2	44	4.2	4	11.12	3	0.8709	0.5903

11.2.1.4.2 连续抽油生产参数优化设计与分析

抽油机井生产系统连续抽油举升工艺参数优化设计模块是在油井产能分析的基础上，进行举升工艺设备适应性分析和生产参数的优化设计，该模块运用油井生产动态模拟和敏感性分析的思路，可根据确定的优化目标（如产量、油井举升效率、泵效等）选择合理的应用方案。

在表 11.2 所示的范围内，HKY－1 井具有技术可行性的连续抽油设计有 374 组，表 11.6 中所列的为其中一组当量产量最高的组合。

表 11.6 HKY－1 井月优化设计报表（产量最大化）

参数	数据	参数	数据
抽油机类型	CYJ110－4.10－73HB_兰石	泵径（m）	38
冲程（m）	4.2	冲次（次/min）	8
下泵深度（m）	2200	尾管深度（m）	2250
日产液（t）	18.4	日产油（t）	4.9
动液面深度（m）	1989.4	泵效（%）	34.74
冲程损失影响（%）	33.26	气体影响损失（%）	27.78
体积变化损失（%）	1.01	漏失影响损失（%）	3.21
悬点最大载荷（kN）	92.26	悬点最小载荷（kN）	45.43
电动机有效功率（kW）	26.41	减速箱扭矩（kN·m）	47.29
举升效率（%）	16.12	优化目标	产量最大化
抽油杆直径（m）	19,22,25	抽油杆长（m）	1215.8,569.2,415
杆顶部应力（MPa）	178.8/59,189.4/82,187.9/92.6	应力范围比	0.9655,0.9575,0.8947
单块平衡块质量（kg）	1670	平衡块数量（块）	4
平衡半径（m）	1.654		

由表 11.6 可以看出，经过连续抽油优化设计出来的方案，日产液量由原来的 11.1t 提高到 18.4t，泵效由原来的 31.2% 提高到了 34.74%，举升效率由原来的 23.65% 降低

到了16.12%。因此以产量最大化得到的优化方案不仅在产量上提高,而且在泵效上也有较大的提高。表11.7和表11.8分别为以举升效率最大化和产量不小于原产量中举升效率最大化得到的动杆柱优化设计方案。

表11.7 HKY-1井月优化设计报表(举升效率最大化)

参数	数据	参数	数据
抽油机类型	CYJ110-4.10-73HB_兰石	泵径(m)	38
冲程(m)	3.6	冲次(次/min)	3
下泵深度(m)	2000	尾管深度(m)	2050
日产液(t)	10.2	日产油(t)	2.7
动液面深度(m)	1417.2	泵效(%)	59.93
冲程损失影响(%)	21.57	气体影响损失(%)	10.76
体积变化损失(%)	2.17	漏失影响损失(%)	5.57
悬点最大载荷(kN)	59.58	悬点最小载荷(kN)	38.29
电动机有效功率(kW)	4.6	减速箱扭矩(kN·m)	21.96
举升效率(%)	43.86	优化目标	举升效率最大化
抽油杆直径(m)	19	抽油杆长(m)	2000
杆顶部应力(MPa)	210.1/135.1	应力范围比	0.8893
平衡半径(m)	1.682	单块平衡块质量(kg)	1670
平衡块数量(块)	2		

表11.8 HKY-1井月优化设计报表(产量不小于原产量中举升效率最大化)

参数	数据	参数	数据
抽油机类型	CYJ110-4.10-73HB_兰石	泵径(m)	38
冲程(m)	4.2	冲次(次/min)	3
下泵深度(m)	2100	尾管深度(m)	2150
日产液(t)	12	日产油(t)	3.2
动液面深度(m)	1518.4	泵效(%)	60.18
冲程损失影响(%)	20.82	气体影响损失(%)	11.28
体积变化损失(%)	2.22	漏失影响损失(%)	5.49
悬点最大载荷(kN)	63.03	悬点最小载荷(kN)	40.11
电动机有效功率(kW)	5.66	减速箱扭矩(kN·m)	27
举升效率(%)	43.78	优化目标	大于原产量中举升效率最大方案
抽油杆直径(m)	19	抽油杆长(m)	2100
杆顶部应力(MPa)	222.3/141.5	应力范围比	0.9968
平衡半径(m)	2.243	单块平衡块质量(kg)	1670
平衡块数量(块)	2		

由表11.7的设计结果可以看到，在以举升效率最大化选取抽油方案时，其泵效可以提高到59.93%、举升效率可以达到43.86%，但是产液量降比原产量降低了0.9t；而表11.8中的以产量不小于原产量中举升效率最大化为目标的设计结果中，泵效提高到60.18%、举升效率提高到43.78%，且日产液量为12t，比原产量还高0.9t。因此采用哪种采油方案还要具体分析而定。

11.2.1.4.3　间歇抽油生产参数优化设计与分析

抽油机井生产系统间歇抽油举升工艺参数优化设计模块是针对低压低产抽油机井的特点，在油井产能分析的基础上，利用油井生产动态模拟技术，建立了抽油机井抽油方式分析与评价和举升工艺设计模型，推导分析了间歇抽油时间和液面恢复时间的计算方法，开发了抽油机井抽油方式选择评价和举升工艺参数设计软件，并进行举升工艺设备适应性分析、连续抽油或间歇抽油方式的评价及其生产参数的优化设计。

研究表明，对于低压低产抽油机井，可以通过改变抽油工作制度来改变其抽油方式；对于选择为间歇抽油的油井，不同的工作制度影响油井的日产液量和举升效率；在其他条件相同的情况下，从不同的液面开始抽汲到停泵临界沉没度时，油井间歇抽油的当量日产液量不同。所以，有必要对其工作制度和抽油时间与液面恢复时间进行优化。

抽油机井连续抽油和间歇抽油方式与抽汲参数的关系分析如图11.7所示。

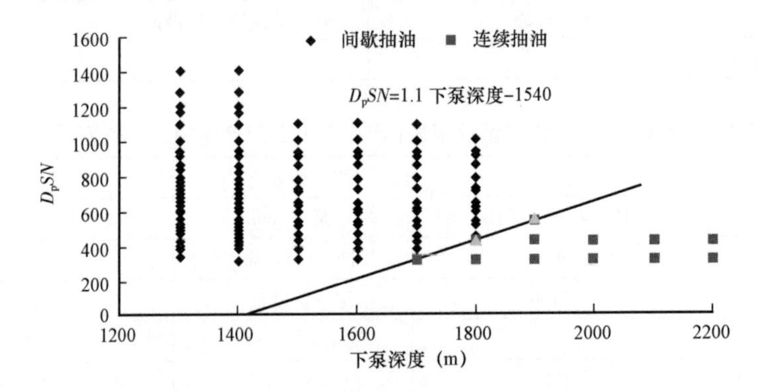

图11.7　抽油方式与下泵深度和(D_pSN)组合之间的关系

图11.7表示抽油方式与下泵深度和泵径、冲程和冲次(D_pSN)组合之间的关系。从图中可以看出，下泵深度和D_pSN组合决定着油井的连续或间歇生产方式。在一定下泵深度下，当(D_pSN)组合超过某个值后油井转为间歇抽油，而小于某个值后油井为连续抽油；(D_pSN)组合临界值随着下泵深度的增加逐渐增大。根据上述规律，可以对油井的抽油方式进行的判断和管理。

HKY－1井间歇抽油生产分析：在表11.2所示的范围内，HKY－11井具有技术可行性的间歇抽油设计有155组，其中以最高当量日产液量为标准选择的一组参数见表11.9。

表 11.9　HKY-1 井 2004 年 5 月优化设计报表(间歇抽油)

参数	数据	参数	数据
抽油机类型	CYJ110-4.10-73HB_兰石	泵径(m)	38
冲程(m)	4.2	冲次(次/min)	8
下泵深度(m)	2100	尾管深度(m)	2150
极限沉没度(m)	100	当量日产液量(t)	11.19
最高当量日产液量(t)	15.41	静液面至极限沉没度抽油时间(h)	3.3514
极限沉没度至静液面恢复时间(h)	3.0908	最高当量日产液量对应的抽油时间(h)	2.1825
最高当量日产液量对应的液面恢复时间(h)	0.3696	杆顶部应力(MPa)	185.6/58.8,194.9/82.4,183.7/86.7
抽油杆直径(m)	19,22,25	抽油杆长(m)	1197.2,574.1,328.8
应力范围比	1.0206,1.0053,0.8844		

11.2.1.4.4　几种优化方式的对比

如表 11.10 所示为原生产参数、原抽油杆柱、连续抽油以及间歇抽油方式下的优化设计结果对比,通过这种对比就可以很清楚地得到最优的生产方式。

表 11.10　几种生产方式对比

生产方式		泵径(mm)	下泵深度(m)	冲程(m)	冲次(min^{-1})	举升效率(%)	泵效(%)	日产液(t)	抽油时间(h/d)
原方式		44	1794.9	4.2	4	23.65	31.2	11.1	24
原杆柱优化		44	1794.9	4.2	5.5	15.97	24.3	12	24
连续抽油	方案Ⅰ	38	2200	4.2	8	16.12	34.74	18.4	24
	方案Ⅱ	38	2000	3.6	3	43.86	59.93	10.2	24
	方案Ⅲ	38	2100	4.2	3	43.78	60.18	12	24
间歇抽油		38	2100	4.2	8			11.19	12.49

注:连续抽油中,方案Ⅰ代表以产量最大化为目标选取的方案;方案Ⅱ为以举升效率最大化为目标选取的方案;方案Ⅲ为以不低于原产量中举升效率最大为目标选取的方案。

由表 11.10 的对比可以看到,优化出来的连续抽油方式要比间歇抽油方式的产液量高,这主要是因为连续抽油很容易达到一个稳定的最佳状态。就像在间歇抽油过程中,其动液面也有一个最佳值,在这个最佳值下,就可得到最高的当量日产液量,但是那就需要不停地开关井;而在连续抽油方式下,在一个最佳的沉没度下,通过优化冲程、冲次等生产参数,可以得到一个能保持这个沉没度的最佳产量,因此通过软件优化出来的间歇抽油方式一般会比连续抽油方式的产液量低。

表 11.10 所示数据虽然从产量上看是连续抽油的好,但是在连续抽油过程中,抽油机是一直在工作中,而间歇抽油则是在做间歇运作,并且间歇抽油的泵效与产量根连续抽油的泵效和产量相差无几,且间歇抽油的泵效却远大于连续抽油,因此两种抽油方式到底采用哪种,要从经济方面综合考虑。

11.2.2 区块油井综合分析

11.2.2.1 抽油机井工作状况校核与分析

抽油机井生产系统工况校核分析主要是对目前正常生产的油井生产系统工作状况进行分析,计算油井 IPR、井筒流体温度、压力及物性分布、检查抽油杆柱的受力状况和安全性、分析泵效及其影响因素的影响程度、计算抽油机井地面工况指标和油井的系统效率及其组成等,为对油井的深入认识和措施的落实提供依据。同时,由于该模块所用的主要数学模型与抽油机井生产系统生产参数优化设计模块所用的数学模型相同,所以该模块的计算结果与油井有关测试资料的对比分析,可以检查所建立的数学模型的准确性。

至今,已经利用该软件对胜利某油区的 5 口井进行了工况校核分析,数据结果见表 11.10。从表 11.11 中可以看出,抽油杆应力平均范围比分别是 25mm 抽油杆为 63.5%、22mm 抽油杆为 72.7%。

从 5 口井的泵效组成来看,平均泵效为 52.84%,各因素的平均影响程度分别为气体影响 9.32%、体积变化影响 0.68%、冲程损失影响 21.48%、漏失影响 15.54%。

表 11.11 抽油机井工况校核分析计算结果表

井号	举升效率(%)	抽油泵泵效分析					日产液量(t)	抽油杆应力范围比		杆柱安全分析	日产油量(t)
		泵效(%)	气体影响损失(%)	体积变化损失(%)	冲程影响损失(%)	漏失损失(%)		22mm	25mm		
HKY-3	49.38	66.9	2.8	0.4	25.7	4.2	52.8	0.8663	0.731	安全	2.64
HKY-4	33.49	64	0.2	0.7	18.6	16.5	32.1	0.5953	0.5628	安全	2.12
HKY-2	32.15	46	9.5	0.7	20.1	23	15	0.5671	0.612	安全	2.28
HKY-1	23.51	31.2	25.4	0.8	21.1	21.5	11.1	0.8855	0.6002	安全	2.95
HKY-5	36.92	56.1	8.7	0.8	21.9	12.5	25.5	0.72	0.67	安全	3.82
平均	35.09	52.84	9.32	0.68	21.48	15.54	27.3	0.727	0.635	安全	2.762

11.2.2.2　抽油机井生产参数调整计算

抽油机井生产参数调整与分析主要是对目前正常生产的、工况分析认为只需进行地面生产参数调节、且不动管杆柱的抽油机井进行地面生产参数对举升效率或经济效益的敏感性分析，并以高效为目标，制订参数调节方案，预测参数调节后的生产指标和设备工况指标。

至今，已经利用该软件对胜利某油区的5口井进行了原杆柱优化设计，数据结果见表11.12。

表11.12　抽油机井原杆柱下的生产参数优化设计结果

井号	举升效率（%）	泵效（%）	泵径（mm）	冲程（m）	冲次（min^{-1}）	日产液量（t）	日产油量（t）	抽油杆应力范围比	
								22mm	25mm
HKY-3	41.37	64.96	57	4.2	7	69.7	3.5	0.9773	0.8355
HKY-4	18.99	51.57	44	4.2	9	42.3	2.8	0.8738	0.8616
HKY-2	28.92	44.06	44	4.2	4	15.9	2.4	0.5866	0.6341
HKY-1	15.97	24.43	44	4.2	5.5	12	3.2	0.9816	0.6699
HKY-5	18.79	42.83	44	4.2	9	35	5.3	0.959	0.9487
平均	24.808	45.57	46.6	4.2	6.9	34.98	3.44	0.8757	0.7900

11.2.2.3　抽油机井连续抽油生产参数优化设计

抽油机井生产系统连续抽油举升工艺参数优化设计模块是在油井产能分析的基础上，进行举升工艺设备适应性分析和生产参数的优化设计，该模块运用油井生产动态模拟和敏感性分析的思路，可根据确定的优化目标（如产量、油井举升效率、泵效等）选择合理的应用方案。

利用该软件对某油区的5口井进行了连续抽油生产参数优化设计，数据结果见表11.13。

11.2.2.4　抽油机井间歇抽油生产参数优化设计

抽油机井生产系统间歇抽油举升工艺参数优化设计模块是针对低压低产抽油机井的特点，在油井产能分析的基础上，利用油井生产动态模拟技术，建立了抽油机井抽油方式分析与评价和举升工艺设计模型，推导分析了间歇抽油时间和液面恢复时间的计算方法，开发了抽油机井抽油方式选择评价和举升工艺参数设计软件，并进行举升工艺设备适应性分析、连续抽油或间歇抽油方式的评价及其生产参数的优化设计。

对5口井进行了间歇抽油生产参数优化设计，数据结果见表11.14。

表 11.13 抽油机井生产参数优化设计结果表(连续抽油)

序号	井名	方案	泵径(mm)	冲程(m)	冲次(min^{-1})	下泵深度(m)	日产液量(t)	日产油量(t)	动液面深度(m)	泵效组成分析(%)					悬点最大载荷(kN)	悬点最小载荷(kN)	电动机有效功率(kW)	举升效率(%)	抽油杆组合及应力范围比		
										泵效	冲程损失影响	气体影响损失	体积变化损失	漏失损失影响					19mm	22mm	25mm
1	HKY-3	Ⅰ	57	4.2	8	1600	78.1	3.9	1250	63.7	25.2	4.4	0.39	5.99	91.45	36.78	30.13	36.79	0.9571	0.9545	0.9617
		Ⅱ	57	4.2	3	1200	32.9	1.6	917.2	71.63	15.55	5.62	0.34	6.86	50.95	22.57	6.63	58.82	0.8813		
		Ⅲ	70	4.2	4	1400	58.7	2.9	1113.7	63.44	21.45	5.65	0.34	9.12	93.64	40.22	14.77	50.54	0.9578	0.9704	
2	HKY-4	Ⅰ	57	4.2	6	1600	51.3	3.4	1454.9	55.96	26.14	12.14	0.26	5.49	94.57	41.04	22.19	38.24	0.9638	0.9582	0.9799
		Ⅱ	57	4.2	3	1200	31.5	2.1	961.3	68.73	16.02	8.38	0.32	6.55	51.79	22.57	6.78	57.26	0.9091		
		Ⅲ	57	4.2	3	1400	32.3	2.1	937.8	70.46	18.88	3.52	0.46	6.68	57.52	27.07	6.99	54.97	0.9545	0.6803	
3	HKY-2	Ⅰ	38	4.2	9	2100	21.7	3.3	1971.3	35.86	33.84	26.59	0.4	3.31	93.76	42.27	32.2	15.19	0.965	0.9579	0.954
		Ⅱ	38	2.5	3	1200	8.5	1.3	756.6	70.73	10.6	11.1	0.94	6.63	34.93	22.9	2.22	50.44	0.3763		
		Ⅲ	44	4.2	3	1700	15.6	2.4	1373.6	57.79	19.6	16.16	0.74	5.7	58.18	32.27	6.19	45.86	0.9566		
4	HKY-1	Ⅰ	38	4.2	8	2200	18.4	4.9	1989.4	34.74	33.26	27.78	1.01	3.21	92.26	45.43	26.41	16.12	0.9655	0.9575	0.8947
		Ⅱ	38	3.6	3	2000	10.2	2.7	1417.2	59.93	21.57	10.76	2.17	5.57	59.58	38.29	4.6	43.86	0.8893		
		Ⅲ	38	4.2	3	2100	12	3.2	1518.4	60.18	20.82	11.28	2.22	5.49	63.03	40.11	5.66	43.78	0.9968		
5	HKY-5	Ⅰ	44	4.2	9	2000	43	6.5	1566.5	52.57	34.24	7.46	0.82	4.91	95.21	41.25	33.51	22.95	0.9641	0.9579	0.9897
		Ⅱ	38	4.2		1700	14.2	2.1	1256.6	70.02	14.18	8.27	0.98	6.55	51.47	32.26	5	51.5	0.7093		
		Ⅲ	57	4.2	3	1800	26.7	4	1394.4	58.46	26.77	8.49	0.84	5.45	91.88	46.33	9.68	45.2	0.9676	0.9592	0.8782
平均		方案Ⅰ					42.5	4.4	1646.42	48.566	30.536	15.674	0.576	4.582	93.45	41.354	28.888	25.858			
		方案Ⅱ					19.46	1.96	1061.78	68.208	15.584	8.826	0.95	6.432	49.744	27.718	5.046	52.376			
		方案Ⅲ					29.06	2.92	1267.58	62.066	21.504	9.02	0.92	6.488	72.85	37.2	8.658	48.07			

表 11.14 抽油机井生产参数优化设计结果表(间歇抽油)

井号	泵径(mm)	冲程(m)	冲次(min^{-1})	下泵深度(m)	当量日产液量(t)	当量日产油量(t)	泵效(%)	抽油时间(h/d)
HKY-3	57	4.2	9	1400	46.02	2.30	59.95	13.34
HKY-4	57	3	9	1500	28.34	1.87	54.21	12.75
HKY-2	38	4.2	8	2200	13.83	2.10	50.28	12.27
HKY-1	38	4.2	8	2100	11.19	2.98	40.47	12.49
HKY-5	44	4.2	9	1600	16.7	2.51	44.93	10.91
平均					23.216	2.352	49.968	12.352

11.2.2.5 各种抽油方式对油井生产效果的影响结果对比

对某油区的5口油井分别进行原生产条件下的工况校核、动杆柱连续抽油优化设计和动杆柱间歇抽油优化设计以后,就可以对比分析,油井在不同的抽油方式下所取得的生产效果,从而确定最佳的生产方式。表11.15就为本软件所研究的5口油井在不同的抽油方式下的生产效果对比。

表 11.15 各种抽油方式对油井生产效果的影响结果对比表

抽油方式		泵效(%)	举升效率(%)	日产液量(t)	日产油量(t)	抽油时间(h/d)
原方式		52.84	35.09	27.3	2.76	24
原杆柱设计	设计值	45.57	24.81	34.98	3.44	24
	提高值	-7.27	-10.28	7.68	0.68	0
连续抽油(方案Ⅰ)	设计值	48.57	25.86	42.5	4.4	24
	提高值	-4.27	-9.23	15.2	1.64	0
连续抽油(方案Ⅱ)	设计值	68.21	52.38	19.46	1.96	24
	提高值	15.37	17.29	-7.84	-0.8	0
连续抽油(方案Ⅲ)	设计值	62.07	48.07	29.06	2.92	24
	提高值	9.23	12.98	1.76	0.16	0
间歇抽油	设计值	49.97		23.22	2.35	12.35
	提高值	-2.87		-4.08	-0.41	-11.65

注:(1)优化目标中,方案Ⅰ表示以产液量最高为目标,方案Ⅱ表示以举升效率最高为目标,方案Ⅲ表示以高于原产量中举升效率最高为目标。

(2)提高值的大小为各种方式的软件设计值相对于原生产方式的提高量。

(3)表中所取数值均为胜利某油区中所研究的五口井的平均值。

每口井在不同的生产方式下所能达到的产油能力比较，表 11.16 为各口井在不同的生产方式下的日产油能力、泵效、举升效率较原生产方式的增加值。

表 11.16　不同的生产方式日产油能力、泵效、举升效率较原生产方式的增加值

井号	抽油方式		日产液(t)	日产油(t)	泵效(%)	举升效率(%)	抽油时间(h/d)
HKY－3	连续抽油	方案Ⅰ	25.3	1.26	－3.2	－12.59	0
		方案Ⅱ	－19.9	－1.04	4.73	9.44	0
		方案Ⅲ	5.9	0.26	－3.46	1.16	0
	间歇抽油		－6.78	－0.34	－6.95		－10.66
HKY－4	连续抽油	方案Ⅰ	19.2	1.28	－8.04	4.75	0
		方案Ⅱ	－0.6	－0.02	4.73	23.77	0
		方案Ⅲ	0.2	－0.02	6.46	21.48	0
	间歇抽油		－3.76	－0.25	－9.79		－11.25
HKY－2	连续抽油	方案Ⅰ	6.7	1.02	－10.14	－16.96	0
		方案Ⅱ	－6.5	－0.98	24.73	18.29	0
		方案Ⅲ	0.6	0.12	11.79	13.71	0
	间歇抽油		－1.17	－0.18	4.28		－11.73
HKY－1	连续抽油	方案Ⅰ	7.3	1.95	3.54	－7.39	0
		方案Ⅱ	－0.9	－0.25	28.73	20.35	0
		方案Ⅲ	0.9	0.25	28.98	20.27	0
	间歇抽油		0.09	0.03	9.27		－11.51
HKY－5	连续抽油	方案Ⅰ	17.5	2.68	－3.53	－13.97	0
		方案Ⅱ	－11.3	－1.72	13.92	14.58	0
		方案Ⅲ	1.2	0.18	2.36	8.28	0
	间歇抽油		－8.8	－1.31	－11.17		－13.09

由表 11.15 可以看到，对于整个由这 5 口井所构成的单元来讲，经过优化并以产量最大化为目标的，连续抽油生产方式是比较适合的。与原生产方式相比较，整个单元的平均单井日产液量增加了 42.5t、单井日产油量增加了 4.4t，就整个单元来讲，每天比原来多产 212.5t 油水混合液、多产 22t 原油。

对于以举升效率为目标的连续抽油方式，虽然其平均单井泵效和举升效率分别提高了 15.37% 和 17.29%，但是其平均单井日产液量和单井日产油量分别下降了 7.84t 和 0.8t，就整个单元来讲，每天比原来少生产 39.2t 产出液、少产 4t 原油，这样对于所要求的开发效益来讲，是不可取的。

11.2.3　油井间抽周期的矿场实施方法

11.2.3.1　“躲峰填谷”的原则

一般来说,国内油田电价执行的是“尖峰平谷”分时电价办法,此办法是将全天24h按用电负荷高低划分为尖段、峰段、平段和谷段4个时段,并以不同电价计收电费的计价方法。因此,在油井间抽周期规律研究的基础上,应结合当地“尖峰平谷”的用电规律,根据电费时间段“峰”“谷”规律的不同,合理安排油井开停时间做到“躲峰填谷”,尽量保证开抽时间避开电费峰值区间。

比如SXYC油田QLC采油厂当地的“尖峰平谷”分时电价见表11.17。

表11.17　QLC采油厂不同时间段的电价

时段	高峰		平峰		低谷
时间	8：00—11：30	18：30—23：00	11：30—18：30	7：00—8：00	23：00—7：00
电价[元/(kW·h)]	0.9003		0.5681		0.2359

11.2.3.2　间抽控制方法

针对油井间抽周期相似的区块,采取集中控制的方法进行间抽。集中间抽主要分为两种方法:一是变压器端集中限电控制油井的开启;二是变压器端安装自动控制器进行集中自动控制。

针对产液量相对较高和区块各油井间抽周期有明显差异的油井,研发自动控制装置,可实现抽油机的自动启、停。

针对产液规律摸索不清的低效井,研发智能间抽仪实现油井智能间抽。智能间抽仪的最大优势在于随时监测油井动液面变化规律,根据这一规律随时修订油井间抽周期,始终保持油井在最佳的工况下运行。

11.2.3.3　规模化应用效果

自2015年以来,面对国际低油价形势,SXYC油田全面推广了低产油井间抽采油技术,取得了显著的经济效益和社会效益。目前共有间抽井28289口井,平均单井每天少开15.4h,平均单井日节电24kW·h,28289口井日节电67.9×10^{4}kW·h,日节电创效47.53万元,年节电创效1.73亿元。同时,由于开井时间的减少,间接导致设备磨损和油井维护作业费用降低,每年节约成本1.13亿元。

第12章　储层伤害研究新进展：疏松砂岩稠油油藏注蒸汽热采储层高温伤害机理及其数值化模拟技术

稠油油藏在注蒸汽开发过程中，由于储层中温度和压力的变化，储层岩石及流体性质发生变化，从而造成不同类型的储层伤害发生。一方面，超临界注汽锅炉可以实现300℃以上条件下高干度注入蒸汽，注入储层的弱碱性高温高压蒸汽或高温热水与储层岩石发生不同类型的水—岩反应，造成储层的物性变化；另一方面，稠油中的胶质、沥青质等重质组分在热采过程中，随着温度、压力场及原油组分性质的变化，不断从稠油中析出、聚凝并沉积，使储层孔隙发生变化；同时，聚沉后的沥青质中含有较多的极性组分，极易在不同黏土矿物的亲油极性表面发生吸附，进一步加剧储层伤害，显著降低储层孔隙度和渗透率，造成注汽压力上升，形成高压注汽井，当注汽压力超过注汽锅炉的临界压力时，注汽便难以持续，严重影响了热采效果[174-180]。

12.1　稠油注蒸汽储层高温伤害机理研究

目前，国内外在稠油油藏注蒸汽高温条件下的储层伤害机理及其定量描述方面的研究的报道较少，本章以SLGD疏松砂岩稠油油藏为例，系统介绍了笔者在此领域的最新研究成果。针对造成注汽高压井储层伤害的主要堵塞物黏土矿物和沥青质，开展了系统的室内基础实验，明确了不同堵塞物对储层伤害的影响机制，包括在不同模拟条件下岩石矿物的体积变化和转化规律、沥青质的沉积规律以及不同模拟条件下沥青质在岩石矿物表面的吸附特征；基于储层真实二维信息，利用数值重建的方法构建了含有多种黏土矿物及黏土矿物产状类型的三维重建多孔介质模型，并从不同角度对模型的准确性进行了评价；在此基础上，通过三维重建多孔介质模型将矿场资料和室内研究资料有机地结合起来，首次利用三维多孔介质重建的方法模拟了不同条件下的储层伤害过程，并基于不同类型的储层伤害模型明确了不同模拟条件下储层伤害对注汽压力的影响。研究成果为稠油注汽高压井的预防与处理提供了重要理论基础。

12.1.1　模拟环境中储层岩石矿物的变化规律

疏松砂岩稠油油藏，储层胶结较为疏松；其储层中主要的岩石矿物为石英、长石、黏土矿物及其他的杂质，其中常见的黏土矿物包括蒙脱石、伊利石、伊/蒙混层、高岭石和绿泥石等；而较高含量的蒙脱石、伊利石等极易造成由于储层水敏等引发的储层敏感性伤害；在高温高压高pH值的储层环境中，储层岩石矿物易发生溶解、膨胀和脱落等现象，同时不同黏土矿物的非有利转化，更容易造成由于储层敏感性伤害的发生而加剧热采条件下的储层伤害。因此，本节主要研究不同模拟环境中，由于储层岩石矿物性质差异造成的储层伤害。

12.1.1.1　储层岩石与流体性质

GD油区稠油注汽高压区块由碎屑岩构成，其中的主要成分包括石英、长石、多种黏土矿物及其他杂基，常见的黏土矿物包括蒙脱石、伊利石、高岭石、绿泥石及混层黏土矿物等，表12.1为GD采油厂典型稠油区块的储层岩石矿物组成。

表12.1　储层岩石矿物组成

样品编号		GD827	K92	九区
岩石矿物组分含量(%)	石英	57.24	46.82	41.42
	斜长石	12.48	15.13	14.52
	钾长石	19.76	23.28	21.35
	白云石	1.62	1.37	2.37
	黏土含量	7.61	12.66	18.32
	其他	1.29	0.74	2.02
黏土矿物组分含量(%)	蒙脱石	32.6	40.80	58.60
	伊利石	19.5	6.30	11.30
	高岭石	25.6	19.10	12.30
	绿泥石	19.6	27.40	14.50
	其他	2.7	6.40	3.30

由表12.2所示为GD采油厂地层采出水的水质分析结果可以看出，地层水为$CaCl_2$型，平均矿化度大于10000mg/L，pH值大于6.5。GD采油厂注汽锅炉采用超临界注汽锅炉，原水为黄河水，水质分析结果见表12.3，锅炉出口平均压力11MPa，锅炉出口温度300℃以上，干度平均75%以上，一级硬度≤10mg/L、二级硬度≤0.5mg/L，锅炉给水硬度为0mg/L，乙二胺四乙酸二钠过剩量≤0.5mg/L，亚硫酸根过剩量<5mg/L，pH值为7.5~8.3，含铁量<0.05mg/L，给水含氧≤0.01mg/L。

12.1.1.2　实验部分

（1）实验材料。

实验所用岩石矿物（储层岩石矿物样本）：GD827－10井取得的天然岩心砂样（编号为1#），K92X27C井取得的天然岩心砂样（编号为2#），R4－19井取得的天然岩心砂样（编号为3#），蒙脱石、伊利石、高岭石和绿泥石购自国家标准物质网（编号分别为M，I，K和Ch）。

（2）实验仪器。

实验中主要的仪器见表12.4。

表 12.2 现场水质化验数据表

样品编号	$K^+ + Na^+$ (mg/L)	Ca^{2+} (mg/L)	Mg^{2+} (mg/L)	Cl^- (mg/L)	$SO_4{}^{2-}$ (mg/L)	Si^{4+} (mg/L)	$HCO_3{}^-$ (mg/L)	总矿化度 (mg/L)	pH 值
地层水 1	5870.33	1341.32	174.17	11771.33	27.37	35.21	235.33	19455.06	6.5
地层水 2	2780.17	194.41	48.08	4485.63	44.29	21.32	435.28	8009.18	7
地层水 3	2961.28	222.06	97.32	4879.14	54.04	52.04	556.36	8822.24	6.8
地层水 4	3256.35	201.17	44.34	5255.7	29.53	34.21	394.37	9215.67	6.9
地层水 5	5610.09	969.38	101.35	10510.53	19.81	67.82	307.24	17586.22	6.5
地层水 6	6430.35	1350.42	174.22	12655.17	32.05	93.21	218.36	20953.78	6.8

表 12.3 锅炉水原水水质分析结果

样品编号	$K^+ + Na^+$ (mg/L)	Ca^{2+} (mg/L)	Mg^{2+} (mg/L)	Cl^- (mg/L)	$SO_4{}^{2-}$ (mg/L)	Si^{4+} (mg/L)	$HCO_3{}^-$ (mg/L)	COD (mg/L)	TDS (mg/L)	pH 值
原水水样	43.21	52.43	34.65	142.41	156.82	23.84	235.33	17	370	7.5

表 12.4 典型储层黏土矿物水岩反应用主要仪器

仪器名称	型号	生产厂家
电热恒温鼓风干燥箱	Q/BKYY31－2000	上海跃进医疗器械厂
电子天平	AB204－S	赛多利斯科学仪器(北京)有限公司
纯水机	UpK	成都超纯科技有限公司
高温高压反应釜(图 12.1)	—	江苏珂地石油仪器有限公司
X 射线衍射仪	XD－610X	日本津岛公司

(3)实验及分析方法。

图 12.1 高温高压反应釜

针对疏松砂岩稠油油藏典型储层黏土矿物在模拟注汽环境中的转化与伤害情况。实验选取典型的黏土矿物蒙脱石、高岭石、绿泥石和伊利石标准矿物在不同类型流体(模拟地层水、模拟冷凝液、模拟防膨剂溶液),不同温度(80℃和 180℃),不同 pH 值(9 和 11)条件下通过高温高压模拟实验对比分析不同黏土矿物的体积变化,同时利用 XRD 衍射分析不同模拟实验前后黏土矿物的转化情况。

① 实验前对储层岩石矿物样本进行预处理,其中储层砂样用甲苯冷萃脱沥青质并烘干,4 种典型黏土矿物研磨至粒径大小 200 目,并进行 X 衍射分析。

② 模拟条件下典型黏土矿物的水岩反应。

a. 用天平称取 20g 黏土矿物加入反应釜中,平整后用游标卡尺测量黏土高度 4 次取平均值记为黏土高度(干);

b. 加溶液(不同类型模拟溶液)至 100mL,沉降后滤掉溶液,平整后用游标卡尺测量黏土高度 4 次取平均值,记为黏土高度(湿);

c. 加溶液(不同类型模拟溶液)至 100mL,加压力至 3MPa(由于高温下水蒸发为水蒸气,可使反应釜内压力控制在 10MPa 左右);

d. 将反应釜放置于电热恒温鼓风干燥箱中加热,反应时间为 120h,反应后冷却;

e. 反应后的样品经 0. 45μm 微孔滤膜和砂芯过滤装置进行固液分离,分离后游标卡尺测量黏土高度 4 次取平均值,记为黏土高度(反应后),并对反应后样品烘干。

③ 模拟条件下天然岩心砂样的水—岩反应。

a. 用天平称取 20g 天然岩心砂样加入反应釜中,加溶液至 100mL,加压至 3MPa(由于高温下水蒸发为水蒸气,可使反应釜内压力控制在 10MPa 左右);

b. 将反应釜放置于电热恒温鼓风干燥箱中加热,反应时间为 120h,反应后冷却;

c. 反应后的样品经 0. 45μm 微孔滤膜和砂芯过滤装置进行固液分离,分离对反应后样品烘干,并对反应后砂样做扫描电镜。

④ X 衍射分析参照 SY/T5163—2018《沉积岩中黏土矿物和常见非黏土矿物 X 射线衍射分析方法》中所述的方法进行;同时计算不同模拟反应条件下各组黏土矿物的体积变化。

12. 1. 1. 3　典型黏土矿物的体积变化

在稠油油藏注蒸汽开发过程中,由于黏土矿物具有不同的膨胀性能和稳定性能,在不同的储层流体环境中,流体性质、温度和 pH 值的变化,使得不同组分的岩石矿物与水溶液发生不同程度的水岩反应,极易造成各类黏土矿物发生膨胀、溶蚀等一系列变化而影响储层物性,加剧储层伤害。为考察不同模拟条件下黏土矿物的体积变化,本小节主要分析讨论不同模拟反应条件前后黏土矿物的体积变化规律。

12. 1. 1. 3. 1　模拟地层水环境中典型黏土矿物的体积变化

由图 12. 2 可以看出,在模拟地层水环境中,典型的 4 种黏土矿物的体积发生了较为显著的变化,其中蒙脱石具有极强的水敏性,体积膨胀率超过 81. 5%,其中高温低 pH 值条件下其体积膨胀达到 105. 6%。相同模拟反应温度下,pH 值较高时,其体积膨胀率相对较低，其中低温条件下，其体积膨胀率为 81.5%，高温条件下，其体积膨胀率为 90.6%，说明较高的 pH 值条件下会造成部分蒙脱石的溶蚀。相比蒙脱石，绿泥石在反应过程中的水岩反应较为稳定，在模拟反应中，绿泥石的体积膨胀率平均为 -8.2%，说明绿泥石发生了少量的溶蚀。高岭石在模拟地层水环境中其水岩反应较为明显，在 pH 值为 11、反应温度为 80℃的条件下，其体积膨胀率为 -17.7%，在 pH 值为 9、反应温度为 180℃的条件下，其体积膨胀率为 42.3%，在其他两组模拟实验中，高岭石的体积变化不明显，说明在高 pH 值条件下，高岭石的溶蚀反应较为明显，同时在高温条件下，可能转化为膨胀性黏土矿物而导致反应后体积膨胀。对于伊利石，在低温条件下，其体积变化不明显，而在高温条件下，伊利石体积膨胀明显，分析原因可能是高温条件下伊利石向膨胀性黏土矿物转化造成的。

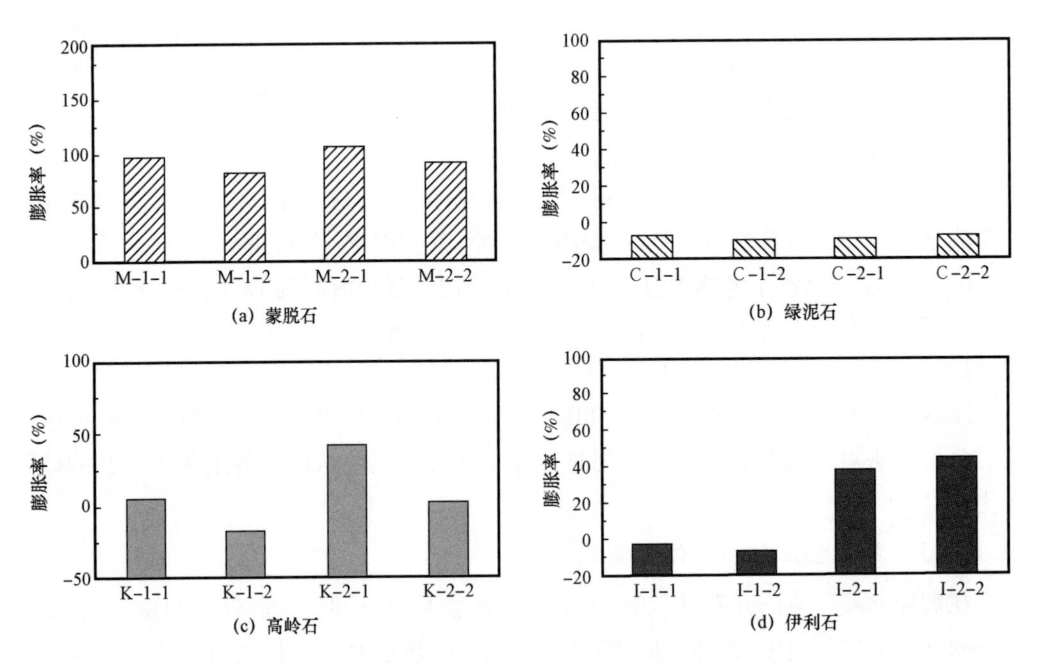

图 12.2 模拟地层水环境中典型黏土矿物的体积变化

12.1.1.3.2 模拟蒸汽冷凝液环境中典型黏土矿物的体积变化

蒸汽冷凝液本身就呈弱碱性，在模拟实验中为进一步考察 pH 值对黏土矿物体积的影响，实验中分别选取 pH 值为 9 和 11 来进行实验，由图 12.3 可知，在模拟蒸汽冷凝液条件下，由于冷凝液的矿化度相比模拟地层水更低，蒙脱石在模拟蒸汽冷凝液条件下，水—岩反应后其体积膨胀更为明显，其体积膨胀率达到 110.9% 以上；因此，对于蒙脱石含量较高的储层，应在注蒸汽过程中适量添加防膨剂以降低高温注汽条件下蒙脱石膨胀对于正常生产造成的不利影响。相比蒙脱石,绿泥石在反应过程中的水—岩反应较为稳定,在模拟反应中,绿泥石的体积膨胀率平均为 -6.8%,说明绿泥石发生了少量的溶蚀。高岭石在模拟蒸汽冷凝液条件下,其发生了明显的溶蚀,且溶蚀体积大于模拟地层水条件下溶蚀的最大体积,说明 pH 值变化是影响高岭石体积变化的主要因素,同时由于冷凝液中的离子含量相比模拟地层水要低,降低了水—岩反应过程中高岭石向膨胀性黏土矿物的转化。对于伊利石,水—岩反应后其体积变化规律与模拟地层水环境中相类似,即温度对于伊利石的体积变化影响较为明显,低温条件下,伊利石以少量溶蚀为主;高温条件下,其体积膨胀明显,说明高温条件下伊利石易向膨胀类黏土矿物转化而造成体积膨胀。

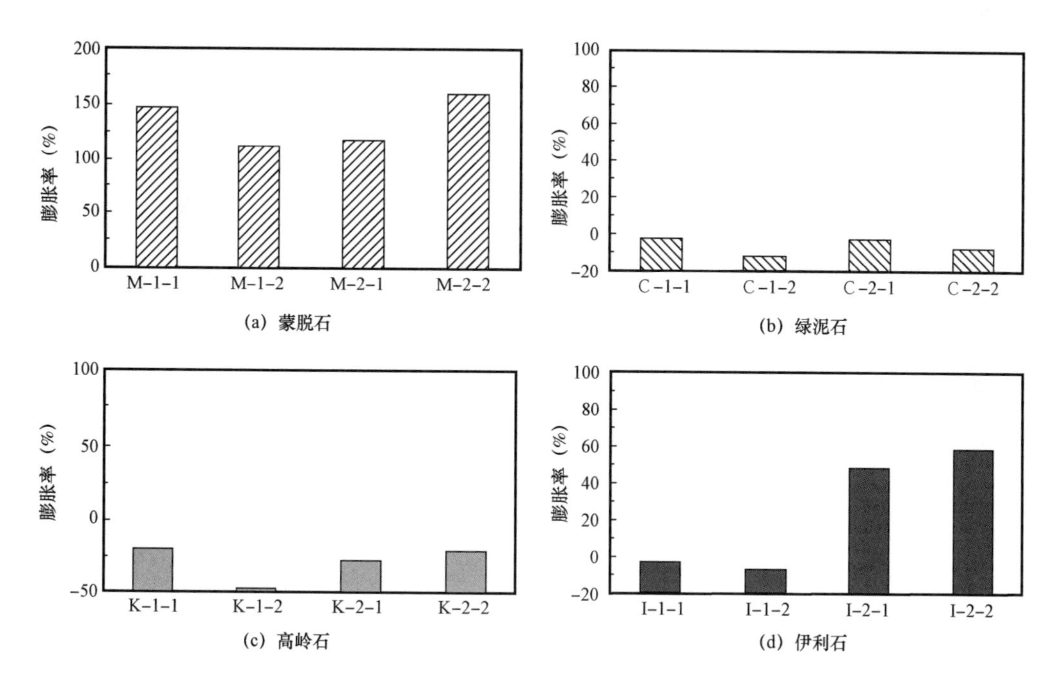

图 12.3　模拟蒸汽冷凝液环境中典型黏土矿物的体积变化

12.1.1.3.3　模拟防膨剂环境中典型黏土矿物的体积变化

模拟实验中主要通过添加 KCl 来实现抑制蒙脱石膨胀的效果,由图 12.4 可以看出,在模拟防膨剂环境中,蒙脱石的膨胀受到了明显的抑制作用,但是其体积膨胀率仍在 60% 以上。在添加防膨剂 KCl 后,绿泥石的溶蚀率相比之前的两种模拟环境有所上升,其平均溶蚀率为 11.9%。高岭石在模拟反应中,pH 值为 9 时其体积变化不明显,而当 pH 值为 11 时,其 180℃时的溶蚀率达到了 21.4%,进一步说明其受 pH 值影响较为明显。从伊利石反应前后的体积变化可以看出,其高温条件下的体积膨胀相比之前的两种模拟反应条件中的体积膨胀而言,受到了明显的抑制。

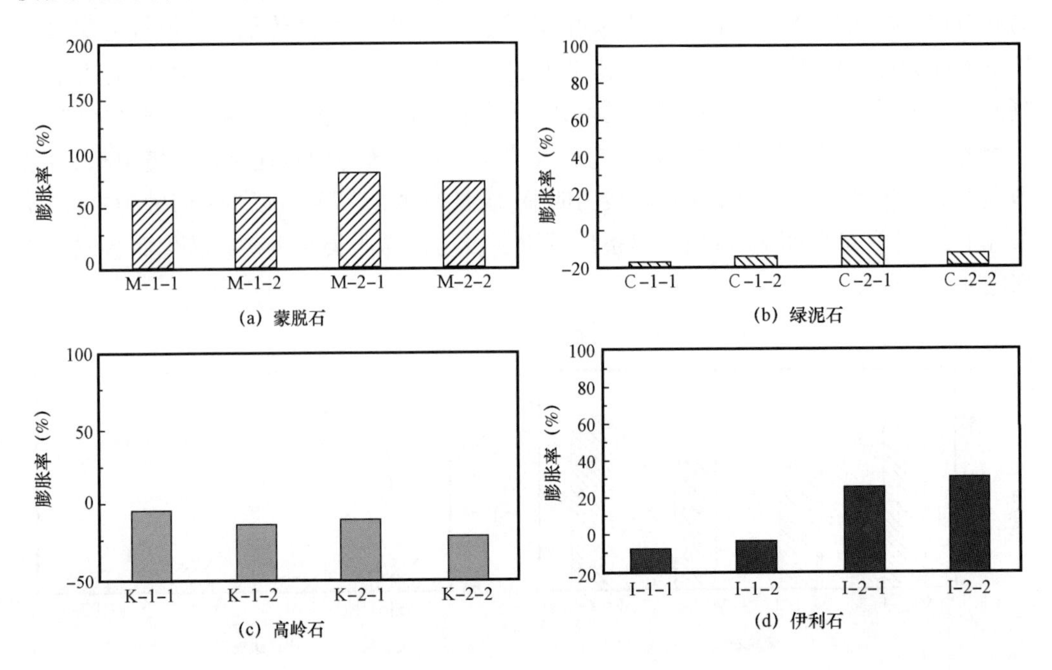

图 12.4　模拟防膨剂环境中典型黏土矿物的体积变化

12.1.1.4　典型黏土矿物的转化

黏土矿物的体积膨胀很大程度上和蒙脱石、伊/蒙混层、绿/蒙混层等膨胀性黏土矿物有关,在不同的模拟反应条件下,黏土矿物与模拟生产水溶液在设定的反应条件下发生了一系列复杂的水岩反应过程,使得黏土矿物的体积发生了明显的变化,一方面,不同黏土矿物本身的特性决定了其在模拟水溶液中的溶蚀及膨胀性能;另一方面,在高温高pH值的模拟条件下,储层中的部分黏土矿物容易在地层环境变化的条件下而发生转化,常见的转化类型包括:

(1)高岭石的转化。

高岭石在较高的pH值条件下,其稳定性较差,易发生溶蚀,当pH值为9、温度为150℃时,高岭石开始发生部分溶解,溶蚀溶液中的Ca^{2+}和Mg^{2+}极易被Na^{+}置换而形成钠基蒙脱石,其反应式为:

$$Na^{+}(Ca^{2+},Mg^{2+}) + \text{高岭石} + H_4SiO_4 \longrightarrow Na(Ca,Mg)\text{蒙脱石} + H^{+} + H_2O$$

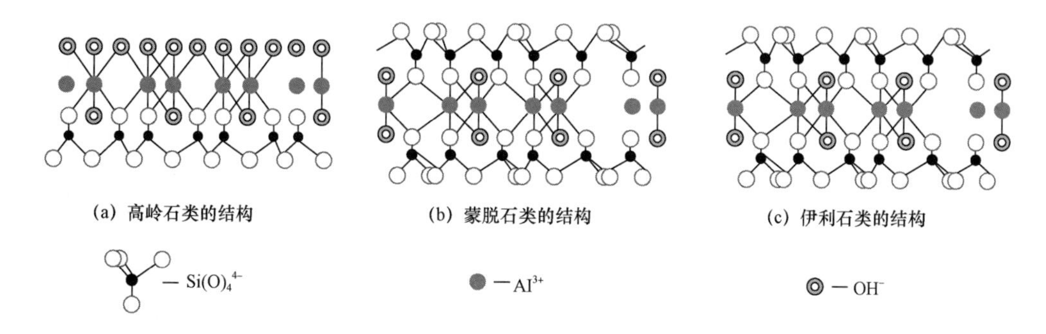

图 12.5 黏土矿物的结构示意图

(2)蒙脱石的转化。

蒙脱石是一种介于中性和酸性环境之间的黏土矿物,在酸性环境中它可向高岭石转化;而在高温、高 pH 值的碱性溶液中,在富含 K^+ 的条件下,蒙脱石能够向伊利石转化,其反应式为:

$$\text{蒙脱石} + K^+ \longrightarrow \text{伊/蒙混层} \longrightarrow \text{伊利石} \tag{12.1}$$

(3)伊利石的转化。

伊利石在弱碱性的溶液中相对稳定,只能发生少量的溶蚀,同时伊利石和伊蒙混层在缺 K^+ 的条件下,能够通过去 K^+ 的反应过程而实现向蒙脱石的转化。其反应式为:

$$\text{伊利石} + Na^+(\text{或 } Ca^{2+}, Mg^{2+}) + \text{石英} + H_2O \longrightarrow Na(Ca + Mg)\ \text{蒙脱石} + K^+ \tag{12.2}$$

因此为进一步探究水—岩反应过程前后,造成部分非膨胀类黏土矿物体积膨胀的原因,将模拟反应前后典型的黏土矿物样品进行 XRD 分析。

(4)模拟反应前典型黏土矿物的 XRD 分析。

图 12.6 为 4 种典型黏土矿物(蒙脱石、绿泥石、高岭石和伊利石)反应前的 XRD 衍射谱图,由原始 XRD 谱图可以得到不同黏土矿物的组分含量(表 12.5)。

表 12.5 反应前黏土矿物 XRD 分析结果 单位:%

样号	石英	斜长石	方解石	白云石	菱镁矿	滑石	高岭石	绿泥石	伊利石	蒙脱石	黏土矿物
K	—	—	—	—	—		97	—	1	—	2
C	—	—	—	8	6	7	—	78	—	—	1
I		1	1		—		—	—	97	—	1
M	2	8	—	—	—		—	—	—	89	1

由表 12.5 可以看出,反应前四种典型的黏土矿物都具有较高的纯度。

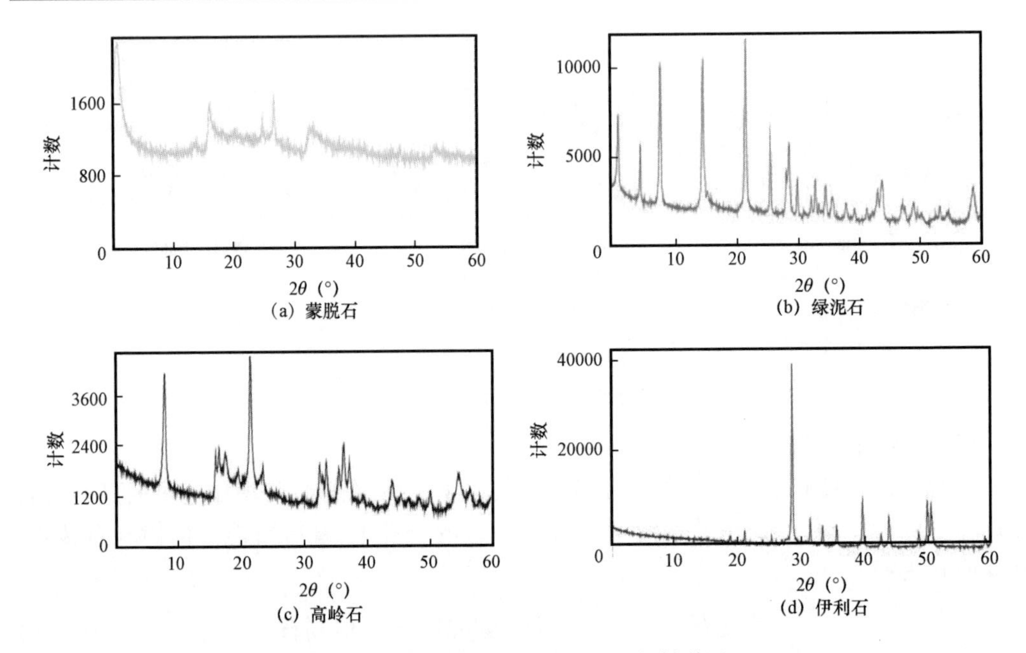

图 12.6　反应前黏土矿物 XRD 衍射谱图

(5)模拟反应后典型黏土矿物的 XRD 分析。

选择模拟实验后典型的 8 组黏土矿物样品进行 XRD 分析,XRD 衍射谱图如图 12.7 所示,由原始 XRD 谱图可以得到不同黏土矿物的组分含量(表 12.6)。

表 12.6　反应后黏土矿物分析结果　　单位:%

样号	石英	钾长石	斜长石	方解石	白云石	菱镁矿	滑石	高岭石	绿泥石	伊利石	蒙脱石	黏土矿物
M－DC－1－1	2	8									86	4
M－LN－2－2	1	10									88	1
M－FP－1－1	1	10								5	81	3
K－DC－1－1								96		1		3
K－LN－2－2								90		2	6	2
K－FP－1－1								93		4	2	1
I－DC－1－1		1	1							96		2
I－LN－2－2		1	1							90	7	1
I－FP－1－1		1	1							93	1	4
C－DC－1－1					8	6	7		77			2
C－LN－2－2					8	6	13		69			4
C－FP－1－1					8	6	4		78			4

注:DC 表示低温低 pH 值的模拟地层水条件,LN 表示高温高 pH 值的模拟冷凝液条件,FP 表示低温低 pH 值的模拟防膨剂条件。

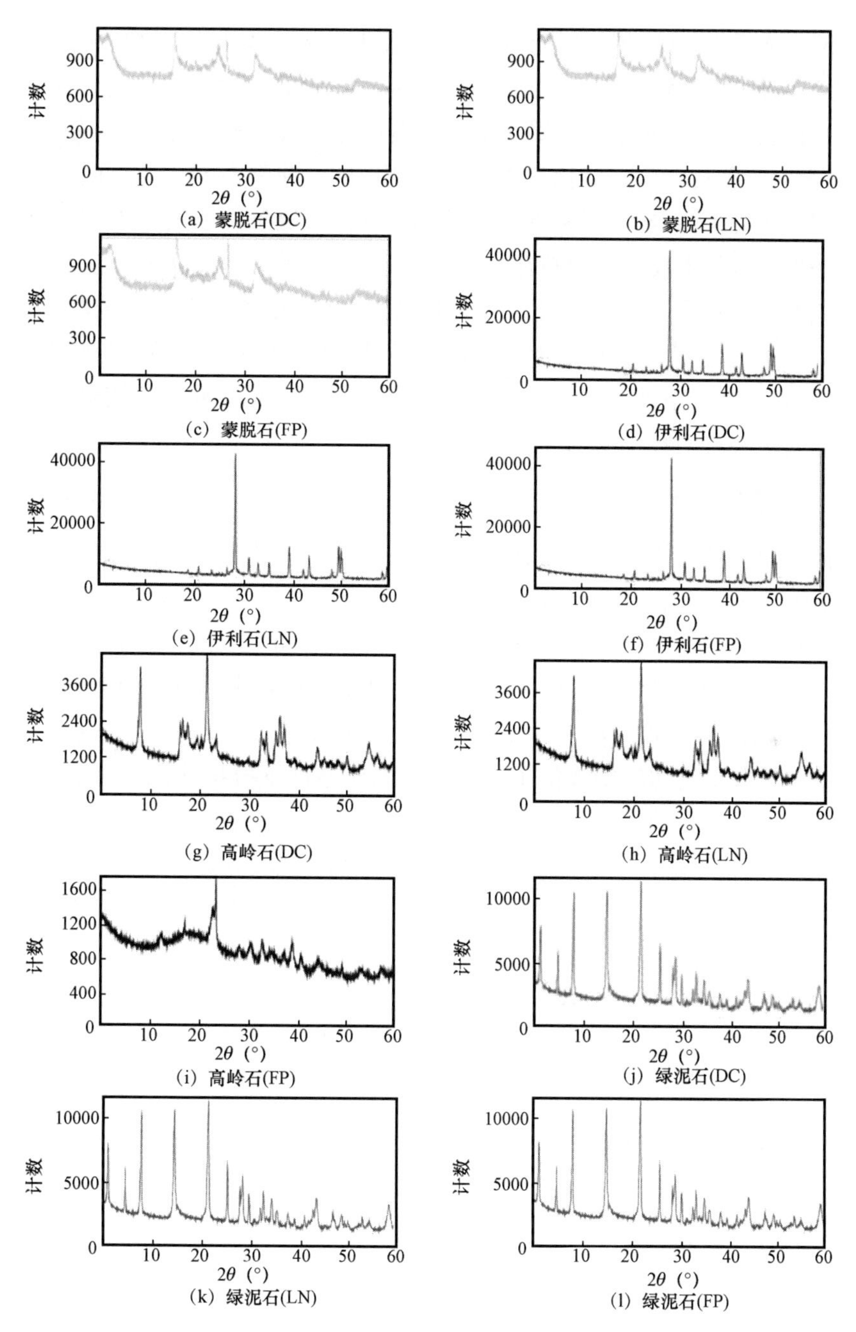

图 12.7 反应后典型黏土矿物 XRD 衍射谱图

DC 表示低温低 pH 值的模拟地层水条件,LN 表示高温高 pH 值的模拟冷凝液条件,
FP 表示低温低 pH 值的模拟防膨剂条件

对比反应前后 XRD 数据，并结合反应前后黏土矿物的体积膨胀率可看出，在低温低 pH 值的地层水模拟环境中，黏土矿物水—岩反应后的转化不明显，各类黏土的膨胀基本受到其自身性质的影响；对于高温高 pH 值的模拟冷凝液环境中，高岭石有向蒙脱石转化的趋势，其向蒙脱石转化的转化率为 6.6%，相应的溶蚀率为 31.6%，而在低温条件下高岭石的溶蚀率为 47.4%，虽然高岭石会在较高的 pH 值条件下发生不同程度的溶蚀，但是高温条件下转化生成的蒙脱石在一定程度上降低了黏土矿物的体积变化；由伊利石在高温、高 pH 值模拟条件下的转化关系可以看出，在高温条件下其向蒙脱石转化的转化率约为 7.8%；在低温、低 pH 值的模拟防膨剂环境中，蒙脱石类黏土矿物的转化情况受到了抑制，相比高温条件下，各组黏土矿物反应后蒙脱石的转化率均明显降低，其中蒙脱石反应后向伊利石的转化率约为 5.6%。

12.1.1.5 储层岩石矿物的变化

在低温的原始储层环境中，储层内的岩石与流体的性质较为稳定，岩石矿物组分不会发生较为明显的水—岩反应。而稠油油藏在注蒸汽生产的过程中，由于入井流体温度、pH 值和流体性质的变化，使得地层中的岩石矿物在不同的条件下与入井流体发生水岩反应，造成各类岩石矿物的溶蚀、膨胀及转化，使得储层伤害加剧。而实际的注汽过程中，井口温度可以达到 300℃左右，然而随着地层深度的增加，蒸汽的干度和温度都不断降低。如表 12.7 所示，实验中模拟了不同注汽温度条件下模拟蒸汽冷凝液与岩石矿物的水—岩反应。

表 12.7　不同模拟条件反应后储层岩石矿物的组成

样品编号①		1# -80 -9	1# -180 -11	2# -80 -9	2# -180 -11	3# -80 -9	3# -180 -11
岩石矿物组分含量（%）	石英	45.34	40.21	56.32	53.28	40.48	35.63
	斜长石	24.58	28.69	13.11	16.64	14.91	19.26
	钾长石	15.1	13.51	19.26	18.53	21.57	20.82
	白云石	1.42	1.16	1.61	1.54	2.34	2.17
	黏土含量	12.68	14.61	7.93	8.52	18.66	20.38
	其他	0.88	1.82	1.77	1.49	2.04	1.74
黏土矿物组分含量（%）	蒙脱石	42.54	53.86	33.77	45.23	60.58	70.53
	伊利石	5.87	3.07	18.83	13.21	10.13	4.68
	高岭石	17.42	9.82	24.94	17.87	10.41	5.79
	绿泥石	27.63	28.02	19.72	20.11	14.43	14.91
	其他	6.54	5.23	2.74	3.58	4.45	4.09

① 80 和 180 表示不同的反应温度，9 和 11 表示不同的 pH 值。

在注汽井近井区域，储层岩石矿物在高温高 pH 值的蒸汽冷凝液的作用下发生了不同程度的水—岩反应，由表 12.7 可以看出，高温高 pH 值的模拟环境中，储层黏土矿物含量上升，以 3#样品为例，其原始黏土矿物含量较高，反应后黏土矿物含量由原始的 18.32% 上升为 20.38%，其中蒙脱石由 58.6% 上升为 71.23%，伊利石和高岭石则分别从 11.28% 和 12.3% 下降为 4.68% 和 5.79%，结合典型黏土矿物在不同模拟反应条件下的实验结果，说明在高温、高 pH 值的模拟冷凝液环境中，高岭石在高温、高 pH 值的反应条件下，一方面其受碱性冷凝液的作用发生了强烈的溶蚀作用，另一方面高岭石部分转化为蒙脱石，而伊利石则在高温高 pH 值的条件下向蒙脱石转化，而天然岩石矿物在转化过程中，石英、方解石、白云石等矿物及冷凝液中的 Na^{+}，Mg^{2+} 和 Ca^{2+} 等离子都为各类黏土矿物的转化提供了必要的物质基础。同时在高温高 pH 值条件下，石英和斜长石的含量明显降低，而绿泥石的含量较为稳定。

12.1.2　模拟环境中沥青质沉积变化规律

构成原油体系的所有组分之间有着密切的关联，只要该体系中极性与非极性的分子、高分子量与低分子量的分子在含量及性质上均比较匹配，该体系就相对稳定，否则便会发生沥青质沉积，原油中沥青质的沉积受到原油组分及温度、压力等条件的影响。

12.1.2.1　原油性质

GD 油区稠油单元含油面积 27.02km²，包括 9 个整体稠油单元，1 个零散稠油单元，孤东稠油区块属于普通二类稠油油藏，原油脱气密度为 0.97～0.99g/cm³，在油层条件下原油黏度 150～500mPa·s，地面原油黏度为 1892～16610mPa·s，平均原油黏度 4749mPa·s，拐点温度 50～70℃。

图 12.8 为不同稠油单元注汽高压井原油的黏温曲线，其中 50℃时 1#，2#和 3#井原油黏度分别为 12326mPa·s，7848mPa·s 和 3256mPa·s。

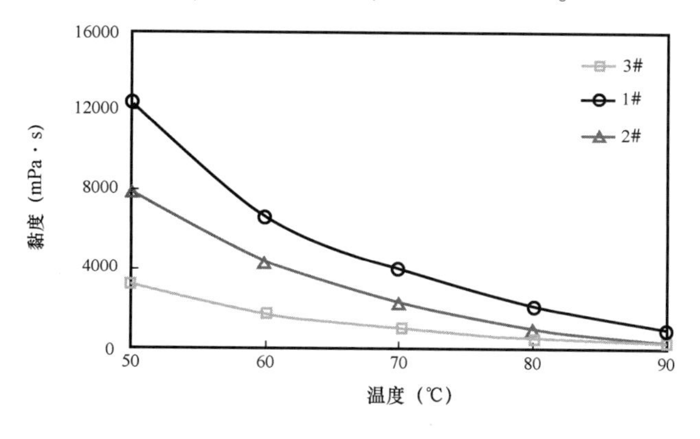

图 12.8　不同稠油单元注汽高压井原油的黏温曲线

原油中沥青质的沉积状况受温度和压力的影响，同时原油的黏度及重质组分的沉积与其组分性质密切相关。由表12.8可知，1#井原油沥青质含量较高，为15.31%，同时杂原子S的含量较高，为2.34%。可以通过原油组分的分析初步分析原油发生沥青质沉积的可能性，利用原油体系胶体的不稳定指数 CI 来判断不同原油的稳定性[63]，其中 $CI<0.7$ 时，认为原油体系稳定性较高；$CI>0.9$ 时，认为原油体系的不稳定性较高，当不稳定指数介于两者之间，可视为体系处于中度不稳定状态，具体地：

$$CI = (W_{饱和烃} + W_{沥青质})/(W_{胶质} + W_{芳香烃}) \tag{12.3}$$

式中，W 为各族组分含量，%。

表12.8　原油组分及元素分析

项目 \ 样品		1#	2#	3#
黏度(mPa·s)		12326	7848	3256
元素含量(%)	C	84.2	83.7	83.6
	H	11.4	12.2	12.9
	O	0.72	0.69	1.56
	N	0.39	0.43	0.87
	S	2.34	1.94	0.38
族组成(%)	饱和烃	30.58	32.24	35.1
	芳香烃	26.59	29.34	34.74
	胶质	28.79	25.74	24.61
	沥青质	15.31	10.54	4.38
	胶质+沥青质	44.1	36.28	28.99
	沥青质+饱和烃	45.89	42.78	39.48
	胶质+芳香烃	55.38	55.08	59.35
	胶体不稳定系数	0.83	0.78	0.67

通过计算不同原油的胶体不稳定指数可知，3#井原油呈相对稳定的状态，而1#和2#井原油呈中度不稳定状态，1#井的不稳定程度最高，最容易发生沥青质的沉积，1#，2#和3#三种原油的不稳定指数分别为0.83，0.78和0.67。

12.1.2.2　实验部分

(1)实验材料。

① 实验所用原油样品：GD油区垦92区块、九区和GD827区块原油。

② 实验药品:正庚烷、二氯甲烷、氯仿、甲醇、无水乙醇、甲苯、二甲苯(青岛世纪星化学试剂有限公司)。

(2)实验仪器。

实验中主要的仪器见表12.9。

表12.9 原油及沥青质性质研究主要仪器

仪器名称	型号	生产厂家
旋转黏度计	BROOKFIELD DV - Ⅲ Ultra	美国 BROOKFIELD 公司
傅立叶变换红外光谱仪	EQUINOX55	德国布鲁克公司
气相色谱质谱仪	Agilent 7890	美国安捷伦公司
索氏抽提器	500mL	江苏奇乐电子科技有限公司
可见分光光度计	723	上海菁华科技仪器有限公司
高温高压反应釜		江苏珂地石油仪器有限公司

(3)实验及分析方法。

① 原油黏度的测定:SY/T 7549—2000《原油黏温曲线的确定旋转黏度计法》中所述的方法对原油黏度进行测定。

② 原油四组分分析:SY/T 5119—2016《岩石中可溶有机物及原油族组分分析》中所述的方法对原油中的饱和烃、芳香烃、胶质和沥青质组分进行测定,并通过大量原油样品提取沥青质。

③ 沥青质红外光谱分析:SY 5121—1986《岩石有机质及原油红外光谱分析方法》进行测定。

④ 高温高压条件下沥青质沉积量测试:常用的沥青质沉积量的检测方法包括质量法、分光光度法等,本文中为模拟不同条件下沥青质的沉积状况,进行高温高压条件下的沥青质沉积量的测定,实验装置(图12.9)包括:手摇泵、高温高压反应釜、电热恒温干燥箱和0.25μm金属过滤器等,其中反应中原油的体积需控制在10~50cm^3,原油和沉淀剂的比例为1~50,为使混合溶液达到稳定状态可通过电磁搅拌混合2天。将混合好的500cm^3溶液在常压下加入反应釜中。电热恒温干燥箱用来设定实验中所需要的温度,反应的温度和压力范围分别为0~70MPa和20~300℃。为了模拟油藏条件,应当将反应溶液搅拌4天。逐渐降低反应压力(从油藏压力到分离器压力),沥青质随着压力的下降沥青质不断析出。将溶液缓慢的通过0.25μm的金属过滤器,需要注意的是通过过滤器的原油样品必须是单相的。通过高压氦气给金属过滤器加回压。通过反应前后沥青质含量的变化可以得到沥青质沉积量的变化。沥青质沉积量变化的实验条件为:温度20~180℃,压力0~60MPa,通过该实验获取不同温度压力条件下沥青质的沉积变化规律。

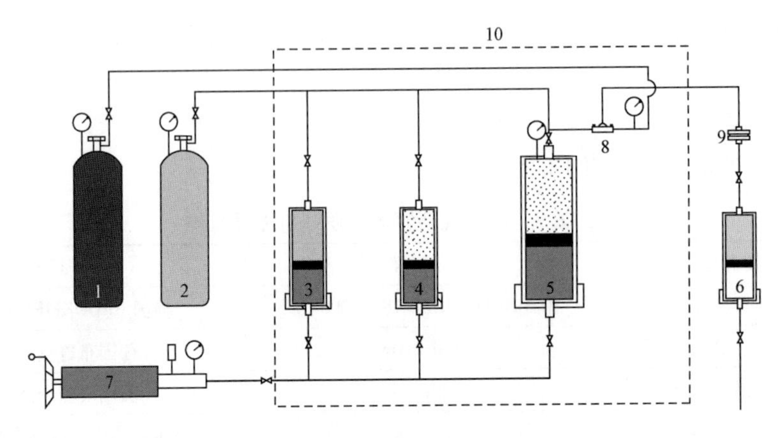

图 12.9 沥青质沉积测试装置

1,2—气瓶;3,4—中间容器;5—PVT 筒;6,7—手摇泵;
8—回压阀;9—金属过滤器;10—恒温箱

12.1.2.3 原油及沥青质特征

GD 油区不同稠油单元注汽高压井原油(1#、2#和 3#原油)的气相色谱分析结果如图 12.10 所示。

由图 12.10 和表 12.10 可知,2#原油和 1#原油中中高碳数的烃类化合物分布较高,其中 1#原油碳数分布以 C_{25}—C_{30},C_{30}—C_{35}为主,分别为 25.47% 和 20.83%,2#原油则主要分布在 C_{20}—C_{35},其中 C_{25}—C_{30} 占总含量的 26.74%,对于碳数大于 35 的烃类物质,1#原油和 2#原油则分别占 5.89% 和 2.33%;对于 3#原油,碳数小于 25 的烃类化合物的含量占 72.42%,同时碳数大于 35 的烃类化合物的含量仅为 0.07%。原油中的烃类化合物组成较为复杂,但由沥青质的定义可知,低碳数正构烷烃的存在能够使大分子的沥青质在一定的温度和压力下发生沉积,同时结合原油四组分分析中胶体不稳定指数的结果,一方面,从族组分分析说明 1#原油和 2#原油具有相对较高的不稳定性;另一方面,从原油的全烃分布说明两种原油中存在发生少量沥青质沉积的可能。

表 12.10 不同稠油单元注汽高压井原油全烃分布表 单位:%

碳数分布	1#原油	2#原油	3#原油
$<C_{10}$	2.17	2.63	4.32
$<C_{15}$	15.63	14.37	21.15
$<C_{20}$	30.94	28.54	44.66
$<C_{25}$	47.81	51.11	72.42
$<C_{30}$	73.28	77.85	90.09
$<C_{35}$	94.11	97.67	99.93
$>C_{35}$	5.89	2.33	0.07

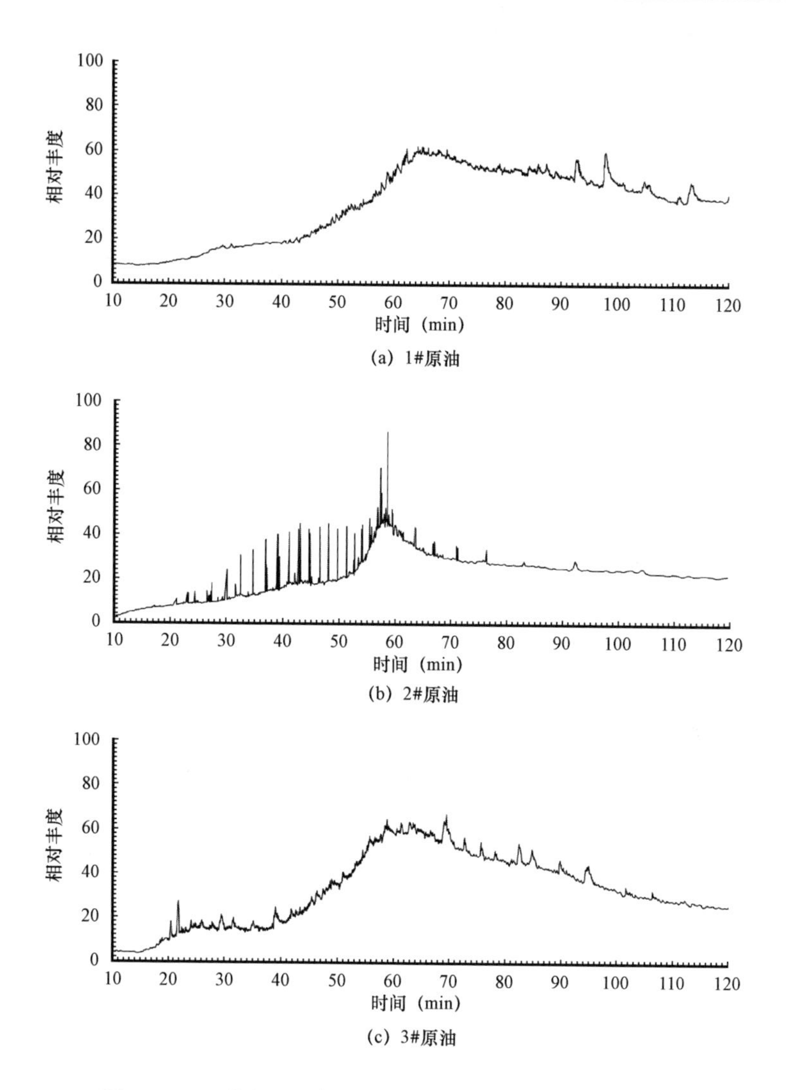

(a) 1#原油

(b) 2#原油

(c) 3#原油

图 12.10 不同稠油单元注汽高压井原油全烃气相色谱图

沥青质是原油中结构较为复杂的大分子化合物,其具有较强的极性和稠化度,如图 12.11 所示为从不同原油中提取的沥青质红外光谱图。

由图 12.11 和表 12.11 可知,各原油样品中均含有明显的羰基、芳环、芳环烷基及环烷烃等碳氢类官能团,同时含有羟基、醇基和 NH 等在内含杂原子元素的极性官能团,在原油中的沥青质发生沉积后,沥青质极易在极性官能团的作用下与储层中的岩石矿物发生吸附而造成储层伤害。

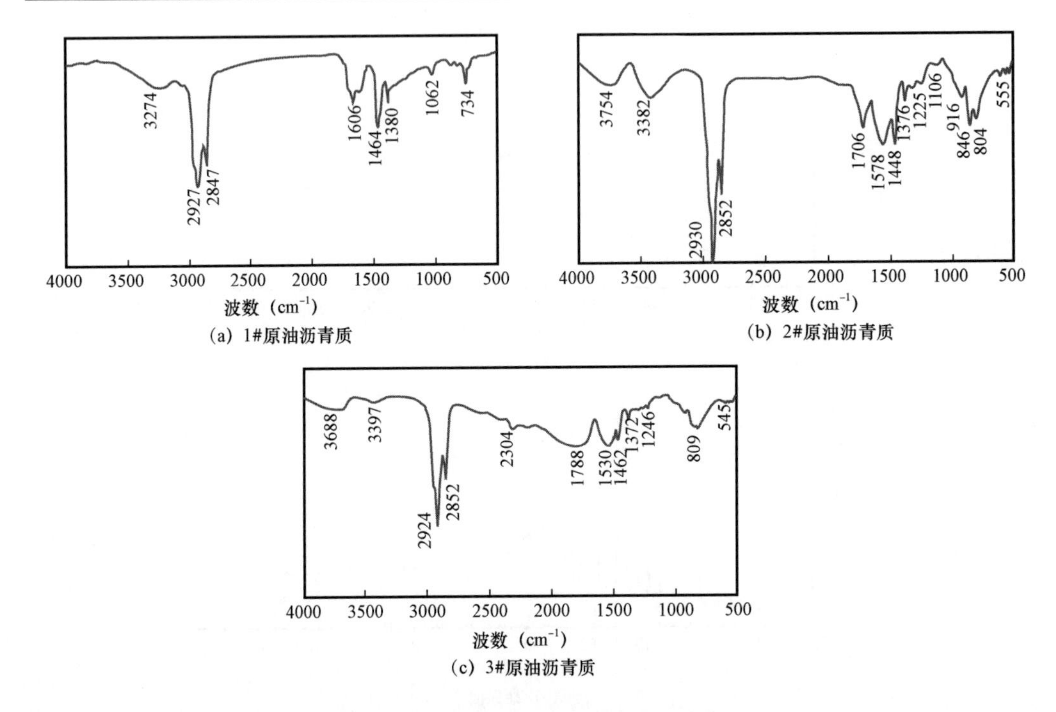

(a) 1#原油沥青质

(b) 2#原油沥青质

(c) 3#原油沥青质

图 12.11　不同稠油单元注汽高压井沥青质红外光谱

表 12.11　红外光谱特征吸收峰及其归属

波数范围（cm^{-1}）	表征基团	波数范围（cm^{-1}）	表征基团
3500～3200	OH（醇及酚）	1670～2000	苯的衍生物 C—H 振动
3500～3300	NH	1620～1590	芳香烃 C═C
3010～3050	芳香烃 C—H 伸展	1455～1375	不对称—C—CH_3
2840～2950	环烷烃及烷烃 C—H 振动	1380～1350	对称—CH_2—
2920～2915	次甲基—CH_2—	900～650	对称—C—CH_3
2950～2895	甲基—CH_3	735～690	烷基$(CH_2)_n$（$n \geqslant 3$）
1735～1700	C═O		

12.1.2.4　沥青质沉积量的变化

沥青质从原油中析出受到温度、压力和原油组成等条件的影响，同时压力对于沥青质沉积的影响要大于温度和原油组成对于沥青质沉积的影响，图 12.12 为沥青质沉积包络线示意图，沥青质的初始沉积压力随着温度的升高而不断升高，同时在沥青质沉积环境中，泡点压力随着温度的升高而不断降低，当压力高于泡点压力时，沥青质发生聚集，而沥青质的沉积则主要受到析出后的沥青质在岩石矿物表面的吸附影响，而沉积吸附在岩石矿物表面的沥青质会造成孔隙堵塞。因此沥青质的沉积吸附会造成原油在孔隙中的流动性降低,同时也会增加原油的黏度,改变岩石的润湿性。温度和压力对于沥青质沉积状况的影响如图 12.12 所示。温度对于沥青质沉积量的影响与泡点压力密切相关,当压力高于泡点压力时,随着温度的升高,原油中的沥青质不稳定性增强,更容易发生沉积,但随着温度的进一步增加,沥青质基团的沉积状况不断降低。

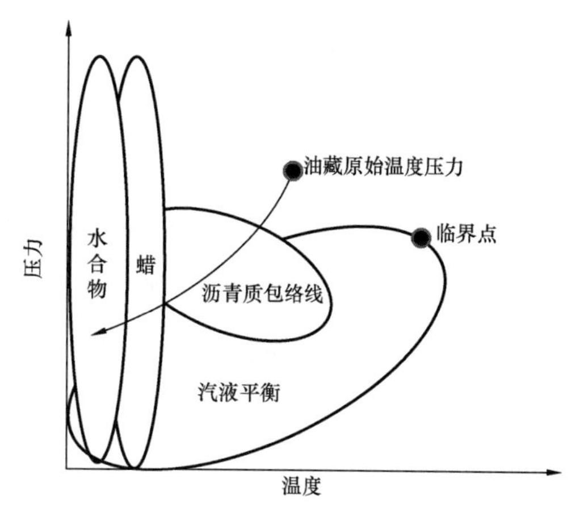

图 12.12　沥青质沉积包络线和沉积区域示意图

如图 12.13 所示,由于原油组分性质不同,温度和压力对于其沉积状况的影响不同,对于3#原油,随着压力的升高,沥青质的沉积量不断增加,但不同温度和压力条件下,沥青质的沉积量较低,尤其是在高温低压的条件下,基本不发生沉积,其沉积量仅为

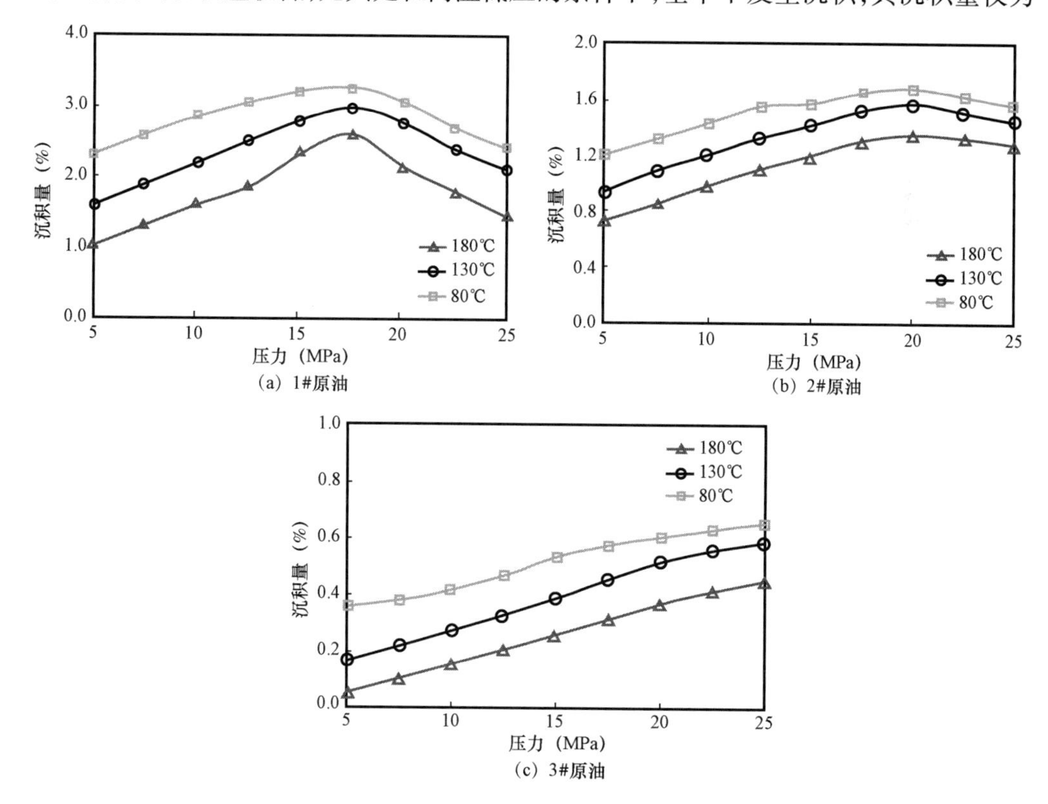

图 12.13　沥青质沉积量随温度和压力的变化

0.05%;其中2#原油,随着压力的不断增大,不同温度条件下,在20MPa左右,沥青质的沉积量基本达到最高值,80℃时其沉积量为1.69%;随着压力的继续升高,其沉积量变化有缓慢降低的趋势,在25MPa时,其沉积量为1.57%;相比3#和2#原油,1#原油在较低的温度和压力条件下(80℃,5MPa)具有较高的沉积量,为2.33%;随着压力的不断升高,80℃时,其最大沉积量在17.5MPa时达到3.27%,同时可以看出温度和压力对于1#原油沥青质沉积量的影响较为明显。

12.1.3 模拟环境中沥青质在岩石矿物表面的吸附规律

原油当中的沥青质在储层环境中的吸附受到多种因素影响,比如原油体系外的水介质环境和周围岩石矿物组分的特征等。沥青质通常是通过氢键作用、配位键、范德华力以及离子交换等作用力而吸附于储层岩石表面。影响沥青质沉积吸附的因素有多种,主要包括矿物自身的物理化学性质及其结构特征、沥青质的结构、pH值、温度和压力等。具体包括以下几个方面:(1)储层岩石的物理化学结构和特征;(2)原油中沥青质与胶质的含量及其存在的状态;(3)储层岩石表面水膜的存在;(4)研究吸附行为所使用的溶剂也将影响沥青质吸附行为。

12.1.3.1 实验部分

(1)实验材料。

① 实验所用岩石矿物(储层典型的黏土矿物):蒙脱石、伊利石、高岭石和绿泥石购自国家标准物质网(编号分别为M,I,K和Ch),4种典型黏土矿物研磨至粒径大小200目;不同目数的石英砂颗粒(60目、80目和100目)。

② 实验所用沥青质:根据SY/T 5119—2016的方法,利用GD油区原油抽提的沥青质样品。

③ 实验药品:正庚烷、二氯甲烷、氯仿、甲醇、无水乙醇、甲苯、二甲苯(青岛世纪星化学试剂有限公司)。

(2)实验仪器。

实验中主要的仪器见表12.12。

表12.12 沥青质在岩石矿物表面沉积吸附研究主要仪器

仪器名称	型号	生产厂家
高温高压反应釜	—	江苏珂地石油仪器有限公司
索氏抽提器	500mL	江苏奇乐电子科技有限公司
可见分光光度计	723	上海菁华科技仪器有限公司
电热恒温鼓风干燥箱	Q/BKYY31-2000	上海跃进医疗器械厂

(3)实验及分析方法。

本部分主要开展不同浓度沥青质甲苯溶液在不同类型岩石矿物表面的等温吸附情况,同时考虑了温度及岩石矿物表面水膜对沥青质吸附性能的影响,具体的实验步骤如下:

① 岩石矿物样本进行预处理。对4种典型黏土矿物研磨至粒径大小200目,将石英砂颗粒用蒸馏水清洗后,烘干,并将石英砂颗粒按目数筛分为60目、80目和100目。

② 沥青质的抽提。利用索氏抽提器,以正庚烷作为主要的抽提溶剂,按照SY/T 5119—2016中所述的方法对原油中的沥青质进行抽提。

③ 最大吸收波长的确定。配置浓度 C 分别为25mg/L,50mg/L,100mg/L,500mg/L和1000mg/L的沥青质甲苯溶液,测定不同波长下沥青质甲苯溶液的吸光度值,沥青质甲苯溶液的最大吸收波长为295nm。

④ 绘制标准曲线。配制浓度 C 分别为50mg/L、100mg/L、200mg/L、300mg/L和400mg/L的沥青质甲苯溶液;调节可见光分光光度计的波长为295nm,分别测定不同浓度沥青质溶液的吸光值 A;基于比尔－朗伯定律,做出 A—C 标准曲线,如图12.14所示。

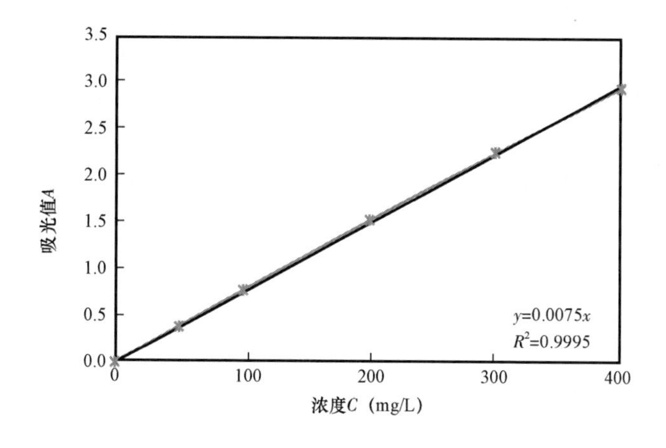

图12.14　沥青质甲苯溶液标准曲线图

⑤ 沥青质在岩石矿物表面的吸附。为考察不同岩石矿物类型(不同目数石英砂颗粒、蒙脱石、伊利石、绿泥石和高岭石)、水湿环境(干燥吸附和水湿后吸附)及温度(80℃和180℃)对沥青质在岩石矿物表面的吸附状况的影响,利用高温高压反应釜进行不同模拟条件下沥青质在岩石矿物组分表面的吸附行为研究,在不同的高温高压反应釜中分别加入36mL浓度分别为0mg/L,25mg/L,50mg/L,75mg/L,100mg/L和200mg/L的沥青质甲苯溶液,摇晃均匀后放入恒温干燥箱,在设定的吸附模拟温度下静置48h;水湿环境的模拟过程是在加入沥青质甲苯溶液前,在盛有干燥岩石矿物的高温高压反应釜中先加

入 36mL 去离子水，摇匀后静置，待 24h 后用吸管将反应釜中的水吸出，直到反应釜中无明显可流动水后，再向不同的高温高压反应釜中分别加入 25mg/L，50mg/L，75mg/L，100mg/L 和 200mg/L 的沥青质甲苯溶液，摇晃均匀后放入恒温干燥箱在设定的吸附模拟温度下静置 48h。

⑥ 吸附量的确定。吸附 48h 后测定每个反应釜中吸附后的沥青质甲苯溶液的吸光度，并利用标准曲线计算吸附后沥青质甲苯溶液的浓度，对比反应前后的溶液浓度，计算各反应釜中岩石矿物组分在不同模拟条件下对沥青质的吸附量。

⑦ 等温吸附模型拟合。

a. Langmuir 等温吸附模型。Langmuir 模型是常用的等温吸附模型，其基本假设是基于吸附剂表面具有多个无限能量无差别的吸附位点，吸附剂表面是均匀的，且吸附位点既可以是化学作用也可以是物理作用，但是必须能够阻止吸附的分子能够沿着吸附剂表面发生位移。Langmuir 模型适用于在吸附剂表面的单层吸附模型。

$$\frac{C_e}{Q_e} = \frac{1}{Q_{max}K_L} + \frac{C_e}{Q_{max}} \tag{12.4}$$

式中：C_e 为溶液中沥青质甲苯溶液的平衡浓度，mg/L；Q_e 为不同岩石矿物对沥青质的平衡吸附量，mg/g；Q_{max} 为沥青质在岩石矿物表面的最大吸附量，mg/g；K_L 为 Langmuir 吸附平衡常数。

b. Freundlich 等温吸附模型。Freundlich 模型是非线性模型，其基本假设将吸附剂表面视为是不均匀的；若吸附平衡常数与表面覆盖程度有关时，或者用于表征高浓度的吸附质的吸附过程时，可以用 Freundlich 模型进行拟合：

$$Q_e = K_F C_e^{1/n} \tag{12.5}$$

式中：C_e 为溶液中沥青质甲苯溶液的平衡浓度，mg/L；Q_e 为不同岩石矿物对沥青质的平衡吸附量，mg/g；K_F 为 Freundlich 吸附常数；n 为非线性因子。

12.1.3.2 80℃条件下沥青质在石英砂表面的吸附

（1）等温吸附曲线。

80℃时不同目数石英砂对沥青质甲苯溶液的吸附量如图 12.15 所示，在干燥条件下，沥青质在石英砂颗粒表面的吸附随着石英砂目数的增加而不断增加。200 目石英砂吸附平衡浓度为 867.2mg/L 时，其对沥青质的吸附量为 2.649mg/g。在水湿条件下，随着沥青质浓度的增加，石英砂对沥青质的吸附量也不断增加，但是等温吸附曲线斜率逐渐降低，吸附过程在较低的浓度下逐渐趋于平衡，说明水膜对沥青质在石英砂上的吸附有一定的抑制作用；由图 12.16（b）可知水膜对 60 目石英砂吸附沥青质能力的抑制作用最强,抑制率最大,对200目石英砂的抑制率最小;石英砂吸附平衡浓度为896.5mg/L时,其对沥青质的吸附量为1.237mg/g,抑制率超过50%;石英砂粒径越大,水膜对沥青质在其表面吸附的抑制作用越明显。

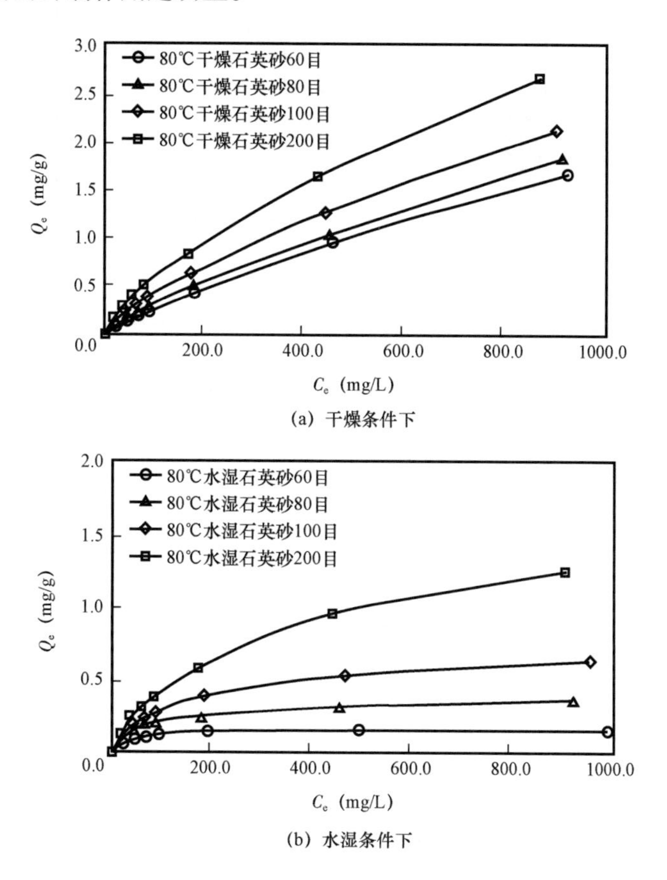

图12.15 80℃条件下沥青质在石英砂表面的等温吸附曲线

(2)Langmuir等温吸附模型。

由80℃条件下石英砂对沥青质甲苯溶液的等温吸附曲线可以得到Langmuir模型拟合曲线和相关参数,如图12.16和表12.13所示。干燥条件下,沥青质在石英砂表面的吸附过程与Langmuir模型的拟合度较低,而在水湿条件下,实验结果与Langmuir吸附模型的拟合度较高(均大于0.99),说明Langmuir吸附模型可以更好地反应80℃水湿条件下石英砂对沥青质的吸附过程,水膜的存在使得岩石矿物的吸附更加均匀。同时,由Langmuir吸附模型拟合得到不同条件下石英砂对沥青质的最大吸附量,其中200目石英砂水湿条件下的最大吸附量为1.389mg/g。

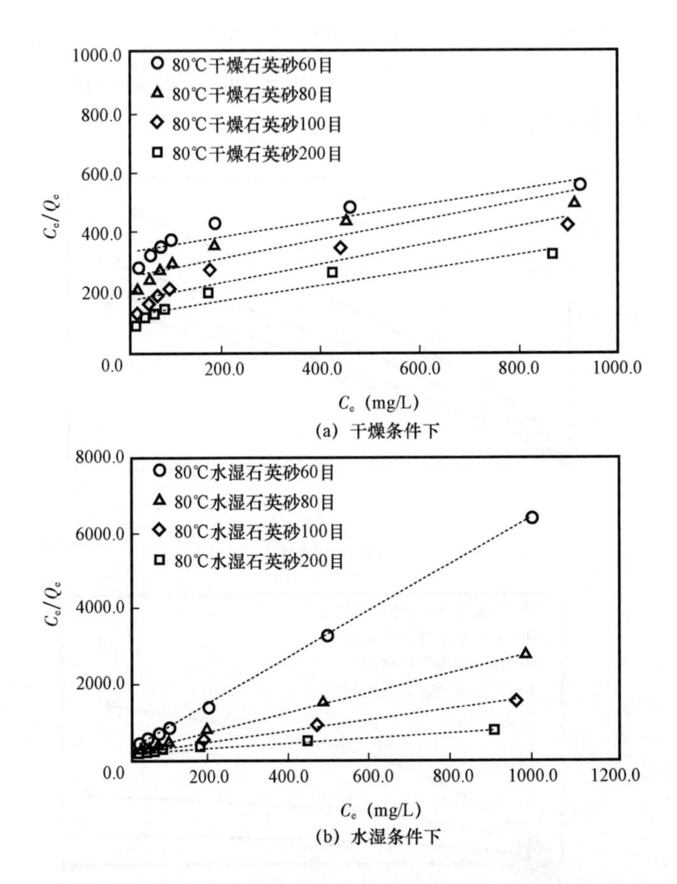

(a) 干燥条件下

(b) 水湿条件下

图 12.16 80℃条件下沥青质在石英砂表面吸附的 Langmuir 模型拟合曲线

表 12.13 80℃条件下沥青质在石英砂表面吸附的 Langmuir 方程拟合参数

岩石矿物	温度(℃)	水湿条件	Langmuir 吸附等温式	Q_{max}(mg/g)	K_L(10^3)	R^2
石英砂 60 目	80	干燥	$C_e/Q_e=0.3254C_e+331.37$	3.073	0.982	0.8736
石英砂 80 目	80	干燥	$C_e/Q_e=0.3018C_e+255.64$	3.313	1.181	0.8758
石英砂 100 目	80	干燥	$C_e/Q_e=0.2506C_e+172.7$	3.990	1.451	0.8893
石英砂 200 目	80	干燥	$C_e/Q_e=0.2061C_e+120.04$	4.852	1.717	0.9149
石英砂 60 目	80	水湿	$C_e/Q_e=6.263C_e+200.02$	0.160	31.312	0.9996
石英砂 80 目	80	水湿	$C_e/Q_e=2.6572C_e+207.55$	0.376	12.803	0.9979
石英砂 100 目	80	水湿	$C_e/Q_e=1.416C_e+182$	0.706	7.780	0.9968
石英砂 200 目	80	水湿	$C_e/Q_e=0.7197C_e+155.7$	1.389	4.622	0.9909

(3)Freundlich 等温吸附模型。

由 80℃条件下石英砂对沥青质甲苯溶液的等温吸附曲线可以得到 Freundlich 模型拟合曲线和相关参数,如图 12.17 和表 12.14 所示,干燥条件下,实验结果与 Freundlich 模型的拟合度较高,均大于 0.99。Freundlich 吸附常数 K_F和非线性因子 n 是 Freundlich 吸附模型中的重要拟合参数,在干燥条件下,$1/n$ 均小于 1,说明沥青质在干燥石英砂表面的吸附过程随着石英砂目数的不断增大,$1/n$ 的值不断降低,说明随着目数的增加吸附过程更容易发生。由 Freundlich 吸附常数 K_F可以看出,随着石英砂目数的增加,K_F值不断增大;Freundlich 吸附常数 K_F越大,说明吸附质与吸附剂之间的结合能力越强,因此目数越大,石英砂与沥青质之间的结合能力越强。

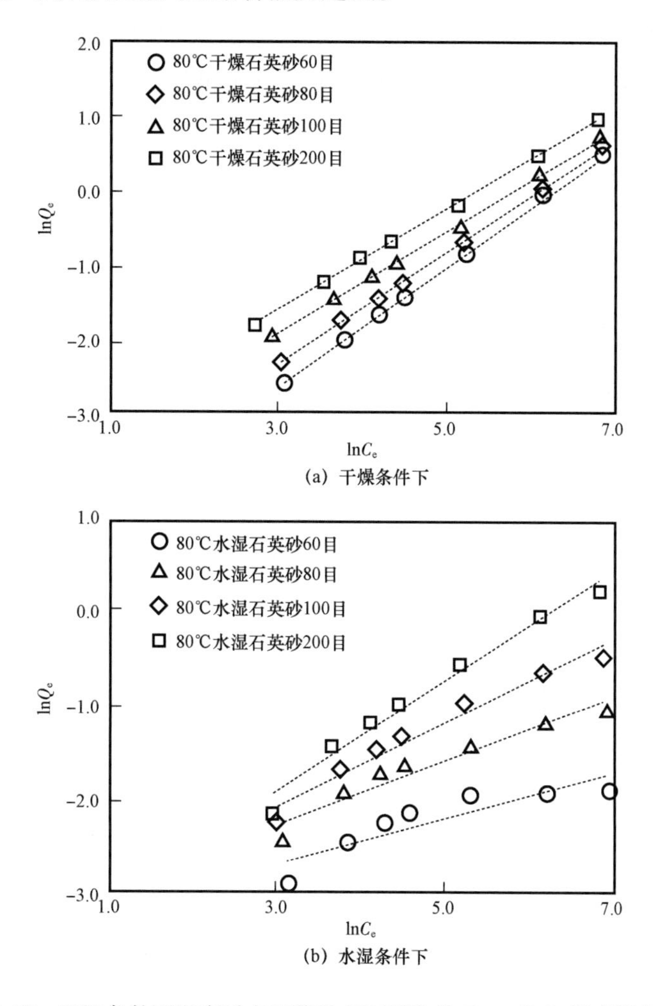

(a) 干燥条件下

(b) 水湿条件下

图 12.17 80℃条件下沥青质在石英砂表面吸附的 Freundlich 模型拟合曲线

表 12.14　80℃条件下沥青质在石英砂表面吸附的 Freundlich 方程拟合参数表

岩石矿物	温度(℃)	水湿条件	Freundlich 吸附等温式	n	K_F	R^2
石英砂 60 目	80	干燥	$\ln Q_e = 0.8266\ln C_e - 5.1318$	1.2098	0.0059	0.9998
石英砂 80 目	80	干燥	$\ln Q_e = 0.7649\ln C_e - 4.636$	1.3074	0.0097	0.9997
石英砂 100 目	80	干燥	$\ln Q_e = 0.692\ln C_e - 3.9861$	1.4436	0.0186	0.9993
石英砂 200 目	80	干燥	$\ln Q_e = 0.679\ln C_e - 3.6179$	1.4728	0.0268	0.9995
石英砂 60 目	80	水湿	$\ln Q_e = 0.2432\ln C_e - 3.3727$	4.1118	0.0343	0.7912
石英砂 80 目	80	水湿	$\ln Q_e = 0.3349\ln C_e - 3.223$	2.9860	0.0398	0.9187
石英砂 100 目	80	水湿	$\ln Q_e = 0.4381\ln C_e - 3.3338$	2.2826	0.0357	0.9672
石英砂 200 目	80	水湿	$\ln Q_e = 0.5808\ln C_e - 3.6069$	1.7218	0.0271	0.9792

12.1.3.3　80℃条件下沥青质在黏土矿物表面的吸附

(1)等温吸附曲线。

80℃时不同类型黏土矿物对沥青质甲苯溶液的吸附量如图 12.18 所示,在干燥条件下,除伊利石外,蒙脱石、高岭石和绿泥石在较低的吸附平衡浓度下即可达到较高的吸附

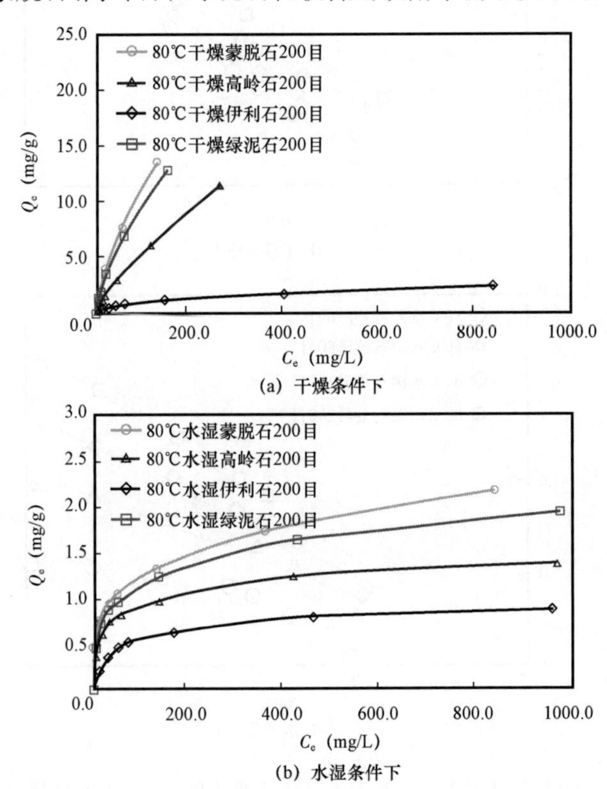

图 12.18　80℃条件下沥青质在黏土矿物表面的等温吸附曲线

量，其中蒙脱石在吸附平衡浓度为128.8mg/L时，其对沥青质的吸附量为13.54mg/g，而伊利石随吸附平衡浓度的增大，其吸附量趋于平稳。在水湿条件下，随着沥青质浓度的增加，黏土矿物的吸附量也不断增加，但吸附过程逐渐趋于平稳，尤其是蒙脱石、高岭石和绿泥石三种黏土矿物水湿条件下的吸附量明显低于干燥条件下相应的吸附量，其中蒙脱石在吸附平衡浓度为836.4mg/L时；其对沥青质的吸附量仅为2.2mg/g。

（2）Langmuir等温吸附模型。

由80℃条件下黏土矿物对沥青质甲苯溶液的等温吸附曲线可以得到Langmuir模型拟合曲线和相关参数，如图12.19和表12.15所示。与石英砂相同，干燥条件下，黏土矿物对沥青质的吸附过程与Langmuir模型的拟合度较低，但对水湿条件下的吸附过程具有较高的拟合度，均大于0.99。由Langmuir模型计算得到的不同黏土矿物的最大吸附量，其中蒙脱石、高岭石、伊利石和绿泥石80℃水湿条件下的最大吸附量分别为2.3364mg/g，1.4486mg/g，1.0129mg/g和2.0956mg/g。

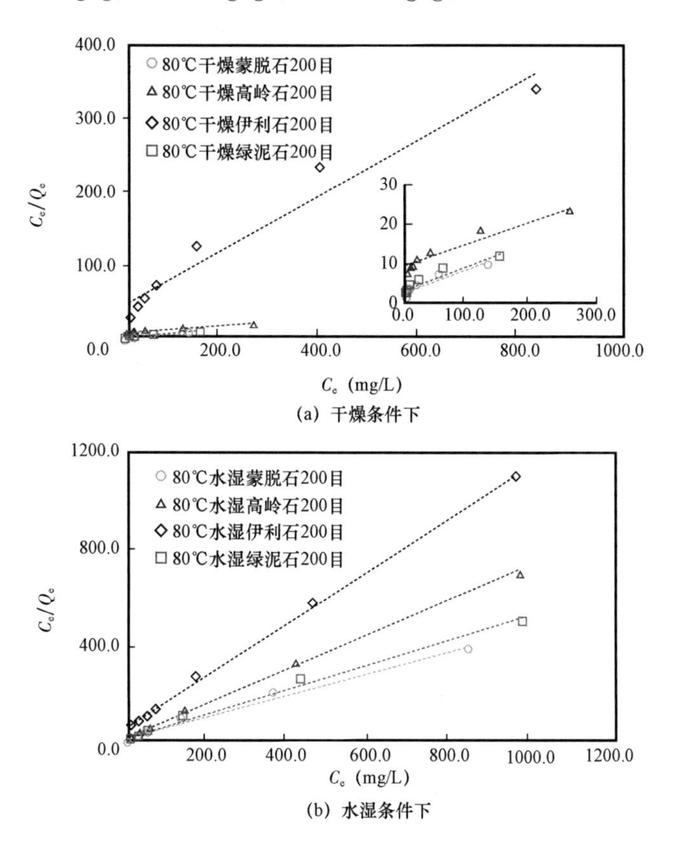

图12.19　80℃条件下沥青质在黏土矿物表面吸附的Langmuir模型拟合曲线

表 12.15 80℃条件下沥青质在黏土矿物表面吸附的 Langmuir 方程拟合参数

岩石矿物	温度(℃)	水湿条件	Langmuir 吸附等温式	Q_{max}(mg/g)	K_L(10^3)	R^2
蒙脱石 200 目	80	干燥	$C_e/Q_e=0.0617C_e+2.3108$	16.2075	26.7007	0.9357
高岭石 200 目	80	干燥	$C_e/Q_e=0.0561C_e+9.3475$	17.8253	6.0016	0.929
伊利石 200 目	80	干燥	$C_e/Q_e=0.3777C_e+48.323$	2.6476	7.8162	0.9674
绿泥石 200 目	80	干燥	$C_e/Q_e=0.0.062C_e+3.1734$	16.1290	19.5374	0.8489
蒙脱石 200 目	80	水湿	$C_e/Q_e=0.428C_e+22.587$	2.3364	18.9490	0.9903
高岭石 200 目	80	水湿	$C_e/Q_e=0.6903C_e+25.96$	1.4486	26.5909	0.9988
伊利石 200 目	80	水湿	$C_e/Q_e=0.9873C_e+64.82$	1.0129	15.2314	0.9992
绿泥石 200 目	80	水湿	$C_e/Q_e=0.4772C_e+24.474$	2.0956	19.4982	0.9963

(3)Freundlich 等温吸附模型。

由 80℃条件下黏土矿物对沥青质甲苯溶液的等温吸附曲线可以得到 Freundlich 模型拟合曲线和相关参数,如图 12.20 和表 12.16 所示。干燥条件下,实验结果与 Freundlich

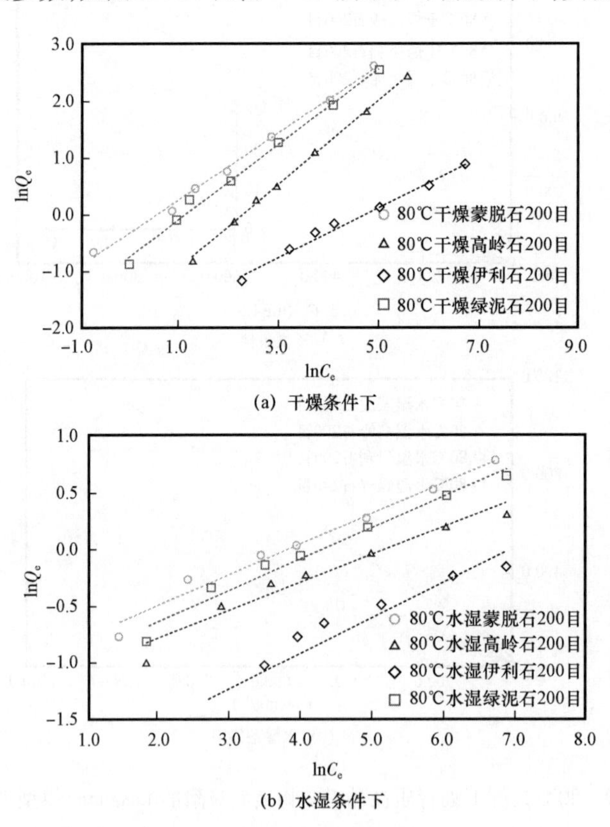

图 12.20 80℃条件下沥青质在黏土矿物表面吸附的 Freundlich 模型拟合曲线

表12.16 80℃条件下沥青质在黏土矿物表面吸附的 Freundlich 方程拟合参数表

岩石矿物	温度(℃)	水湿条件	Freundlich 吸附等温式	n	K_L	R^2
蒙脱石200目	80	干燥	$C_e/Q_e=0.5887C_e-0.3051$	1.6987	0.7370	0.9357
高岭石200目	80	干燥	$C_e/Q_e=0.7402C_e-1.651$	1.3510	0.1919	0.929
伊利石200目	80	干燥	$C_e/Q_e=0.4378C_e-2.0416$	2.2841	0.1298	0.9674
绿泥石200目	80	干燥	$C_e/Q_e=0.6578C_e-0.708$	1.5202	0.4926	0.8489
蒙脱石200目	80	水湿	$C_e/Q_e=0.2701C_e-1.0255$	3.7023	0.3586	0.9903
高岭石200目	80	水湿	$C_e/Q_e=0.2448C_e-1.2627$	4.0850	0.1271	0.9988
伊利石200目	80	水湿	$C_e/Q_e=0.3182C_e-2.1763$	3.1427	0.1135	0.9992
绿泥石200目	80	水湿	$C_e/Q_e=0.275C_e-1.1735$	3.6364	0.3093	0.9963

模型的拟合度较高,均大于0.99。Freundlich 吸附常数 K_F 和非线性因子 n 是 Freundlich 吸附模型中的重要拟合参数,在干燥条件下,$1/n$ 均小于1,说明沥青质在干燥黏土矿物表面的吸附过程为优惠吸附,由 Freundlich 吸附常数 K_F 可以看出,黏土矿物与沥青质的结合能力强弱排序依次为:蒙脱石>绿泥石>高岭石>伊利石>石英砂。

12.1.3.4 180℃条件下沥青质在石英砂表面的吸附

(1)等温吸附曲线。

180℃时不同目数石英砂对沥青质甲苯溶液的吸附量如图12.21所示,干燥条件下,沥青质吸附平衡浓度与沥青质在石英砂表面的吸附基本呈线性关系,但是相比80℃干燥条件下的吸附量,高温条件下,沥青质在石英砂表面的吸附量明显增加;其中沥青质在200目石英砂表面的吸附平衡浓度,80℃时867.2mg/L,相应的吸附量为2.649mg/g,180℃时623.576mg/L,相应的吸附量为7.827mg/g。同时由图12.21可以看出180℃条件下,水湿环境显著地降低了沥青质在不同粒径石英砂表面的吸附。对比80℃水湿环境下的实验结果,说明不同温度条件下,水膜的存在有效地抑制了沥青质在石英砂表面的吸附。

(2)Langmuir 等温吸附模型。

由180℃条件下石英砂对沥青质甲苯溶液的等温吸附曲线可以得到 Langmuir 模型拟合曲线和相关参数,如图12.22和表12.17所示,干燥条件下,Langmuir 模型的拟合度较低,而在水湿条件下,实验结果与 Langmuir 吸附模型的拟合度较高,均大于0.99。由 Langmuir 模型拟合得到水湿条件下,200目石英砂的最大吸附量为1.4848mg/g,而80℃条件下,拟合得到的最大吸附量为1.389mg/g,说明石英砂表面的水膜对于沥青质的吸附可以起到一定的抑制作用。

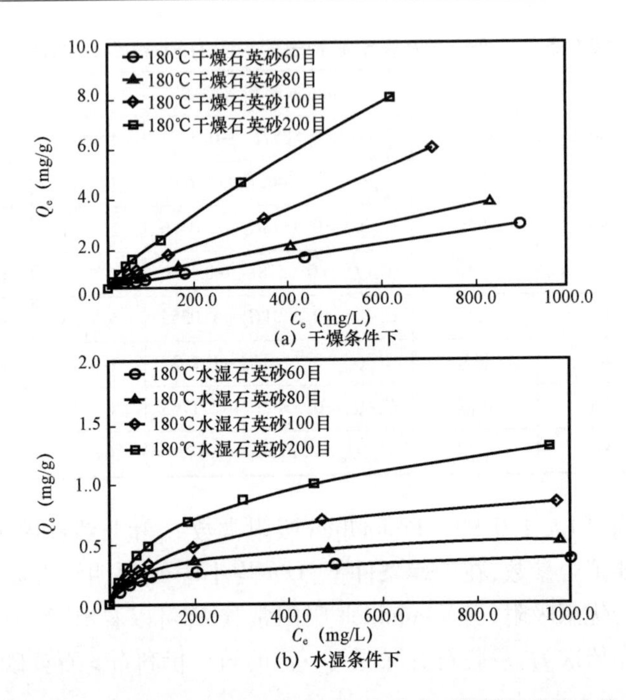

图 12.21　180℃条件下沥青质在石英砂表面的等温吸附曲线

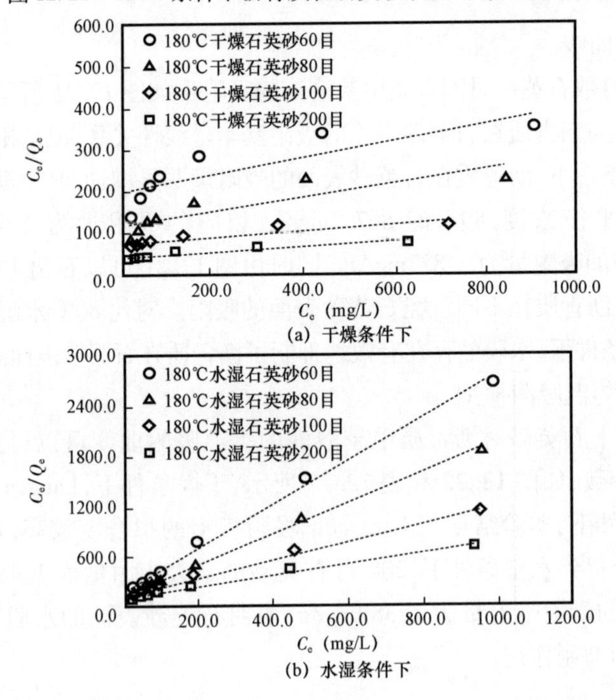

图 12.22　180℃条件下沥青质在石英砂表面吸附的 Langmuir 模型拟合曲线

表 12.17 180℃条件下沥青质在石英砂表面吸附的 Langmuir 方程拟合参数

岩石矿物	温度(℃)	水湿条件	Langmuir 吸附等温式	Q_{max}(mg/g)	K_L(10^3)	R^2
石英砂 60 目	180	干燥	$C_e/Q_e=0.207C_e+202.09$	4.8309	1.0243	0.7553
石英砂 80 目	180	干燥	$C_e/Q_e=0.1688C_e+120.25$	5.9242	1.4037	0.7842
石英砂 100 目	180	干燥	$C_e/Q_e=0.0798C_e+76.126$	12.5313	1.0483	0.8323
石英砂 200 目	180	干燥	$C_e/Q_e=0.0646C_e+43.044$	15.4799	1.5008	0.9172
石英砂 60 目	180	水湿	$C_e/Q_e=2.5643C_e+207.37$	0.3900	12.3658	0.9964
石英砂 80 目	180	水湿	$C_e/Q_e=1.8012C_e+167.53$	0.5552	10.7515	0.9987
石英砂 100 目	180	水湿	$C_e/Q_e=1.0501C_e+164.93$	0.9523	6.3669	0.9937
石英砂 200 目	180	水湿	$C_e/Q_e=0.6735C_e+113.82$	1.4848	5.9172	0.9903

(3)Freundlich 等温吸附模型。

由 180℃条件下石英砂对沥青质甲苯溶液的等温吸附曲线可以得到 Freundlich 模型拟合曲线和相关参数，如图 12.23 和表 12.18 所示，干燥条件下，实验结果与 Freundlich 模型的拟合度较高，均大于 0.99；而高温条件下，水湿环境的 Freundlich 模型拟合度也较高，均大于 0.91。通过非线性因子可知沥青质在干燥石英砂表面的吸附过程为优惠吸附过程。由 Freundlich 吸附常数 K_F 可以看出，随着石英砂目数的增加，K_F 值不断增大；说明随着目数的增大，石英砂与沥青质之间的结合能力越强。

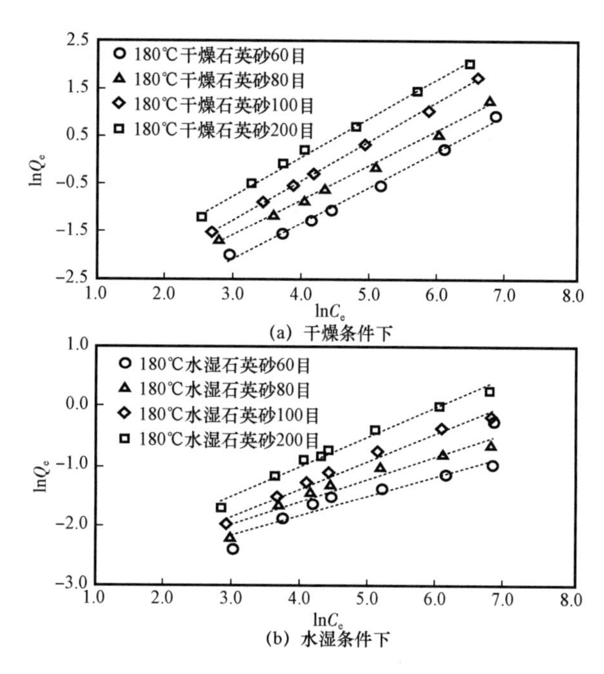

图 12.23 180℃条件下沥青质在石英砂表面吸附的 Freundlich 模型拟合曲线

表 12.18 180℃条件下沥青质在石英砂表面吸附的 Freundlich 方程拟合参数表

岩石矿物	温度(℃)	水湿条件	Freundlich 吸附等温式	n	K_F	R^2
石英砂 60 目	80	干燥	$\ln Q_e = 0.7609\ln C_e - 4.3528$	1.3142	0.0129	0.9942
石英砂 80 目	80	干燥	$\ln Q_e = 0.7321\ln C_e - 3.7636$	1.3659	0.0232	0.9964
石英砂 100 目	80	干燥	$\ln Q_e = 0.8266\ln C_e - 3.1733$	1.2098	0.0419	0.9987
石英砂 200 目	80	干燥	$\ln Q_e = 0.8153\ln C_e - 3.1541$	1.2265	0.0427	0.9968
石英砂 60 目	80	水湿	$\ln Q_e = 0.3349\ln C_e - 3.1983$	2.9860	0.0408	0.9144
石英砂 80 目	80	水湿	$\ln Q_e = 0.3822\ln C_e - 3.152$	2.6164	0.0428	0.9404
石英砂 100 目	80	水湿	$\ln Q_e = 0.4681\ln C_e - 3.2872$	2.1368	0.0374	0.9866
石英砂 200 目	80	水湿	$\ln Q_e = 0.4895\ln C_e - 2.9917$	2.0429	0.0502	0.9807

12.1.3.5 180℃条件下沥青质在黏土矿物表面的吸附

(1)等温吸附曲线。

由沥青质在黏土矿物表面的等温吸附曲线(图 12.24)可以看出,相同质量的黏土矿物,蒙脱石、高岭石和绿泥石的吸附量相差不多,伊利石比前三种矿物的吸附量要小;4 种

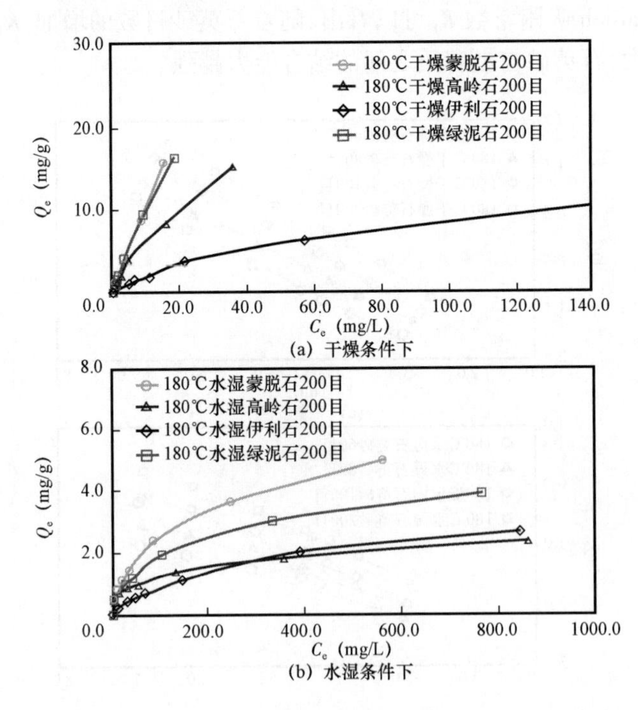

图 12.24 高温条件下沥青质在黏土矿物表面的等温吸附曲线

黏土矿物的等温吸附曲线基本都呈线性，说明在高温干燥的吸附环境中，4 种黏土矿物都具有较强的吸附能力。而高温条件下，水膜的存在依然能够在一定程度上抑制沥青质在黏土矿物表面的吸附，但是其抑制效果远没有水膜对石英砂及低温环境中黏土矿物对沥青质吸附的抑制效果明显。

（2）Langmuir 等温吸附模型。

由 180℃条件下黏土矿物对沥青质甲苯溶液的等温吸附曲线可以得到 Langmuir 模型拟合曲线和相关参数，如图 12.25 和表 12.19 所示。水湿条件下，黏土矿物对沥青质的吸附过程与 Langmuir 模型的拟合度相对较高，均大于 0.97。由 Langmuir 模型计算得到的不同黏土矿物的最大吸附量，其中蒙脱石、高岭石、伊利石和绿泥石 180℃水湿条件下的最大吸附量分别为 5.4825mg/g，2.4195mg/g，3.3636mg/g 和 4.1964mg/g。

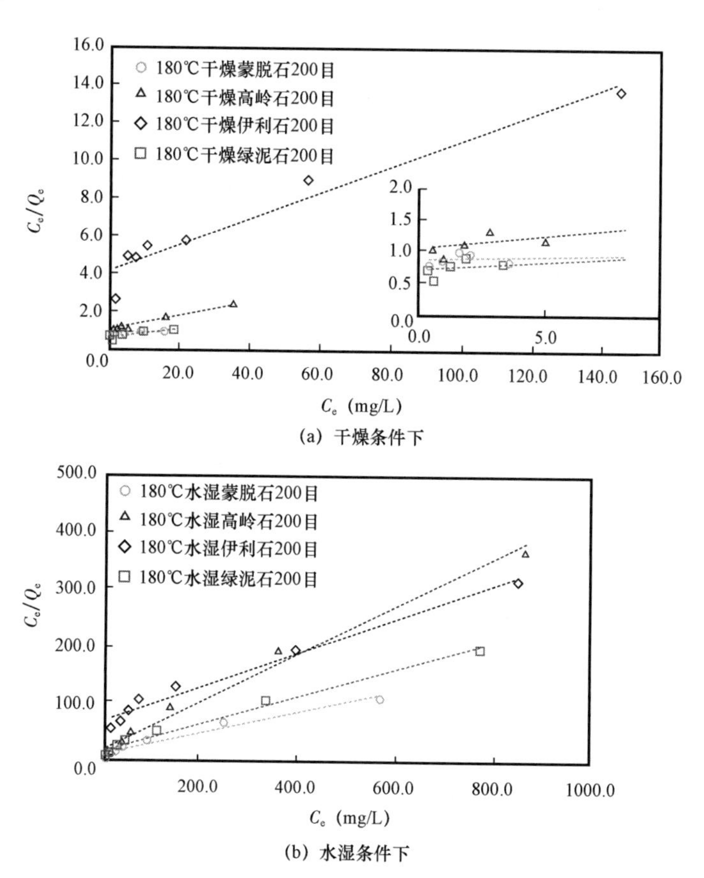

图 12.25　180℃条件下沥青质在黏土矿物表面吸附的 Langmuir 模型拟合曲线

表 12.19 180℃条件下沥青质在黏土矿物表面吸附的 Langmuir 方程拟合参数

岩石矿物	温度(℃)	水湿条件	Langmuir 吸附等温式	Q_{max}(mg/g)	K_L(10^3)	R^2
蒙脱石 200 目	180	干燥	$C_e/Q_e=0.0185C_e+0.8707$	54.0541	21.2473	0.754
高岭石 200 目	180	干燥	$C_e/Q_e=0.0376C_e+1.0733$	26.5957	35.0321	0.7556
伊利石 200 目	180	干燥	$C_e/Q_e=0.0682C_e+4.2405$	14.6628	16.0830	0.8956
绿泥石 200 目	180	干燥	$C_e/Q_e=0.0238C_e+0.7147$	42.0168	33.3007	0.9486
蒙脱石 200 目	180	水湿	$C_e/Q_e=0.1824C_e+14.869$	5.4825	12.2671	0.9741
高岭石 200 目	180	水湿	$C_e/Q_e=0.4133C_e+25.76$	2.4195	16.0443	0.9858
伊利石 200 目	180	水湿	$C_e/Q_e=0.2973C_e+72.926$	3.3636	4.0767	0.9819
绿泥石 200 目	180	水湿	$C_e/Q_e=0.2383C_e+20.37$	4.1964	11.6986	0.9811

(3) Freundlich 等温吸附模型。

由 180℃条件下黏土矿物对沥青质甲苯溶液的等温吸附曲线可以得到 Freundlich 模型拟合曲线和相关参数,如图 12.26 和表 12.20 所示。与其他拟合结果不同的是,在干燥和水湿条件下,Freundlich 模型都具有较高的拟合度,均大于 0.99;说明随着温度的不断升高,黏土矿物表面的水膜对于吸附作用的影响减弱,黏土矿物对沥青质的吸附过程最终可以视为干燥条件下较低的吸附平衡浓度下发生的吸附。同时干燥和水湿条件下,$1/n$ 均小于 1,说明沥青质在不同类型黏土矿物表面的吸附的都为优惠吸附过程,由 Freundlich 吸附常数 K_F 可以看出,干燥条件下沥青质与黏土矿物的结合能力要高于水湿条件下沥青质与黏土矿物的结合能力。

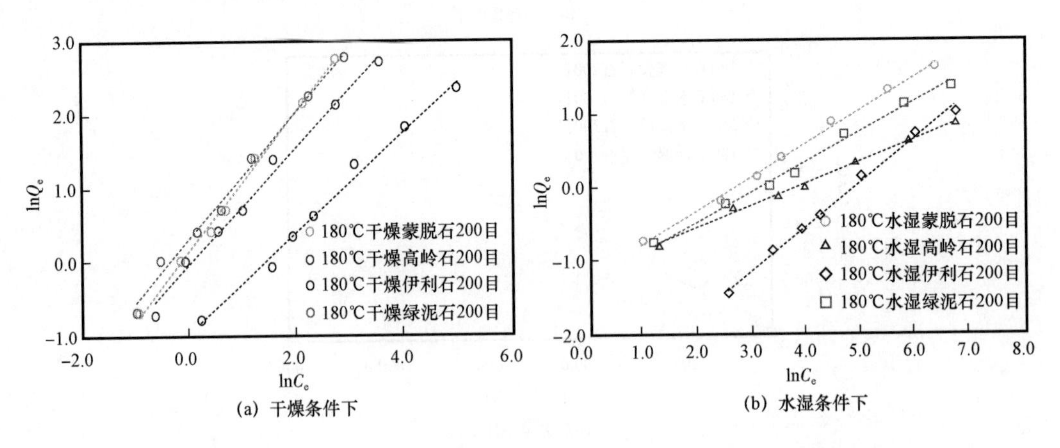

图 12.26 180℃条件下沥青质在黏土矿物表面吸附的 Freundlich 模型拟合曲

表 12.20 180℃条件下沥青质在黏土矿物表面吸附的 Freundlich 方程拟合参数表

岩石矿物	温度(℃)	水湿条件	Freundlich 吸附等温式	n	K_L	R^2
蒙脱石 200 目	180	干燥	$C_e/Q_e = 0.9455C_e + 0.2416$	1.0576	1.2733	0.9954
高岭石 200 目	180	干燥	$C_e/Q_e = 0.7968C_e - 0.0374$	1.2550	0.9633	0.9937
伊利石 200 目	180	干燥	$C_e/Q_e = 0.6838C_e - 0.9594$	1.4624	0.3831	0.9909
绿泥石 200 目	180	干燥	$C_e/Q_e = 0.863C_e + 0.2127$	1.1587	1.2370	0.9917
蒙脱石 200 目	180	水湿	$C_e/Q_e = 0.4571C_e - 1.2529$	2.1877	0.2857	0.9964
高岭石 200 目	180	水湿	$C_e/Q_e = 0.2985C_e - 1.162$	3.3501	0.3129	0.9946
伊利石 200 目	180	水湿	$C_e/Q_e = 0.5984C_e - 2.9489$	1.6711	0.0524	0.9937
绿泥石 200 目	180	水湿	$C_e/Q_e = 0.4048C_e - 1.2965$	2.4704	0.2735	0.9943

12.2 稠油油藏含黏土三维多孔介质模型

疏松砂岩稠油油藏储层成岩过程简单,胶结疏松,对该类油藏的取心及基于真实岩心的相关室内实验的展开造成困难,三维多孔介质重建技术虽然能较为准确地构建岩石骨架和孔隙结构,但无法对储层中的各类黏土矿物做详细的划分和构建。为准确构建含黏土三维多孔介质模型,本章基于真实储层二维信息,采用过程法构建了初始模型,作为输入模型利用混合算法构建了三维重建多孔介质模型,通过引入交换单位体像素点对其邻域不稳定性的贡献程度参数,提高了混合算法的运算速度和准确性;重建模型与参考模型具有相似的统计学和拓扑学特征;以此为基础,结合真实储层中黏土矿物的分布及产状,通过聚类算法和黏土矿物基团的主要结构特征分类,构建了含黏土矿物分布的三维重建多孔介质模型。

12.2.1 基于改进混合算法的三维多孔介质模型重建

12.2.1.1 过程法构建混合算法初始模型

本研究中所采用的是基于储层岩石二维信息的三维多孔介质模型重建技术,其中包含的储层岩石二维信息均取自中国石化胜利油田分公司孤东采油厂(主要包括储层的粒度分布、铸体资料和孔隙度等,如图 12.27 和图 12.28 所示)。其中图 12.27(a)为储层铸体薄片,图 12.27(b)则是经过图像处理后(阈值分割)得到的二值化铸体图片,其中的二值化过程是根据一定的灰度值对图像进行分割,具体过程中采用迭代阈值法确定图像的阈值 T,同时以临界阈值为界限,将大于临界阈值的点设为 1,小于临界阈值的点设为 0,分别将 0 和 1 对应为孔隙相和基质相,二值化后的图像[图 12.27(b)]可定义下式:

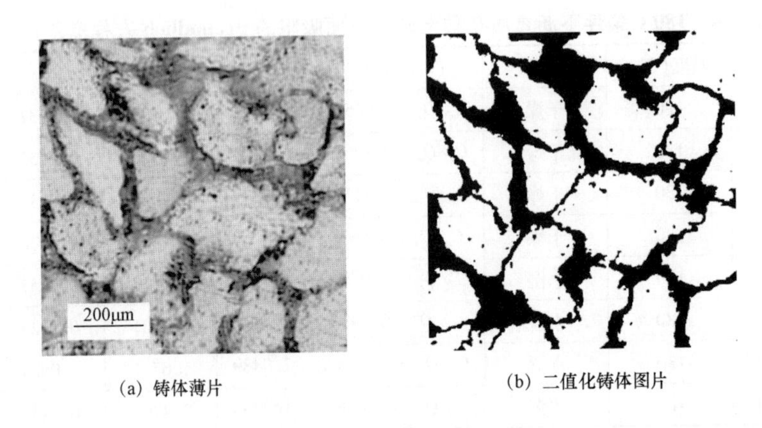

(a) 铸体薄片　　(b) 二值化铸体图片

图 12.27　疏松砂岩储层铸体薄片

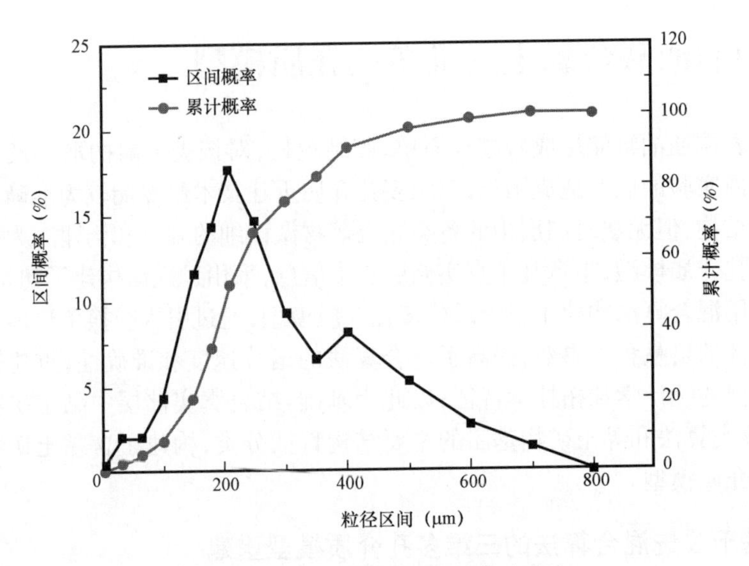

图 12.28　疏松砂岩储层岩石粒度分布

$$g(i,j) = \begin{cases} 1 & f(i,j) \geqslant T \\ 0 & \text{否则} \end{cases} \tag{12.6}$$

过程法模拟过程主要是根据粒度概率分布曲线，随机生成满足模拟尺度的符合真实粒度分布的球体颗粒，在满足高能环境和重力势能梯度最大的下落模拟原则的基础上模拟沉积过程，并结合真实岩心孔隙度，选择压实因子控制重建三维多孔介质沉积压实如图 12.29 所示，重建过程流程图如图 12.30 所示。按照参考模型构建的三维多孔介质模型如图 12.31 所示。

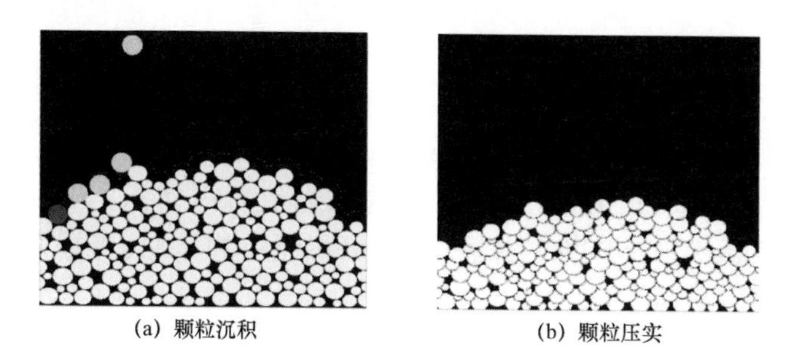

图 12.29 过程法重建三维多孔介质沉积压实示意图

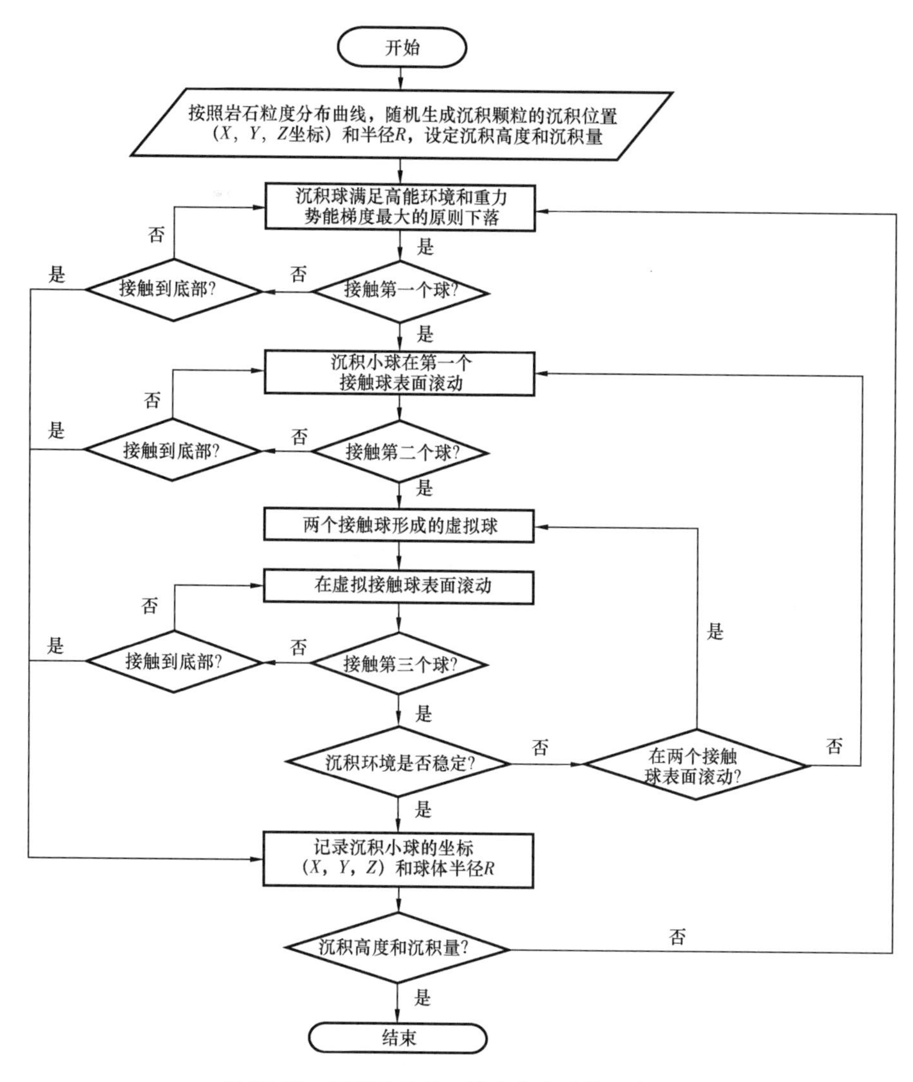

图 12.30 过程法重建三维多孔介质模型流程图

为构建含黏土三维多孔介质模型(图12.31),在沉积过程中,根据真实粒度随机选择球体颗粒的半径时,考虑了黏土矿物所占体积,因此沉积颗粒的尺寸不但由原始的粒度分布决定,同时额外考虑了黏土矿物与储层砂岩颗粒之间的比例(图12.32),其中 R_I 为原始沉积颗粒半径,R_s 是沉积颗粒半径(考虑黏土所占体积),V_I 是红色原始颗粒的体积,V_c 是蓝色环状黏土矿物的体积,V_s 是沉积颗粒的体积(考虑黏土所占体积),其中 $V_s = V_I + V_c$。

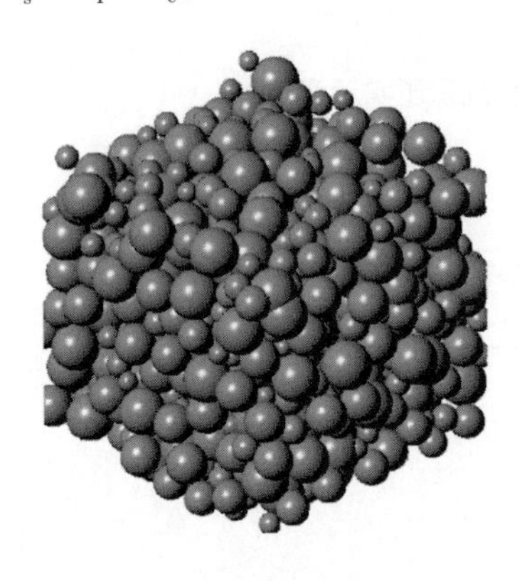

图12.31 过程法构建的三维多孔介质模型

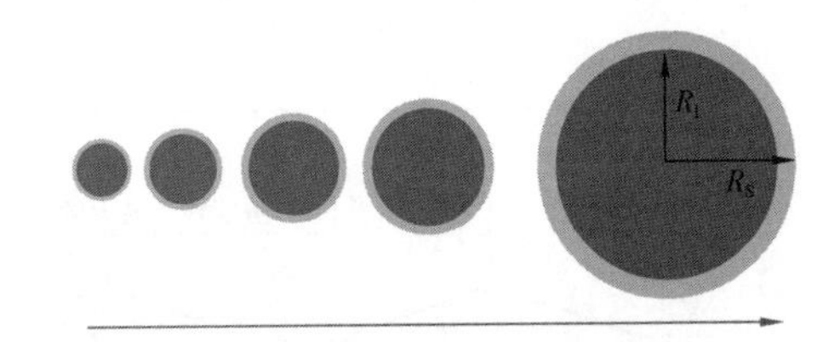

图12.32 沉积颗粒尺寸示意图

12.2.1.2 改进混合算法的重建模型

退火过程中,固体中的粒子在高温条件下呈无序分布,系统能量升高,不稳定性增强,其中任一相粒子与相邻相接触的点、线、面对整个系统的不稳定性的贡献程度差异较大。将单个粒子视为空间中的单位体像素点,其空间占位共有26个,当该单位体像素点以点接触形式与相邻相接触时,其邻域受影响的单位体像素点为7个,与该点相邻相的单位体像素点上的接触点有56个;当该单位体像素点以边接触形式与相邻相接触时,其邻域受影响的单位体像素点为11个,与该边相邻相的单位体像素点上的接触点有88个;当该单位体像素点以面接触形式与相邻相接触时,其邻域受影响的单位体像素点为17个,与该面相邻相的单位体像素点上的接触点有136个;故在模拟退火过程中,任意体像素点对于系统不稳定性的贡献程度强弱依次为:面>边>点,如图12.33所示。

传统模拟退火算法的三维多孔介质重建模型中,不同相之间的随机交换过程虽然受到相关函数的限定,但由于随机交换过程会导致能量上升,降低了该算法的收敛速度。将单位体像素点的空间占位(点、线和面)按其对邻域不稳定性的贡献程度赋予权值,其中面为5、边为3、点为2;在选取交换体像素点时,计算该体像素点与邻域占位点、线和面上的不稳定性贡献程度 S,并基于模拟退火算法中能量值下降的过程,引入交换单位体

任一像素点邻域共26个占位

像素点接触形式	面接触	线接触	点接触
邻域受影响像素点（个）	17	11	7
邻域像素点上的接触点（个）	136	88	56
贡献程度权值	5	3	2

图 12.33　任一像素点对邻域的不稳定性贡献

像素点对其邻域不稳定性的贡献程度参数 S_d，对交换点的可交换性进行判断，提高交换体像素点的有效性，其中 S_d 为与模拟过程中系统能量相关的无因次值：

$$S_d = N\beta(E_0 - E_i/\Delta E_{max}) \tag{12.7}$$

式中：N 为单位体像素点影响的邻域接触点的个数；β 为单位体像素点对邻域不稳定性系数；E_0 为系统的初始能量；E_i 为第 i 次降温后系统的能量；ΔE_{max} 为初始模型和参考模型系统的能量差值。以上均为无量纲量。

作为约束条件，模拟退火算法中常用的统计函数包括：单点概率函数、自相关函数、线性路径函数和分形函数等，利用自相关函数和线性路径函数对初始系统进行退火模拟，当模型具备一定分形特征后，引入分形函数进一步约束重建模型[165]。

改进的混合算法构建三维模型具体的实现步骤为：

(1)初始状态。建立基于储层岩石二维信息的参考模型，将本节利用过程法构建的三维模型作为改进混合算法的初始模型，设定初始温度，并计算初始系统的相关参数(自相关函数、线性路径函数、分形特征函数和能量值)。

(2)空间离散点交换。在保证模拟退火降温过程随机性的基础上，计算交换体像素点 26 个空间占位对邻域不稳定性的贡献程度 S；当 $S > S_d$ 时，认为该点的不稳定程度较高，可作为系统更新的交换点；当 $S < S_d$ 时，则重复步骤(2)。

(3)系统更新。计算交换体像素点后系统的相关参数(单点概率函数、自相关函数、线性路径函数、分形函数和能量值)，计算与未交换前系统的能量差值 ΔE；当 $\Delta E < 0$ 时，更新系统；当 $\Delta E > 0$ 时，根据 Metropolis 准则来判断系统是否更新，即在一定的概率条件下接受系统更新；如果判断后不满足系统更新条件，则返回步骤(2)。

(4)系统降温。判断内循环终止条件，即判断在同一温度条件下系统能量差值是否小于设定最小能量差值；同时为避免系统刚降温，系统能量上升而立刻导致内循环结束而产生的降温，通过设定系统更新的失败率 f_f 来避免该现象的出现，其中：

$$f_f = \frac{N_f}{N} \tag{12.8}$$

式中，N_f为导致系统能量回升的更新失败的次数；N 为系统更新的总次数。

当 f_f大于一定值后，则进行降温处理，降温过程采取等比降温方案，并返回步骤(2)。

(5)终止条件。当模拟过程温度降低到最终设定温度时或与上次降温的系统能量差值 ΔE 小于设定值时，整个模拟过程终止。

改进模拟退火法中的控制函数包括单点概率函数 $P(r)$、两点概率函数 $S(r_1,r_2)$、线性路径函数 $L(r)$、分形函数 $F(r)$和能量 $E(r)$，其中：

① 单点概率函数。对于包含岩石骨架和孔隙的两相系统，其单点概率函数可定义为：

$$P(\boldsymbol{r}) = \begin{cases} 1 & \boldsymbol{r} \in \text{孔隙} \\ 0 & \boldsymbol{r} \notin \text{孔隙} \end{cases} \tag{12.9}$$

同时两相系统的单点概率函数可有统计平均值得到：

$$\phi = \overline{P(\boldsymbol{r})} \tag{12.10}$$

② 自相关函数。对于多相系统中，任意一相 i 的自相关函数可以定义为：

$$S^i(\boldsymbol{r}_1,\boldsymbol{r}_2) = \overline{p^i(\boldsymbol{r}_1) \times p^i(\boldsymbol{r}_2)} \tag{12.11}$$

式中，$\boldsymbol{r}_1$ 和 $\boldsymbol{r}_2$ 表示系统当中相距任意距离的任意两点。

③ 线性路径函数。在多相系统中，第 i 相所占区域为，任意一相 i 的线性路径函数可以定义为：

$$L^i(\boldsymbol{r}_1,\boldsymbol{r}_2) = \overline{p(\boldsymbol{r}_1,\boldsymbol{r}_2)} \quad p(\boldsymbol{r}_1,\boldsymbol{r}_2) = \begin{cases} 1 & \boldsymbol{r}_x \in v_i \\ 0 & \text{否则} \end{cases} \tag{12.12}$$

④ 分形维数。分形维数是描述多孔介质孔隙特征的重要参数之一，对于分形维数的计算，常见的方法包括基于测度关系求分形维数、基于相关函数求分形维数、基于分布函数求分形维数、基于频谱求维数和通过改变尺度求维数等。

其中相似维数可由分形几何中的定义得到：

$$D_s = \lim_{r \to 0} \frac{\ln N(A,\boldsymbol{r})}{\ln(1/\boldsymbol{r})} \tag{12.13}$$

其中基于二维图像的分形维数的计算方法可定义为：

$$D_B = \lim_{k \to \infty} \frac{\ln N_{\delta_k}(F)}{\ln(1/\delta_k)} \tag{12.14}$$

⑤ 系统能量。如改进混合算法流程图(图 12.34)所示，在改进混合算法中系统能量 E 是判断系统降温时机的重要条件。其中 $Z_0(r_i)$为参考模型中表征系统特征的特征函数，

$Z_e(r_i)$为重建模型中表征某一时刻相对应系统特征的特征函数,在系统不断更新的过程中,$Z_e(r_i)$也不断地接近$Z_0(r_i)$值,直到系统能量足够小,其中系统能量的计算公式如下:

$$E = \sum_i \alpha_i \left[Z_s(r_i) - Z_0(r_0) \right]^2 \tag{12.15}$$

其中:α_i为不同特征函数的权重值,其取值可视具体情况而定。图12.35为混合法构建的三维多孔介质模型。

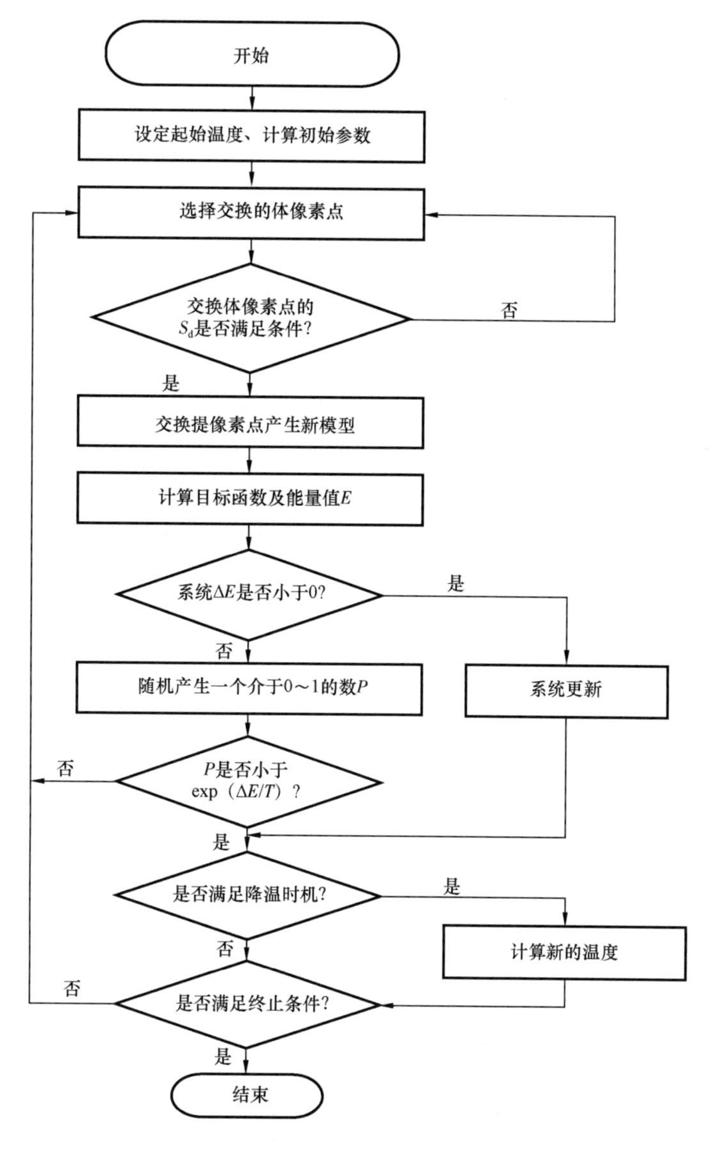

图12.34 改进混合算法流程图

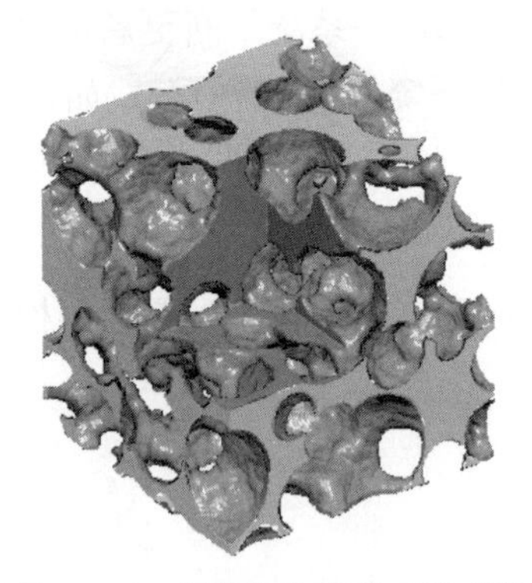

图 12.35 混合法构建的三维多孔介质模型

12.2.2 三维重建多孔介质模型特征分析

12.2.2.1 三维多孔介质模型的拓扑特性

岩石孔隙的几何结构和拓扑特征能够较好地反应储层的孔隙结构特点，最大球算法是一种储层岩石拓扑信息定量评价的算法，可以通过最大球算法提取孔喉特征构建相应的孔隙网络模型，其中的最大球定义为完全处于孔隙空间内而不被其他球所包含的球；其核心是利用最大内切圆将孔隙中的孔腔与喉道连接为具有子集关系的家族树，其中喉道最狭窄的部分即为喉道宽度[166,167]。

最大球算法的流程包括：

(1)读取三维重建模型。利用改进混合算法得到的三维重建模型，其中岩石骨架为0，其对应体素点可表示为 M；孔隙为1，其对应体素点可表述为 P。

(2)搜索孔隙中所有像素点对应的最大内切球。对于三维重建多孔介质模型，由于其是由二值离散点组成，所以难以通过精确值来表述最大内切球的半径 R，因此孔隙中的任意最大内切球可以通过该球的半径范围($[R_u,R_l]$)和对应孔隙体的中心体素(P)唯一确定，其中的半径 R 的范围处于 R_u 和 R_l 之间，R_u 为孔隙体的中心体素 $P_0(i)(x_{p0},y_{p0},z_{p0})$ 到最近岩石骨架体素 $M(i)(x_m,y_m,z_m)$ 的距离，可通过式(12.16)计算：

$$R_u^2 = \text{distance}^2(P_0(i),M(i)) = (x_m - x_{p0})^2 + (y_m - y_{p0})^2 + (z_m - z_{p0})^2 \tag{12.16}$$

R_l 为孔隙体素 $P(x_{p0},y_{p0},z_{p0})$ 到孔隙中心体素 $P_0(i)(x_p,y_p,z_p)$ 的最大距离，可通过式(12.17)计算：

$$R_l^2 = \max\{\text{distance}^2(P,P_0(i)) \mid \text{distance}^2(P,P_0(i)) < R_u^2\} \tag{12.17}$$

(3)删除冗余球。由于在对所有孔隙体像素点进行最大球搜索过程中，相邻像素点之间的最大球之间往往存在被包含关系，这些冗余球的存在会影响最大球算法的准确性和运算速度，因此在构建最大球连通关系之前，应删除最大球中的冗余球，即当 distance $(P_a,P_b) \leqslant (R_u - R_l)$ 时，则可将 P_b 点对应最大球视信息删除。同时将所有最大球按尺寸进行排序，并记录每一尺寸最大球的数目。

(4)建立最大球的连通子集关系。从最大尺寸的最大球开始，选取其中一个最大球，并将其视为父集，将该球体半径2倍范围内的最大球的半径小于等于该最大球的半径的最大球视为该最大球的子集。将每一尺寸最大球的所有最大球重复上述过程，建立每一级的子集关系。如果能够完整且连续地定义任意一级中某一最大球的子集关系，那么该球及其子集即可定义为新的孔隙体，该球则为该孔隙体子集的最顶端。反之，该球必为另一球的子集。同时，如果当该球包含了两个具有子集关系的球体，则可将该球定义为喉道，该喉道必具有两个不同的父集。并将所有尺寸的所有最大球按上述方法进行分类和定义。

(5)孔隙喉道确定。通过建立最大球的连通子集关系，可以得到不同孔隙分布下，孔隙和喉道的分布情况，其中，当孔隙点大于2时，则可以用最大内切球的半径代表该孔隙的大小；两个具有子集关系的球体集合之间的内切球半径可定义为喉道半径。

12.2.2.2　三维多孔介质模型的统计特性

对于重建模型的相似性与准确性，拓扑学特征能够反应重建模型的孔隙和喉道分布情况，然而，在改进混合算法运行过程中，系统的控制函数决定了系统的能量值，进一步的，系统的控制函数决定了重建模型与参考模型的相似性关系，反映了模型之间连通状况和空间分布形态。同时控制函数是重建模型重要的统计学函数，是衡量模型相似性和准确性的重要指标。

12.2.2.3　三维多孔介质模型的渗流特性

多孔介质中的渗流模拟方法中最常用也最具代表性的是孔隙结构网络模型和格子玻尔兹曼方法，其中格子玻尔兹曼方法随着30多年的发展，已逐渐成为稳态、单相流、强制对流等多个研究领域的研究热点。其模拟过程中充分考虑了流体流动的微观机理，并在此基础之上运用粒子分布函数的演化来模拟流体在多孔介质当中的渗流特性，同时在整个模拟过程中都符合Navier - stokes方程。格子玻尔兹曼方法具有以下优点：(1)与传统流体计算方法相比，格子玻尔兹曼方法中并没有连续介质假定，因此对于边界条件的处理方法较为简单，能够处理复杂的边界问题；(2)由于格子玻尔兹曼方法的模拟过程是通过粒子分布函数的演化过程来实现流体在多孔介质中的模拟过程的，其可以考虑多相流体界面的问题；(3)格子玻尔兹曼方法的自身特点决定了该方法可以进行并行运算。

格子玻尔兹曼方法的本质是一种演化的方法，其过程是将粒子分布函数的演化分成两步进行，具体为，碰撞步和传播步。对于碰撞步，一个晶格上的粒子与相邻晶格传播来的粒子发生碰撞，同时根据两个粒子碰撞过程中的质量、能量和动量守恒规则改变粒子的速度，接着以碰撞后的速度继续传播。对于传播步，粒子从一个晶格在一个时间步长内以恒定的速度运动到相邻的晶格。过程中重复上述两个步骤交替循环直到稳定。

以稠油油藏含黏土砂岩孔隙结构为研究对象，采用格子玻尔兹曼的方法来模拟三维

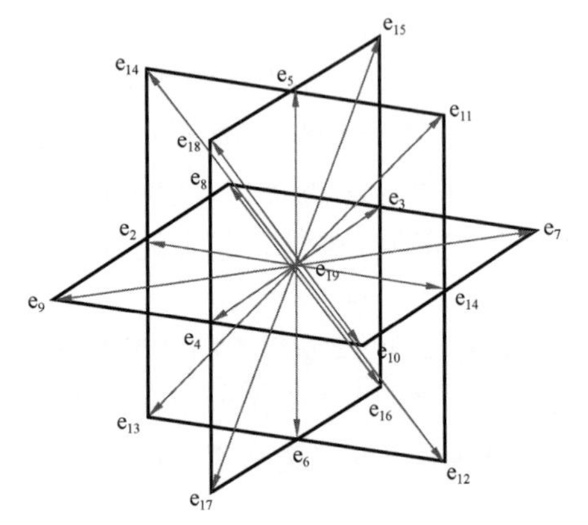

图 12.36　格子玻尔兹曼方法中速度离散的 D3Q19 模型

孔隙中的渗流。其中 Lattice Bhatnagar - Gross - Krook(LBGK)模型作为一种基于单一时间松弛过程的简化模型,是最常用的格子玻尔兹曼模型。在 LBGK 模型中,最常用的是 DnQb 系列模型(包括 D1Q3 模型、D1Q5 模型、D2Q7 模型、D2Q9 模型、D3Q15 模型、D3Q19 模型和 D3Q27 模型等),其中 n 为空间维数,b 为离散速度的数目,其中离散方向越多,渗流模拟结果的准确性越高,但模拟速度越慢。本文采用 D3Q19 模型进行模拟(图 12.36),采用格子玻尔兹曼单松弛方程表征渗流孔隙空间当中流体微粒的运动过程:

$$\frac{\partial f}{\partial t} + \xi \cdot \nabla f + \alpha \cdot \nabla_{\xi} f = -\frac{1}{\tau_0}(f - f^{\mathrm{eq}}) \tag{12.18}$$

式中:$f(\boldsymbol{r},\boldsymbol{\xi},t)$ 为速度分布函数;$\boldsymbol{r}$ 为空间位置矢量;$\boldsymbol{\xi}$ 为速度矢量;t 为时间。

其中粒子分布函数的演化方程为:

$$f_i(x + e_i\Delta t, t + \Delta t) - f_i(x,t) = -\frac{1}{\tau}[f_i(x,t) - f_i^{\mathrm{eq}}(x,t)] \tag{12.19}$$

式中,$\tau = \tau_0/\Delta t$ 为无量纲弛豫时间。对式(12.19)做适当变形,该过程可表示为:

$$\underbrace{f_i(x + e_i\Delta t, t + \Delta t)}_{\text{传播}} = \underbrace{f_i(x,t) - \frac{1}{\tau}[f_i(x,t) - f_i^{\mathrm{eq}}(x,t)]}_{\text{碰撞}} \tag{12.20}$$

将 f_i^{eq} 写成四阶精度:

$$f_i^{\mathrm{eq}} = \rho\omega_i\left[1 + \frac{1}{C_s^2}\boldsymbol{e}_i \cdot \boldsymbol{u} + \frac{1}{2C_s^{\ 4}}(\boldsymbol{e}_i \cdot \boldsymbol{u})^2 - \frac{1}{2C^2}\boldsymbol{u} \cdot \boldsymbol{u} + \frac{1}{2C_s^{\ 6}}(\boldsymbol{e}_i \cdot \boldsymbol{u})^3 - \frac{1}{2C_s^{\ 4}}(\boldsymbol{e}_i \cdot \boldsymbol{u})^3 \cdot \boldsymbol{u}^2\right] \tag{12.21}$$

对于 $DnQb$ 系列模型,平衡态分布函数的统一形式为其二阶形式:

$$f_i^{\mathrm{eq}} = \rho\omega_i\left[1 + \frac{3}{C_s^2}\boldsymbol{e}_i \cdot \boldsymbol{u} + \frac{9}{2C_s^4}(\boldsymbol{e}_i \cdot \boldsymbol{u})^2 - \frac{3}{2C^2}\boldsymbol{u} \cdot \boldsymbol{u}\right] \tag{12.22}$$

式中:ρ 为流体介质的密度;$\boldsymbol{u}$ 为流体的速度;$C = \Delta x/\Delta t$ 为模型的声速,一般为 1;ω_i 为权系数,其中权系数 ω_i 与所选的格子模型有关。表 12.21 为 D3Q19 模型的离散速度矢量 $\boldsymbol{e}_i$ 和权系数 ω_i 的取值。

表 12.21　D3Q19 模型的离散速度矢量及权系数

模型	离散速度矢量	权系数		
		$\lvert e_i \rvert^2 = 0$	$\lvert e_i \rvert^2 = 1$	$\lvert e_i \rvert^2 = 2$
D3Q19	$\left(\begin{array}{ccccccccccccccccccc} 0 & +1 & 0 & 0 & -1 & 0 & 0 & +1 & -1 & -1 & +1 & +1 & 0 & -1 & 0 & +1 & 0 & -1 & 0 \\ 0 & 0 & +1 & 0 & 0 & -1 & 0 & +1 & +1 & -1 & -1 & 0 & +1 & 0 & -1 & 0 & +1 & 0 & -1 \\ 0 & 0 & 0 & +1 & 0 & 0 & -1 & 0 & 0 & 0 & 0 & +1 & +1 & +1 & +1 & -1 & -1 & -1 & -1 \end{array}\right)$	1/3	1/18	1/36

格子上流体的宏观密度为：

$$\rho = \sum_{\alpha=0}^{18} f_i \tag{12.23}$$

其中 i 表示离散的速度方向。

流体的宏观速度为：

$$u = \frac{1}{\rho}\sum_{i=0}^{18} f_i e_i \tag{12.24}$$

渗透率反应储层孔隙中流体介质的运移能力，当孔隙中的流体流动满足层流时，三维重建多孔介质模型的渗透率通过达西公式计算得到：

$$-\frac{\mathrm{d}P}{\mathrm{d}x} = \frac{\mu}{K}U \tag{12.25}$$

式中：K 为重建模型的渗透率；x 为流体的流动方向；U 为单位体积内流体的平均流速；μ 为流体的动力黏度系数。

在实际模拟过程中，确定流体的流动方向后，其他的 4 个多孔介质的表面用 4 个固相表面包裹起来，模拟过程中采用固定压力边界条件设定岩心两端的压差，并采用反弹格式模拟孔隙界面的非滑移边界。其中反弹格式的处理方法采用最常用的“中间板”反弹格式(图 12.37)。

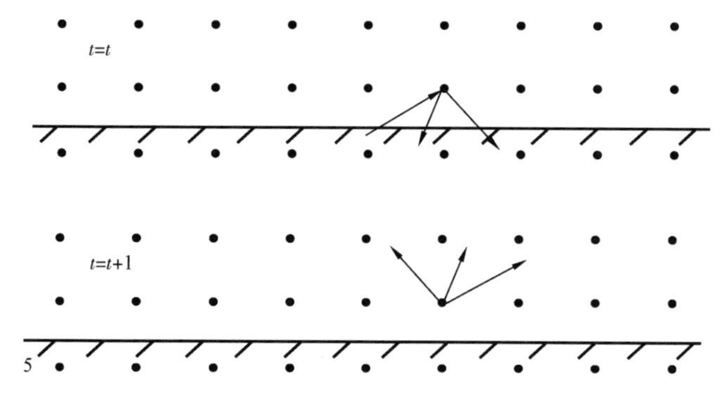

图 12.37　“中间板”反弹格式示意图

基于格子玻尔兹曼方法的基本理论，三维重建多孔介质模型的单相流体格子玻尔兹曼模拟的过程如下：

（1）读取三维重建多孔介质模型，其中除孔隙为0，其他包括岩石和黏土在内的固相均由1表示；

（2）设定格子玻尔兹曼模拟参数，包括弛豫时间τ、重建模型尺寸、系统最大更新次数、绝对渗透率的变化值等；

（3）设定孔隙空间流体的初始粒子分布函数；

（4）边界条件的处理；

（5）粒子分布函数沿着速度方向向相邻的格子流动；

（6）反弹格式处理；

（7）碰撞过程；

（8）判断是否带到稳定状态（绝对渗透率值差异减小）或系统达到最大更新次数；

（9）若满足条件模拟过程结束，输出结果，否则返回步骤（5）。

12.2.2.4 三维重建多孔介质模型的评价

（1）拓扑特征。

通过最大球孔隙喉道判别分析法，对三维重建多孔介质模型的拓扑信息进行评价，其中包括参考模型与重构模型的有效孔隙度、平均孔径、平均喉道半径等，如表12.22所示为基于改进混合算法所构建的三维多孔介质模型的孔隙喉道参数。

从表12.22可知，重建模型具有较好的拓扑性质，其孔隙连通状况与参考模型较为接近，其中平均孔隙半径为218μm，平均喉道半径为84μm，与参考模型的偏差均小于1.17%，说明基于真实岩心的二维信息，改进混合法重建的三维多孔介质模型具有较好的准确性。

表12.22 重建模型与参考模型孔隙参数

孔隙参数		数据
孔隙度	参考模型（%）	26.38
	重建模型（%）	26.38
	偏差（%）	0
有效孔隙度	参考模型（%）	26.38
	重建模型（%）	26.38
	偏差（%）	0
平均孔径	参考模型（μm）	220
	重建模型（μm）	218
	偏差（%）	0.9

续表

孔隙参数		数据
平均喉道半径	参考模型(μm)	85
	重建模型(μm)	84
	偏差(%)	1.17

(2)统计函数。

如图12.38至图12.40所示,自相关函数反应的是尺寸不同的两个像素点处在同一相中的概率;而线性路径函数则反应的是尺寸不同的两个像素点之间的所有像素点处于同一相中的概率;而分形维数能够较好地反应模型的分形特征。构建后的模型较好地保留了真实储层的空间分布形态和连通状况,说明重建模型与参考模型的空间分布状态相近似,同时具备了相同的分形维数,其中重建模型与参考模型的分形函数有较高的拟合度($R^2=0.999$),分形维数为2.3109,说明重建模型具有与参考模型相同的分形特征。

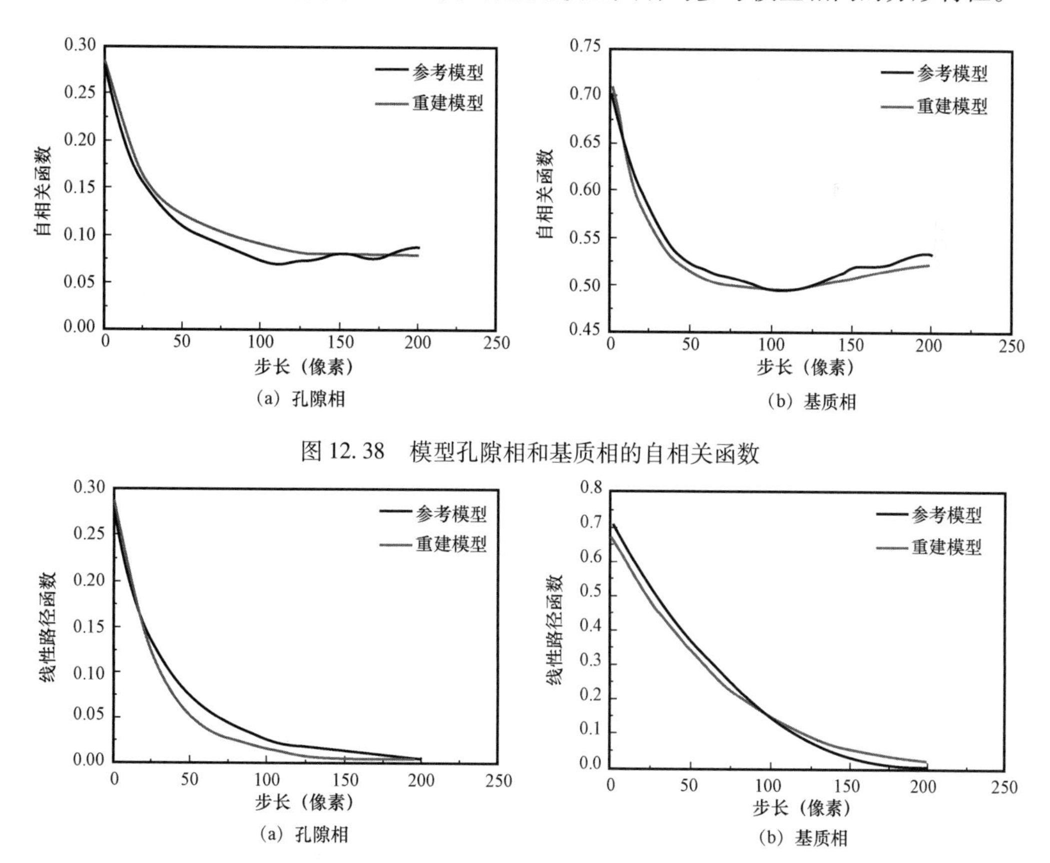

图12.38 模型孔隙相和基质相的自相关函数

图12.39 模型孔隙相和基质相的线性路径函数

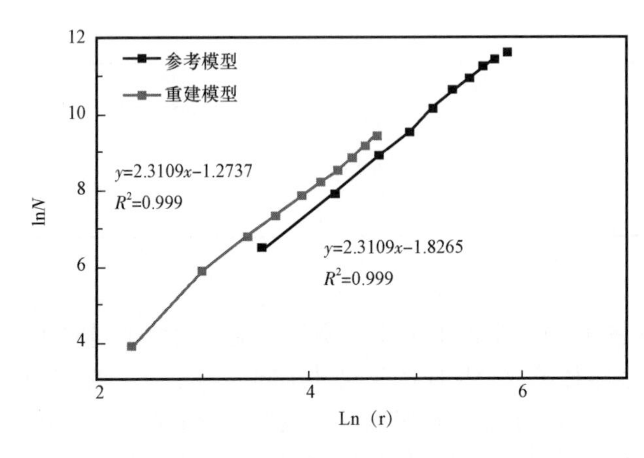

图 12.40　模型的 Hausdorff 分形维数

(3)渗流特征性。

利用格子玻尔兹曼方法计算了重建三维多孔介质模型的绝对渗透率为 589.72mD，参考模型渗透率为 614mD。

12.2.3　基于聚类算法的黏土矿物划分

混合算法构建的三维多孔介质模型与真实岩心在统计学和拓扑学上具有相似的连通性和均质性。而过程法利用任意形状颗粒充填的相同孔隙度填充模型则具有相同的传导性，其传导性能与颗粒的形状无关；改进的交替增长算法把模拟储层岩石球形颗粒与改进的外切多边形之间的部分作为模型中的黏土矿物，但是胶结形式较为简单，且未区分黏土类型。将混合算法重建后模型中的类球岩石颗粒，与过程法中重建模型的原始球形岩石颗粒相比较，并将岩石骨架与其他矿物初步划分为两种类型；在此基础上利用 Hoshen - Kopelman 算法将划分后的其他矿物以黏土矿物基团的大小、数量进行统计，并结合不同黏土矿物基团的形状特点和真实黏土矿物含量及分布特点，对基于三维重建多孔介质中重建模型的黏土矿物进行构建。

12.2.3.1　*岩石骨架与黏土矿物的划分*

储层中黏土矿物的形成一般受沉积、成岩等作用，其产状一般为岩石颗粒表面的包壳或衬边、绒球状或扇形、絮团状以及粒间孔隙中充填等形式[29]，可将其视为类球形的颗粒表面包覆了形状、大小不同的黏土矿物基团，而混合算法构建的三维多孔介质模型中的每一个类球岩石颗粒表面形成的不规则“凹凸”状分形结构可视为是地质作用所产生，得到的利用改进混合算法构建的三维模型中，常见的类球形颗粒表面基团分布形式如图 12.41 所示。

由图 12.41 可以看出，通过将混合算法重建后模型中的岩石颗粒与黏土矿物划分，其颗粒表面的分布形式与真实储层中的黏土分布形式相似，包括常见的黏土蚀变、粒间孔隙充填、包壳和交代等主要的分布形式。

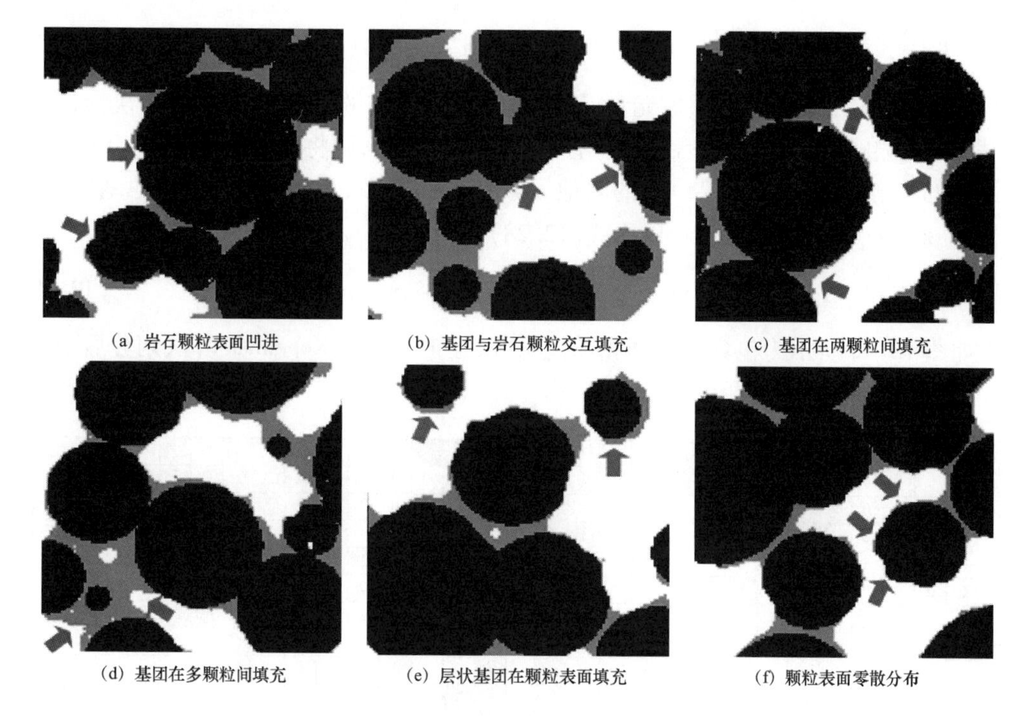

(a) 岩石颗粒表面凹进　(b) 基团与岩石颗粒交互填充　(c) 基团在两颗粒间填充

(d) 基团在多颗粒间填充　(e) 层状基团在颗粒表面填充　(f) 颗粒表面零散分布

图 12.41　岩石颗粒表面黏土基团的分布形式

12.2.3.2　基于 Hoshen－Kopelman 算法对模型中黏土矿物的统计

Hoshen－Kopelman 算法作为一种空间聚类算法曾革命性地改变了逾渗理论的发展,Hoshen－Kopelman 算法首次使得超大晶格逾渗系统的蒙特卡洛模拟方法成为可能,同时该算法也被认为是并查集算法的特殊应用[176－180]。该算法的成功之处在于其标记循环方案,通过这个方法,二维晶格的空间复杂性被从 $O(R \times L)$ 简化为 $O(\min(R,L))$,其中 R 和 L 分别代表晶格中的行列。因此,Hoshen－Kopelman 算法的应用也从统计物理学向生物、化工、材料等多个领域发展,图像处理是近年来该算法潜在的一个应用领域[175－180]。

Hoshen－Kopelman 算法主要是针对包含两种不同占位(A 相和 B 相)的有限随机二值化晶格模型,其中被 A 相占据的概率为 C,被 B 相占据的概率为 $1-C$。对于晶格中的每一个占位 i,当其被 A 相占据时,则给该占位赋予一个基团标记 m_t^α,其中 α 是基团标记的特征符号,t 为基团标记的次数。某一离散点的标记可以由一系列自然数表示:

$$\{m_1^\alpha, m_2^\alpha, \cdots, m_s^\alpha, \cdots, m_s^\alpha\} \tag{12.26}$$

在这一系列自然数中只有一个自然数是基团 α 的准确标记,该标记为 m_s^α,且该值是集合式(12.26)中所有自然数的最小值。其他各基团标记之间的关系则由以下整数集给出:

$$\{N(m_1^{\alpha}),N(m_2^{\alpha}),\cdots,N(m_s^{\alpha}),\cdots,N(m_t^{\alpha})\} \tag{12.27}$$

其中,只有 $N(m_s^{\alpha})$ 是正整数元素,该值为基团中 A 相的个数,当进行第 t 次标记时,若基团中 A 相个数少于上次标记过程基团 α 的 A 相个数,则将该差值表示为相应 t 次的基团 α 的 C 相个数,式(12.28)中的其他元素皆为负整数,反映了 m_s^{α} 与其他基团标记 m_t^{α} 的关系。m_t^{α} 与 m_s^{α} 的关系可以用式(12.28)表示:

$$m_r^{\alpha} = -N(m_t^{\alpha}),m_q^{\alpha} = -N(m_r^{\alpha}),\cdots,m_s^{\alpha} = -N(m_p^{\alpha}) \tag{12.28}$$

如图 12.42 所示为包含 1,0 两相随机系统,经 Hoshen - Kopelman 算法划分后,其中 1 相的占位被划分为 8 个互不连通的基团。

1	1	1	0	0	0	1	1	1	0	1	0	1	1	1
1	1	0	0	0	0	1	1	1	1	1	0	1	1	1
1	1	1	0	0	1	1	1	1	1	0	0	0	0	1
0	1	1	0	0	1	1	1	0	0	0	1	0	1	1
0	0	1	0	1	1	1	0	0	0	0	1	1	1	0
1	0	0	0	0	0	0	0	1	1	0	0	1	1	0
1	0	1	1	1	0	0	1	1	1	1	0	0	1	1
1	0	1	1	0	0	0	0	1	0	0	0	0	0	0
1	0	0	1	1	0	0	0	1	0	1	1	0	0	1
1	1	0	1	1	1	0	0	0	0	0	1	1	0	1
1	0	0	1	1	1	0	0	0	1	0	1	1	1	1
1	0	1	1	0	1	1	0	1	1	0	0	1	1	1

(a) 两相随机系统

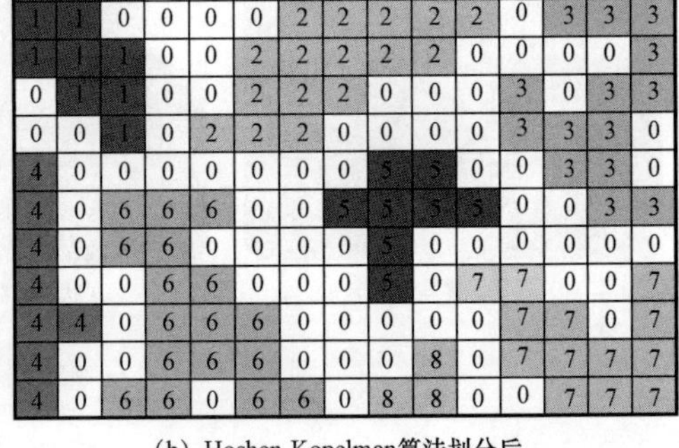

(b) Hoshen-Kopelman算法划分后

图 12.42 Hoshen - Kopelman 算法划分后结果示意图

在对本文所构建的三维多孔介质模型中的黏土矿物基团进行统计时,先将划分后的黏土矿物和岩石分为两相,分别标记为 C 相和 R 相,孔隙空间标记为 P 相,其中 C 相在空间中以大小不同的不规则离散基团的形式分布,其中模型中黏土基团的大小及分布可采用 Hoshen - Kopelman 算法进行统计。

其中模型运算之前需要将三维重建模型划分为两相,孔隙相和岩石骨架相需合并为一相,黏土相 C 为一相,其中黏土基团相是算法的主要划分标记的对象(图 12.43),整个标记过程从初始点开始,对模型中的 C 相进行基团标记,R 相和 P 相标记为 0,将 C 相中同一个基团的离散点标记相同的标签,在算法运行时,检查被判断离散点是否有被扫描过的相邻离散点,若相邻离散点为 P 相或 R 相,则将当前被判断离散点赋予新基团的标记;如果有一个相邻离散点已经赋予基团标记,则将当前网格与相邻离散点赋予相同的标记(较小的标记);如果有一个以上的相邻离散点已经赋予基团标记,且基团标记各不相同,则将基团中所有离散点赋予相同的标记(较小的标记)。图 12.44 为 Hoshen - Kopelman 算法流程图。

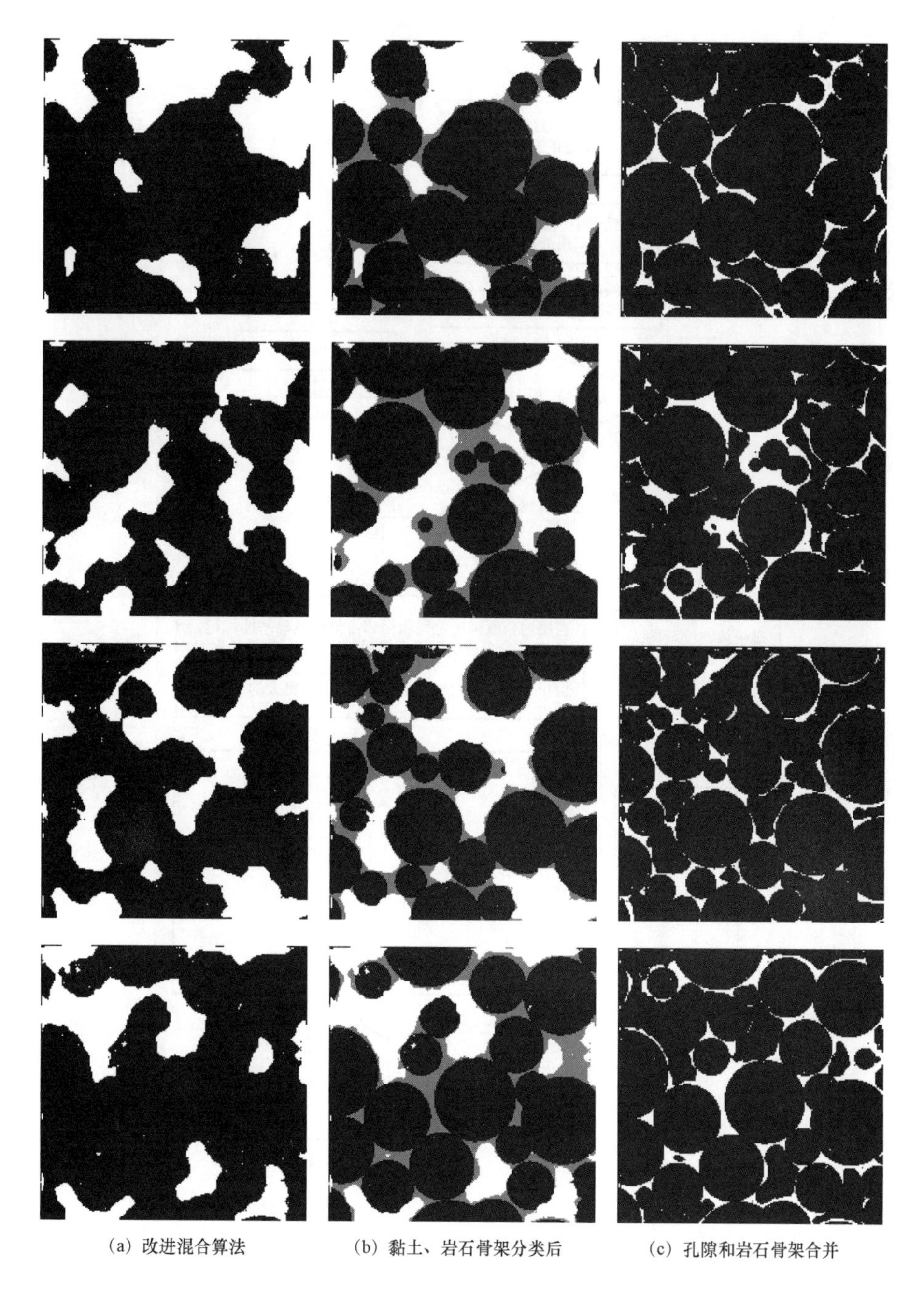

(a) 改进混合算法　　(b) 黏土、岩石骨架分类后　　(c) 孔隙和岩石骨架合并

图 12.43　三维重建多孔介质孔隙和岩石相合并示意图

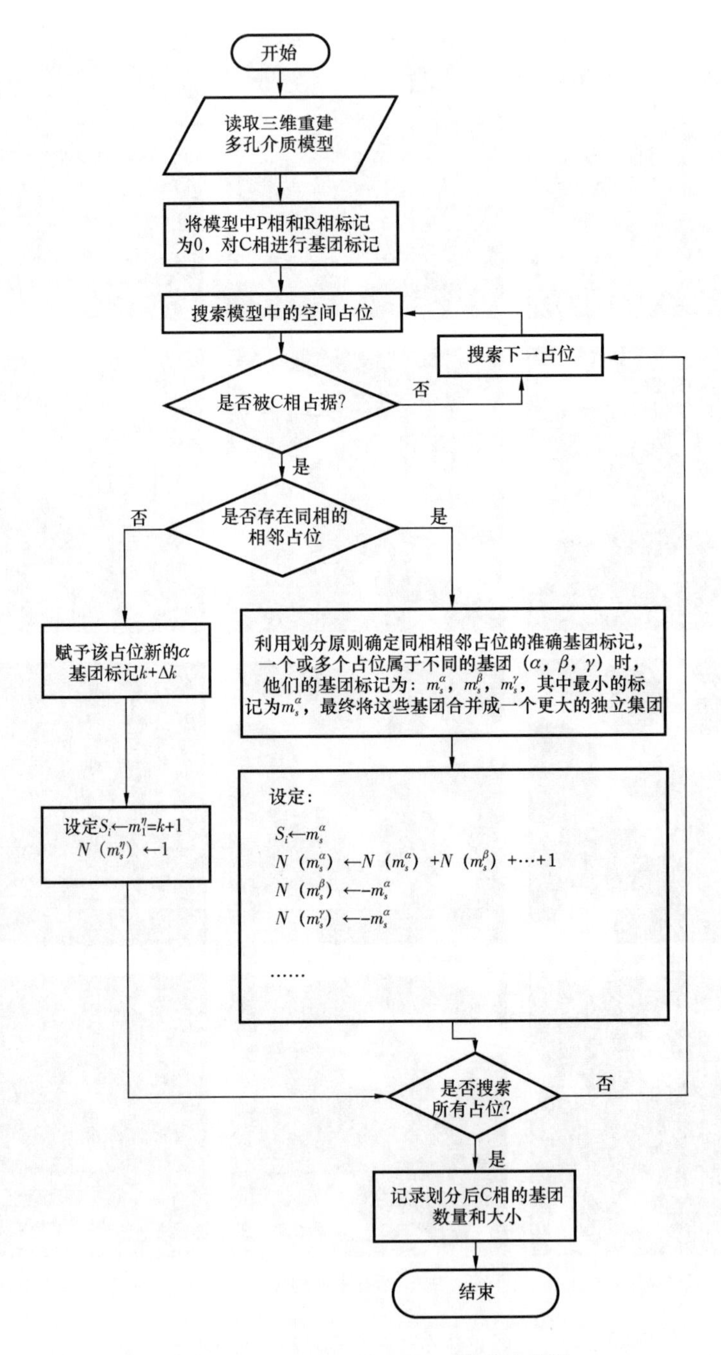

图 12.44　Hoshen - Kopelman 算法流程图

12.2.3.3　基于K－means算法对模型中黏土矿物基团的划分

（1）K－means算法。

K－平均算法（K－means算法）最早是由MacQuen于1967年提出，并在多个研究领域得到了较为广泛的应用。K－means算法是一种典型的空间聚类算法，该算法以平方误差准则较好地实现了空间聚类，将数据样本划分为k簇。K－means算法是基于划分的聚类算法，其核心思想是在设定聚类数量k的前提下，将目标数据样本进行一次随机的初始划分，以误差平方和最小化为相似性准则对初始化分后的数据样本利用迭代的方法不断更新聚类中心，最终得到k个聚类。其中最小误差平方和准则函数可定义为：

$$Z = \sum_{i=1}^{k} \sum_{x \subseteq R_i} \| x - r_i \|^2 \tag{12.29}$$

式中：R_i是所有聚类中的任意一类，x则是该类中的任意数据对象，r_i是上一次计算后第i簇中任一点到质心的距离；其中某一聚类中任意点到该聚类中心的欧式几何距离可由式（12.30）计算：

$$d(x_i, C_R) = \sqrt[2]{(x_i - C_R)^2} \tag{12.30}$$

式中：C_R是某一聚类的中心，在同一聚类当中数据样本的平均值为：

$$\overline{C} = \frac{1}{n_i} \sum_{x \in R_i} x \tag{12.31}$$

K－means算法的具体实现步骤如下（流程图如图12.45所示）：

① 读取数据样本的集合；

② 设定样本聚类的个数k，随机的选取k个数据样本作为初始的数据样本聚类中心；

③ 计算欧氏距离，计算数据样本中每个数据到各聚类中心的欧式几何距离，然后根据最小误差平方和准则函数将数据按照远近距离划分到相应的不同聚类中心所对应的聚类当中；

④ 更新聚类中心，将每个聚类中所有数据的均值作为各个聚类新的中心，并以最小误差平方和准则重新计算新的聚类中心的值；

⑤ 迭代判别，将④ 中计算得到的数值与前一次计算得到的数值相比较，如果两者差值小于或等于预先设定的临界值，则停止迭代，否则重新进行步骤③ 进行迭代；

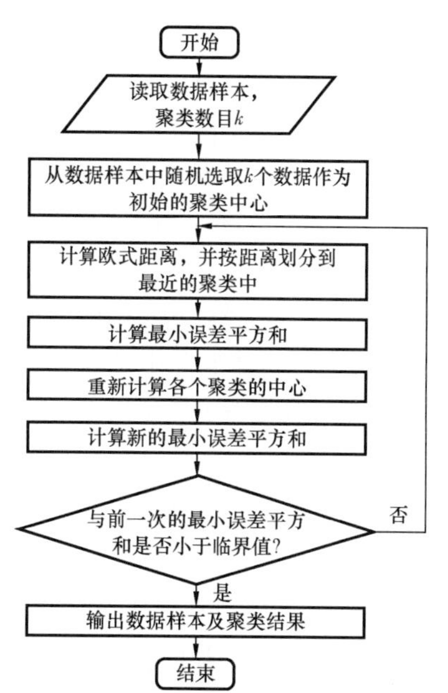

图12.45　K－means算法流程图

⑥ 输出数据样本及聚类结果,包括每个聚类的聚类中心、大小等。

对于三维重建多孔介质模型,利用 Hoshen - Kopelman 算法得到了模型中黏土基团的编号、尺寸和数量,由于统计划分的黏土矿物基团中存在部分尺寸较大的连通黏土基团,而在真实储层中不同种类的黏土矿物在岩石颗粒表面也存在连通、接触的情况;利用 K - means 聚类算法可以将对岩石颗粒(聚类中心)周围的黏土矿物按所属关系进行聚类。因此,本文以岩石颗粒的球心和所有较大尺寸的黏土矿物基团作为 K - means 算法的数据样本对 Hoshen - Kopelman 算法划分后的黏土矿物基团进行有效划分。如图 12.47 所示,对于三维多孔介质模型,初步可将岩石骨架划分为岩石颗粒与黏土矿物两部分,通过 Hoshen - Kopelman 算法划分后可以得到岩石颗粒和不同大小的黏土矿物基团,对于较大尺寸的连通黏土矿物基团可按照 K - means 算法划分为多个附着于岩石颗粒表面的有效黏土基团。

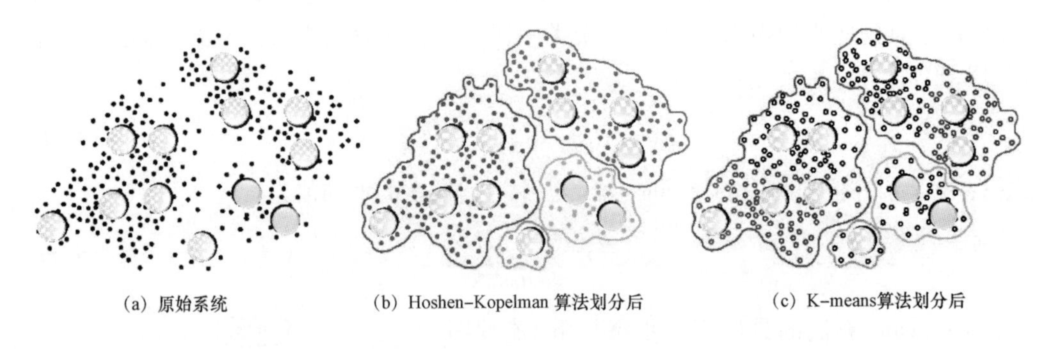

(a) 原始系统　(b) Hoshen-Kopelman 算法划分后　(c) K-means算法划分后

图 12.46　聚类划分黏土示意图

(2)重建模型中的黏土基团分布。

基于上述算法得到的三维多孔介质模型中不同黏土矿物基团的分布情况如图 12.47 所示,其中最大的黏土矿物基团的尺寸为 27953 个体素,最小的黏土基团大小为 1 个体素(基团个数为 9432)。基团大小小于 11 个体素的黏土基团仅占所有黏土基团的 1.91%;而主要的黏土基团则分布在 10000 个体素到 25000 个体素之间,占总黏土体积的 97.29%。整体的黏土基团分布呈现“大基团为主,小基团分散”的特点,这与实际储层中黏土矿物的分布形式相近似。

12.2.4　三维重建模型中黏土矿物结构划分

12.2.4.1　黏土矿物基团的结构划分

疏松砂岩储层中常见的黏土矿物包括蒙脱石、伊利石、伊/蒙混层、绿泥石、高岭石;常见的分布形式为粒间孔隙充填、颗粒包壳、交代和包壳衬边等(图 12.48),且不同黏土的分布特点也各不相同。

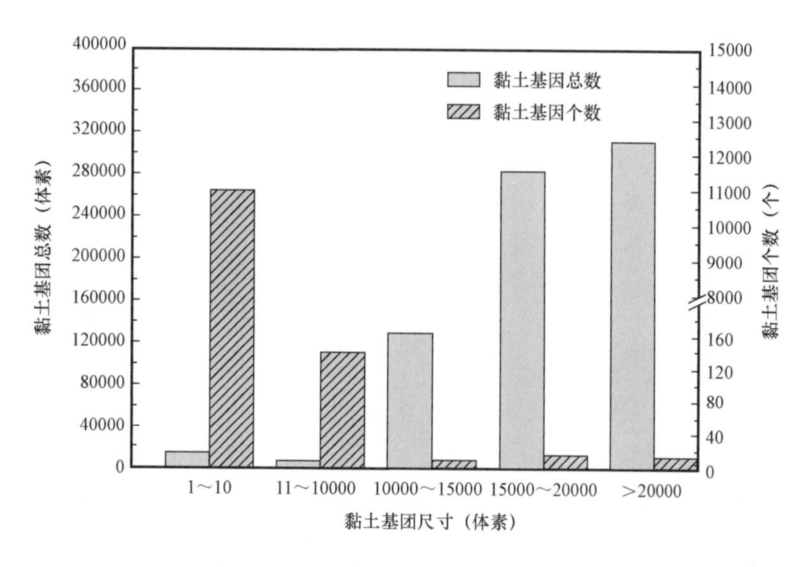

图 12.47　重建模型中黏土基团的分布

由上文可知,重建模型中黏土矿物的填充形式主要为颗粒表面填充(单个黏土表面填充,多个黏土表面填充和层状黏土表面填充)、颗粒间填充(双颗粒间黏土填充、多颗粒间黏土填充)和颗粒内部填充,故在进行三维重建模型的黏土矿物构建时,结合实际黏土的分布形式,按照单个黏土基团与岩石骨架颗粒的相邻关系将黏土矿物基团分布的主要形式划分为:粒间充填、颗粒表面充填和交代作用。

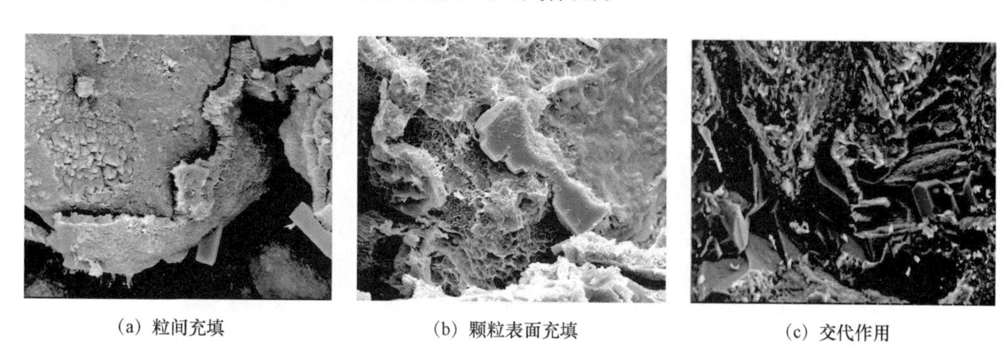

(a) 粒间充填　　(b) 颗粒表面充填　　(c) 交代作用

图 12.48　真实储层黏土矿物的分布

基于 Hoshen – Kopelman 算法得到模型中黏土矿物基团的分布,将统计后的黏土矿物基团按结构划分,由于模型中基团大小较小(基团大小为 1 ~5)的黏土基团的分布形式较为多样,按结构划分时可将其视为多种结构的黏土矿物基团(粒间充填、颗粒包壳和交代等)在岩石骨架上的分布,故在判别时以基团大小大于 5 的单个黏土基团的边界作为结构划分的研究对象。当基团边界的离散点为单个岩石颗粒时,则将该黏土基团划分为交代形式[图 12.49(a)],交代形式主要分布于岩石颗粒内,成单个离散点的形式分布;当基团边界的相邻离散点为单个岩石骨架颗粒及孔隙时,则将该黏土矿物基团划分为颗粒表面充填形式[图 12.49(b)];而当基团边界的相邻离散点为多个岩石骨架颗粒及孔隙时,则将该黏土基团划分为粒间充填形式[图 12.49(c)];并将相应结构类型的黏土基团分别按结构标记为 a、b 和 c,如图 12.49 所示;最终得到不同结构黏土基团分布和不同类型的黏土基团分布(图 12.50 和图 12.51)。

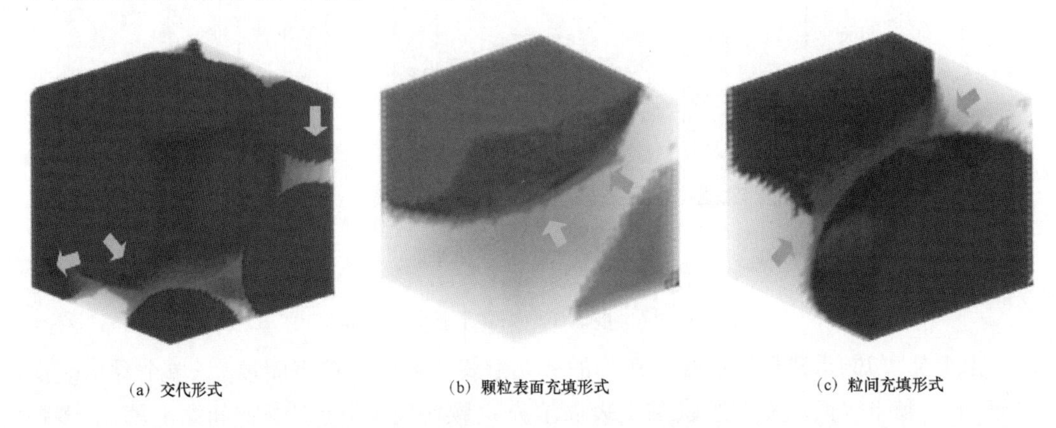

(a) 交代形式　　(b) 颗粒表面充填形式　　(c) 粒间充填形式

图 12.49　重建模型中黏土基团结构特点

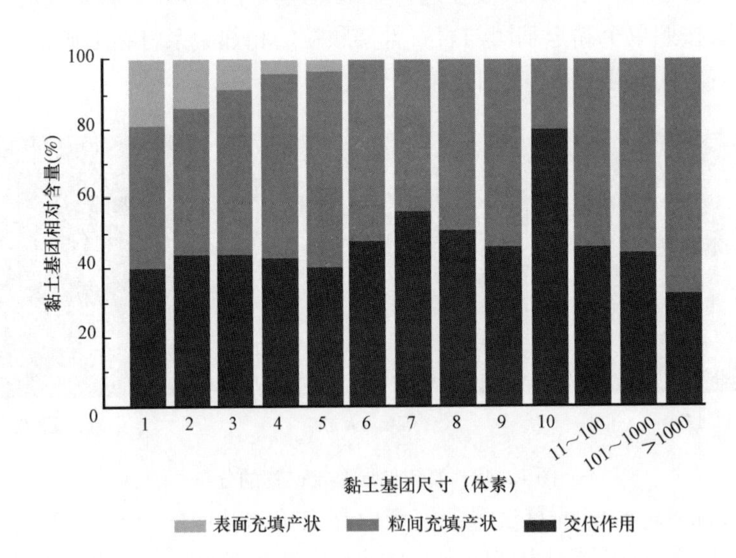

图 12.50　按结构划分的黏土矿物基团分布

12.2.4.2　结构划分后模型中黏土矿物的统计

通过黏土基团的结构判别,所有的黏土矿物基团按产状被划分为三种主要类型:表

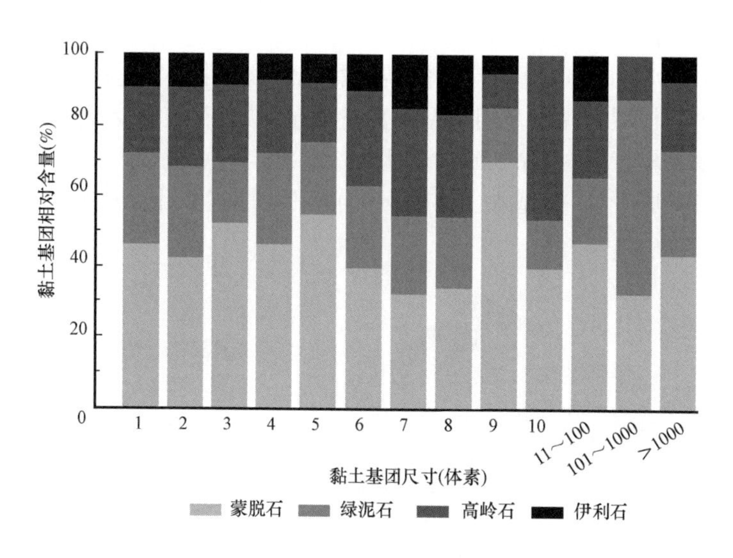

图 12.51　不同类型黏土矿物基团分布

面充填,粒间充填和交代作用。其中以粒间充填形式分布的黏土矿物基团共有 4685 个基团,含量占黏土总体积的 67.13%;表面充填产状的黏土矿物基团共有 4530 个,含量占黏土总体积的 32.30%;而交代作用的黏土矿物则零星的分布于岩石颗粒当中,其含量仅占到黏土总体积的 0.28%;模型中较大的黏土矿物基团主要为表面充填和粒间充填的形式。

通过对三维重建多孔介质模型中黏土矿物基团的划分和结构判别,每个黏土矿物基团都逐渐标记了不同的属性(包括基团大小、序号、产状等)。因此,结合真实储层的相关信息(包括黏土含量、黏土类型、黏土的产状等),模型中的黏土矿物按黏土含量和产状特征被划分为不同的黏土类型,如图 12.52 所示,蒙脱石是模型中含量最多的黏土矿物,含量占黏土矿物总体积的 40.84%,绿泥石占 27.43%,高岭石占 19.11%,伊利石占 6.28%。且对于不同尺寸的黏土矿物基团,各种黏土矿物基团的分布相对均匀。

12.2.5　三维重建多孔介质模型中黏土矿物的构建

12.2.5.1　含黏土矿物三维多孔介质模型的构建

参考模型储层孔隙度为 26.38%,渗透率 0.614D,泥质含量 12.36%;其中黏土含量分布为:蒙脱石 40.8%、高岭石 19.1%、绿泥石 27.4%、伊利石 6.3%。其中蒙脱石产状主要以颗粒包壳为主,存在部分粒间充填形式;高岭石以粒间孔隙充填,呈分散质点状集合体分布;绿泥石以包壳衬边,粒间充填和交代状分布;伊利石的分布形式包括粒间充填、交代和薄膜式分布。

基于 Hoshen - Kopelman 算法得到模型中黏土矿物基团大小及数量分布，以及按结构划分得到的重建模型中黏土基团类型及数量分布，结合真实储层黏土含量及分布以及主要的黏土矿物结构特点，按黏土矿物基团大小和结构特点将模型中的黏土矿物赋予相应的黏土性质，得到含不同类型黏土矿物分布的三维重建多孔介质模型，如图 12.52 和图 12.53 所示。

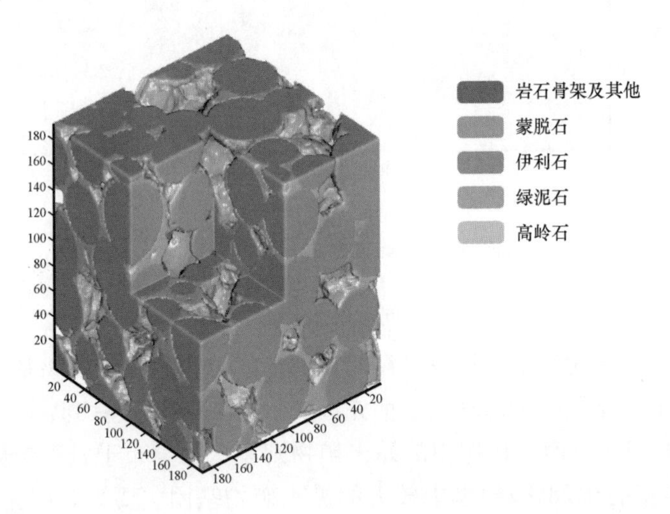

图 12.52　含不同黏土矿物三维多孔介质模型

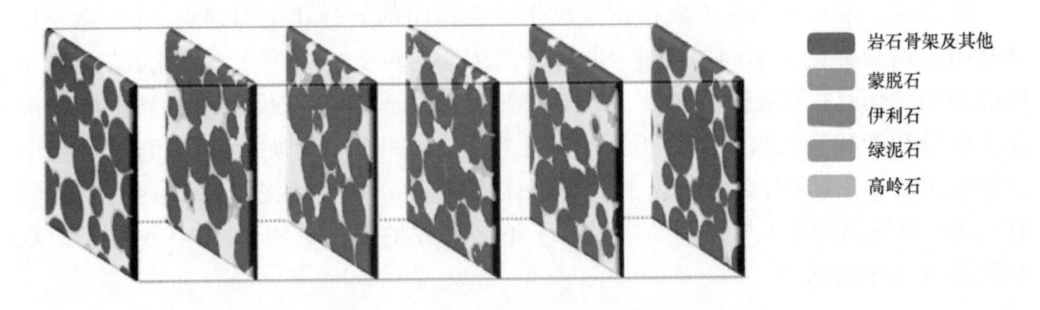

图 12.53　含黏土矿物分布重建模型切片图

12.2.5.2　三维重建多孔介质中黏土矿物的分布

从各层中黏土矿物的分布情况来看，黏土矿物分布中包括部分基团大小小于 5 的黏土矿物颗粒，同时大基团黏土矿物的分布以粒间充填（双颗粒间和多粒间），颗粒表面充填（蚀变类黏土、包壳衬边、薄膜式）为主，存在少量交代式分布的黏土矿物。

由图 12.54(a) 和图 12.54(b) 可以看出，蒙脱石在模型中由于含量较高，主要成连片充填并附着于岩石基质表面，同时蒙脱石黏土基团主要以粒间充填和表面充填的形式分布于重建模型当中，基团数量分别为2117个和1935个；粒间充填类蒙脱石和表面充填类蒙脱石的含量占黏土矿物总体积的41.41%和58.39%；其中最大的粒间充填类蒙脱石基团大小为22716个体素，最大的表面充填类蒙脱石基团大小为21273个体素。由图12.54(c)和图12.54(d)可知，绿泥石以环状和部分连片的基团分布于模型当中，粒间充填类绿泥石共有900个基团，占黏土矿物总体积的62,53%；表面充填类绿泥石共有975个基团，占黏土矿物总体积的37.14%，最大的粒间充填类和表面充填类绿泥石基团大小分别为22767个体素和21193个体素。高岭石一般以粒间充填的形式分布于储层岩石当中，而由模型中黏土矿物的分布可知，粒间充填是模型中高岭石的主要分布形式[图12.54(e)和图12.54(f)]，占黏土总体积的98.58%，其中最大的粒间充填类黏土基团的大小为27953个体素。伊利石在模型中的产状包括粒间充填，表面充填和交代形式[图12.54(g)和图12.54(h)]，其中表面充填类和粒间充填类伊利石分别占41.32%和58.12%。交代作用在4种黏土矿物中均有分布，且主要以零星分布的形式分布于岩石颗粒当中，蒙脱石、绿泥石、高岭石和伊利石中交代状黏土基团的个数分别为504个、619个、61个和244个。所构建的含黏土三维多孔介质模型与真实储层的黏土矿物分布、产状较为吻合。

12.3　稠油油藏注汽高压井储层伤害模型研究

稠油油藏在注蒸汽生产过程中，由于储层岩石及流体性质的变化会造成储层伤害而导致注汽压力升高从而影响正常的注蒸汽作业；一方面，由于不同黏土矿物会在不同的温度和压力等条件下发生膨胀、转化等而造成储层伤害；另一方面，稠油油藏中极性较强的胶质、沥青质等重质组分随着温度和压力的变化会吸附在储层岩石矿物表面，形成复合堵塞物而进一步加剧储层伤害。在第3章中，利用聚类算法实现了对疏松砂岩稠油油藏含黏土三维多孔介质的重建，其中包含了疏松砂岩储层常见的黏土矿物(蒙脱石、伊利石、绿泥石和高岭石等)。基于含黏土三维重建多孔介质模型，结合岩石矿物及沥青质在不同模拟条件下的变化规律，首次利用三维重建多孔介质模型对储层伤害过程进行了模拟研究，构建了不同类型储层伤害模型，并分析了储层伤害对储层物性的影响。

12.3.1　储层岩石转化及体积变化模拟

12.3.1.1　形态学膨胀与溶蚀运算

数学形态学作为图像处理中常用的非线性理论，其主要通过显式的形状结构方式来刻画并分析图像，通过具有特定形态的结构元素来度量和提取图形中相对应的形状，主

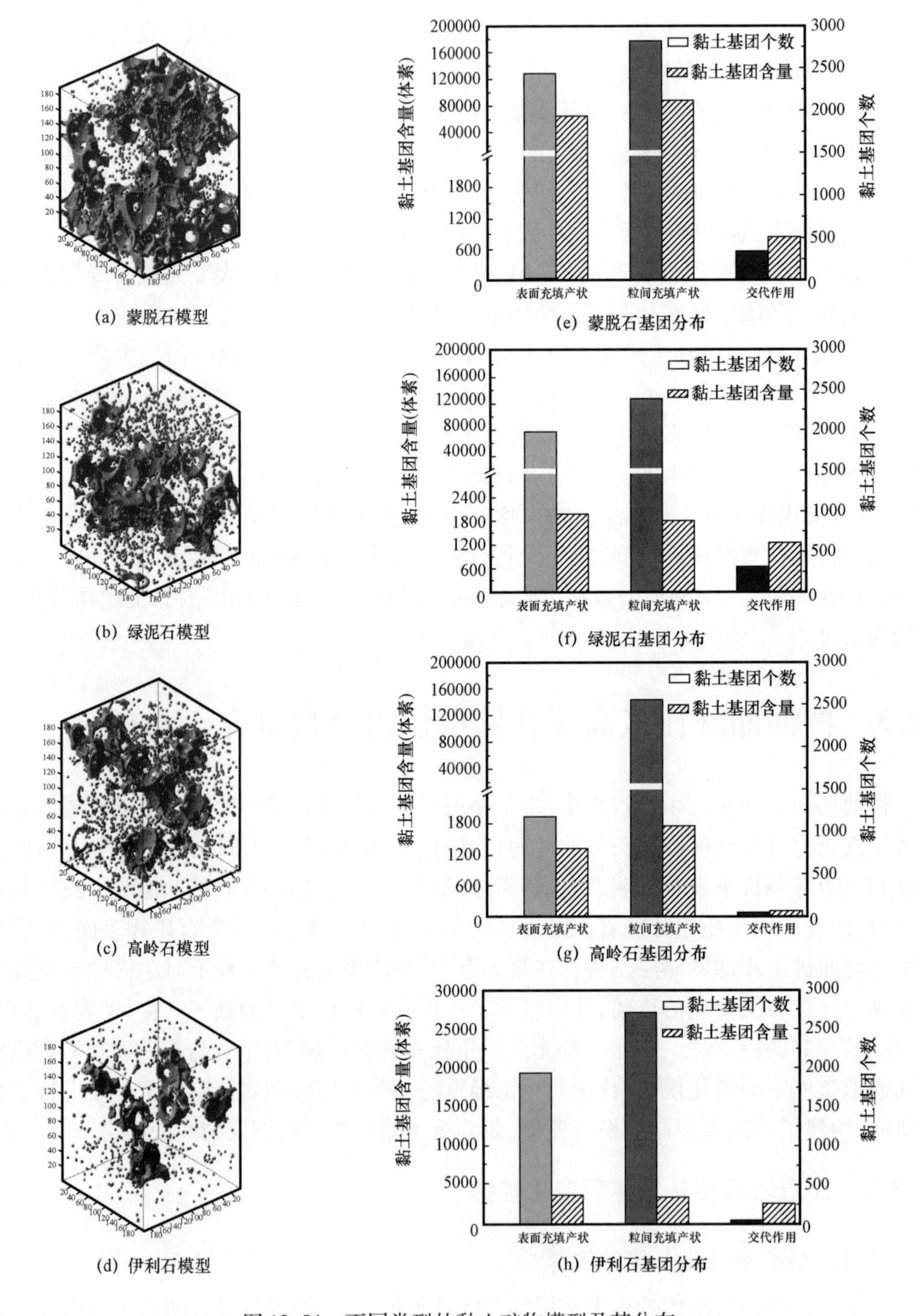

(a) 蒙脱石模型

(e) 蒙脱石基团分布

(b) 绿泥石模型

(f) 绿泥石基团分布

(c) 高岭石模型

(g) 高岭石基团分布

(d) 伊利石模型

(h) 伊利石基团分布

图 12.54　不同类型的黏土矿物模型及其分布

要广泛地应用于计算机视觉领域[186-192]。数学形态学常用于二值化图像及灰度图像的处理过程。常用的运算过程包括膨胀运算、溶蚀运算、开启运算和闭合运算等。其中膨胀运算主要应用于图形边缘的提取、分割和膨胀过程。本节主要利用膨胀和溶蚀运算过程来实现不同条件下三维重建多孔介质模型中不同类型黏土矿物的体积变化过程。

在形态学运算过程中,结构元素的选择决定了运算后图形的提取和分析,利用不同构造的结构元素可以实现不同的图像分析和处理过程。就结构元素的基本原则来看,选择的结构元素相比原始图像而言,在几何形状上应为简单且有界的,同时结构元素的“凸性”也非常重要。结合本文的主要研究对象,在选择结构元素时,主要以三维空间中不同黏土矿物的单个体像素点作为结构元素。

12.3.1.1.1　二值形态学膨胀与溶蚀运算

定义1　假设 A 为非空集合,则集合 A 的反射集合 $\hat{A}$ 可定义为:

$$\hat{A} = \{y \mid y = -a, a \in A\} \tag{12.32}$$

定义2　假设 A 为非空集合,则可将集合 A 平移距离 x 后表示为 A_x,并定义为:

$$A_x = \{a + x \mid a \in A\} \tag{12.33}$$

如图12.55所示,其中二维图像中的灰色像素点为图像集合的原点,黑色像素点为图像集合中的元素,平移距离为 x,图12.55(a)为平移前的图像集合,图12.55(b)为平移后的图像集合。

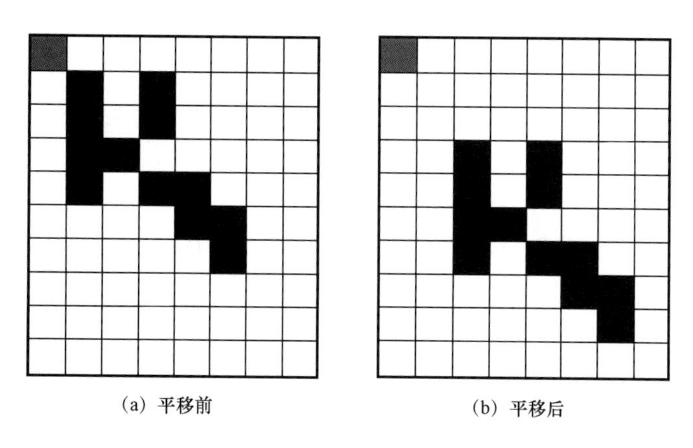

图12.55　二维数字图像的平移

定义3　假设 A 和 B 是二维空间 Z^2 中的非空图像集合,其中 B 为结构元素,则图像 A 被 B 膨胀可以表示为 $A \oplus B$,并可定义为:

$$A \oplus B = \{x \in Z^2 \mid x = a + b, \quad 对于 \quad a \in A 和 b \in B\} \tag{12.34}$$

定义 4　假设 A 和 B 是二维空间 Z^2 中的非空图像集合，其中 B 为结构元素，则图像 A 被 B 溶蚀可以表示为 $A \ominus B$，并可定义为：

$$A \ominus B = \{x \in Z^2 \mid x + b \in A, \forall b \in B\} \tag{12.35}$$

假设结构元素 B[图 12.56(b)]为二维空间中的单一像素点，则 $A \oplus B$ 的膨胀过程可由图 12.56 表示，其中图 12.56(a)为膨胀前的图像集合，图 12.56(c)为膨胀后的图像集合。

其中二值膨胀和溶蚀运算满足如下性质：

性质 1　交换律：$A \oplus B = B \oplus A$（溶蚀运算无交换性）。

性质 2　结合律：

$$A \oplus (B \oplus C) = (A \oplus B) \oplus C$$

$$A \ominus (B \oplus C) = (A \ominus B) \ominus C$$

由性质 2 可知，在膨胀运算过程中，一个较大结构元素的膨胀运算可以通过两个较小的结构元素的膨胀运算来实现。

性质 3　平移不变性：

$$A_x \oplus B = (A + B)_x, A_x \ominus B = (A \ominus B)_x$$

$$A \oplus B_x = (A \oplus B)_x, A \ominus B_x = (A \ominus B)_{-x}$$

性质 4　单调性：

如果 $A \subseteq B$，则

$$A \oplus C \subseteq B \oplus C, A \ominus C \subseteq B \ominus C$$

如果 $\mathrm{A} \subseteq \mathrm{B}$，则

$$C \oplus A \subseteq C \oplus B, C \ominus B \subseteq C \ominus A$$

性质 5　分配律：

$$(A \cup B) \oplus C = (A \oplus C) \cup (B \oplus C)$$

性质 6　与集合运算的关系：

$$A \oplus (B \cup C) = (A \oplus B) \cup (A \oplus C), \quad A \ominus (B \cup C) = (A \ominus B) \cap (A \ominus C)$$

$$(A \cup B) \oplus C = (A \oplus C) \cup (B \oplus C), \quad (A \cup B) \ominus C \supseteq (A \ominus C) \cup (B \ominus C)$$

$$(A \cap B) \oplus \subseteq (A \oplus C) \cap (B \oplus C), \quad (A \cap B) \ominus C \supseteq (A \ominus C) \cap (B \ominus C)$$

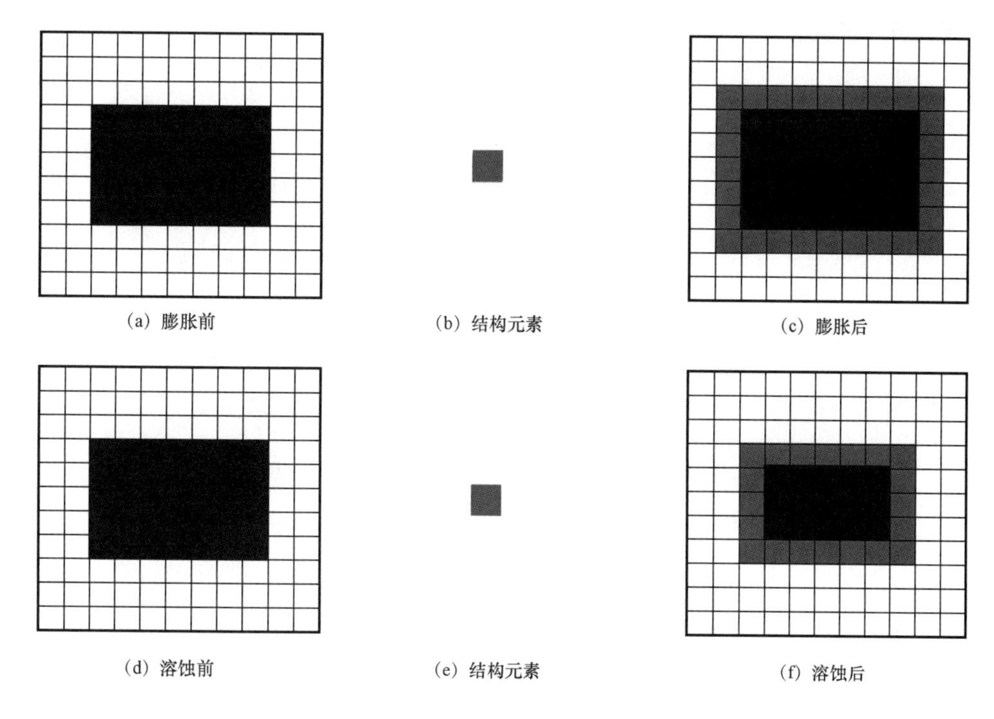

图 12.56　二值图像膨胀、溶蚀运算示意图

12.3.1.1.2　多值形态学膨胀与溶蚀运算

在实际的图像处理过程中,图像处理的情况比二值图像中的处理过程要复杂得多,其中就包括对三维彩色图像的处理。本文中主要讨论的就是包含不同岩石矿物组分的三维彩色图像的处理过程。因此,首先对涉及的相关概念做简要介绍。

定义 5　假设 A 为多维数字空间(Z^m),$T(T=T_1 \otimes T_2 \otimes \cdots \otimes T_n)$为由 n 个有序完备格组成的空间,则可将多值图像可以定义为一个映射 $f:A \to T$。

其中典型的多值图像具有如表 12.23 中的关系。

表 12.23　多值图像完备格与维数关系

映射关系	维数	完备格数	图像类型
$f:(x,y) \to T$	$m=2$	$n=1$	二维灰度图像
$f:(x,y,z) \to T$	$m=3$	$n=1$	三维灰度图像
$f:(x,y) \to (R,G,B)$	$m=2$	$n=3$	二维彩色图像
$f:(x,y,z) \to (R,G,B)$	$m=3$	$n=3$	三维彩色图像
$f:(x,y,z,t) \to (R,G,B)$	$m=4$	$n=3$	四维彩色图像
$f:(x,y,z,t) \to (\alpha,\beta,\gamma,\pi,\tau,\cdots)$	$m=4$	$n=?$	真实世界

定义 6　多值有序：

$$\left.\begin{aligned} t \leqslant t' \Leftrightarrow t_i \leqslant t'_i ; i \in [1, \cdots, n] \\ t < t' \Leftrightarrow t_i < t'_i ; i \in [1, \cdots, n] \\ t \geqslant t' \Leftrightarrow t_i \geqslant t'_i ; i \in [1, \cdots, n] \\ t > t' \Leftrightarrow t_i > t'_i ; i \in [1, \cdots, n] \end{aligned}\right\} \tag{12.36}$$

其中用 $t \in T$ 表示 $t = \{t_1, t_2, \cdots, t_n ; t_1 \in T_1, t_2 \in T_2, \cdots, t_n \in T_n\}$。

定义 7　假设 A 为多维数字空间(Z^m)的图像集合，$T(T = T_1 \otimes T_2 \otimes \cdots \otimes T_n)$为由 n 个有序完备格组成的空间，对于 $A \times T$ 中的一个集合 X，其支持域可定义为：

$$\text{supp}(X) = \{x \mid x \in A \text{ 且 } \exists t \in T \text{ 使}(x, t) \in X\} \tag{12.37}$$

对于多维空间中的实值函数 f，其支持域为：

$$\text{supp}(f) = \{x \mid x \in A \text{ 且 } \exists f(x) \neq -\infty\} \tag{12.38}$$

定义 8　假设 A 为多维数字空间(Z^m)的图像集合，$T(T = T_1 \otimes T_2 \otimes \cdots \otimes T_n)$为由 n 个有序完备格组成的空间，且满足 f:$A \rightarrow T$ 的映射关系，其中结构元素满足 g:$A \rightarrow T$ 的映射关系，则 g 对 f 的膨胀运算 $f \oplus g$ 可以定义为：

$$f \oplus g = \underset{\substack{y \in \text{supp}(g) \\ (x-y) \in \text{supp}(f)}}{\text{supp}} \{f(x - y) + g(y)\} \tag{12.39}$$

定义 9　假设 A 为多维数字空间(Z^m)的图像集合，$T(T = T_1 \otimes T_2 \otimes \cdots \otimes T_n)$为由 n 个有序完备格组成的空间，且满足 f:$A \rightarrow T$ 的映射关系，其中结构元素满足 g:$A \rightarrow T$ 的映射关系，则 g 对 f 的溶蚀运算 $f \ominus g$ 可以定义为：

$$f \ominus g = \underset{\substack{y \in \text{supp}(g) \\ (x+y) \in \text{supp}(f)}}{\inf} \{f(x + y) - g(y)\} \tag{12.40}$$

其中多值膨胀运算满足如下性质。

性质 7　交换律：

$$f \oplus g = g \oplus f \text{（溶蚀运算无交换性）}$$

性质 8　结合律：

$$f \oplus (b \oplus c) = (f \oplus b) \oplus c, f \ominus (b \oplus c) = (f \ominus b) \ominus c$$

性质 9　单调性：

如果 $f \geqslant g$，则 $f \oplus b \geqslant g \oplus b$，$f \ominus b \leqslant g \ominus b$；

如果 $b \geqslant c$，则 $f \oplus b \geqslant f \oplus c$，$f \ominus b \leqslant f \ominus c$。

性质10 平移不变性:

$$(f_x + h) \oplus g = (f \oplus g)_x + h, f \oplus (g_x + h) = (f \oplus g)_x + h$$

$$(f_x + h) \ominus g = (f \ominus g)_x + h, f \ominus (g_x + h) = (f \ominus g)_{-x} - h$$

12.3.1.2 基于形态学的多组分岩石矿物膨胀与溶蚀运算

形态学的膨胀与溶蚀运算主要是用来对图像中的边缘进行提取划分[192-194]。其膨胀或溶蚀后的图形也受到结构元素和原始图像的限制,膨胀或溶蚀的部分往往也是均匀变化的。而黏土矿物本身就具有一定分形特征,其分布形式也较为多样。储层环境虽然决定了不同性质黏土矿物的体积变化特点,但是黏土的变化量还是受黏土矿物本身在岩石表面的富集情况和富集的多少所决定。因此在进行模型中黏土矿物的体积变化模拟之前,应做如下假设:

(1)黏土矿物在黏土基团表面的体积变化都发生在分布于岩石矿物表面的该类黏土矿物基团的表面;

(2)黏土矿物在黏土基团表面的体积变化与其本身的基团大小及性质相关;

(3)黏土矿物在黏土基团表面的体积变化是沿着基团边界两侧进行;

(4)黏土矿物在黏土基团表面的体积变化是不均匀的;

(5)黏土矿物在黏土基团表面的体积变化受到相邻接触点的岩石、孔隙及其本身占位的控制;

(6)黏土矿物在黏土基团表面的体积变化中的结构元素选择构建模型中最小的体素单位;

(7)不同类型黏土矿物在黏土基团表面的体积变化过程不受其他类型黏土矿物的影响;

(8)黏土矿物的性质变化不受其他种类岩石矿物的影响;

(9)岩石基质及其他矿物的性质相对稳定。

12.3.1.2.1 岩石矿物膨胀运算

在12.2节中,利用储层的二维信息划分并构建了含有不同类型黏土矿物的三维多孔介质模型,为研究不同模拟条件下岩石矿物体积变化造成的储层伤害,基于不同条件下的岩石矿物变化特点进一步构建由储层岩石矿物性质变化造成的储层伤害模型。

如图12.57所示为岩石矿物膨胀运算的流程图,基于12.2节中所述的Hoshen - Kopelman基团划分与统计算法确定三维重建多孔介质模型中不同类型黏土矿物的基团数量和大小,基于不同条件下各类黏土矿物的体积膨胀系数,根据不同黏土矿物基团的大小,计算得到各黏土矿物基团的膨胀体积(体素点的数量)。同时对空间占位的膨胀优先等级进行计算,具体地,根据任意空间占位的稳定性判别方法计算空间占位的稳定性

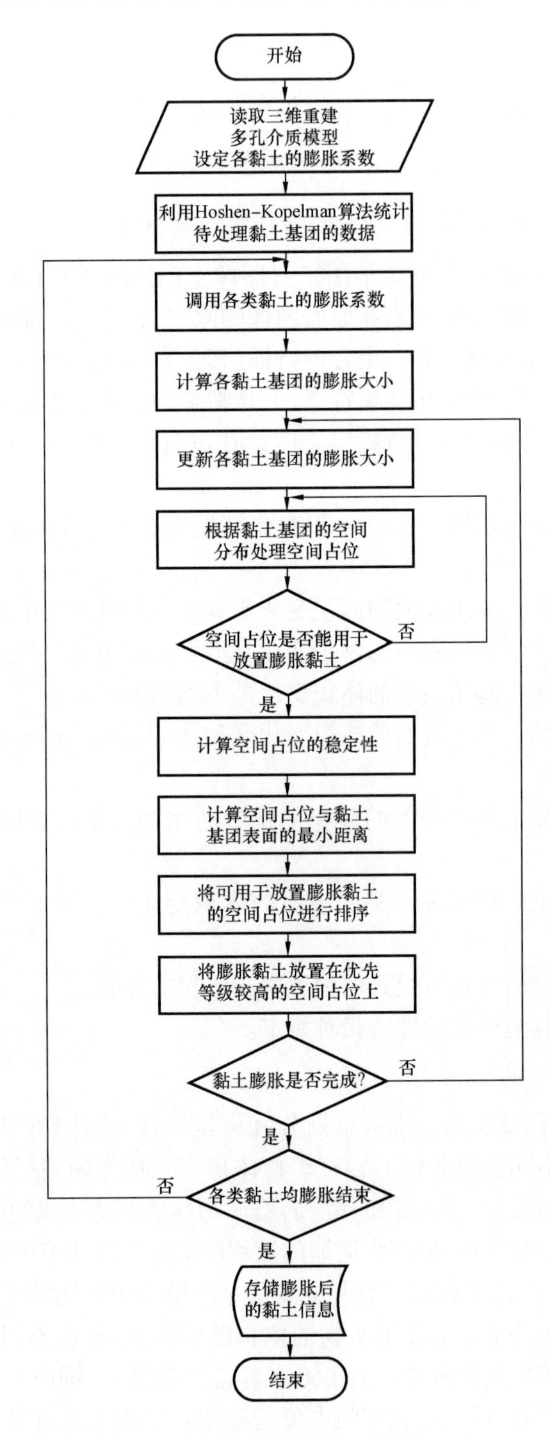

图 12.57 岩石矿物膨胀运算流程图

大小,同时按照该占位与黏土基团边界的距离,综合稳定性等级和与黏土基团的距离,对所有可用于发生膨胀的空间占位的优先等级进行排序;最后按各类黏土基团的膨胀大小按照可用于膨胀空间占位的优先等级将膨胀黏土依次放置在空间占位上完成黏土基团的膨胀运算。

12.3.1.2.2　岩石矿物的溶蚀运算

如图12.58所示为岩石矿物溶蚀运算的流程图,基于12.2节中所述的Hoshen－Kopelman基团划分与统计算法确定三维重建多孔介质模型中不同类型黏土矿物的基团数量和大小,基于不同条件下各类黏土矿物的体积溶蚀系数,根据不同黏土矿物基团的大小,计算得到各黏土矿物基团的溶蚀体积(体素点的数量)。由于黏土基团的体积变化过程都是从基团边界开始发生的,因此溶蚀算法中,对于待溶蚀黏土基团边界占位的稳定性按照12.2节中所述的任意空间占位的稳定性判别方法计算,对所有黏土基团边界的待溶蚀占位的稳定性进行排序;最后按各类黏土基团的溶蚀大小按照可用于溶蚀的黏土边界占位的优先等级依次用孔隙相替换原有的黏土占位完成黏土基团的溶蚀运算。

12.3.1.3　储层岩石矿物的转化模拟

在不同的储层环境中,复杂的水岩反应过程,容易造成不同类型的黏土矿物转化,包括常见的高岭石转化、蒙脱石转化、伊利石转化等,为模拟不同条件下水岩反应后造成的储层转化造成的伤害,基于含黏土矿物的三维多孔介质模型模拟黏土矿物的转化过程。在进行模型中黏土矿物的转化模拟之前,应做如下假设:

(1)黏土矿物的转化只发生在不同类型的黏土矿物之间;

(2)黏土矿物的转化与黏土矿物基团体积大小相关,即黏土矿物基团的体积越小,越容易发生黏土矿物的转化;

(3)黏土矿物的转化过程中,总的黏土矿物体积并不发生变化;

(4)不同类型黏土矿物的转化过程不受其他类型黏土矿物的影响;

(5)黏土矿物的转化不受其他种类岩石矿物的影响;

(6)除蒙脱石、伊利石、高岭石和绿泥石4种黏土矿物,在模拟过程中其他的黏土矿物转化都视为是向“其他”类型黏土矿物和基质转化;

(7)岩石基质及其他矿物的性质相对稳定。

如图12.59所示为岩石矿物转化运算流程图,转化过程由于包含转化相黏土的减少和被转化相黏土增加两个过程,同时黏土矿物的体积越小越容易发生转化,因此在转化过程中,各基团空间占位的稳定性的大小与黏土占位所属基团的大小与转化黏土的优先等级密切相关。具体地,首先要确定转化相黏土的量及转化优先等级,将稳定性较低且所属基团较小的占位点作为优先等级较高的转化黏土用于放置被转化相黏土。

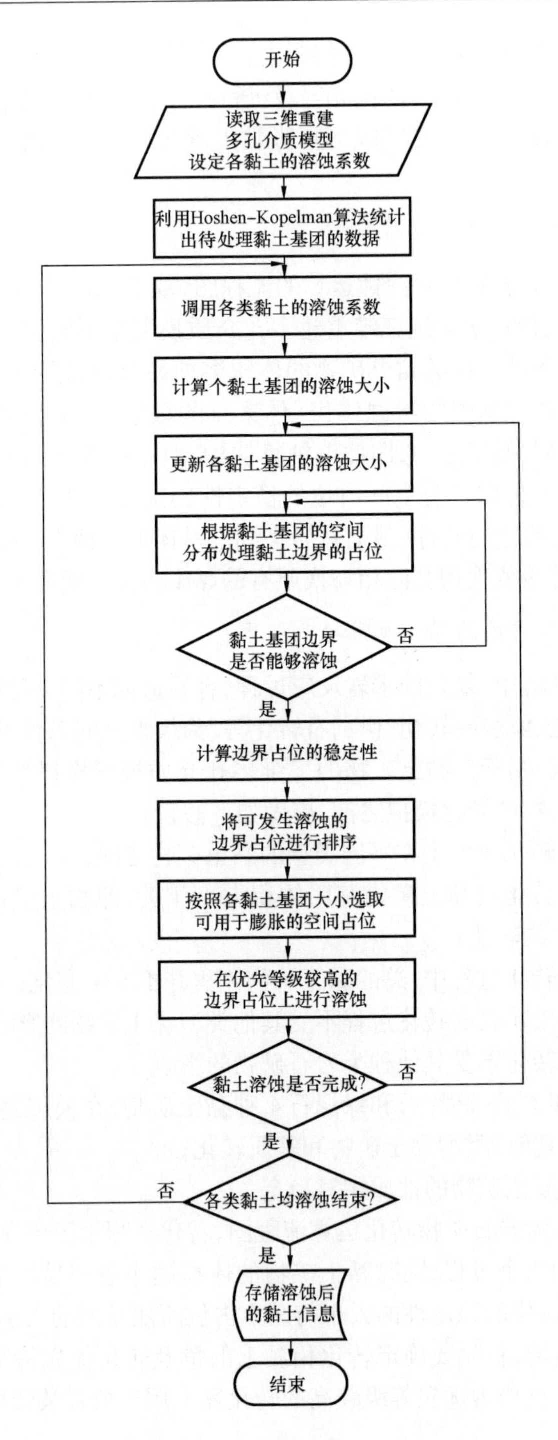

图 12.58　岩石矿物溶蚀运算流程图

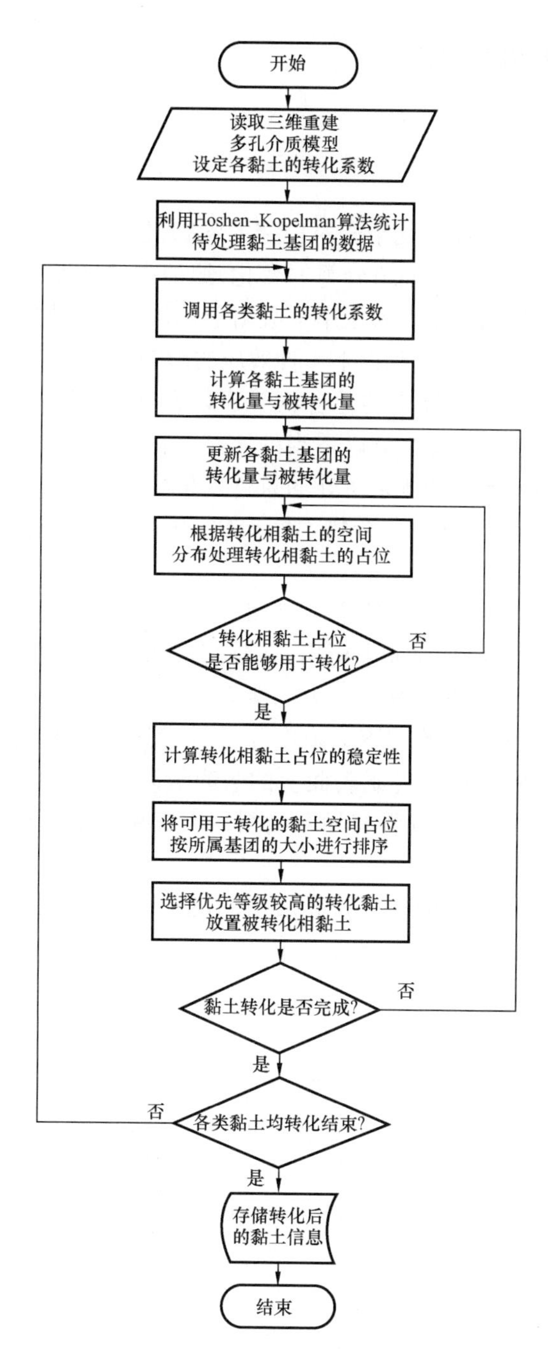

图 12.59　岩石矿物转化运算流程图

12.3.2 沥青质沉积吸附模拟

12.3.2.1 沥青质沉积吸附机理

12.3.2.1.1 沥青质沉积机理

在原始的油藏环境中，原油处于相对稳定的状态，包含了饱和烃、芳香烃、胶质和沥青质。然而随着温度、压力和原油组分等的变化，原油中的极性大分子化合物不断聚集并悬浮于储层孔隙当中，同时在力的作用下吸附于储层岩石矿物的表面，从而造成储层伤害。沥青质的沉积过程主要受到以下4种效应的影响[195-196]：

(1)多分散效应。由于原油中的化合物组成较为复杂，其中原油四组分、轻质组分和重质组分、极性组分和非极性组分以适当的比例存在时，原油体系可以以稳定的形式存在，一旦原油中的组分或整个体系所处的条件发生变化时，原本具有多分散性的原油体系被打破，极性较强的大分子化合物不断聚集，并以聚集体形式悬浮并沉积于孔隙当中。

(2)立体胶态效应。由沥青质的定义可知，当原油体系中加入过量的烷烃后，沥青质在较强的自聚作用下不断从原油中析出，在胶溶剂的作用下，体系中的胶质组分吸附于沥青质化合物的表面并聚集为相对较大的聚集体。

(3)聚集效应。当油相中的胶溶剂浓度降低时，胶质分子的化学位平衡被破坏，从沥青质表面上脱附，当胶质在沥青质表面上的吸附量降低至不足以去覆盖沥青质表面时，沥青质分子表面上的活性点就有相互吸引而引起聚集的可能，并且将会絮凝为大颗粒。

(4)电动力效应。由于原油在多孔介质中的流动会使得胶体体系中带电胶体粒子产生电位差，在电位差的作用下，胶体体系中沥青质不断发生沉积，同时沥青质在不同电荷的作用下吸附于储层岩石矿物的表面。

12.3.2.1.2 沥青质吸附机理

原油中沥青质在岩石矿物表面的吸附过程受到原油胶体体系及储层中液体环境及周围岩石矿物性质等的影响。具有较强极性的沥青质在氢键、偶极—偶极作用、范德华力等一系列与岩石矿物的作用力下吸附于岩石矿物的表面。

吸附等温模型对于研究沥青质与吸附剂之间的密切关系及沥青质的吸附能力非常重要，一般来讲，沥青质的吸附等温线基本满足 Langmuir 等温吸附类型和 Freundlich 等温吸附模型。Langmuir 等温吸附曲线反映的是均匀的单层吸附过程，在较低的吸附浓度下沥青质的吸附过程满足 Langmuir 等温吸附模型，因为在较低的浓度下，沥青质的聚集体可视为是较为紧密的单层吸附过程。而 Freundlich 等温吸附线反应的是不均匀的多层吸附过程，Freundlich 模型和包括 Freundlich - Kiselev 修正模型在内的等温吸附模型都可以反映复杂的沥青质吸附过程。

由图12.60可知，随着温度、压力及原油组分的变化，原油中的大分子极性化合物不断聚集形成了复杂的沥青质聚集体，而组成沥青质的极性化合物中含有不同类型的大分子含氮、含硫和含氧化合物，其中含氧化合物包括酚类和多种有机酸，含硫化合物包括噻吩等，含氮化合物包括吡啶、咔唑等，不同类型的杂原子化合物在沥青质与岩石矿物的吸附过程中起到重要的作用，尤其是含氮和含氧化合物。含有表面活性基团的沥青质聚集体带有正电荷和较强的极性。同时黏土矿物是典型的硅铝酸盐，其表面具有四面体Si—OH和八面体Al—OH的基团，且晶片的表面为—OH，这些极性基团为沥青质在黏土矿物表面的吸附过程提供了较多的吸附位点，因此在极性、电荷、氢键等一系列作用下使得沥青质在岩石矿物表面发生了吸附。

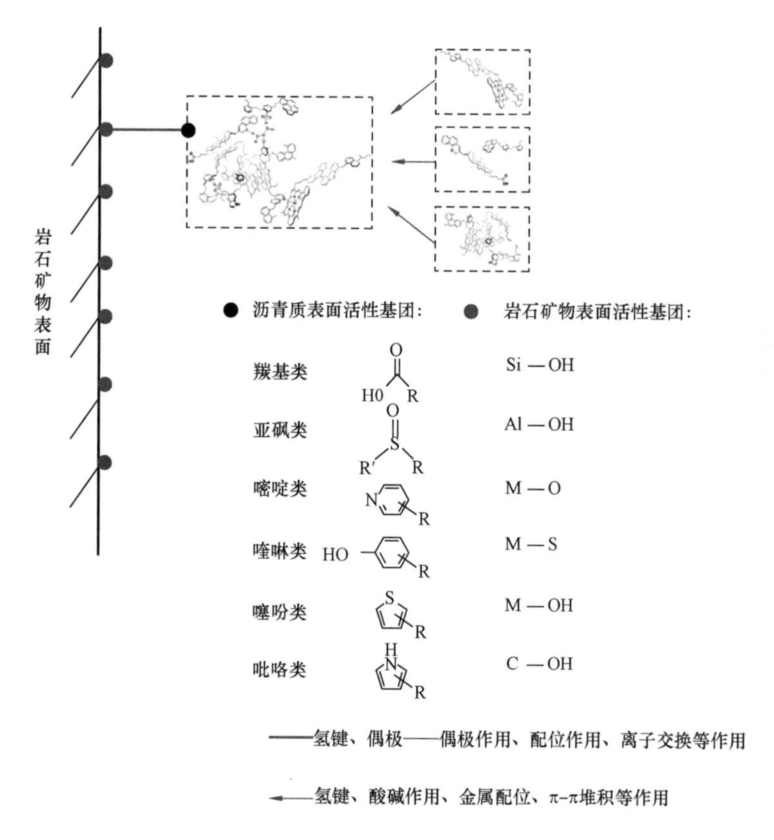

图12.60 沥青质在岩石矿物表面的吸附过程示意图

12.3.2.2 沥青质在储层中堵塞机理

由沥青质在储层中的沉积吸附机理可知，当储层中的温度场、压力场及原油组分性质发生变化时,沥青质将会从原油中不断析出,在孔隙度中形成聚集体并悬浮,而当析出的固相沥青质聚集体在随原油的流动过程中,由于受到不同岩石矿物组分的吸附而附着于储层岩石矿物表面,并在孔隙喉道形成堵塞,其堵塞机理主要表现在以下几个方面:

(1)沥青质在喉道处被阻塞;

(2)沥青质吸附在岩石上造成润湿性反转;

(3)当注汽、注水生产时,界面作用会形成沥青质的滞留。

沥青质主要以捕获和桥塞的形式使孔隙喉道阻塞。当沥青质随原油在表面粗糙的孔隙中流动时,沥青质颗粒就会与孔隙壁面发生碰撞进而被岩石颗粒所捕获。此外,当数量较多的沥青质颗粒移动到喉道时,其可能以垂面粘合的状态滞留在喉道处,即形成桥塞。如图 12.61 所示,即为沥青质吸附的过程。沥青质颗粒随原油流入孔隙,一部分在岩石表面沉积,在油流携带过程中又有一部分沥青质颗粒沉积,而后在孔喉处以捕获或桥塞的形式堵塞,在一定的作用下堵塞的孔喉可能被打开,回复到原来的状态。

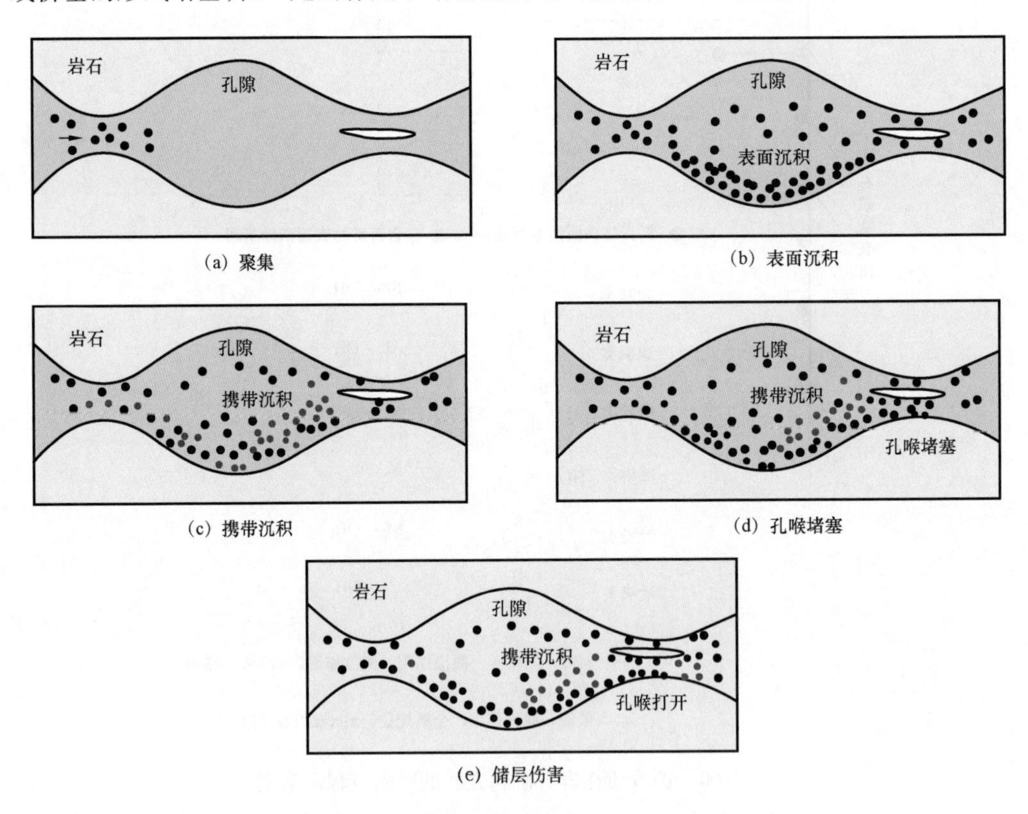

图 12.61 沥青质在储层中的堵塞示意图

12.3.2.3 沥青质沉积吸附模拟

沥青质的沉积过程中,组成沥青质的分子不断增大形成沥青质的聚集体而从原油体系中析出。如图12.62所示,Buckley和Maqbool等的研究工作揭示了不同条件下,随着沥青质沉积过程的不断进行,沥青质聚集体大小不断增大的过程,同时随着沥青质聚集体的不断增大,其对大分子化合物的吸附能力也不断增强,沥青质颗粒的大小从纳米级增大到微米级。原油体系中的大分子化合物在氢键、金属键、酸碱作用、π—π堆积等一系列作用下,在储层孔隙中逐渐形成聚集体。

图12.62 沥青质聚集体大小随沉积过程的变化

悬浮在原油体系中的沥青质聚集体在氢键、偶极—偶极作用、离子交换等作用下吸附到储层岩石矿物表面;而黏土矿物所带的正电荷、晶片的表面为—OH等都为沥青质聚集体在岩石矿物表面的吸附过程提供了大量的吸附位点,为沥青质在储层岩石矿物表面的吸附提供了物质基础。第2章中,通过实验得到了沥青质沉积量随温度和压力的变化关系,为进一步模拟沥青质在储层多孔介质中的沉积与吸附过程,构建沥青质沉积与吸附模型之前作如下假设:

(1)沥青质的沉积过程特性与模拟温度、压力及对应原油沥青质的沉积特性相关;

(2)沥青质的沉积过程只发生在储层孔隙中;

(3)沥青质的沉积过程不受岩石矿物性质的影响;

(4)沥青质聚集体的在形成过程中是随机进行的,满足沥青质在体系中的逾渗规律;

(5)沥青质在沉积过程中,大分子化合物不断聚集形成沥青质聚集体,其中最小的聚集体大小与模型中的最小结构元素大小相同;

(6)沥青质聚集体在岩石矿物表面的吸附过程满足Langmuir等温吸附模型和Freundlich等温吸附模型;

(7)黏土矿物对沥青质的吸附能力与黏土矿物的吸附性能相关;

(8)不同黏土矿物对沥青质的最大吸附容量随吸附条件的变化而变化;

(9)“其他”类型黏土矿物的性质相对稳定。

其中沥青质沉积过程的模拟通过以下步骤来实现:

(1)读取三维重建多孔介质模型(或伤害模型),并设定沥青质在模拟温度、压力下的沉积比例;

(2)根据沥青质的沉积比例计算模型中沥青质的沉积量;

(3)将沉积的沥青质随机放置在孔隙占位上直到完成所有沥青质的沉积过程;

(4)存储沉积后的沥青质信息。

如图 12.63 所示为模拟沥青质在储层岩石矿物表面吸附过程的流程图,基于第 2 章中得到的不同黏土矿物对沥青质的吸附性能,输入不同黏土矿物在不同条件下的吸附平衡常数 K_L 和最大吸附量 Q_{max} 等参数,基于 12.2 节中所述的 Hoshen – Kopelman 基团划分与统计算法确定三维重建多孔介质模型中不同类型黏土矿物的基团数量和大小,确定沉积沥青质的体积;计算模型中黏土基团总的吸附容量,并按照总吸附容量与沉积量的关系设定各黏土基团的吸附比例和模型的总吸附量;计算沥青质与黏土的“吸附距离”并排序,具体地,“吸附距离”与各黏土的吸附比例相关;根据 12.2 节中所述的空间占位的稳定性判别方法计算黏土基团边界相邻孔隙占位的稳定性,将沥青质按“吸附距离”放置在优先等级较高的孔隙占位上,如果黏土达到最大吸附容量且以满足总吸附量时模拟过程结束,否则继续按上述过程进行模拟。

12.3.3 储层岩石矿物性质变化造成的储层伤害模型构建

在不同的生产环境中,由于储层温度、压力及流体性质的变化,造成部分黏土矿物之间的转化情况发生;由第 2 章中模拟条件下黏土矿物的转化关系可知,在高温、高 pH 值模拟冷凝液的环境中,各类黏土矿物发生了明显的转化和体积变化。为进一步研究模拟条件下,各类黏土矿物性质的变化造成的储层伤害,本节主要基于含黏土多孔介质模型,模拟不同类型黏土矿物性质变化造成的储层伤害,并研究不同类型储层伤害造成的储层物性变化。参考模型储层孔隙度为 26.38%,渗透率 0.614D,泥质含量 12.36%;其中黏土含量为:蒙脱石 40.8%、高岭石 19.1%、绿泥石 27.4%、伊利石 6.3%。不同模拟条件下各类黏土矿物的转化及体积膨胀关系见 2.1 节相关内容。

12.3.3.1 *岩石矿物转化模型的构建*

储层中的黏土矿物在不同的储层环境中,经过复杂的水—岩反应,容易造成黏土矿物的转化,由 12.1 节可知,在高温、高 pH 值模拟冷凝液的环境中,黏土矿物发生了不同类型的黏土矿物转化,包括典型的蒙脱石类、伊利石类转化等情况的发生,同时在构建黏土矿物造成的转化模型时,将水—岩反应过程中除蒙脱石、伊利石、高岭石和绿泥石 4 种黏土矿物的黏土矿物转化过程,视为是向其他类型岩石矿物的转化过程,由表 12.24 可知,高温高 pH 值模拟冷凝液反应后,1% 的蒙脱石向其他类型岩石矿物转化,6% 的高岭石向蒙脱石转化,1% 的高岭石向伊利石转化,7% 的伊利石向蒙脱石转化,16% 的绿泥石向其他类型岩石矿物转化。

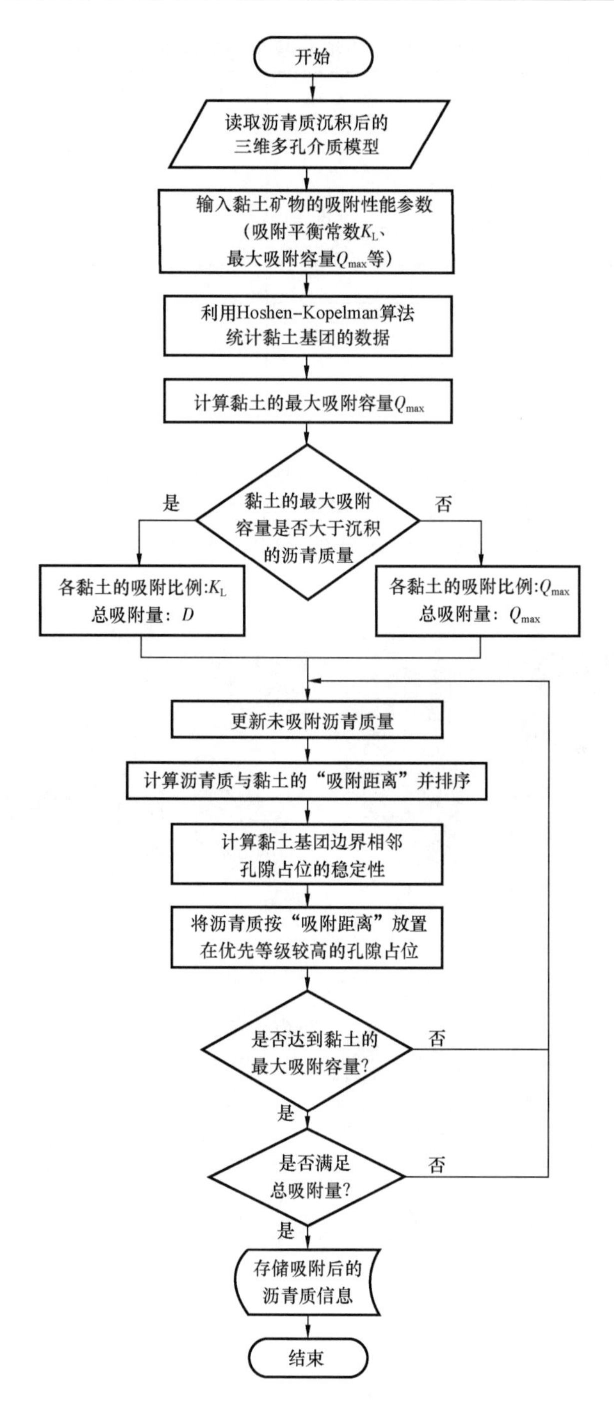

图12.63　沥青质吸附运算流程图

表 12.24　高温和高 pH 值模拟冷凝液的条件下黏土矿物的转化

条件	黏土类型	高岭石	绿泥石	伊利石	蒙脱石	其他岩石矿物
反应前	蒙脱石	—	—	—	89	11
	高岭石	97	—	1	—	2
	伊利石	—	—	97	—	3
	绿泥石	—	85	—	—	15
反应后	蒙脱石	—	—	—	88	12
	高岭石	90	—	2	6	2
	伊利石	—	—	90	7	3
	绿泥石	—	69	—	—	31

由于在构建含黏土三维多孔介质模型时，模型中所有的黏土矿物基团都被赋予了不同性质（黏土类型、基团大小、基团编号、基团产状类型等），为模拟高温高 pH 值条件下由于储层岩石矿物转化造成的储层伤害过程，按图 12.59 所示的流程构建了由黏土矿物转化造成的储层伤害模型，如图 12.64 和图 12.65 所示。

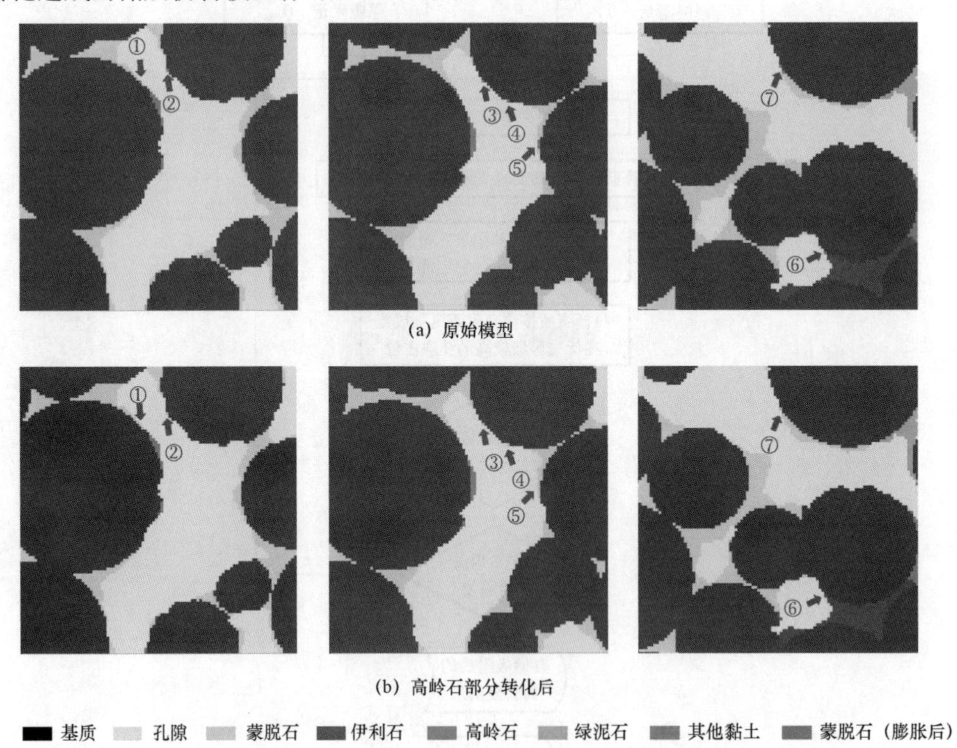

图 12.64　高岭石转化造成的储层伤害二维模型

其中：① 高岭石向蒙脱石转化；② 高岭石向蒙脱石转化；③ 高岭石向蒙脱石转化；④ 高岭石向伊利石转化；⑤ 高岭石向伊利石转化；⑥ 高岭石向蒙脱石转化；⑦ 高岭石向蒙脱石转化

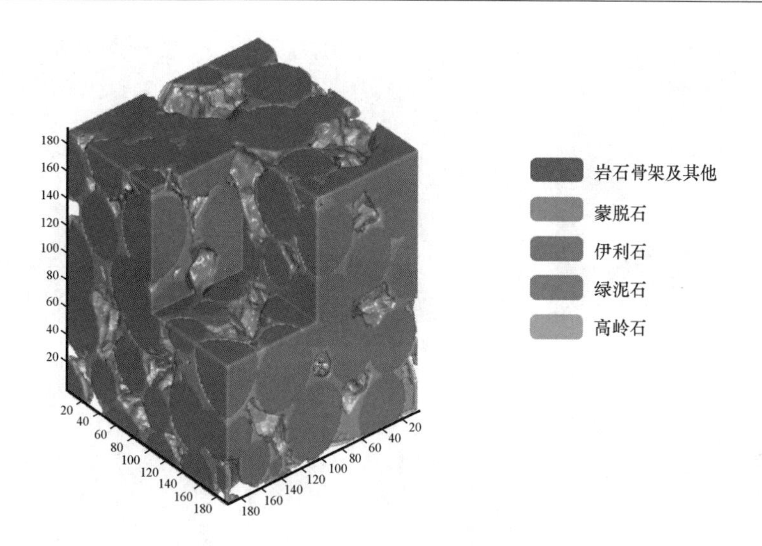

图 12.65 高岭石转化后的储层伤害模型

通过基于含黏土的三维多孔介质模型得到黏土矿物转化模型可以看出,在高温高pH值的冷凝液作用下,储层中的黏土矿物发生了少量的转化,同时整个模型的结构并没有发生明显的变化。以高岭石的转化为例,由图12.64所示,在岩石颗粒表面,零星分布的高岭石基团向蒙脱石和伊利石转化,转化后黏土矿物的产状和体积并没有发生变化。图12.65为高岭石转化后的储层伤害模型。

12.3.3.2 *岩石矿物膨胀模型的构建*

蒙脱石及一些混层黏土矿物是常见的水敏性黏土矿物,在不同的环境中,水敏性黏土矿物的膨胀体积和对储层造成的伤害程度亦不尽相同。针对不同模拟条件下黏土矿物的体积膨胀变化,在12.1节中已经开展了相应的实验研究,在高温、高pH值的模拟冷凝液环境中,体积膨胀较为明显的黏土矿物为蒙脱石,膨胀率为159.13%;同时高温下,非膨胀性的伊利石向膨胀性的蒙脱石发生了部分转化造成了体积膨胀,膨胀率为58.8%。按照多组分岩石矿物的膨胀算法(图12.57),构建由膨胀性黏土矿物在不同模拟条件下造成的储层伤害模型,如图12.66和图12.67所示。

由图12.66可以看出,在高温、高pH值模拟冷凝液的条件下,模型中蒙脱石的基团表面发生了明显的膨胀;随着蒙脱石的膨胀,模型的孔隙度不断下降,同时模型的孔喉结构也发生了较为明显的变化,进一步加剧了水敏性黏土矿物对储层渗透性能带来的影响。图12.68为蒙脱石膨胀后的储层伤害模型。

12.3.3.3 *岩石矿物溶蚀模型的构建*

不同条件下的水岩反应会造成一定程度的储层伤害,尤其是在较高的温度、压力及苛刻的pH值条件下,黏土矿物会发生不同程度的溶蚀。绿泥石是典型的酸敏性黏土矿物,然而在其他不同的模拟环境中绿泥石在水—岩反应作用下,会发生较少量的

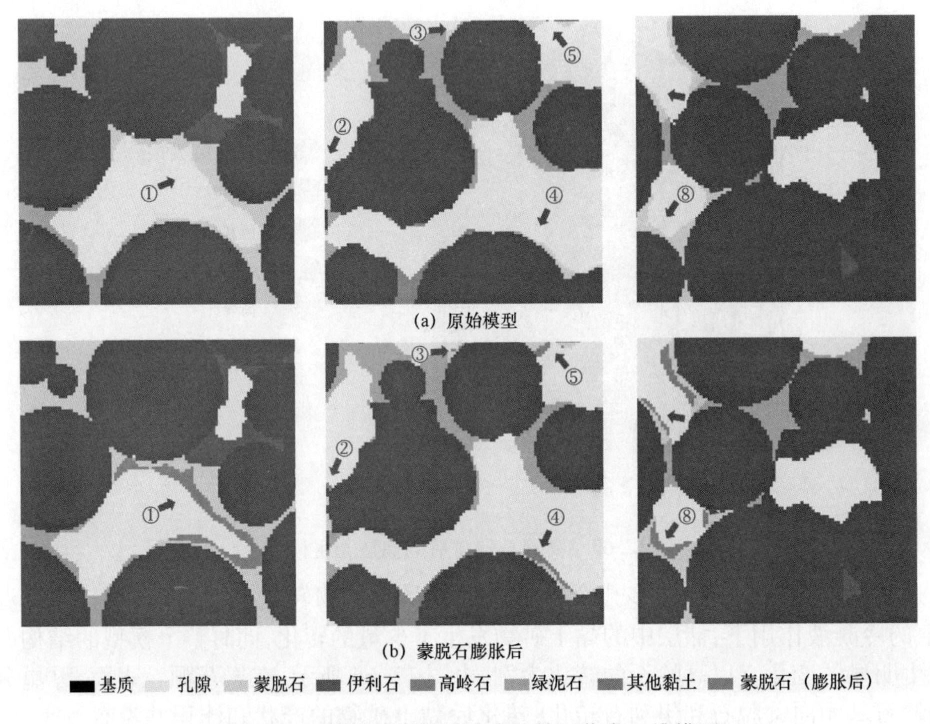

图 12.66　蒙脱石膨胀后造成的储层伤害二维模型

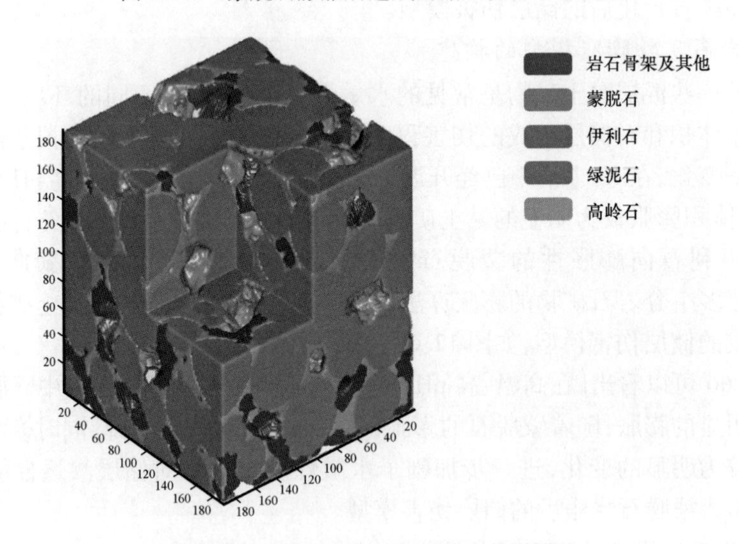

图 12.67　蒙脱石膨胀后的储层伤害模型

溶蚀作用，在低温、高 pH 值的模拟冷凝液环境中，绿泥石的溶蚀率约为 12.9%。同时高岭石在低温、高 pH 值的模拟冷凝液环境中的溶蚀率为 47.4%。按照多组分岩石矿物的溶蚀算法（图 12.56），构建由黏土矿物在不同模拟条件下溶蚀造成的储层伤害模型,如图 12. 68 和图 12. 69 所示。

由图 12. 68 可以看出,在低温、高 pH 值模拟冷凝液的条件下,高岭石类黏土矿物发生了较为明显的溶蚀,溶蚀造成原始模型的高岭石在基团表面发生了溶蚀,溶蚀虽然在一定程度上提高了模型的孔隙度和渗透性能,但是进一步加剧了储层伤害。图 12. 69 为高岭石溶蚀后的储层伤害模型。

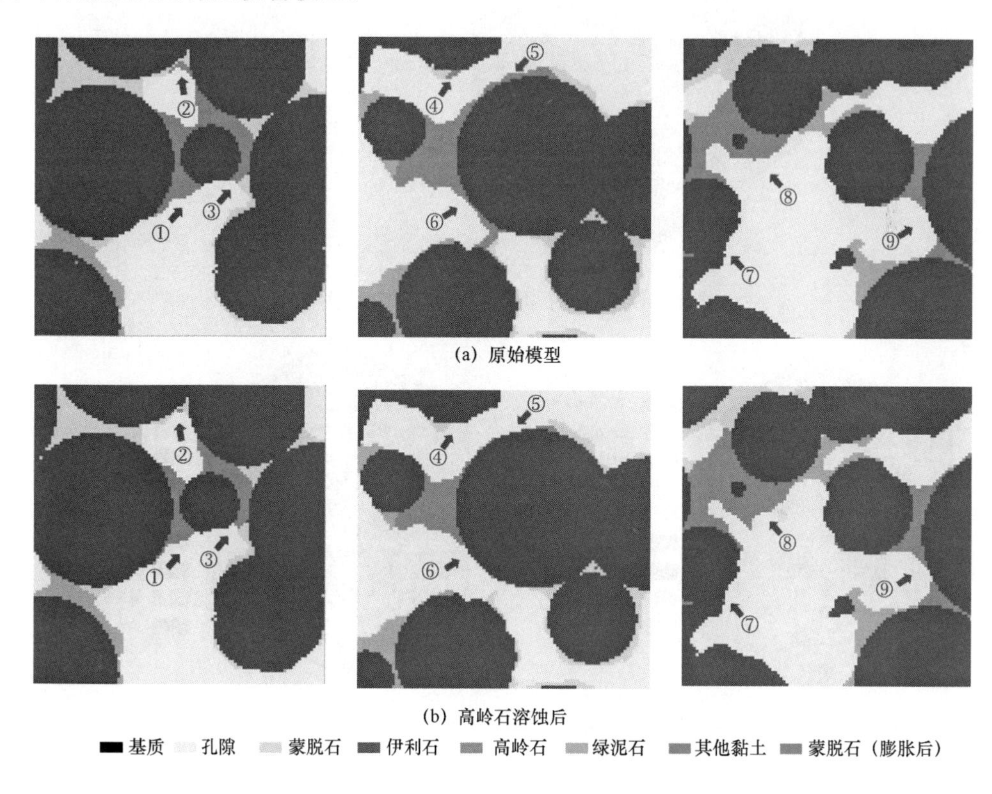

图 12. 68 高岭石溶蚀后造成的储层伤害二维模型

12. 3. 3. 4 储层伤害模型的构建

储层岩石矿物性质变化造成的储层伤害,包括了因岩石矿物性质变化造成岩石矿物的体积膨胀、溶蚀、转化等一系列过程,不同模拟条件下黏土矿物的体积变化和各类黏土矿物的转化过程是在岩石的水—岩反应过程中同时发生的,且黏土转化过程并不改变黏土矿物的体积,而黏土矿物的体积变化均反映了不同类型黏土矿物转化后的体积变化。因此,由于储层岩石矿物性质造成的储层伤害模型应首先综合考虑岩石矿物的转化和体积变化,模拟不同条件下各类岩石矿物的体积变化情况;在此基础上,基于黏土矿物的转化关系,对体积变化后的储层伤害模型做黏土转化过程的模拟。如图 12. 70 和图 12. 71 所示。

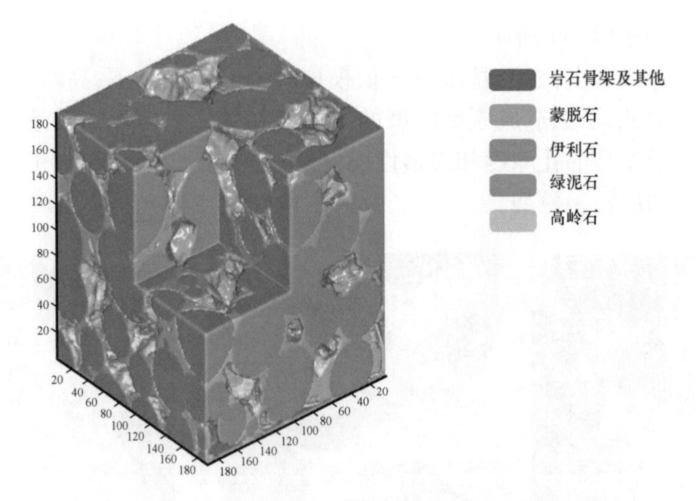

图 12.69　高岭石溶蚀后的储层伤害模型

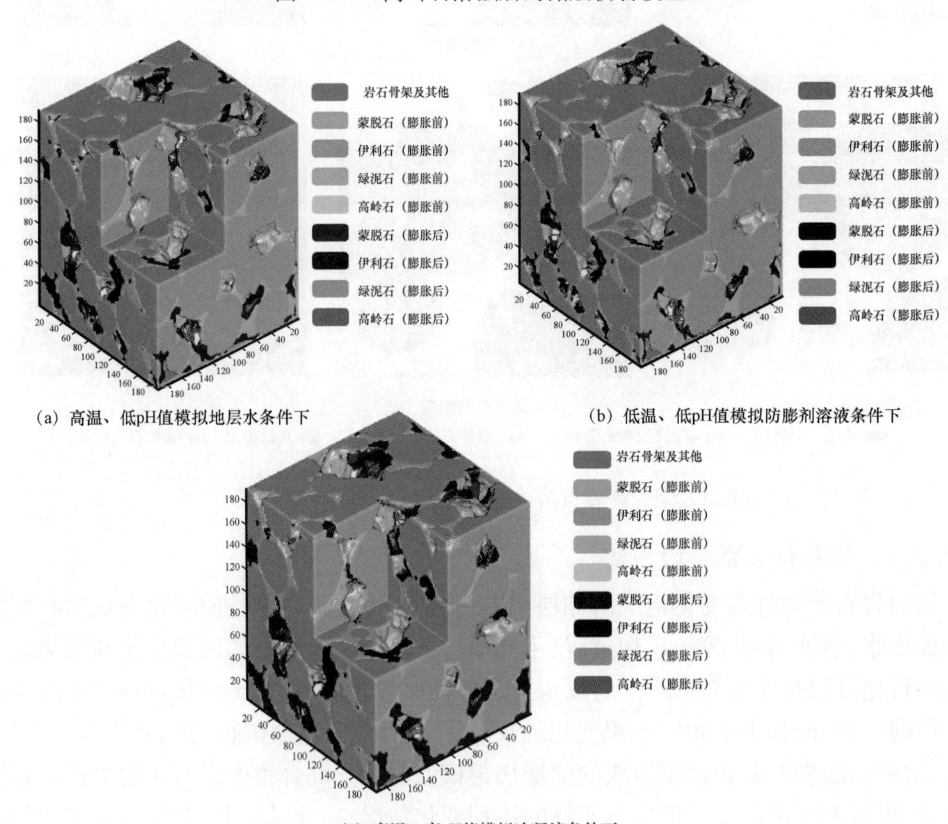

（a）高温、低pH值模拟地层水条件下

（b）低温、低pH值模拟防膨剂溶液条件下

（c）高温、高pH值模拟冷凝液条件下

图 12.70　不同模拟条件下的储层伤害模型

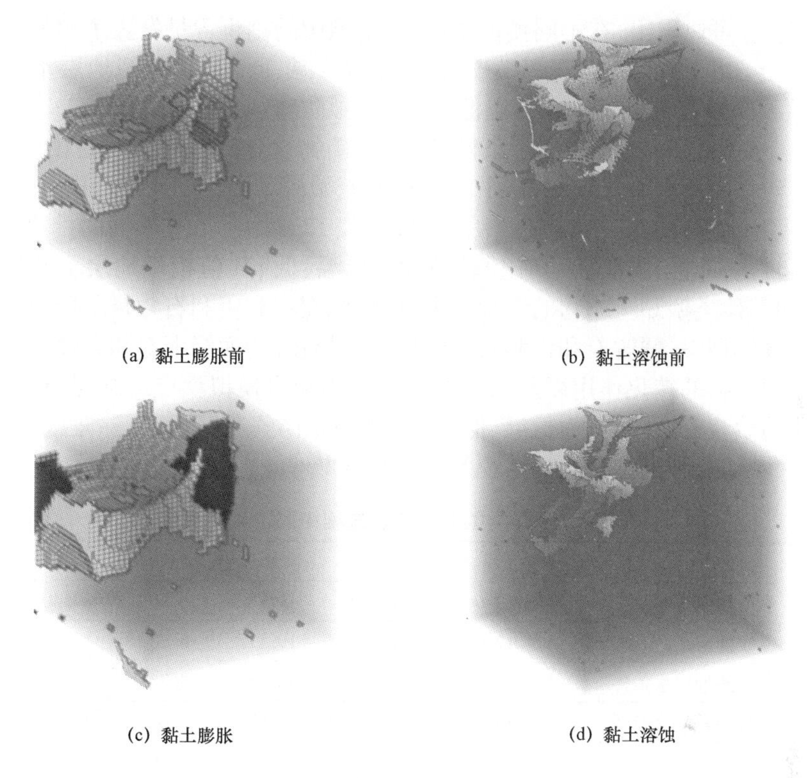

图 12.71　黏土膨胀溶蚀前后特征

12.3.4　储层岩石矿物性质变化造成的储层伤害特征研究

稠油疏松砂岩储层岩石胶结疏松，对该类油藏的取心过程较为困难，本章首次利用含黏土三维多孔介质模型构建了由于储层岩石矿物性质变化造成的储层伤害模型，由于在不同模拟条件下不同岩石矿物的转化及体积变化会造成黏土矿物产状、含量的变化，同时，黏土矿物的变化会进一步造成储层岩石物性的变化。因此，本节研究了由于储层岩石矿物性质变化造成的黏土矿物含量及体积变化，以及模型的孔隙度及渗透率的变化。

12.3.4.1　黏土矿物含量与体积的变化

如图 12.72 所示为高温、高 pH 值模拟冷凝液条件下的储层伤害模型，在黏土转化过程中，虽然总的黏土矿物含量及体积并没有发生变化，但是不同类型的黏土矿物之间发生了相互转化，各类黏土矿物的含量和体积都发生了变化。而在黏土矿物的溶蚀和膨胀过程中，由于体积的变化是从黏土矿物的表面开始的，因此在变化过程中，黏土矿物的含量及体积，甚至黏土矿物的产状都发生了明显的变化。如表 12.25 所示为不同类型储层伤害过程中（低温、低 pH 值模拟地层水，低温、低 pH 值模拟防膨剂溶液以及高温、高 pH 值模拟冷凝液）黏土矿物的变化变化情况。

由表12.25可以看出，在不同模拟条件下，模型中的黏土含量发生了明显的变化，其中模型的黏土含量由原始的12.29%分别上升为低温、低pH值模拟地层水条件下，高温、高pH值模拟冷凝液条件下和低温低pH值模拟防膨剂条件下的16.23%，18.48%和14.36%，其中高温、高pH值冷凝液条件下，黏土矿物含量的变化主要是由于模拟反应条件下黏土矿物的膨胀所导致的，其中蒙脱石由原始模型的40.84%上升为高温、高pH值模拟冷凝液反应后的66.06%。由表12.26至表12.28可知，在不同的模拟条件下，岩石矿物经历转化、溶蚀、膨胀后，相比原始模型，低温、低pH值模拟地层水条件下，蒙脱石、高岭石和其他类型黏土矿物的含量均上升，而绿泥石和伊利石含量下降；高温、高pH值模拟冷凝液模型中，蒙脱石和伊利石的膨胀占主导作用，而绿泥石和高岭石向蒙脱石、伊利石和其他矿物的转化作用以及二者的溶蚀作用使得模拟反应后绿泥石和高岭石的含量相比原始模型有所降低；而低温、低pH值的模拟防膨剂环境下，除蒙脱石发生了少量的膨胀外，其他几种黏土矿物的体积发生少量的减小。

表12.25　不同类型储层伤害过程中黏土矿物变化　　单位：%

条件	黏土总含量	蒙脱石	高岭石	伊利石	绿泥石	其他
参考模型	12.66	40.80	19.10	6.30	27.40	6.40
原始模型	12.66	40.84	19.11	6.28	27.43	6.34
低温、低pH值模拟地层水条件下	16.70	56.94	14.53	4.33	18.17	6.02
高温、高pH值模拟冷凝液条件下	19.00	66.06	8.40	6.00	13.68	5.87
低温、低pH值模拟防膨剂条件下	14.78	52.25	14.53	7.10	20.06	6.06

表12.26　低温和低pH值模拟地层水条件下黏土基团变化

参数	黏土总量	石英	蒙脱石	高岭石	伊利石	绿泥石	其他
原始模型（体素）	745513	5322487	304468	142467	46818	204494	47266
膨胀率（%）	—	0	96.23	6.2	-3.5	-7.1	0
蒙脱石转化率（%）	—	—	-3.37	—	—	—	3.37
高岭石转化率（%）	—	—	—	-1.03	—	—	1.03
伊利石转化率（%）	—	—	—	—	-1.03	—	1.03
绿泥石转化率（%）	—	—	—	—	—	-1.28	1.28
膨胀体积（体素）	301823	0	292990	8833	0	0	0
溶蚀体积（体素）	16258	0	0	0	1639	14519	0
溶蚀膨胀后体积（体素）	1031178		597458	151300	45179	189975	47266
黏土转化后总体积（体素）			-10261	-1467	-482	-2617	14827
黏土变化总体积（体素）	1031178		587197	149833	44697	187358	62093

表 12.27　高温、高 pH 值模拟冷凝液条件下黏土基团变化

参数	黏土总量	石英	蒙脱石	高岭石	伊利石	绿泥石	其他
原始模型(体素)	745513	5322487	304468	142467	46818	204494	47266
膨胀率(%)	—	—	159.13	-21.6	58.8	-7.7	0
蒙脱石转化率(%)	—	1.12	-1.12	—	—	—	—
高岭石转化率(%)	—	—	6.19	-7.22	1.03	—	—
伊利石转化率(%)	—	—	7.22	—	-7.22	—	—
绿泥石转化率(%)	—	—	—	—	—	-11.54	11.54
膨胀体积(体素)	512029		484500	0	27529	0	0
溶蚀体积(体素)	46518		0	30772	0	15746	0
溶蚀膨胀后体积(体素)	1211024		788968	111695	74347	188748	47266
黏土转化后总体积(体素)		3410	8789	-10286	-1913	-23599	23599
黏土变化总体积(体素)	1207614		797757	101409	72434	165149	70865

表 12.28　低温、低 pH 值模拟防膨剂条件下黏土基团变化

参数	黏土总量	石英	蒙脱石	高岭石	伊利石	绿泥石	其他
原始模型(体素)	745513	5322487	304468	142467	46818	204494	47266
膨胀率(%)	—	—	61.11	-4.8	-6.5	-12.4	0
蒙脱石转化率(%)	—	1.12	-8.99	—	5.62	—	2.25
高岭石转化率(%)	—	—	2.06	-4.12	3.09	—	-1.03
伊利石转化率(%)	—	—	1.03	—	-4.12	—	3.09
绿泥石转化率(%)	—	—	—	—	—	—	—
膨胀体积(体素)	186060	—	186060	0	0	0	0
溶蚀体积(体素)	35238	—	0	6838	3043	25357	0
溶蚀膨胀后体积(体素)	896335		490528	135629	43775	179137	47266
黏土转化后总体积(体素)		3410	-23955	-5870	19584		6831
黏土变化总体积(体素)	892925		466573	129759	63359	179137	54097

由图 12.72 和图 12.73 所示，不同类型黏土矿物基团在储层伤害过程前后，基团的大小及基团的数量都发生了明显的变化，从黏土的结构上来看，由于模拟过程中交代类黏土矿物均位于其他类黏土矿物中，因此在储层伤害过程中，交代类黏土矿物的含量基本不发生变化，对于膨胀性黏土矿物蒙脱石，在不同类型的储层伤害过程中，表面充填和

粒间充填蒙脱石的基团大小都有所上升，且由图 12.74 可以看出，在膨胀类黏土矿物的膨胀过程中，部分表面充填的黏土矿物随着体积的不断增加，附着于岩石颗粒表面的黏土不断向孔隙空间及邻近的岩石颗粒表面膨胀，因此膨胀过程中表面类黏土的增幅低于粒间类黏土的增幅。绿泥石由于在不同的模拟反应过程中都会发生少量的溶蚀，因此不同类型的绿泥石基团大小都有所下降。

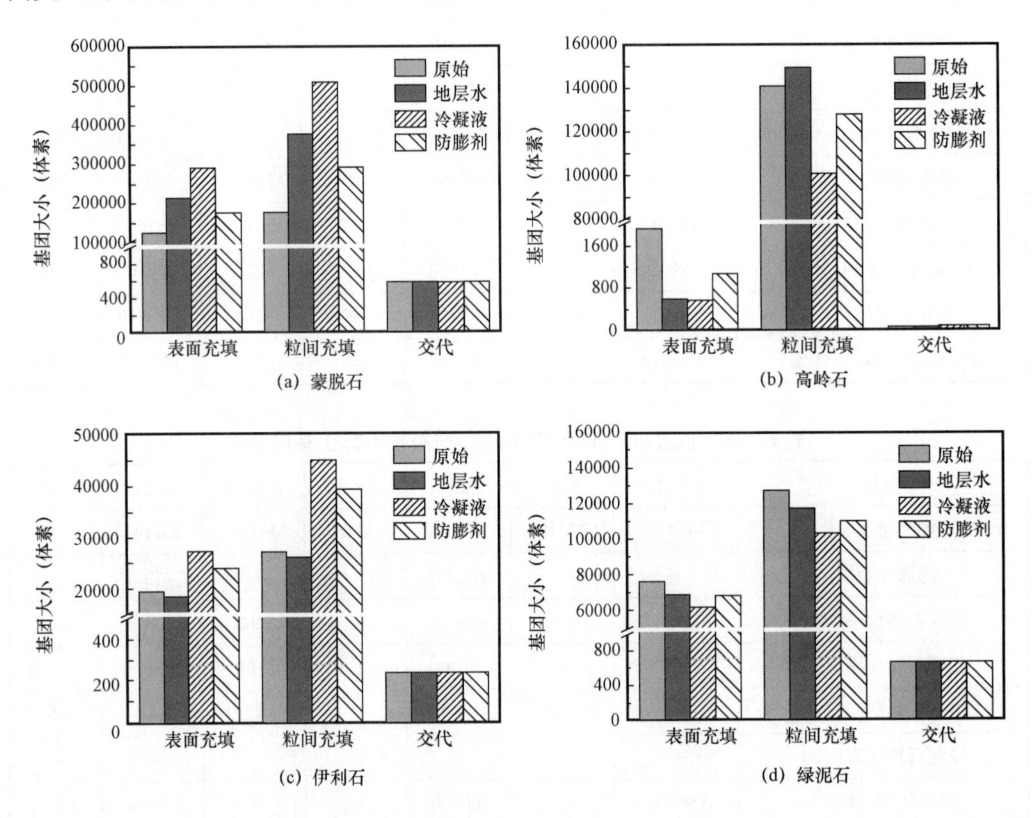

图 12.72　不同条件下各类黏土基团大小的分布

12.3.4.2　孔隙度和渗透率变化

不同条件下黏土矿物造成的储层伤害主要包括两个方面：一方面会造成储层中黏土矿物性质的变化，从而造成黏土矿物的相互转化和体积变化；另一方面，由于黏土矿物性质的变化极易造成储层岩石物性的变化而加剧储层伤害过程，因此通过 12.2 节中所述的方法计算不同条件下储层岩石物性的变化。

由表 12.29 可以看出，储层伤害后黏土矿物含量上升而孔隙度下降，高温、高 pH 值模拟冷凝液条件下岩石矿物性质造成的储层伤害最为明显，黏土含量由原始模型的 12.66% 上升为模拟反应后的 19.00%，增幅为 50.08%，而孔隙度由原始的 26.38% 下降

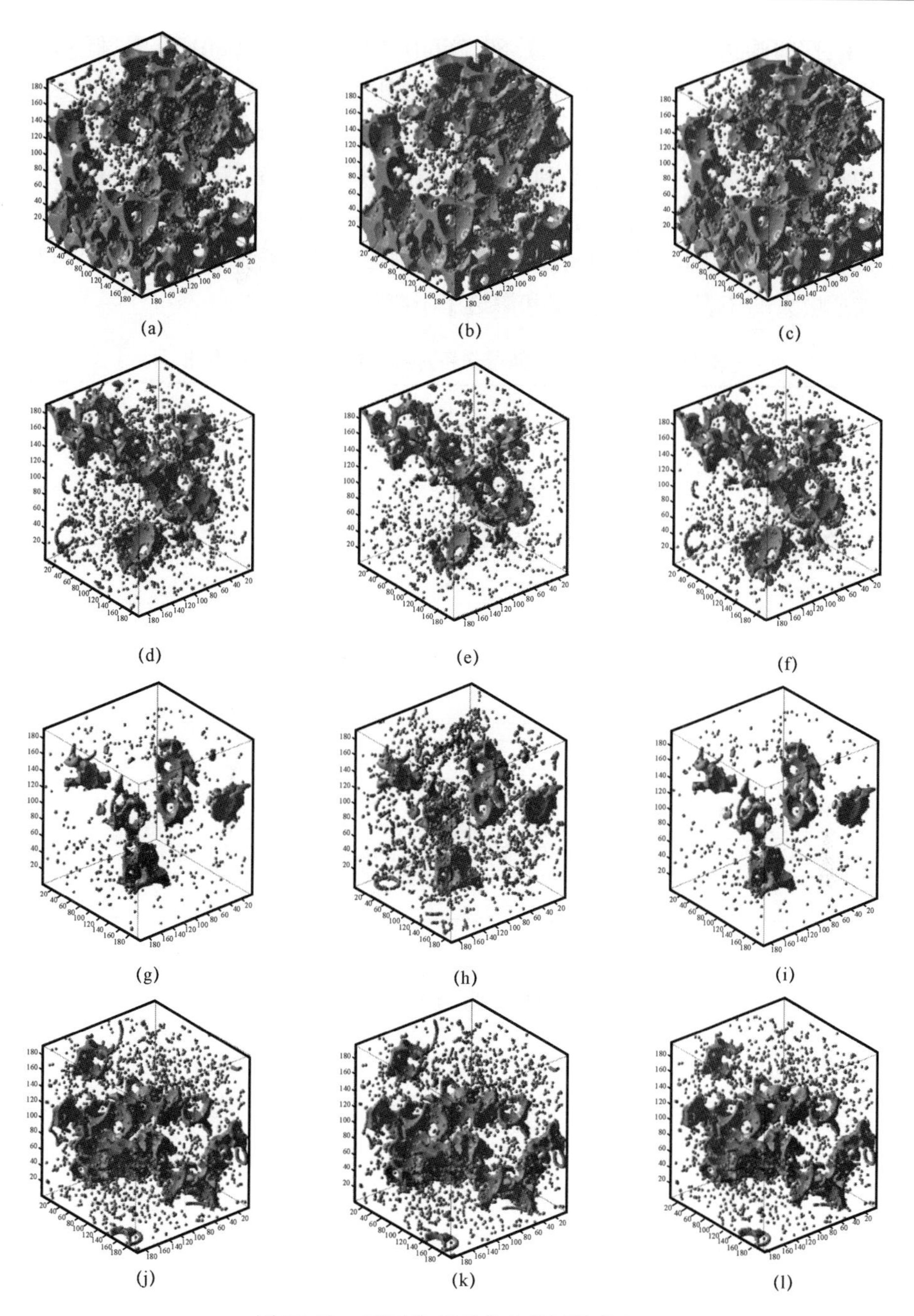

图 12.73　不同条件下黏土基团的分布

其中：(a)～(c)分别为模拟地层水、模拟冷凝液、模拟防膨剂条件下蒙脱石的分布；(d)～(f)分别为模拟地层水、模拟冷凝液、模拟防膨剂条件下高岭石的分布；(g)～(i)分别为模拟地层水、模拟冷凝液、模拟防膨剂条件下伊利石的分布；(j)～(l)分别为模拟地层水、模拟冷凝液、模拟防膨剂条件下绿泥石的分布

为 20. 56%；同时渗透率由原始模型的 589. 76mD 下降为 279. 20mD；低温、低 pH 值模拟地层水条件下，黏土含量由原始的 12. 66% 上升为 16. 70%，同时孔隙度由原始的 26. 38% 下降为 22. 81%，渗透率由 589. 76mD 下降为 410. 02mD；而模拟防膨剂条件下，膨胀性黏土矿物的膨胀过程虽然受到了一定程度的抑制，但是黏土矿物含量仍然有少量的上升，由原始的 12. 66% 上升为 14. 78%，孔隙度下降为 24. 49%，同时渗透率下降为 508. 28mD。在高温、高 pH 值的模拟冷凝液环境中，由于岩石矿物性质的差异对原始的储层造成了极大的伤害，储层孔隙度和渗透率下降明显。

表 12. 29　不同类型储层伤害过程中模型孔隙参数变化

项目	参考模型	原始模型	低温、低 pH 值的模拟地层水	高温、高 pH 值的模拟冷凝液	低温、低 pH 值的模拟防膨剂
岩心尺寸(体素)	—	8000000	8000000	8000000	8000000
黏土体积(体素)	—	745513	1031178	1207614	892925
固相体积(体素)	—	6068000	6353665	6530101	6215412
孔隙体积(体素)	—	1932000	1646335	1469899	1784588
黏土含量(%)	12. 66	12. 66	16. 70	19. 00	14. 78
固相比例(%)	73. 62	73. 62	79. 42	81. 63	77. 69
孔隙度(%)	26. 38	26. 38	22. 81	20. 56	24. 49
孔隙度下降率(%)	—	—	13. 53	22. 06	7. 16
渗透率(mD)	614	589. 76	410. 02	279. 20	508. 28
渗透率下降率	—	—	30. 48	52. 66	13. 82

12. 3. 5　沥青质沉积吸附造成的储层伤害模型的构建

原油中的沥青质在不同的温度和压力条件下，其发生沉积的可能性和沉积量的大小各不相同；随着沥青质在孔隙中的不断沉积，部分悬浮在原油体系中的沥青质聚集体在氢键、金属键、酸碱作用等作用下吸附到岩石矿物的表面；沥青质的沉积吸附过程往往会造成储层的二次伤害而影响正常的开发过程，由第 2 章可以得到不同模拟条件下沥青质的沉积特征及其在不同岩石矿物中的吸附特征。为进一步研究模拟条件下，沥青质沉积吸附过程对储层造成的伤害，本节主要基于含黏土多孔介质模型和岩石矿物性质差异造成的储层伤害模型，模拟不同条件下沥青质沉积造成的储层伤害，并研究不同类型储层伤害造成的储层物性变化。

同时在不同的水湿及温度条件下，沥青质在不同类型岩石矿物表面的吸附过程较好的满足 Langmuir 等温吸附方程和 Freundlich 等温吸附方程,可以得到不同类型岩石矿物的吸附性能参数(吸附平衡常数和最大吸附容量)。

12.3.5.1　沥青质沉积模型的构建

沥青质的沉积量与储层的温度、压力及原油组成的变化等条件密切相关,由第一节中不同模拟环境中沥青质的沉积变化规律可知,在相同的温度条件下 1#原油的沥青质沉积量随着压力的升高呈先增大后减小的趋势,同时 80℃和 180℃条件下,其最大沉积量分别为 3.27%和 2.61%,按沥青质沉积模拟过程构建了原始储层模型中的沥青质沉积模型,如图 12.74 和图 12.75 所示。

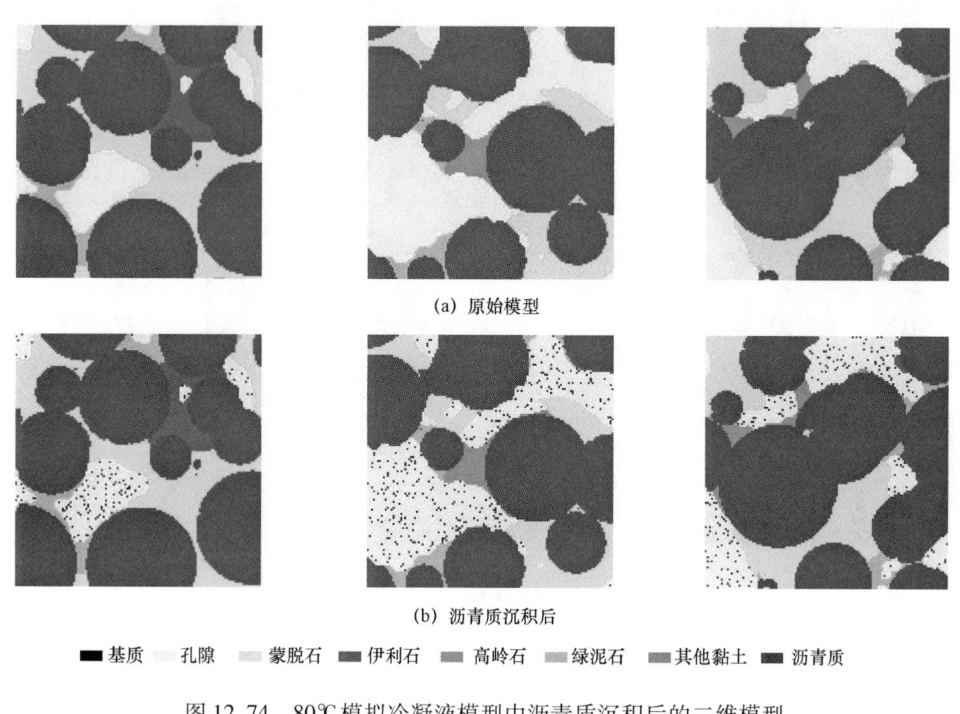

图 12.74　80℃模拟冷凝液模型中沥青质沉积后的二维模型

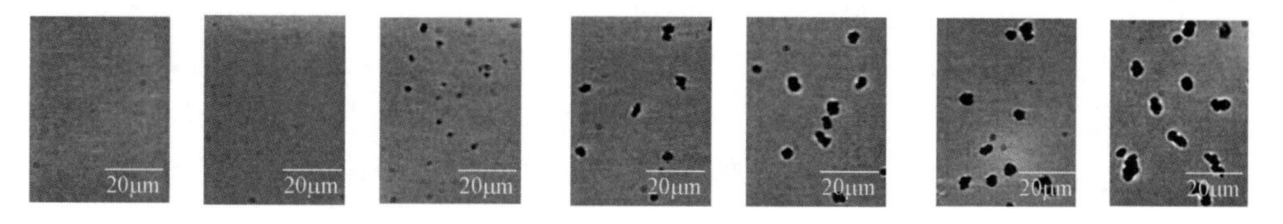

图 12.75　沥青质聚集体大小随沉积过程的变化

沥青质沉积后从原油中析出形成较小的沥青质聚集体悬浮于储层孔隙中,大分子的极性化合物在沉积的过程中不断从原油体系中析出形成沥青质聚集体随机的分散并悬浮与体系当中。同时，由图 12.74 可以看出在模拟沥青质沉积前后，储层模型的原始结构并没有发生变化。而由不同模拟条件下的沥青质沉积模型(图 12.76)可以看出，低温条件下，沥青质在模型孔隙中的沉积现象更为明显。

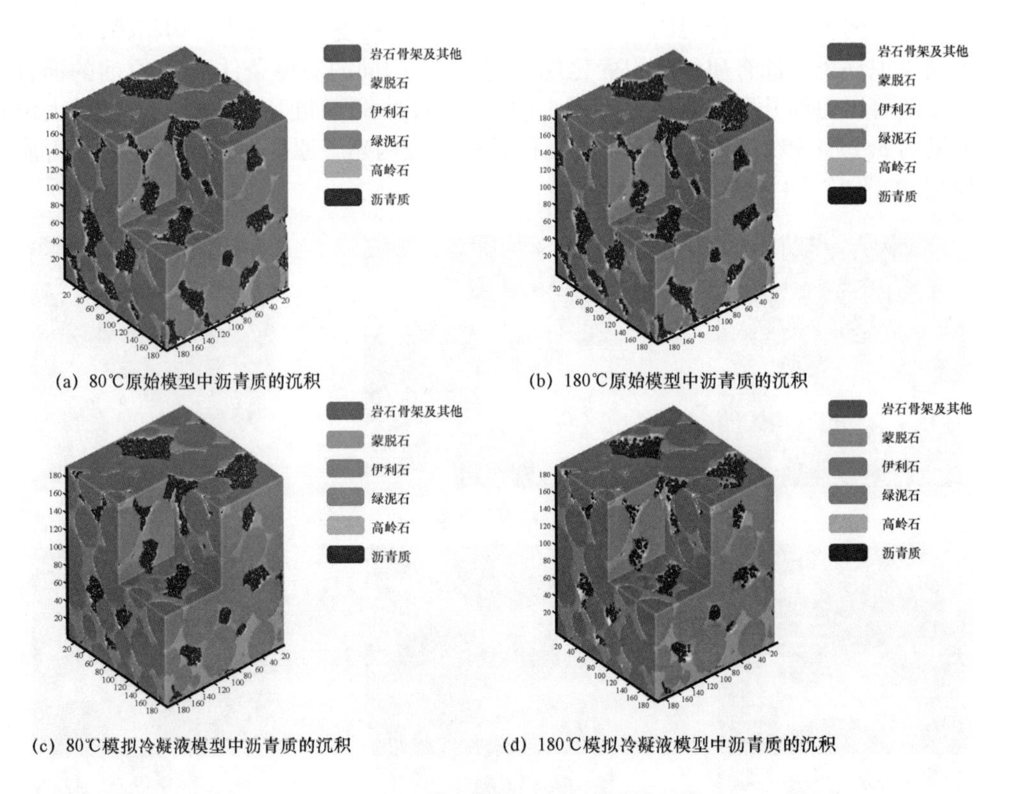

(a) 80℃原始模型中沥青质的沉积　(b) 180℃原始模型中沥青质的沉积

(c) 80℃模拟冷凝液模型中沥青质的沉积　(d) 180℃模拟冷凝液模型中沥青质的沉积

图 12.76　不同模拟条件下的沥青质沉积模型

12.3.5.2　沥青质沉积吸附模型的构建

原油中沉积的沥青质以沥青质聚集体的形式悬浮于储层孔隙中，同时由于储层中的岩石矿物具有较强的吸附性能，其表面具有较多的吸附位点，为沥青质聚集体在岩石颗粒表面的吸附过程提供了必要的物质基础。而沥青质在岩石矿物表面的吸附过程不但受到不同类型岩石矿物性质的影响，同时温度及水湿条件等因素对于沥青质在岩石矿物表面的吸附过程有较大的影响。在 12.1 节中研究了不同模拟环境中不同类型岩石矿物在对沥青质的吸附规律，并利用 Langmuir 吸附模型和 Freundlich 吸附模型对不同吸附过程进行了拟合，得到了包括 Langmuir 吸附平衡常数 K_L、Freundlich 吸附平衡常数、最大吸附容量 Q_{max}、非线性因子 n 和平衡吸附量 Q_e 等一系列参数；其中 $1/K_L$ 能够反应不同吸附剂的吸附能力，最大吸附容量 Q_{max} 能够反应不同吸附剂的最大吸附容量，基于第二章的实验分析结果可以得到不同条件下不同岩石矿物的吸附性能参数见表12.30。由不同类型模型中黏土矿物的含量及不同黏土矿物的最大吸附容量可以得到不同条件下,沥青质在模型中的岩石矿物表面吸附的最大吸附量见表12.31。

表12.30 不同条件下沥青质在不同岩石矿物的吸附性能参数表

	岩石矿物类型	80℃干燥	80℃水湿	180℃干燥	180℃水湿
最大吸附容量 Q_{max}(mg/g)	蒙脱石	16.2075	2.3364	54.0541	5.4825
	高岭石	17.8253	1.4486	26.5957	2.4195
	伊利石	2.6476	1.0129	14.6628	3.3636
	绿泥石	16.129	2.0956	42.0168	4.1964
	石英砂60目	3.073	0.16	4.8309	0.39
	石英砂80目	3.313	0.376	5.9242	0.5552
	石英砂100目	3.99	0.706	12.5313	0.9523
	石英砂200目	4.852	1.389	15.4799	1.4848
吸附平衡常数 K_L(10^3)	蒙脱石	0.4328	0.0443	1.1485	0.0673
	高岭石	0.1070	0.0385	0.9317	0.0388
	伊利石	0.0207	0.0154	0.2358	0.0137
	绿泥石	0.3151	0.0409	1.3992	0.0491
	石英砂60目	0.0030	0.0047	0.0049	0.0048
	石英砂80目	0.0039	0.0048	0.0083	0.0060
	石英砂100目	0.0058	0.0055	0.0131	0.0061
	石英砂200目	0.0083	0.0064	0.0232	0.0088

表12.31 不同模拟条件下沥青质在不同岩石矿物表面的最大吸附量

项目	原始模型沥青质最大吸附量				模拟冷凝液模型沥青质最大吸附量			
	80℃干燥	80℃水湿	180℃干燥	180℃水湿	80℃干燥	80℃水湿	180℃干燥	180℃水湿
蒙脱石(体素)	9664	1393	32230	3269	25321	3650	84447	8565
高岭石(体素)	5545	451	8273	753	3947	321	5889	536
伊利石(体素)	284	109	1573	361	439	168	2434	558
绿泥石(体素)	7559	982	19690	1967	6104	793	15902	1588
其他(体素)	321	17	504	41	481	25	756	61
石英(体素)	34909	1818	54878	4430	34909	1818	54916	4433

模拟过程中黏土矿物的吸附参数按表 12.30 和表 12.31 设定，其中“其他”类型黏土矿物和石英砂的吸附参数选取 60 目石英砂的吸附参数。为模拟不同条件下沥青质沉积吸附造成的储层伤害过程，按图 12.63 所示的流程构建了沥青质沉积吸附过程造成的储层伤害模型，如图 12.77 和图 12.78 所示。

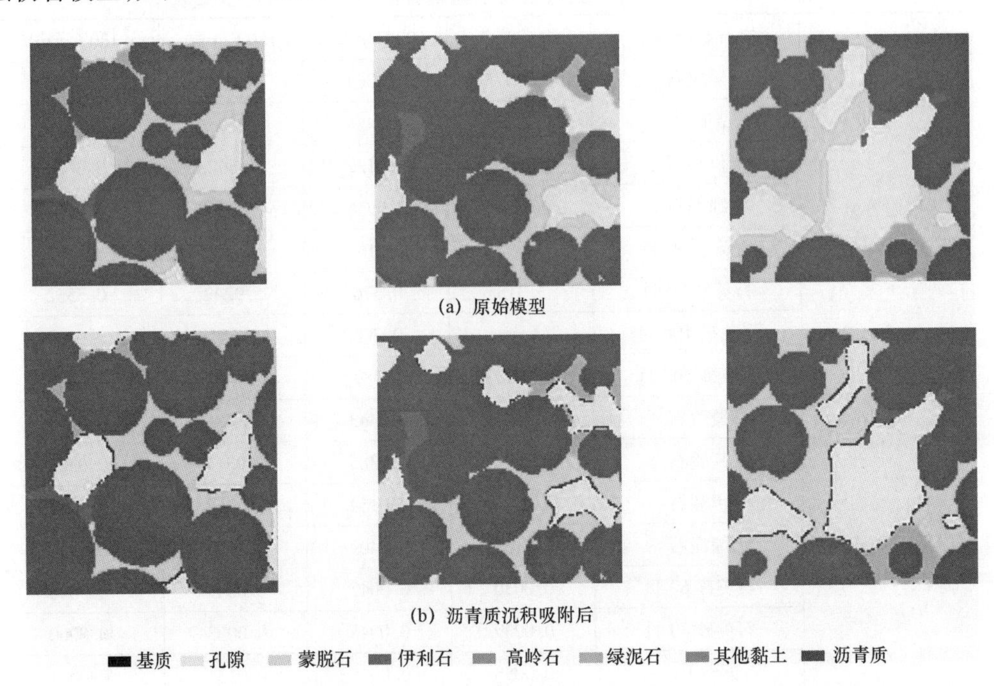

图 12.77　180℃水湿条件下模拟冷凝液模型中沥青质吸附后的二维模型

由图 12.77 可以看出，悬浮在孔隙空间中的沥青质聚集体在不同类型岩石矿物的吸附作用下，按照不同的吸附能力吸附在岩石矿物表面，由于蒙脱石和绿泥石具有较强的吸附能力和较大的吸附容量，因此模拟过程结束后沥青质在这两类岩石矿物表面的吸附量较高，而在伊利石和石英砂表面的吸附量较小；同时满足 Langmuir 吸附模型的基本假设，沥青质聚集体基本以单层吸附的形式附着于各类岩石矿物的表面。由图 12.78 可知，不同储层模拟条件下，沥青质的沉积吸附状况不同，其中干燥条件下沥青质沉积吸附造成的储层伤害更明显，大量的沥青质聚集体吸附于岩石矿物的表面；而水湿条件下，由于水膜一定程度上抑制了沥青质在岩石矿物表面的吸附，因此在水湿条件下，沥青质的沉积吸附造成的储层伤害不明显。

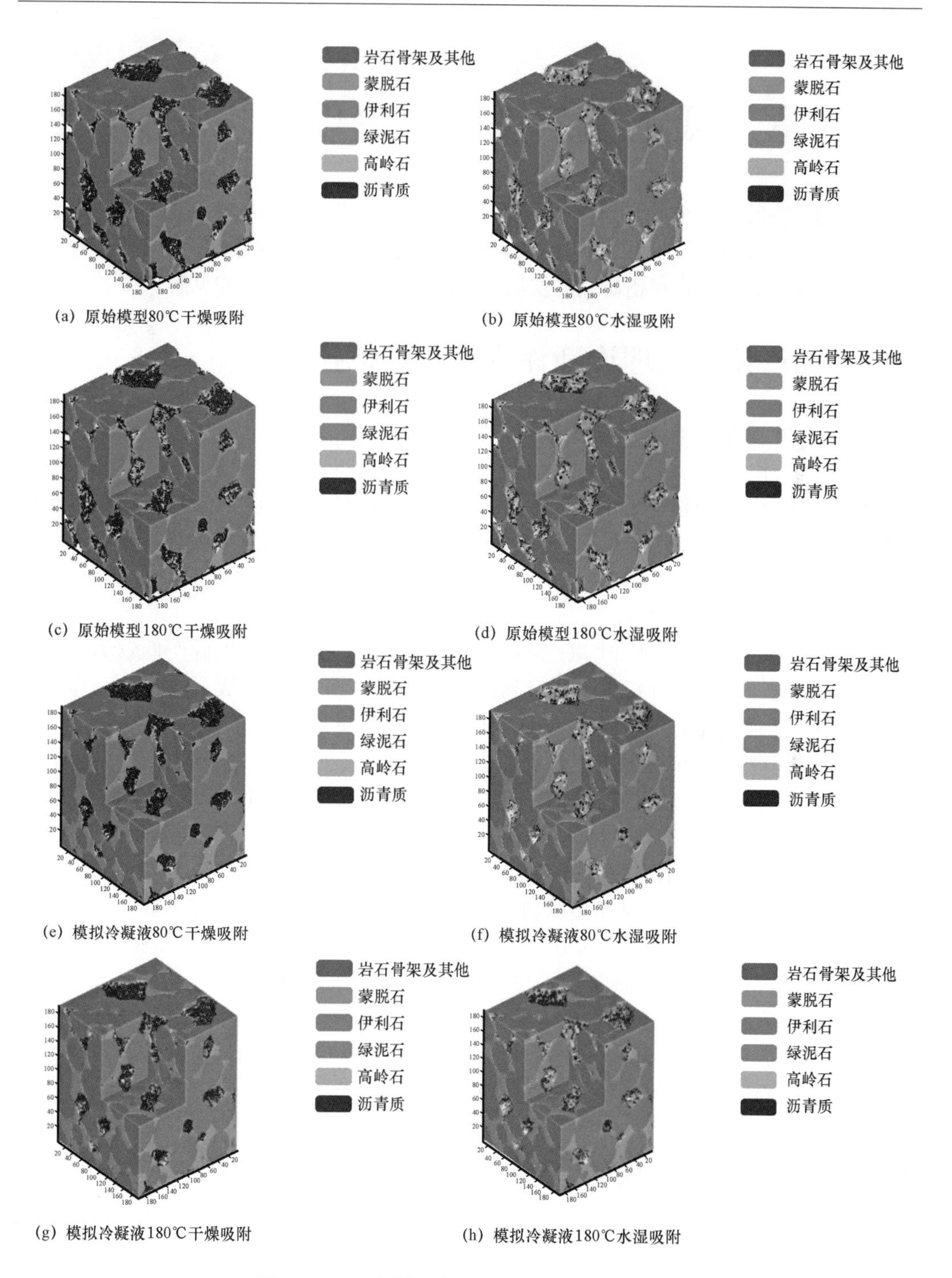

(a) 原始模型80℃干燥吸附

(b) 原始模型80℃水湿吸附

(c) 原始模型180℃干燥吸附

(d) 原始模型180℃水湿吸附

(e) 模拟冷凝液80℃干燥吸附

(f) 模拟冷凝液80℃水湿吸附

(g) 模拟冷凝液180℃干燥吸附

(h) 模拟冷凝液180℃水湿吸附

图 12.78 不同模拟条件下的沥青质吸附模型

第13章　低产低效诊断与治理技术发展展望

低渗透、特低渗透、稠油、超稠油等复杂油藏低产低效预测、诊断、评价、预防与治理问题涉及多个学科领域，体系复杂，涉及面广，整体研究还很不成熟，有些问题尚处于探索阶段，本章对低产低效问题研究的发展趋势提出了几点参考意见和见解[181-199]。

13.1　低产低效机理诊断评价数值模拟技术

国外从20世纪50年代就开始重视研究油气田开发过程中，低产低效机理、主控因素及其影响规律，主要限于经验性和定性研究。50年代到70年代进行了半定量研究。80—90年代致力于物理模型和数学模型的研究，但数学模型假设条件与矿场实际条件具有较大差距，严重限制了定量描述方法的实际应用。近年来的发展趋势主要表现在以下几个方面。

(1)诊断模型进一步细化。

在已有钻井、完井、注水、注汽(气)、采油、增产措施等工艺过程低产低效诊断数学模型基础上，进一步细化到每一工艺过程的工作流体组成、岩石组成、作业程序、作业参数等，使对低产低效井的主控因素及其影响规律的认识更加深入和符合生产实际。

(2)诊断模型的高精度数值化计算。

由于相关诊断模型考虑的因素越来越全面，涉及三维渗流、固—液耦合、化学反应过程、温度场及压力场动态变化等，因此简单的解析模型已难以满足高精度诊断的需求，诊断模型向着多场耦合高精度数值模拟方向发展。

(3)诊断物理模型与数学模型的协同统一。

基于数学模型的细化研究，迫切需要一些有针对性的、高精度的物理模拟相支撑，因此基于实际情况的室内物理模拟技术成为发展的重点方向之一。

(4)低产低效井的矿场监测技术。

矿场测井、试井、生产测试等技术在低产低效井的评价正发挥着越来越为重要的作用，成为数学模拟的输入信息和校正完善理论成果的关键基础。

13.2　沥青质沉积吸附造成的储层伤害特征研究

由于岩石矿物类型、储层温度、水湿条件等因素对沥青质的沉积吸附过程有着不同的影响，因此为进一步研究不同模拟条件下沥青质沉积吸附过程对储层孔隙度、渗透率等的影响，本节研究了由于储层岩石矿物性质变化造成的黏土矿物含量及体积变化以及模型的孔隙度及渗透率的变化。

13.2.1　沥青质含量与体积的变化

如图12.76和图12.78所示为不同模拟条件下沥青质沉积、吸附造成的储层伤害模型，在沥青质沉积过程中，沥青质以分散的聚集体的形式悬浮于储层孔隙当中，而在沥青质的吸附过程中，悬浮的沥青质聚集体在岩石矿物的吸附作用下按照最大吸附容量和吸附能力的不同附着于岩石矿物的表面。如表13.1所示为不同沉积条件下模型中沥青质含量及体积的变化变化情况。

表13.1　不同条件下沥青质的沉积量及体积变化

参数	低温原始模型	高温原始模型	低温模拟冷凝液	高温模拟冷凝液
原始孔隙度(%)	26.38	26.38	21.41	20.56
原始孔隙体积(体素)	1932000	1932000	1712921	1469899
沉积比例	3.27	2.61	3.27	2.61
沉积体积(体素)	63273	50369	56098	38321
孔隙体积(体素)	1868727	1881631	1656823	1431578
沉积后孔隙度(%)	23.36	23.52	20.71	17.89

由图12.76和表13.1可以看出，沥青质沉积过程中，对于高温条件下模拟冷凝液环境中，模型的孔隙度由原始的26.38%下降为17.89%，对于原始模型而言，不同条件下沥青质沉积造成的孔隙度下降程度接近，具体的，高温条件下的原始模型和低温条件下的原始模型的孔隙度分别由原始的26.38%下降为23.52%和23.36%。沥青质聚集体的析出，虽然以固体颗粒的形式悬浮于原油体系当中，将其视为固相，孔隙度虽有一定程度的下降，但是沥青质聚集体的沉积并不对储层的有效孔隙度和渗透率产生明显的影响。悬浮的沥青质聚集体在氢键、偶极—偶极作用、离子交换等作用下吸附于不同类型岩石矿物的表面，从而储层物性产生明显的影响，由表13.2所示为不同条件下沥青质沉积吸附后沥青质的沉积量、吸附量及体积变化，其中蒙脱石、伊利石、绿泥石、高岭石、石英砂、其他类型岩石矿物和沥青质的密度分别为2.35kg/m^3，2.75kg/m^3，2.75kg/m^3，2.62kg/m^3，2.65kg/m^3，2.65kg/m^{3}和1.2kg/m^3。

由表13.2可知，沥青质的沉积体积随初始模型的孔隙体积变化而变化，其中原始模型80℃和180℃条件下的沉积体积分别为69010个体素和55081个体素，而相同条件下模拟冷凝液模型中的沉积体积分别为56009个体素和42929个体素。由于模拟过程中最大吸附容量和吸附平衡常数是最主要的两个限定条件，模拟结束后，干燥条件下，除80℃原始模型的沉积量大于模型岩石矿物对沥青质的最大吸附量外，其他不同模型在干燥条件下，岩石矿物的最大吸附量都明显高于沥青质的沉积量，说明在干燥条件下，沥青质发生沉积后，储层岩石矿物表面有较多的吸附位点提供给未被吸附的沥青质聚集体。而在水湿条件下，由于水膜的存在使得沥青质在岩石表面的吸附过程更好地满足 Langmuir 等温吸附模型，说明水膜的存在使得沥青质在岩石矿物表面的吸附过程更接近于单层吸附过程，水膜的存在有效的抑制了沥青质在岩石矿物表面的吸附过程：另外，在水湿条件下，各类岩石矿物的最大吸附容量明显降低，储层岩石矿物表面提供的有效吸附位点减少。

表 13.2　不同条件下沥青质沉积吸附后沥青质的沉积量、吸附量及体积变化

参数		低温原始模型干燥	低温原始模型水湿	高温原始模型干燥	高温原始模型水湿	低温模拟冷凝液干燥	低温模拟冷凝液水湿	高温模拟冷凝液干燥	高温模拟冷凝液水湿
沉积比例(%)		3.27	3.27	2.61	2.61	3.27	3.27	2.61	2.61
沉积体积(体素)		69010	69010	55081	55081	56009	56009	42929	42929
吸附体积(体素)		58282	4770	55081	10821	56009	6775	42929	15741
吸附量(体素)	蒙脱石	9664	1393	15154	3269	19918	3650	22059	8565
	高岭石	5545	451	3890	753	3104	321	1538	536
	伊利石	284	109	740	361	346	168	636	558
	绿泥石	7559	982	9258	1967	4802	793	4154	1588
	其他	321	17	237	41	378	25	197	61
	石英	34909	1818	25802	4430	27461	1818	14345	4433
悬浮体积(体素)		10728	64240	0	44260	0	49234	0	27188

13.2.2　孔隙度和渗透率变化

沥青质沉积过程中，被视为堵塞物的沥青质聚集体虽然从原油体系中不断析出造成了孔隙度的降低，但是该过程中沥青质基本以悬浮的形式存在于储层孔隙当中，因此被视为固相时，沥青质聚集体并没有在孔隙中形成有效的堵塞而影响储层渗透率；而岩石矿物对于沥青质的吸附过程，一方面使得储层的有效孔隙度下降；另一方面附着于岩石矿物表面的沥青质改变的储层岩石的孔喉结构，进一步降低了储层的渗透率。因此通过第二节中所述的方法计算不同条件下储层岩石物性的变化。

由表 13.3 可以看出，沥青质的沉积吸附给储层造成了明显的二次伤害，其中 80℃ 干燥模拟冷凝液条件下，储层渗透率先由 589.76mD 下降为 328.72mD，孔隙度由 26.38% 下降为 21.41%，而沥青质沉积吸附后，渗透率又进一步下降为 292.62mD，孔隙度下降为 20.71%，两次储层伤害后渗透率和孔隙度分别下降了 50.38% 和 19.59%。水湿环境对于沥青质沉积吸附有明显的抑制作用，其中 180℃ 模拟冷凝液模型水湿条件下沥青质沉积吸附后，渗透率由一次伤害后的 279.20mD 下降为 272.20mD，降幅仅为 2.51%。因此温度条件及水湿环境对于稠油注汽高压井的储层伤害过程起着重要的控制作用。

表13.3 不同类型储层伤害过程中模型孔隙参数变化

参数	原始模型				模拟冷凝液模型			
	80℃ 干燥	80℃ 水湿	180℃ 干燥	180℃ 水湿	80℃ 干燥	80℃ 水湿	180℃ 干燥	180℃ 水湿
岩心尺寸(体素)	8000000	8000000	8000000	8000000	8000000	8000000	8000000	8000000
原始黏土体积(体素)	745513	745513	745513	745513	1142992	1142992	1207614	1207614
原始固相体积(体素)	6068000	6068000	6068000	6068000	6287079	6287079	6355111	6355111
原始孔隙度(%)	26.38	26.38	26.38	26.38	21.41	21.41	20.56	20.56
原始渗透率(mD)	589.76	589.76	589.76	589.76	328.72	328.72	279.2	279.2
沥青质吸附体积(体素)	58282	4771	55081	10821	56009	6776	42929	15741
沉积吸附后孔隙度(%)	25.65	26.32	25.69	26.24	20.71	21.33	20.02	20.36
沉积吸附后孔隙度下降率(%)	25.41	25.38	25.41	25.39	25.59	25.57	25.61	25.61
沉积吸附后渗透率(mD)	552.12	586.68	555.62	582.90	292.62	324.45	260.54	272.20
沉积吸附后渗透率下降率(%)	6.38	0.52	5.79	1.16	50.38	44.99	55.82	53.85

综上所述,本章基于储层真实的二维信息,利用数值重建的方法构建了含有多种黏土矿物及黏土矿物产状类型的三维重建多孔介质模型,同时利用室内实验得到的不同条件下不同岩石矿物及沥青质的变化特点,首次利用三维多孔介质重建的方法模拟了不同条件下的储层伤害过程,并基于不同重建模型研究了不同类型储层伤害对于注汽压力的影响,该方法通过三维重建多孔介质模型将矿场资料和室内研究资料有机地结合起来,进一步拓展了三维重建多孔介质模型技术的研究与应用,同时为研究储层伤害过程提供了新手段,为稠油注蒸汽热采储层伤害防治提供重要的理论基础。

(1)稠油注汽高压的主控因素与影响规律研究。

以典型稠油注汽高压井的储层岩石矿物及原油为研究对象,利用水岩反应实验、沥青质沉积实验及静态吸附实验等研究了储层岩石矿物及重质组分沥青质在不同模拟条件下的变化规律,并借助SRAR分析、XRD分析、气相色谱分析等对反应前后的岩石矿物及沥青质的特征进行了分析,为进一步研究不同类型储层伤害过程奠定了实验基础。

(2)稠油油藏含黏土三维多孔介质模型研究。

以典型注汽高压井的真实储层二维信息为参考,采用过程法构建了初始模型,作为输入模型利用混合算法构建了三维重建多孔介质模型,并结合真实储层中黏土矿物的分布及产状,通过聚类算法和黏土矿物基团的主要结构特征分类,构建了含黏土矿物分布的三维重建多孔介质,为进一步研究不同类型储层伤害过程构建了基础模型。

(3)稠油油藏岩石矿物性质差异造成的储层伤害模型。

基于含黏土三维多孔介质模型,结合不同模拟条件下岩石矿物的变化特点,在形态学膨胀与腐蚀算法的基础上构建了由于岩石矿物性质差异造成的储层伤害模型(黏土的膨胀、溶蚀和转化);并对不同条件下的储层伤害前后的模型孔渗变化进行了研究,明确了不同条件下岩石矿物性质差异造成的储层伤害与注汽压力的关系。

(4)稠油油藏沥青质沉积吸附造成的储层伤害模型。

基于含黏土三维多孔介质模型,结合不同模拟条件下岩石矿物的变化特点与沥青质沉积吸附特点,考虑了不同温度、水湿条件及黏土矿物类型对于沉积沥青质的吸附团垫构建了不同模拟条件下由于沥青质沉积吸附造成的储层伤害模型;并对不同条件下的储层伤害前后的模型孔渗变化进行了研究,明确了不同条件下沥青质沉积吸附造成的储层伤害与注汽压力的关系。

13.3 低产低效机理诊断评价智能决策技术

当前在传统的低产低效井主控因素评价研究中,一般是采用科研人员分析解释,并辅以统计分析、经验公式、实验分析的方法。这种基于个人经验及手工作业的方法存在以下问题:需要投入大量的精力与时间;分析解释的结果因为参与人员的不同有很大的差别;容易因工作人员的疏忽而造成计算误差很大;建立经验公式依据的信息获取范围相对较小,只能由参与分析的人员提供,有一定的局限性,容易存在隐藏的经验错误;因以上缺点造成诊断工作效率低,决策结果可靠性差等问题[100-208]。

为了提高科学决策水平与工作效率,克服传统方式存在的缺陷,需要建立储层伤害诊断决策支持系统。通过对储层伤害进行因素分析,建立具有智能机制的决策支持系统,对储层伤害类型进行自动识别和诊断,能够为油田企业生产管理提供科学有效的决策方法和工具。

基于此,在低产低效井评价系统领域,需把油气储层伤害的智能评价与诊断方法和专家系统有机结合起来,提高储层伤害诊断的准确性和生产决策效率,丰富管理科学理论和方法,扩展人工智能应用领域,同时发展和丰富储层伤害与保护研究的理论和方法,为油田生产管理决策科学化提供有力的手段和工具。一方面,需要实现管理学知识和决策理论在油田生产管理决策中的实际应用,通过管理理论和实践的结合,丰富和发展管理科学理论和方法;另一方面,需直接提供支持油田生产管理决策的有效工具,解决企业管理中的现实问题,也为其他领域管理问题的科学决策提供了思路和方法。

对于评价决策系统,主要发展方向为智能决策支持系统(IDSS),随着研究的深入,专家系统技术已经渗透到IDSS的体系结构、问题求解等各个方面,对决策方法和过程产生了重要影响。智能决策支持系统IDISS的研究也逐渐由过去的决策部件功能的扩充发展到部件的综合集成,由过去的定量模型发展到基于知识的智能决策方法,使得智能决策支持系统研究的理论与方法逐渐成熟。如此便可克服专家系统和决策支持系统各自的局限性,提高决策支持信息利用的综合性和决策科学性,从而更好地为管理决策提供服务。

13.4　低产低效预防技术

(1)开发方式最优化技术。

在开发方式确定、井网优化、注采参数优化过程中,注重地质特征分析与敏感性分析。同时要在井网优化过程中考虑改造规模的优化与协调。

(2)钻井保护油气层技术。

重视钻井过程中的油气层保护技术,有利于发现油气层,准确评价储层性质,提高油井产量。

(3)储层保护精细注水技术。

低渗透油藏储层孔喉小易堵塞,导致注入压力高,甚至无法完成配注任务。通过研究注入水与油藏配伍性、孔喉内黏土矿物伤害、有机垢和无机垢形成趋势,确定注水开发油层物性的界限,建立注入水水质标准、水质控制与保障体系。在此基础上优选注水精细过滤技术、黏土稳定技术、细菌控制技术等,有效提高注水效率。

(4)增产改造储层保护技术。

储层增产改造可以解除、弱化钻井完井及生产作业造成的伤害,然而增产改造作业本身还有可能带来储层伤害,如何减小储层伤害就成为增产改造的重要的发展方向。主要包括研究使用优质复合解堵剂、酸化液、压裂液,解决配伍性差、液相和固相侵入伤害等问题;采用高效防漏失管柱、防砂泵、清蜡技术等新技术,提高举升效率。

(5)储层保护系统工程。

防止储层伤害已经成为低渗透油藏生产井(注水井)作业及油田开发优化的重要目标,是开发效益最大化的基本途径之一。从开发井钻井、完井、原油生产、提高采收率的全过程,实施以系统工程观点建立起来的油气层保护技术是大幅度提高采收率的保障,也是增加产量、降低生产成本的必由之路。

13.5　低产低效井(区)治理技术

对于低产低效井综合治理技术比较丰富,主要可分为油藏工程方法、单井储层改造方法及单井井况治理方法,技术发展趋势集中在以下几个方面:

(1)改变液流方向治理低产低效井。

裂缝性低渗透油藏一般具有储层能量低、非均质性严重的特征,弹性开发采收率低,注水开发容易水窜。由此针对连片低产区域、油井关井导致井网残缺使部分储量无法动用的情况，一方面，转注水淹井，改变液流方向，使渗流场重新分布，从而增加水驱控制储量和可采储量，提高采收率；另一方面，转注水驱优势方向的油井，迫使水驱方向发生改变，促使其他油井见效。

(2)天然裂缝综合治理技术。

在裂缝发育区，注入水沿裂缝方向突进，裂缝主向油井含水上升较快，而侧向油井见效程度低，导致水驱波及体积减小，水驱油效率降低，影响油田开发效果。一是考虑对注水井进行化学堵水，通过抑制注入水单向突进，恢复主向油井产能，同时迫使注入水沿侧向推进；二是考虑水淹油井进行地质关井，实施沿裂缝注水，同时对侧向油井压裂引效；三是转注水淹油井形成排状注水，建立有效的压力驱替系统，进而提高单井产能。

(3)多油层区域实施分层注水提高水驱动用程度。

在多油层发育区，层间渗透率、渗流规律等不尽相同，在油井上表现出单层见水水淹，注水井上表现出剖面吸水不均。因此在多油层开发区实施注水井分层注水开发，降低剖面上非均质性对开发效果的影响程度。关键是如何准确把控分层注水标准和实时精细调控，既保证精细注水目标，又避免技术繁杂，是目前的主要难点所在。

(4)注重采液剖面改善。

油井堵塞后，动态表现出日产液、日产油、动液面持续下降，由于水相渗透率高于油相渗透率，油层堵塞后，原油流入到井筒内的速度降低，含水缓慢上升，形成低产低效井。针对于油层堵塞机理及堵塞后的动态变化特征，对油井实施精确定位物理—化学解堵或复压改造措施，改善产液剖面，提高油井效率。目前对常规油井已有成熟配套技术，大斜度井、水平井以及复杂结构井的产业剖面精细监测和定位解堵、改造等问题还处于探索阶段，有待成熟完善。

(5)长停井的治理与复产。

直接复采井：水淹油井长时间关井后，地下流体渗流状况发生改变，使得剩余油分布也发生变化，实施水窜水淹整体深部调控后，调整完善注采井网与注采技术政策，有选择性地实施水大水淹关停井的直接复产。其关键是对于水淹区域的整体深部液流转向调控和注采系统的优化调整两者的科学实施与协调，是目前亟待努力完善的方向。

复压复产井：在水窜水淹整体深部调控地层补水储能的基础上，将措施选井范围扩大到水淹地质关井，选择压力保持水平高且分布均匀的区域，优选地质关井时间较长、累计产油低的长关井开展人工裂缝暂堵重复压裂复产。

大修复产井：通过对老井井筒复查，对存在井筒事故造成关井且有恢复价值的实施大修复产。

(6)大斜度井、水平井以及复杂结构井低产低效诊断、评价与治理问题。

随着低渗透、特低渗透、致密油气的大规模开发，大斜度井、水平井以及复杂结构井的应用日益广泛，但这些复杂井低产低效的诊断、评价和治理难度大、成本高，目前在此领域的研究和实践正日益受到业界的高度重视。

(7)稠油、超稠油注蒸汽热采高温高压储层伤害引起低产低效的问题。

稠油油藏在注蒸汽开发过程中,由于储层中温度、压力的变化,储层岩石及流体性质发生变化,从而造成不同类型的储层伤害发生。目前,国内外在稠油油藏注蒸汽高温条件下的储层伤害机理及其定量描述方面的研究的报道较少。特别是疏松砂岩稠油油藏由于其交结强度小,整体取心难度大,进一步增加了低产低效注汽采油井诊断、预测、评价和防治研究和实施工业化作业措施的难度。但目前该类油藏热采过程中的低产低效井越来越多,特别是水平井的大规模应用,更加增加了问题的难度,如何实现低产低效井的预防、治理与防砂、节能一体化是目前国内外石油供液需要解决的一个重大技术难题。

参考文献

[1] Khlar K C,Fogler H S. Water Sensitivity of Sandstones[C]. SPE 10103, 1983:55 – 64.

[2] Sharma M M,Yortsos Y C,et al. Release and Deposition of Clays in Sandstone[R]. SPE 13562, 1985:125 – 135.

[3] Vithal S,Sharma M M,Sepehrnoor K. A one – Dimensional Formation Damage Simulation for Damage Due to Fines Migration[R]. SPE 17146,1988:29 – 42.

[3] Krumrine P H,Boyce S D. Profile Modification and Water Control with Silica Gel – based Systems[R]. SPE 13578,1985.

[4] Ohen H A. Predicting Skin Effects Due to Formation Damage by Fines Migration[R]. SPE 21675,1991:399 – 410.

[5] Rahaman S S. Prediction of Critical Condition for Fines Migration in Petroleum Reservoirs[R]. SPE 28760,1994: 180 – 192.

[6] Oyenenib M B. Factors to Consider in the Effective Management and Control of Fines Migration in High Permeability Sands[R]. SPE 30112,1995: 355 – 368.

[7] Davies J P. Stress – Dependent Permeability:Characterization and Modeling[R]. SPE 56813,1999:1 – 9.

[8] Jose Gildardo Osorio. A Numerical Model to Study the Formation Damage by Rock Deformation form Well Test Analysis[R]. SPE 73742,2002:1 – 11.

[9] Paul F. Worthington. The Stress Response of Permeability[R]. SPE 90106,2004: 1 – 11.

[10] Ohen H A, Civan F. Simulation of Formation Damage in Prtroluem Reservoirs[R]. SPE 19420, 1990: 27 – 35.

[11] Chang F F, Faruk Civan. Predictability of Formation Damage by Modeling Chemical and Mechanical Processes[R]. SPE 23793,1992: 293 – 307.

[12] Liang J, Sun H, Seright R S. Reduction of Oil and Water Permeadility using Gels [R]. SPE 24195,1992.

[13] Mack J C,Smith J E. In Depth Conoichd Dispersion Gels Improve Oil Recovery Efficiency[R]. SPE 27780,1994.

[14] Smith J E. Performance of 18 Polymers in Aluminum Citrate Colloidal Dispersion Gels[R]. SPE 28989, 1995.

[15] John E Paulsen, Roald Sψrheim. Biological Water Profile Control – designing a Concept for North Sea Aplication[R]. SPE 35376,1996.

[16] Chunsheng Pu. A New Intelligent Computer System for Horizontal Wells Gravel – Packing[R]. SPE 37113,MS,1996.

[17] Ranganathan R. An Experimental Study of the In – situ Gelation Behavior of a Polyacrylamide/Alurninum Citrate"colloidal Dispersion"Gel in a Porous Medium and Its Aggregate Growth During Gelation Reaction[R]. SPE 37220,1997.

[18] Faruk Civan. Interpretation and Correlations of Clay Swelling Measurements[R]. SPE 52134,1999:1 – 10.

[19] Nasr E I, Din H A, Raju Ku, Hilab V V. Injection of Incompatible Water as a Means of Water Shut - off [R]. SPE 87455, 2004.

[20] Tang Xiaofen, Liu Yuzhang, Qin He, et a1. A New Method of In - depth Profde Modification for High Temperature and High—Salinity Reservoir[R]. SPE 88486, 2004.

[21] Luo Mingliang, Guo Yan, Pu Chun - sheng, et al. A Predicting Model of the Limsting Flux for the Charged Solute in Ultrafiltration Process[J]. Journal of Hydrodynamics, 2004, 16(2): 12 - 129.

[22] Luo M L, Zhao J Q, Tang, W, et al. Hydrophilic Modification of Poly(ether sulfone) Ultrafiltration Membrane Surface by Self - assembly of TiO(2) Nanoparticles[J]. Applied Surface Science, 2005, 249 (1 - 4): 76 - 84.

[23] Luo M L, Tang W Zhao, J Q, et al. Hydrophilic Modification of Poly(ether sulfone) used TiO_2 Nanoparticles by a Sol - gel Process[J]. Journal of Materials Processing Technology, 2006, 172(3): 431 - 436.

[24] Luo Mingliang, Pu Chunsheng, Zhao Jianqing. Modeling on Dynamic Process of Membrane Fouling During Finite Crossflow Ultrafiltration in Charged System[J]. Journal of Hydrodynamics, 2006, 18 (2): 206 - 210.

[25] Pu Chunsheng, Pei Runyou, Qin Wenlong, et al. The Researches on Patterns of Optimized Decision for High Efficient Development of Low Permeable Oilfield in Western China[C]. Tianjin: 14th International Conference on Industrial Engineering and Engineering Management, 2007.

[26] Pu Chunsheng, Pei Runyou, Huang Hai, et al. Mathematical and Computer Simulation Technology of Condensate Oil and Gas Wells Stimulated by Electromagnetic Heating[J]. Journal of Hydrodynamics, 2007, 19(3): 292 - 302.

[27] Pu Chunsheng, Rao Peng Zhou Min, et al. On Studies of Formation, Diffusion Mechanisms and Prevention Measures of CO during HEGF in Low Permeability Oil Reservoirs[J]. Journal of Hydrodynamics, 2010, 22(S1): 387 - 392.

[28] Pu Jingyang, Yang Yue, Pu Chunsheng, et al. On some Studies about the Dynamic Mechanisms of Carbon Monoxide Flow and Diffusion during High Energy Gas Fracturing[J]. Safety Science, 2012, 50 (4): 903 - 908.

[29] Xu Hongxing, Pu Chunsheng, Yang Hongbin, et al. Study on Nitrogen Foam Flooding in Fractured Reservoir[J]. Advanced Materials Research, 2012, 524 - 527: 1209 - 1212.

[30] Xu Hongxing, Pu Chunsheng, Wu Feipeng. Low Frequency Vibration Assisted Catalytic Aquathermolysis of Heavy Crude Oil [J]. Energy & Fuels, 2012, 16(9): 5655 - 5662.

[31] Liu Jing, Pu Chun sheng, Qin Guo wei. Experiment Study on Oil Displacement Efficiency of Oil Sands under Fluctuation - Chemical Compound Conditions[J]. Advanced Materials Research, 2012, 524 - 527: 1166.

[32] Xu Hongxing, Pu Chunsheng, Shi Daohan. Research and Application of Air Foam Flooding in Longdong Jurassic Reservoir [J]. Advanced Materials Research, 2012, 347 - 353: 1615.

[33] Feng C Y, Kong, Y, Jiang G C, et al. Wettability Modification of Rock Cores by Fluorinated Copolymer Emulsion for the Enhancement of Gas and Oil Recovery [J]. Applied Surface Science, 2012, 258(18): 7075 - 7081.

[34] Zhang Lei, Pu chunsheng, Sang Haibo, et al. Mechanism Study of the Cross - Linking Reaction of Hydrolyzed Polyacrylamide/Ac3Cr in Formation Water[J]. Energy & Fuels, 2015, 29(8): 4701 - 4710.

[35] Liu Jing, Pu chunSheng, lin, ChengYan, et al. Adsorption of Surfactant on Sandstone Under Vibro - Energy[J]. Asian Journal of Chemistry 2014, 26(17): 5383 - 5386.

[36] Wu Fei peng, Chen De chun, Pu Chunsheng, et al. Oil Well Breakdown Pressure in Blasting Force Loading Condition[J]. Asian Journal of Chemistry, 2014, 26(17): 5567 - 5570.

[37] He YL, Zhang F, Banat IM, et al. Deposit Reduction in a High Pour Point Oil Reservoir due to the Activity of Indigenous Bacterial Communities[J]. International Biodeterioration & Biodegradation, 2016, 110: 87 - 98.

[38] Zheng Liming, Pu Chunsheng, Xu Jiaxiang, et al. Modified Model of Porosity Variation in Seepage Fluid - saturated Porous Media under Elastic Wave[J]. Journal of Petroleum Exploration and Production Technology, 2016, 6(4): 569 - 575.

[39] Zhang Lei, Pu Chunsheng, Zheng Liming , et al. Synthesis and Performance Evaluation of a New Kind of Gel used as Water Shutoff Agent[J]. Journal of Petroleum Exploration and Production Technology, 2016, 6(3): 433 - 440.

[40] Zhang Lei, Zheng Liming, Pu Jingyang, et al. Influence of Hydrolyzed Polyacrylamide (HPAM) Molecular Weight on the Cross - Linking Reaction of the HPAM/Cr^{3+} System and Transportation of the HPAM/Cr^{3+} System in Microfractures [J]. Energy & Fuels, 2016, 30(11): 9351 - 9361.

[41] Li Xinghong, Liu Jing, Pu Jingyang, et al. Accelerated Oxidation during Air Flooding in a Low Temperature Reservoir[J]. Petroleum Science and Technology, 2017, 35(1): 86 - 91.

[42] Zhang Lei, Pu Chunsheng. Transportation Characteristics of HPAM Solution in the Micro - fractures[J]. Journal of Dispersion Science and Technology, 2017, 38(5): 686 - 692.

[43] Zhang Lei, Pu Chunsheng, Cui Shuxia, et al. Experimental Study on a New Type of Water Shutoff Agent Used in Fractured Low Permeability Reservoir [J]. Journal of Energy Resources Technology - transactions of the ASME, 2017, 139(1).

[44] Zheng L M, Jing C, Liu J, et al. Change of the Chemical and Physical Properties of Heavy Oil before and after CO_2 Treatment[J]. Petroleum Science and Technology, 2017, 35(16): 1724 - 1730.

[45] Lei Zhang, Liming Zheng, Jingyang Pu, et al. Influence of Hydrolyzed Polyacrylamide (HPAM) Molecular Weight on the Cross - Linking Reaction of the HPAM/Cr^{3+} System and Transportation of the HPAM/Cr^{3+} System in Micro - fractures[J]. Energy & Fuels, 2016, 30(11), 9351—9361.

[46] Lei Zhang, Chunsheng Pu, Shuxia Cui, et al. Experimental Study on a New Type of Water Shutoff Agent used in Fractured Low Permeability Reservoir[J]. Journal of Energy Resources Technology, 2016, 139(1): 907 - 919.

[47] Nasir Khan, Chunsheng Pu, Xu Li, et al. Permeability Recovery of Damaged Water Sensitive Core using Ultrasonic Waves[J]. Journal of Ultrasonic Sonochemistry, 38 (2017), 381 - 389.

[48] Nasir Khan, Chunsheng Pu, Li Xu, et al. The Comparison of Acidizing and Ultrasonic Waves, and Their Synergetic Effect for the Mitigation of Inorganic plugs[J]. Energy & fuels Journal, 2017, 38(9), 9335 - 8742

[49] He Yanglong, Chunsheng Pu, et al. Reconstruction of a Digital Core Containing Clay Minerals based on a Clustering Algorithm[J]. Physical Review E., 2017, 35(1).

[50] Zhang Lei, Pu Chunsheng, Zheng Liming, et al. Synthesis and Performance Evaluation of a New Kind of Gel used as Water Shutoff Agent[J]. Journal of Petroleum Exploration and Production Technology,

2016,6(3): 433 - 440.

[51] Zhang Lei, Pu Chunsheng. Transportation Characteristics of HPAM Solution in the Micro - fractures[J]. Journal of Dispersion Science and Technology, 2017, 38(5):686 - 692.

[52] 樊世忠,陈元千. 油气层保护与评价[M]. 北京:石油工业出版社,1988:72 - 86.

[53] 张绍槐,罗平亚. 保护储集层技术[M]. 北京:石油工业出版社,1991:2 - 29.

[54] 杨金华. 地层伤害的控制[M]. 北京:石油工业出版社,1992:58 - 88.

[55] 蒲春生,张绍槐. 多分散悬浮体沉积的动力学特征[J]. 西南石油学院学报,1992(2):63 - 70.

[56] 赵敏,徐同台. 保护油气层技术[M]. 北京:石油工业出版社,1993:31 - 42.

[57] 蒲春生,张绍槐. 非膨胀粘土的分散和运移[J]. 石油钻采工艺,1992(1):63 - 71.

[58] 蒲春生,罗平亚. 试论表面电荷特征与水质控制的关系[J]. 油田化学,1994(1):45 - 49.

[59] 张绍槐,蒲春生,李琪. 储层伤害的机理研究[J]. 石油学报,1994(4):58 - 65.

[60] 蒲春生,周风山,董永强. 油田注防垢剂效果预测计算机模拟系统[J]. 西安石油学院学报(自然科学版),1995(4):18 - 21,4 - 5.

[61] 蒲春生,刘洋. 水平井地层伤害的数学与计算机模拟(I)数学模型及其求解[J]. 工程数学学报,1996(3):37 - 42.

[62] 蒲春生,曹广锡,郭建明,等. 油藏孔隙中微粒沉积分散的数学模型研究[J]. 西安石油学院学报(自然科学版),1996(4):37 - 41,6.

[63] 郭建明,蒲春生,李琪,等. 油层损害识别、评价、诊断、预防和处理的协同式专家系统[J]. 西安石油学院学报(自然科学版),1996(1):48 - 52,47,7.

[64] 蒲春生,刘洋. 水平井地层伤害数学与计算机模拟(Ⅱ):计算机系统及其应用[J]. 工程数学学报,1997(1):10 - 16.

[65] 缪飞,赵建华. 储层伤害诊断技术研究与应用[J]. 断块油气田,2000,7(5):45 - 47.

[66] 李明远,林梅钦,郑晓宇,等. 交联聚合物溶液深部调剖矿场试验[J]. 油田化学,2000,17(2):144 - 147.

[67] 罗明良. 油水井近井带污染诊断与评价研究[D]. 西安:西安石油学院,2000:28 - 65.

[68] 罗明良,蒲春生,董经武,等. 无机结垢趋势预测技术在油田开采中的应用[J]. 油田化学,2000,17(3):208 - 211.

[69] 罗明良,蒲春生,董经武,等. 无机结垢趋势预测技术在油田开采中的应用[J]. 油田化学,2000,(3):208 - 211,267.

[70] 罗明良,蒲春生,樊友宏. 储集层微粒运移堵塞预测模型及其应用[J]. 油气地质与采收率,2001(3):74 - 76,0.

[71] 罗明良,蒲春生. 地层无机结垢预测技术研究与应用[J]. 石油钻采工艺,2001(2):47 - 49,85.

[72] 罗明良,蒲春生,周风山. 储层微粒运移预测技术在石油开采中的应用[J]. 西安石油学院学报,自然科学版,2001(5):11 - 13,4.

[73] 段永刚,陈伟,油气层损害定量分析和评价[J]. 西安石油学院学报,2001,23(2):44 - 46.

[74] 罗明良,蒲春生,张荣军,等. 储层石蜡沉积预测技术研究与应用[J]. 钻采工艺,2002(1):96 - 99,9.

[75] 罗明良,蒲春生,王得智,等. 油水井近井带无机结垢动态预测数学模型[J]. 石油学报,2002(1):61 - 66,2 - 3.

[76] 罗明良,郭焱,李继勇,等. 利用工业油脚或皂脚制备混合脂肪酸[J]. 西安石油学院学报,自然

科学版,2002(3):35 - 38,3.
[77] 罗明良,蒲春生,卢凤纪,等. 利用植物油下脚料制备烷醇酰胺型驱油剂[J]. 石油学报(石油加工),2002(2):6 - 13.
[78] 李淑白,樊世忠,李茂成. 水锁损害定量预测研究[J]. 钻井液与完井液,2002,19(5):8 - 12.
[79] 鞠斌山,马明学,邱晓燕. 弹性多孔介质黏土膨胀和微粒运移的数学模拟研究[J]. 2003,18(1):8 - 14.
[80] 苏映宏,尚明忠,侯春华,等. 胜利油区低效井对策研究[J]. 油气地质与采收率. 2002,9(1):46 - 48.
[81] 谢朝阳,俞庆森,李建阁,等. 胶态分散凝胶深度调剖技术在大庆油田聚驱开发中的应用[J]. 浙江大学学报:理学版,2002,29(5):535 - 541.
[82] 黄煦,郭雄华,栾林明,等. 适合胜利孤东油田的聚合物/无机铝弱凝胶体系及其试应用[J]. 油田化学,2002,19(1):77 - 79.
[83] 法鲁克. 西维. 油层伤害——原理、模拟、评价和防治[M]. 北京:石油工业出版社,2003:120 - 229.
[84] 石京平,宫文超,曹维政,等. 储层岩石速敏伤害机理研究[J]. 成都理工大学学报,自然科学版,2003,30(5):501 - 503.
[85] 张玄奇. 低渗透地层堵塞特征及解堵技术研究[J]. 西安石油学院学报(自然科学版),2003,18(4):45 - 48.
[86] 李忠兴,杨克文. 鄂尔多斯盆地低渗透油田注水开发的调整与优化[J]. 西安石油学院学报,自然科学版,2003,18(6):43 - 46.
[87] 王鑫,王清发,卢军. 体膨颗粒深部调驱技术及其在大庆油田的应用[J]. 油田化学,2004,21(2):150 - 153.
[88] 林伟民,傅饶,雷霆,等. 具有近疏远调作用的双液法深部调剖剂 LF - 1[J]. 油田化学,2004,21(2):146 - 149.
[89] 李永刚. 秦家屯油田储层的敏感性评价[J]. 吉林大学学报(地球科学版),2004,34:53 - 54.
[90] 马洪兴,史爱萍. 低渗透砂岩油藏水锁伤害研究[J]. 石油钻采工艺,2004,26(4):49 - 51.
[91] 李永刚. 秦家屯油田储层的敏感性评价[J]. 吉林大学学报:地球科学版,2004,34:53 - 54.
[92] 郭淼,马素德,倪炳华,等. 驱油剂用磺化聚丙烯酰胺的合成及其性能研究[J]. 西安石油大学学报(自然科学版),2004(3):29 - 31,5 - 6.
[93] 张荣军,蒲春生,聂翠平,等. 振动—酸压复合增产技术[J]. 天然气工业,2004(9):72 - 74,10.
[94] 张荣军,蒲春生,刘洋,等. 振动—化学复合解堵技术的研究与应用[J]. 特种油气藏,2004(2):56 - 59,101.
[95] 肖曾利,蒲春生,时宇,等. 油田水无机结垢及预测技术研究进展[J]. 断块油气田,2004(6):76 - 78,94.
[96] 张荣军,蒲春生. 振动—土酸酸化复合解堵室内实验研究[J]. 石油勘探与开发,2004(5):114 - 116,132.
[97] 张荣军,蒲春生,董正远. 振动条件下地层流体渗流的数学模型[J]. 石油学报,2004(5):80 - 83.
[98] 孙志宇,蒲春生,谢丽华,等. 强磁防垢技术研究及其在油田的现场应用[J]. 石油工业技术监督,2005(12):12 - 14.

[99] 蒲春生,时宇. 井下低频水力振动器的工作特性研究[J]. 石油矿场机械,2005(6):23-27.
[100] 蒲春生,张荣军,时宇,等. 外来颗粒尺寸、级配和浓度影响的动态模拟实验研究[J]. 石油工业技术监督,2005(8):7-8.
[101] 田党宏,蒲春生. 磁防垢除垢技术研究与应用新进展[J]. 石油工业技术监督,2005(6):12-13.
[102] 王萍,蒲春生,孟德嘉,等. 国内外振动采油技术的研究及展望[J]. 石油矿场机械,2005,(5):28-30.
[103] 张荣军,蒲春生. ClO_2 地层解堵室内实验研究[J]. 特种油气藏,2005(4):83-84,109.
[104] 蒲春生,张荣军,时宇,等. 高价阳离子与矿化度之间的协同效应实验研究[J]. 石油工业技术监督,2005(11):20-22.
[105] 时宇,蒲春生,冯金德. 负压采油中负压值的数值计算方法[J]. 国外油田工程,2005(4):44-46.
[106] 蒲春生,张荣军,时宇,等. 酸碱度对矿化度临界值的影响研究[J]. 石油工业技术监督,2005(4):11-13.
[107] 王新海,张冬丽,江山. 储层应力敏感表皮系数的计算方法[J]. 油气井测试,2005,15(5):3-4.
[108] 韩凤蕊,林家恩. 有限传导垂直裂缝压恢试井特征综合分析[J]. 油气井测试,2005,14(4):14-15.
[109] 杨建军,叶仲斌. 水锁效应的研究状况及预防和解除方法[J]. 西部钻探工程,2005,106(3):54-55.
[110] 王亚娟. 砂岩储层的伤害诊断技术与伤害解除对策研究[D]. 南充:西南石油学院,2005.
[111] 邓燕. 重复压裂压新缝力学机理研究[D]. 南充:西南石油学院. 2005:88-98.
[112] 常方瑞. 油田生产过程中油层损害诊断与解堵优化技术研究[D]. 东营:中国石油大学(华东),2006.
[113] 何贤科. 低渗透储层井网优化调整技术研究[D]. 北京:中国地质大学(北京),2006:10-21.
[114] 宫贵胜. 低产低效井综合治理技术研究[D]. 大庆. 东北石油大学,2006:28-36.
[115] 姜汉桥,姚军,姜瑞忠. 油藏工程原理与方法[M]. 东营:中国石油大学出版社. 2006:25-37.
[116] 刘玉章,熊春明,罗健辉,等. 高含水油田深部液流转向技术研究[J]. 油田化学,2006,23(3):248-251.
[117] 李传亮. 储层岩石的应力敏感性评价方法[J]. 大庆石油地质与开发,2006,25(1):40-42.
[118] 杨帆,李治平. 石蜡沉积对储层孔隙度和渗透率的影响[J]. 天然气地球科学,2006,17(6):848-850.
[119] 程宗强,乔炜娟. 化学清防蜡剂在江汉油田的应用和展望[J]. 油气井测试,2006,15(3):72-74.
[120] 蒲春生,张荣军,时宇,等. 酸碱度对黏土矿物膨胀分散的影响规律[J]. 石油工业技术监督,2006(2):8-10.
[121] 孙志宇,蒲春生,谢丽华. 孤东采油厂垦东大站强磁防垢室内实验评价[J]. 腐蚀与防护,2006(1):20-22.
[122] 陈涛平,蒲春生. 低渗透油层超低界面张力化学驱油方式研究[J]. 西安石油大学学报(自然科学版),2006(3):30-33,114-115.

[123] 秦文龙,蒲春生,张荣军. 油水相对渗透率测量规范在低渗油藏中的应用[J]. 石油工业技术监督,2006(9):10-11,17.
[124] 曲占庆,张琪,李恒,等. 井下油水分离系统设计及地面监测模型研究[J]. 西安石油大学学报:自然科学版,2006,(03):34-37,115.
[125] 王蓓,孔鹏,张玉雪,等. 地震波提高原油采收率的机理评价[J]. 国外油田工程,2007(11):10-13.
[126] 秦国伟,罗明良,蒲春生,等. 节点分析法在分层注采系统中的应用研究[J]. 西南石油大学学报(自然科学版),2008(1):85-88,11+10.
[127] 孙宁武. 苏德尔特油田强水敏储层有效开发技术研究[D]. 大庆:东北石油大学.2007:33-37.
[128] 魏星. 压裂对储层伤害机理及评价方法研究[D]. 南充:西南石油大学.2007,38-43.
[129] 陈明强,张明禄,蒲春生,高永利. 变形介质低渗透油藏水平井产能特征[J]. 石油学报,2007(1):107-110.
[130] 康美娟,蒲春生. 复合振动增产增注技术的研究与展望[J]. 石油矿场机械,2007(11):77-79.
[131] 肖曾利,蒲春生,秦文龙,等. 低渗油藏非线性渗流特征及其影响[J]. 石油钻采工艺,2007(3):105-107,127-128.
[132] 杨悦,蒲春生,王萍. 低频脉冲波对储层岩心渗流特性影响规律研究[J]. 西安石油大学学报(自然科学版),2007(2):123-125,128,180-181.
[133] 秦国伟,蒲春生,罗明良,等. 不同黏弹性驱替液下毛管数对驱油效果的影响[J]. 石油天然气学报,2007(2):97-100,151.
[134] 雷光伦,郑家朋. 孔喉尺度聚合物微球的合成及全程调剖驱油新技术研究[J]. 中国石油大学学报(自然科学版),2007,31(1):87-90.
[135] 李传亮. 岩石应力敏感指数与压缩系数之间的关系式[J]. 岩性油气藏,2007,19(4):95-98.
[136] 贾忠伟,杨清彦,张江,等. 大庆油田低渗透透油层注水伤害实验研究[J]. 大庆石油地质与开发,2007,26(1):1-7.
[137] 蒲春生,丁明华,灌宏. 一种抽油机井调参选井与设计的实用方法[J]. 新疆石油天然气,2008(3):63-67,107.
[138] 蒲春生,郭艳萍,肖曾利,等. 新型深穿透酸液体系在西峰油田长8特低渗透储层中的应用[J]. 油气地质与采收率,2008(6):95-97+101,117.
[139] 肖曾利,蒲春生,秦文龙. 低渗砂岩油藏压力敏感性实验研究[J]. 钻采工艺,2008(3):97-98,113,157.
[140] 梁小兵,杨大中,周少伟,等. 裂缝性储层中利用pH触发式聚合物提高波及效率[J]. 国外油田工程,2008(12):7-10.
[141] 李花花,王曼,陆小兵,等. 应力敏感储层渗透率对生产数据分析的影响[J]. 国外油田工程,2008(12):11-14.
[142] 时宇,蒲春生,杨正明,等. 低频波动条件下流体平面渗流模型研究[J]. 特种油气藏,2008(3):69-71,79,108-109.
[143] 吴飞鹏,陈德春,蒲春生,等. 抽油机井示功图量化分析与应用[J]. 广西大学学报,自然科学版,2008(2):173-175.
[144] 肖曾利,库尔班,王小梅,等. 暂堵酸化技术在低渗、非均质油藏中的应用[J]. 石油天然气学报,2008(2):291-293,649-650.

[145] 蒲春生,王蓓,肖曾利,等．二元叠合波条件下多孔介质单相平面径向渗流数学模型研究[J]．大庆石油地质与开发,2008(1):97-101.
[146] 秦国伟,蒲春生,罗明良,等．热增稠型智能凝胶的研究进展、应用及展望[J]．应用化工,2008(10):1214-1217.
[147] 肖曾利,蒲春生,秦文龙．低渗砂岩油藏压力敏感性实验[J]．断块油气田,2008(2):47-48.
[148] 艾池,赵万春．重复压裂裂缝起裂角模型研究[J]．石油钻采工艺,2009,31(4):89-92.
[149] 温庆志,蒲春生．启动压力梯度对压裂井生产动态影响研究[J]．西安石油大学学报:自然科学版,2009(4):50-53,64+111.
[150] 温庆志,蒲春生,曲占庆,等．低渗透、特低渗透油藏非达西渗流整体压裂优化设计[J]．油气地质与采收率,2009(6):102-104,107,117.
[151] 李甫,陈亮等．酸化作业中储层的伤害与防范[D]．成都:西南石油大学,2009:56-64．
[152] 崔萍,等．低渗透油田井网加密后开发指标与评价方法研究[D].大庆:东北石油大学.2010:5-8.
[153] 吕广普,郭焱,蒲春生,等．低渗透油藏用深部调剖剂[J]．油气田地面工程,2010(6):13-14.
[154] 肖曾利,蒲春生,李强．波动—化学生热生气驱替稠油室内实验[J]．断块油气田,2010(6):759-761.
[155] 秦国伟,蒲春生．热致型凝胶黏弹性流变模型研究[J]．功能材料,2010,(S1):159-161.
[156] 刘静,蒲春生,刘涛,等．一种含羧基表面活性剂 HDXA 界面特性研究[J]．应用化工,2010(11):1701-1702,1712.
[157] 秦国伟,蒲春生,赵常生,等．热致型聚合物流变性室内实验[J]．油气田地面工程,2010(12):44-46.
[158] 吕广普,郭焱,蒲春生,等．中低温低渗透油藏用深部调剖剂实验研究[J]．油田化学,2010(3):299-302.
[159] 秦国伟,蒲春生,吴梅,等．笼统注入下可动凝胶选择性相对进入深度理论计算分析[J]．油气地质与采收率,2011(1):44-47,114.
[160] 刘静,蒲春生,秦国伟,等．低频谐振波下复配洗油剂对油砂洗油率的影响因素分析[J]．油田化学,2011(1):58-61,73.
[161] 饶鹏,王健,蒲春生,等．尕斯油田 E_3-1 油藏复合深部调剖技术应用实践[J]．油田化学,2011(4):390-394.
[162] 蒲春生,石道涵,赵树山,等．大功率超声波近井处理无机垢堵塞技术[J]．石油勘探与开发,2011(2):243-248.
[163] 许洪星,蒲春生,李燕红．大功率超声波处理近井带聚合物堵塞实验研究[J]．油气地质与采收率,2011(5):93-96,117.
[164] 许秋实．低渗透油藏优化开采理论研究[D]．大庆:东北石油大学．2011:4-10.
[165] 张祥吉．超低渗透油藏井网部署及注采参数优化研究[D]．青岛:中国石油大学(华东),2011:20-28,51-63.
[166] 姜丹．关停井综合治理潜力分析及界限研究[D]．大庆:东北石油大学．2011:7-13.
[167] 蒲春生,饶鹏,许洪星,等．大功率超声波近井无机垢解堵的动力学机理[J]．重庆大学学报,2011(4):47-52.
[168] 刘静,蒲春生,刘涛,等．脉冲波作用下地层流体渗流规律研究[J]．西安石油大学学报:自然科

学版,2011(4):46 -49,8.
[169] 石道涵,许洪星,蒲春生.西峰油田交联聚合物深部调驱体系[J].油气田地面工程,2011(1):30 -32.
[170] 许洪星,蒲春生,赵树山,等.大功率超声波近井石蜡沉积处理实验与应用[J].西南石油大学学报:自然科学版,2011,(05):146 -151,201 -202.
[171] 尚校森,蒲春生,吴飞鹏,等.高强度冻胶体系的室内研究[J] 应用化工,2011(11):1911 -1914.
[172] 曲瑛新.低渗透砂岩油藏注采井网调整对策研究[J].石油钻探技术,2012,40(6):84 -88.
[173] 高丽.安塞长6油藏井网加密与人工裂缝优化配置研究[D].青岛:中国石油大学(华东),2012:11 -64.
[174] 高丽.安塞长6油藏井网加密与人工裂缝优化配置研究[D].青岛:中国石油大学(华东),2012:65 -95.
[175] 张昊.安塞油田重复压裂工艺技术研究[D].西安:西北大学,2012:45 -64.
[176] 高丽.安塞长6油藏井网加密与人工裂缝优化配置研究[D].青岛:中国石油大学(华东).2012:1 -95.
[177] 何延龙,佘跃惠,蒲春生,等.伊朗北阿扎德干油田沥青质沉积特征[J].西安石油大学学报:自然科学版,2014(2):1 -8.
[178] 谷潇雨,蒲春生,王蓓,等.超声波解除岩心钻井液堵塞实验研究[J].西安石油大学学报:自然科学版,2014(1):76 -79,8 -9.
[179] 石道涵,张兵,于浩然,等.致密油藏低伤害醇基压裂液体系的研究与应用[J].陕西科技大学学报(自然科学版),2014(1):101 -104.
[180] 李星红,刘敏,蒲春生,等.低频振动对聚合物凝胶交联过程的影响[J].油气地质与采收率,2014(3):86 -88,91,116 -117.
[181] 刘静,蒲春生,林承焰,等.低频振动单相不可压缩流体细管流动微观动力学数学模型研究[J].天然气地球科学,2014(10):1610 -1614.
[182] 刘静,蒲春生,林承焰,等.低频谐振波作用下单相流体渗流模型研究[J].科学技术与工程,2014(10):31 -33.
[183] 蒲春生,王香增.复杂油藏波场采油理论与技术[M].北京:石油工业出版社,2014:256 -280.
[184] 刘峰.低渗透各向异性油藏油井产能及合理井网研究[D].成都:西南石油大学,2014:1 -3.
[185] 张欢欢.YS油田M区块注水调整技术研究[D].大庆:东北石油大学,2014:59 -63.
[186] 蒲春生,周风山.异常应力构造低渗油藏大段泥页岩井壁稳定与多套系统储层保护技术[M].东营:中国石油大学出版社,2015:151 -188.
[187] 蒲春生,杨悦,裂缝性特低渗油藏注采系统调整综合决策技术[M].东营:中国石油大学出版社,2015:15 -28.
[188] 蒲春生,高瑞民.裂缝性特低渗油藏水窜水淹调控高效驱油技术[M].东营:中国石油大学出版社,2015:150 -188.
[189] 张磊,蒲春生,杨靖,等.超细纤维素与丙烯酰胺接枝共聚物在调剖堵水中的应用[J].油田化学,2015(4):503 -506.
[190] 张磊,陈庆栋,蒲春生,等.裂缝性特低渗油藏窜流通道识别方法研究与应用[J].钻采工艺,2015(6):8.
[191] 张磊,陈庆栋,蒲春生,等.裂缝性特低渗油藏窜流通道识别方法研究与应用[J].钻采工艺,

2015,06: 29 - 32.

[192] 张磊,蒲春生,杨靖,等. 超细纤维素与丙烯酰胺接枝共聚物在调剖堵水中的应用[J]. 油田化学,2015,04:503 - 506.

[193] 何延龙,蒲春生,郑伟林,等. 嵌段高分子自乳化体系及其对超稠油的乳化性能[J]. 油田化学,2015(3):387 - 391.

[194] 何延龙,蒲春生,谷潇雨,等. 基于 HLB 值对特超稠油高分子乳化体系的降黏效果研究[J]. 油田化学,2015(4):588 - 592,597.

[195] 张兵,蒲春生,于浩然,等. 裂缝性油藏多段塞凝胶调剖技术研究及应用[J]. 油田化学,2016(1):46 - 50.

[196] 何延龙,蒲春生,董巧玲,等. 水力脉冲波协同多氢酸酸化解堵反应动力学模型[J]. 石油学报,2016(4):499 - 507.

[197] 蒲春生,徐加祥,刘玺,等. 高频波动对多孔弹性介质中稠油黏温参数影响规律研究[J]. 西安石油大学学报(自然科学版),2016(6):54 - 59,107.

[198] 景成,蒲春生,何延龙,等. 裂缝性特低渗油藏井间示踪剂监测等效抛物型解释模型[J]. 大庆石油地质与开发,2016(6):73 - 81.

[199] 景成,蒲春生,何延龙,等. 单一裂缝条带示踪剂产出模型及其参数敏感性分析[J]. 测井技术,2016(4):408 - 412.

[200] 景成,蒲春生,俞保财,等. GGY 油田特低渗透储层沉积微相测井多参数定量评价[J]. 测井技术,2016(1):65 - 71.

[201] 桑海波,蒲春生,张磊,等. HPAM 弱凝胶初始黏度与微裂缝宽度匹配关系实验研究[J]. 钻采工艺,2016(3):91 - 94,132.

[202] 景成,蒲春生,谷潇雨,等. 裂缝性特低渗油藏井间化学示踪监测分类解释模型[J]. 石油钻采工艺,2016(2):226 - 231.

[203] 桑海波,蒲春生,张磊,等. 阳离子对 $HPAM/Cr^{3+}$ 弱凝胶性能的影响[J]. 油田化学,2016(2):244 - 247.

[204] 蒲春生,景成,等. 裂缝性特低渗透油藏水窜水淹逐级调控多级井间化学示踪技术[J]. 石油勘探与开发,2016(4):621 - 629.

[205] 郑黎明,蒲春生,刘静,等. 弹性波作用下渗流多孔介质微粒运移分析[J]. 重庆大学学报,2016(3):101 - 108.

[206] 何延龙,蒲春生,景成,等. 基于 Hoshen - Kopelman 算法的三维多孔介质模型中黏土矿物的构建[J]. 石油学报,2016(8):1037 - 1046.

[207] 郑黎明,刘静,蒲春生,等. 波动采油对饱和单相一维储层模型渗流的影响分析[J]. 岩石力学与工程学报,2016(10):2098 - 2105.

[208] 李星红,徐加祥,等. 振动—空气泡沫驱封堵性能评价与矿场试验研究[J]. 西安石油大学学报:自然科学版,2017(1):83 - 88.